U0152911

千華 50th 築夢踏實

千華公職資訊網

千華粉絲團

棒學校線上課程

狂賀！

博客來 TOP 1

堅持品質　最受考生肯定

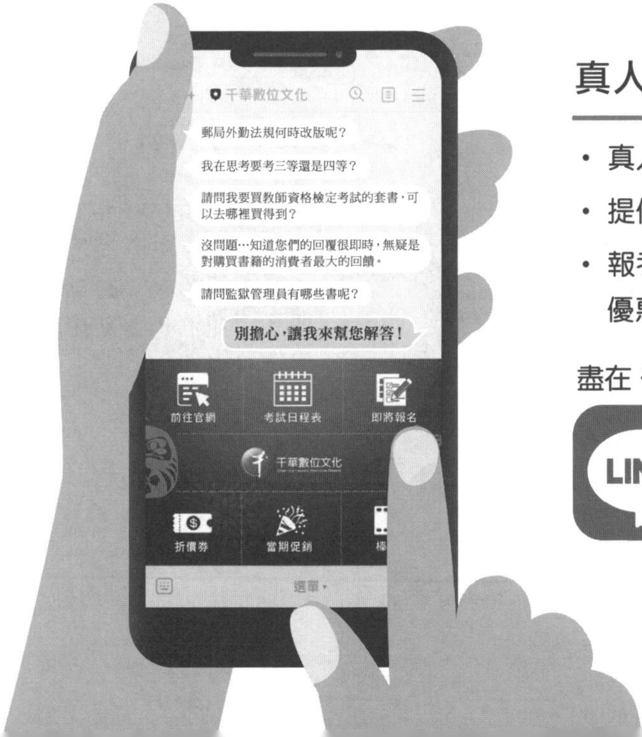

真人客服·最佳學習小幫手

- 真人線上諮詢服務
- 提供您專業即時的一對一問答
- 報考疑問、考情資訊、產品、優惠、職涯諮詢

盡在 千華LINE@

LINE 加入好友

千華為您線上服務

千華數位文化

Chien Hua Learning Resources Network

絕對高分！Just do it！

Step 1 焦點整理

重點醒目標示讓你迅速掌握焦點中的關鍵考點，並透過表格或圖片加以統整，避免瑣碎的文字敘述讓你暈頭轉向，就是要讓你輕鬆閱讀，有效加強記憶。這本書只收錄重點中的重點，要作到「讀你千遍也不厭倦」也不為過。

Step 2 小提點

將未來可能會命題的延伸概念和專有名詞做詳細補充，就算考試考出延伸類型的題目，你也能有印象去解題。

Step 3 小秘訣

相同類型的題目一錯再錯嗎？這本書針對考生比較容易混淆的重點，特別挑出來再予以釐清，並運用口訣幫你增加印象。

第一篇 企業概論

Chapter 01 企業的內涵與本質

焦點 1 企業的定義與生產要素

企業（business）是由個人或群體所組成，主要活動是取得及運用生產要素，以進行產品或服務的交易與銷售，來滿足消費者的需求，並藉此獲取利潤。

實體資源 — 人力資源 — 資本資源 — 資訊資源
↓
企業家精神
↓
企業功能
↓
滿足消費者需求的產品與服務之生產與銷售

企業結合生產要素提供滿足消費者需求的商品

企業的生產要素包括以下五種：

1. **人力資源**
   是指實質提供體力與貢獻智慧的一群人。
2. **資本資源**
   是指為了使企業順利營運所需要的財務資源（資金）。
3. **實體資源**
   實體資源包括機器設備、原物料、土地、廠房、電腦設備、運輸設備，以及其他相關的硬體設施等。

> **小秘訣**
> 生產資源或要素（productive resource）：是指企業用來製造與提供產品與服務所運用到的資源。

企業的經營活動，必須藉助很多資訊，才能順暢

5. **企業家精神**
   是指對於創業而來的風險與機會的一種承擔意願

> **☆ 小提點**
> 企業家是指透過創新的經營觀念，運用創新的經營方法，創造出社會大眾所需的新產品或新服務型態的事業家。企業家所應具備的特質有：
> (1)自我引導（Self-directed）　(2)自我激勵（Self-nurturing）
> (3)行動導向（Action-oriented）　(4)高度的精力（Highly Energetic）
> (5)容忍不確定性（Tolerant of Uncertainty）。

基礎題型

題目	解答
1 有關企業，下列敘述何者錯誤？ (A)企業是出售商品或服務的組織 (B)企業的利潤是其總收入扣除總成本的部份 (C)企業的經營不以賺取利潤為目的 (D)企業的利潤是企業主冒險投入金錢與時間所獲得的報酬。【111台酒】 考點解讀 企業係以營利目的之組織。	(C)
2 下列何者是指企業用來生產商品與服務的資源？ (A)市場經濟 (B)市場結構 (C)生產要素 (D)生產成果。【108漢翔】 考點解讀 生產要素（productive resource）是指企業用來製造與提供產品與服務所運用到的資源。	(C)
3 下列何者是企業用來生產商品與服務的資源？ (A)行銷活動 (B)貿易活動 (C)交易行為 (D)零件與生產設備。【111台酒】 考點解讀 零件與生產設備屬於生產要素的實體資源，包括機器設備、原物料、土地、廠房、電腦設備、運輸設備，以及其他相關的硬體設施等。	(D)
4 下列何者不屬於廠商的生產要素（production factor）？ (A)土地 (B)資金 (C)廠房設備 (D)SCM系統。【104郵政】	(D)

Step4 新視界

企業管理是一門實學，每隔一段時間就會提出一些新知識、新觀念，為了確保你能獲取高分，特別加以蒐集補充，加強你的應考實力。

Step5 刻意練習

一張考卷有些題目是「基礎題型」，大家都要會，有些題目是「進階題型」，是拿來區分鑑別度用的，有些單位會考非選擇題型。透過大量的試題練習來驗收學習成果，讓「Input＋Output」轉化為深層記憶，你只要手拿著原子筆和2B鉛筆，手起筆落、一題一題將國民營試題逐題演練。到了考場相信不管題目怎麼出，你都能輕鬆破題！

新視界

公司所有權的變化趨勢：

1. **員工認股計畫**（Employee Stock Ownership Plan, ESOP）：由雇主先設計一個具一定資格的員工始可加入的股票買入或認購計畫，再選定信託人進行管理。ESOP可使員工投資雇主公司的股票並分享利潤，兼具退休福利及獎勵員工之功能。
2. **企業內部創業**（Internal Corporate Entrepreneurship）：由一些有創業意向的企業員工發起，在企業的支持下承擔企業內部某些業務內容或工作項目，進行創業並與企業分享成果的創業模式。這種激勵方式不僅可以滿足員工的創業慾望，同時也能激發企業內部活力，改善內部分配機制，是一種員工和企業雙贏的管理制度。

基礎題型

解答

1 關於「股東」的敘述，下列何者正確？ (A)
(A)持有公司股票的人 (B)擁有公司債務的人
(C)提供公司勞務的人 (D)提供公司原料的人。 【105郵政、107桃捷】

考點解讀 股東（shareholder）是股份有限公司的出資人，又稱為投資人。股份有限公司中持有股份的人，其權利及責任會於公司之章程細則中列明。一般情況下，股東有權出席股東大會並有表決權，公司亦可發行沒有投票權之股份予股東，一般稱為特別股或優先股。

2 下列何者非屬企業所有權的型態？ (C)
(A)獨資 (B)合夥組織 (C)自由工作者 (D)有限公司。 【103中華電信】

考點解讀 企業所有權的型態可分為：獨資、合夥組織及公司，而公司根據公司法的規定又區分為：有限公司、無限公司、兩合公司、股份有限公司。

企業的類型		股東責任	法律依據
獨資		業主個人負無限清償責任	商業登記法
合夥		合夥人負連帶無限清償責任	民法
公司	有限公司	股東負有限責任（以出資額為限）	公司法
	無限公司	股東負連帶無限清償責任	
	兩合公司	無限責任股東負無限連帶清償責任 有限責任股東負有限責任	
	股份有限公司	股東負有限責任	

解答

…關係，因 (B)
…，以符
(C)為有效監督高階管理當局的監控成本 (D)為強制高階管理當局符合股東利益所花的強制成本。 【105鐵路】

考點解讀 代理成本（agency cost）就是高階管理當局負責制定決策，但卻由股東來承擔風險。代理成本的產生主要便是因為我們無法確保公司的高階管理當局，是否會完全依照股東最大利益的原則下，來制定決策與行動。代理成本包括激勵成本（incentive cost）、監控成本（monitoring cost）、強制成本（enforcement cost）、股東個人財務損失（individual financial loss）。

3 下列何者不是「公司治理」的內容？ (A)建立有效的公司治理架構 (B)確保股東權利和重要的所有權機制 (C)資訊揭露和透明度 (D)重視大股東的權利。 【107自來水】 (D)

考點解讀 根據OECD所公佈的公司治理原則，可歸納為：(1)落實董事會的責任並強化董事會運作；(2)維護或重視股東的權益；(3)加強經營資訊的透明化；(4)追求股東利潤極大化；(5)公平對待所有投資人；(6)建立有效的公司治理架構。

非選擇題型

1 所謂______係指一種指導及管理的機制，以落實公司經營者的責任為目的，藉由加強公司績效管理且兼顧其他利害關係人利益，以保障股東權益。 【108台電】

考點解讀 公司治理。
公司治理係指一種指導及管理並落實公司經營者責任的機制與過程，在兼顧其他利害關係人利益下，藉由加強公司績效，以保障股東權益。

2 我國「上市上櫃公司治理實務守則」規定，上市上櫃公司建立公司治理制度除應遵守法令及章程之規定等外，應依「保障股東權益、強化______職能、發揮監察人功能、尊重利害關係人權益及提昇資訊透明度」原則為之。 【106台電】

考點解讀 董事會。
上市上櫃公司治理實務守則第2條（公司治理之原則）規定：「上市上櫃公司建立公司治理制度，除應遵守法令及章程之規定，暨與證券交易所或櫃檯買賣中心所簽訂之契約及相關規範事項外，應依下列原則為之：(1)保障股東權益。(2)強化董事會職能。(3)發揮監察人功能。(4)尊重利害關係人權益。(5)提昇資訊透明度。

進階題型

解答

1 良好的公司治理必須符合公平性、責任性、課責性、透明性四個原則，其中強調公司財務以及其他相關資訊必須適當地揭露，此為何項原則？ (D)
(A)公平性原則 (B)責任性原則
(C)課責性原則 (D)透明性原則。 【103中華電信】

考點解讀 良好的公司治理必須符合以下四原則：(1)公平性原則：強調對公司投資人以及利害關係人給予公平合理的對待。(2)責任性原則：強調公司應遵守法律以及社會期待的價值規範。(3)課責性原則：強調公司董事及高階主管的角色與責任應該明確劃分。(4)透明性原則：強調公司財務以及其他相關資訊必須適當地揭露。

2 公司治理時，因為高階管理當局與關係人兩者之間存有代理關係，因而產生代理成本，下列何者非為代理成本？ (A)激勵高階主管，以符合股東利益的激勵成本 (B)為有效制裁高階主管行為的重大交易成本 (C)為有效監督高階管理當局的監控成本 (D)為強制高階管理當局符合股東利益所花的強制成本。 【105鐵路】 (B)

考點解讀 代理成本（agency cost）就是高階管理當局負責制定決策，但卻由股東來承擔風險。代理成本的產生主要便是因為我們無法確保公司的高階管理當局，是否會完全依照股東最大利益的原則下，來制定決策與行動。代理成本包括激勵成本（incentive cost）、監控成本（monitoring cost）、強制成本（enforcement cost）、股東個人財務損失（individual financial loss）。

3 下列何者不是「公司治理」的內容？ (A)建立有效的公司治理架構 (B)確保股東權利和重要的所有權機制 (C)資訊揭露和透明度 (D)重視大股東的權利。 【107自來水】 (D)

考點解讀 根據OECD所公佈的公司治理原則，可歸納為：(1)落實董事會的責任並強化董事會運作；(2)維護或重視股東的權益；(3)加強經營資訊的透明化；(4)追求股東利潤極大化；(5)公平對待所有投資人；(6)建立有效的公司治理架構。

非選擇題型

1 所謂______係指一種指導及管理的機制，以落實公司經營者的責任為目的，藉由加強公司績效管理且兼顧其他利害關係人利益，以保障股東權益。 【108台電】

台灣電力(股)公司新進僱用人員甄試

壹、報名資訊

完整考試資訊

http://goo.gl/GFbwSu

一、報名日期：2025年1月（正確日期以正式公告為準。）

二、報名學歷資格：公立或立案之私立高中（職）畢業

貳、考試資訊

一、筆試日期：2025年5月（正確日期以正式公告為準。）

二、考試科目：

(一) 共同科目：國文為測驗式試題及寫作一篇，英文採測驗式試題。

(二) 專業科目：專業科目A 採測驗式試題；專業科目B 採非測驗式試題。

類別	專業科目	
1.配電線路維護	國文(10%) 英文(10%)	A：物理(30%)、B：基本電學(50%)
2.輸電線路維護		A：輸配電學(30%) B：基本電學(50%)
3.輸電線路工程		
4.變電設備維護		
5.變電工程		
6.電機運轉維護		A：電工機械(40%) B：基本電學(40%)
7.電機修護		
8.儀電運轉維護		A：電子學(40%)、B：基本電學(40%)
9.機械運轉維護		A：物理(30%)、 B：機械原理(50%)
10.機械修護		
11.土木工程		A：工程力學概要(30%) B：測量、土木、建築工程概要(50%)
12.輸電土建工程		
13.輸電土建勘測		
14.起重技術		A：物理(30%)、B：機械及起重常識(50%)
15.電銲技術		A：物理(30%)、B：機械及電銲常識(50%)
16.化學		A：環境科學概論(30%) B：化學(50%)
17.保健物理		A：物理(30%)、B：化學(50%)
18.綜合行政類	國文(20%) 英文(20%)	A：行政學概要、法律常識(30%)、 B：企業管理概論(30%)
19.會計類	國文(10%) 英文(10%)	A：會計審計法規(含預算法、會計法、決算法與審計法)、採購法概要(30%)、 B：會計學概要(50%)

詳細資訊以正式簡章為準

歡迎至千華官網(http://www.chienhua.com.tw/)查詢最新考情資訊

中華郵政從業人員筆試科目一覽表

完整考試資訊

https://reurl.cc/arjkqG

依據中華郵政於109年6月9日
最新修正公告內容，節錄如下。

一、營運職

甄選類科		專業科目	共同科目
金融外匯		1.會計學及貨幣銀行學　2.外匯業務及票據法	1.國文(含作文與公文寫作) 2.英文(含中翻英、英翻中及閱讀測驗) 3.郵政三法(含郵政法、郵政儲金匯兌法、簡易人壽保險法)及金融科技知識
金融保險		1.保險學及保險法規　2.民法及強制執行法	
投資管理		1.投資學及財務分析 2.經濟學及衍生性金融商品理論與實務	
系統分析		1.資訊系統開發設計(含系統分析、程式設計、開發程序、資料庫系統、網際網路服務及應用) 2.問題解析及處理(問題分析與解決、邏輯推理能力)	
機械工程		1.工程力學與材料力學　2.機械設計與機動學	
電機工程		1.電力系統與控制系統　2.電路學與電子學	
郵儲業務	甲	1.管理個案分析及行銷管理　2.民法及經濟學	
	乙	1.金融法規(含票據法、保險及公司法)及民事訴訟法與強制執行法 2.民法及行政法	
	丙	1.會計學及經濟學　2.民法及票據法	
	丁	1.資訊系統開發(含系統分析、程式設計、開發程序、程式語言) 2.資訊規劃與管理(含作業系統、資料庫系統、網際網路服務及應用、資訊安全)(資訊處)	

二、專業職(一)

甄選類科	專業科目	共同科目
電子商務(網頁設計)	1.電子商務與網路行銷 2.多媒體概論與設計實務	1.國文(含短文寫作與閱讀測驗)及英文 2.郵政三法概要(含郵政法、郵政儲金匯兌法、簡易人壽保險法)及金融科技知識
電子商務(企劃行銷)	1.電子商務 2.行銷學	
一般金融	1.會計學概要及貨幣銀行學概要 2.票據法概要	
儲壽法規	1.金融法規概要(含郵政儲金匯兌法、保險法)及洗錢防制法概要 2.民法概要及強制執行法概要	

甄選類科	專業科目	共同科目
壽險核保	1.人身保險概論　2.人身保險核保理論與實務	1.國文(含短文寫作與閱讀測驗)及英文 2.郵政三法概要(含郵政法、郵政儲金匯兌法、簡易人壽保險法)及金融科技知識
金融投資	1.經濟學概要　2.投資學概要	
程式設計	1.邏輯推理 2.資訊系統開發與維護概要(含程式設計、開發程序、資料分析及資料庫設計)	
電力工程	1.輸配電學概要　2.基本電學	
營建工程	1.營建法規與施工估價概要 2.建築設計與圖學概要	
房地管理	1.民法概要 2.土地法規概要(包括土地法、土地稅法、土地登記規則)	

三、專業職(二)

甄選類科	專業科目	共同科目
內勤－櫃台業務	1.企業管理大意及洗錢防制法大意 2.郵政三法大意(含郵政法、郵政儲金匯兌法、簡易人壽保險法)及金融科技知識	國文(含短文寫作與閱讀測驗)及英文
內勤－外匯櫃台		
內勤－郵務處理		
外勤－郵遞業務	1.臺灣自然及人文地理 2.郵政法規大意(含郵政法及郵件處理規則)及交通安全常識(含道路交通安全規則第四章、道路交通管理處罰條例及道路交通事故處理辦法)	國文(單選題與閱讀測驗)及英文
外勤－運輸業務		

～以上資訊僅供參考，詳情請參閱甄試簡章～

千華數位文化股份有限公司
・新北市中和區中山路三段136巷10弄17號　・千華公職資訊網 http//www.chienhua.com.tw
・TEL：02-22289070、02-23923558　・FAX：02-22289076

113年國營臺灣鐵路股份有限公司從業人員甄試

壹 依據

一、國營事業管理法第 31 條。

二、國營臺灣鐵路股份有限公司甄選進用要點。

三、國營臺灣鐵路股份有限公司新進人員甄試規範。

貳 應考資格、甄試職務分類、測驗科目及名額

一、資格條件：

(一)國籍：具中華民國國籍，且不得兼具外國國籍。但無法完成喪失外國國籍及取得證明 文件，係因該外國國家法令致不得放棄國籍，且已於到職前依規定辦理放棄外國國籍， 並出具書面佐證文件經外交部查證屬實者，不在此限。

(二)性別：不拘。

(三)年齡：依勞動基準法規定辦理。但第十一階運務、電務、電力、養路工程類科須年滿十八歲以上（算至考試舉行前1日，即民國95年2月17日（含）前出生者）。

(四)學歷：需符合各類科學歷條件，至遲應於報名截止日前取得畢業證書。

(五)個別資格條件：需符合各類科資格條件，至遲應於報名截止日前取得證書或證明文件。

二、甄試職務分類：

(一)第8階：助理管理師、助理工程師。

(二)第9階：事務員、技術員。

(三)第10階：助理站務員、助理事務員、助理技術員。

(四)第11階：服務員。

(五)錄取正取、備取名額請依正式公告為準，備取資格至本甄試公告錄取結果之日起一年內有效，未獲通知遞補者，不得自行要求分發進用。

三、應試類科一覽表如下：

位階	類別	類科	應試科目（筆試、口試、術科、體能測驗） ※共同科目：作文 ※體能測驗：負重折返跑40公尺測驗，男性負重35公斤，女性負重30公斤
第8階	助理管理師	運務	專業科目： 1.軌道運輸經營與管理 2.鐵路運輸規劃學 3.運轉規章 ※口試
		不動產經營	專業科目： 1.民法 2.經濟學 3.企業管理 ※口試
		資訊	專業科目： 1.網路通訊與資通安全 2.系統程式分析與設計 3.系統專案管理 ※口試
		企劃研析	專業科目： 1.軌道經營與管理 2.運輸規劃學 3.鐵路法（含鐵路立體化、平台建設及周邊土地開發計畫等） ※口試
		地政管理	專業科目： 1.民法（總則、物權、親權與繼承） 2.土地法規與土地登記 3.土地利用（包括土地使用計畫及管制、土地重劃及土地經濟學） ※口試
		會計	專業科目： 1.會計學 2.會計審計法規 3.成本與管理會計 ※口試

位階	類別	類科	應試科目（筆試、口試、術科、體能測驗） ※共同科目：作文 ※體能測驗：負重折返跑40公尺測驗，男性負重35公斤，女性負重30公斤
第8階	助理管理師	事務管理	專業科目： 1.事務管理 2.企業管理 3.行政法 ※口試
		人力資源	專業科目： 1.勞動基準法 2.行政法 3.人力資源管理 ※口試
		財務管理	專業科目： 1.財務管理與投資學 2.會計學 3.民法總則 ※口試
		法務	專業科目： 1.民法 2.商事法（公司法、票據法、保險法） 3.智慧財產法 ※口試
		統計	專業科目： 1.統計學 2.資料處理 3.抽樣方法與迴歸分析 ※口試
	助理工程師	土木工程	專業科目： 1.營建管理與工程材料 2.鋼 筋混凝土學與設計 3.結構學 ※口試
		建築工程	專業科目： 1.建築結構系統 2.營建法規與建管行政 3.建築營造與估價 ※口試

<table>
<tr><th rowspan="2">位階</th><th rowspan="2">類別</th><th rowspan="2">類科</th><th>應試科目（筆試、口試、術科、體能測驗）</th></tr>
<tr><th>※共同科目：作文
※體能測驗：負重折返跑40公尺測驗，男性負重35公斤，女性負重30公斤</th></tr>
<tr><td rowspan="2">第8階</td><td rowspan="2">助理工程師</td><td>都市計畫</td><td>專業科目：
1.鐵路資產活化概論（含附屬事業經營、多目標使用、文化資產保存、國有非公用設定地上權、鐵路立體化建設及周邊土地開發計畫等）
2.都市計畫及都市更新法令與實務
3.促進民間參與公共建設法令與實務
※口試</td></tr>
<tr><td>職安管理</td><td>專業科目：
1.職業安全衛生法規（含職業安全衛生法及其施行細則、職業安全衛生管理辦法）
2.勞動法規（含勞動基準法、勞動檢查法）
3.職業安全衛生設施規則
※口試</td></tr>
<tr><td rowspan="4">第9階</td><td rowspan="4">事務員</td><td>消防工程</td><td>專業科目：
1.消防法規概要
2.消防安全設備設計與檢修概要
3.災害防救法規與計畫應變概要
※口試</td></tr>
<tr><td>材料管理</td><td>專業科目：
1.政府採購法概要
2.物料管理概要
3.國際貿易概要
※口試</td></tr>
<tr><td>不動產經營</td><td>專業科目：
1.民法概要
2.經濟學概要
3.企業管理概要
※口試</td></tr>
<tr><td>會計</td><td>專業科目：
1.會計學概要
2.會計審計法規概要
3.成本與管理會計概要
※口試</td></tr>
</table>

<table>
<tr><th rowspan="2">位階</th><th rowspan="2">類別</th><th rowspan="2">類科</th><th>應試科目（筆試、口試、術科、體能測驗）</th></tr>
<tr><th>※共同科目：作文
※體能測驗：負重折返跑40公尺測驗，男性負重35公斤，女性負重30公斤</th></tr>
<tr><td rowspan="7">第9階</td><td rowspan="2">事務員</td><td>事務管理</td><td>專業科目：
1.事務管理概要
2.企業管理概要
3.行政法概要
※口試</td></tr>
<tr><td>法務</td><td>專業科目：
1.民法概要
2.商事法概要（公司法、票據法、保險法）
3.勞動社會法概要
※口試</td></tr>
<tr><td rowspan="4">技術員</td><td>土木工程</td><td>專業科目：
1.營建管理與工程材料概要
2.鋼筋混凝土學與設計概要
3.結構學概要
※口試</td></tr>
<tr><td>電機</td><td>專業科目：
1.電路學概要
2.自動控制概要
3.電機機械概要
※口試</td></tr>
<tr><td>職安管理</td><td>專業科目：
1.職業安全衛生法規概要（含職業安全衛生法及其施行細則、職業安全衛生管理辦法）
2.勞動法規概要（含勞動基準法、勞動檢查法）
3.職業安全衛生設施規則。
※口試</td></tr>
<tr><td>職安護理</td><td>專業科目：
1.職業安全衛生法規概要（含職業安全衛生法及其施行細則、職業安全衛生管理辦法）
2.基本護理學（包括護理原理、護理技術）及護理行政。
3.勞工健康法規（含勞工健康保護規則、女性勞工母性健康保護實施辦法等）
※口試</td></tr>
</table>

位階	類別	類科	應試科目（筆試、口試、術科、體能測驗） ※共同科目：作文 ※體能測驗：負重折返跑40公尺測驗，男性負重35公斤，女性負重30公斤
第10階	助理站務員	運務	專業科目： 1.鐵路運輸學概要 2.鐵路法 ※口試
	助理事務員	材料管理	專業科目： 1.政府採購法大意 2.物料管理大意 ※口試
		事務管理	專業科目： 1.事務管理大意 2.行政法大意 ※口試
		財務管理	專業科目： 1.財務管理大意 2.民法總則大意 ※口試
		廉政	專業科目： 1.刑法與刑事訴訟法大意 2.廉政法規大意 ※口試
		土木工程	專業科目： 1.測量學大意 2.結構學概要與鋼筋混凝土學大意 ※口試
		建築工程	專業科目： 1.施工與估價大意 2.營建法規大意 ※口試
		電務	專業科目： 1.電工機械概要 2.電子學概要 ※術科：控制電路

<table>
<tr><th rowspan="2">位階</th><th rowspan="2">類別</th><th rowspan="2">類科</th><th>應試科目（筆試、口試、術科、體能測驗）</th></tr>
<tr><th>※共同科目：作文
※體能測驗：負重折返跑40公尺測驗，男性負重35公斤，女性負重30公斤</th></tr>
<tr><td rowspan="4">第10階</td><td rowspan="4">助理事務員</td><td>電力</td><td>專業科目：
1.電工機械概要
2.電子學概要
※術科：
1.電表使用（40%）
2.導線裁剪及安裝（60%）</td></tr>
<tr><td>職安護理</td><td>專業科目：
1.職業安全衛生法及其施行細則大意
2.勞工健康服務計畫及健康管理大意
※口試</td></tr>
<tr><td>機械</td><td>專業科目：
1.機械原理概要
2.基本電學概要
※術科：零組件量測及組裝
※體能測驗</td></tr>
<tr><td>電機</td><td>專業科目：
1.電機機械概要
2.基本電學概要
※術科：控制電路
※體能測驗</td></tr>
<tr><td rowspan="5">第11階</td><td rowspan="5">服務員</td><td>運務</td><td>專業科目：鐵路運輸學概要
※口試
※體能測驗</td></tr>
<tr><td>土木工程</td><td>專業科目：測量學大意
※口試</td></tr>
<tr><td>消防工程</td><td>專業科目：消防法規與消防安全設備大意
※口試</td></tr>
<tr><td>電務</td><td>專業科目：基本電學概要
※術科：控制電路</td></tr>
<tr><td>電力</td><td>專業科目：基本電學概要
※術科：
1.電表使用（40%）
2.二導線裁剪</td></tr>
</table>

位階	類別	類科	應試科目（筆試、口試、術科、體能測驗） ※共同科目：作文 ※體能測驗：負重折返跑40公尺測驗，男性負重35公斤，女性負重30公斤
第11階	服務員	材料管理	專業科目：政府採購法大意 ※口試
		餐旅服務	專業科目.：行銷學概要大意 ※口試
		事務管理	專業科目：事務管理大意 ※口試
		機械	專業科目：機械原理大意 ※術科：零組件量測及組裝
		電機	專業科目：基本電學大意 ※術科：控制電路
		廚工	專業科目：安全衛生常識 ※術科：食品烹調實作及廚房設備操作
		餐務	專業科目：安全衛生常識 ※術科：食品烹調實作及廚房設備操作
		養路工程	專業科目：鐵路工程及鐵路養護作業大意 ※口試 ※體能測驗

～以上資訊請以正式簡章公告為準～

千華數位文化股份有限公司
新北市中和區中山路三段136巷10弄17號
TEL: 02-22289070 FAX: 02-22289076

目次

第三篇 管理職能

第四篇 企業的直線職能

第五篇 企業的幕僚職能

第六篇 最新試題及解析

企業管理究竟要怎麼準備？

Now ! Let's talk about practice

什麼是企業管理？

「企業管理」原則上沒有公布命題大綱，所以可說是沒什麼範圍可言，只要與「企業」、「管理」沾上邊的相關議題，包含生產、行銷、財務、研發、市場、政府、供應商、競爭者、消費者（客戶）有關的一切事實內容和相關理論所形成的錯綜複雜的關係，都是屬於企業管理的範圍。

你們的困擾，我聽到了！

下課時，學生常常向我詢問問題，常和我提到上課聽懂了，但是做了很多題目之後，有些觀念還是會有混淆的問題。其實這很正常，各家企管流派對於同一件事情都會有不同的看法，所發展的理論甚至有互相採借和矛盾的現象。

這也因此讓企業管理範圍變得更豐富與複雜，但同時也消耗了各位學習的熱情，如果編寫內容過多且繁雜，會讓人讀起來有挫折感。然而把坊間企管參考書讀通，就可以考取高分嗎？那可不一定！因為有的內容不見得都會考。其實在寫這本書的過程中，我持續分類各個國民營事業的題目並試著解題。事實上會考的重點，都可以把它歸納、整理出來。我將企業概論或管理學題型，都收錄到這本書中，因為它們都屬企管範疇，出題單位涵蓋國營、鐵路、郵政等各種考試，題型多元，只要買一本就足以應付各類型考試。

考試類型有哪幾種？

各個國民營事業單位的命題單位和方式很多，像是經濟部、台電、台糖、台酒、中油、台灣自來水、台北自來水、中華郵政、台鐵、中華電信、桃園捷運、桃園機場、漢翔、台北捷運、農會、原民、高考。我整理以上各單位近年的考古題。

大致上有五種題型：單選題、複選題、填充題、簡答題、問答題。除了台電自106年起改考填充與問答、經濟部管理學考問答、自來水考單選與複選題。但多數考試仍以單選題為主。

現有參考書，無法完全對應各單位考試。例如有些參考書只有簡答題解析，但選擇題僅有答案沒有詳細解析，而各位在參加國營事業機構考試，也非完全針對某項考試，我心想我可以弄一本企管參考書，收錄題型以測驗題為主，複選題、填充題、問答題為輔，並附上詳盡解析，這麼好的書，我真的做得到嗎？當然我最後完成了，也就是你手上這一本書。

你今天刻意練習了嗎？

《刻意練習》是近年個人學習的顯學，找到目標，並針對這個目標需再加強之處去做練習。我在將考題分類的過程中，發現有些題目一直重複被命題，有些更是集中在某些章節命題，像波特（M. Poter）的競爭策略，簡直是重點中的重點，要作到「讀你千遍也不厭倦」也不為過。

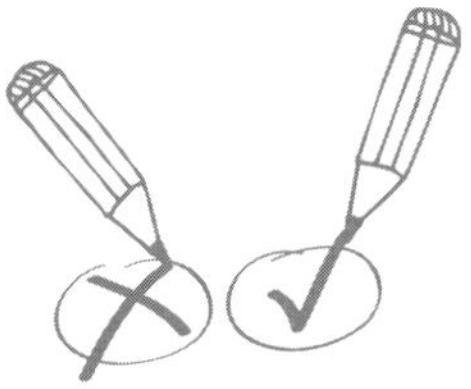

你只要針對各個焦點的課文熟讀，再透過歷屆「基礎題型」、「進階題型」、「非選題型」反覆練習。一張考卷有些題目是「基礎題型」，大家都要會，有些題目是「進階題型」，是拿來區分鑑別度用的。更有一些是非常非常冷門的題目，三～五年才會有一個考試單位命題，而且才出現一題，我只能說：「你這一題我不要了！」像這樣數年考一題的冷門題目絕不收錄於書中，我們要掌握80/20法則，只要掌握真正的重點，就可以獲得80分以上。再輔以書上豐富的資料補充，絕對能掌握到90分以上。

(6) 企業管理究竟要怎麼準備？

重點不在於你會了什麼？而是在於你不會什麼？

做題目就是一個探索自己哪些地方不會的過程，如果你發現自己錯誤不少，因此感到沒有自信去面對考試，其實這只是突破舒適圈必經的過程，雖然這過程不是很愉快，但是只要你一天不解決問題，問題就會解決你。

最後，請隨時充滿自信地面對書上的每一題，以獲取高分為目標，才有機會上榜，希望大家的分數都能和吉姆‧柯林斯大師的書名「從A到A＋」一樣，Good to Great！

高芬

【參考書目】

1. 中山大學企業管理學系著，2014，《管理學：整合觀點與創新思維》，前程文化。
2. 王秉鈞主譯，S.Robbins原著，1994，《管理學》，華泰書局。
3. 李正綱等人著，2012，《現代企業管理：理論與實務導向》，智勝文化。
4. 林建煌，2019，《管理學》，華泰文化。
5. 林建煌譯，S..Robbins & D.Decenzo原著，2015，《現代管理學》，華泰文化。
6. 林孟彥、林均妍譯，S.Robbins & M.coulter原著，2015，《管理學》，華泰文化。
7. 黃恆獎、王仕茹、李文瑞著，2009，《管理學》，華泰文化。
8. 陳玟任、羅凱揚著，2011，《管理個案分析：理論與實務》，鼎茂圖書。
9. 張緯良著，2015，《管理學》，雙葉書廊。
10. 張國雄著，2016，《管理學：創新與挑戰》，雙葉書廊。
11. 林建煌，2019，《企業概論》，華泰文化。
12. 林宜宣譯，F.L.Fry等原著，2004，《企業概論：整合性觀點》，普林斯頓公司。
13. 張緯良，2008，《企業概論：掌握本質創造優勢》，前程文化。
14. 黃家齊等人編譯，Stephen P.Robbins, Timothy A.Judge著，2017，《組織行為學》，華泰文化。
15. 方志民著，2007，《策略管理概論：應用導向》，前程文化。
16. 朱文儀，陳建男譯，Charles W.L.Hill等人著，2015，《策略管理》，華泰文化。
17. 楊宗欣等人譯，Charles W.L.Hill著，2010，《當代國際企業》，麥格羅希爾。
18. 李茂興等人，Nigel Slack等原著，2002，《生產與作業管理》，華泰文化。
19. 郭倉義譯，2001，《作業管理》，新陸書局。
20. 曾光華著，2016，《行銷管理：理論解析與實務應用》，前程文化。
21. 蕭富峰著，2009，《行銷管理》，智勝文化。
22. 黃英忠著，2016，《人力資源管理》，三民書局。
23. 張緯良著，2003，《人力資源管理》，雙葉書廊。
24. 謝劍平著,2019,《財務管理原理》，智勝文化。
25. MBA智庫網站(http://www.mbalib.com)

第一篇 企業概論

Chapter 01 企業的內涵與本質

焦點 1 企業的定義與生產要素

企業（business）是由個人或群體所組成，主要活動是取得及運用生產要素，以進行產品或服務的交易與銷售，來滿足消費者的需求，並藉此獲取利潤。

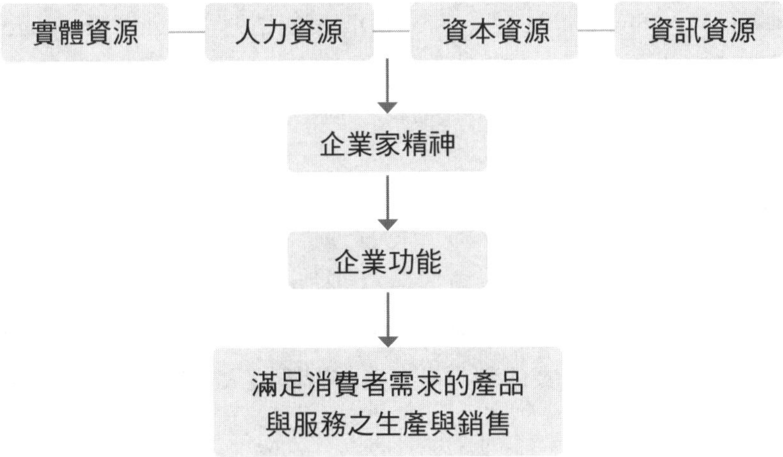

企業結合生產要素提供滿足消費者需求的商品

企業的生產要素包括以下五種：

1. **人力資源**
   是指實質提供體力與貢獻智慧的一群人。
2. **資本資源**
   是指為了使企業順利營運所需要的財務資源（資金）。
3. **實體資源**
   實體資源包括機器設備、原物料、土地、廠房、電腦設備、運輸設備，以及其他相關的硬體設施等。

> **小秘訣**
> 生產資源或要素（productive resource）：是指企業用來製造與提供產品與服務所運用到的資源。

4. 資訊資源

企業的經營活動，必須藉助很多資訊，才能順暢運作。

5. 企業家精神

是指對於創業而來的風險與機會的一種承擔意願。

☆ 小提點

企業家是指透過創新的經營觀念，運用創新的經營方法，創造出社會大眾所需的新產品或新服務型態的事業家。企業家所應具備的特質有：

(1)自我引導（Self-directed） (2)自我激勵（Self-nurturing）
(3)行動導向（Action-oriented） (4)高度的精力（Highly Energetic）
(5)容忍不確定性（Tolerant of Uncertainty）。

基礎題型

	解答
1 有關企業，下列敘述何者錯誤？ (A)企業是出售商品或服務的組織 (B)企業的利潤是其總收入扣除總成本的部份 (C)企業的經營不以賺取利潤為目的 (D)企業的利潤是企業主冒險投入金錢與時間所獲得的報酬。【111台酒】 **考點解讀** 企業係以營利目的之組織。	(C)
2 下列何者是指企業用來生產商品與服務的資源？ (A)市場經濟 (B)市場結構 (C)生產要素 (D)生產成果。【108漢翔】 **考點解讀** 生產要素（productive resource）是指企業用來製造與提供產品與服務所運用到的資源。	(C)
3 下列何者是企業用來生產商品與服務的資源？ (A)行銷活動 (B)貿易活動 (C)交易行為 (D)零件與生產設備。【111台酒】 **考點解讀** 零件與生產設備屬於生產要素的實體資源，包括機器設備、原物料、土地、廠房、電腦設備、運輸設備，以及其他相關的硬體設施等。	(D)
4 下列何者不屬於廠商的生產要素（production factor）？ (A)土地 (B)資金 (C)廠房設備 (D)SCM系統。【104郵政】	(D)

解答

考點解讀 生產要素指企業用來生產商品及服務的基本資源，當代經濟學的創立者馬歇爾（Alfred Marshall）將生產三要素擴充為生產四要素：土地（生產用地、自然資源）、勞動（工人、智慧、技能）、資本（資金、廠房、倉庫、機器、設備）、企業家才能（企業家、管理能力）。（經濟學觀點）

5 企業的生產要素（factors of production）是指企業用來生產商品或服務所要投入的資源，包括勞力、資本、實體資源、企業家及資訊等資源。下列何者屬於資本資源？ (A)原物料 (B)資金 (C)勞工 (D)網際網路。 【105郵政】 (B)

考點解讀 資本資源（capital resources）：指用來添購各項設備的資金等有形資本。

6 下列何者屬於企業經營所需的財務資源？ (A)資金 (B)勞動力 (C)原料 (D)零件。 【108漢翔】 (A)

考點解讀 財務資源就是企業生產經營活動所需的資金來源。

7 公司最重要而且無可取代的資源為： (A)資金 (B)科技 (C)人力資源 (D)設備。 【107鐵路營運專員】 (C)

考點解讀 一家公司的價值及競爭優勢，主要來自於公司全體人員的才智；「人力資源」是公司最重要而且無可取代的資源。

8 願意承擔相關風險創立一家新企業的人，稱為： (A)管理者 (B)利害關係人 (C)天使投資人 (D)創業家。 【108郵政】 (D)

考點解讀 (A)在組織中實際從事管理工作者。(B)指組織追求目標達成過程中，會受到影響或影響企業者。(C)又稱為投資天使（business angel），指具有一定財富的個人，對具有發展潛力的初創企業進行早期的直接投資，屬於一種自發而又分散的民間投資方式。

9 在創立和經營一項新產品或新事業時，對於伴隨創業所帶來的諸多決策選擇及風險承擔的意願，稱為下列何者？ (A)顧客價值 (B)商業模式 (C)創業精神 (D)生產資源。 【109台酒】 (C)

考點解讀 (C)創業精神（entrepreneurship）的本質仍著重於一種創新活動的行為過程，亦即創業者透過創新的手段，將資源更有效地利用，為市場創造出新的價值。創業精神反應了企業在達成目標的同時，對於創新性、預應性、承擔風險、自主性及競爭積極性等所投入的傾向。

解答

10 Peter Drucker 認為有創業家精神的人會主動尋求變化、對變化作出反應並將變化視為機會。請問下列何種特徵與創業家精神相同？ (B)

(A)需要高度的聯繫性　(B)內控的人格

(C)不容許模糊性　(D)低度的能級。【106漢翔】

考點解讀 內控的人格（internal locus of control）形容一個人相信能力、努力、自己的行動決定他們得到的結果，創業家精神（entrepreneurship）的特質具有強烈內控性格，即相信命運可以由自己來掌控。

進階題型

解答

1 許多微型創業的出現，造就新型態的創業家，而下列何者非新型態創業家所應具備的特質？ (A)自我引導 (B)容忍不確定性 (C)行動導向 (D)傳統保守主義。【105郵政】 (D)

考點解讀 創業家係指透過創新的經營觀念，運用創新的經營方法，創造出社會大眾所需的新產品或新服務型態的事業家。創業家所應具備的特質有：(1)自我引導；(2)自我激勵；(3)行動導向；(4)高度的精力；(5)容忍不確定性。

2 下列何者不是常見的企業家精神（entrepreneurship）特質？ (A)

(A)只承擔低度風險的責任

(B)相信命運可以由自己掌控

(C)高度的成就需求

(D)自信樂觀具決斷力。【105自來水】

考點解讀 企業家精神（entrepreneurship）的特質：(1)承擔適度風險的責任（善於評估風險）；(2)強烈內控性格（相信命運可以由自己掌控）；(3)具高度的成就需求（很強的企圖心）；(4)其他性格（自信樂觀具決斷力、自我超越、立即行動、恆心毅力等）。

3 下列何者不是創業家所具備的創業精神？ (B)

(A)創新性（innovativeness）

(B)穩定性（steadiness）

(C)預應能力（pro-activeness）

(D)承擔風險（risk-taking）。【104郵政】

解答

考點解讀 創業精神（傾向）（Entrepreneurial Orientation，簡稱EO）的五個構面（Miller & Friesen（1983），Covin & Slevin（1989）and Lumpkin & Dess（1996），分別是：

(1)創新性（innovativeness）：指企業追求具有創意的解決之道來對應所面臨的挑戰，包括發展或強化產品與服務以及使用新技術或管理技能。

(2)預應性（pro-activeness）：企業預期到未來需求變化所可能帶來的機會，而率先採取行動的傾向，如領先於同行推出新產品或服務。

(3)承擔風險（risk-taking）：企業管理者願意將大量資源投入不確定事業的承諾意願。其可能面對的風險包括未知的風險、投入大量資金的風險、運用高財務槓桿的風險。

(4)自主性（autonomous）：指個人或團隊對於某種創意或願景，從構思到實現過程中的獨立行為。自主性代表了追求機會時，自我導向的能力與意願。

(5)競爭積極性（competitively aggressive behaviors）：指企業為了成功地進入市場或改變目前的競爭地位，而直接、強烈地與競爭對手挑戰，結果是勝者才能存活於市場。

4 下列何者最不屬於重要的創業家人格特質？ (B)

(A)堅強的毅力　(B)技術導向

(C)學習與創新意願　(D)顧客導向。 【108鐵路】

考點解讀 創業者的人格特質：(1)顧客導向觀念、(2)堅持的毅力、(3)能面對現實、(4)掌握數字的能力、(5)知覺風險的能力、(6)學習與創新的能力、(7) 團隊精神。

焦點 2 企業提供的效用

企業對社會的貢獻與價值是不容忽視的，基本上企業對於人類需求的滿足提供了以下的效用：

1. 資源的**形式效用（form utility）**

   企業將一些低使用效率的物質，經由轉換程序，變更為高使用效率的物質。例如：家具工廠將木材變為舒適的桌椅、汽車工廠將各種零件組合成豪華汽車。

2. 資源的**地域（空間）效用（place utility）**

   行銷活動將產品運送到恰當的地點讓消費者方便購買或使用。例如：在台灣可吃到世界各地美食、可利用網路訂購火車票並在附近郵局領票。

> **小秘訣**
>
> 企業提供的基本效用：
> (1)形式效用：將原料轉換成可用的產品形式。
> (2)空間效用：讓消費者在恰當地點取得產品。
> (3)時間效用：讓消費者在恰當時間取得產品。
> (4)資訊效用：傳達有用的資訊給消費者。
> (5)所有權效用：讓消費者佔有及使用產品。

3. 資源的**時間效用**（time utility）

行銷活動讓消費者在恰當的時間取得產品，並可解決供需在時間上的不同步。例如：宅配服務在指定時間內將新鮮水果送達、可以分期付款購買汽車。

4. 資源的**資訊效用**（information utility）

行銷活動將產品資訊傳達給消費者。例如：保養品上包裝讓消費者可瞭解產品的功能、權益等。

5. 資源的**所有權（持有）效用**（possession utility）

消費者接受某產品的價格在購買之後，就可合法佔有及使用該產品。例如：房仲業者將房屋由建商轉移給消費者。

基礎題型

解答

1 廠商將原物料轉化成最終產品、服務的價值，可謂創造： (B)

(A)時間效用 (B)形式效用

(C)地點效用 (D)所有權效用。 【105鐵路】

考點解讀 效用（utility）是指產品滿足人類慾望的能力，效用按其性質可分為：(1)形式效用：將原料轉換成最終產品或服務，以供消費者選擇。(2)時間效用：當消費者想要買時，就可買到產品或服務。(3)持有（所有權）效用：將產品的所有權轉由賣方移轉給買方。(4)空間效用：讓消費者在恰當地點就可取得產品。(5)資訊效用：將產品的資訊傳達給消費者。

2 企業將低使用效率的物質，經由轉換程序，變更為高使用價值的財貨，稱為： (A)

(A)資源的形式效用 (B)資源的地點效用

(C)資源的時間效用 (D)資源的持有效用。 【103台酒】

考點解讀 形式效用（form utility）是企業把原料或零件組合在一起，而創造了某種形式供人使用。或變更原產品為高使用價值的財貨，來滿足消費者需求。

3 年底汽車公司提供36期分期付款的優惠，請問此創造何種效用？ (D)

(A)所有權效用 (B)地域效用

(C)形式效用 (D)時間效用。 【107台酒】

考點解讀 我們可以分期付款購買耐久財、信用卡提供先享受後付款的便利。資源的時間效用解決了供需在時間上的落差，促使更多人可以享受到更多的財貨。

解答

4 「效用（utility）」是指一項產品能夠滿足顧客需求的能力，一般可分為形式效用（form utility）、時間效用（time utility）、地點效用（place utility）與所有權效用（ownership utility）。當顧客有需求時，就有產品適時提供滿足其需求，是屬於下列哪一種效用？ (B)

(A)形式效用 (B)時間效用

(C)地點效用 (D)所有權效用。 【105郵政】

考點解讀 歸納學者的論述效用按其性質可分為以下幾種：

(1)形式效用：將原料轉換成最終產品或服務，以供消費者選擇。

(2)時間效用：當消費者想要買時，就可以買到產品或服務。

(3)空間效用：讓消費者在恰當地點就可取得產品。

(4)所有權效用：將產品的所有權轉由賣方移轉給買方。

(5)資訊效用：將產品的資訊傳達給消費者。

5 廠商將夏季的西瓜加以冷藏，等到冬季時再拿出來銷售，廠商這麼做創造何種行銷效用（utility）？ (D)

(A)空間效用 (B)價值效用

(C)資訊效用 (D)時間效用。 【104郵政】

考點解讀 人們需要財貨時，生產者未必能即時生產製造供應，經由企業的儲運功能，提供了資源的時間效用，冬天吃到夏天的蔬果已不再是那麼困難。

6 有些銀行延長服務時段至晚間7點，這為消費者創造了何種效用？ (D)

(A)形式效用 (B)資訊效用

(C)地點效用 (D)時間效用。 【102中華電信】

考點解讀 時間效用：生產者將財貨於最有利的時點使用所獲得的效用，係為因應需求的不同，所以產品隨著時間上來配合調整，例如某銀行在周末假日人潮聚集的台北忠孝商圈展開全年不打烊，且營業時間延長至晚上9點30分。

7 「消費者可以在特定的時間購買到所需的產品」是行銷中間商（Marketing Intermediaries）所能提供的哪一類效用？ (D)

(A)地點的效用 (B)形式的效用

(C)擁有的效用 (D)時間的效用。 【107郵政】

考點解讀 效用是指產品滿足人類慾望的能力，時間效用（time utility）強調當消費者想要購買時，就可以買到產品或服務。

進階題型

解答

1 行銷的價值主要來自於「行銷創造了效用（utility）」，提供給消費者滿足。當茶葉和水可以加工製造而成為一瓶瓶的瓶裝茶飲料，或是成衣製造工廠將布料裁剪製成一件件的衣服，這些都是廠商創造了下列哪一種效用的範例？ (A)形式效用（form utility） (B)地方效用（place utility） (C)時間效用（time utility） (D)擁有效用（possession utility）。【104自來水】 (A)

考點解讀 企業將低使用效率的物質，經由轉換程序，變更為高使用價值的財貨。

2 下列哪一類效用（utility）不是零售業會為顧客創造的主要效用？ (A)時間效用 (B)地點效用 (C)形式效用 (D)所有權效用。【103中油】 (C)

考點解讀 零售（retailing）是指將商品或服務直接銷售給消費者的行為，是行銷通路的最後階段。零售業（retail industry）是指以向最終消費者提供所需商品及其附帶服務為主的行業。依有無實體店鋪區分：(1)有店鋪零售：具實體的零售據點，消費者必須親自到店鋪購買商品或服務，如：超級市場、專賣店。(2)無店鋪零售：消費者無須經由實體零售據點即可完成商品或服務的交易，如：網路購物。

3 「消費者可以在特定的時間購買到所需的產品」是行銷中間商（Marketing Intermediaries）所能提供的哪一類效用？ (A)地點的效用 (B)形式的效用 (C)擁有的效用 (D)時間的效用。【108郵政】 (D)

考點解讀 行銷乃經由交換之過程來創造效用，增進消費者利益。一般而言，行銷效用有：

(1)形式效用（form utility）：企業把原料或零件組合在一起，而創造了某種形式供人使用。

(2)地點效用（place utility）：行銷活動將產品運送到恰當的地點讓消費者方便購買或使用。

(3)時間效用（time utility）：行銷活動讓消費者在恰當的時間可以取得產品。

(4)資訊效用（information utility）：經由產品包裝上的說明、廣告以及人員銷售等，行銷活動將產品資訊傳達給消費者。

(5)所有權效用（possession utility）：當消費者接受某樣產品的價格以及付款條件，在購買後，他們就有了該產品的所有權，可以合法的占有及使用該產品。

4 企業所提供的資源形式轉換的效用，主要來自： (A)生產與作業管理 (B)行銷管理 (C)財務管理 (D)人力資源管理。【101自來水】 (A)

考點解讀 通常與生產和製造有關，透過外觀或形式的改變，可讓產品更具有價值。

焦點 3 企業的利害關係人

利害關係人（stakeholder）是指對於企業本身或企業的行為存在著利害、權利、所有權等關係的個人或群體。包括股東、管理者、員工、工會、供應商、顧客、政府、社區等，企業必須能夠提供給關係人價值。根據Frederick、Post & Davis的分類，利害關係人可分為：

1.企業內部關係人士	是企業最核心相關的利害關係人，包括股東、董事會、管理者（或稱經營團隊），以及員工。
2.與市場經營有關人士	在企業外部卻會影響組織營運的相關人士，包括消費者、 供應商、通路（批發商與零售商）、合作夥伴、競爭者與債權人。
3.其他人士	與市場經營無直接關係者，包含企業所在的社區、政府與監管機構、社會壓力群體、民間團體、新聞媒體、企業的支持者，以及其他社會大眾。

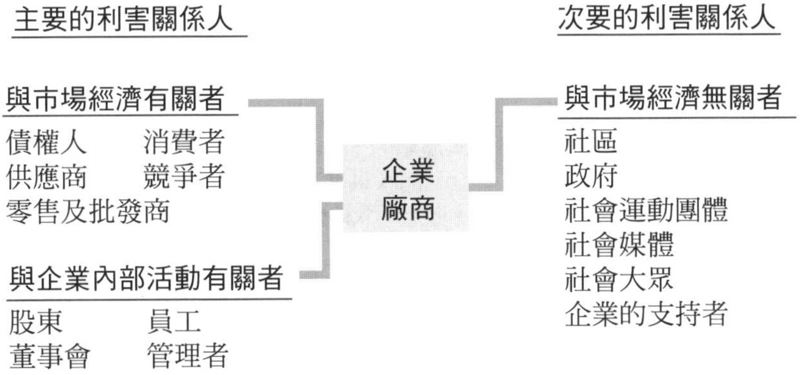

☆ 小提點

利害關係人（stakeholders）是各種可能影響組織達成其目標的個人、群體、或組織，又可分為：(1)主要利害關係人（primary stakeholders）：對組織影響比較直接而明顯的利害關係人；(2)次要利害關係人（secondary stakeholders）：對組織影響比較間接而微弱的利害關係人。

基礎題型

解答

1 利害關係人能對組織運作帶來正面的影響，如提高對環境變化的預測能力、帶來成功的創新、增進彼此的信賴，以及較大的組織彈性以降低變化的衝擊等。請問下列何者不是利害關係人？ (A)社區 (B)社會與政治團體 (C)股東 (D)文化。 【106台糖】 (D)

考點解讀 利害關係人是指影響企業營運與受到企業經營績效直接影響的群體、個人或組織。

2 下列何者不屬於利害關係人（Stakeholder）？ (A)員工 (B)股東 (C)銀行 (D)自然環境。 【106桃機、104郵政】 (D)

考點解讀 利害關係人強調的是個人或組織，政治(P)、經濟(E)、社會文化(S)、科技(T)、自然環境(E)、法律(L)是會影響企業運作的一般環境因素。

3 何者是企業的利害關係人？ (A)供應商 (B)員工 (C)顧客 (D)競爭對手 (E)以上皆是。 【104台電】 (E)

4 下列何者不屬於企業直接的利害關係人？ (A)股東 (B)消費者 (C)員工 (D)大眾傳播媒體。 【112桃機】 (D)

考點解讀 企業的利害關係人可分為兩類：一類為「主要直接的利害關係人」包括企業的擁有人（或股東）、員工、消費者、供應商等；另一類為「次要間接的利害關係人」包括其他有關人士與組織、政府、大傳媒體、利益團體、社會等大眾等。

5 企業決策會受到利害關係人影響，在眾多利害關係人中，下列何者屬於企業內部利害關係人？ (A)供應商 (B)政府 (C)社區 (D)員工。 【112經濟部】 (D)

考點解讀 企業內部關係人士也是企業最核心相關的利害關係人，包括股東（企業所有權人）、董事會、管理者，企業應創造利潤及為員工謀福利。

6 有關企業利害關係人（stakeholder），下列敘述何者有誤？ (A)企業利害關係人係指影響企業營運與受到企業經營績效直接影響的群體、個人或組織 (B)顧客不是利害關係人 (C)員工是利害關係人 (D)股東是利害關係人。 【103經濟部】 (B)

考點解讀 企業利害關係人是指組織追求目標達成過程中，會受到影響或影響企業者。佛瑞迪克（Frederick）等人將企業利害關係人分為三大類：

(1)企業內部相關人士：股東、董事會、管理者、員工。
(2)與市場經營有關者：消費者、供應商、競爭者、通路商、債權人、合作夥伴等。
(3)與市場經營無關者：政府、社區、大傳媒體、壓力群體、學術界、一般社會大眾等。

進階題型

解答

1 對「企業利害關係人（stakeholders）」的敘述，下列何者錯誤？(A)企業利害關係人是指直接受到企業營運所影響的個人 (B)顧客不是企業的利害關係人 (C)企業利害關係人是指直接受到企業營運所影響的群體 (D)企業利害關係人是指直接受到企業營運所影響的其他組織。【108漢翔】 (B)

考點解讀 企業利害關係人（Stakeholders）指影響企業營運與受到企業經營績效直接影響的群體、個人或組織。

2 〈複選〉下列對於「利害關係人」（Stakeholders）的敘述哪些正確？(A)利害關係人的需求往往是一致的 (B)利害關係人指的是本身權益受到組織政策或行動影響者 (C)政府機構也是屬於企業的利害關係人 (D)企業必須設定滿足不同利害關係人的優先順序。【107鐵路營運專員】 (B)(C)(D)

考點解讀 利害關係人（Stakeholders）指在一個組織中會影響組織目標或被組織影響的團體或個人，例如股東、員工、顧客、供應商、競爭者、社區、政府等。利害關係人的需求往往是不一致的。

3 企業社會責任主要關注的是在企業組織營運過程中受影響的哪一類利益關係人（Stakeholder）？ (A)股東 (B)員工 (C)社區、社會、環境與國家 (D)供應商。【106台糖】 (C)

考點解讀 企業的社會責任（CSR）是指企業對增進社會長期福祉所負有的道德義務，主要關注的是社區、社會、環境與國家。

4 管理企業利害關係人（stakeholders）的首要步驟是： (A)如何與各利害關係人打交道 (B)瞭解利害關係人所在意的是甚麼 (C)組織所面對的利害關係人有那些 (D)瞭解每一位利害關係人對組織決策的影響程度。【101鐵路】 (C)

考點解讀 管理企業利害關係人的四大步驟是：(1)釐清組織的利害關係人；(2)決定每個利害關係團體可能在意的是什麼；(3)決定每一位利害關係人的影響程度；(4)與每個利害關係人打交道以管理關係。

Chapter 02 企業的基本功能

焦點 1 企業的功能

企業功能又稱為企業機能或職能，是指一個企業組織要能達到獲利、生存、成長及其他目標，所必須具有的基本技能。一般而言，企業功能可大略分為：

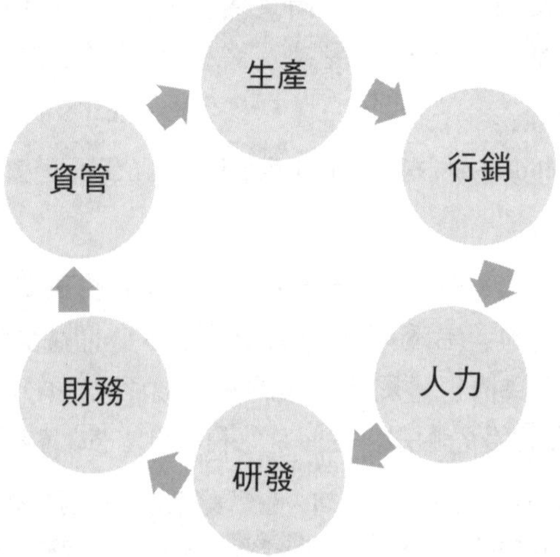

小秘訣

企業功能：**產**（生產）、**銷**（行銷）、**人**（人力資源）、**發**（研究與發展）、**財**（財務）。

[口訣] 產銷人發財

生產與作業管理 production and operation management	生產是透過轉換過程，將各種投入資源轉換成最終產品與服務的過程。
行銷管理 marketing management	行銷指發掘消費者實質或潛在的需求，並透過各種手段來加以滿足的過程。
人力資源管理 human resource management	配合組織的策略及各項作業需要，適時地提供所需人力，並提升整體人力的質與量。
研究發展管理 research & development management	或稱科技管理，配合企業力求創新與突破，以解決管理上的問題。

財務管理 finance management	配合組織各項作業需要，找尋適當的資金來源，以最低的資金成本滿足組織資金需求，並將風險控制在可以接受的範圍。
資訊管理 information management	建置組織的資訊系統，提供組織各階層所需的資訊，以支援內部作業、輔助決策制定，或以網路連結上、下游的供應商、通路與顧客，藉以提升企業的競爭力。

企業職能又可概分為：

1.**直線職能** （Line Functions）	直接和企業的利潤與營業收入有關，包括**生產與作業職能、行銷的職能**。
2.**幕僚職能** （Staff Functions）	位於輔助的位置，包括**財務職能、人力資源職能等**。

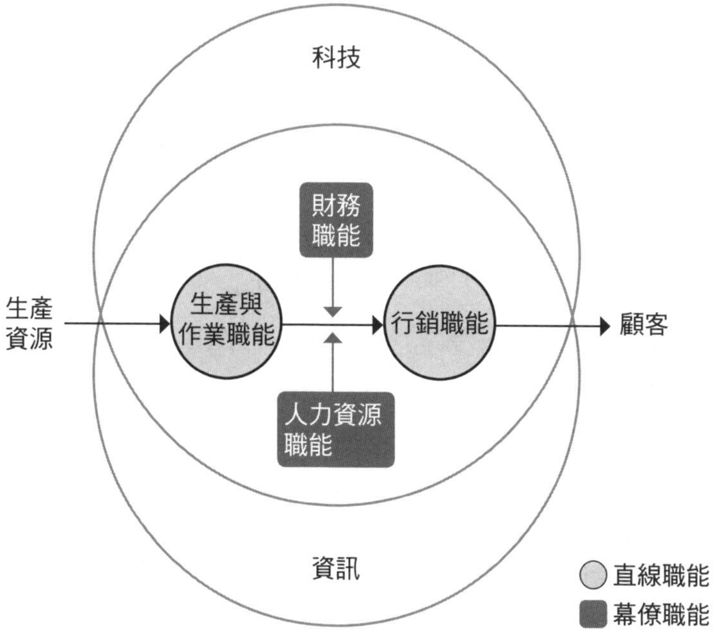

基礎題型

解答

1 下列哪一個選項是指企業功能（Business Functions），簡稱「五管」？(A)設計、製造、銷售、服務、維修 (B)規劃、組織、用人、領導、控制 (C)生產、行銷、財務、人事、資訊 (D)計畫、招募、甄選、訓練、發展。【108鐵路營運人員】 (C)

考點解讀 企業功能係企業為求生存成長所需的基本職能，包含了生產與作業管理、行銷管理、人力資源管理、研究發展管理、財務管理。

2 下列何者不是企業的功能？(A)生產 (B)行銷 (C)人力資源 (D)組織。【107桃捷】 (D)

考點解讀 企業的功能：生產、行銷、人力資源、研究發展、財務。管理的功能：規劃、組織、領導、控制。

3 企業的基本功能是指經營一個企業所涉及的業務，下列何者不是企業的基本功能？ (A)行銷管理 (B)產品包裝管理 (C)研究發展管理 (D)人力資源管理。【107自來水】 (B)

考點解讀 產品包裝管理是屬於行銷管理的一環。

4 生產作業管理、行銷管理、人力資源管理、研發、財務管理等功能，稱之為何？
(A)規劃功能 (B)執行功能
(C)企業功能 (D)考核功能。【107鐵路營運人員】 (C)

考點解讀 企業功能有五項分別為：生產管理、行銷管理、人力資源管理、研究發展管理及財務管理。

5 生產、行銷、財務、人事與研究發展等功能，一般稱之為： (A)控制程序 (B)組織層級 (C)企業機能 (D)管理矩陣。【106桃機】 (C)

考點解讀 企業機能（Business Function）又稱業務功能，係指企業創造產品或提供服務時所需安排的機能性活動，涵蓋的活動為：生產、行銷、人力資源、研究發展與財務。

6 依據組織分工的專業技術分類為生產、行銷、財務、人事、研發稱為：(A)管理功能 (B)企業功能 (C)管理循環 (D)管理矩陣。【104台電】 (B)

解答

考點解讀 (A)企業的管理功能包括規劃、組織、領導、控制。(C)管理循環說明管理是一個動態程序，週而復始。(D)將企業功能與管理功能組成交叉式矩陣。

7 下列何者為企業中的「直線職能」？ (C)
(A)財務管理 (B)教育訓練 (C)生產與作業管理 (D)會計。 【103台酒】

考點解讀 直接和企業的利潤與營業收入有關，包括生產與作業管理與行銷管理。

進階題型

解答

1 依組織分工的專業技術分類為生產、行銷、財務等稱為： (A)管理功能 (B)企業功能 (C)管理循環 (D)管理矩陣。 【108鐵路營運人員】 (B)

考點解讀 企業依組織分工的專業技術分類為生產、行銷、財務、人事、研發等功能。

2 企業內部負責設計並管理從原物料購買到轉換為最終產品或服務過程的部門是： (C)
(A)行銷部門 (B)財務部門
(C)作業部門 (D)董事會。 【106台糖】

考點解讀 生產與作業部門。(A)負責將行銷觀念轉換成行動，包括規劃、執行與控制三個步驟。涵蓋分析市場機會、選擇目標市場、設計行銷組合。(B)規劃與執行公司財務管理及資金調度業務。(D)由股東大會選舉產生，在股東大會閉會期間行使股東大會職權的常設機構，負責執行公司重大經營管理的事項。

3 下列何項職權是在專長領域中給予其他單位或個人的建議及諮詢的權力？ (D)
(A)個人職權 (B)直線職權
(C)員工職權 (D)幕僚職權。 【103中華電信】

考點解讀 幕僚職權（staff authority）：協助直線經理遂行管理職責，本身並無直接指揮權力，但以專業功能輔佐其他個人或單位的特定職權。

4 下列何者是幕僚人員？ (D)
(A)行銷經理 (B)生產經理 (C)配銷經理 (D)人事經理。 【104自來水】

考點解讀 幕僚人員與組織目標不發生直接的執行關係，專司襄助、支援或輔助的部門，如人事、財務、總務、資訊、稽核等人員。

焦點 2 企業的管理功能

企業的**管理功能**（management functions）或稱**管理程序**（management process），指管理者為達成目標，所採取的一系列管理活動，包括：**規劃、組織、領導及控制**。

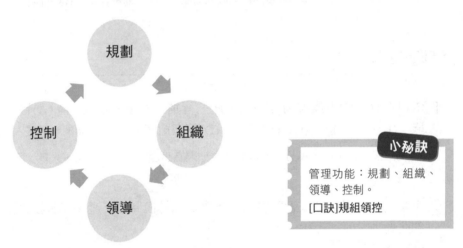

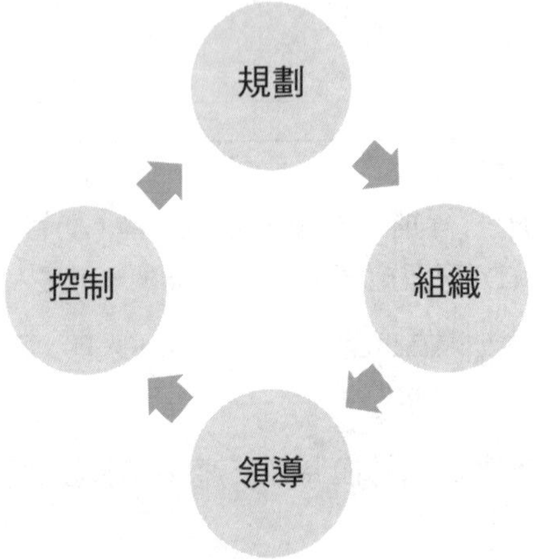

小秘訣

管理功能：規劃、組織、領導、控制。

[口訣]規組領控

規劃（planning）	替未來的組織績效定出目標，並研擬任務分配及資源使用方式以達成目標的過程。
組織（organizing）	包括任務的指派、任務的部門化、資源的分派等。
領導（leading）	是指管理者運用影響力來激勵員工達成組織的目標。
控制（controlling）	對員工或事業單位的績效衡量，以確定組織計畫或目標的實現，並視狀況決定是否採取調整行為。

☆ 小提點

管理係指管理者善用企業或組織各種資源，透過管理功能（規劃、組織、用人、領導與控制），有效果（effectiveness）及有效率（efficiency）地達到企業或組織的目標。效果或效能強調：「所追求的目標本身是否恰當？」，亦即做對的事（Do the Right Thing）；效率強調：「目標追求的成本效益考量」，亦即把事情做對（Do the Thing Right）。

基礎題型

解答

1 下列何者不是管理強調的四項功能之一？ (D)
(A)規劃 (B)領導 (C)控制 (D)社群。 【108漢翔】

考點解讀 管理的四大功能是一個不斷重複的過程，又稱為管理循環。主動積極的投入於規劃、組織、領導與控制等四項基本管理功能，是成功管理的必要條件。

2 下列何者不屬於基本管理功能？ (C)
(A)規劃 (B)領導 (C)激勵 (D)控制。 【108台酒、107農會】

考點解讀 管理者無論於何階層及組織中皆須執行規劃、組織、領導及控制四項基本管理功能。領導功能涵蓋激勵、溝通、衝突化解。

3 要達成組織的目標，管理者必須執行四項管理功能，下列哪一個功能排列順序最合理？ (A)規劃、領導、組織、控制 (B)組織、領導、規劃、控制 (C)規劃、組織、領導、控制 (D)組織、規劃、控制、領導。 【105郵政】 (C)

4 〈複選〉下列何者屬管理的四大功能？ (A)規劃 (B)組織 (C)用人 (D)控制。 【107台糖】 (A)(B)(D)

5 為企業設立目標，是屬於下列哪一項企業管理活動的一部分？ (A)規劃 (B)組織 (C)領導 (D)控制。 【108漢翔、104郵政】 (A)

考點解讀 規劃乃針對未來擬採取的行動，進行分析與選擇的過程。規劃的內容包括目標的設定以及達成目標的策略、方法及步驟。

6 管理功能中透過分派任務與責任，協調人員與資源來完成共同的目標指的是？ (A)規劃 (B)組織 (C)領導 (D)控制。 【107農會】 (B)

考點解讀 組織乃是一種任務分派、權責界定與指揮系統設計的過程，包含決定有那些工作該做，由誰去做，如何分工，工作結果向誰報告，由誰作決策。

7 管理涉及到四個基本功能，而管理程序的最後一個步驟是什麼？此步驟的內容包括設立標準（例如銷售額度及品質標準）、比較實際績效與標準，然後採取必要的矯正行為。 (C)
(A)組織 (B)領導 (C)控制 (D)規劃。 【103台糖】

考點解讀 控制指一種檢視、比較及改正之程序。其主要工作有：(1)設立標準；(2)衡量實際績效；(3)將實際績效與標準相比較；(4)採取必要的改善措施（矯正行為）。

進階題型

解答

1 以下何者不是管理的POLC？ (D)

(A)規劃 (B)組織

(C)領導 (D)顧客。 【107桃捷】

考點解讀 管理的POLC指：規劃（Planning）、組織（Organizing）、領導（Leading）、控制（Controlling）四項功能。

2 描述管理活動包涵五個要素：計畫、組織、指揮、協調和控制，請問這是誰提出的論點？ (D)

(A)福特（Henry Ford） (B)泰勒（Frederick W. Taylor）

(C)杜拉克（Peter Drucker） (D)費堯（Henri Fayol）。 【104港務】

考點解讀 費堯（Henri Fayol）首先提出了管理職能（management functions）的概念，用以說明管理的內容。認為的管理職能分為計畫、組織、指揮、協調與控制。

3 決定需要做什麼、如何做以及由誰去做，是下列何項管理功能？ (B)

(A)規劃 (B)組織 (C)領導 (D)控制。 【108郵政】

考點解讀 管理的四大基本功能或程序包括：

(1)規劃：設定目標、建立達成目標之策略，以及發展一套有系統的計畫，來整合並協調企業的各項活動。

(2)組織：建立組織的系統架構及劃分各部門執掌，並確定部門間的權責關係。

(3)領導：激勵員工，指揮與協調員工的活動。

(4)控制：監督組織的績效，對於偏離原先所設定之目標的活動加以修正，使組織能朝正確的目標方向前進。

4 追蹤企業經營績效，是屬於下列哪一項企業管理活動的一部分？ (D)

(A)規劃 (B)組織

(C)領導 (D)控制。 【108漢翔】

考點解讀 管理程序的最後一個步驟是控制，指對企業經營績效來加以追蹤，以確定組織計畫或目標的實現，並視狀況決定是否採取調整行動。

解答

5 企業管理功能中的「控制」是指： (A)激勵團隊成員，化解成員之間糾紛 (B)擬訂組織目標與達成目標之策略 (C)分派資源、安排工作以達成目標 (D)比較實際工作進度與預期進度之落差，並採取必要的修正。 【108台酒】 (D)

考點解讀 (A)領導；(B)規劃；(C)組織。

6 關於管理功能的描述，下列何者正確？ (A)所謂的控制，具有監督的含意 (B)管理的功能是四個獨立的步驟，各自運作 (C)領導是替組織設立目標，是管理功能的第一個工作 (D)組織指的是建立策略以達成目標。 【112桃機】 (A)

考點解讀 (B)管理功能由規劃、組織、領導、控制等一連串步驟的循環作用，因此又稱為管理循環。(C)規劃是替組織設立目標，是管理功能的第一個工作。(D)規劃指的是建立策略以達成目標。

非選擇題型

1 當代企業管理學者多認為：管理功能係指管理者運用規劃、______、領導及控制等4大主要功能，來達成企業所訂定的目標。 【108台電】

考點解讀 組織。
企業欲發揮經營績效，主要仰賴各企業功能主管，如何有效的運用「管理功能」規劃、組織、領導、控制等方法，來從事所負責的業務，達成組織目標。

2 請說明亨利費堯（Henri Fayol）提出之五大管理功能？並說明管理功能與企業機能的差異。 【103農會】

考點解讀

(1)費堯（Henri Fayol）在《一般管理和工業管理》一書，將企業的工作分為六種：技術（生產）、商業（交易）、財務、保安（財產及員工的保護）、會計（成本與統計）、管理。費堯也指出管理的活動與其他五個活動的功能相當不同，包含五個要素：計畫、組織、指揮、協調和控制。

(2)企業機能，係指一個企業組織要能達到獲利、生存、成長及其他目標，所必須具有的基本技能。一般而言，企業機能可大略分為五種：人力資源功能、行銷功能、生產功能、財務功能、研究與發展功能。管理功能則指管理者為了達成目標所採取的一系列管理活動。

焦點 3 企業管理矩陣

企業管理矩陣（management matrix）是將企業功能與管理功能組成交叉式矩陣。矩陣中每一格都代表一項現代企業的管理者必須具備的管理知識。

企業管理矩陣

企業功能／管理功能	生產	行銷	人力資源	研究與發展	財務	資訊
規劃						
組織						
領導						
控制						

基礎題型

解答

1 企業功能（Business Function）與管理功能（Management Function）所構成的矩陣稱為： (A)關係矩陣 (B)企業矩陣 (C)管理矩陣 (D)功能矩陣 (E)專案矩陣。 【台電】 (C)

考點解讀 以五或六個企業功能為橫軸，以四個管理功能為縱軸，即構成了企業管理矩陣（business management matrix）或稱「管理矩陣」。

2 管理矩陣是管理功能與下列何者之結合？ (C)
(A)規劃、組織、領導、控制 (B)高階管理者、中階管理者、第一線管理者 (C)生產、行銷、人力資源管理、研究發展、財務 (D)專業技能、人際關係技能、概念技能。 【中華電信、自來水】

考點解讀 管理矩陣＝企業功能＋管理功能
(1)企業功能：生產、行銷、人力資源管理、研究發展、財務、資訊。
(2)管理功能：規劃、組織、領導、控制。

3 依據組織分工的專業技術分類為生產、行銷、財務、人事、研發稱為： (B)
(A)管理功能 (B)企業功能 (C)管理循環 (D)管理矩陣。 【104台電】

進階題型

解答

有關企業管理矩陣之敘述，下列何者正確？
(1)企業管理矩陣的管理功能包含規劃、組織、領導、控制
(2)企業管理矩陣的管理功能包含規劃、組織、領導、實踐
(3)企業管理矩陣中的企業功能為優勢功能、劣勢功能、機會功能、威脅功能
(4)企業管理矩陣中的企業功能為生產、行銷、人資、研究與發展、財務、資訊
(5)企業管理矩陣的管理功能包含計畫、執行、查核、行動
(A)(1)(3) (B)(2)(4) (C)(1)(4) (D)(3)(5)。 【111經濟部】

(C)

非選擇題型

企業管理矩陣圖是由「管理功能」與「企業功能」組成，請畫出企業管理矩陣圖。 【101中華電信】

考點解讀 管理矩陣

企業功能 \ 管理功能	生產	行銷	財務	人力資源	研究發展
規劃	✓	✓	✓	✓	✓
組織	✓	✓	✓	✓	✓
領導	✓	✓	✓	✓	✓
控制	✓	✓	✓	✓	✓

其意涵為：生產、行銷、人力資源、研究發展、財務的各級管理者運用資源，進行協調與決策，從事其所應進行的規劃、組織、領導及控制等管理工作與功能，以達成企業及其工作目標。

Chapter 03 企業所有權與公司治理

焦點 1　企業所有權的形式

企業為一組織，提供產品與服務給顧客以賺取利潤為最主要的目的。企業的所有權的型態（或稱：擁有企業的形式）可分為：

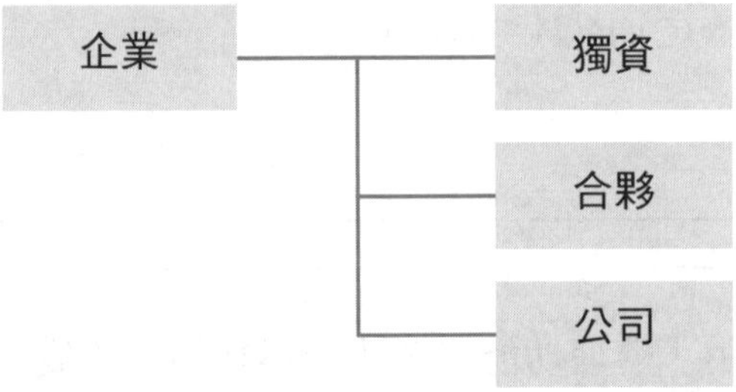

獨資	自然人以自己為權利義務之主體，依法登記從事商業交易以賺取利潤的組織。
合夥	二人以上互約出資，以共同經營並擔負起經營事業之權力與責任的契約。
公司	以營利為目的，依照公司法組織、登記、成立之社團法人。

☆ 小提點

社團法人：以人（社員）為成立之基礎，是為人的集合。又可分為營利為目的的社團法人，如公司、銀行等；公益為目的的社團法人，如工會、農會等。財團法人：以捐助之財產為其成立基礎，故為財產的集合。財團法人均係以公益為其存立之目標，涵蓋文化、教育、宗教、慈善等。

三者之優缺點比較如下：

	優點	缺點
獨資	(1)創立與解散容易 (2)經營管理單純 (3)經營成果（利潤）獨享 (4)所有權者擁有制定所有決策的自由 (5)所有權者可以獲得潛在稅負的優勢	(1)籌資不易，企業規模受限 (2)所有權者須負無限清償責任 (3)事業生命有限 (4)晉用人才不易 (5)營運延續性較差
合夥	(1)較多的財務來源 (2)較多的人才 (3)企業生命較長	(1)合夥人須負連帶無限清償責任 (2)利潤由合夥人分享 (3)合夥人間對經營上的意見不合，易生衝突 (4)結束經營困難
公司	(1)股東風險有限（無限責任股東除外） (2)資金來源較廣泛 (3)投資與結束投資容易 (4)所有權移轉方便 (5)企業存續時間較長	(1)股東間接控制 (2)機動性較差 （需股東會、董事會召開並決議）

根據我國公司法第2條規定，**公司又可分成以下四種：**

無限公司	指二人以上股東所組織，對公司債務負連帶無限清償責任之公司。
有限公司	由一人以上股東所組織，就其出資額為限，對公司負其責任之公司。
兩合公司	指一人以上無限責任股東，與一人以上有限責任股東所組織，其無限責任股東對公司債務負連帶無限清償責任；有限責任股東就其出資額為限，對公司負其責任之公司。
股份有限公司	指二人以上股東或政府、法人股東一人所組織，全部資本分為股份；股東就其所認股份，對公司負其責任之公司。

新視界

公司所有權的變化趨勢：

1. **員工認股計畫**（Employee Stock Ownership Plan, ESOP）：由雇主先設計一個具一定資格的員工始可加入的股票買入或認購計畫，再選定信託人進行管理。ESOP可使員工投資雇主公司的股票並分享利潤，兼具退休福利及獎勵員工之功能。
2. **企業內部創業**（Internal Corporate Entrepreneurship）：由一些有創業意向的企業員工發起，在企業的支持下承擔企業內部某些業務內容或工作項目，進行創業並與企業分享成果的創業模式。這種激勵方式不僅可以滿足員工的創業慾望，同時也能激發企業內部活力，改善內部分配機制，是一種員工和企業雙贏的管理制度。

基礎題型

解答

1 關於「股東」的敘述，下列何者正確？ (A)
(A)持有公司股票的人 (B)擁有公司債務的人
(C)提供公司勞務的人 (D)提供公司原料的人。 【105郵政、107桃捷】

考點解讀 股東（shareholder）是股份有限公司的出資人，又稱為投資人。股份有限公司中持有股份的人，其權利及責任會於公司之章程細則中列明。一般情況下，股東有權出席股東大會並有表決權，公司亦可發行沒有投票權之股份予股東，一般稱為特別股或優先股。

2 下列何者非屬企業所有權的型態？ (C)
(A)獨資 (B)合夥組織 (C)自由工作者 (D)有限公司。 【103中華電信】

考點解讀 企業所有權的型態可分為：獨資、合夥組織及公司，而公司根據公司法的規定又區分為：有限公司、無限公司、兩合公司、股份有限公司。

企業的類型		股東責任	法律依據
獨資		業主個人負無限清償責任	商業登記法
合夥		合夥人負連帶無限清償責任	民法
公司	有限公司	股東負有限責任（以出資額為限）	公司法
	無限公司	股東負連帶無限清償責任	
	兩合公司	無限責任股東負無限連帶清償責任 有限責任股東負有限責任	
	股份有限公司	股東負有限責任	

解答

3 由一人所有並且單獨經營的企業，是指下列何者？ (A)合夥企業 (B)無限公司 (C)獨資企業 (D)股份有限公司。 【107郵政】 (C)

考點解讀 獨資（Sole Proprietorship）常是企業創業一開始的最簡單型態，係指完全由單一個人出資所擁有的非公司型態的企業。出資者須承擔所有企業經營的風險，同時也享受所有的經營成果。

4 對有志創業的人士而言，成立獨資企業最主要的好處在於： (A)無機會取得額外的財務資源 (B)受法律保障的償債責任 (C)獨資企業較有機會永續經營 (D)自己當老闆。 【108郵政】 (D)

考點解讀 獨資企業指一個自然人以自己為權利義務為主體，依法登記從事商業交易以賺取利潤的組織。對有志創業的人士而言，成立獨資企業最主要的好處在於自己當老闆。

5 有關獨資企業的敘述，下列何者錯誤？ (A)設立手續簡便 (B)經營管理決策迅速 (C)資金受限 (D)有限清償責任。 【108台酒】 (D)

考點解讀 獨資企業的優點有：(1)設立手續簡便；(2) 經營管理決策迅速；(3)利潤獨享。缺點則有：(1)資金受限；(2)業主須負無限清償責任；(3)事業生命有限；(4)晉用人才不易。

6 關於「獨資企業」的敘述，下列何者正確？ (A)獨資企業是二人出資合營的企業 (B)獨資企業是由一個人單獨出資，擁有並單獨經營的企業 (C)獨資企業是發行股票由民眾認購的企業 (D)獨資企業的所有者不必要獨自承擔所有債務。 【105郵政】 (B)

考點解讀 (A)合夥企業是二人出資合營的企業 ；(C)公司是發行股票由民眾認購的企業；(D)獨資企業的所有者必須獨自承擔所有債務。

7 下列何者為獨資的優點？ (A)無限清償責任 (B)利潤獨享 (C)有限清償責任 (D)有限的財務資源。 【103中華電信】 (B)

考點解讀 獨資的優點有：創立與解散容易、利潤可獨享、經營管理較單純、所有權者擁有制定所有決策的自由、所有權者可以獲得潛在稅負的優勢。

8 下列何者為獨資（sole proprietorships）企業的優點？ (B)
(A)容易聚集資金與才能 (B)容易創立
(C)有限債務的清償責任 (D)延續性較長。 【103中油】

考點解讀 不易聚集資金與人才、無限債務的清償責任、延續性較差是其缺點。

解答

9 合夥企業各合夥人的責任範圍為： (A)有限清償責任 (B)無限清償責任 (C)連帶有限清償責任 (D)連帶無限清償責任。 【103台酒】 (D)

考點解讀 「合夥企業」是由兩個人以上共同出資，共同負擔損益，合夥人之間對於債權人的債務應負連帶無限清償責任。

10 「合夥」的企業組織，由兩個人以上共同出資，共同負擔損益，合夥人之間對於債權人的債務應負何種責任？ (A)有限責任 (B)連帶有限責任 (C)就各自的出資額度負責 (D)連帶無限責任。 【107台酒】 (D)

11 所謂的內部創業家（Intrapreneur），通常會運用下列哪一類的資源來開發新產品或新服務，為所屬企業組織的未來綢繆？ (A)既有雇主的人力、財務與實體資源 (B)個人所擁有的財務資源 (C)政府所提供的實體與財務資源 (D)市場競爭者所提供的財務資源。 【108郵政】 (A)

考點解讀 內部創業家（Intrapreneurs）指在既有公司內部的創業，亦即由一些具有創意的員工發起，在企業的支持之下，承擔企業裡某些業務內容或新科技或新市場，進行創業並與企業分享成果的模式。

進階題型

解答

1 下列有關獨資（sole proprietorship）企業的敘述何者正確？ (A)人才引進不易 (B)開始與結束營業都較容易 (C)業主須負無限清償責任 (D)以上皆是。 【112桃機】 (D)

考點解讀 獨資企業指一個自然人以自己為權利義務為主體，依法登記從事商業交易以賺取利潤的組織。其優點是開始與結束營業都較容易、經營管理單純、經營成果獨享；缺點則是人才引進不易、籌資不易、企業規模受限、業主須負無限清償責任。

2 下列何者不是獨資（sole proprietorship）企業的優點？ (B)
(A)所有權者擁有制定所有決策的自由 (B)所有權者負有限的債務清償責任 (C)獨資企業容易設立也容易解散 (D)所有權者可以獲得潛在稅負的優勢。 【105中油】

考點解讀 所有權者（股東）負有限的債務清償責任，屬於公司（無限責任股東除外）的優點。獨資（sole proprietorship）企業的優點：所有權者（業主）擁有制定

解答

所有決策的自由、容易設立也容易解散、經營成果可獨享、經營管理較單純、所有權者可以獲得潛在稅負的優勢。

3 有關獨資企業的敘述，下列何者錯誤？ (A)設立手續簡便 (B)經營管理決策迅速 (C)資金受限 (D)有限清償責任。 【108台酒】 (D)

考點解讀 獨資企業的缺點：(1)籌資不易，資金受限；(2)無限清償責任；(3)事業生命有限；(4)晉用人才不易；(5)營運延續性較差。

4 〈複選〉關於「合夥企業」的敘述，下列何者正確？ (A)損益之分配成數，合夥人平均分攤 (B)每一合夥人對企業均須負完全之責任 (C)當有事務須行表決時，無論出資多寡，每人僅有一表決權 (D)各合夥人之出資及其他合夥財產為全體合夥人共有。 【107自來水】 (B)(C)(D)

考點解讀 有關合夥人權益：
(A)合夥人損益分配：未經約定，按合夥人出資額之比例定之。
(B)合夥人責任：負連帶無限清償責任。
(C)合夥人表決權：無論出資多少，每人僅有一票表決權。
(D)合夥人財產：為合夥人全體共有。

5 相對於其他企業型態，下列何者是「股份有限公司」的優點？ (A)業者要獨自承擔無限債務 (B)成立時複雜且費時 (C)所有權移轉方便 (D)不容易吸引資金。 【105郵政】 (C)

考點解讀 「股份有限公司」的優點：業者（股東）承擔有限債務、容易吸引資金、所有權移轉方便、投資與結束投資容易、企業存續時間較長。

6 對於企業經營型態的分類，下列敘述何者錯誤？ (B)
(A)按投資者型態可分為獨資、合夥、公司
(B)按擁有型態可分為本土化企業、外國企業、國外分公司
(C)按市場競爭性可分為獨占企業、寡占企業、完全競爭企業
(D)按利潤型態可分為營利企業、非營利企業。 【104郵政】

考點解讀 企業經營型態的分類有：
(1)按投資者型態可分為獨資、合夥、公司。
(2)按擁有型態可分為國營事業、民營企業。
(3)按註冊地申請可分為本土化企業、外國企業、國外分公司。
(4)按市場競爭性可分為獨占企業、寡占企業、完全競爭企業。
(5)按利潤型態可分為營利企業、非營利企業。

解答

7 台灣電力公司的最高權力機構為：　(A)董事會　(B)監事會　(C)股東大會　(D)事業部。【104台電】 (C)

考點解讀　公司組織結構可分為：
(1)股東大會：公司最高權力機關，由全體股東組成，對公司重大事項進行決策。
(2)董（監）事會：由股東選出，代表股東指導及監督公司之營運。
(3)經營團隊：由董事會聘請，負責公司之經營。
(4)基層員工：由經營團隊聘雇，執行公司之運作。

8 3M 鼓勵內部員工扮演「產品鬥士」，推動員工開發新產品。請問，「產品鬥士」的創業模式，是屬於下列哪一種創業類型？ (D)
(A)科技創業　(B)新發明
(C)文化創意創業　(D)內部創業。【105自來水】

考點解讀　內部創業是由一些有創業意向的企業員工發起，在企業的支持下承擔企業內部某些業務內容或工作項目，進行創業並與企業分享成果的創業模式。

9 〈複選〉依據公司法規定，公司的種類有哪幾種？ (A)(B)(C)
(A)無限公司　(B)有限公司
(C)兩合公司　(D)集資公司。【107台鐵營運人員】

考點解讀　依據公司法第2條規定：「公司分為左列四種：
(1)無限公司：指二人以上股東所組織，對公司債務負連帶無限清償責任之公司。
(2)有限公司：由一人以上股東所組織，就其出資額為限，對公司負其責任之公司。
(3)兩合公司：指一人以上無限責任股東，與一人以上有限責任股東所組織，其無限責任股東對公司債務負連帶無限清償責任；有限責任股東就其出資額為限，對公司負其責任之公司。
(4)股份有限公司：指二人以上股東或政府、法人股東一人所組織，全部資本分為股份；股東就其所認股份，對公司負其責任之公司。公司名稱，應標明公司之種類。」

10 有關企業組織型態的敘述，請問下列何項敘述為正確？ (D)
(A)獨資是指由一人所有與經營的企業，該所有人負擔有限責任
(B)合夥是指由一人所有與經營的企業，該所有人共同負擔無限清責任
(C)公司是一獨立的法律實體，其所有權人的責任為無限清償責任
(D)以上皆非。【108漢翔】

考點解讀　(A)獨資是指由一人所有與經營的企業，該所有人負擔無限責任　。(B)合夥是指由二人以上互約出資，共同經營的企業，該所有人共同負擔無限清責任。(C)公司是一獨立的法律實體，其所有權人的責任為無限或有限責任。

焦點 2 企業的特殊型態

企業除前述非分類，另有以下幾種的型態：

1. **微型企業：指經營事業員工數（不含負責人）不滿5人的小規模企業。**
2. **中小企業：**相對規模較小的企業，經營管理是獨立的，業主即經理人。
3. **公營事業：**政府資本佔全部股權的50%以上，以發展國家資本，促進經濟建設，便利人民生活為目的。
4. **家族企業：**家族成員掌握經營權、董監事及重要經營幹部，在東方國家比較盛行。
5. **集團企業：**由若干在法律上獨立的企業個體，經由特殊連結所形成的商業團體。企業間的特殊連結關係，如互相持股、相互投資及支援配合。
6. **跨國企業：**企業經營範圍跨越國家界限，又稱多國籍企業。以全球策略的眼光，成立全球總部，統合各地營運。

☆ 小提點

中小企業：指依法辦理公司登記或商業登記，並合於下列基準之事業：

1.製造業、營造業、礦業及土石採取業實收資本額在新臺幣八千萬元以下，或經常僱用員工數未滿二百人者。

2.除前款規定外之其他行業前一年營業額在新臺幣一億元以下，或經常僱用員工數未滿一百人者。（「中小企業認定標準」第2條）

以下茲就這六種企業特殊型態的特性比較如下：

1. **微型企業**（Micropreneurs）

   (1)集中在服務業。

   (2)不少的微型企業是屬於家庭式事業。

   (3)創業者可以兼顧家庭與事業。

   (4)很多大型企業的經營都需要獲得微型企業在產品與服務上的支持。

   (5)管理能力不足或缺乏經驗。

   (6)控制制度不健全及資金不足。

   (7)如何獲取新的顧客、管理時間、管理風險、政府規範的問題是必須面對的挑戰。

2. **中小企業**（small and medium enterprise）
   (1)相對規模有限，無法產生規模經濟的效益。
   (2)資金不足。
   (3)擴張發展受限。
   (4)無法吸引人才。
   (5)業主事必躬親。
   (6)缺乏完善的管理制度。
   (7)技術升級常遇瓶頸。
   (8)彈性較大、決策反應較快。
   (9)具有創新活力。
3. **公營事業**（public enterprise）
   (1)管理受法令規範及民意機關的監督。
   (2)受法令保護、形成獨占。
   (3)不以營利為主要目的、缺乏效率誘因。
   (4)用人比照公務人員。
   (5)高階主管及董監事多屬於酬庸性質、專業不足。
   (6)經營受法令限制，管理者激勵工具有限。
4. **家族企業**（familial enterprise）
   (1)管理核心為家族成員、外人不易進入。
   (2)企業中地位受到家族關係影響。
   (3)企業利益與家族利益結合。
   (4)重用家族成員、難吸引人才。
   (5)傳家繼承、不輕易放棄企業的所有權。
5. **集團企業**（consortium enterprise）
   (1)股權集中，主要股東握有子公司 50% 以上的股份，以便控制企業的經營。
   (2)集團企業各分子從事相關業務，互有往來。
   (3)以追求集團利益的最佳化為主，集團利益高於各分子企業利益。
   (4)集團總部通常對分子企業的人事、財務有集中調配權，對業務有主導權。
6. **跨國企業**（transnational corporation）
   (1)活動範圍甚廣。
   (2)目的為增加新市場、擴大經濟規模、追求全球性的整合。
   (3)時空距離造成管理的困難。
   (4)經營活動溝通與跨國界的合作是挑戰，並要克服語言、文化的差異，造成經營成本增加與時間延遲。
   (5)政治、經濟、法律、金融匯兌與民情隔閡，經營不易。

新視界

社會企業（social enterprise）

指的是一個用商業模式來解決某一個社會或環境問題的組織，例如提供具社會責任或促進環境保護的產品／服務、為弱勢社群創造就業機會、採購弱勢或邊緣族群提供的產品／服務等。其組織可以以營利公司或非營利組織的型態存在，並且有營收與盈餘。其盈餘主要用來投資社會企業本身、繼續解決該社會或環境問題，而非為出資人或所有者謀取最大的利益。

基礎題型

解答

1 我國公司多為中小企業，故在發展與管理上多受限制，下列何者並非中小企業常見的問題？ (A)缺乏完善的管理制度 (B)綠色產品的趨勢 (C)資金不足 (D)技術升級常遇瓶頸。 【107台糖】 (B)

考點解讀 中小企業（small and medium enterprise, SME）：常見的問題有：相對規模有限、資金不足、缺乏完善的管理制度、擴張發展受限、人才不易投入、技術升級常遇瓶頸等。另外，中小企業對綠色產品（環保）實行有其難度，因配合環保所需投入的資金相當龐大，難以負擔，雖政府有提供部分補助，仍嫌不足。

2 下列何者不是台灣中小企業的特色？ (A)資金主要依靠發行股票而來 (B)以家族為基礎的經營模式 (C)外銷導向的貿易方式 (D)黑手頭家，開創新事業體。 【106自來水】 (A)

考點解讀 公司型態資金來源主要依靠發行股票而來，但相對的台灣中小企業因規模較小，資本額、資產額、營業額均未能達到上市上櫃的標準，而無法在初級市場或集中市場募集資金。

3 中小企業為大多數經濟體系中重要的一環，以下對中小企業的敘述何者正確？ (A)較大企業易產生規模經濟利益 (B)較易吸引資金投入 (C)決策反應較快，能隨時調整策略，掌握機會 (D)較易吸引專業人才投入。 【105經濟部】 (C)

考點解讀 中小企業因規模受限，無法產生規模經濟利益，較難吸引資金投入與吸收專業人才，且缺乏完善的管理制度。但相對的，也因規模較小，其決策反應能力快，能隨時調整策略掌握先機，具備創新的活力。

解答

4 下列對中小企業的陳述，何者錯誤？
(A)可用資源有限 (B)具有較大的應變彈性 (C)具有創新活力 (D)具有水平式擴張成長能力。【104原民-交通行政】 (D)

考點解讀 由於人才、資金、技術不足，擴張發展受到限制。

5 下列何者不是導致中小企業營運失敗的常見原因？ (A)管理能力不足 (B)財務規劃不夠完善 (C)資金取得太過容易 (D)向金融機構借款後無法按時還款。【108郵政】 (C)

考點解讀 導致中小企業營運失敗的常見原因：管理能力不足、財務規劃不夠完善、財務結構不健全、信用不足貸款困難、資訊掌握不夠、向金融機構借款後無法按時還款等。

6 以解決特定社會問題為核心的企業型態組織，不靠捐贈，而靠日常營運自給自足的企業稱？ (A)非營利組織 (B)社會企業 (C)財團法人 (D)社團法人。【106經濟部】 (B)

考點解讀 (A)不是以營利為目的的組織，其目標通常是支持或處理個人關心或者公眾關注的議題或事件。非營利組織所涉及的領域非常廣，如藝術、慈善、教育、政治、宗教、學術、環保等。(C)公益為其存立之目標，以文化、教育、宗教、慈善等目的為主。(D)以人為成立之基礎，是為人的集合。又可分為以營利為目的的社團法人，如公司等；公益為目的的社團法人，如工會、農會等。

進階題型

解答

1 〈複選〉下列對於「中小企業」的敘述，哪些是正確的？ (A)經營管理是獨立的，通常業主即是經理人 (B)在管理上有許多專業的管理人士 (C)相對規模較有限 (D)管理較具彈性，決策反應快，能隨時調整經營方向。【107自來水】 (A)(C)(D)

考點解讀 在管理上有許多專業的管理人士是屬於公司型態的特色。

2 有關家族企業的敘述，下列何者錯誤？ (A)主要管理職位都由家族成員占有，外人不易進入核心 (B)企業的員工多實行終身雇佣制，員工穩定且很少流動 (C)員工對企業的依賴性不高，企業缺乏凝聚力 (D)管理過分重視人情，忽視制度建設和管理。【105台糖】 (C)

解答

考點解讀 家族企業（familial enterprise）：家族成員掌握經營權、董監事及重要經營幹部。
其特性為：(1)管理核心為家族成員佔有、外人不易進入重要職位；(2)企業中地位受到家族關係影響；(3)企業利益與家族利益結合；(4)重用家族成員、較難吸引人才；(5)傳家繼承、不輕易放手，後代繼承時易使家族分裂。
優點有：(1)企業的員工多實行終身雇用制，員工穩定且很少流動；(2)員工對企業的依賴性高，企業有較強凝聚力；(3)內部人際關係和諧；(4)對新技術有較強的吸收能力，能有效地防止企業機密外洩；(5)管理者與員工在感情上存在著感恩的思想。

3 小型企業經營失敗的原因有很多，下列何者是小型企業經營失敗常見的可能原因之一？ (C)
(A)企業主工作勤奮
(B)企業控制制度健全
(C)資金不足
(D)企業提供市場所需的產品。 【107郵政】

考點解讀 小型企業經營失敗常見的可能原因是資金不足與缺乏管理經驗，這兩個缺點也是企業經營的兩大致命傷。

4 〈複選〉下列哪些是「跨國企業」的特性？ (A)(B)(C)
(A)活動範圍甚廣，從最簡單的進出口貿易，到最複雜的全球運作體系
(B)主要目的在開闢新的市場以增加營業量，追求規模經濟降低成本
(C)最大的困難在於所有經營活動的處理，如研發與生產、生產與行銷
(D)母國和地主國之間語言沒有隔閡，管理容易。 【107自來水】

考點解讀 母國和地主國之間並須克服語言、文化的差異，管理不易。

5 近年來有一種新的企業型態，主要透過商業模式解決特定社會或環境問題，其所得盈餘主要用於本身再投資，以持續解決該社會或者環境問題，而非僅為出資人或所有者謀取最大利益。請問此種企業型態稱為： (D)
(A)非營利組織 (B)微型企業 (C)良心企業 (D)社會企業。 【106自來水】

考點解讀 社會企業：非營利組織仿效一般企業，亦運用商業的方式募集資源，同時也提高組織效率節省開支，來開源節流。
(A)以公共服務為使命，享有稅賦的優待，不以營利為目的之組織。
(B)「中小企業發展條例」第4條第2項所稱小規模企業，指中小企業中，經常僱用員工數未滿5人之事業。惟國內對微型企業並無一明確之官方定義，只在前行政院勞工委員會的「微創鳳凰貸款」中提及，微型企業係指經營事業員工數（不含負責人）未滿5人的事業。
(C)落實社會責任，重視經營倫理，不只利害關係人受惠，更能影響商業價值，進而提升國家競爭力的企業。

解答

6 下列何項政策有助於提升創業意願？ (A)
(A)提供減稅的誘因並降低法規限制
(B)制定更嚴格的環保法規
(C)加強金融機構對創業者申請創業貸款的審核
(D)鼓勵民眾多買股票。 【107自來水】

考點解讀 政府協助創業與產業發展，可分為：(1)政策工具的介入：租稅減免、關稅保護、降低法規限制、融資與低利貸款、直接補助、諮商與輔導等。(2)一般制度介入：健全資本市場、基礎建設、教育投資、社會保險等。

焦點 3 公司治理

公司治理（Corporate Governance）是確保管理當局的作為與決策，能夠符合企業關係人利益的一種機制。公司治理的主要目標是力求高階管理當局和關係人的利益相互一致。

☆ 小提點

公司治理根據國際經濟合作發展組織（OECD）的定義，是**規範企業之管理階層、董（監）事會、股東與其他利害關係人間關係的架構**，並可透過這種機制，釐定公司的營運目標，以及落實該等目標的達成與營運績效的監測。

1. **公司治理的基本精神**

   公司治理所追求的基本精神，如根據OECD所公佈的公司治理原則，可歸納為：
   (1)落實董事會的責任並強化董事會運作。
   (2)維護或重視股東的權益。
   (3)加強經營資訊的透明化。
   (4)追求股東利潤極大化。
   (5)公平對待所有投資人。
   (6)建立有效的公司治理架構。

2. **公司治理範疇**

   公司治理的範疇涵蓋：股權結構、大股東持股、獨立董事、代理問題等。

☆ 小提點

「代理理論」是指公司股東、債權人、經理人存在契約關係，股東及債權人為委託人，經理人為代理人，在理性之假設下，相關人員皆以追求自身效用極大化為目標，故可能產生利益衝突，且因代理人擁有優勢資訊形成「資訊不對稱」，其後果為道德危險（代理人怠於執行有利於委託人的行動）及逆選擇（委託人得到其最不想要的結果），因而產生代理成本。

3. **公司治理機制**

(1)**所有權集中度**：指大股東所擁有股權百分比增加，其參與及影響力也會增加，更能促使和監督管理者採取符合股東利益的決策與行為。

(2)**董事會組成結構**：董事會的職責是代表股東權益來正式監督和控制公司的高階主管，而優先設置獨立董監事的機制，就是落實公司治理的體現。

(3)**高階管理者的報酬機制**：公司可藉由設計高階管理當局的報酬機制，來使高階管理當局的利益與股東利益相符。

(4)**採用多事業部的組織結構**：多事業部的組織結構中，每一個事業部都有總公司派駐的人員，而這些人員與事業部的董事會，可共同有效監控該事業部的管理決策。

(5)**公司接管的方式**：被其他公司收購的風險，接管的威脅可限制管理者的行動，使公司管理階層更加用心地經營。

4. **良好的公司治理的四原則**

(1)**公平性**：強調對公司投資人以及利害關係人給予公平合理的對待。

(2)**責任性**：強調公司應遵守法律以及社會期待的價值規範。

(3)**課責性**：強調公司董事及高階主管的角色與責任應該明確劃分。

(4)**透明性**：強調公司財務以及其他相關資訊必須適當地揭露。

基礎題型

解答

1 某企業爆發公司高階層行賄事宜，導致企業面對司法調查，這是企業何項系統並未能發揮正常的功能？而這項系統主要係用於管理企業，以便維護業主或股東權益。 (A)財務控制（Financial Control） (B)公司治理（Corporate Governance） (C)管理資訊系統（Management Information System） (D)走動式管理（Management by Walking Around）。 【103鐵路】 **(B)**

解答

考點解讀 公司治理的觀念就是監督機制的落實，亦即解決代理問題，使高階經理人的行為能在「合理且自然」的機制下受到規範，以維護股東權益及公司價值。

2 有關公司治理（Corporate Governance）的基本精神，下列敘述何者有誤？ (A)獨立董事擁有多數股權並協助企業經營 (B)強化董事會運作 (C)追求股東利潤最大化 (D)加強經營資訊透明化。 【102經濟部】 (A)

考點解讀 獨立董事（independent director）是指獨立於公司股東且不在公司中內部任職，並與公司或公司經營管理者沒有重要的業務聯繫或專業聯繫，並對公司事務做出獨立判斷的董事。

3 獨立董事表彰的是： (A)公司管理的精神 (B)公司治理的精神 (C)公司經理的精神 (D)公司自律的精神。 【102自來水】 (B)

考點解讀 「優先設置獨立董監事機制」是公司治理的重要內涵，我國上市審查準則第9條規定：初次申請上市公司應至少設有獨立董事二人，並至少設有獨立監察人一人，且至少有一位獨立董事和獨立監察人必須具有財務或會計背景。將未設置獨立董監事列為「不得上市櫃」條款，獨立董事暨獨立監察人應符合：獨立性、專業性、專注度。

4 公司治理是確保管理當局的作為與決策，能夠符合企業關係人利益的一種機制。下列何者是公司常用的內部治理機制? (A)所有權集中度 (B)設計高階管理當局的報酬機制 (C)採用多事業部的組織結構 (D)以上皆是。 【112桃機】 (D)

考點解讀 公司常用的內部治理機制：所有權集中度、董事會組成結構、設計高階管理當局的報酬機制、採用多事業部的組織結構、公司接管的方式。

5 企業所有者與經營者的利益衝突的問題被稱為： (A)管理問題 (B)代理問題 (C)治理問題 (D)監督問題。 【102中華電信】 (B)

考點解讀 代理問題（agency problem）即指企業所有者（股東）與經營者（管理當局）之間「利益衝突」的問題。

6 有關公司治理，下列敘述何者正確？ (A)實際經營者和出資人之間存在代理關係 (B)大型企業通常由董事會負責企業日常營運 (C)大型企業通常經營權與所有權合一 (D)外部董事通常也參與企業日常的經營活動。 【108台酒】 (A)

考點解讀 (B)大型企業通常由總經理負責企業日常營運 (C)大型企業通常經營權與所有權分離 (D)外部董事通常很少參與企業日常的經營活動。

進階題型

解答

1 良好的公司治理必須符合公平性、責任性、課責性、透明性四個原則，其中強調公司財務以及其他相關資訊必須適當地揭露，此為何項原則？ (D)
(A)公平性原則　(B)責任性原則
(C)課責性原則　(D)透明性原則。【103中華電信】

考點解讀　良好的公司治理必須符合以下四原則：(1)公平性原則：強調對公司投資人以及利害關係人給予公平合理的對待。(2)責任性原則：強調公司應遵守法律以及社會期待的價值規範。(3)課責性原則：強調公司董事及高階主管的角色與責任應該明確劃分。(4)透明性原則：強調公司財務以及其他相關資訊必須適當地揭露。

2 公司治理時，因為高階管理當局與關係人兩者之間存有代理關係，因而產生代理成本，下列何者非為代理成本？ (A)激勵高階主管，以符合股東利益的激勵成本 (B)為有效制裁高階主管行為的重大交易成本 (C)為有效監督高階管理當局的監控成本 (D)為強制高階管理當局符合股東利益所花的強制成本。【105鐵路】 (B)

考點解讀　代理成本（agency cost）就是高階管理當局負責制定決策，但卻由股東來承擔風險。代理成本的產生主要便是因為我們無法確保公司的高階管理當局，是否會完全依照股東最大利益的原則下，來制定決策與行動。代理成本包括激勵成本（incentive cost）、監控成本（monitoring cost）、強制成本（enforcement cost）、股東個人財務損失（individual financial loss）。

3 下列何者不是「公司治理」的內容？ (A)建立有效的公司治理架構 (B)確保股東權利和重要的所有權機制 (C)資訊揭露和透明度 (D)重視大股東的權利。【107自來水】 (D)

考點解讀　根據OECD所公佈的公司治理原則，可歸納為：(1)落實董事會的責任並強化董事會運作；(2)維護或重視股東的權益；(3)加強經營資訊的透明化；(4)追求股東利潤極大化；(5)公平對待所有投資人；(6)建立有效的公司治理架構。

非選擇題型

1 所謂______係指一種指導及管理的機制，以落實公司經營者的責任為目的，藉由加強公司績效管理且兼顧其他利害關係人利益，以保障股東權益。【108台電】

考點解讀 公司治理。

公司治理係指一種指導及管理並落實公司經營者責任的機制與過程，在兼顧其他利害關係人利益下，藉由加強公司績效，以保障股東權益。

2 我國「上市上櫃公司治理實務守則」規定，上市上櫃公司建立公司治理制度除應遵守法令及章程之規定等外，應依「保障股東權益、強化______職能、發揮監察人功能、尊重利害關係人權益及提昇資訊透明度」原則為之。 【106台電】

考點解讀 董事會。

上市上櫃公司治理實務守則第2條（公司治理之原則）規定：「上市上櫃公司建立公司治理制度，除應遵守法令及章程之規定，暨與證券交易所或櫃檯買賣中心所簽訂之契約及相關規範事項外，應依下列原則為之：(1)保障股東權益。(2)強化董事會職能。(3)發揮監察人功能。(4)尊重利害關係人權益。(5)提昇資訊透明度。

焦點 4 企業與社會的關係

從經濟的角度而言，企業的存在增加了社會的財富。若從非經濟的角度而言，企業的存在則有助提高社會的生活水準與品質。

1. **主要經濟體制包括**

(1) **自由市場經濟體制**：又稱市場經濟制度、資本主義經濟制度，根據亞當斯密自由放任的想法而形成，強調政府干預愈少愈好。主要是以私有財產為基礎，自由競爭為原則，追求利潤為目的，但會產生社會貧富懸殊的現象。

(2) **國家計畫經濟體制**：又稱共產經濟制度，依據馬克斯的觀點而形成，主要強調政府對社會經濟的強制性。共產經濟制度反對社會的所有一切私有財產，強調一切經濟活動的生產與分配全交由政府來主導，將會導致社會普遍貧窮的現象。

(3) **社會經濟體制**：強調以政府計畫經濟為主，市場經濟為輔的經濟制度，為重視社會福利國家的經濟制度。

(4) **混合經濟體制**：是強調以自由經濟制度為主，政府管制為輔的經濟制度，為二十世紀經濟制度發展的主流。

2. **市場結構的類型**

經濟學家依據產品市場結構競爭性的準則，將市場型態區分下列三種：

(1) **完全競爭市場**：指一個買賣的雙方人數眾多，且具有充分自由競爭的市場。特徵：買賣的人數多、交易金額少，生產者是價格接受者，而非決定者。

(2) **完全獨占市場**：或稱完全壟斷，指在一個產品市場上，只有一家廠商，生產沒有近似替代品的產品，一家廠商構成整個產業的市場型態。特徵：產品獨特，缺乏替代性、市場資訊極端缺乏、廠商加入市場十分困難。

(3) **不完全競爭市場**：是介於完全競爭與完全獨占二極端之間。在現實經濟社會中，絕大多數產業均屬之，可分為獨占性競爭市場與寡占市場。

不完全競爭市場又可分為獨占性競爭市場與寡占市場：

(1) **獨占性競爭市場**：又稱壟斷性競爭，此市場廠商的行為具有獨占性又具競爭性。是由許多廠商生產類似但非同質的產品，新廠商加入非常容易的市場組織。特徵：買賣人數眾多、產品異質、市場訊息靈通但不完全、廠商進出市場容易。

(2) **寡占市場**：又稱寡頭壟斷。係指由生產相同的或有差異性產品的少數幾家廠商控制整個產業，彼此互相競爭、互相牽制、高度依賴。特徵：只有少數幾個廠商、產品可能同質（也可能異質）、市場資訊不完全、廠商進出市場不容易。

基礎題型

解答

1 關於資本主義的敘述，下列何者正確？ (A)大多數生產與分配的設備都是私人擁有，並以創造利潤為主要目的 (B)政府部門的主要任務是平均分配財富 (C)產品或服務的價格與可銷售的數量由政府部門決定 (D)經濟活動全由政府部門主導。 【107自來水】 **(A)**

考點解讀 (B)(C)(D)均屬於計畫經濟（planned economies）的特徵。

2 在哪一種經濟制度之下，私有企業比較能夠蓬勃發展？ **(C)**

(A)計畫經濟制度 (B)社會主義經濟制度

(C)市場經濟制度 (D)共產主義經濟制度。 【103中油】

考點解讀 又稱「自由經濟體制」，是純粹的資本主義經濟制度，以私有財產和經濟自由為基礎、價格制度為指引，追求利潤為目標的一種經濟制度。

3 有關計畫經濟（planned economies）的敘述，下列何者錯誤？ (A)基本信念是政府能提供社會大眾最佳的利益 (B)多以自由經濟為最大的代表 (C)社會主義也是計畫經濟形式之一 (D)大部份的資源是由政府所擁有。 【105台糖】 **(B)**

考點解讀 主要是採用命令分配型，政府機構對於資源的分配具有很大的權力。大眾利益的滿足主要是由國家機構來決定，市場上會有何種產品和產品何時出現，則完全由國家的規劃單位來決定。

解答

4 經濟學上將產業結構區分為獨占結構、寡占結構、獨占競爭結構和完全競爭結構，請問此係依下列何者來區分？　(A)廠商經營規模　(B)廠商所得利潤　(C)廠商家數的多寡　(D)廠商往來關係。　【107自來水】 (C)

考點解讀　一般而言，經濟學家會將市場競爭模式定義為市場結構（Market Structure）。市場結構的分類，主要考慮四項因素：(1)廠商數目多寡；(2)進入市場障礙的高低；(3)產品特性近似程度；(4)資訊流通是否完全。市場結構，依競爭程度（廠商家數多寡）依序分為：(1)完全競爭市場：多家競爭者，如早餐店。(2)獨占或寡占競爭市場：多家競爭者，賣家進出障礙低，如服飾、餐廳。(3)寡占市場：少數競爭者，賣家進出障礙高，如中油與台塑、可口可樂與百事可樂。(4)獨占市場：一家壟斷市場，沒有競爭者，如自來水公司。

5 市場上只有一個生產者，進入障礙很高，該廠商即代表該產業，可賺取超額利潤，係為哪一種產業競爭結構？　(A)完全競爭　(B)獨占　(C)寡占　(D)獨占性競爭。　【102中油】 (B)

考點解讀　獨占（monopoly）是指某類產品在整個市場中只有一家廠商供應，而其生產的產品沒有同性質的替代品。獨占市場形成的根本原因為市場中存在著進入障礙（entry barriers），進入障礙的原因可分為：法律因素、經濟因素。

6 廠商的產品無替代性，且是價格的決定者，是指哪一種市場結構？ (C)
(A)完全競爭市場　(B)寡占市場
(C)獨占市場　(D)獨占性競爭市場。　【107鐵路營運專員】

考點解讀　某特定產品的供給僅由單一銷售者，且是價格的決定者。

7 自由市場內的競爭有四種，當中市場由少數賣方所操控的競爭形態稱為： (B)
(A)獨占　(B)寡占　(C)完全競爭　(D)壟斷競爭。　【103台酒】

考點解讀　市場由少數幾家企業所壟斷，由少數企業主導市場，對於價格有相當大的控制能力。

8 企業處於哪一種「市場型態」的競爭程度最大？　(A)完全競爭市場 (A)
(B)獨占市場　(C)獨占性競爭市場　(D)寡占市場。　【104自來水】

考點解讀　市場由眾多企業所平分，競爭狀況激烈，沒有企業對產品價格有控制能力。

9 企業對產品價格沒有控制能力的市場，稱為： (A)
(A)完全競爭　(B)寡占　(C)獨占競爭　(D)獨占。　【104郵政】

進階題型

解答

1 下列那一項不是資本主義下市場運作的基本條件？ (A)私有財產 (B)利潤誘因 (C)創業精神 (D)自由競爭。 【104鐵路】 (C)

考點解讀 資本主義下市場運作的基本條件：(1)私有財產：私人可以擁有創造財富的資源。(2)自由抉擇：私人可以自由處分和支配其資源。(3)利潤分配：創業精神的基礎在於利潤的誘因。(4)自由競爭：競爭激發了企業追求效能與效率的企圖心。

2 與社會主義的基本制度結合在一起，並以公有制為主體的國家經濟體制是： (A)自由市場經濟體制 (B)國家計畫經濟體制 (C)民主化經濟體制 (D)混合經濟體制。 【101鐵路】 (B)

考點解讀 國家計畫經濟體制，又稱「命令型經濟」，是一種經濟體制，在此體系下，國家在生產、資源分配以及消費等各方面，都由政府事先進行計劃，是以公有制為主體的國家經濟體制。(A)係以市場機制引導社會的經濟活動，政府施政重心在於維持市場機制順利運作，而不加以干預。(D)部份活動採取管制措施，其餘則由市場機制運作之經濟體制。

3 在下列哪個市場情況下，某特定產品的供給僅由單一銷售者決定？ (C)

(A)完全競爭市場 (B)寡占市場
(C)獨占市場 (D)資本主義市場。 【108郵政】

考點解讀 一般而言，依照企業的「競爭程度」不同，可將市場劃分為四種類別：

(1)完全競爭市場：市場由眾多企業所平分，競爭狀況激烈，沒有企業對產品價格有控制能力。

(2)獨占市場：市場為一家企業所獨占，由該企業主導市場，對於價格有相當大的控制能力。

(3)寡占市場：市場由少數幾家企業所壟斷，由少數企業主導市場，對於價格有相當大的控制能力。

(4)獨占性競爭市場：又稱為壟斷性競爭，市場由眾多企業相互競爭。並非獨占，也非寡占，因為有許多競爭企業，所以沒有一家企業有完全控制價格的能力。

4 市場或產業中的賣方家數眾多，且賣家的產品具有差異化。此為何種市場結構？ (A)完全競爭 (B)獨占競爭 (C)寡占 (D)獨占。 【106桃機】 (B)

考點解讀 又稱壟斷性競爭，此市場廠商的行為具有獨占性又具競爭性。是由許多廠商生產類似但非同質的產品，新廠商加入非常容易的市場組織。其特徵：買賣人數眾多、賣家的產品具有差異化、市場訊息靈通但不完全、廠商進出市場容易。

解答

5 如果市場中的買者和賣者規模足夠大，任何人（包括買者和賣者）對於商品的市場價格均不能發生影響或控制作用，且每個人都是價格接受者，這樣的競爭性狀態被稱之為下列何者？ (A)完全競爭市場 (B)寡占市場 (C)獨占市場 (D)獨占性競爭市場。 【107鐵路營運人員】 (A)

考點解讀 市場結構可分為：

(1)完全競爭市場：市場由眾多企業所平分，競爭狀況激烈，沒有企業對產品價格有控制能力。

(2)寡占市場：市場由少數幾家企業所壟斷，由少數企業主導市場，對於價格有相當大的控制能力。

(3)獨占性競爭市場：又稱為壟斷性競爭，市場由眾多企業相互競爭。並非獨占，也非寡占。因為有許多競爭企業，所以沒有一家企業有完全控制價格的能力。

(4)獨占市場：市場為一家企業所獨占，由該企業主導市場，同時也是價格的決定者。

非選擇題型

依一個行業的產業結構不同競爭程度，競爭者的家數由無、少、多、眾多之狀態，可分為以下4類市場：______市場、寡占市場、獨占性競爭市場及完全競爭市場。 【108台電】

考點解讀 獨占。

依一個行業的產業結構不同競爭程度，競爭者的家數由無、少、多、眾多之狀態，可分為以下四類市場：獨占市場、寡占市場、獨占性競爭市場及完全競爭市場。

Chapter 04 企業的經營環境

焦點 1 企業環境導論

企業經營與環境存在著密不可分的關係，尤其處在今日動盪、變遷的年代，如果對環境沒有敏銳的觀察力與前瞻性的作法，企業將難以永續經營。而企業的經營環境可分為：外部環境與內部環境。

1. **外部環境（external environment）是指會影響組織績效的外部因素或力量。**
   機構外部環境的構成要素有：
   (1) **特定或任務環境**：對管理決策和行為有直接或立即影響，並與組織目標的達成有直接關連的情境，如競爭者、供應商、購買者等因素。
   (2) **總體或一般環境**：涵蓋了廣泛的經濟、政治／法律、社會文化、人口統計、科技及全球化情勢等。

2. **內部環境（internal environment）**：員工所面臨的環境，例如企業本身的組織結構、企業文化、所有權人、董事會、員工、實體工作環境、管理程序等，有可能影響組織的層面。

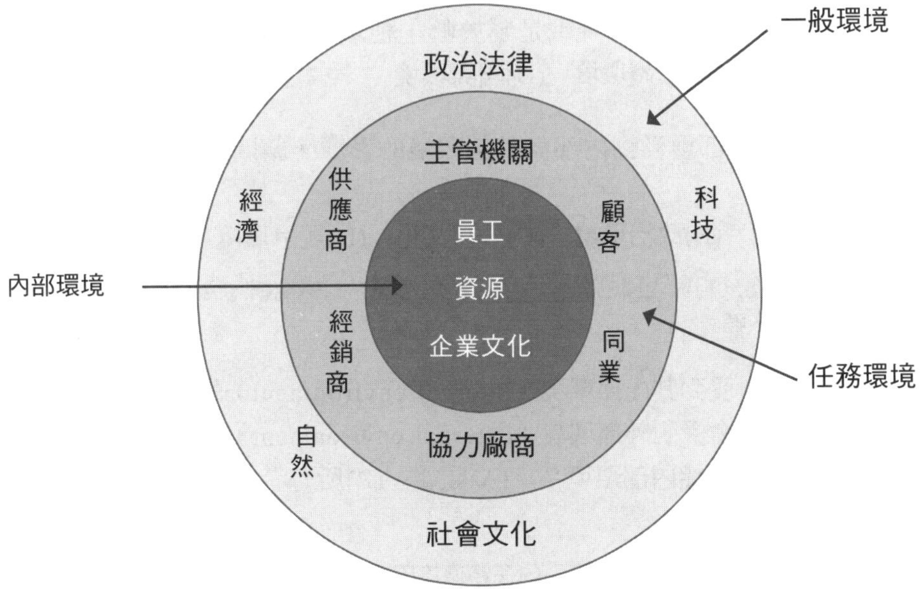

基礎題型

解答

1 下列何者不是總體環境（一般環境）的要素之一？ (B)
(A)政治　(B)競爭者　(C)經濟　(D)社會文化。　【107鐵路營運人員】

考點解讀　總體環境又稱為一般環境，不會直接影響企業，但會透過競爭環境因素間接影響到企業的運作，包括：政治(P)、經濟(E)、社會文化(S)、科技(T)、自然環境(E)、法律(L)等因素。競爭者屬於任務環境的要素。

2 以總體環境的內涵而言，下列何者為非？　(A)人口統計環境　(B)競爭環境　(C)社會與文化環境　(D)經濟環境。　【106鐵路】 (B)

考點解讀　競爭環境屬於任務環境的內涵。社會與文化環境是指企業所處的社會結構、社會風俗和習慣、信仰和價值觀念、行為規範、生活方式、文化傳統、人口統計與地理分佈等因素的形成和變動。PEST分析將人口統計要素納入社會與文化環境。

3 下列何者不是組織中的任務環境？ (D)
(A)競爭者　(B)供應商　(C)立法者　(D)董事會。　【102台糖】

考點解讀　或稱特定、產業、個體環境，指對管理決策和行為有直接或立即影響，並與組織目標的達成有直接關連的情境，包括供應商、競爭者、顧客、經銷商、策略夥伴、地方社區、大眾傳播媒體、利益團體、立法者等。董事會屬於內部環境。

4 企業面臨潛在競爭者的挑戰是屬於哪一種環境因素？　(A)內在環境　(B)產業環境　(C)總體環境　(D)國際環境。　【107台北自來水】 (B)

5 所有企業經營都會受到內部與外部環境的影響，請問下列何者屬內部環境？ (C)
(A)經濟環境　(B)政治環境　(C)公司文化　(D)競爭環境。　【107桃捷】

考點解讀　屬於組織內部的因素，包括經營規模、組織結構、公司文化、員工能力、管理程序等。

6 組織的運作會受到其內部環境（internal environment）的影響，此外，組織的運作也會受到外部環境（external environment）的影響。請問下列何者不屬於組織內部環境？　(A)顧客　(B)所有者（owner）　(C)員工　(D)文化。　【103台糖】 (A)

考點解讀　顧客屬於外部環境中的任務環境因素；若為單選題，選項(D)的「文化」應是指組織文化，而非一般環境的文化因素。不過本題仍有疑慮，顯見命題有欠周延。

解答

7 所有企業經營都會受到內部環境（internal environment）或外部環境（external environment）的影響。下列何者是屬於企業的內部環境？(A)政治-法律環境 (B)社會文化環境 (C)公司文化環境 (D)經濟環境。【105郵政】 (C)

考點解讀 內部環境因素包括：經營規模、所有權類型、公司文化、員工價值觀、組織結構、管理程序等。

進階題型

解答

1 對於組織環境的敘述，下列何者錯誤？ (A)外部環境包含一般環境與任務環境 (B)任務環境會影響所有的產業，一般環境則會影響特定產業 (C)競爭者、顧客、供應商、策略夥伴等等是任務環境中的重要因素 (D)內部環境則包含所有權人、董事會、員工、組織文化以及實體工作環境等等。【104郵政】 (B)

考點解讀 一般環境會影響所有的產業，任務環境則會影響特定產業。組織環境可分為：

一般環境	不會直接影響企業，但會透過競爭環境因素間接影響到企業的運作，如政治法律、經濟、社會文化、科技、自然環境等，無法改變只能適應。
任務環境	為企業直接面對環境，如顧客、競爭者、供應商、配銷商、地方社區、壓力團體等，可以加以改變。
內部環境	為企業內部的因素，如經營策略、組織文化、系統結構、內部利害關係人等，可以有效控制，端賴良好的管理功能發揮。

2 下列何者不是企業組織進行環境掃描過程中所會關注的焦點？ (A)政治的穩定性 (B)經濟情勢與展望 (C)產品銷售的策略擬定 (D)網際網路的速度。【107郵政】 (C)

考點解讀 PEST分析是利用環境掃描（environment scanning）、分析總體環境中的政治（Political）、經濟（Economic）、社會（Social）與科技（Technological）等四種因素的一種模型，藉以瞭解市場的成長性、以及企業所處的狀況、未來的發展方向。產品銷售的策略擬定屬於內部環境因素。

解答

3 企業環境掃描分內部和外部分析，下列何者不是外部分析範圍？ (A)社會與文化 (B)科技發展 (C)銷售策略 (D)政治與法令。 【104經濟部】 (C)

4 〈複選〉下列何者是企業組織所面對任務環境中的要素？ (A)顧客 (B)競爭者 (C)供應商 (D)配銷商。 【107台糖】 (A)(B)(C)(D)

考點解讀 企業外部環境中部份成員的行為，會直接影響企業活動的進行與績效表現，包括供應商、顧客、競爭者、配銷商、策略夥伴、銀行、員工工會、大眾傳播媒體、壓力團體等。

5 以下何者非企業員工所面對的內部環境？ (A)激勵制度 (B)領導風格 (C)社會文化 (D)組織結構。 【107桃捷】 (C)

考點解讀 政治與法令、經濟、社會與文化、科技發展、自然環境等。

焦點 2 影響企業經營的環境因素

一般環境通常可以區分為政治法律、經濟、社會文化、科技、和自然等層面，因為自然環境因素通常並非組織所能掌握，因此經常只考慮前四個層面，並將英文字首縮寫而形成PEST分析。

1. **政治法律環境**（Political-legal environment）

   涵蓋與政府有關的各項因素，包括國家的政治與經濟體制、主要政黨生態與基本政策、執政團隊的政策、各項法令規章、官員執法態度、乃至於主要官員的個人特徵等。政治法律環境的重要性在於組織的活動會受到政治法律環境的限制。

2. **經濟環境**（Economic environment）

   涵蓋了與整體經濟活動有關的各項因素，包括國民所得、經濟成長率與景氣循環階段、物價、利率與匯率、失業率、通貨膨脹率、消費者信心指數等。經濟環境的重要性在於大部分產品或服務的需求或多或少受到整體經濟活動。

3. **社會文化環境**（Social-cultural environment）

   涵蓋了整個社會的人口特徵以及和言行與心態有關的各項因素。

   (1) 人口特徵的資料稱為人口統計，各國政府通常會每年發佈統計結果，包括人口總數以及性別、年齡、職業、居住地區等事項的分佈狀況。

   (2) 言行與心態則包括語言文字、風俗習慣、價值觀與行為規範等。社會文化環境的重要性在於可能會影響到產品或服務的需求。

4. **科技環境**（Technological environment）
   涵蓋了社會中各項人為事物及其製造與使用方法的相關因素，涉及各項事物的內容與用途可以歸類為產品／服務技術、涉及如何產生這些事物則是流程技術。
   產品／服務與流程技術當中可能包含了大量的電腦與網路的運用，也就是資訊科技（information technology; IT）。

☆ 小提點

PEST有時也被稱為STEP、DESTEP、STEEP、PESTE、PESTEL、PESTLE或LEPEST（政治、經濟、社會文化Socio-cultural、科技、法律Legal、環境Environmental）。最近更被擴展為STEEPLE與STEEPLED，增加了生態（Ecological）與人口統計（Demographics）。

任務環境是組織每日必須面對與回應的特定群體，包括：顧客、競爭者、供應商、配銷商、策略夥伴、融資機構等。策略大師**波特**（Michael E. Porter）指出，產業（任務）環境中的成員，可由**五種競爭作用力（competitive force）**共同決定，分別是：**潛在進入者、替代品、購買者、供應商、現有競爭者**。

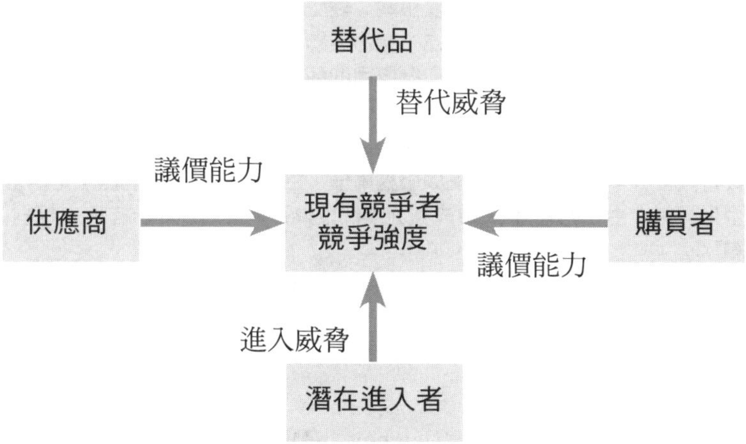

企業內部環境屬於企業內部的因素，可以有效控制，端賴良好的管理功能發揮。內部環境由三大要素構成：

1. **資源要素**：包括人才、物力、技術、市場、環境資源等。
2. **管理要素**：包括計畫、組織、控制、人事、激勵和企業文化等。
3. **能力要素**：包括供應能力、生產能力、行銷能力、科研開發能力等。

基礎題型

解答

1 企業所屬的國家社會中經濟、政治、科技、社會等因素，是屬於何類的外在環境？ (B)
(A)競爭環境 (B)總體環境 (C)國際環境 (D)任務環境。 【107自來水】

考點解讀 PEST分析是利用環境掃描分析總體環境中的政治（Political）、經濟（Economic）、社會（Social）與科技（Technological）等四種因素的一種模型。

2 〈複選〉下列何者是企業組織進行環境掃瞄（Environmental Scanning）過程中所應該要關注的面向？ (A)政治穩定度 (B)經濟情勢 (C)社會文化的特質 (D)科技發展程度。 【107自來水】 (A)(B)(C)(D)

3 政府機關對國內食品公司販售的綠豆粉絲、冬粉進行稽查，發現部分公司涉嫌竄改商品有效期限，有欺騙消費者之虞。請問這些公司可能已違反下列哪一項法律規範？ (A)商品標示法 (B)定型化契約 (C)商標法 (D)勞動基準法。 【107台酒】 (A)

考點解讀 與企業經營相關的法律規範有：
(1)公司法：有關公司種類、權利義務關係、公司設立等事項。
(2)商業登記法：有關登記內容、主管機關、變更撤銷之事項。
(3)公平交易法：規範廠商間有關獨占、結合與聯合行為，及不公平競爭。
(4)商標法：表彰廠商產銷的商品欲取得專用的商標權。
(5)商品標示法：商品本身、內外包裝、說明書上就名稱用法標示。
(6)商品檢驗法：主管機關指定公告應檢驗之商品。
(7)消費者保護法：明訂廠商對商品與服務責任，賦予消費者保護團體法定地位。
(8)定型化契約：由一方當事人預先擬定契約內容，並以此與不特定之相對人訂立契約。
(9)勞動基準法：規範勞動條件之最低標準、勞動契約訂定等。

4 「PEST」分析是企業檢閱其外部環境的一種方法，其中E指的是下列何者？ (D)
(A)Effect (B)Evaluate (C)Efficiency (D)Economic。 【106桃機】

考點解讀 PEST分析中的E代表經濟（Economic）。

5 當你想要了解臺灣地區的經濟情況時，可藉由幾個經濟指標做為初步的了解，下列何者最無法做為一國之經濟指標？ (A)景氣對策信號 (B)領先指標 (C)人口統計變數 (D)失業率。 【108鐵路營運人員】 (C)

解答

考點解讀 人口統計變項（demographics）：以規模、結構及分布狀況，描述一個人口母體。其變數包括年齡、性別、種族、教育、職業、宗教、所得等。

6 企業活動深受經濟、社會文化、科技、政治與法律等外在環境因素的影響。下列何者屬於「經濟因素」？ (A)社會價值觀改變 (B)人口結構 (C)教育 (D)物價。【104自來水】 (D)

考點解讀 經濟前景的好壞對企業的影響很大，有關經濟指標包含景氣對策信號、景氣指標、失業率、物價指數、通貨膨脹率、國民所得、經濟成長率等。

7 為了配合國家經濟發展階段之政策，顯示經濟情況及其預先設定的因應措施的信號是： (A)景氣動向指標 (B)景氣對策信號 (C)經濟動向指標 (D)經濟對策信號。【103自來水】 (B)

考點解讀 景氣對策信號係以類似交通號誌五種不同信號燈表示目前景氣狀況，其中「綠燈」表示景氣穩定、「紅燈」表示景氣熱絡、「藍燈」表示景氣低迷，至於「黃紅燈」及「黃藍燈」二者均為注意性燈號，宜密切觀察景氣是否轉向，藉由不同的燈號，提示政府應採取的對策，也可利用對策信號變化做為判斷景氣榮枯參考。

8 〈複選〉「景氣對策信號」是取多個指標來反應當前的經濟變動情形，以五個顏色的燈號來表示，下列何者正確？ (A)紅燈表示景氣過熱 (B)藍燈表示景氣低迷 (C)黃紅燈表示景氣穩定 (D)黃藍燈表示警示信號。【107自來水】 (A)(B)(D)

考點解讀 (C)綠燈表示景氣穩定。

9 近年來消費者傾向避免油炸食物，這種改變對速食業而言，屬於下列何者之改變？ (A)經濟環境 (B)政治環境 (C)法律環境 (D)社會文化環境。【108鐵路營運人員、96中華電信】 (D)

考點解讀 社會與文化環境其影響主要是來自經濟社會構成份子及其所具有的價值觀，包括人口結構、教育程度、家庭組成、社會價值觀、社會集會結社狀況。

10 環保意識抬頭，應視為管理上： (A)經濟環境 (B)政治環境 (C)社會環境 (D)科技環境的改變。【104農會】 (C)

考點解讀 社會環境通常著重在文化觀點，另外還有健康意識、環保意識、人口成長率、年齡結構、工作態度及安全需求等。

解答

11 產業競爭的強度決定於五個相互競爭的力量，下列何者非屬之？ (A)現有競爭者的競爭強度 (B)替代產品的替代威脅 (C)供應商的議價能力 (D)研發者的創造能力。【107自來水】 (D)

考點解讀 潛在進入者的威脅、顧客的議價能力。

12 下列何者非屬任務環境的要項？ (A)現有市場的競爭廠商分析 (B)政治、經濟、社會、科技環境分析 (C)產業供應商的交易能力分析 (D)產業潛在競爭者分析。【103自來水】 (B)

考點解讀 政治、經濟、社會、科技環境分析屬於一般環境的要項。

進階題型

解答

1 我國勞動部要求企業提升生產製造流程中相關的安全配備，是屬於外部環境的何種因素？ (B)

(A)科技 (B)法律政策 (C)社會文化 (D)經濟。【106漢翔】

考點解讀 法律規範了企業的行為，法律產生變動時，就可能是產業界鉅變的開端。除了法律以外，政府所擬定的財政、貨幣與產業政策，會對總體經濟產生各種不同的效果，進而影響企業的經營。

2 第四級產業是指： (A)

(A)知識密集產業 (B)服務業

(C)工業 (D)農業。【107台糖】

考點解讀 產業的活動可分為：第一級產業為農業：農、林、漁、牧、礦業。第二級產業為工業：製造業、建築業、水電工程業等。第三級產業為服務業：商業、物流業、運輸業、觀光業、餐飲業等。第四級產業為知識密集產業：生物科技、奈米科技、能源科技等。第五級產業為文創業：演員、作曲作詞、出版業、電子遊戲等。

3 下列何者屬於經濟景氣動向的領先指標？ (A)海關出口值變動率 (B)工業生產指數變動率 (C)國內貨物運輸量 (D)票據交換差額變動率 (E)以上皆非。【104郵政】 (E)

考點解讀 經濟景氣動向的領先指標由外銷訂單指數、實質貨幣總計數M1B、股價指數、工業及服務業受僱員工淨進入率、核發建照面積、SEMI半導體接單出貨比，及製造業營業氣候測驗點等7個構成項目所組成。

解答

4 胖達人麵包添加人工香料，消費者對業者涉廣告不實案，提出消費團體訴訟申請，以保障消費者應有的權益，是基於： (A)消費者保護主義 (B)社會主義 (C)綠色組織 (D)經濟議題。 【102中油】 (A)

考點解讀 消費者保護主義是一種消費者運動，是訴求保護消費者消費權益的行動主義。在此個定義中，消費者保護同時也意指一種政策，從消費者的利益出發，規範商品或服務的產製標準。

5 人口成長與人口結構的改變可能影響企業經營的銷售狀況，這是屬於何種行銷環境因素？ (A)科技因素 (B)社會文化因素 (C)競爭因素 (D)全球因素。 【112桃機】 (B)

考點解讀 在社會文化環境中，人口成長與年齡結構、人口的地理分佈、婚姻狀態與家庭規模、就業女性；社會價值觀、文化與次文化、風俗習慣都會牽動許多產品的銷售與通路配置。

6 國內老年人口逐漸增加，在管理上應視為一種________改變的問題。試問，________內應填入哪一個選項？
(A)國際環境 (B)政治環境 (C)社會環境 (D)地理環境。 【107中油】 (C)

考點解讀 人口因素是屬於社會環境的一環。

7 衡量一家企業的「碳足跡」意味著要衡量什麼？ (C)
(A)該企業在特定區域僱用員工的數量 (B)企業投注在社會公益活動的總金額 (C)企業營運過程中的二氧化碳排放量 (D)企業參與區域性募資活動的情況。 【107自來水】

考點解讀 碳足跡指每個人、家庭或每家公司日常釋放的溫室氣體數量（以二氧化碳的影響為單位），用以衡量人類活動對環境的影響。

8 現在生活十分方便，透過手機可以訂餐、可以付款；以前寄信，後來可以傳 email，也可以經過通訊軟體直接連絡到對方；就算是想看書，也有許多的電子書可以直接在平板電腦上看。這樣的改變對於企業來說，最屬於那種環境條件： (A)人口統計變數環境 (B)變革環境 (C)科技環境 (D)管理環境。 【108鐵路】 (C)

考點解讀 就科技環境而言，是指足以創造新科技、新產品以及新機會的環境力量。

9 下列何者是我國金融產業的主管機關？ (A)公平會 (B)金管會 (C)勞動部 (D)消基會。 【108鐵路營運人員】 (B)

解答

考點解讀 依金融監督管理委員會組織法第1條規定：「行政院為健全金融機構業務經營，維持金融穩定及促進金融市場發展，特設金融監督管理委員會。」同法第2條第1項：「本會主管金融市場及金融服務業之發展、監督、管理及檢查業務。」所以金融監督管理委員會（簡稱：金管會）是我國金融產業的主管機關。

10 下列那一項法規、公約或標準對企業在自然環境的維護方面影響最大? (D)

(A)消費者保護法 (B)日內瓦公約

(C)ISO 9000 (D)ISO 14000。 【108鐵路營運人員】

考點解讀 ISO 14000是針對企業環境管理所制定的一系列標準，包括環境管理系統（ISO 14001, ISO 14004）和相關的環境管理工具，例如企業環境報告書、綠色標章等。

焦點 3 管理者與環境

在管理學理論及管理學界中，有兩種觀點：全能觀點與象徵觀點，來描述管理者對於成敗的影響。

1. **管理者對環境影響的觀點：**

 (1) **全能觀點**認為，**當組織表現不佳時，不管原因為何，管理者都要負全責。**

 (2) **象徵觀點**則認為，**管理者掌握成果的能力會受到外部因素的影響和限制。**

 兩者論述比較如下：

 (1) **管理的全能觀點**（omnipotent view of management）

  A. 管理者應該直接對組織的成敗負責。

  B. 不同組織間效能或效率的差異，是由於管理者的決策與行動差異所致。

  C. 組織的績效好壞難以歸咎是管理者的直接影響，但管理者仍要為組織績效負起大部分責任。

 (2) **管理的象徵觀點**（symbolic view of management）

  A. 組織的成敗大部分是由於管理者無法掌握的外力所造成。

  B. 管理者對成果的掌握能力，會受到外部因素的影響和束縛，例如經濟、市場的變化、政府政策、競爭者行為、特定產業狀況、專利技術的控制等。

  C. 管理者透過行動，象徵性地控制和影響組織的運作。

 近年來，出現**綜合性觀點認為：管理者具有影響力，但也受內部組織文化與外部環境的影響**。

2. **外部環境如何影響管理者**

外部環境（經濟、人口統計、科技、全球化等）的改變不僅會影響工作的型態，也會影響工作的創造與管理。是以管理者如何評估環境的不確定性，將會影響管理的成效。

評估環境的不確定性可透過「環境不確定性量表矩陣」用以檢視企業所處環境情況，圖表的縱軸是代表複雜程度，橫軸是代表變化程度性。其中每個方格代表不同複雜度與變化程度的組合。方格1穩定-單純、方格2動態-單純、方格3穩定-複雜、方格4動態-複雜。如下圖所示：

若有選擇機會，管理者會偏好方格1的環境，然而這種環境是可遇而不可求的。

複雜程度 \ 變化程度	穩定	動態
單純	方格1 ・穩定與可預測的環境 ・環境的構成因素少 ・構成的因素相似，且基本上不會改變 ・對構成因素不需有太深入的瞭解	方格2 ・動態與不可預測的環境 ・環境的構成因素少 ・構成的因素相似，但會不停地變化 ・對構成因素不需有太深入的瞭解
複雜	方格3 ・穩定與可預測的環境 ・環境的構成因素很多 ・構成的因素不相似，且基本上不會改變 ・對構成因素需有深入的瞭解	方格4 ・動態與不可預測的環境 ・環境的構成因素很多 ・構成的因素不相似，且會不停地變化 ・對構成因素需有深入的瞭解

☆ 小提點

環境不確定性（environmental uncertainty）是指組織環境的變化與複雜程度，我們可以利用環境不確定性來描述不同環境問題的差異。

1. 變化的程度：如果企業所面對的環境變化頻繁，我們稱它為動態（dynamic）環境；如果變動很小，則稱為穩定（stable）環境。
2. 複雜度：指的是構成組織環境的因子數目，以及組織對這些因子的瞭解程度。

基礎題型

解答

1 在管理的象徵性觀點中，下列敘述何者錯誤？ (A)管理者對經營成果有完全的掌握力 (B)管理者所交出的經營成果會受到外部因素的影響與束縛 (C)組織的績效會受到管理者所無法控制的因素所影響 (D)管理者必須在隨機、渾沌與充滿不確定性的環境中做決策。 【102郵政】 (A)

考點解讀 管理者的全能性觀點認為：管理者應直接對組織的成敗負責；管理者的象徵性觀點則認為：許多組織的成敗是由於管理者無法掌控的外力所造成。

2 管理者對於外在環境不確定性的衡量，通常根據哪兩個主要構面？ (B)
(A)複雜程度與組織規模
(B)複雜程度與變化程度
(C)組織規模與產業類型
(D)產業類型與變化程度。 【104自來水】

考點解讀 環境不確定性（environmental uncertainty）是指組織環境的變化與複雜程度，管理者可以利用環境不確定性來描述不同環境問題的差異。

3 今日許多組織都面臨到所處外部環境中極大的不確定性。若不能有效掌握環境不確定性的狀況，管理者將難以採行有效的決策。下列何者為一般用來描述環境不確定性的兩個構面？ (B)
(A)變化程度與擴散程度 (B)變化程度與複雜程度
(C)成長程度與離散程度 (D)集權程度與擴散程度。 【103鐵路】

進階題型

解答

1 下列敘述何者有誤？ (A)全能觀點認為，組織的績效好壞難以歸咎是管理者的直接影響，但管理者仍要為組織績效負起大部分責任 (B)強勢文化中員工非常認同組織，會產生很高的凝聚力、忠誠度及順從性，並可降低員工離開組織的傾向 (C)強勢文化和組織績效有關，當組織文化愈強勢時，它對於管理行為的影響亦愈小 (D)象徵觀點認為，組織的成敗大都由於管理者無法控制的外力所造成。 【103經濟部】 (C)

解答

考點解讀 管理者對組織整體表現的影響，有三種不同的觀點：
(1)全能觀點（omnipotent view of management）：組織的成敗來自於管理者的決策與行動差異，若組織表現不佳，管理者理應直接對組織的成敗負責。
(2)象徵觀點（symbolic view of management）：管理者的成敗受到外部因素的影響和束縛，若成果不彰，是因為無法掌控外力所致。故管理者只是象徵性地控制和影響組織運作，事實上對組織績效的影響有限。
(3)綜合性觀點（reality suggests a synthesis）：管理者具有影響力，但也受內部組織文化與外部環境的影響。所以管理者既非全能，但也不是完全無用的。
強勢文化指核心價值被廣泛而深入接納的文化，對員工與管理行為有更大的影響力。

2 下列何者對於企業組織的結構選擇影響性最小？ (D)
(A)企業策略 (B)企業規模大小
(C)企業所面對的環境不確定性 (D)企業的所在地。 【102郵政】

考點解讀 管理學者羅賓斯（Steven Robbins）認為有四項變數會影響企業組織的結構選擇：策略（stragtegy）、規模（size）、技術（technology）、環境的不確定性（environmental uncertainty）。

Chapter 05 企業道德與社會責任

焦點1 企業社會責任

企業社會責任（Corporate Social Responsibility，CSR）的觀念開始於二十世紀初期的美國。企業社會責任（CSR）是企業倫理的核心觀念，根據世界企業永續發展協會（World Business Council for Sustainability and Development, WBCSD）的定義，企業社會責任是指：「企業承諾持續遵守道德規範，為經濟發展做出貢獻，並且改善員工及其家庭、當地整體社區、社會的生活品質」。

1. **企業社會責任的內容**

學者**卡洛爾（A.Carroll,1991）認為，有四種不同的社會責任是企業必須考量的**，按其必須達到的先後，依序為經濟責任、法律責任、倫理責任與慈善責任。

(1)**經濟責任（Economic Responsibility）**：企業為滿足社會大眾的需求，應生產或提供社會需要的商品與服務，並以合理且公平的價格銷售。

(2)**法律責任（Legal Responsibility）**：指企業在商業與社會的運作中，必須遵守的法律的基本原則，這是社會對企業最基本的要求。

(3)**倫理責任（Ethical Responsibility）**：遵守利害關係人評判可以接受的行為標準，善盡社會公民的責任、遵守公共秩序和社會善良風俗。

(4)**慈善責任（Discretionary Responsibility）**：也是自我裁量的責任，是企業自願或無條件對社會的付出，是企業主動積極地從事社會公益。

2. **企業社會責任的層次**

賽西（S. Sethi）認為，從企業行為到社會需求會經歷三種模式：

(1)**社會義務（Social Obligation）**：指企業在守法的前提下，盡可能追求利潤最大化，與Carroll所稱企業的經濟責任和法律責任相同。

(2)**社會回應（Social Responsiveness）**：指企業適應社會變遷的能力，社會對企業都有不同的期許與要求，企業須回應不同需求。

(3)**社會責任（Social Responsibility）**：指企業的行為合乎社會規範、價值與期望，強調企業長期道德觀的實踐。

3. 企業對社會責任的回應策略

企業經營者面對社會責任的職責，由低度到高度回應，有四種不同的方式：

(1)**阻礙式反應**（obstructionist response）：企業經營者的行為已屬非法或不符倫理要求，對問題採掩蓋的態度。

(2)**防衛式反應**（defensive response）：企業經營者只求合法，無意多負額外責任，以股東的利益為優先。

(3)**順應式反應**（accommodative response）：企業經營者滿足企業倫理的要求，對所有重要關係人的福祉給予平衡的處置。

(4)**主動式反應**（proactive response）：企業經營者積極主動擔負起社會責任，並盡心盡力去學習對重要關係人的關懷與協助。

新視界

綠化管理（green management）係指管理者會思考企業對環境衝擊的一種管理決策。綠色管理為企業以環保及永續的觀念融入於組織各功能及文化中，透過人員及組織流程，積極實踐及創新，使產品達到綠色規範，並符合市場需求。而組織欲致力於綠化途徑，管理者可利用「綠化程度」，即社會責任參與層次，以不同程度建立不同價值，組織在環保責任中，通常會採行以下途徑：

1.**守法途徑（淺綠途徑）**：強調社會義務，遵從合法的義務，對環保議題不敏感。

2.**市場途徑**：強調社會回應，組織會對顧客的環境偏好作回應。

3.**利害關係人途徑**：強調社會回應，組織會以回應多數利害關係人的需求為選擇。包括員工、供應商及社區對環境的要求。

4.**積極途徑（深綠途徑）**：強調社會責任，會想辦法去尊重並維護地球與自然資源。

基礎題型

解答

1 企業應該善盡社會責任，而善盡責任的對象應該是： (A)所有利害關係人 (B)員工與顧客 (C)社會大眾 (D)弱勢團體。 【107鐵路】 **(A)**

考點解讀 企業社會責任（Corporation Social Responsibility, CSR）強調企業遵紀守法、尊重人權、關心員工、保護消費者、熱心社會公益、關愛環境，為社會、經濟和環境的可持續發展做貢獻。企業應該善盡社會責任對象應是所有的利害關係人。

解答

2 企業社會責任主要關注的是在企業組織營運過程中受影響的哪一類利益關係人（Stakeholder）？ (A)股東 (B)員工 (C)社區、社會、環境與國家 (D)供應商。【107台糖】 (C)

3 「企業責任」，係指下列何者？ (C)
(A)各種對於非營利組織之慈善捐贈
(B)企業在政治議題方面，採取何種立場
(C)包括任何對社會負責的行為
(D)企業在社會議題方面，採取何種立場。【108漢翔】

4 臺灣菸酒公司的經營理念之一為「善盡社會責任」，而這樣的理念亦徹底落實在日常的營運中，經由全公司共同的努力，並將執行成果，彙編成各年度「企業社會責任報告書」。請問有關社會責任的內容，不包括以下何者？ (A)經濟責任 (B)政治責任 (C)倫理責任 (D)法律責任。【107台酒】 (B)

考點解讀 卡洛爾（A.Carroll）認為，有四種不同的社會責任是企業必須考量的，按其必須達到的先後，依序為經濟責任、法律責任、倫理責任與慈善責任。

5 下列哪個選項最能展示企業在社會責任方面的表現？ (B)
(A)重點投資於市場宣傳，提高銷售額
(B)減少環境污染，實施環保措施
(C)不提供醫療保險，降低員工成本
(D)僱用未成年工人，降低勞動力成本。【113鐵路】

考點解讀 企業社會責任（CSR）除了考慮企業經營利潤外，也會重視對相關利益者造成的影響，例如對社會與自然環境造成的影響。

6 企業對顧客的社會責任，通常不包括下列哪一項？ (A)
(A)誠實陳述財務資訊 (B)避免廣告不實
(C)不實施聯合定價 (D)重視消費者權益。【103中油】

考點解讀 誠實陳述財務資訊是企業對股東負責的行為。

7 高階管理當局對社會責任的實踐觀點常會有所不同，其中強調嚴格遵守法律規範，不會逾越法律要求的觀點是： (A)妨礙型觀點 (B)防禦型觀點 (C)調適型觀點 (D)主動型觀點。【111鐵路】 (B)

解答

考點解讀 社會責任實踐四種不同觀點：
(1)妨礙型觀點（不守法/不做社會責任）。
(2)防禦型觀點（守法/不做社會責任）。
(3)調適型觀點（守法/消極社會責任）。
(4)主動型觀點（守法/積極社會責任）。

8 組織綠化有四種途徑，下列何者不是組織綠化的方法？ (B)
(A)守法途徑（legal approach）
(B)行動途徑（operations approach）
(C)市場途徑（market approach）
(D)積極途徑（activist approach）。 【103台糖】

考點解讀 組織綠化的途徑：

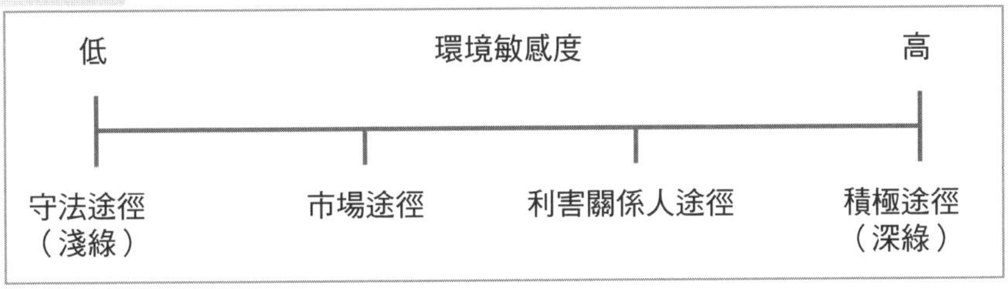

9 有關綠色管理之敘述，下列何者有誤？ (D)
(A)認為透過技術創新可以抵銷環保費用的支出
(B)是企業責無旁貸的核心義務
(C)管理者了解且考慮該企業以及其作為對自然環境造成的影響
(D)核心主張為企業應綠化公司的環境。 【111經濟部】

考點解讀 綠色管理就是將環境保護的觀念融於企業的經營管理之中，它涉及企業管理的各個層次、各個領域、各個方面、各個過程。

進階題型

解答

1 台灣積體電路公司推動節能減碳建造綠色廠房是哪一種表現？ (D)
(A)社會義務 (B)企業倫理
(C)管理道德 (D)社會責任。 【107鐵路營運人員】

考點解讀 社會責任（social responsibility）：在法律與經濟規範之外，企業所負追求有益於社會長期目標的義務。

解答

2 關於企業社會責任的觀點中，下列何者錯誤？ (D)
(A)「社會義務」是指企業只要滿足其經濟及法律責任的義務
(B)「社會責任」比較重視企業長期道德觀的實踐
(C)「社會回應」比較重視實際的中短期目標
(D)「社會任務」是指企業只有在其所追求的社會責任有助於其經濟目標達成時才需擔負。 【102鐵路】

考點解讀 社會義務、社會回應、社會責任的比較

	社會義務	社會回應	社會責任
主要考慮	法律要求	社會偏好	道德真理
關注點	企業本身	企業與社會	企業與社會
積極性	被動	消極	積極
考慮的時間幅度	短期	中短期	長期
社會領先性	落後於社會要求	和社會要求同步	領先於社會要求

3 當一個企業的廢水排放完全符合政府所訂的標準，或加班政策完全符合勞基法規定時，則該企業最主要關注於下列何種履行承諾？ (D)
(A)社會權利 (B)社會責任
(C)社會反應 (D)社會義務。 【107經濟部】

考點解讀 塞西（S. Sethi）曾提出一個由企業行為到社會需求的三種模式：
(1)社會義務：滿足一個企業的經濟與法律責任，指涉反應市場力量或法律限制的企業行為。
(2)社會責任：滿足一個企業的倫理責任，指企業合乎社會規範、價值與期望行為。
(3)社會回應：一個企業對社會條件變化的適應與自我調整。

4 綠色企業（greening enterprise）符合4R精神，下列何者非屬 4R 的元素？ (B)
(A) Reduce (B) Remark
(C) Recycle (D) Regeneration。 【103臺北自來水】

考點解讀 綠色企業須符合 4R 精神，必須具備以下的元素：
(1)減量（Reduce）：節約資源，減少污染。
(2)回收(（Recycle）：分類回收，循環再生。
(3)再利用（Reuse）：重複使用，多次利用。
(4)再生產（Regeneration）：透過回收，再製造使用。

解答

5 有關企業善盡社會責任的敘述，請問下列何項敘述為錯誤？ (C)
(A)企業不可以對顧客進行不實廣告
(B)企業在生意進行時要維護生態保育
(C)企業在必要時可以進行內線交易
(D)企業應該對顧客提供誠實的保證與承諾。 【107桃捷】

考點解讀 依證券交易法第157-1條，對於消息沉澱期間係訂為18小時，亦即在重大消息公開後18小時內，實際知悉該消息之人仍不得買入或賣出該公司有價證券，或賣出該公司非股權性質之公司債，以免違反禁止內線交易規定。

6 〈複選〉關於企業的社會責任，下列何者正確？ (A)(B)(D)
(A)不逃漏稅捐 (B)忠實告知消費者產品資訊
(C)以提高銷售利潤為唯一目標 (D)積極關懷社會。 【107自來水】

考點解讀 企業的社會責任（CSR）強調企業在創造利潤、對股東利益負責的同時，還要承擔對員工、社會、國家和環境的社會責任。

7 為回應顧客對環境友善產品的需求，某公司推出號稱不含有氯、磷等環境不友善成分的清潔劑，請問這家公司面對環境保護的處理方式為何種途徑？ (A)積極 (B)利害關係人 (C)市場 (D)守法。 【108漢翔】 (C)

考點解讀 強調社會回應，組織會對顧客的環境偏好作出回應。

焦點2 企業社會責任的辯證

長久以來，學者對企業社會責任存在兩種不同的觀點。

1. **社會責任的兩種不同觀點**

(1)**古典經濟觀點：認為管理者唯一的社會責任，就是將利潤極大化。傅利曼（M. Friedman）**認為：「企業唯一的社會責任就是利潤極大化。」因此，企業只要專注在營利，而不應從事社會公益。

(2)**社會經濟觀點：認為不只是追求利潤，而應包括社會福祉的保護與增進。戴維斯（K. Davis）**認為：「社會責任是一個企業在法律與經濟之餘的義務，去追求長期對社會有益的目標。」因此，企業不應短視近利，應追求長期效用。

近代的趨勢則強調管理的社會責任不只是追求利潤，而應包括社會福祉的保護與增進。

2. 支持與反對企業承擔社會責任的論點

贊成	反對
‧**公眾的期望**：社會大眾希望企業兼顧經濟與社會的目標。 ‧**長期利潤**：相較之下，有社會責任的企業會有較穩定的長期利潤。 ‧**道德義務**：企業應負起社會責任，因為那是正確而應該做的事情。 ‧**公眾形象**：企業可藉由追求社會目標，來創造良好的公眾形象。 ‧**更好的環境**：企業的參與有助於解決社會問題。 ‧**減少政府的干預**：企業可藉由多負擔社會責任，來減少政府對企業的干預。 ‧**責任與權力的平衡**：企業擁有很大的權力，所以也需負起對等的責任以達到平衡。 ‧**股東權益**：肩負社會責任有助於企業長期股價的上升。 ‧**擁有資源**：企業擁有資助公眾及慈善活動所需的資源。 ‧**預防勝於治療**：企業應在某些社會問題變得嚴重且難以處理前，即給予適時而必要的關注。	‧**違反利潤最大化原則**：企業唯一個社會責任，就是追求經濟利益。 ‧**目標的稀釋**：追逐社會目標將稀釋企業的主要目的—經濟生產力。 ‧**成本**：和社會責任有關的活動常是入不敷出，而需要有人來補貼。 ‧**權力過大**：企業的權力已經夠大了，若還要追求社會責任，很可能使企業的權力更大。 ‧**缺乏能力**：企業的領導者缺乏處理社會問題所需的能力。 ‧**缺乏責任性**：對企業而言，社會活動並沒有直接的責任聯結性。

基礎題型

解答

1 社會責任的古典觀點認為管理者唯一的社會責任是？ (A)為股東追求組織利潤極大化 (B)為股東嚴守法律 (C)為所有利害關係人追求組織利潤極大化 (D)為股東以最少的合法行為以減少法律的束縛。 【106鐵路】 **(A)**

考點解讀 社會責任有兩種不同的觀點：
(1)古典經濟觀點：企業唯一的社會責任就是將利潤極大化。
(2)社會經濟的觀點：企業社會責任遠超過創造利潤，還應包含保護及增進社會的福祉。

2 以 Milton Friedman 為代表的古典經濟學派之觀點，認為企業社會責任為何？ (A)為利害關係人追求利潤最大化 (B)企業社會責任是要維護員工福利與股東利益 (C)企業的社會責任是要嚴守法令規範 (D)企業唯一社會責任是為股東追求利潤最大化。 【105自來水】 **(D)**

解答

考點解讀 Milton Friedman 認為企業的最大使命在為股東創造利潤，因為企業經營者的權力來自股東的信託，應以滿足股東最大權益為目標（財富報酬增加）。

3 強調管理的社會責任不只是追求利潤，而應包括社會福祉的保護與增進，是何種社會責任的觀點？ (A)社會經濟觀點 (B)古典經濟觀念 (C)整合契約觀點 (D)社會義務觀點。【106桃機】 (A)

考點解讀 代表學者戴維斯（K. Davis）認為：「社會責任是一個企業在法律與經濟之餘的義務，去追求長期對社會有益的目標。」

4 當企業認為其社會責任的對象包含股東與整個社會，這種觀點稱為？ (B)
(A)古典學派 (B)社會經濟學派
(C)社會反應學派 (D)凱因思學派。【106桃捷】

考點解讀 認為企業在賺取利潤時應顧及社會大眾的權益。

5 社會經濟觀點認為管理的社會責任不只是追求利潤，還應包括下列何者？ (A)社會福祉的員工安置 (B)社會福祉的保護與增進 (C)以紅利來減少福利 (D)保護與增進企業利潤。【103經濟部】 (B)

考點解讀 古典觀點認為管理唯一的社會責任是追求最大的利潤。而社會經濟觀點認為管理的社會責任不只是追求利潤，還包括社會福祉的保護與增進。

6 下列何者不是支持社會責任的論點？ (A)減少政府的干預 (B)責任與權力的平衡 (C)公眾的期望 (D)中期利潤。【111台酒】 (D)

考點解讀 支持社會責任的論點尚有：長期利潤、道德義務、公眾形象、更好的環境、股東權益、擁有資源、預防勝於治療。

進階題型

解答

1 關於企業社會責任的敘述，下列何者正確？ (A)企業社會責任對於競爭力較強的企業來說並不重要 (B)企業社會責任與成本無關 (C)企業社會責任會提高企業的成本負擔，不過對於企業以及社會整體有益 (D)企業社會責任會降低企業的競爭力。【106台糖】 (C)

考點解讀 (A)企業社會責任對於競爭力較強的企業來說非常重要；(B)企業社會責任與成本有關；(D)社會經濟觀點認為企業社會責任會提高企業的競爭力。

解答

2 有關近年常被討論的企業社會責任，下列敘述何者正確？ (C)
(A)歷史的演進是從責任，到積極回應，再回到義務
(B)古典學派的觀點是企業除了追求利潤，還要兼顧利害關係人的福祉
(C)社會經濟觀點認為社會責任不只追求利潤，還應保護並改善社會福祉
(D)社會回應的觀點，認為至少要履行法律的要求。 【105鐵路】

考點解讀 (A)歷史的演進是從義務，到積極回應，再回到責任。(B)古典學派的觀點是企業唯一的社會責任是追求最大的利潤。(D)社會回應指企業為了回應社會的重要需求，而做出某些社會活動。亦即管理者經常會受社會規範及價值觀所引導，而做出符合市場導向的決策。

3 支持企業承擔社會責任的理由，通常不包括下列哪一個論點？ (D)
(A)企業藉由追求社會目標，來創造良好的公眾形象
(B)企業承擔社會責任，有助於股價上升
(C)企業擁有資助公眾及慈善活動所需的資源
(D)企業追求社會責任是為了擴大企業的權力。 【105中油】

考點解讀 支持企業承擔社會責任的理由：符合公眾的期望、追求長期利潤、善盡社會責任、提升公眾形象、創造更好環境、可減少政府的干預、平衡權利與責任、提高股東權益、擁有較多資源、預防勝於治療等。

非選擇題型

1 企業的社會責任主要存在著2種觀點，其中________觀點認為企業的責任遠超過創造利潤，還包含保護及增進社會福祉。 【109台電】

考點解讀 社會經濟。

2 企業社會責任（Corporate Social Responsibility, CSR）是近期社會普遍對企業的要求與期待，其所牽涉到的企業層面相當廣泛，企業必須能夠提供並滿足各利害關係人之福祉，且企業亦關心如何提升其永續經營的契機，試問：
(1)請說明CSR、ESG、SDGs三個不同概念的內涵，以及此三者彼此的關係為何？
(2)何謂「企業利害關係人」？利害關係人可以區分為哪兩類？並請說明此兩類企業利害關係人的內涵各為何？ 【112桃機】

考點解讀

(1) CSR、ESG、SDGs

A.三者內涵：

「ESG」，其實是指3個大面向的指標，包含：

環境保護（Environment）、社會責任（Social）與公司治理（Governance）。2005年聯合國提出《Who Cares Wins》報告，其內容說到企業應該將「ESG」涵蓋進企業經營的評量標準中。

「CSR」，是指企業社會責任（corporate social responsibility），企業還要對社會、環境的永續發展有所貢獻。並要考慮到企業對社會和自然環境所造成的影響，達到「取之社會、用之社會」之目的「SDGs」，聯合國在2015年提出「2030永續發展目標」SDGs（Sustainable Development Goals）。其中包括17個永續發展目標，其中又涵蓋169項細項目標、230個參考指標，藉此引導政府、企業、民眾，透過決策與行動，一起努力達到永續發展。

B.三者關係：CSR是「永續經營」的概念、ESG是實踐CSR原則，並用來評估一家企業的永續發展指標，與作為投資市場的評斷標準、而SDGs是列出永續發展的細項目標，並共同執行。

(2) 傅利曼（Freeman 1984）指出企業利害關係人就是：「任何受一個組織的行動、決策、政策、行為目標所影響的個人或團體，或任何影響一個組織的行動、決策、政策、行為或目標的個人或團體。」企業的利害關係人可分為兩類：一類為「主要的利害關係人」包括企業的股東、員工、顧客、供應商等；另一類為「次要的利害關係人」包括其他有關人士與組織、政府機關、大傳媒體、民間團體、社會大眾等。

焦點 3 企業倫理道德

倫理（ethics）是以個人價值觀與道德觀及行為的社會背景為基礎，而形成對或錯、好與壞的信念。而**企業倫理**則是企業行為處世的對錯信念，或遵循的道德原則與標準。

☆ 小提點

組織的倫理守則

1. **社會倫理**（Societal ethics）：社會大眾所公認的待人接物的行為標準。
2. **職業倫理**（Professional ethics）：某一專業的從業人員所遵守的一套價值觀與行為標準。
3. **個人道德**（Individual ethics）：由於個人的生長環境所形成的價值觀。

企業經理人在作決策或員工執行組織要求的行動時往往會遇到**倫理困境**（ethical dilemma），這些問題常常涉及到倫理議題，如成本、消費者、員工、環境保護……等多重議題。而在不同道德選擇下，可能面對利益衝突，而產生難以抉擇的困難。

1. **倫理道德的四大觀點**

   (1) **功利主義觀點**：提供最多數人的最大效用為道德原則，通常以結果為重。管理者衡量不同關係人間的利害關係，決定一個可為最多數人提供效用的方案。

   (2) **基本權利觀點**：強調每個人權力與自由的重要性。企業決策必須基於對基本權利的考量：自由、生命安全、私有財產、言論自由。

   (3) **公平正義觀點**：將可能的好處與壞處，依公平正義的程序，分配給所有人。分配正義：根據員工的表現或績效，不受種族或性別因素影響，如獎勵員工績效。程序正義：根據一套事先設定規則與標準，例如員工升遷制度。

   (4) **均衡務實觀點**：企業在處理道德議題時，同時考量決策效用及後果，對個人權益影響，以及是否符合公平正義，以補足各自不足的地方。

2. **道德規範（code of ethics）**

   管理者為了提升道德行為，透過對於組織的基本價值觀及公司對員工道德標準的期望的正式說明，以減少模糊與困擾。

3. **建立符合倫理的企業文化**

   (1) 讓員工知覺企業本身需盡的倫理行為。

   (2) 從教育訓練落實員工的倫理行為。

   (3) 將企業本身需盡的倫理行為化為行動。

   (4) 管理者以身作則實踐。

4. **道德行為**

   道德（ethics）影響行為的是非標準，而道德行為乃是那些表現於外，能讓個人接受對與錯的行為標準。

   (1) 影響道德行為的因素：人員在面臨道德兩難時的作為是否合乎道德取決於許多干擾變數：個人特質、結構變數、組織文化、事件強度。

   (2) 鼓勵道德行為：管理者可用很多方法來減少不道德的行為，例如：員工甄選、道德規範與決策原則、高階主管的領導、員工目標與績效評估、道德訓練、獨立的社會稽查、保護機制。

☆ 小提點

道德計畫包括：招募去除道德不符者、道德規範書、高階主管承諾、道德訓練、完整績效評估、獨立社會審計、保護機制。

基礎題型

解答

1 強調不使用回收油的速食業者被檢驗出油品回收使用，但沒有超過衛生單位規定的標準，是發生下列何種狀況？ (A)違反企業倫理 (B)倫理的兩難 (C)同業的競爭 (D)違反法律。 【108鐵路營運人員】 (A)

考點解讀 企業倫理是企業行為處世的對錯信念，或遵循的道德原則與標準。

2 下列何者的定義是「決定行為對錯的準則、價值觀及信念」？ (A)價值觀（Values） (B)告密（Whistle-blowing） (C)企業家精神（Entrepreneurship） (D)道德（Ethics）。 【103台糖】 (D)

考點解讀 (A)由基本假定延伸而來，代表可作為行為正當性的判斷標準。(B)或稱揭弊者、吹哨者、糾舉人，指揭露一個組織內部非法的、不誠實的或者不正當的行為的人。(C)為一個或一群人在不受現有資源的限制下，有組織的設法尋求創造價值的機會。

3 企業倫理上的兩難指的是？ (A)做與不做的窘境 (B)動與不動的需求 (C)要與不要的想法 (D)能與不能的機會。 【107農會】 (A)

考點解讀 指在不同道德選擇之下，面對可能的利益衝突，而產生難以抉擇的困難。

4 員工執行組織要求的某項行動時，此行動違反自己的倫理標準。此時，該員工面臨的情境是下列何者？ (A)倫理困境 (B)社會回應 (C)自利偏差 (D)倫理絕對主義。 【105台酒】 (A)

考點解讀 倫理困境（ethical dilemma）指決策者所面對的決策問題牽涉到倫理議題，而且面臨倫理準則模糊、衝突難以兩全的決策情境。

5 企業進行倫理相關決策時，考量大多數人的利益，是屬於何種原則？ (A)功利原則 (B)道德權力原則 (C)正義原則 (D)務實原則。 【108鐵路】 (A)

解答

考點解讀 功利主義由十九世紀哲學家邊沁（Jeremy Bentham）和彌爾（John Stuart Mill）所創，他們認為倫理行為應以組織中之最多數人為考量，並謀取這些人之最大福利。直到現在，企業的決策者仍被期望應以「功利主義」，做為決策標準和目的。

6 下列哪個理論觀點是指倫理決策的制定完全是基於成果或結果？此外，該理論觀點會利用數量模型來做倫理決策，考慮到如何產生最大的數量效應。　(A)權利觀點　(B)正義觀點　(C)整合契約觀點　(D)功利觀點。【103台糖】 (D)

考點解讀 提供最多數人的最大效用為道德原則。

7 下列哪個項目是企業倫理理論中，強調集體利益極大化的原理？　(A)功利主義　(B)正義原則　(C)黃金法則　(D)基本責任論。【103經濟部】 (A)

8 在企業倫理的觀點中，強調企業的決策必須奠基於對道德權利的考量。任何會侵害到個人權利的決定，即便是對多數人有明顯的好處，依然是不符合倫理道德原則的。此種觀點稱為：　(A)基本權利原則　(B)功利主義原則　(C)公平正義原則　(D)均衡務實原則。【106自來水】 (A)

考點解讀 強調每個人權力與自由的重要性，企業的決策必須基於對基本道德權利的考量。例如每個人的自由、生命安全、私有財產、言論自由等權利。各方案即使對多數人有好處，只要危害到任何人的基本權利，就不應採行。

9 企業非常尊重與保護員工個人隱私權與言論自由。此為何種道德觀點？(A)道德的功利觀　(B)道德的權利觀　(C)道德的正義觀　(D)道德的權變觀。【103台酒】 (B)

考點解讀 強調每個人權力與自由的重要性。(A)提供最多數人的最大效用為道德原則。(C)將可能的好處與壞處，依公平正義的程序分配給所有人。

10 企業在處理道德議題時，同時考量決策的效用及後果、對個人權益的影響，以及是否符合公平正義，以弭平各自不足的地方。此種處理企業倫理道德的原則為：　(A)功利主義原則　(B)基本權利原則　(C)公平正義原則　(D)均衡務實原則。【102自來水】 (D)

考點解讀 同時考量決策的效用及後果（功利觀）、對個人權益的影響（權利觀），以及是否符合公平正義（正義觀），三者均衡發展。

進階題型

解答

1 1 輛輕軌電車煞車系統突然失靈，駕駛員發現前方有5位小朋友在軌道上玩耍，他可以透過切換閘道，駛往旁邊廢棄的軌道，但有1位小朋友在上面玩耍。如果駕駛員選擇變換軌道，那他的道德觀偏向下列何者？ (A)
(A)功利觀點 (B)權利觀點
(C)公平觀點 (D)正義觀點。 【107經濟部】

考點解讀 我們常難以判斷某一決定是否合乎倫理，一般而言，裁定倫理道德方法有四種不同觀點：
(1)功利主義觀點：提供最多數人的最大效用為道德原則。
(2)基本權利觀點：強調每個人權利與自由的重要性。
(3)公平正義觀點：將可能的好處與壞處，根據公平正義程序，分配給所有的人。
(4)均衡務實觀點：企業在處理道德議題時，同時考量決策效用及後果，對個人權益影響，以及是否符合公平正義，以補足各自不足的地方。

2 從「每個人都有自己的隱私權，Google不願將客戶的資料隨意的交給美國司法單位」這句話，可以看出Google在這件事上，是根據以下哪項原則進行的判斷： (A)功利主義原則 (B)基本權利原則 (C)道德原則 (D)均衡務實原則。 【108鐵路營運人員】 (B)

考點解讀 基本權利原則：強調對基本人權的尊重作為道德原則。

3 下列何者並非是管理者在決策時所採取的倫理規範（ethical norms）準則？ (D)
(A)效用（utility） (B)權利（right）
(C)公正（justice） (D)合法性（legitimacy）。【103中油】

考點解讀 倫理規範（ethical norms）在這種情況下也會扮演特定的角色。
以下是四種規範與其所持的觀點：
(1)效用（utility）：特定舉動是否會使得相關人士得到最大的利益？
(2)權利（rights）：是否尊重參與人所擁有的權利？
(3)公正（justice）：是否合乎正當性？
(4)關心（caring）：是否盡到對彼此應負的責任？

4 管理者為了提升道德行為，透過對於組織的基本價值觀及公司對員工道德標準的期望的正式說明，以減少模糊與困擾，稱為下列何者？ (B)
(A)道德訓練（ethics training） (B)道德規範（code of ethics）
(C)道德領導 (D)工作規範。 【105台糖】

解答

考點解讀 (A)教導員工在面對倫理問題時，該有的理性態度，以及問題的解決程序。(C)強調領導者培養高尚人格、落實正義倫理。(D)依據工作內容設定擔任某一職位的工作者所應具備資格或條件。

5 作為一個想要鼓勵員工遵守職場道德的領導者，下列哪個行為並不恰當？ (D)
(A)協助員工解決職場道德問題
(B)協助企業建立與職場道德有關的規範
(C)做其他員工的好榜樣
(D)隨時準備在員工違背職場道德時承擔社會大眾的責難。 【106台糖】

考點解讀 作為一個想要鼓勵員工遵守職場道德的領導者，應以身作則並要求員工確實遵守奉行。

6 人們處於道德發展三個層次中的哪一個層次時的行事準則是「避免處罰、獲得獎賞」？ (D)
(A)傳統的層次（conventional stage）
(B)高尚的層次（elevated stage）
(C)原則的層次（principled stage）
(D)傳統前層次（pre-conventional stage）。 【103台糖】

考點解讀 道德發展的三個層次：

	階層	階層描述
傳統前層次 pre-conventional	1.完全由個人利益所影響。	謹守規定以避免體罰
	2.決策以自利為主，根據各種行為獎懲而定。	只有在自己最直接利益才遵守
傳統層次 conventional	3.受他人期望所影響。	為親近的人期望而活
	4.包括對法律服從、對所在意者期望反應、對一般應有期望的概念	為你承諾而盡力
原則的層次 post-conventional	5.受個人道德所影響 與或不與社會規範法律相一致	重視他人權利：無論與大眾意見是否一致，堅持獨立價值

7 下列有關管理道德之敘述何者有誤？ (C)
(A)改善企業的道德需從企業領導人、高階主管先做起
(B)外在環境激烈競爭的壓力是造成管理者做出違反道德決策的原因之一
(C)當道德與經濟利益相抵觸時，管理者往往會選擇管理道德
(D)管理者在訂定道德標準時常會高估。 【107中油】

解答

考點解讀 道德係是非對錯的判別標準，也是倫理的核心。管理者在面對道德與經濟利益相抵觸時，就是陷入「倫理的困境」，管理者必須在做與不做之間拿捏，最後未必會選擇管理道德，例如黑心油事件。

8 金管會要求金融業者必須建立「吹哨者保護制度」，請問所謂「吹哨者」指的是： (A)

(A)舉發企業或組織內部不道德行為的人

(B)以實際行動、創新或永續方法來提升社會的業者

(C)員工遇到道德難題時的諮詢對象

(D)積極參與社會服務或志工活動的員工。 【108漢翔】

考點解讀 吹哨者保護制度建立之目的，即是在鼓勵公司內部人勇於出面揭發不法，以利公司治理執行或司法機關之追訴究責。

非選擇題型

1 道德決策標準存在4種觀點，其中______主義的觀點著重於行為的結果，而非行為背後的動機，最佳行為是能為最多數人爭取最大利益的行為。 【109台電】

考點解讀 功利。

2 請說明道德決策的4項基本觀點。 【112經濟部】

考點解讀 道德（ethics）：決定行為對錯的準則、價值觀及信念。然而我們常難以判斷某一決定是否合乎倫理道德，一般而言，裁定倫理道德決策有四種：

(1)功利主義觀點：提供最多數人的最大效用為道德原則。

(2)基本權利觀點：強調對基本人權的尊重做為道德原則。

(3)公平正義觀點：以不偏不倚的公正準則做為道德原則。

(4)均衡務實觀點：同時考量決策的效用及後果、對個人權益的影響，以及是否符合公平正義，以弭平各自不足的地方。

Chapter 06 企業全球化與管理

在競爭激烈的商業環境裡，即使企業本身屬於單純的國內企業，全球化的壓力仍是經理人所必須面對的一大課題。

焦點 1 全球化環境

1. **區域性的經濟整合**

經濟整合（economic integration）是指兩個或兩個以上的國家嘗試藉由降低貿易的限制，以獲得自由貿易的好處。其層次由低至高順序為：自由貿易區、關稅同盟、共同市場。

(1) **自由貿易區（Free Trade Area）**：在此區域的成員國家會移除所有的貿易障礙，讓商品及服務可以非常自由地在會員國家中交易。

(2) **關稅同盟（Custom Union）**：同樣也是去除成員國家間所有的貿易障礙，而且對非會員國家採取相同的貿易政策。

(3) **共同市場（Common Market）**：成員國家間的貿易無障礙，成員國家對外實施相同的貿易政策，此外，生產的因素（諸如勞力、資本、科技）可以在會員國家間自由移動。

小秘訣

區域性經濟整合，亦即國家區塊間的貿易協定，意味著企業在某一時點可同時進入海外的整個區塊。區域性的經濟整合已經使得以國家疆界劃分的市場界線逐漸模糊，取而代之的是大型的區域市場。

2. **國際經貿組織與區域結盟**

(1) **國際主要的經貿組織**

世界貿易組織 （World Trade Organization, WTO）	成立於1995年1月1日，前身是1948年起實施的關稅及貿易總協定的秘書處。其成立之目的在確保自由貿易，並透過多邊諮商，建立國際貿易規範，降低各會員間的關稅與非關稅貿易障礙，為各會員提供一個穩定及可預測的國際貿易環境，以促進對外投資、創造就業機會、拓展貿易機會及增進世界經濟成長與發展。

亞太經濟合作會議 （Asia-Pacific Economic Cooperation, APEC）	於1989年成立，是一個促進亞太地區經濟成長、合作、貿易、投資的組織，目前有21個經濟體成員，總部設於新加坡，每一年都會召開一次「經濟領袖會議」。APEC是經濟合作的論壇平台，其運作是通過非約束性的承諾與成員的自願，強調開放對話及平等尊重各成員意見，不同於其他經由條約確立的政府間組織。
經濟暨合作發展組織 （Organization for Economic Cooperation and Development, OECD）	OECD於1961年成立，總部在巴黎，目前計有36個會員國及5個擴大參與的國家（巴西、印度、印尼、中國大陸、南非）。OECD素有WTO智庫之稱，主要工作為研究分析，並強調尊重市場機制、減少政府干預，以及透過政策對話方式達到跨國政府間的經濟合作與發展。目前永續發展目標、環境問題及數位經濟等議題為OECD主要推動重點。另「OECD 2017年度論壇」主題為消弭歧異，探討如何解決因應全球化衝擊、移民潮以及科技發展快速所造成之社會分歧問題，俾建立一個包容性社會。

☆ 小提點

1. 「關稅暨貿易總協定」（General Agreement on Tariffs and Trade，簡稱GATT），可歸納出六大原則：最惠國待遇原則、國民待遇原則、關稅減讓原則、廢除「數量限制」原則、減少「非關稅障礙」、諮商原則。
2. 經過漫長的雙邊談判與多邊審查，我國終於再申請加入關稅暨貿易總協定（GATT）；1995年改組為今日之世界貿易組織 （World Trade Organization, WTO） 12年後，於2002年1月1日 以「台灣、澎湖、金門、馬祖個別關稅領域」之名義正式成為WTO第144個會員。WTO會籍正式地將台灣與世界經濟接軌，其強力的規範將為台灣帶來多方面的衝擊。

(2) **區域經濟結盟**

美加墨新貿易協定 （United States–Mexico–Canada Agreement, **簡稱**USMCA）	1. 目前成員國：加拿大、美國與墨西哥。 2. 會員國人民超過3億人，生產總值超過6兆美金，貿易額占世界經濟1/4，是目前僅次於歐盟的第二大區域整合組織。 3. 2018年10月30日由加拿大、美國與墨西哥達成協定成立，取代《北美貿易協定》（NAFTA）。
東南亞國協 （Association of South East Asian Nations, **簡稱**ASEAN）	1. 目前成員國：10國+3，馬來西亞、泰國、新加坡、菲律賓、印尼、汶萊、越南、寮國、緬甸、柬埔寨，其後中國、日本、南韓亦加入。 2. 在推動經貿自由化方面，目前東協已與中國、日本、南韓、紐西蘭、澳洲及印度簽署自由貿易協定或全面經濟合作協定，最終將建立一擁有30億人口，年經濟產值達9兆美元之自由貿易網絡。 3. 由東南亞國家所成立的區域經濟合作組織。創始國為馬來西亞、泰國、新加坡、菲律賓、印尼在1967年於曼谷所創建，後來陸續加入汶萊、越南、寮國、緬甸與柬埔寨，共計10個國家。
歐洲聯盟 （European Union,**簡稱**EU）	1. 目前成員國：德國、義大利、奧地利、法國、西班牙、瑞典、丹麥、比利時、愛爾蘭、荷蘭、盧森堡、馬爾他、塞浦路斯、波蘭、匈牙利、捷克、斯洛伐克、斯洛維尼亞、愛沙尼亞、拉脫維亞、立陶宛、羅馬尼亞、保加利亞、葡萄牙等27國。 2. 人口4.4億，歐盟的經濟實力已經超過美國居世界第一。 3. 根據1992年簽署的《歐洲聯盟條約》（又稱《馬斯垂克條約》）所建立的國際組織，現擁有27個會員國。歐盟的成立宣示的區域經濟整合力量重要性的提升，強調沒有內部界線存在的區域，協商共同的貿易、農業、文化、環境與能源政策。

跨太平洋夥伴全面進步協定（Comprehensive and Progressive Agreement for Trans-Pacific Partnership, **簡稱**CPTPP）	1. 原「跨太平洋夥伴協定」（Trans-Pacific Partnership, TPP）以其「高品質、高標準、涵蓋範圍廣泛」的內容作為21世紀FTA的典範為目標。談判成員國包括美國、日本、加拿大、澳洲、紐西蘭、新加坡、馬來西亞、越南、汶萊、墨西哥、智利及秘魯等12國，於2015年10月5日宣布完成談判，並於2016年2月4日簽署協定。惟因美國川普總統於2017年1月23日宣布退出TPP，對TPP造成重大衝擊。 2. 在日本的積極推動下，美國以外的其餘11國陸續經5次召開TPP首席談判代表及部長會議，共同商討TPP後續前進方向，並將TPP改名為CPTPP。CPTPP已於2018年12月30日生效，目前計有墨西哥、日本、新加坡、澳洲、紐西蘭、加拿大、越南、秘魯、馬來西亞、智利等10國完成國內批准程序。 3. 人口規模約5億，國內生產毛額（GDP）合計占全球約13%，貿易值占我國貿易總值超過24%，對我參與區域經濟整合十分關鍵。 4. CPTPP於2021年2月1日首度接受英國遞件申請入會，會員國亦達成維持協議高標準、擴大參與之共識。英國入會案將成為其他有意申請入會國家的參據典範。我國於2021年9月22日正式向CPTPP協定存放國紐西蘭遞交CPTPP申請函，未來將持續推動依據CPTPP新會員入會程序完成後續作業。
區域全面經濟夥伴協定（Regional Comprehensive Economic artnership, **簡稱**RCEP）	1. 目前成員國：15國，東協成員國：新加坡、柬埔寨、汶萊、寮國、泰國、越南、馬來西亞、印尼、緬甸、菲律賓；非東協成員國：日本、中國大陸、澳洲、紐西蘭、韓國。 2. 成員國GDP約26.2兆美元（占全球約30%）；出口約5.5兆美元（占全球30%）；15個成員約涵蓋全球22億人口（占全球約30%）；RCEP成員與我貿易值占我國總貿易值約58%。

區域全面經濟伙伴協定（Regional Comprehensive Economic artnership, **簡稱**RCEP）	3. RCEP強調以東協為中心，由東協主導，以4個「東協加一」FTA為基礎，進一步深化整合各個FTA的自由化程度，目標盼建立一個現代化、廣泛、高品質的區域自由貿易協定。 4. 新成員加入：RCEP協定生效後18個月開放供任何國家或個別關稅領域加入。印度自協定生效日起即開放其加入，無需等待18個月。
跨大西洋貿易與投資伙伴協定（Transatlantic Trade and Investment Partnership, **簡稱**TTIP）	1. 又稱跨大西洋自由貿易條約，是歐盟與美國政府（以2015年10月為準）正在談判中的自由貿易條約，若簽訂完成將涵蓋目前世界1/2的GDP，覆蓋世界上較富有的8億人口。 2. TTIP在歷經三次對話後，尚面臨挑戰。對於許多敏感性議題，如農產品市場進入、動植物防檢疫措施、技術性貿易障礙等，雙方尚未達成共識。

註：(1)英國於2016年經公投決定脫離歐盟。
(2)美國宣布於2017年1月以後退出TPP。

3. **全球市場的形成**

由於科技的進步、網路的興起和自由貿易的風潮，使得全球消費者的口味趨於一致，市場及製造的全球化也愈來愈深。

4. **生產的全球化**

全球化生產（globalization of production）意味著一個企業將其生產製程分解為數個部份，並將其分置於全球數個區域，其目的是為了要利用好的生產品質與低生產成本，並且將這些營運活動整合成為一個單一、有效率的全球生產體系。

基礎題型

解答

1 下列何者是屬於NIKE球鞋、可口可樂、麥當勞的發展？ (A)營運成本降低 (B)市場全球化趨勢 (C)投資障礙降低 (D)只遵守美國政府規章。【106桃捷】 **(B)**

考點解讀 全球化（globalization）就是企業將全球視為目標市場，同時也將全球視為生產工廠，亦即企業追求市場的全球化與生產的全球化。

解答

2 兩個或兩個以上國家之間的經濟整合有不同層次，由低到高依次為：(A)自由貿易區→關稅聯盟→共同市場 (B)共同市場→關稅聯盟→自由貿易區 (C)關稅聯盟→共同市場→自由貿易區 (D)自由貿易區→共同市場→關稅聯盟。【104自來水】 (A)

考點解讀 經濟整合有數個不同的層次，由低到高依次為：自由貿易區→關稅同盟→共同市場。

3 下列何者是由歐洲主要國家組成的組織？ (A)北美自由貿易協定（NAFTA） (B)歐盟（EU） (C)東南亞國協（ASEAN） (D)世界貿易組織（WTO）。【106桃機】 (B)

考點解讀 歐洲聯盟（European Union,簡稱EU）：是根據1992年簽署的《歐洲聯盟條約》（又稱《馬斯垂克條約》）所建立的國際組織，現擁有27個會員國。歐盟的成立宣示的區域經濟整合力量重要性的提升，強調沒有內部界線存在的區域，協商共同的貿易、農業、文化、環境與能源政策。

4 企業在考量國際環境時，區域性組織也是需要注意和考量的地方。下列何者不屬於亞洲的相關區域性組織？ (A)APEC (B)TPP (C)EU (D)ASEAN。【105自來水】 (C)

考點解讀 歐洲聯盟（European Union,簡稱EU）前身為歐洲共同體，由原歐洲共同體成員國家根據《歐洲聯盟條約》所組成的國際組織，現擁有27個會員國。歐盟（EU）是一個集政治實體和經濟實體於一身、在世界上具有重要影響的區域一體化組織。

5 全球化之後，國與國之間所形成的經貿合作組織越來越多元，請問TPP指的是： (A)亞太經合會 (B)關貿總協定 (C)跨太平洋伙伴關係 (D)經濟合作架構協議。【104郵政】 (C)

考點解讀 跨太平洋戰略經濟伙伴關係協定（The Trans-Pacific Partnership,簡稱TPP）2002年由紐西蘭、新加坡、智利三國發起，成員國彼此承諾了高度自由化的互惠待遇，為高品質、高標準的自由貿易協定。

6 「企業將其生產製程分解為數個部分，並將其分置於全球不同地區」，是下列何項特色？ (A)全球化行銷 (B)全球化生產 (C)當地化行銷 (D)當地化生產。【108漢翔】 (B)

考點解讀 指一個企業將其生產製程分解為數個部份，並將其分置於全球數個區域，其目的是為了要利用好的生產品質與低生產成本，並且將這些營運活動整合成為一個單一、有效率的全球生產體系。

解答

7 下列何者非屬貿易障礙？ (A)出口補貼 (B)進口配額 (C)反傾銷稅 (D)反托拉斯規範。【111經濟部】 (D)

考點解讀 貿易上採取保護主義，抵銷外國產品競爭力，以提升國家安全。其策略如下：課徵關稅、進口配額、出口補貼、出口配額、反傾銷稅、平衡稅等。

進階題型

解答

1 臺灣面臨全球化的情況，下列敘述何者正確？ (A)全球化的影響只會出現在少數產業 (B)全球化會提高本地勞工的就業機會 (C)資訊通訊技術的進步對全球化有正面的影響 (D)全球化不會造成不同國家間的資本流動。【107台糖】 (C)

考點解讀 (A)全球化的影響會出現在多數的產業。(B)全球化會降低本地勞工的就業機會。(D)全球化會造成不同國家間的資本流動。

2 近來媒體經常提及FTA，請問FTA是： (A)世界貿易組織 (B)自由貿易協定 (C)經濟合作架構協議 (D)關稅及貿易總協。【104郵政】 (B)

考點解讀 自由貿易協定（Free Trade Agreement, FTA）是兩國或多國、以及區域貿易實體間所簽訂的具有法律約束力的契約，目的在於促進經濟一體化，消除貿易壁壘（例如關稅、貿易配額和優先順序別），允許貨品與服務在國家間自由流動。(A)WTO；(C)ECFA；(D)GATT。

3 下列國際組織中，對我國經濟發展影響最重要的組織是： (A)歐洲聯盟 (B)北美自由貿易區 (C)聯合國 (D)東南亞國家協會。【103台酒】 (D)

考點解讀 東南亞國家協會（Association of South East Asian Nations, 簡稱ASEAN）：是由東南亞國家所成立的區域經濟合作組織。創始國為馬來西亞、泰國、新加坡、菲律賓、印尼在1967年於曼谷所創建，後來陸續加入汶萊、越南、寮國、緬甸與柬埔寨，共計十個國家。其後中國、日本、南韓亦加入。

4 有關全球化經營環境的敘述，下列何者錯誤？ (A)不論是製造業或是文化娛樂產業都開始進行全球行銷 (B)為了避免外國勞工搶奪本地勞工的就業機會，應該要徹底禁止外國勞工在本地就業 (C)金融全球化的出現歸功於資訊及通信科技的進步 (D)製造全球化造就了跨國分工的全球生產網絡。【107台北自來水】 (B)

考點解讀 製造與市場全球化已是大勢所趨，無可避免。根據我國勞動部勞動及職業安全衛生研究所民國103年3月有關〈外勞引進政策對國人就業之衝擊評估研究〉

的結論與建議：「透過本研究評估結果與其他文獻評估結果皆發現，外勞引進與本勞就業的確有相互影響效果存在，不管兩者是互補或替代效果，因而於外勞政策方面，建議政府需加強外勞政策與就業政策、產業政策之整合機制，才能有效兼顧產業發展與促進國人就業之需要。」

焦點 2 企業國際化動機與進入方式

企業國際化指個別廠商或一群廠商在國際營運中的外移現象。

1. **企業國際化的動機**

   企業國際化的動機可被歸納為以下三類：

   (1) **積極性動機**：由於國外市場具有特殊的吸引力。

   A. 龐大的銷售潛能。
   B. 低廉的原物料價格與人力成本。
   C. 獨特而稀有的資產或資源。
   D. 先進的技術或知識。
   E. 市場具不完全競爭特性。
   F. 貿易障礙。

   (2) **消極性動機**：由於國內市場的經營壓力。

   A. 國內市場的競爭激烈。
   B. 剩餘產能。
   C. 需求波動情況嚴重。
   D. 政策法規變遷的風險。
   E. 產品生命週期已達成熟末期。

   (3) **企業的國際性導向**：主要反映在企業最高執行長（CEO）或董事會等最高管理當局對國際營運的態度。

小秘訣

區位經濟是指將某一創造價值的活動，安排在最適合該活動的地點進行，因而所產生的經濟效益。當企業透過地點的選擇，而可以掌握重要原物料或服務重要的顧客，這時便可以產生區位經濟。

2. **產業全球化之驅動力**

   產業**全球化的驅動力（drivers）有市場的驅力、成本的驅力、競爭的驅力、政府的驅力、技術的驅力**。

   (1) **市場的驅力**：表示由顧客需求特質、通路特質與行銷方式所導致各市場需求特質愈趨一致之情況，而促使產業愈來愈全球化。

   (2) **成本的驅力**：表示由於企業面臨降低成本之壓力，因此必須追求全球規模營運與尋求全球最具成本優勢之資源，而促使產業愈來愈全球化。

   (3) **競爭的驅力**：企業在各地的佈局的價值鏈活動，會使得各市場與區位相互影響，競爭者在全球各市場短兵相接，進而使產業愈加全球化。

(4)**政府的驅力**：各國政策、技術、法規標準愈相近、限制愈少，此產業之全球化程度愈高。

(5)**技術的驅力**：網際網路是促成全球化的重要科技，使得企業可以與全球各地企業相互聯繫，並讓實體運送成本降低，時間大幅縮短。

3. **國際市場進入模式**

(1)**出口**：在另一國家出售商品或服務。

(2)**整廠輸出**：又稱「出售工廠」，指企業同意為外國客戶建造營運工廠，包括機器設備以及整套的生產技術。

(3)**授權**：授權協定為授權者將無形資產的使用權，在特定期限內允許被授權者使用，而被授權者需支付權利金給授權者的一種約定。

(4)**特許經營**：一個許可的特別形式，其中經銷商不僅出售無形財產（通常是一個商標）的特許經營，而且要求加盟者同意遵守如何做生意的嚴格規定。

(5)**合資公司**：由兩家或兩家以上相互獨立的公司合資成立的公司。

小秘訣

1.無形資產：專利、發明、配方、製程、設計、版權和商標。

2.整廠輸出：又稱「整廠設備輸出」，例如台灣醫療機構對中國大陸進入醫療整廠輸出有濃厚興趣。中國中興通訊在2010年與奈及利亞政府簽約25.4億人民幣，對該國輸出國家公共服務通訊系統。

(6)**獨資子公司**：企業擁有100%股權的子公司，有兩種在國外市場建立獨資子公司的方法：A.在當地成立新企業，這也被稱為新廠事業；B.收購當地已設立公司，並利用該公司推廣產品。

4. **國際市場進入模式的優缺點**

模式	優點	缺點
出口	能夠實現區域經濟和經驗曲線經濟	高運輸成本 貿易障礙 當地行銷代理問題
整廠輸出	能夠從海外直接投資科技技術過程中獲得回饋	創造出競爭者 缺乏長期的市場地位
授權	低發展成本和風險	缺乏控制技術 無法利用區位經濟和經驗曲線效果 無法參與全球策略協調
特許經營	低發展成本和風險	缺乏品質控制 無法參與全球策略協調

模式	優點	缺點
合資公司	獲得當地合作夥伴的知識 共享開發成本和風險 政治上可以接受	缺乏技術控制 無法參與全球策略協調 無法實行區域經濟
獨資子公司	完全的技術保護 能有參與全球策略協調 有能力實行區域經濟	高成本和風險

5. **企業國際化的發展順序**

1 國際貿易

不同國家或地區間人民或政府，從事貨物、勞務或技術等交易行為。

↓

2 國際行銷

指企業超越本國國境進行的市場經營活動。

↓

3 多國企業

將決策權下放至各國或區域，產品依各地市場需求進行生產。

↓

4 全球企業

將全球視為一個整合個體，銷售統一的產品。

基礎題型

解答

1 全球化趨勢愈來愈明顯，企業不再僅侷限於母國進行營運，而是從全球觀點思考企業的布局。下列何者不是全球化背後的重要趨力？ (A)主要競爭者開始進行全球化布局 (B)尋求各地優勢的生產資源 (C)各國政府保護主義 (D)突破當地市場成長的限制。 【108台酒】 (C)

解答

考點解讀 貿易保護主義（Protectionism），簡稱「保護主義」，是一種為了保護本國產業免受國外競爭壓力而對進口產品設定極高關稅、限定進口配額或其它減少進口額的經濟政策。它與自由貿易模式正好相反，後者使進口產品免除關稅，讓外國的產品可以與國內市場接軌，而不使它們負擔國內製造廠商背負的重稅。

2 下列何者不是常見的促使企業全球化的驅力？ (A)競爭驅力 (B)市場驅力 (C)道德驅力 (D)政府驅力。 【112桃機、104鐵路】 (C)

考點解讀 促使企業全球化的驅力包括：市場驅力、競爭驅力、成本驅力、政府驅力、技術驅力。

3 企業國際化的發展順序，一般來說是下列哪個順序？ (A)國際貿易→多國企業→國際行銷→全球企業 (B)國際貿易→全球企業→多國企業→國際行銷 (C)國際貿易→國際行銷→多國企業→全球企業 (D)國際行銷→國際貿易→多國企業→全球企業。 【103台北自來水】 (C)

考點解讀 企業國際化的發展順序：國際貿易→國際行銷→多國企業→全球企業。

4 促使企業走向全球化的最重要驅力是： (A)競爭的驅力 (B)市場的驅力 (C)成本的驅力 (D)供應商的驅力。 【105台北自來水】 (B)

考點解讀 促使企業走向全球化的最重要驅力是市場的驅力，指雖身處於不同國家，但卻需要相同產品與服務的顧客。企業可透過全球的通路、創意行銷，達到市場的成長。例如，麥當勞所提供的產品有相當高程度的標準化，可以滿足全球性顧客的需求。

5 下列何種海外市場的全球進入策略的風險最低？ (D)

(A)合資（joint venture）

(B)策略聯盟（strategic alliance）

(C)授權/加盟（franchising）

(D)進出口（import/export）。 【111鐵路】

考點解讀 進入海外市場策略，依風險低到高：進出口、授權、特許加盟、策略聯盟、合資、完全控股公司。

6 下列何種國際化方式需要最多的投資金額？ (A)出口（Exporting） (B)成立海外子公司（Foreign subsidiary）(C)授權（Licensing） (D)加盟（Franchising）。 【112經濟部】 (B)

考點解讀 成立海外子公司（foreign subsidiary）需要最多的投資金額，且所面對的風險也最高。

解答

7 企業進入海外市場的模式中，以下那一種模式比較不用擔心培養競爭者的風險？ (A)授權（licensing）模式 (B)直接出口（direct exporting）(C)合資（joint venture）模式 (D)加盟（franchising）模式。【106鐵路】 (B)

考點解讀 出口模式並不在其他國家建立製造工廠，因此相對而言成本較低，風險較小，是很多企業在進行全球化的第一步。出口又可分為：(1)間接出口：透過母國的代理商，將產品送到國外。(2)直接出口：由公司本身自行接觸海外的買方，使其成為獨立的代理商或是經銷商，或是經由公司自己的海外子公司來進行行銷。

8 下列何者是授權（licensing）的定義？ (A)將企業的名稱與經營手法授予另外組織使用 (B)將企業的技術或產品規格授予另外組織使用製造或銷售其產品 (C)設立一家獨立子公司，對當地直接進行投資 (D)在本國生產，在海外銷售。【108台酒】 (B)

考點解讀 授權協定為授權者將技術或產品規格，在特定期限內允許被授權者使用製造或銷售其產品，而被授權者需支付權利金給授權者的一種約定。

9 在國際市場上，與夥伴共同成立一家獨立公司的做法稱為： (A)授權 (B)加盟 (C)契約管理 (D)合資。【108鐵路】 (D)

考點解讀 合資經營（Joint Venture）是一種國際市場進入的方式，指企業與其他一個或幾個投資者在目標市場共同投資一家獨立公司，投資各方按照出資比例共同參與經營管理，並分擔風險與盈虧。

10 由兩家以上的公司共同投資，以期能在特定市場營運並獲取利潤的企業組織，稱為： (A)連鎖加盟企業 (B)多國籍企業 (C)合資企業 (D)銷售代理企業。【108郵政】 (C)

考點解讀 由兩家公司以上共同投入資本成立，分別擁有部分股權，並共同分享利潤、支出、風險、及對該公司的控制權。

11 下列何者是一種特殊的策略聯盟形式，其定義為：「兩家或兩家以上的企業共同參與某個企業，這些合作的企業會提供資產、共同擁有該企業、共同分擔風險」？
(A)服務合約 (B)獨資 (C)技術合作 (D)合資。【104郵政】 (D)

12 在國外進行包括購置工廠、建立銷售辦公室或是開設分店等正式營運活動，稱為：
(A)國外直接投資 (B)合資 (C)授權 (D)策略聯盟。【106台糖】 (A)

考點解讀 國外或海外直接投資（FDI）是指一家公司以直接投資的方法在國外設廠生產或銷售產品（需有控制權）。公司開始FDI就成為多國籍企業。FDI有兩種主要的型態：(1)新廠投資：在海外建立完全新的營運工廠；(2)購置或合併國外現有的公司。

進階題型

解答

1 企業拓展國際多角化的主要動機為何？ (D)
(A)支援弱勢事業 (B)瞭解社會價值
(C)創造策略彈性 (D)創造範疇經濟。 【107台北自來水】

考點解讀 Amit＆Livnat（1988）綜合各家學派的研究，認為企業多角化的動機：(1)為了考慮購料、生產、行銷等活動的經濟規模與經濟範疇；(2)為提供消費者完整的產品線；(3)以相關多角化提高市場佔有率，鞏固競爭優勢使產品線相互支援，以掠奪式定價來提升獲利率；(4)企業經營風險考量；(5)各種財務方法增加投資報酬率。

2 以下組織全球化的模式中，何者的投資量最大？ (C)
(A)授權 (B)進出口
(C)海外子公司 (D)全球委外作業。 【108漢翔】

考點解讀 海外子公司組織全球化的模式中，投資量最大，高成本且高風險。

3 以下企業採用哪種市場進入方式要投入的資金最少？ (A)
(A)授權 (B)合資
(C)獨資經營 (D)委外製造。 【108鐵路營運人員】

考點解讀 授權中授權者與被授權者之間由支付特定費用，即權利金來交換公司的專利、商標或任何有價值的資產。授權者對被授權者之策略及經營方針僅有少量的間接控制。此種進入模式幫助公司以較少的資金投入，迅速進入國際市場。

4 下列哪一階段適用於國際市場進入模式中的「出口模式」？ (B)
(A)國際化中程階段 (B)國際化初始階段
(C)熟悉國外市場時 (D)不熟悉國外市場時。 【106桃捷】

考點解讀 當企業決定拓展其海外銷售時，出口常常是選擇方案之一，因為出口是風險最低的海外市場進入模式。出口的優點是，它是一種最快又耗費最少的國際化方式，也能夠先測試當地市場，了解當地消費者的需求。

解答

5 A公司為製造業，A公司授與另一家海外廠商（B公司）在某段特定期間內於特定區域使用其專利的權利，B公司以權利金（royalty）作為回報方式。這種海外市場進入模式為： (A)

(A)授權 (B)特許加盟

(C)合資 (D)獨資。 【104郵政】

考點解讀 國際授權指的是，一家廠商授與另一家海外廠商在某段特定期間內於特定區域使用其無形資產的權利，通常以權利金（royalty）作為回報方式。

6 以下哪種市場進入模式需要注意智慧財產權複製的問題？ (A)授權 (B)出口模式 (C)合資 (D)獨資經營。 【108鐵路營運人員】 (A)

考點解讀 授權係指給予其他組織使用商標或技術等權利，對方必須給付一定的報酬或代價作為回報，採取授權模式需注意智慧財產權複製的問題。

7 美國的福特汽車（Ford）收購瑞典的富豪汽車（Volvo）是一種： (C)

(A)社會責任 (B)特許授權

(C)海外直接投資 (D)策略聯盟。 【101鐵路】

考點解讀 海外直接投資（FDI）指一家公司以直接投資的方法在國外設廠生產或銷售產品，公司開始FDI就成為多國籍企業。FDI有兩種主要的型態：(1)新廠投資：在海外建立完全新的營運工廠。(2)購置或合併國外現有的公司。

8 下列那種情況最不適合採取獨資方式進入國際市場？ (C)

(A)市場重要性高 (B)國家體制環境健全

(C)文化差異很大 (D)道德風險低。 【108鐵路】

考點解讀 獨資子公司係企業擁100%股權的子公司，有兩種在國外市場建立獨資子公司的方法：(1)在當地成立新企業，這也被稱為新廠事業；(2)收購當地已設立公司，並利用該公司推廣產品。其缺點：企業必須承擔海外經營所有的資金成本和風險；如何整合分歧的企業文化，這問題可能抵銷收購已成立企業產生的利潤。

9 企業透過委託代工（Contract Manufacturing）以涉足全球市場，可以獲得下列何種好處？ (B)

(A)招募專業又有經驗的員工 (B)降低營運風險

(C)提高財務的流動性 (D)穩定現金流。 【107自來水】

考點解讀 原廠委託製造商（original equipment manufacturers, OEM），將產品的整個製造流程外包出去，可降低人工成本、降低經營風險、提高員工生產力，以便專注於最能增進產品價值的工作，例如，研究發展、設計和行銷。而代工廠

解答

（contract manufacturer, CM），以其本身的獨特優勢，更能為原廠創造錦上添花的效果，例如，設廠在低工資地區、享有規模經濟、擅長製造，也參與其他原廠的產品設計和開發工作。

10 有關「外包」的敘述，下列何者錯誤？ (A)外包可以降低企業組織的營運成本 (B)外包是全球性的趨勢 (C)企業不能同時將製造與行銷外包 (D)外包造成原企業組織僱用人員減少。 【107台糖】 (C)

考點解讀 外包（outsourcing），又稱「委外」，於1980年代開始盛行於工商企業界，是指一個企業或組織將內部的功能或業務，透過合約方式委託給另一個公司或個人負責處理。常見的外包業務有零件製造、電腦程式撰寫、會計業務、行銷或銷售、教育訓練、顧客服務、產品外送等。

非選擇題型

全球化為目前企業經營的重要趨勢，主要有哪5種驅力促使全球化步伐加快，請逐一列舉並說明之。 【102鐵路員級、108台電、112桃機】

考點解讀 全球化的五種驅力：

(1)市場的驅力：地球村的效應也進一步促成全球市場，日益形成一種需求同質性的現象。透過全球化，可以使企業突破當地市場成長的限制。

(2)競爭的驅力：企業在各地佈局的價值鏈活動，會使得各市場相互影響，競爭者在全球各市場短兵相接，進而使產業更加全球化。

(3)成本的驅力：企業可將各種價值創造活動，放在最適合該活動的地點進行，以追求最佳的經濟效益。

(4)技術的驅力：藉由日新月異的科技，距離所產生的時間與成本上的障礙已經大幅下降，這些新技術發展均有利於驅動企業走向全球化。

(5)政府的驅力：許多政府採取政策或工具，來鼓勵企業走向全球化，例如有利的貿易政策、接納外國投資、貼補、優惠稅率，以及輔導措施等。

焦點3 國際經營策略與管理

在企業國際化過程中，須注意全球經營環境不同的政治法律環境（穩定的法律及政治系統）、經濟環境（匯率變動、通貨膨脹率、不同的稅制）、文化環境（國家文化）。

☆ 小提點

國家文化：塑造一個國家人民的行為與對重要事物的信念，它是全體人民所共享的價值觀與態度。國家文化對員工的影響力要比組織文化大得多。

1. **霍夫斯泰德Hofstede 的文化分析架構**

   針對國家間的文化差異，霍夫斯泰德（Hofstede）等人認為國家間的文化差異乃與下列五項基礎價值觀有關。

   (1)**權力距離**（power distance）：即當地社會能接受組織或機構內權力分配不均的程度。

   (2)**個人主義**（individualism）vs.**群體主義**（collectivism）：每個人偏好自己；將每人視為團體的一部份，予以照顧。

   (3)**生活的量**（quantity of life）vs.**生活的質**（quality of life）：是重視競爭與魄力、追求物質及財富的程度；社會重視人際關係的維護，關心周遭事物及他人的福祉。

   (4)**規避不確定性的程度**（uncertainty avoidance）：指人們偏愛結構化而非混沌的情境，也就是設法規避不確定性或模糊狀況威脅的程度。

   (5)**長程導向**（long-term）vs.**短程導向**（short-term）：重視長期發展、節約儲蓄、堅持與延續。著重過去及現狀，強調要尊重傳統及履行社會義務。

新視界

1. Hofstede**主要構面為**：個人及群體主義、權力距離、不確定趨避性、成就及生活品質、長/短程導向。
2. GLOBE**主要構面為**：強勢性、未來導向、性別區分、不確定趨避性、權力距離、個人及群體主義、團體內群體主義、表現導向、人權導向。
3. **兩者異同**

   (1)相同點：權力距離、不確定趨避性、個人及群體主義。

   (2)相似點：強勢性類似成就及生活品質、人權導向類似生活品質、未來導向類似長/短程導向。

   (3)GLOBE新增觀點：性別區分、團體內群體主義、表現導向。

2. **國際經營策略**：Bartlett與Ghoshal兩位學者曾提出「全球整合程度」以及「當地回應程度」兩大構面，藉以分析產業型態、多國籍企業策略型態、多國籍企業價值鏈活動（功能活動）以及各價值鏈活動下任務活動之四大層次議題，簡稱整合-回應（I-R）架構。

☆ 小提點

1. **全球整合程度**（global integration）：各市場的需求具有相當程度之相似性，競爭者來自全球各地，成本競爭壓力大、全球規模經濟重要性提升，須整合全球各區位資源並加以使用。
2. **地區回應程度**（local responsiveness）：各地市場消費者需求特質具有差異之程度；各地區位當地政府相關法令、制度差異之程度；當地行銷與通路差異之程度。

地方需求回應

全球化效率（全球整合程度）		低	高
（成本低）	高	全球	跨國
（成本高）	低	國際	多國

型態	說明	要素
國際企業	藉由轉移由母國所發展出的差異化產品到新的海外市場以創造價值；而產品創新功能則集中於母國。	較低的當地回應壓力和成本減縮壓力
多國企業	快速回應每一國家不同顧客需求，同時將母國發生的技能和產品轉移到國外市場，並傾向於建立整套價值創造活動。	當地回應的壓力高而成本減縮壓力低
全球企業	企業將全球視為單一市場，在某些具有低成本優勢的地方生產標準化產品，然後供應全球市場。	當地回應的壓力低而成本減縮壓力高
跨國企業	企業必須利用以經驗為基礎的成本效益和位置經濟，轉移企業內的特異能力，並同時注意當地回應的壓力。	當地回應的壓力與成本減縮壓力都高

國際企業的類型

(1) **國際企業**：藉由移轉有價值的技術與產品到國外市場，以創造價值，適用於具有獨特競爭優勢的企業當企業處於低度區域回應壓力與低度成本降低壓力。

(2) **跨國策略**：企業並非單純將母國技術與產品移轉至海外市場，當企業處於高度區域回應壓力與高度成本降低壓力。

(3) **全球策略**：公司著重於藉由經驗曲線效果與區域經濟來達到降低成本以增加獲利率，當企業處於低度區域回應壓力與高度成本降低壓力。

(4) **多國策略**：將策略性與作業性決策授權給每個國家的事業單位，公司傾向於達到地區回應最大化，當企業處於高度區域回應壓力與低度成本降低壓力。

小秘訣

整合-回應（I-R）架構的四種產業類型：

(1)多國產業：低全球整合，高地區回應。順應當地市場之需求，修正行銷作為的一種方式。

(2)全球產業：高全球整合，低地區回應。企業向全世界不同國家或地區的所有市場都提供相同的產品。

(3)國際產業：低等全球整合，低等地區回應。將企業在母國市場（home country）所獲得的經驗應用到地主國市場上。

(4)跨國產業：高全球整合，高地區回應。把多國籍企業在世界各地的據點當作獨立的單位，並且發展一套可以協助全球合作與協調的機制。

新視界

不同型式的全球組織

多國籍企業（multinational corporation, MNC）是指在多國間進行業務的國際型公司。其類型如下：

1. **多元地區企業**（multidomestic corporation）

   管理及決策權力下放至各國外分公司，代表的是多國取向態度。由國外分公司雇用當地員工，來經營當地的業務，其策略也會跟隨當地特色而修正。如瑞士的雀巢、Wal-Mart。

2. **全球企業**（global company）

   將全球市場當作是一個整合體，並將焦點放在追求全球效率及成本節約。這些企業雖有大量的全球控股，但影響全公司的重大決策，仍由母國總公司處理。如索尼（Sony）、德意志銀行（Deutsche Bank AG）、美林證券（Merrill Lynch）。

3.**跨國組織**(transnational organizations)**或無疆界組織**(borderless organization)
公司的管理著重於消除人為地理疆界的限制,採用的是全球取向態度。在競爭激烈的國際市場中,無疆界組織是企業提高效率與效能的一種新方法,如IBM、福特汽車。

基礎題型

解答

1 荷蘭學者Geert Hofstede所提的跨文化比較模型是描繪何種文化特性? (A)性別 (B)種族 (C)國家 (D)地區。 【103經濟部】 (C)

考點解讀 (C)。荷蘭學者Geert Hofstede所提的跨文化比較模型,主要是描繪國家文化特性的分析架構。

2 企業走向全球化經營,管理者勢必面臨不同文化的挑戰。Hofstede提出5項對國家文化分析的構面,下列何者有誤? (A)開放或保守 (B)雄性或雌性主義 (C)權力距離 (D)不確定性趨避。 【111經濟部】 (D)

考點解讀 荷蘭文化協會研究所所長吉爾特・霍夫斯泰德(Geert Hofstede),用20種語言從態度和價值觀方面,在收集了40個國家,包括從工人到博士和高層管理人員在內的、共116,000個問卷調查數據的基礎上,撰寫了著名的《文化的結局》一書。Geert Hofstede教授將一個國家的文化層面分解為五個方面,據以評價一個國家的文化問題。此種文化差異可分為:權力距離(power distance),不確定性避免(uncertainty avoidance index),個人主義與集體主義(individualism versus collectivism)、男性度與女性度(masculine versus feminality)以及長期導向與短期導向(long-term orientation versus short-term orientation)。

3 企業走向全球化經營,管理者勢必面臨不同文化的挑戰。Hofstede提出5項對國家文化分析的構面,下列何者有誤? (A)開放或保守 (B)雄性或雌性主義 (C)權力距離 (D)不確定性趨避。 【111經濟部】 (A)

考點解讀 (A)長期取向與短期取向、個人主義與集體主義。

4 下列哪一個評估國家文化的構面,不是由Geert Hofstede所提出? (A)表現導向 (B)長程導向 (C)權力距離 (D)個人主義。 【105中油】 (A)

考點解讀 不確定性規避程度、男性主義/女性主義。

解答

5 根據Geert Hofstede的研究，國家的文化差異包含幾個構面，以下哪一項不屬於這些構面？ (A)權力距離 (B)個人主義或集體主義 (C)文化多元性 (D)不確定規避。【103台糖】 (C)

考點解讀 男性主義/女性主義、長程導向/短程導向。

6 在個人傾向（individualism）高的社會中，具有什麼特色？ (D)
(A)強調年資
(B)團體和諧
(C)強調團體精神
(D)強調個人價值與報酬的對等。【108鐵路】

考點解讀 個人傾向亦稱「個人主義」，強調每個人多是社會的獨立個體，以個人利益為優先考量，重視個人價值與報酬的對等性。

7 關於霍夫斯蒂（Hofstede）的「文化構面」，下列何項是用來衡量人們對於風險的容忍程度？ (A)
(A)不確定之規避（uncertainty avoidance）
(B)個人主義（individualism）
(C)權力距離（power distance）
(D)男子氣概（masculinity）。【108漢翔】

考點解讀 風險取向構面：可分為「高不確定性規避」與「低不確定規避」。指人們偏愛有條理的情境勝於混沌的情境。

8 學者Bartlett和Ghoshal以全球整合程度和地區回應程度將多國籍企業策略分為4種，其中出現較高地區回應程度和較低全球整合程度的策略為下列何者？ (A)
(A)多國策略 (B)全球策略 (C)國際策略 (D)跨國策略。【107經濟部】

考點解讀 多國策略：低全球整合，高地區回應。全球策略：高全球整合，低地區回應。國際策略：低等全球整合，低等地區回應。跨國策略：高全球整合，高地區回應。

9 下列哪一種特性的公司，同時追求高效率、回應當地差異性與跨國據點間的學習？ (D)
(A)國際企業 (B)多國籍企業 (C)全球企業 (D)跨國企業。【104郵政】

考點解讀 同時追求高效率（高全球整合）、高回應當地差異性是跨國企業。

解答

10 將全球市場視為一個整合市場，並將焦點放在追求全球效率最大化的企業，稱之為： (C)

(A)無疆界組織（borderless organizations）

(B)多元地區企業（multidomestic corporation）

(C)全球企業（global company）

(D)跨國組織（transnational organizations）。 【103中油】

考點解讀 其分公司的營運決策都由母國的總公司管理，表現的是本國取向態度。將全球市場視為一個整合體，並將焦點放在追求全球效率及成本節約。(A)致力於人為地理疆界的去除，期能更有效率將管理架構全球化。(B)管理及決策權力下放至各國外分公司，由國外分公司雇用當地員工，來經營當地的業務，其策略也會跟隨當地特色而修正。(D)公司的管理著重於消除人為地理疆界的限制，採用的是全球取向態度。

11 多國際企業（multinational corporation）分類中，把管理及決策權下放至各國分公司的是： (D)

(A)全球企業（global corporation）

(B)跨國企業（transnational coporation）

(C)無邊界企業（borderless corporation）

(D)多元地區企業（multidomestic corporation）。 【111鐵路】

考點解讀 多元地區企業（multidomestic corporation）經常翻譯為多國企業。多國企業的類型：

(1)國際企業：藉由移轉有價值的技術與產品到國外市場，以創造價值適用於具有獨特競爭優勢的企業當企業處於低度區域回應壓力與低度成本降低壓力。

(2)跨國策略：企業並非單純將母國技術與產品移轉至海外市場當企業處於高度區域回應壓力與高度成本降低壓力。

(3)全球策略：公司著重於藉由經驗曲線效果與區域經濟來達到降低成本以增加獲利率當企業處於低度區域回應壓力與高度成本降低壓力。

(4)多國策略：將策略性與作業性決策授權給每個國家的事業單位，公司傾向於達到地區回應最大化，當企業處於高度區域回應壓力與低度成本降低壓力。

進階題型

解答

1 Hofstede 所強調國家文化構面中之權力距離越大，人們越會有下列何者表現？ (A)重視自身和親人的利益 (B)權威者受到非常的尊重 (C)著眼未來並重視節約與堅持 (D)容易感受到不確定性的威脅。 【108漢翔】 (B)

解答

考點解讀 即當地社會能接受組織或機構內權力不均的程度，權力距離越大，顯示權威者受到非常的尊重，例如「墨西哥」允許權力分配不均或長期維持分配不均。

2 學者Geert Hofstede所提的跨文化比較模型，主要是描繪國家文化特性的分析架構。其中強調重視自我目標與強調整體社會目標差異的構面為何？ (D)
(A)權力距離 (B)長期導向 vs.短期導向
(C)不確定規避程度 (D)陽剛 vs.陰柔。 【107經濟部】

考點解讀 「陽剛或男子氣概」的成就導向重視的是決斷力、績效、成功、競爭與結果。「陰柔或女性溫柔」的成就導向則是重視生活品質、溫暖的人際關係、對弱勢者的服務與照料。美國較傾向「男子氣概」的成就導向，丹麥、瑞典、荷蘭較傾向「女性溫柔」的成就導向。

3 高度整合的全球化策略（global strategy），最主要特色是： (A)
(A)產品標準化 (B)滿足各國顧客獨特需求
(C)客製化的行銷策略 (D)因地制宜的產品策略。 【108鐵路】

考點解讀 全球標準化策略企業向全世界不同國家或地區的所有市場都提供相同的產品。其特色是全球銷售標準化產品，有利於統一形象的建立。

4 產業全球整合程度（global integration）愈來愈高原因有以下哪些？A.各市場的需求具有相當程度之相似性、B.成本競爭壓力大、全球規模經濟重要性提升、C.整合全球各區位資源並加以使用、D.競爭者來自全球各地 (A) A.B.C. (B) B.C.D. (C) A.C.D. (D) A.B.C.D.。 【104經濟部】 (D)

考點解讀 Bartlett與Ghoshal兩位學者提出「全球整合程度」以及「當地回應程度」兩大構面，藉以分析產業型態、多國籍企業策略型態、多國籍企業價值鏈活動以及各價值鏈活動下任務活動之四大層次議題，簡稱「整合-回應（global integration and local responsiveness framework；I-R framework）」架構。

(1)產業全球整合程度(I)
A.各市場的需求具有相當程度之相似性。
B.成本競爭壓力大、全球規模經濟重要性提升：各地需求的差異性不大，產品/服務標準化之可行性相當高，使規模經濟重要性提升。
C.整合全球各區位資源並加以使用：企業必須善用在全球各地的優勢資源以取得競爭優勢。
D.競爭者來自全球各地：多國籍企業，必須防範來自全球各地競爭者。

(2)當地回應程度(R)
A.各地市場消費者需求特質具有差異之程度。
B.各地區位當地政府相關法令、制度差異之程度。
C.當地行銷與通路差異之程度。

解答

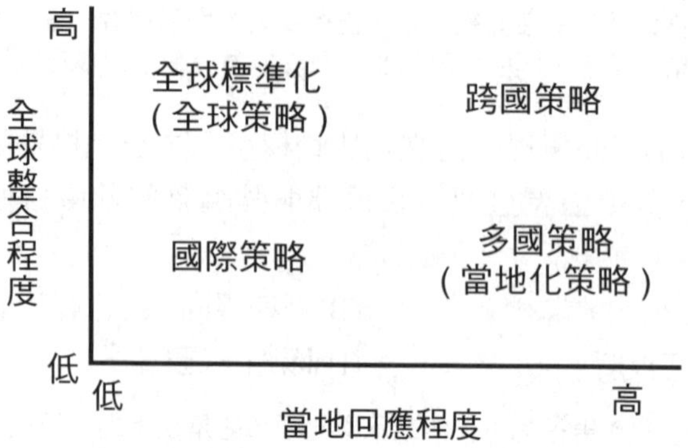

5 某跨國企業在國際經營環境中，係被歸類為全球整合的壓力大，但地方回應的壓力小，此企業最適合採用下列哪一項策略？ **(B)**

(A) International Strategy

(B) Global Strategy

(C) Multi-domestic Strategy

(D) Transnational Strategy。 【105經濟部】

考點解讀 全球化策略：為全球整合的壓力大，但地方回應的壓力小。(A)國際化策略：為全球整合的壓力小，但地方回應的壓力小。(C)多國化策略：為全球整合的壓力小，但地方回應的壓力大。(D)跨國化策略：為全球整合的壓力大，但地方回應的壓力大。

6 蘋果公司所生產的手機在全球銷售，研發、設計及行銷主要在美國進行，處理器的製造以及手機組裝則外包給海外公司。下列何者為蘋果公司所採用的策略？ (A)跨國(Transnational)策略 (B)全球(Global)策略 (C)多國(Multi-Domestic)策略 (D)國際(International)策略。【111經濟部】 **(B)**

考點解讀 全球策略：主要是追求低成本策略，採用全球化策略之企業，由某些具有低成本優勢的地方生產標準化產品，然後供應全球市場。且僅以有限的修改以適應不同的需求狀況，標準化產品使得企業能夠達到全球性的規模經濟要求，進而降低成本、降低售價。

7 跨國公司任用當地人擔任管理者是較佳管理方式，因為當地人熟知當地的環境與需求。上述的全球觀點係為下列何者？ **(C)**

(A)Parochialism (B)Ethnocentric Attitude

(C)Polycentric Attitude (D)Geocentric Attitude。 【105經濟部】

考點解讀 多國取向觀點（polycentric attitude）。(A)狹隘主義或本位主義（parochialism）以自己的眼光、自己的觀點來看世界，自己的做法是最好的，不相信他國人的做法。(B)種族優越中心（ethnocentric attitude）認為母國的工作方式及實務操作是最好的，管理者對外國員工有不信任感。(D)地球為中心觀點（geocentric attitude）認為選擇全世界最優秀的工作方式和人才來管理企業，才是最有效的方式。

非選擇題型

1 荷蘭心理學家霍夫斯泰德（Hofstede）等人所提出之國家文化價值觀構面，有助於管理者瞭解不同國家文化差異並應用於經營管理模式，除了2010年增加的放任與約束構面外，請分別說明其他5個構面及其內涵。【111台電、112桃機】

考點解讀 Hofstede的文化分析架構包括：

(1)權力距離（power distance）：即當地社會能接受組織或機構內權力分配不均的程度。

(2)個人主義（individualism）vs.群體主義（collectivism）：每個人偏好自己；將每人視為團體的一部份予以照顧。

(3)生活的量（quantity of life）vs.生活的質（quality of life）：是重視競爭與魄力、追求物質及財富的程度；社會重視人際關係的維護，關心周遭事物及他人的福祉。

(4)規避不確定性的程度（uncertainty avoidance）指人們偏愛結構化而非混沌的情境，也就是設法規避不確定性或模糊狀況威脅的程度。

(5)長期導向（long-term）vs.短期導向（shot-term）：重視長期發展、節約儲蓄、堅持與延續。著重過去及現狀，強調要尊重傳統及履行社會義務。

2 根據Barlett & Ghoshal所提出的4類多國籍企業中，______企業指的是全球整合度高，地區回應度高，依據各地情況彈性配置資源，兼顧全球整合效率、地區差異化及世界性的開發創新。

考點解讀 跨國／transnational。
企業並非單純將母國技術與產品移轉至海外市場，當企業處於高度區域回應壓力與高度全球整合，乃依據各地情況彈性配置資源，兼顧全球整合效率、地區差異化及世界性的開發創新。

Chapter 07 企業的經營策略

策略（Strategy）一詞源自希臘文Strategia，意味著Generalship，是「將才」的意思，亦即是將軍用兵，或是部署部隊的方法。原為軍事用語，被譯為「戰略」，至二次大戰後才正式被引用到商業界。1962年錢德勒（Alfred D.Chandler）在其所著《策略與結構》（Strategy and Structure）一書中對策略加以定義：「**策略是能決定企業基本長期標的、目的，以及完成這些目標所採取的行動與資源的分配。**」

焦點 1　策略管理的意涵與程序

策略管理（strategic management）是企業經由審慎分析經營環境與自身資源與能力條件後，擬定一套最適經營策略的程序。策略管理程序包括三大階段：策略規劃、策略執行、策略評估。

1. **策略規劃**

   分析公司所面臨的內、外環境，並據此決定適當的策略行動方案。

2. **策略執行**

   將所建構的策略付諸實現，需要組織結構與組織文化的配合。

3. **策略評估**

   指為了達成策略目標所從事的衡量、比較、修正與調整的過程。

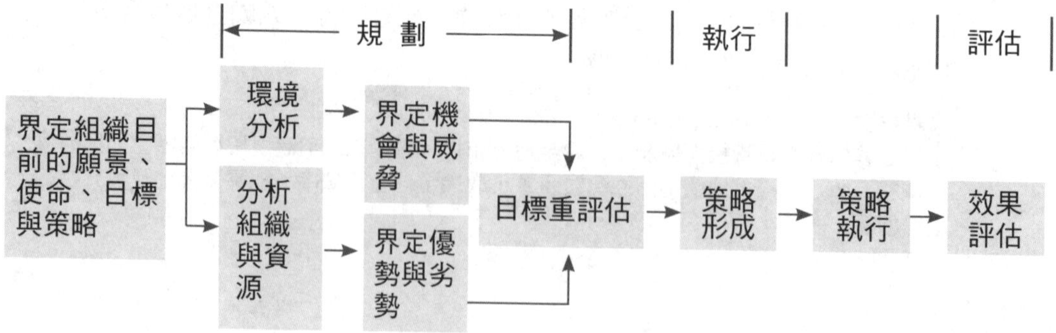

策略管理的過程：

1 界定組織目前的願景、使命、目標與策略

願景（Vision）：對未來的憧憬、夢想、藍圖，可以用圖像化方式加以呈現。
使命（Mission）：一個對組織存在目的之描述，界定企業的產品與服務的範疇。
目標（Objectives）：明確指出組織中長期所希望達到的狀態，可作為評量依據。
策略（Strategy）：有效的資源分配，以創造競爭優勢。

2 分析外部環境，找出機會與威脅

機會（Opportunity）：外部環境因素中的正面趨勢。
威脅（Threat）：外部環境因素中負面的趨勢。

3 分析內部環境，從組織的資源與能力中，找出組織之優勢與劣勢

優勢（Strength）：組織可以有效執行，或組織所擁有的特殊資源。
劣勢（Weakness）：組織表現較差的活動，或組織需要但卻未擁有的資源。

4 形成策略

公司總體、各事業單位及各功能層次都需要策略。

5 執行策略

唯有能夠執行的策略才是好的策略，而策略的執行必須仰賴各功能部份價值活動的配合、良好的組織結構與管理系統設計、作業流程的改變、組織文化的塑造。

6 評估結果

策略執行後，就必須監控其進度，並針對落差的部份，透過回饋機制傳回公司層次的相關人士，做為修正依據。

新視界

SWOT分析只能提供分析方式，無法擘劃與發展經營策略。據此，美國舊金山大學的管理學教授韋里克（Weihrich）在1982年提出「TOWS矩陣」，將S、W、O、T四項因素進行配對，可以得到2×2項矩陣型態：

1.SO**策略**（Maxi-Maxi）：此種策略是最佳策略，產業內外部的環境恰能密切配合，產業充分利用資源、取得利潤並擴充發展。

2.ST**策略**（Maxi-Mini）：此種策略是在產業面對威脅時，利用本身的優勢來克服。

3.WO**策略**（Mini-Maxi）：此種策略是產業利用外部機會來克服本身的劣勢。

4.WT**策略**（Mini-Mini）：此種策略是使劣勢與威脅趨於最小，常是企業面臨縮減規模或撤出事業規模等困境時使用。

TOWS策略矩陣分析

內在分析 / 外在分析	**優勢（S）** Strengths	**劣勢（W）** Weaknesses
機會（O） Opportunities	**S–O策略** 應用內部優勢 爭取外部機會	**O–W策略** 利用外部機會 克服內部劣勢
威脅（T） Threats	**S–T策略** 利用內部優勢 避開外部威脅	**W–T策略** 減少內部劣勢 迴避外部威脅

小秘訣

SWOT分析
（SWOT analysis）
1965年由學者史坦納（Steiner）所提出，是一種分析環境與本身優劣勢的思考工具，其內涵是在組織面臨的機會與威脅之下，評估本身主要的優勢與劣勢，主要成分包括內部資源的優勢（S：strength）、劣勢（W：weakness），外部環境的機會（O：opportunity）、威脅（T：threats）。

基礎題型

解答

1 公司存在的目的稱之為下列何者？ (A)使命 (B)策略 (C)目標 (D)願景。 【107經濟部】 **(A)**

考點解讀 使命（mission）是一個組織存在的理由，用來描述組織的價值觀、未來的方向、及存在的責任。(B)策略是企業的長期基本目標。(C)公司未來達成任務說明。(D)願望景象。

解答

2 「能夠表達組織的價值觀、抱負與存在的宗旨，且通常位於目標層級的最頂端。」此一敘述指的是？ (A)策略 (B)願景 (C)行動方案 (D)使命。 【103鐵路】 (D)

考點解讀 (A)為達成特定目標，所擬訂與規劃執行的方針與行動方案。 (B)企業前景和發展方向一個高度概括的描述。(C)具體可行的行動步驟、方案。

3 一家企業的經營宗旨稱之為何？ (A)政策（policy） (B)目的（goal） (C)願景（vision） (D)使命（mission）。 【102郵政】 (D)

考點解讀 (A)指導組織成員行為決策準則。 (B)企業未來達成任務說明。 (C)願望景像。

4 關於策略管理程序之敘述，下列何者正確？ (D)

(A)SWOT分析→確認組織目前的使命、目標與策略→制定策略→執行策略→評估結果

(B)確認組織目前的使命、目標與策略→制定策略→執行策略→評估結果→SWOT分析

(C)確認組織目前的使命、目標與策略→制定策略→執行策略→SWOT分析→評估結果

(D)確認組織目前的使命、目標與策略→SWOT 分析→制定策略→執行策略→評估結果。 【106鐵路】

考點解讀 策略管理程序如下圖所示：

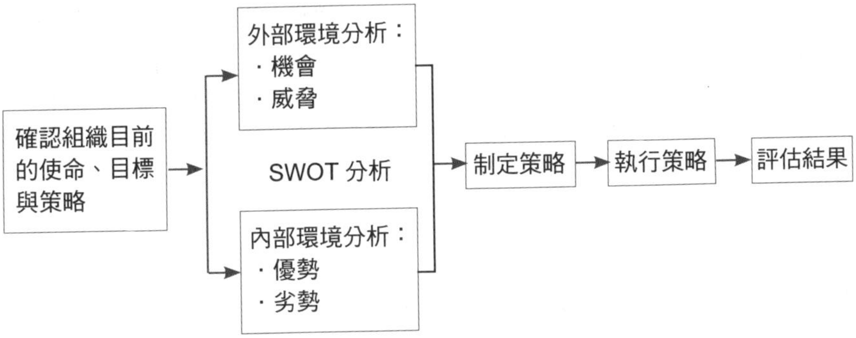

5 下列何者是策略管理程序的第一個步驟？ (A)

(A)定義組織目前的使命、目標與策略

(B)外部分析

(C)形成策略

(D)優勢與劣勢分析。 【111台酒、108郵政、101中華電信】

解答

考點解讀 策略管理程序：(1)確認組織當前的使命、目標與策略。(2)分析外部環境（一般/特定環境）。(3)界定機會威脅（機會掌握/危機轉化）。(4)分析組織資源（核心競爭力）。(5)界定優勢劣勢（與同業水準相比）。(6)形成策略(SWOT分析後的因應作法）。(7)執行策略（執行力）。(8)評估策略（策略修正）。

6 協助企業分析外在環境條件，以及企業本身所有的長處跟不足，藉由一套工具分析後能讓企業訂出適合的策略。請問這套工具是什麼？ (A)集中策略 (B) SWOT (C)長期計畫 (D)科學管理。 【108鐵路】 (B)

考點解讀 SWOT分析（Strength優勢, Weakness劣勢, Opportunity機會, Threat威脅）：用以協助分析企業外在環境的機會與威脅，以及企業本身的優勢與劣勢，讓企業經理人在充分掌握資訊的情境下，進行最適當的決策，以累積組織競爭優勢。

7 企業用來分析外在環境跟本身條件的分析工具為下列何項？ (A)SWOT分析 (B)BCG矩陣 (C)期望理論（Expectancy Theory） (D)甘特圖（Gantt chart）。 【107、108鐵路營運人員】 (A)

考點解讀 SWOT分析（Strength優勢, Weakness劣勢, Opportunity機會, Threat威脅）：用以協助分析企業外在環境的機會與威脅，以及企業本身的強勢與弱勢，讓企業經理人在充分掌握資訊的情境下，進行最適當的決策，以累積組織競爭優勢。

8 「SWOT分析方法」是企業進行策略規劃時的入門工具，關於該工具的敘述，下列何者正確？ (A)OT是針對組織內部的分析，SW是針對外在環境的評估 (B)SO是針對組織內部的分析，WT是針對外在環境的評估 (C)ST是針對組織內部的分析，WO是針對外在環境的評估 (D)SW是針對組織內部的分析，OT是針對外在環境的評估。 【111鐵路、107台北自來水、107台酒】 (D)

考點解讀 SWOT分析由史坦納（G.A.Steiner）於1965年所提出，主要目的是為了尋找能使企業資源及潛能可與市場環境相互配的策略，利用內部優勢（Strength）、劣勢（Weakness）分析，以發掘組織的核心能力；利用外部機會（Opportunity）、威脅（Threats）分析，來檢視特定與一般環境的趨勢與變化，以協助企業制訂決策。

9 企業進行策略分析時常用的SWOT分析，其中有關內部分析是指下列何者？ (A)OT (B)SW (C)ST (D)WO。 【108台酒】 (B)

考點解讀 SWOT分析是希望協助分析企業外在環境的機會（O）與威脅（T），以及企業本身的優勢（S）與劣勢（W），讓企業經理人在充分掌握資訊的情境下，進行最適當的決策，以累積組織競爭優勢。

解答

10 所謂 SWOT 分析中的“S”是指？ (C)
(A)Satisfaction (B)Supply
(C)Strength (D)Scale。 【103台糖】

考點解讀 優勢或強勢（Strength, S）。

11 下列何者是SWOT中的組織外部分析？ (C)
(A)優勢 (B)劣勢 (C)機會 (D)人才盤點。 【107郵政】

考點解讀 外部環境分析的目的，在於找出組織運作環境的機會（Opportunity）與威脅（Threats）。

12 策略管理的第三步驟是辨識和分析與下列何者環境有關的機會和威脅？ (A)
(A)外部環境 (B)內部環境 (C)總體環境 (D)個體環境。 【106桃捷】

13 策略規劃使用SWOT分析，下列何者係就組織的外在環境進行分析？ (D)
(A)優勢和劣勢 (B)劣勢和威脅
(C)優勢和機會 (D)機會和威脅。 【103台電、102鐵路】

14 SWOT 分析中，下列何者所包含的為分析組織所面對的外在環境？ (B)
(A) SW (B) OT (C) ST (D) WO 。 【104自來水】

考點解讀 SWOT分析（Strength優勢, Weakness劣勢, Opportunity機會, Threats威脅）：又稱為優劣機威分析，是希望協助分析企業外在環境的機會與威脅，以及企業本身的優勢與劣勢，讓企業經理人在充分掌握資訊的情境下，進行最適當的決策，以累積組織競爭優勢。

15 環境對企業的影響相當巨大，所以在企業進行策略規劃前必須對環境進行何者？ (B)
(A)無異曲線分析 (B)OT分析
(C)SW分析 (D)交叉分析。 【113鐵路】

考點解讀 外部環境（OT）分析，讓企業有效了解當前市場的情況，更能掌握自身所處的狀況及地位，為未來發展找到營運方向。
(1)機會（opportunity）指可以為企業帶來競爭優勢的有利外部因素，可能是關稅政策、自己的產品和技術。
(2)威脅（threat）是指無法控制且有客能會損害企業的外部因素，如材料成本上升、競爭加劇、勞動力缺等。

進階題型

解答

1 中華郵政以成為「卓越服務與全民信賴的郵政公司」，作為： (A)工作 (B)目標 (C)願景 (D)任務。【108郵政】 (C)

考點解讀 願景（Vision）可以視為一種視野、遠見、想像力、洞察力，係指組織未來可能的藍圖，也是組織成員對未來方向的共識。

2 組織會建立許多目標。一般而言，這些目標會隨著階層、範圍及時間幅度的不同而異。請問下列何項目標的階層最高？ (A)願景 (B)策略目標 (C)戰術目標 (D)作業目標。【103台糖】 (A)

考點解讀 目標階層由高至低：願景（vision）→ 使命（mission）→目標（goal）→策略（strategy）。

3 下列有關策略規劃的說明，何者為最正確？ (A)

(A)決定企業的基本使命、目標與資源配置方式的過程

(B)擬定出的計畫經常是各項例行作業

(C)擬定者多為部門主管

(D)所做的規劃涵蓋時間短。【鐵路、104台電】

考點解讀 (B)擬定出的計畫是非例行作業。(C)擬定者多為高階主管。(D)所做的規劃涵蓋時間長。

4 有關企業環境分析，下列敘述何者錯誤？ (A)內部分析是在於清楚估算內部的資源與能力 (B)外部分析可發掘組織的核心能力 (C)SWOT的分析可找出組織發展的策略利基 (D)外部分析檢視特定環境與一般環境的趨勢與變化。【105鐵路】 (B)

考點解讀 SWOT分析由史坦納（G.A.Steiner）於1965年所提出，主要目的是為了尋找能使企業資源及潛能可與市場環境相互配的策略，利用內部優勢（Strengths）、劣勢（Weaknesses）分析，以發掘組織的核心能力；利用外部機會（Opportunities）、威脅（Threats）分析，來檢視特定與一般環境的趨勢與變化，以協助企業制訂決策。

5 下列何者不屬於SWOT分析的內容？ (A)廠商的創新能力薄弱 (B)新興經濟體前瞻性看好 (C)已開發國家停止貨幣寬鬆政策 (D)執行多角化策略。【104郵政】 (D)

考點解讀 多角化策略是屬於公司層級的策略，並非SWOT分析的內容。

解答

6 企業經常使用SWOT分析來分析其所面對的環境因素。請問若A公司認為「海峽兩岸服務貿易協議」對其為不利因素，則應該將本項列於SWOT 分析中的哪個部份？ (C)

(A)優勢 (B)劣勢 (C)威脅 (D)機會。 【103台酒】

考點解讀 威脅（threats）則是指在組織達成目標的過程中，所受到的阻力及妨礙，為不利因素。相反的，機會（opportunity）則是有助於組織達成目標的環境因素，屬於有利因素。

7 面臨少子化情形，導致經營狀況不佳的私立學校招生不足的現象，屬於SWOT分析中的： (A)優勢 (B)劣勢 (C)機會 (D)威脅。 【107台酒】 (D)

考點解讀 面臨少子化情形，導致經營狀況不佳的私立學校招生不足的現象，屬於SWOT分析中的威脅，即外部環境因素中的負面趨勢。

8 臺灣邁向高齡化的社會，對於運輸安全便利的輔助設施需求提高，如果運輸業者能夠運用相關企業資源滿足高齡人口的需求，可以提高公司長期營運利益。請問以上的敘述是結合 SWOT 分析中的那些部分？ (A)

(A)SO (B)WT (C)SW (D)WO。 【107鐵路】

考點解讀 高齡化社會的來臨對於運輸業者而言，是一種機會（O）；如果能運用其企業資源的優勢（S），就可以滿足高齡人口的需求。

9 美食集團這些年的經營相當成功，在消費者對其餐飲與服務感到滿意的同時，美食集團也瞭解到消費不同需求，於是「燒肉同話」、「這一鍋」等不同訴求的餐廳也一一成立；請問美食集團這種乘勝追擊的策略稱為何種策略？ (A)

(A)SO策略 (B)ST策略 (C)WO策略 (D)WT策略。 【107台酒】

考點解讀 SO策略，即依優勢最大化與機會最大化（Max-Max）之原則來強化優勢、利用機會，此種策略是最佳且最積極的策略，能讓組織之發展乘勝追擊且順勢而上。

10 SWOT分析是企業進行策略規劃時常使用的方法，下列何者屬於SWOT分析的防禦性策略？ (A)SO策略 (B)ST策略 (C)WT策略 (D)WO策略。 【105原民】 (C)

考點解讀 ST、WO、WT三者給的答案多是防禦性（型）策略為何？相互衝突，若再考出來勢必是送分題。

由於學者看法各異，出現以下三種不同版本：

101台電考試參考的版本	WO強化、ST**防禦**、WT避險，SO維持。
103自來水參考版本	WO**防禦**、ST穩定、WT退守、SO攻擊。
105原民參考版本	WO扭轉、ST多元、WT**防禦**、SO增長。

非選擇題型

1 當企業編擬策略規劃時，常使用SWOT分析所面臨外部環境及本身內部條件，以制定有效的經營策略，其中O代表＿＿＿＿＿。【108台電】

考點解讀 機會。O代表機會（Opportunity）。

2 所謂＿＿＿是展現組織未來經營雄心及企圖，也是長期努力經營可實現的遠景。例如：台電公司以「成為卓越且值得信賴的世界級電力事業集團」為代表。【108台電】

考點解讀 願景。

願景（Vision）：是一種內心的願望景象，是腦海裡的一幅圖像，是一種驅動力，願意實踐、追求，來達到某一個境界，能追求到某一種成就。

3 SWOT分析是一種策略分析的工具，請回答下列問題：(1)策略分析的目的為何？(2)SWOT分析的內容為何？【103中華電信】

考點解讀

(1)SWOT分析不僅是組織進行策略規劃的基礎，更是組織追求永續發展所必須進行的長期工作。企業經理人可藉由分析企業外在環境的機會與威脅，以及企業本身的優勢與劣勢，在充分掌握資訊的情境下，進行最適當的決策，以累積組織的競爭優勢。

(2)SWOT分析（Strength優勢，Weakness劣勢，Opportunity機會，Threat威脅），又稱為優劣機威分析，是透過以下步驟進行：

A.分析外在環境，以界定機會與威脅：成功的策略須能分析、掌握環境的變遷，並能與環境作良好的契合。機會（O）是指外部環境因素中的正面趨勢；而威脅（T）則是負面的趨勢，機會與威脅常是一體兩面，端視組織所能掌握資源而定。

B.分析組織內部資源，以界定優勢與劣勢：組織均會受可用資源與能力的限制，故應檢視組織內部，發掘企業特有的能力或資源，以建構企業的核心競爭力。優勢（S）是指組織可以有效執行，或組織所擁有的特殊資源；而劣勢（W）則是組織表現較差的活動，或組織需要但卻沒有擁有的資源。

4 進行SWOT分析時會運用TOWS矩陣來制定策略，請說明TOWS矩陣的內容。 【106鐵路】

考點解讀 Weihrich於1982年提出TOWS矩陣，將內部之優勢、劣勢與外部之機會及威脅等相互配對，利用最大的優勢和機會、及最小的劣勢與威脅，以界定出所在之位置，進而研擬出適當的經營策略方向。TOWS策略矩陣分析表，有SO、ST、WO、WT 等四種不同的因應策略。

(1)結合優勢與機會的策略方向（SO）：SO策略，即依優勢最大化與機會最大化（Max-Max）之原則來強化優勢、利用機會，此種策略是最佳且最積極的策略，能讓組織發展乘勝追擊且順勢而上。

(2)強化優勢規避威脅的策略方向（ST）：ST策略，即依優勢最大化與威脅最小化（Max-Min）之原則來強化優勢、避免威脅策略原則，亦即企業在面臨威脅時，可以利用本身優勢來加以克服。

(3)透過機會改善弱勢的策略方向（WO）：WO策略，即依劣勢最小化與機會最大化（Min-Max）之原則來減少劣勢、利用機會，亦即企業利用外部機會，來克服企業本身的劣勢，因時造勢。

(4)改善弱勢避免威脅之策略方向（WT）：WT策略，即依威脅最小化與劣勢最小化（Min-Min）之原則降低威脅、減少劣勢。當企業面臨極艱困的環境，便可採用此策略，使威脅與劣勢之影響達到最小。

焦點 2 組織策略的種類

一般而言，組織策略類型由上而下分別為：公司層次（corporate level）、事業部層次（business-level）及功能層次（functional-level）三種。

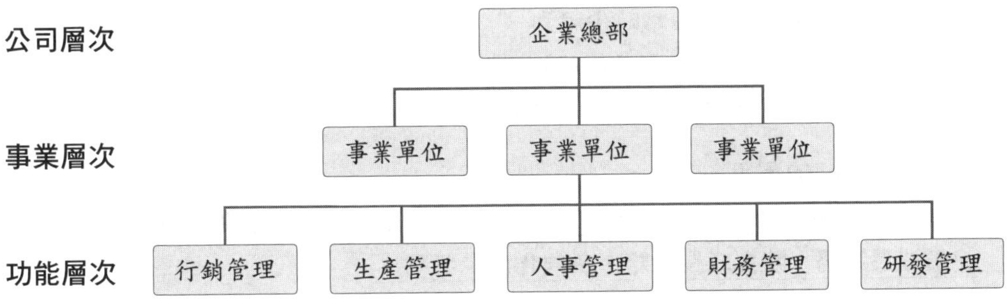

公司層次策略（corporate-level strategy）	當企業經營範疇多於一個產品（市場），或即將進入新的產品（市場）領域時，所考量的策略。主要重點在「我們經營那些事業以使得企業的長期利益達到最大」，例如某實業公司跨足生技保健品、保養品、清潔用品、包裝飲用水與文創產業等。
事業層次策略（business-level strategy）	在某特定產品（市場）或一組相似性很高的產品（市場）中的經營策略，包括定位、經營模式及競爭優勢等。例如在包裝飲用水事業部，推出「海洋鹼性離子水」以追求公司競爭優勢。
功能層次策略（functional-level strategy）	每一個事業部下面的生產、行銷、研發、財務等功能主管的策略規劃，就屬於功能層級策略。主要透過各部門運作以達成較佳效率、品質、創新及顧客回應能力。例如，包裝飲用水事業部有關產品，如海洋鹼性離子水、運動鹼性離子水的生產、行銷等活動。

1. **公司層次策略**（corporate-level strategy）

   或稱「**集團策略**」（conglomerates strategy），**是公司整體經營方向的行動規劃**，例如應該在何種產業中營運、如何決定**組織未來的方向**，目的在提高公司的經營績效與成長發展。Gluck（1976）將公司的經營策略分為以下四種：

   (1) **穩定策略**（stability strategy）：企業在原有之企業範圍內為社會大眾提供服務，而不做重大的改變。

   (2) **成長策略**（growth strategy）：企業將其成長目標大幅提昇，使其遠超過以往水準，最明顯指標是：營業規模擴大、市場佔率提高、獲利成長、成本降低等。

   (3) **縮減策略**（withdrawal strategy）：暫時由市場退縮以等待未來適當時機能夠捲土重來，通常這種策略較少用到。

   (4) **綜合策略**（combination strategy）：將上述不同策略方向，如穩定、成長、縮減之策略，同時運用於企業各個事業部。

2. **公司成長策略的運用**

   科特勒（Kotler,1984）擴充Ansoff的見解，將企業成長策略重新分為以下三種：密集成長策略、整合成長策略、多角化成長策略。

   (1) **密集成長策略**

   A. 市場滲透：運用更積極、主動的行銷努力於**現有市場和現有產品**上，希望能藉此增加銷售。沒有改變產品情況下，設法提高既有顧客的購買次數或量，如廣告或促銷。

B. 市場發展：或稱「市場開發」，將**現有產品在新市場上推出**，以增加銷售量。指將現有產品延伸到新的市場，如將現有產品銷往不同的地理區域。

C. 產品發展：或稱「產品開發」，在**現有市場上發展新產品**，或改良舊產品。針對現有市場，開發具有潛在利益的新產品，如台鐵便當。

D. 多角化：以新產品投入新市場，可透過合併或併購等方式以謀求最大利益。開發新產品以進入新市場，如台鹽跨足生技產業。

小秘訣

安索夫（Ansoff）於1957年提出「產品-市場成長矩陣」（Product/Market Grid），以產品與市場為構面，描述企業的成長方向，將企業成長策略劃分為市場滲透策略、市場發展策略、產品發展策略及多角化策略，兩個變數來劃分四種策略替代方案，可協助企業追求成長的機會：

	現有產品	新產品
現有市場	市場滲透	產品發展
新市場	市場發展	多角化

(2) **整合成長策略**

A. 向後整合：企業的經營沿產品流程方向的**上游推進**，即增加對**供應系統的**控制權或所有權。

B. 向前整合：企業的經營沿產品流程方向的**下游推進**，即增加對**配銷系統**的控制權或所有權。

C. 水平整合：企業增加在**同業間的控制權或所有權**，可利用收購或合併方式。

☆ 小提點

企業利用收購或合併（併購）的方式，侵吞產業內的競爭對手，以提升在現有產品市場中的競爭力或市佔率。

1. 收購（acquisition）：企業透過資本資源，例如現金、股票或債務的方式，購買另一家公司的股權，被收購公司的名字不一定會消失，但經營權易手。
2. 合併（merger）：兩家相當的經營企業之間相互協議，從而創造出一個新的實體，主要的經營權乃透過協商而產生。
3. 併購的類型：
   (1)水平式併購（Horizontal M&A）：在同一產業中，對從事相同業務公司之併購。
   (2)垂直式併購（Vertical M&A）：指在同一產業中，上游與下游公司間之併購。又可分為：向前整合與向後整合。
   (3)關聯併購（Congeneric M&A）：指在同一產業中，業務性質不完全相同，且無業務往來之公司進行併購。

(4)非關聯併購（Conglomerate M&A）：指公司居於不同產業，且無業務上往來所進行之併購。

(3)多角化成長策略

A. 集中多角化：在現有產品線上，增加具有共通技術或市場的新產品。

B. 水平多角化：採用與原有產品不相關的技術，生產新產品。

C. 綜合多角化：增加與現有技術產品或市場毫無關聯的新產品。

新視界

其他企業可運用的成長策略：

1.策略聯盟（strategic alliance）：與同業與異業之間建立各種形式的長期合作關係，以解決成本過高、規模經濟不足等問題，進 而提升經營績效。

2.委外或外包（outsourcing）是指組織將某些經營活動交由其他業者處理，並以「採購」的形式向這些業者取得所需的產品或服務。

3.技術聯盟（technology alliance）指企業整合水平或垂直廠商，進行產業間的技術交流，實現技術資源互補、減少個別企業的開發風險及投入成本，並促進技術創新。

基礎題型

解答

1 策略在組織中主要有三個層次，依範圍寬廣度由寬至窄分別是下列何者？ (A)功能策略→事業策略→企業策略 (B)企業策略→功能策略→事業策略 (C)企業策略→事業策略→功能策略 (D)事業策略→企業策略→功能策略。 【105經濟部】 (C)

考點解讀 組織的策略層次規劃可分為：

(1)公司層次策略（corporate-level strategies）：焦點在於探討企業集團內各個事業的整體布局，以及各個事業間的資源配置。

(2)事業層次策略（business-level strategies）：亦被稱為競爭策略，焦點在於探討如何將資源適當地配置在事業單位的各部門間，以期產生競爭優勢。

(3)功能層次策略（functional-level strategies）：焦點在於探討如何為事業單位下的特定功能部門設定行動計畫。

解答

2 組織會持續現有業務的公司總體策略是屬於下列何者？ (A)成長策略 (B)穩定策略 (C)更新策略 (D)轉型策略。【108台酒】 (B)

考點解讀 採取穩定策略（stability strategy）的組織滿足於現狀，不作重大改變，會持續現有業務。在這種策略下，組織雖不會成長，但也不會衰退。

3 企業出售或結束一些不賺錢的事業達到精簡規模之目的，是為下列哪一種策略？ (B)

(A)外包策略 (B)重整策略 (C)整合策略 (D)策略聯盟。【105台酒】

考點解讀 或稱「緊縮」或「縮減」策略，可採取重整、撤資、清算等方式，通常是企業最不願意遇到的情形。

4 下列何者不是企業的成長策略（corporate growth strategy）？ (A)

(A)差異化策略 (B)垂直整合策略

(C)水平整合策略 (D)多角化策略。【103中油】

考點解讀 波特（M. Porter）的競爭策略：成本領導策略、差異化策略、集中化策略，是屬於事業部策略。

5 根據 Ansoff 的產品市場擴展矩陣，利用現有產品在現有市場爭取更多市場佔有率的策略，稱之為： (A)市場滲透策略 (B)市場開發策略 (C)產品開發策略 (D)多角化策略。【105中油】 (A)

考點解讀 安索夫（Ansoff）的產品/市場矩陣模型，利用產品和市場的矩陣比較，讓企業可以選擇不同的策略來達成獲取企業利潤目標：

市場／產品	現有產品	新產品
現有市場	市場滲透	產品開發
新市場	市場開發	多角化

6 針對現有市場，公司將現有產品投入大量宣傳，進行深耕經營以提高銷售量，此策略屬於： (A)市場開發策略 (B)市場滲透策略 (C)產品開發策略 (D)多角化策略。【103台電】 (B)

7 根據安索夫（Ansoff）成長矩陣，下列何者屬於多角化發展策略的作法？ (A)透過降低價格，擴大市場佔有率 (B)透過新產品上市，開發新市場 (C)提高價格，進入高階市場 (D)透過國際化策略，進入海外市場。【106桃機】 (B)

考點解讀 (A)市場滲透策略。(C)市場發展策略。(D)國際擴張策略。

解答

8 筆電大廠決定併購電源供應器製造商，屬採行下列何種總體策略？ (A)水平整合 (B)向後整合 (C)向前整合 (D)穩定策略。 【111經濟部】 (B)

考點解讀 向後垂直整合：即收購原料的生產者，使成為自己的供應商，以獲得投入的控制權。

9 企業將上游供應商或者下游配銷通路納入經營範圍的經營策略稱為？ (C)
(A)專注於單一事業 (B)多角化經營
(C)垂直整合 (D)國際擴張。 【107鐵路營運專員】

考點解讀 (A)集中資源與核心能力於單一事業的發展，以獲得成長的機會。(B)將業務範圍擴展張到新的產品、產業或市場之策略。(D)全球化時代，企業為了強化規模經濟與促進學習效果，以降低經營成本，而進入國際市場。

10 企業如果不再向既有的供應商採購（不論是原料、半成品或成品），並建立屬於自己的供應商，上述該行為是在進行： (A)向前垂直整合（forward vertical integration） (B)向後垂直整合（backward vertical integration） (C)水平整合（horizontal integration） (D)策略聯盟（strategic alliance）。 【103台糖】 (B)

考點解讀 藉著跨足自己的供應商，來獲得投入（常指原物料的穩定供應）的控制權。(A)藉著成為自身產品或服務的配銷商，來加強對通路端的控制。(C)結合同一產業的其它組織來成長，也就是和競爭者結合在一起。(D)同業與異業之間建立各種形式的長期合作關係，以解決成本過高、規模經濟不足等問題，進而提升經營績效。

11 垂直整合（vertical integration）的經營模式，主要缺點是： (B)
(A)效率變差 (B)因應環境變化能力變差
(C)無法形成差異化 (D)成本變高。 【108鐵路】

考點解讀 垂直整合策略之效益與風險（缺點）：

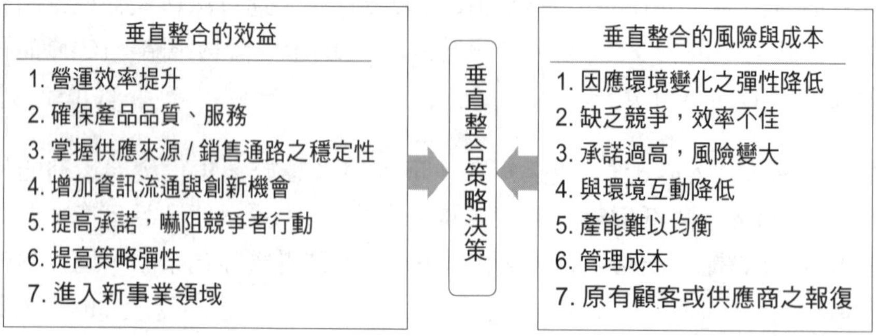
垂直整合的效益
1. 營運效率提升
2. 確保產品品質、服務
3. 掌握供應來源 / 銷售通路之穩定性
4. 增加資訊流通與創新機會
5. 提高承諾，嚇阻競爭者行動
6. 提高策略彈性
7. 進入新事業領域
垂直整合策略決策
垂直整合的風險與成本
1. 因應環境變化之彈性降低
2. 缺乏競爭，效率不佳
3. 承諾過高，風險變大
4. 與環境互動降低
5. 產能難以均衡
6. 管理成本
7. 原有顧客或供應商之報復

解答

12 若肯德基與麥當勞合併，這屬於下列那一種成長策略？ (A)水平整合（horizontal integration） (B)相關多角化（related diversification） (C)非相關多角化（unrelated diversification） (D)垂直整合（vertical integration）。 【111鐵路】 (A)

考點解讀 指收購或合併產業競爭對手的過程，以期獲得來自規模經濟與範疇經濟的競爭優勢。(B)所進入或併購的新事業與目前的事業或產業有關係。(C)所進入或併購的新事業與目前的事業或產業沒有關係。(D)將上下游的原物料供應、生產、銷售等，藉由併購整合成一條有共同目標、理想和理念的供應鏈。

13 下列何者為將兩家公司合起來變成一家新公司？ (A)聯盟 (B)合併 (C)合作 (D)加盟。 【111台酒】 (B)

考點解讀 合併（merger）指兩家公司整併成一家新的公司，通常這兩家公司的產品與服務相似，可以擴大市占率並節省管理費用，或是商品與服務可以互補，擴大市場領域。

14 企業進行「非相關多角化」，下列哪一種方式最快？ (A)直接擴張 (B)外部統制 (C)併購 (D)垂直整合。 【108漢翔】 (C)

考點解讀 併購可以讓企業在很短的時間和很少的資金下獲得極為快速的成長。

15 不同的企業間建立夥伴關係以結合資源、能耐與核心競爭力，並從這樣的夥伴關係中獲得利益的過程稱為： (A)策略聯盟 (B)企業併購 (C)海外授權 (D)流程再造。 【107台糖、107台北自來水】 (A)

考點解讀 策略聯盟是在不同的企業間建立一種夥伴關係，藉此可以結合彼此的資源、能耐與核心競爭力，以獲取共同利益。

16 企業保留核心的價值創造活動，而將一些非核心的價值創造活動，移轉至外界的獨立廠商。這是哪一種策略？ (A)多角化策略 (B)全球化策略 (C)重整策略 (D)外包策略。 【104自來水】 (D)

考點解讀 外包或委外（outsourcing）策略是指企業保留核心的價值創造活動，而將一些不是核心的價值創造活動，委由其他業者來處理。如 Nike 保留研發與行銷活動，將生產活動為委由寶成鞋業代工生產。

17 企業整合水平或垂直廠商，進行產業間的技術交流，稱為： (A)合資研發 (B)技術合作 (C)技術移轉 (D)技術聯盟。 【103台北自來水】 (D)

考點解讀 指企業整合水平或垂直廠商，進行產業間的技術交流，實現技術資源互補、減少個別企業的開發風險及投入成本，並促進技術創新，穩定策略強調維持現有的規模或業務。

進階題型

解答

1 組織會持續現有業務的公司總體策略是屬於下列何者？ (B)

(A)成長策略 (B)穩定策略

(C)更新策略 (D)轉型策略。 【108台酒】

考點解讀 公司總體策略（corporate strategy）是一種由集團或總公司角度看各事業部運作的策略方式。目的在瞭解公司應該投入哪種產業，才能使企業利潤最大化，藉以決定最佳的事業組合。總體策略通常可採以下幾種策略：穩定策略、成長策略、縮減策略、混合策略。

2 廠商在市場上，藉由不斷的促銷活動與廣告等方式來對既有的產品以及既定的目標市場去追求成長，這是屬於何種策略？ (A)

(A)市場滲透策略 (B)市場開發策略

(C)產品開發策略 (D)多角化策略。 【102鐵路】

考點解讀 安索夫（Ansoff, 1957）以產品與市場新、舊為構面，描述企業的成長方向，將企業成長策略劃分為：(1)市場滲透策略：主要是在現有產品市場中，提高市場佔有率，或增加使用數量、增加產品用途等三種方式，以提高產品使用量。(2)產品開發策略：主要策略有增加產品特性、擴張產品線、開發新生代產品、及為同一市場開發新產品。(3)市場開發策略：以擴大市場地理區域，或延伸到新市場區隔，以現有產品開發新的市場。(4)多角化策略：開發新產品進入新市場，又可分為：A.相關多角化：係指企業體內兩種以上的事業間，有若干共通點因而可產生規模經濟，獲得已經由技術或資源的交換，而產生綜效，以增加企業投資報酬率。B.非相關多角化：係指企業內部的角化之間完全沒有共通點，會採用此策略，通常是基於財務面考量，期能增加企業利潤極大化。

3 某廠商為了進軍穆斯林（Muslim）市場，開發與台灣現有產品完全不同之產品線，依據 Ansoff「產品/市場擴展矩陣」，此為下列何種策略？ (D)

(A)藍海策略 (B)市場滲透策略

(C)市場開發策略 (D)多角化策略。 【105經濟部】

考點解讀 開發與台灣現有產品完全不同之產品線，就是新產品；進軍穆斯林（Muslim）市場，是屬於新市場。開發新產品進入新市場，根據安索夫（Ansoff）的產品/市場矩陣模型，是屬於多角化策略。

	現有產品	新產品
現有市場	市場滲透	產品開發
新市場	市場開發	多角化

解答

4 某一以石化業為主的企業集團裡，後來相繼投資設立了以製造與組裝汽車的相關事業或公司，請問這種投資方式是屬於何種策略？ (D)
(A)相關多角化策略 (B)水平策略
(C)垂直整合策略 (D)不相關多角化策略。 【102鐵路】

考點解讀 藉由合併或購入不同或非相關產業的公司，來達到成長的目標。(A)由合併或購入相關但不同產業的公司，來達到成長的目標。(B)透過購併競爭廠商或結合相同產業中的其他組織來達到成長目的。(C)透過收購原料的供應商或取得配銷管道，以獲得投入或產出的控制權。

5 鴻海購併 Sharp夏普，是屬於下列哪種企業策略？ (A)垂直整合 (B)水平整合 (C)加盟制度 (D)成本領導。 【105自來水】 (A)

考點解讀 垂直整合意指企業將營運的範疇向上游或下游延伸。鴻海科技集團有很多事業群，其中富士康、群創等是做代工，也有賣3C產品。夏普是生產面板的，鴻海推出夏普面板的電視或是手機，所以夏普是鴻海的供應商。鴻海購併 Sharp夏普是屬於向後垂直整合。

6 企業為了確保製造產品的原物料可以充分供應無虞，因此考慮投資設立原料加工或是原料製造的工廠時，這表示該企業正在準備進行何種策略？ (A)水平整合策略 (B)向下游整合策略（或向前整合） (C)向上游整合策略（或向後整合） (D)不相關多角化策略。 【102鐵路】 (C)

考點解讀 指組織為了獲得投入（如：原料）的控制權，而使其成為自己的供應商之方式。

7 發展自有品牌已成為全球通路趨勢，統一超商推出自有品牌「7-SELECT」系列與全家便利商店推出自有品牌「FamilyMart collection」是屬於下列何種成長策略？ (A)向前垂直整合（forward vertical integration） (B)向後垂直整合（backward vertical integration） (C)水平整合（horizontal integration） (D)多角化（diversification）。 【104自來水、105台酒】 (A)

考點解讀 (B)垂直整合是指企業生產自己的投入或是處理自己的產出，包括跨入供應商的業務範圍稱為向後垂直整合（backward vertical integration），以及和原有顧客從事相同生意的向前垂直整合（forward vertical integration）。

8 法國化妝保養品企業L'Oreal（萊雅）在2006年購併同為化妝品與護膚品公司的The Body Shop（美體小舖），以取得大幅度的成長。請問萊雅所採用的是何種成長策略？ (A)集中化 (B)垂直整合 (C)水平整合 (D)非相關多角化。 【108漢翔】 (C)

解答

考點解讀 水平整合（horizontal integration）是指企業對於產業同一價值創造階段的競爭者，所進行擁有與控制的策略。通常透過合併、收購與接管競爭者或透過連鎖方式佔有市場，以獲得成長的策略。

9 「宏碁併購全國電子」這是屬於哪一種型態的併購？ (B)

(A)水平併購 (B)垂直併購

(C)關聯併購 (D)非關聯併購。 【104自來水】

考點解讀 對於購併者所經營的產品或服務的上游供應商，或下游配銷商所進行的購併。

10 日月光公司意欲併購矽品公司，此種合併型式屬於： (C)

(A)聚合式合併（conglomerate merger）

(B)垂直式合併（vertical merger）

(C)水平式合併（horizontal merger）

(D)多角化合併（diversification merger）。 【105中油】

考點解讀 或稱「水平購併」，購併者與被購併者是位於相同產業中的同一階段中，彼此相互競爭的競爭者。

11 企業在創新發展上有許多發展策略，而蘋果與鴻海企業生產合作，是屬於下列何種概念？ (A)

(A)外包策略 (B)重整策略

(C)買斷策略 (D)共享資源策略。 【105郵政】

考點解讀 外包策略是企業將其資源集中於核心專長，並將非重要性策略需求及非具有特殊能力的活動外包。企業為有效降低產品成本，常藉由外包方式將部分業務轉交由外包商來承接。

非選擇題型

1 請說明策略管理程序（strategic management process）分為哪幾個步驟以及各步驟內容為何？公司層級策略（corporate strategy）與事業層級策略（business strategy）主要差異為何？請以經濟部某一所屬事業機構為例，說明管理者在該單位須考量哪些公司層級策略與事業層級策略問題？ 【107經濟部】

考點解讀
(1)策略管理就程序而言，包括兩大階段：策略規劃與策略執行。
A.策略規劃：涉及分析公司所面臨的內、外在環境，並依此決定適當的策略行動方案。
B.策略執行：包括組織結構的調整因應，及其他為順利推動策略行動方案所進行的相關業務，以追求在最適當的環境下推動策略方案。
(2)公司層級策略：焦點在於探討企業集團內各個事業的整體布局，以及各個事業間的資源配置。事業部層級策略：焦點在於探討如何將資源適當地配置在事業單位的各部門間，以期產生競爭優勢。
(3)台糖公司其事業體有：砂糖事業、畜殖事業、精緻農業、生物科技、商品行銷、休閒遊憩、物流事業、停車場業務、有機及安全農業、環保事業、沼氣利用、油品事業、太陽能發電、資產營運、土地開發等。公司層級策略關心的是各事業體資源配置與應採何種策略，如穩定、成長、退縮策略。事業層級策略關心的是其經營策略，如何定位、如何與同業競爭。如台糖加油站與中油或台塑加油站如何競爭，如何產生競爭優勢。

2 請畫出安索夫（Ansoff）所提出之產品/市場擴張矩陣，並詳加說明其4種策略方案。 【111台電】

考點解讀 安索夫（Ansoff）曾提出一個產品/市場擴張矩陣（Product/Market Grid），以產品與市場兩個變數來劃分四種策略替代方案。

市場/產品	現有產品	新產品
現有市場	市場滲透	產品發展
新市場	市場發展	多角化

(1)市場滲透：其策略是以現有產品為基礎，透過行銷與促銷的加強，搶佔競爭者的市場，擴大市場佔有率。
(2)產品發展：以現有客戶為核心，反過來開發新產品滿足既有客戶。
(3)市場發展：以現有產品為基礎，延伸與擴展到新興客戶或新興的地域市場。
(4)多角化：以新的產品發展新的客戶，包括同一產業之多角化及其他產業的多角化。

焦點 3 產業競爭分析

透過產業競爭分析，企業可用以界定競爭領域，並集中注意力於主要競爭者，管理者可對產業進行基本分析，以了解市場概況，明確定訂目標。產業競爭分析的方法有：

1. 五力分析

Porter（1980）提出五種競爭力，以具體說明分析產業的結構內涵。透過五種競爭力來解釋、分析產業競爭環境與產業結構間的關係。

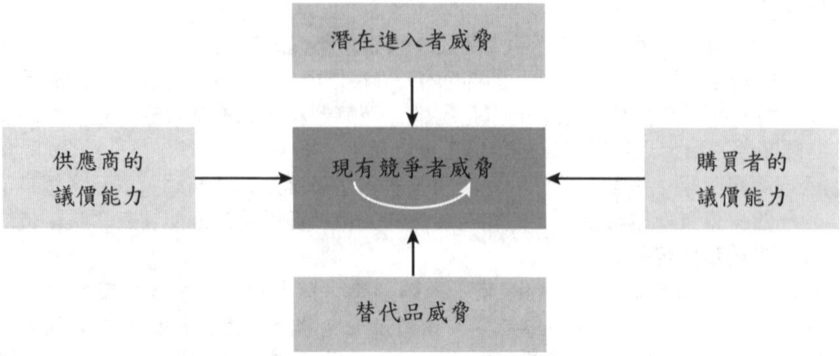

五力分析內涵之影響因素

種類	內涵	影響因素
潛在進入者的威脅（Threat of new entrants）	有能力進入原有業者所經營的現有市場，但尚未進入的廠商，關鍵在於進入障礙的高低。	進入障礙、規模經濟、品牌權益、轉換成本、強大的資本需求、掌控通路能力、絕對成本優勢、學習曲線、政府政策。
現有競爭者的威脅（Intensity of competitive rivalry）	指現有產業內競爭者間競爭的程度，競爭程度強弱會影響廠商間的獲利情況。	現有競爭者的數目、產業成長率、產業存在超額產能的情況、退出障礙、競爭者的多樣性、資訊的複雜度和不對稱、品牌權益、每單位附加價值攤提到的固定資產、大量廣告的需求。
替代品的威脅（Threat of substitute products or services）	指其他產業的產品可提供類似本產業產品的功能，滿足消費者需求。	購買者對替代品的偏好傾向、替代品相對的價格效用比、購買者的轉換成本、購買認知的品牌差異。
供應商的議價能力（Bargaining power of suppliers）	指上游的供應商，相對於企業本身的談判能力。	供應商相對於廠商的轉換成本、投入原料的差異化程度、現存的替代原料、供應商集中度、供應商垂直整合的程度、原料價格佔產品售價的比例。
購買者的議價能力（Bargaining power of customers）	指下游購買廠商或消費者，相對於企業本身的談判能力。	購買者集中度、談判槓桿、購買數量、購買者相對於廠商的轉換成本、購買者獲取資訊的能力、購買者垂直整合的程度。

☆ 小提點

1. Porter認為產業是由一群提供本質類似，而替代性很高之產品或服務的廠商所組成。從消費者選擇的角度來看，產品必須具備某種程度的顧客選擇重疊性，才算是產業。
2. 以早餐店為例：Porter認為在任何產業中，有五種競爭力會影響產業競爭態勢，分別是：(1)供應商的議價能力（吐司、蛋商等）；(2)現有廠商的競爭強度（其他早餐店）；(3)購買者的議價能力（吃早餐顧客）；(4)潛在新進入者的威脅（想新開早餐店的人）；(5)替代性產品的威脅（麥當勞、7-11）。

2. **鑽石理論**

麥可波特於1990年在《國家競爭優勢》一書中提出，國家競爭優勢是指一個國家或地區，若具備某些特殊條件，則可成為某一產業的發展基地，使該產業具有特殊的競爭力。

(1) **生產要素**：包括人力、天然、知識、資本資源，與基礎設施等。其中又可細分為初級生產要素和高級生產要素。初級包括氣候、地理、原物料。高級資源包含人力資源和知識經濟等。

(2) **需求條件**：國內的需求程度有助於提升競爭優勢，而產業的成功，需要在國內有一群最苛求、也最懂得挑剔的消費者，讓產業能更輕易地掌握消費者的需求。

(3) **相關及支援產業**：一個企業若是在國內能有大量的具有競爭優勢的供應商，來提供超越世界其他競爭者的零件、機械和服務，則此企業自然能領先群倫。

(4) **企業策略、結構及競爭狀況**：企業的組成、管理及競爭方式，都取決於當地的環境與歷史；企業需要政府與法規的激勵、當地強勁的競爭對手。

「鑽石模型」的四大競爭力因素構成產業競爭環境，產業必須擁有其中的一、二項優勢才能保有競爭力。「政府」 與 「機會」具有更大的力量，足以影響或改變企業的四大競爭力。

政府	必須扮演好的角色任務，改善產業所需的資源、能貫徹的法令與政策。
機會	企業面對重大改變的應對方式，也是創造特殊競爭優勢的機會。

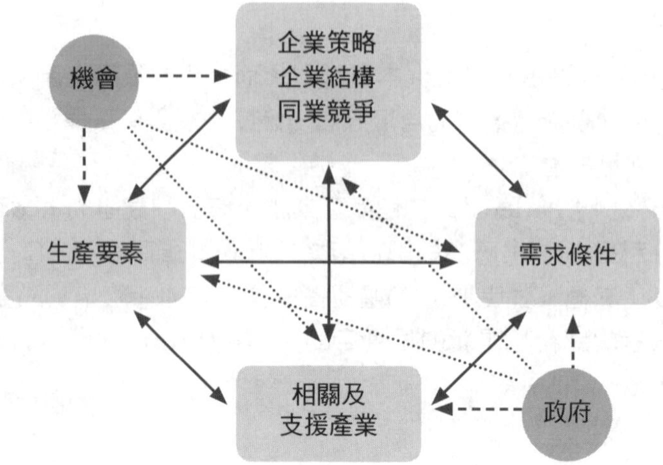

基礎題型

解答

1 企業進行五力分析的主要目的是評估： (A)競爭者的資源 (B)競爭者的策略方向 (C)企業本身的資源 (D)企業的獲利能力。 【108鐵路】 (D)

考點解讀 由麥可・波特（Michael E. Porter）提出的五力分析，是一個簡單有力的模組，可幫助分析企業在產業中的競爭力與獲利能力。透過這組模型，將可以找出企業在產業中的強弱點，進而做出策略上的調整，影響獲利。

2 波特（Porter, 1980）提出產業結構的五力分析，用以分析某一產業結構與競爭對手的一種工具，五力中何者為非？ (D)

(A)供應商的議價力

(B)潛在競爭者的威脅

(C)現有同業的競爭壓力

(D)政府的行政能力。 【107鐵路營運專員】

考點解讀 五力分析由麥可・波特（Michael E. Porter）在1980年提出。它是分析某一產業結構與競爭對手的一種工具。波特認為影響產業競爭態勢的因素有五項，分別是：(1)潛在進入者的威脅；(2)現有競爭者的威脅；(3)替代品的威脅；(4)購買者的議價能力；(5)供應商的議價能力。

3 下列何者不是影響產業競爭程度的因素之一？ (A)

(A)天然資源的多寡 (B)新進入者的威脅

(C)供應商議價能力 (D)購買者議價能力。 【107鐵路】

解答

4 麥可波特（Michael Porter）五力模型（Five forces model）為常見的產業層級分析工具，下列何者非屬五力模型作用力？ (A)新進入者的威脅（Threat of new entrants） (B)替代品的威脅（Threat of substitutes） (C)供應商的議價能力（Bargaining power of suppliers） (D)社區的威脅（Threat of community）。 【112經濟部】 (D)

考點解讀 麥可・波特（Michael E. Porter）於1980年提出「五力分析模式」，作為分析某一產業結構與競爭對手的一種工具。波特認為影響產業競爭態勢的因素有五項，分別是：新進入者（潛在競爭者）的威脅、替代品的威脅、顧客的議價力量、供應商的議價能力、現有廠商的競爭能力，透過這五項分析可以幫助瞭解產業競爭強度與獲利能力。

5 擬訂企業策略，在企業的經營中扮演著非常重要的角色，而哈佛大學教授麥可・波特（Michael E. Porter） 就提出了五力分析的架構，作為進行產業分析的觀念，請問下列那一選項中含有並非「五力」來源？ (A)供應者、購買者、主導者 (B)競爭者、潛在進入者、替代者 (C)替代者、購買者、供應者 (D)競爭者、供應者、潛在進入者。 【107鐵路】 (A)

考點解讀 五力來源：供應者、購買者、競爭者、潛在進入者、替代者。

6 美國管理大師麥克・波特（Michael E. Porter）所提出的五個影響目標市場長期吸引力的因素，不包括下列何者？ (A)替代品 (B)互補品 (C)同業的競爭 (D)購買者的議價力量。 【106桃機】 (B)

7 Michael Porter 以五力模式來評估環境與產業結構。下列何者不在其內？ (A)科技 (B)潛在的進入者 (C)競爭者 (D)供應商的議價能力。 【105台糖】 (A)

考點解讀 屬於總體環境分析的PESTEL（政治、經濟、社會文化、科技、自然環境、法律）要素。

8 下列何者「不是」波特（M. Porter）五力模型的要素？ (A)產業內競爭者的態勢 (B)供應商的影響力 (C)顧客的影響力 (D)政府的法令規章。 【105台酒】 (D)

9 策略學者麥可・波特（Michael E. Porter）提出的五力模式，不包含下列哪一種力量？
(A)新進入者的威脅 (B)購買者的議價能力
(C)互補品的力量 (D)替代品的威脅。 【105郵政】 (C)

解答

10 在分析產業獲利能力的競爭力時，下面何者不屬於波特（Michael E. Porter）的五力分析內容？ (A)替代品的威脅 (B)購買者的議價能力 (C)潛在進入者的威脅 (D)消費者的資料安全。 【105自來水】 (D)

11 下列何者不是Michael E. Porter五力分析所討論的能力？ (A)供應商議價能力 (B)科技應用能力 (C)潛在競爭者進入的能力 (D)競爭者的競爭能力。 【104經濟部】 (B)

12 波特（Michael E. Porter）所提出的五力模式（Five Force Model）不包含下列何者？ (A)供應商的議價能力 (B)互補性商品的威脅 (C)新進入者的威脅 (D)購買者的議價能力。 【102郵政】 (B)

考點解讀 波特（Michael E. Porter）所提出的五力模式（Five Force Model），如下圖所示：

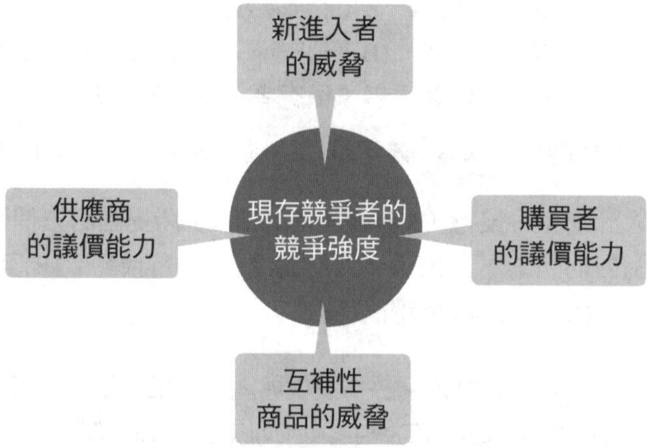

13 有關麥可波特的產業五力分析，下列敘述何者錯誤？ (A)是一種產業分析的工具 (B)主要目的在分析該產業利潤潛力 (C)包括五種威脅力量的分析，分別是現有競爭者、潛在競爭者、互補品、供應商與顧客的威脅 (D)可用來協助企業進行外部分析。 【108台酒】 (C)

考點解讀 包括五種威脅力量的分析，分別是現有競爭者、潛在競爭者、替代品、供應商與顧客的威脅。

14 五力分析中，下列何者會使產業競爭愈激烈？ (A)同業競爭者愈少 (B)替代品愈少 (C)潛在競爭者愈少 (D)購買者議價能力愈高。 【107台酒】 (D)

解答

考點解讀 同業競爭者愈多、替代品愈多、潛在競爭者愈多、購買者議價能力愈高、供應者議價能力愈高均會使產業競爭愈激烈。

15 Porter策略大師提出的國家競爭力鑽石結構理論，下列何者為非？ (A)要素條件 (B)需求條件 (C)機運 (D)文化發展。 【103經濟部】 **(D)**

考點解讀 Porter策略大師提出的國家競爭力鑽石結構理論，認為決定一個國家的某種產業競爭力的有四個要素，分別為生產要素（factor conditions）；需求條件（demand conditions）；企業戰略、結構、競爭者（firm/ or organization,strategy, structure, and rivalry）；相關/支持產業（related and supporting industries）。這四大要素環環相扣，並受到兩個額外輔助要素的影響，即機會（chance）與政府（government）。

進階題型

解答

1 五力分析是一個用來分析市場環境相當好的工具。請問下列的組合那一個均屬於五力分析的分析要素： (A)供應商、顧客、企業集團 (B)現有競爭者、潛在進入者、文化 (C)替代品、相關支援單位、潛在進入者 (D)產業領導者、顧客、供應商。 【108鐵路】 **(C)**

考點解讀 此題相關支援單位是指上、中、下游廠商。

2 產業進入障礙及政府政策的影響等是屬於五力分析中______的影響因素。 (A)現有企業間的競爭強度 (B)供應商的議價能力 (C)採購者的議價能力 (D)潛在競爭者的威脅。 【104港務】 **(D)**

考點解讀 潛在競爭者是有能力進入、但尚未進入現有市場的企業。即目前不在此產業內競爭的企業 。潛在競爭者是否能夠進入該市場成為現有的競爭者，是由進入障礙（barriers to entry）的高低程度來決定。進入障礙需付出代價愈高，則進入障礙愈大。其主要來源：絕對及相對成本優勢、政府法規、掌握配銷通路、規模經濟、產品差異化程度、現有廠商的報復、資本需求。競爭進入者的威脅程度跟各產業本身的進入障礙大小與現有競爭者的可能反應有直接的關連，進入障礙越高的產業，產業內部的企業，可獲得的利潤較高，因為競爭者較少。

3 在波特（Michael Porter）教授的產業競爭分析架構中，最直接的競爭來自下列何者？ (A)產業現有競爭者 (B)供應商與購買者 (C)替代品 (D)潛在進入者。 【103自來水、台酒】 **(A)**

考點解讀 Porter的產業競爭分析架構中，最直接的競爭來自產業現有競爭者，因現有產業內企業競爭程度的強弱，會影響廠商間的獲利情況。

解答

4 若產業中的替代品之替代程度高，則： (D)
(A)競爭程度越小
(B)替代品的威脅越小
(C)購買者的議價力越小
(D)替代品的威脅越大。 【103中華電信】

考點解讀 產業中的替代品之替代程度高，則替代品的威脅越大。而轉換成本及顧客忠誠度等因素，決定了顧客可能購買替代品的程度。

5 在波特（Porter）的五力分析中，當出現以下何種情況時，上游的供應商對下游的購買者會有比較低的議價優勢？ (A)供應商所處產業，市場集中程度低 (B)供應商所供應的產品具有獨特性，亦即差異化程度很高 (C)該購買者並非是供應商的重要客戶 (D)供應商具有向下游整合的能力。 【106鐵路】 (A)

考點解讀 產業集中度：針對特定產業，用於衡量產業競爭性和壟斷性的最常用指標，集中度越高壟斷、支配的能力就越強。供應商的議價能力指當供應商有能力對企業提出較高的要求時，會對企業造成威脅。而影響供應商議價能力的因素有：(1)產品佔總成本的比重；(2)產品差異化程度；(3)供應商向前（下游）整合的能力；(4)供應商轉換成本；(5)供應商的資訊；(6)產量對供應商的重要性；(7)供應商間的競爭；(8)供應商的規模及集中度。

6 下列何種情況會使購買者具有更大的議價空間？ (A)很少的賣方家數 (B)購買的產品是標準或無差異性 (C)轉移向其它賣方購買的成本很高（亦即移轉成本很高） (D)購買的數量很少。 【104自來水】 (B)

考點解讀 購買者的議價能力愈強，則企業的獲利就愈低。購買者對抗產業競爭的方式，是設法壓低價格，爭取更高的品質與更多的服務，購買者若能有下列特性，則相對於賣方而言有較強的的議價能力：(1)購買者群體集中，採購量大。(2)所採購的是標準化的產品。(3)轉換成本極少。(4)購買者易向後整合。 (5)購買者的資訊充足。(6)很多的賣方家數。

7 在波特（Michael Porter）教授的產業競爭分析架構中，和企業站在既競爭又合作的立場的是： (A)產業現有競爭者 (B)供應商與購買者 (C)替代品 (D)潛在進入者。 【101自來水、102中華電信】 (B)

考點解讀 依產品的流程來看，下游的公司就是購買者，上游的企業就是供應商，當企業進行銷售時就是供應商角色；當企業採購時就是購買者角色。

解答

8 有關麥可波特的產業五力分析，下列敘述何者錯誤？ (A)是一種產業分析的工具 (B)主要目的在分析該產業利潤潛力 (C)包括五種威脅力量的分析，分別是現有競爭者、潛在競爭者、互補品、供應商與顧客的威脅 (D)可用來協助企業進行外部分析。【108台酒】 (C)

考點解讀 產業五力分析包括五種威脅力量的分析，分別是現有競爭者、潛在競爭者、替代品、供應商與顧客的威脅。

9 下列關於麥可．波特（Michael Porter）五力分析模型的敘述，何者錯誤？ (A)企業可以利用五力分析判斷產業的吸引力或獲利性 (B)互補品的支援程度為重要評估因素之一 (C)五力分析是以競爭為導向的策略分析工具 (D)現存的競爭者會影響廠商間的競爭程度。【111鐵路】 (B)

考點解讀 供應商的支援程度為重要評估因素之一。

10 根據麥克波特（Michael Porter）五力分析的觀點，下列何種狀況對該產業的廠商較為有利？ (D)
(A)可選擇的供應商數目少 (B)產業內的競爭強度高
(C)潛在競爭者的進入門檻低 (D)替代品的威脅小。【105自來水】

考點解讀 (A)可選擇的供應商數目多；(B)產業內的競爭強度低；(C)潛在競爭者的進入門檻低。

11 Michael E. Porter所提出的國家競爭優勢模型中，所謂「臺灣地處亞熱帶，陽光充足、溼度高，適合各類蘭花生長，自來即有『蘭花王國』的美譽，每年蘭花外銷數量高達千萬株。」是指台灣蘭花產業的國際競爭力來自下列哪一種原因？ (A)要素條件優勢 (B)需求條件優勢 (C)企業資源優勢 (D)相關支持產業的優勢。【105經濟部】 (A)

考點解讀 生產要素條件：指土地、資本、勞力、勞力教育水準、國家基礎設等。這些要素條件，有些是自然因素，另一些則是政府可以發揮作用的地方。

非選擇題型

1 由競爭力大師波特（M. Porter）所提出的五力分析，係包含新進入者的威脅、供應商的議價能力、__________、替代品的威脅以及現存產業的競爭程度等5種力量。【111台電】

考點解讀 購買者／消費者／顧客／買方（的）議價能力。

2 在麥可波特（Michael Porter）所提出的五力分析模式中，企業組織的獲利受到五種競爭力量的影響，請分別簡述這五種力量。企業在檢視這五種力量時，可以對哪些議題作較為深入的瞭解，以利後續營運活動的進行，請針對五種不同的力量分別說明。【102台酒】

考點解讀　麥可波特（Michael Porter）的認為管理者應思考如何創造及維持競爭優勢，而使公司能有高於產業的平均獲利率，並提出對產業的五力分析模式：

(1)新進入者的威脅：規模經濟、品牌忠誠度與資金需求等因素，決定新競爭者進入某一產業的難易程度。

(2)購買者的議價能力：市場上購買者的數量、顧客可取得的資訊，與替代品來源的便利性等因素，決定產業中購買者影響力的大小。

(3)替代品的威脅：轉換成本及顧客忠誠度等因素，決定了顧客可能購買替代品的程度。

(4)供應商的議價能力：供應商的集中程度，與替代品原料來源的方便性等因素，決定產業供應商可對廠商施加壓力的大小。

(5)現有競爭者的競爭強度：產業的成長率、需求的上升或下降，與產品差異化程度等因素，決定產業內現存廠商間的競爭程度。

3 請說明麥克波特（Michael Porter）的鑽石模型理論中，形成國家競爭優勢的關鍵要素與變數。【103農會】

考點解讀　麥克波特（Michael Porter）提出國家競爭力鑽石結構理論，用於分析一個國家某種產業為什麼會在國際上有較強的競爭力。而形成國家競爭優勢的關鍵要素：

(1)生產要素：包括人力資源、天然資源、知識資源、資本資源、基礎設施。

(2)需求條件：多數公司目標著重於滿足國內市場需要，國內市場是否足夠大。

(3)相關產業和支援產業的表現：這些產業和相關上游產業是否有國際競爭力。

(4)企業的策略、結構、競爭對手的表現。

在四大要素之外還存在兩大變數：政府與機會。機會是無法控制的，政府政策的影響是不可漠視的。

焦點 4　策略分析工具

策略分析常使用的工具，除前面介紹的SWOT分析，尚有價值鏈（value chain）分析、BCG型模。

1. **價值鏈**（value chain）

價值鏈分析的觀念，是由麥可波特在1985年所提出，係分析企業從原料投入，到產品產出及運送至最終顧客之間，所需要進行的各類活動。透過價值鏈分析，企業可找出其核心能耐，並協助企業決定資源分配，以達到資源互補，以及綜效的發揮。

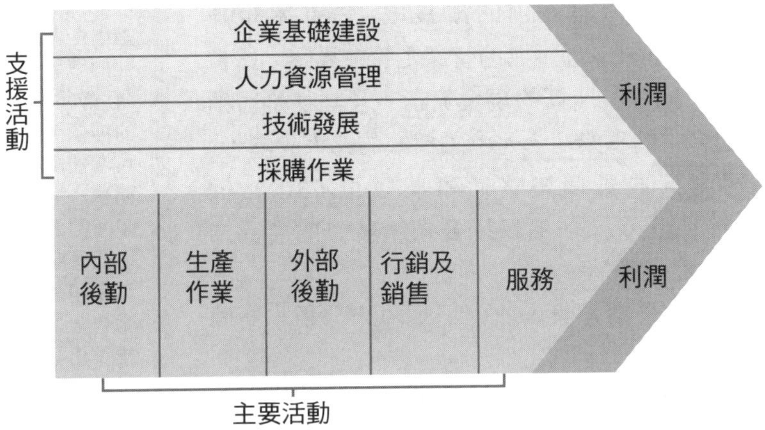

(1) **主要活動（primary activities）**

A. 內部後勤（inbound logistics）：資源的配送、儲存及傳遞的活動，包含原料驗收、倉儲、存貨控制、運送、運輸排程、原物料退貨等。

B. 生產作業（production）：原料的投入、轉換與產品的產出，即產品或服務的製造過程。

C. 外部後勤（outbound logistics）：將最終產品或服務，提供予消費者或客戶，包含產品運送、訂單管理、成品倉儲等。

D. 行銷及銷售（marketing and sale）：使消費者或客戶，得知產品或服務特性與創造價值，包括廣告、促銷、定價及通路管理。

E. 服務（service）：提供顧客售後服務，以維繫和買方的關係，並提供其他顧客所需的支援。

(2) **支援活動（support activities）**

A. 採購作業（procurement）：取得企業價值活動中，所需投入的資源，包含原料、能源、零組件、辦公用具、機器設備等。

B. 人力資源管理（human resource management）：良好的人力資源管理，有助提升企業整體人力素質，成為最有力的競爭資源。

C. 技術發展（technology development）：透過研究發展，可增加企業價值鏈中每個活動的附加價值。

D. 企業基礎結構（company infrastructure）：主要目的在於提供協助予主要活動，包含企業的財務、會計、法律、規範和規定以及品質管理活動。

2. BCG**模式**

1970年初期，由**波士頓顧問團**（Boston Consulting Group, BCG）所發展出的**成長率–佔有率矩陣**（growth-share matrix），協助資深主管在界定「投資組合」中，不同事業所需的**現金流量**，及評估是否須改變投資組合中的**事業組合**。BCG模式的三大步驟：

(1)將公司劃分成幾個策略性事業單位（Strategic Business Units），一般是以公司所競爭的產品市場來界定。

(2)評估SBU的長期遠景，並應用矩陣來分析。矩陣分為：

相對市場佔有率（relative market share）：該公司的策略性事業單位與產業內的最大競爭對手間的市場佔有率比值。

市場成長率（market growth rate）：是這個產業的市場規模未來成長預測。

(3)依據BCG模式的分析，去發展公司的策略性目標。

BCG模式的矩陣組合根據其市場成長率與市場佔有率兩個構面，可界定出四種事業單位，用以評估各事業單位所需的現金流量，及事業單位未來的發展策略。

A. 問題事業（question mark）：在較高成長的產業中，卻只有低的相對市場佔有率。問題事業有可能會邁向明星產業發展，需要較多的資金投入，儘可能來改善其競爭地位，否則該事業會消失。

B. 明星事業（star）：在較高成長的產業中，佔有高的相對市場佔有率。兼具競爭優勢與擴展機會的策略性事業單位。市場還在持續成長中，必須持續投資來維持其市場領先地位。

C. 金牛事業（cash cow）：在低成長的產業中，佔有相當高的相對市場佔有率。意味著在成熟的產業中，具有相當強勢的競爭地位。其競爭優勢的來源，則是來自其經驗曲線；是產業中成本的領先者，不需要投入大量資金

> **小秘訣**
>
> 策略大師Michael Porter指出企業為了發展其獨特性的競爭優勢、提高商品/服務價值，必須將企業的經營流程建構成一連串可增加附加價值的過程，而這一連串增值流程，即是所謂的「價值鏈」。在價值鏈中，可區分為主要活動和輔助活動：主要活動包含進料後勤、生產作業、出貨後勤、行銷銷售及顧客服務；輔助活動則包含企業基礎設施、技術發展、人力資源及採購作業，而總括這些活動都是以增加企業利潤為目標。

> **小秘訣**
>
> 波士頓顧問公司（The Boston Consulting Group，BCG）依據企業的成長率與市場佔有率高低，BCG描繪企業發展的四個面項，「明星」（Stars）企業：高成長率，高市場佔有率；「金牛」（Cash cow）企業：低成長，高市場佔有率；「問題」（Question Marks）企業：高成長，低市場佔有率；「狗」（Dog）企業，低成長，低市場佔有率。

再去發展，卻可以為公司帶來大量的現金流量，是真正為企業賺錢的事業單位。

D. 苟延殘喘事業（dog）：在低成長的產業中，只有低的相對市場佔有率。對於企業來說此SBU已經沒有太大的貢獻力。

☆ 小提點

策略事業單位（Strategic Business Unit, SBU）：企業有很多事業單位，且各事業單位間彼此獨立可自定其發展策略。集團企業可依據產品、顧客等指標，將集團旗下的企業，分割成幾個獨立利潤中心，每個利潤中心就是一個SBU。

結論：

(1) **金牛事業**：應該採用維持策略來確保資金的供應，並儘可能的「擠乳」以獲取大量現金，將現金資於「明星事業」以及市佔有率有可能繼續提高的「問題事業」上。

(2) **明星事業**：應該採用成長策略而持續投入資源，尋求進一步擴張市場佔有率。否則終究會發展為金牛事業。

(3) **問題事業**：最難作決策莫過於此事業，因為很難決定應否持續投入資源使之成為明星，或者應該採取觀望的態度而維持甚至減少投入資源、放棄。

(4) **落水狗事業**：「落水狗事業」則因處在不具潛力的市場中，而且僅有小規模的市場佔有率，因此應減少投入資源，儘早出售或清算。

當然，隨著產業成長趨緩，原來的「明星」會變成「金牛」，而隨著時間過去，「問號」會變成「明星」、「金牛」、或「狗」也會日趨明朗。但無論如何，BCG模式的基本精神就是瞭解各事業單位的現況與展望，藉以決定適當的策略，並藉由事業單位在公司內所扮演的角色，決定是否要積極尋求未來的明星與金牛。

3. **GE多因子投資組合矩陣**

GE模式是麥肯錫管理顧問公司（McKinsey & Company）在1970年受託參與通用電器（General Electric; GE）策略事業組合顧問案時，針對內部擁有多個策略事業單位（Strategic Business Units）的大集團進行事業組合分析時，所應用的一種分析模式。GE矩陣的**橫座標**代表策略事業單位的**競爭優勢**（competitive strength），共分為低、中、高三個尺標，**縱座標**代表行業**（市場）吸引力**（industry attractiveness），也分為低、中、高三個尺標，形成3×3＝9個象限的矩陣。

(1) **市場吸引力的變數**：代表著該產業未來的發展前景。

(2) **公司優勢的變數**：代表著該企業擁有的組織能力。

GE模式共可區分成9個方格，圖中從右上角到左下角的對角線，若SBU位於左上角的3塊方格，代表著該SB具有潛力，可以繼續增加投資。若SBU位於右下角的3塊方格，代表著該SB不具任何潛力，可以考慮收割及撤資。

如下圖所示：

奇異(GE)多因子投資組合矩陣

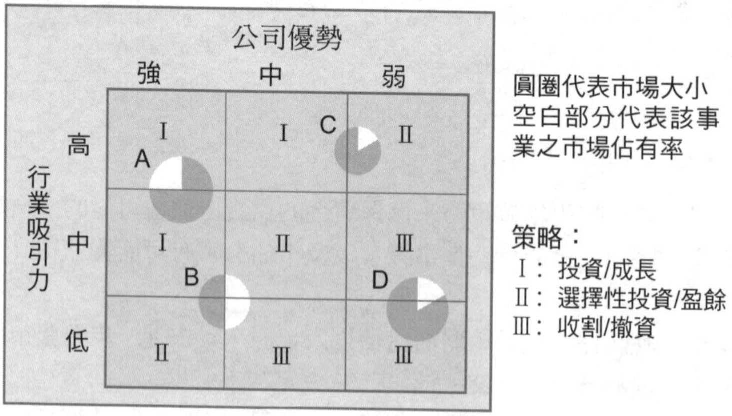

GE模式主要針對BCG矩陣存在的許多缺點，提出改善的投資組合分析方法。應用GE矩陣分析，可分析各策略事業單位的策略位置與發展潛力，用以決定應採取何種資源分配的策略。其對應策略可分為三種：

(1) **增加投資**（grow）：對於市場吸引力高且競爭力高的策略事業單位、市場吸引力高而競爭力中等的策略事業單位、市場吸引力中等而競爭力高的策略事業單位，可以採取增加資源投入的加碼投資策略。適用於：從上圖的左下方到右上方對角線的左上角3塊方格(I)。

(2) **維持現狀**（hold）：對於市場吸引力中等且競爭力中等的策略事業單位、市場吸引力低而競爭力高的策略事業單位、市場吸引力高而競爭力低的策略事業單位，可以採取維持現狀的策略，選擇性的投資。適用於：從上圖的左下方到右上方對角線上的方格(II)。

(3) **收割處分**（harvest）：對於市場吸引力低且競爭力低的策略事業單位、市場吸引力低而競爭力中等的策略事業單位、市場吸引力中等而競爭力差的策略事業單位，都可以採取儘快折現處分，設法將資源移往其他用途。適用於：從上圖的左下方到右上方對角線的右下角3塊方格(III)。

基礎題型

解答

1 有關價值鏈（value chain）的觀念，下列敘述何者錯誤？ (A)價值鏈的焦點是如何產生利潤 (B)價值鏈觀念最早由Michael Porter 提出 (C)價值鏈包括主要活動與支援活動 (D)價值鏈是指企業從原料投入到產出乃至運送至最終顧客之各類價值活動。【自來水】 **(A)**

考點解讀 透過價值鏈分析，企業可找出其核心能耐，並協助企業決定資源分配，以達到資源互補，以及綜效的發揮。

2 麥可．波特（Michael Porter）的價值鏈（value chain）模式中，下列何者不屬於主要活動？ **(D)**

(A)生產作業（operation）

(B)行銷（marketing）

(C)內向後勤（inbound logistics）

(D)人力資源（human resource）。【111鐵路】

解答

考點解讀 價值鏈（Value chain）觀點，係由哈佛大學的波特（Michael E.Porter）教授於1985年提出，用於分析企業在經營活動所需的資源投入、轉換與達到消費者滿意的過程。在此一架構中，企業創造經營價值的活動，可分為主要活動（Primary activities）與支援活動（Support activities）。
(1)主要活動：內向後勤（進料後勤）、生產作業、外向後勤（出貨後勤）、行銷與銷售、售後服務（顧客服務）。
(2)支援活動：採購作業、研究發展、人力資源管理、企業基礎結構。

3 在波特（Porter）的價值鏈（Value Chain）模式中，價值活動可分為主要活動與支援活動，請問下列何者不屬於主要活動？ (A)研發 (B)進料後勤 (C)生產 (D)行銷。 【107自來水】 (A)

考點解讀 採購作業、研究發展、人力資源、企業基礎結構是屬於支援活動。

4 下列何者不是屬於價值活動中主要活動（Primary Activities）的內容？ (A)進貨後勤 (B)生產/製造 (C)人力資源 (D)產出配銷。 【101中華電信】 (C)

5 下列何者屬於價值鏈中的支援活動？ (A)人力資源 (B)生產製造 (C)行銷銷售 (D)進貨後勤。 【107郵政】 (A)

考點解讀 支援活動包括：採購作業、研究發展、人力資源、企業基礎結構。

6 下列何者不屬於價值鏈（value chain）活動中的支援活動？ (D)
(A)組織文化
(B)採購
(C)人力資源管理
(D)向內的後勤支援（in-bound logistics）。 【104郵政】

考點解讀 向內的後勤支援（in-bound logistics）又譯為進貨後勤、進料後勤，是屬於主要活動。組織文化是企業基礎結構的一環。

7 在BCG矩陣分析中，事業所處的市場成長率高，但相對於最大競爭對手，市場佔有率卻偏低，此係屬下列何者？ (C)
(A)明星事業 (B)落水狗事業
(C)問題事業 (D)金牛事業。 【102郵政】

考點解讀 「BCG矩陣」分析模式的四種類型：(1)明星（Stars）事業：高成長率，高市場佔有率。(2)金牛（Cash Cow）事業：低成長率，高市場佔有率。(3)問題事業（Question Marks）：高成長率，低市場佔有率。(4)落水狗事業（Dogs）：低成長率，低市場佔有率。

解答

8 在低成長市場中低市場佔有率的事業，此種事業可能利潤很低，甚至產生虧損，稱為： (A)問題事業 (B)明星事業 (C)金牛事業 (D)土狗事業。【107台酒】 (D)

考點解讀 土狗事業或稱「苟延殘喘」、「老狗」、「髒狗」、「落水狗」事業，在低成長的產業中，只有低的相對市場佔有率。已是明日黃花，對於企業來講該事業已經沒有太大的貢獻力。

9 請問下列哪一項不是波特（Porter）價值鏈（value chain）的支援活動？(A)人力資源 (B)技術研究發展 (C)採購 (D)出貨後勤。【101經濟部】 (D)

考點解讀 波特（Porter）價值鏈（value chain）如下圖所示：

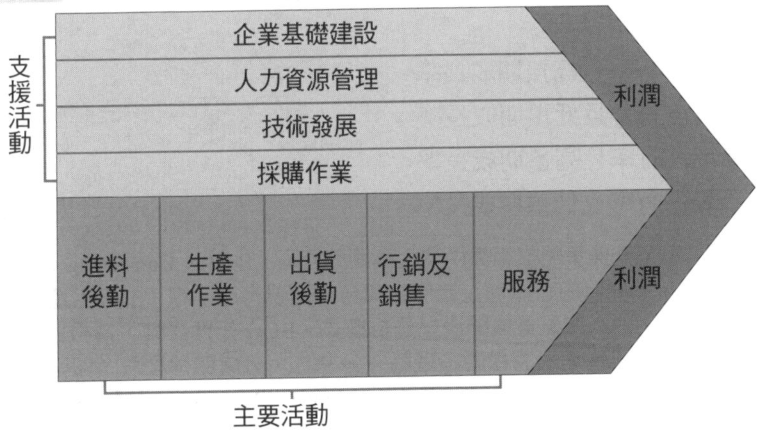

10 利用預期市場成長率以及市場佔有率，來了解不同事業的發展潛力，並據以分配資源。上述描述係指何種策略分析工具？ (C)

(A)產業生命週期分析

(B)SWOT分析

(C)BCG矩陣

(D)創新擴散模式。【106桃機、103鐵路】

考點解讀 (A)產業生命週期是每個產業都要經歷的一個由成長到衰退的演變過程，一般分為初創階段、成長階段、成熟階段和衰退階段四個階段。並針對其過程來加以分析。(B)協助分析企業外在環境的機會與威脅，以及企業本身的強勢與弱勢，讓企業經理人在充分掌握資訊的情境下，進行最適當的決策，以累積組織競爭優勢。(D)由羅傑斯（E. M. Rogers）所提出，係對創新採用的各類人群進行研究歸類的一種模型，羅傑斯把創新的採用者分為革新者、早期採用者、早期追隨者、晚期追隨者和落後者。

解答

11 組織的總體策略包含數個事業時，管理者可利用投資組合矩陣（corporate portfolio matrix）來管理，BCG矩陣（BCG matrix）係由波士頓顧問群所發展出，藉由2×2矩陣來評估並描繪組織的各事業單位，並幫助管理者安排資源分配的先後順位。請問 BCG 矩陣四個分類為何？ (C)
(A)明星事業、創新事業、問題事業、多角化事業
(B)多角化事業、問題事業、明星事業、金牛事業
(C)金牛事業、明星事業、問題事業、落水狗事業
(D)明星事業、落水狗事業、金牛事業、創新事業。 【106台糖】

12 根據波士頓矩陣（BCG Matrix），有關問號事業（Question Mark）具有下列何者特徵？ (C)
(A)高市場占有率且高預期成長率
(B)高市場占有率且低預期成長率
(C)低市場占有率且高預期成長率
(D)低市場占有率且低預期成長率。 【112郵政】

考點解讀 BCG矩陣策略模組係由波士頓顧問公司（Boston Consulting Group）於1970年提出，主要目的在協助企業評估與分析其現有產品線，並利用企業現有現金，以進行產品的有效配置與開發之分析模式。BCG 矩陣橫軸，為相對市場佔有率；縱軸為市場成長率，將橫軸與縱軸一分為二，分成四個象限，即可區分為四種不同類型的產品，分別為問號兒童（Problem Children）、明星（Star）、金牛（Cash Cow）與狗（Dog）。如下圖所示：

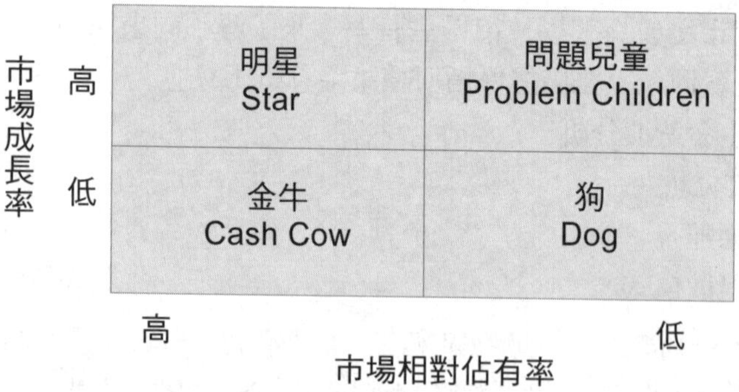

13 強調高市場佔有率與低市場預期成長率的事業單位為下列何者？ (A)明星事業 (B)金牛事業 (C)問題事業 (D)落水狗事業。 【108台酒】 (B)

考點解讀 (A)高市場佔有率與高市場預期成長率的事業單位；(C)低市場佔有率與高市場預期成長率的事業單位；(D)低市場佔有率與低市場預期成長率的事業單位。

解答

14 波士頓顧問群所提出的BCG矩陣中，市場佔有率低、預期市場成長率高，是指哪種事業群？ **(B)**
(A)明星 (B)問題事業 (C)金牛 (D)落水狗。 【107經濟部】

考點解讀 (A)市場佔有率高、預期市場成長率高；(C)市場佔有率高、預期市場成長率低；(D)市場佔有率低、預期市場成長率低。

15 在BCG矩陣中，市場成長性小而相對市場佔有率卻偏高的區塊被稱為下列何者？ (A)金牛 (B)明日之星 (C)問號 (D)落水狗。 【107郵政】 **(A)**

考點解讀 金牛事業（cash cow）在低成長的產業中，但具有相當高的相對市場佔有率的事業，所創造的現金比需要投注的資金來得高。

16 依據波斯頓顧問團（BCG）事業組合矩陣，若市場成長率低但市場佔有率高，是屬於下列何種事業？ (A)問題兒童事業 (B)明星事業 (C)落水狗事業 (D)金牛事業。 【105台酒】 **(D)**

考點解讀 (A)市場成長率高但市場佔有率低；(B)市場成長率高且市場佔有率高；(C)市場成長率低且市場佔有率低。

17 根據 BCG 矩陣，若企業被歸屬至金牛（Cash Cow），這表示其在該產業中為： **(A)**
(A)低預期成長率、高相對市場佔有率
(B)高預期成長率、高相對市場佔有率
(C)高預期成長率、低相對市場佔有率
(D)低預期成長率、低相對市場佔有率。 【105台北自來水】

考點解讀 (B)明星（Star）；(C)問題（question mark）；(D)狗（dog）。

18 高市場占有率和低預期市場成長率是屬於下列何種事業？ (A)金牛 (B)明星 (C)問題 (D)落水狗。 【111台酒】 **(A)**

考點解讀 (B)高市場占有率和高預期市場成長率。(C)低市場占有率和高預期市場成長率。(D)低市場占有率和低預期市場成長率。

19 企業可以使用 BCG（Boston Consulting Group）矩陣來分析產品組合或事業單位組合的表現，進而決定如何有效 配置公司資源。根據BCG矩陣，下列何種產業會有大量的現金收入，只需少量的投資來維持市場佔有率？ **(A)**

解答

(A)金牛產業 (B)明星產業
(C)問號產業 (D)落水狗產業。 【104自來水】

考點解讀 金牛事業（cash cow）不需要投入大量資金再去發展，卻可以為公司帶來大量的現金流量，是真正為企業賺錢的策略事業單位。

20 在BCG 矩陣中，具有高市場成長率和低相對市場佔有率之特徵的是何種事業型態？ (A)明星事業 (B)金牛事業 (C)問題事業 (D)落水狗事業。 【103台酒】 (C)

考點解讀 問題事業（question marks）雖然處在較高成長的產業中，不過其相對市場佔有率較低，對資金創造能力低，但對資金的需求很高。

進階題型

解答

1 關於供應鏈（supply chain）和價值鏈（value chain）的意涵，下列敘述何者錯誤？ (C)
(A)供應鏈與價值鏈不同
(B)供應鏈管理是內部導向
(C)價值鏈管理是效率導向
(D)價值鏈管理是外部導向。 【106桃機、105郵政】

考點解讀 供應鏈管理（supply chain management）：是指管理產品由最初的原料至銷售商品給消費者間所有活動的環節。價值鏈管理（value chain management）：指產品在整個價值鏈中流動時，一連串整合作業與資訊程序的管理。供應鏈管理是內部導向，著重效率，以降低成本、提高生產力為目的。而價值鏈管理則是外部導向，著重效能，強調如何創造顧客價值。

2 下列何者不是影響價值鏈策略能否執行成功的關鍵要素？ (A)
(A)市場的變化 (B)有力的領導
(C)科技研發的投資 (D)內部的協調與合作。 【105郵政】

考點解讀 影響價值鏈策略能否執行成功的關鍵要素包括：有力的領導、員工的參與、科技研發的投資、內部的協調與合作、組織文化及態度。

3 原料投入轉換成最終產品的過程稱為？ (A)進料後勤 (B)生產 (C)出貨後勤 (D)行銷及銷售。 【107鐵路營運專員】 (B)

解答

考點解讀 將原物料轉化為最終產品。(A)接收、儲存以及採購項目的分配有關。(C)與產品收集、儲存或將實體產品運送給客戶。(D)提供客戶購買產品的理由，並吸引客戶購買。

4 〈複選〉美國波士頓顧問團（Boston Consulting Group）發展出具體的投資組合評估模式，稱為成長率佔有率矩陣，其中的評估向度為下列哪些？ (A)市場成長率 (B)顧客成長率 (C)相對市場佔有率 (D)絕對市場佔有率。 【107鐵路營運人員】 (A)(C)

考點解讀 BCG矩陣策略模組係是波士頓顧問公司（Boston Consulting Group）於1970年所提出，主要目的在協助企業評估與分析其現有產品線，並利用企業現有現金，以進行產品的有效配置與開發之分析模式。BCG矩陣橫軸，為相對市場佔有率、縱軸為市場成長率，將橫軸與縱軸一分為二，分成四個象限，即可區分為四種不同類型的產品，分別為問號（Question Mark）、明星（Star）、金牛（Cash Cow）與落水狗（Dog）。

5 需要大量投資，通常會逐漸成為金牛事業，屬於： (A)金牛事業 (B)明星事業 (C)問題兒童事業 (D)落水狗事業。 【106桃機】 (B)

考點解讀 明星事業（star）在較高成長的產業中，佔有高的相對市場佔有率兼具競爭優勢與擴展機會的策略性事業單位。市場還在持續成長中，必須持續投資來維持其市場領先地位，否則會逐漸成為金牛事業。

6 在BCG矩陣中，屬於低成長/強競爭地位的是何種事業型態，這類事業通常獲利高？ (A)問題事業 (B)明星事業 (C)金牛事業 (D)落水狗事業。 【102中油】 (C)

考點解讀 金牛事業除可以為公司帶來大量的現金流量，且是真正為企業賺錢的策略事業單位。

7 在波士頓顧問團（BCG）模式中，資金的提供者主要是： (A)金牛 (B)明星 (C)問題兒童 (D)狗。 【106桃機、101自來水】 (A)

考點解讀 金牛或稱錢牛（cash cows）可為公司帶來大量的現金流量，是資金的提供者。

8 BCG矩陣將組織的策略事業單位分為四種類型，以下敘述何者正確？ (D)

(A)高市占率、高成長率的是金牛事業

(B)低市占率、高成長率的是落水狗事業

(C)對明星事業應該緊縮投資

(D)問號事業的未來不確定性和風險最高。 【108漢翔】

解答

考點解讀 (A)高市占率、高成長率的是明星事業。(B)低市占率、高成長率的是問題事業。(C)對明星事業應該持續投資。

9 關於BCG矩陣觀點，下列敘述何者正確？ (A)

(A)明星（Star）是指事業成長率高，市占率也高，相對於競爭對手擁有較大的銷售與收入

(B)金牛（Cash Cow）是指事業成長率高，市占率亦高於競爭對手，且會需要大量資源的投入

(C)問號市場（Question Market）是指事業成長率高，且在市占率上也是明顯的增加，會讓企業將心力投注在此市場

(D)落水狗（Dog）是指事業成長率低，但市占率卻相對很高，能讓企業在這樣的市場中維持一定的營收。 【108鐵路】

考點解讀 (B)金牛（Cash Cow）是指事業成長率低，市占率亦高於競爭對手，是主要的資金提供者。(C)問號市場（Question Market）是指事業成長率高，但市占率低，是資金消耗者。(D)落水狗（Dog）是指事業成長率低，但市占率也低，應儘早出售或清算。

10 〈複選〉美國波士頓顧問團（Boston Consulting Group）發展出具體的投資組合評估模式，稱為成長率佔有率矩陣（Grow/Share Matrix），下列敘述何者為是？ (A)(B)(D)

(A)以市場成長率與相對市場佔有率做為評估的兩軸

(B)高成長、高相對市場佔有率的是明星產品

(C)金牛事業所經營的產品常處於生命期中的衰退期

(D)低成長、低相對市場佔有率的是狗產品。 【107鐵路營運專員】

考點解讀 (C)金牛事業所經營的產品常處於生命期中的成熟期。

11 BCG矩陣是由波士頓顧問團所發展，企業經常用來作為投資組合矩陣，下列對於 BCG 矩陣的敘述何者正確？ (B)

(A)分為金牛、明星、焦點、落水狗，四種類型

(B)可以創造巨額現金流量的為金牛事業

(C)具有低成長率高市場佔有率的為明星事業

(D)具有高成長率高市場佔有率的為焦點事業。 【106自來水】

考點解讀 (A)分為金牛、明星、問題、落水狗四種類型；(C)具有低成長率高市場佔有率的為金牛事業；(D)具有高成長率高市場佔有率的為明星事業。

解答

12 關於波士頓顧問團所提的BCG矩陣，下列何者錯誤？ (B)
(A)目的是協助企業分析其業務和產品系列的表現，協助企業更妥善地分配資源
(B)市場佔有率高，成長率高的事業單位，被稱為「金牛」事業（cash cows）
(C)成長率和佔有率都低的事業單位，被稱為「瘦狗」事業（dog）
(D)市場佔有率低但成長率高的事業單位，被稱為「問題」事業（question mark）。 【105自來水】

考點解讀 市場佔有率高，成長率高的事業單位，被稱為「明星」事業（stars）。

13 運用波士頓顧問群矩陣（BCG matrix）分析事業單位的策略，下列陳述何者錯誤？ (A)市場佔有率低且預期市場成長率低的事業，應加強投資以提昇市佔率 (B)市場佔有率高且預期市場成長率低的事業，應限制投資並盡可能獲取現金 (C)市場佔有率高且預期市場成長率高的事業，應繼續投資以維持高市佔率 (D)市場佔有率低且預期市場成長率高的事業，應審慎分析再決定要不要投資。 【105中油】 (A)

考點解讀 市場佔有率低且預期市場成長率低的事業，應減少投資並採取收割或撤退策略。

14 〈複選〉著名的 BCG 矩陣是用來作為策略事業單位資源分配的考慮，下列敘述何者正確？ (A)(D)
(A)金牛事業（低成長、高市場佔有率）有大量的現金流量，分配資源時以維持市場佔有率為主
(B)明星事業（高成長、高市場佔有率）有大量的現金流量，分配資源時以維持市場佔有率為主
(C)落水狗事業（低成長、低市場佔有率）有大量負向現金流量，應避免大量資源投入，可考慮撤出或維持
(D)問題事業（高成長、低市場佔有率）有適度正向或負向現金流量，應將資源投注於行銷，以獲取對手市場佔有率。 【105鐵路】

考點解讀 (B)在明星產業中通常會有適度的正向或負向的現金流量，可鞏固或拓展市場佔有率，以便未來成為金牛事業。(C)在落水狗事業通常會有適度的正向或負向的現金流量，但前景不再，應考慮收割或放棄。

解答

15 關於BCG模型（Boston Consulting Group Model），下列敘述何者有誤？ (A)單以市場佔有率，無法完整顯示組織競爭力，應該再考慮市場成長率 (B)屬於問題兒童（question marks）和狗（dogs）的策略事業單位或產品，是企業的資源耗用者，若不能改善，應予以捨棄 (C)被歸類為金牛（cash cows）的策略事業單位或產品，是組織資源的提供者和未來的接班人 (D)此模型用於探討企業中不同事業單位在整個企業中所應扮演的角色，以及其與資源分配的關係。【104港務】 (C)

考點解讀 金牛（cash cows）的策略事業單位或產品，是組織資金的提供者。如果沒辦法維持其市場的領導地位，就會慢慢變成落水狗事業。

16 在策略管理中，有關 BCG model公司組合矩陣的陳述，下列何者正確？(A)該矩陣模式的兩軸分別代表市場佔有率及市場獲利率 (B)「問號」（question marks）代表市場佔有率低，故沒有任何獲利能力 (C)「金牛」（cash cow）代表市場佔有率高，且未來的市場潛力大 (D)「明星」（stars）代表市場佔有率高，且市場持續擴增。【104台電】 (D)

考點解讀 (A)該矩陣模式的兩軸分別代表市場佔有率及市場成長率；(B)「問號」（question marks）代表市場佔有率低，市場成長率高，仍須投入資金；(C)「金牛」（cash cow）代表市場佔有率高，市場成長率低，是資金提供者。

17 波士頓公司發展BCG矩陣，幫助企業得知策略意涵並且幫助制定策略，請問企業在那一種事業別，宜採用出售或清算策略？又在何種事業別適合採用收割策略？請依據策略出現的順序，選擇出正確的答案： (A)金牛事業、明星事業 (B)問題事業、金牛事業 (C)狗事業、明星事業 (D)狗事業、金牛事業。【104鐵路】 (D)

考點解讀 BCG模式的事業類型與發展方向

事業類型	特色	可能發展方向
問題	處在高成長的市場中，但相對佔有率偏低，需增加投資才能趕上競爭者	拓展市場佔有率以成為明星，若市佔率難以提升，可考慮收割或放棄
明星	高度市場中的領導者，未必賺錢，甚至因維護市場的成本過高而入不敷出	可鞏固或拓展市場佔有率，以便未來成為金牛；不具長期優勢者可考慮收割
金牛	市場成長趨緩，但對市場佔有率偏高，可謂公司帶來大量現金	鞏固市場佔有率以保障現金收入；但前景黯淡者可考慮收割

解答

事業類型	特色	可能發展方向
落水狗	市場成長率與相對佔有率都偏低，利潤單薄，不看好未來能大賺錢	收割或放棄，將資源挪作他用

18 在波斯頓顧問團模式中，對問題兒童應該如何處理？ (A)增加投資 (B)放棄 (C)維持 (D)仔細評估後決定是否要增加投資或放棄。 【103台酒】 (D)

考點解讀 問題兒童具高成長率但相對市場佔有率相對偏低的事業，都出現在新產品剛投入市場的階段，公司需投入大筆資金，惟其成敗尚在未定之天，所以仔細評估後才能決定是否要增資或放棄。

19 GE的多因子投資矩陣（GE Matrix）中，企業從對角線的左下方到右上方指的 (A)最有力的，而且是企業應該投資並幫助成長的 (B)最有力的，而且是事業應該賣掉的 (C)中等力道，而且應該有選擇的投資 (D)最沒有力道，應該要脫手的。 【106漢翔】 (C)

考點解讀 奇異電器模式（GE Model），又稱為多因子投資組合矩陣（multifactor portfolio matrix），是由縱軸市場吸引力與橫軸-公司競爭優勢，所組九宮格矩陣。GE 矩陣實際上分為三個部分從右上角到左下角為對角線，處在對角線左上部的三個象限的業務是企業強的經營業務，宜採取「投資/發展」的策略；處在對角線上的三個象限裡的業務為中等實力的業務，應採取選擇的投資（維持/收穫）策略；而處在對角線右下部三個象限的業務為弱的業務，宜採取「收割/放棄」的策略。

高	產業吸引力	加碼投資	加碼投資	選擇性投資
↓		加碼投資	選擇性投資	撤退
低		選擇性投資	撤退	撤退
		事業競爭力高 → 事業競爭力低		

非選擇題型

1 解釋名詞：價值鏈（value chain）。 【107經濟部】

考點解讀 將企業的經營活動分割為由投入至產出的一系列連續的流程。流程中的每個階段對最終產品的價值都有其貢獻，而企業依賴這些附加價值的逐步增加，並藉由交易的過程，達成與外部環境互換資源及提升企業能力的目的。

2 請說明BCG矩陣的用途，以及說明BCG矩陣是用哪兩個維度，將矩陣區分成哪些類型？【103農會】

考點解讀 波士頓顧問公司（Boston Consulting Group）於1970 年提出「成長／佔有率矩陣」（Growth-Share Matrix），該矩陣之縱軸為產品的市場成長長率（0～20%），橫軸則為與業界最大競爭者之間的相對市佔率（10～0.1倍），形成此一含有四個方格的矩陣，後人以其機構名簡稱為「BCG矩陣」，如下圖所所示：

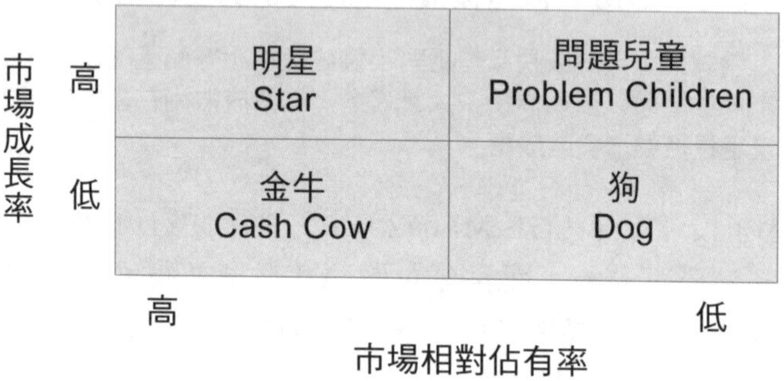

(1)問號事業（question marks）：指公司中具有高成長率但市場佔有率相對偏低的事業，多出現在新產品剛投入市場的導入期階段，此時公司常需投入大筆資金，惟其成敗尚在未定之天，公司應思考如何發展或擴張。

(2)明星事業（stars）：市場成長快速、佔有率又高的產品，是公司事業中欣欣向榮的明日之星，可望成為金牛事業，但此時隨著市場逐漸被打開，競爭者也會陸續增加，因此本階段也常需投入大量的資源。

(3)金牛事業（cash cow）：當市場年成長率降至10%以下，而公司仍擁有相當高的相對市場佔有率，則該事業即是市場地位穩定的金牛事業，能為公司產生許多牛奶（現金），甚至能提供其他事業資金上的支援。

(4)落水狗事業（dogs）：指在市場成長率與相對市場佔有率均偏低的情況下苟延殘喘的產品，公司可能必須審慎考慮此事業的去留，如果沒有理由再繼續維持，則應準備將該事業體結束、清算或出售。

焦點 5 競爭策略

事業部層級策略（business-level strategies）也被稱為**競爭策略**，焦點在於探討如何將**資源適當地配置在事業單位**的各部門間，以期產生競爭優勢。

所謂競爭策略（competitive strategy）是一種決定組織如何在所處的產業環境中競爭與獲利的策略。一般而言，企業的價值鏈與競爭策略息息相關，根據**波特的**

競爭優勢分析，欲達到最大的價值創造，不外乎採用**成本領導、差異化及集中化策略**。

波特（M. Porter）認為企業為維持長遠的競爭力，至少必須擬定與執行下述三種策略中的一項：

1. **成本領導策略**（cost leadership）
   透過提供與競爭對手相同價值但價格較低的產品或服務於市場，以建構競爭優勢的策略。
2. **差異化策略**（differentiation）
   建構競爭對手無法提供的獨特性產品或服務，以取得競爭優勢之策略。
3. **集中化策略**（focus）
   聚焦於特定的顧客、商品或區域等特定的區隔，使集中經營資源的競爭優勢的策略。

> **小秘訣**
>
> 依據波特的五力分析，廠商可自行決定以下三種競爭策略：
> (1)成本領導：盡可能地降低成本。
> (2)差異化：提供獨特而為顧客所喜愛的產品。
> (3)集中化：在較小的市場區隔中，建立成本優勢（成本集中化）或差異化優勢（差異集中化）。

☆ 小提點

卡在中間（stuck in the middle）：無法透過成本領導、差異化或集中策略來競爭的組織。

邁爾斯與史努（Miles & Snow, 1978）提出**事業單位層次策略，主要分為四種型態：**

1. **前瞻者**（prospector）
   致力於開發新產品及新市場機會，追求創新重於獲利。
2. **分析者**（analyzer）
   介於防禦者與探勘者之間，追求最小風險及利潤極大，短期績效好。
3. **反應者**（reactor）
   沒有能力做事前預防，只能事發之後疲於奔命，窮於應付，績效表現不佳。
4. **防禦者**（defender）
   積極防禦阻止競爭進入，將市場區隔在有限利基市場，主要目的是追求穩定。

> **小秘訣**
>
> (1)前瞻者：追求在技術、產品、市場領先。
> (2)分析者：採老二主義，模仿修改他人的成功技術。
> (3)反應者：只有在面臨重大壓力時才會反應。
> (4)防禦者：在一定的產品範圍內努力、防止他人進入。

基礎題型

解答

1 在策略層級中，某特定產品／市場或相似性很高的產品／市場中的經營策略是屬於？ (A)總層級策略 (B)公司層級策略 (C)事業層級策略 (D)作業層級策略。 【107農會】 (C)

考點解讀 在某特定產品（市場）或一組相似性很高的產品（市場）中的經營策略，包括定位、經營模式及競爭優勢等。

2 「屬於事業單位執行的策略，又可稱為競爭策略」，是指下列何者？ (A)總公司層級策略 (B)事業層級策略 (C)功能層級策略 (D)成長策略。 【105台酒】 (B)

考點解讀 事業層級策略（business-level strategy），是指公司內由個別產品或服務形成的事業單位如何與同業競爭，因此也稱為競爭策略。

3 在多角化公司的策略層級中，「競爭策略」是屬於那一層級的策略？ (A)公司層級 (B)事業部層級 (C)功能層級 (D)總公司層級。 【101鐵路】 (B)

4 麥可波特所提出的三種競爭策略為何？ (C)
(A)成本領導、差異化、功能化
(B)成本領導、多角化、集中化
(C)成本領導、差異化、集中化
(D)差異化、集中化、多角化。 【108漢翔】

考點解讀 波特（1980）提出三種基本的競爭策略供企業採用，分別是：(1)成本領導策略（cost leadership）：以控制各項成本，盡量壓低生產成本，以取得成本優勢的策略。(2)差異化策略（differentiation）：提供與其他競爭者有差別之產品或服務，以取得競爭優勢。(3)集中化策略（focus）：專注於某特定消費群、產品線或地域市場的區隔，以針對特定目標做好服務。

5 波特所提出企業組織三項基本的競爭策略不包含下列何者？ (B)
(A)成本領導策略 (B)追求藍海策略
(C)差異化策略 (D)目標集中策略。 【107郵政】

考點解讀 「藍海策略」是金偉燦（W.Chan Kim）與莫伯尼（Renée Mauborgne）所提出的管理理論。「藍海策略」強調以創新為中心，有效擴大需求，使產業的框架變大，產生新的領域，新領域可能沒有競爭者存在或競爭者很少，因而能產生豐厚的獲利。

解答

6 美國哈佛大學教授麥可波特（Michael E. Porter），曾經提出企業可以運用的三個一般化競爭策略，請問是下列那三者？ (A)精緻化、差異化、全面成本領導 (B)差異化、擴大化、精緻化 (C)全球化、全面成本領導、擴大化 (D)差異化、全面成本領導、集中化。【107鐵路】 (D)

考點解讀 競爭策略（competitive strategy）是一種決定組織如何在所處的產業環境中競爭與獲利的策略，根據波特的競爭優勢分析，欲達到最大的價值創造，不外乎採用全面成本領導、差異化與集中化策略。

7 根據波特（M. Porter）的五力分析模型，企業需先進行產業結構分析，接著進行競爭者分析，並建議企業可在市場上可選擇三種策略，分別是差異化策略、集中化策略及 (A)漲價策略 (B)低成本策略 (C)吸脂策略 (D)聯合經營策略。【107台酒】 (B)

考點解讀 低成本策略或稱「最低成本策略」、「成本領導策略」或「全面成本領導策略」。

8 波特教授（Michael Porter）所提出的三個一般化策略不包含下列何者？ (A)成本領導策略 (B)多角化策略 (C)差異化策略 (D)集中（或專注）策略。【103自來水】 (B)

9 Porter 指出三種可以讓管理者選擇的策略，分別是： (A)市場領導、集中化、特色化 (B)價格領導、集中化、特色化 (C)技術領導、差異化、水平化 (D)成本領導、集中化、差異化。【103原民】 (D)

10 企業組織經營策略的種類中，以下哪一種策略主要著重於產品價格的競爭力？ (A)差異化策略 (B)成本領先策略 (C)專注策略 (D)多角化策略。【113鐵路】 (B)

考點解讀 成本領先策略：盡力降低產銷成本，以降低的價格來創造競爭優勢。

11 根據在業界所累積的最大經驗值，有能力以較低的價格提供給消費者，亦即控制成本低於對手的策略，這是何種策略？ (A)成本領導策略 (B)差異化策略 (C)焦點集中策略 (D)價格領導策略。【107鐵路營運人員】 (A)

考點解讀 成本領導策略（cost-leadership strategy）指公司就其獨特能力，提高經營效率，降低成本，在產業中擁有成本優勢，因此在訂價方面的調降空間比同業大，在市場競爭中會擁有甚大優勢。

解答

12 企業進行競爭所採取的事業策略，其中強調透過經驗曲線及效率的追求來取得低成本並反應在售價以獲得競爭優勢，此種策略為何？ (A)成本領導策略 (B)集中策略 (C)差異化策略 (D)區隔策略。 【104自來水】 (A)

考點解讀 波特（M.Poter）指出企業有三種基本的策略選擇，分別是：(1)成本領導策略：透過經驗曲線或效率的追求來取得最低成本，並由低廉的價格來獲得競爭優勢。(2)差異化策略：透過塑造產品或服務的獨特性，造成與競爭者的有利差異的優勢。(3)集中策略：將有限的資源集中於某一特殊的區隔上，透過滿足該區隔的獨特需求來取得優勢。

13 學者麥可波特所提出來的一般化策略中，以塑造產品／服務的獨特性，造成較其他競爭者有利的優勢，這是何種策略？ (A)差異化策略 (B)成本領導策略 (C)集中化策略 (D)藍海策略。 【108台酒】 (A)

14 企業進行競爭所採取的事業策略，其中強調透過塑造產品或服務的獨特性，產生與競爭者的有利差異，此種策略稱為： (A)成本領導策略 (B)集中策略 (C)差異化策略 (D)區隔策略。 【103中華電信】 (C)

15 某公司希望在產業內具有獨特性的策略，強調其獨特的創新服務，此策略為何種競爭策略？ (A)成本領導策略 (B)差異化策略 (C)混合策略 (D)縮減策略。 【103台酒】 (B)

考點解讀 公司就其獨特能力，提供一種別家廠商無法提供的產品或服務，以取得市場上的絕對優勢。

16 Michael E. Porter建議將產品的銷售對象侷限於某個地區的市場、某一層級之消費者，而不是全面性尋求產品差異化，此為下列何種策略？ (C)

(A)成本領導策略 (B)差異化策略

(C)集中策略 (D)權變策略。 【105經濟部】

考點解讀 集中策略（focus strategy）指針對某一有限的顧客群，提供一具有成本優勢（低價位）或差異化的產品與服務。

17 下列何種策略聚焦在一個或以上的利基市場上以尋求市場競爭優勢，將產品的銷售對象侷限於某個地區或某一層級之消費者？ (A)成本領導策略 (B)差異化策略 (C)集中化策略 (D)全面策略。 【104自來水】 (C)

18 在競爭時機中，採取老二主義，以模仿修改競爭者成功技術的是： (A)前瞻者 (B)分析者 (C)防禦者 (D)反應者。 【103台酒】 (B)

解答

考點解讀 採取老二主義，模仿修改他人的成功技術；(A)追求在技術、產品、市場領先。(C)在一定的產品範圍內努力、防止他人進入。(D)只有在面臨重大壓力時才會反應。

19 企業從事創新技術開發有主動與被動的態度，學者Miles & Snow把企業的創新策略分為四大類，強調不率先投入研發，採取老二策略，對老大競爭對手的活動觀察甚至模仿，是下列那一種類型？ (A)前瞻者（prospector） (B)分析者（analyzer） (C)反應者（reactor） (D)防禦者（defender）。【111鐵路】 **(B)**

考點解讀 強調不率先投入研發，採取老二策略，對老大競爭對手的活動觀察甚至模仿，例如IBM當初進入個人電腦市場即追隨已成功者Apple之創新策略表現。

進階題型

解答

1 量販店沃爾瑪（Walmart）採取天天低價（Everyday Low Price），屬於下列何種策略？ (A)差異化策略 (B)成本領導策略 (C)成長策略 (D)重整策略。【112經濟部】 **(B)**

考點解讀 (B)低成本策略強調透過經驗曲線及效率的追求來取得低成本並反應在售價以獲得競爭優勢。

2 乙公司強調便宜也能喝到咖啡，吃得到蛋糕，並透過全省大量連鎖經營的方式來達成規模經濟，請問這是採取麥可波特（Michael E. Porter）所說的那個策略？ (A)差異化策略 (B)集中化策略 (C)縮減化策略 (D)成本領導策略。【103鐵路】 **(D)**

考點解讀 全面成本領導策略強調盡力降低產銷成本，以較低價格創造競爭優勢。而降低成本三大途徑：
(1)規模經濟：藉由數量大，使平均成本下降。
(2)學習曲線：因經驗累積而節省成本。
(3)專業化：專注在少數的價值活動及某特定的產品線或服務。

3 當某一公司採取「成本領導策略」時，其應訂定下列何種人力資源策略？ (A)強調創新與彈性 (B)以團隊為基礎進行訓練 (C)強調營運效率 (D)依個人表現敘薪。【104郵政】 **(C)**

考點解讀 成本領導的人力資源策略強調營運效率，經由專業化來發揮在經驗與知識的累積效果。

解答

4 Tesla汽車強調其電動車製造良好，並以市場上最創新的車種來當訴求，為麥可・波特（Michael Porter）策略分類中之何種策略？ (A)成本領導（cost leadership） (B)差異化（differentiation） (C)集中市場（focus） (D)模組化（modularization）。 【111鐵路】 (B)

考點解讀 (B)麥可・波特（M.Poter）指出企業有三種基本的策略選擇，分別是：(1)成本領導策略（low-cost leadership）：透過提供與競爭對手相同價值但價格較低的產品、服務於市場，以建構競爭優勢的策略。(2)差異化策略（differentiation）：建構競爭對手無法提供的獨特性與特異性能產生附加價值的競爭策略。(3)集中策略（focus）：建構聚焦於特定的顧客、特定的商品、特定的區域等特定的區隔，使集中經營資源的競爭優勢的策略。

5 在夜市的攤販，儘量選擇與別人做的業務不一樣，這是競爭策略中的哪一種？ (B)

(A)低成本 (B)差異化 (C)集中化 (D)極大化。 【107經濟部人資】

考點解讀 採差異化策略的企業所提供的產品與服務，具有與別家企業不一樣，難以模仿的特性。

6 某航空公司所有的航班都強調尊榮高貴的服務，訂價也明顯高於同業，該公司的競爭策略是屬於下列那一種？ (A)多角化策略 (B)差異化策略 (C)集中策略 (D)高成本策略。 【107鐵路】 (B)

7 近年來便利商店間競爭激烈，每一間品牌便利商店都致力於推出新的獨家服務或獨家新產品，例如：ibon 服務限 7-11 才有，請問廠商致力於推出新的獨家服務或獨家新產品是採用下列何種策略？ (A)成本領導策略 (B)差異化策略 (C)集中化策略 (D)權變策略。 【105自來水】 (B)

考點解讀 差異化策略（differentiation）：強調建構競爭對手無法模仿，獨特能產生附加價值的產品或服務。

8 臺北市東區的小型百貨公司和鄰近的大型百貨公司相比，較無資源和規模效益，若小型百貨公司區隔一較小之目標市場和顧客群經營，較適合的策略為何？ (C)

(A)低成本領導 (B)差異化 (C)集中化 (D)分散化。 【104經濟部】

考點解讀 集中化策略（focus）：聚焦於特定的顧客、商品或區域等特定的區隔，使集中經營資源的競爭優勢的策略。

解答

9 臺灣某茶業公司在中國大陸專注於「茶」的事業，這是一種什麼策略？ (C)
(A)藍海策略 (B)差異化策略 (C)集中策略 (D)中間策略。 【104鐵路】

考點解讀 或稱「利基策略」，指集中力量在某特定市場、通路追求競爭利基。

10 亞都麗緻飯店專精歐美的高階商務客，以善體人意的服務創造出高水準的訂房率。根據 Porter 的競爭策略分類，此種策略稱為： (D)
(A)成本領導策略 (B)差異化策略
(C)集中成本領導策略 (D)集中差異化策略。 【105中油】

考點解讀 企業若僅競爭於特定區隔市場則其追求策略謂之為「集中策略」，其中，若以獨特性的優勢競爭於特定區隔市場則稱之為「集中差異化策略」；若以低成本的優勢競爭於特定區隔市場則謂之為「集中成本策略」。「亞都麗緻飯店專精歐美的高階商務客，以善體人意的服務創造出高水準的訂房率」是屬於集中差異化策略。

11 麥可・波特（Michael Porter）曾提出，企業若是策略運用不當，將會產生「困在其中」（stuck in the middle）的情況。請問以下那個敘述能用來說明困在其中的原因？ (A)企業將所有資源集中在規模經濟與大量生產 (B)企業的目標是要讓產品能夠有獨特性與差異化 (C)企業的目標是同時要大量生產也要每個產品都要有差異化 (D)企業的想法是抓住既有市場永續經營。 【108鐵路】 (C)

考點解讀 Porter（1980）提出三種基本策略，並主張企業經營為了產生優於競爭者的績效，宜追求三種策略之一。如果同時追求二種以上之策略者，會陷入「困在其中」或「卡在中間」（stuck in the middle）的模糊策略，將無法產生優於競爭者的績效。

12 請問下列哪一項不是Michael E. Porter所發展的策略分析架構？ (A)五力分析 (B)鑽石模型 (C)價值鏈 (D)SWOT。 【104經濟部】 (D)

考點解讀 麥可・波特（Michael E. Porter）是哈佛大學校聘講座教授，常在《哈佛商業評論》發表文章，六度榮獲《Havard Business哈佛商業周刊》麥肯錫獎（McKinsey Award）。以「競爭策略」研究著稱，1980起連續出版《競爭策略》、《競爭優勢》、《國家競爭優勢》、《競爭論》、《醫療革命》等書，被譽為當代經營策略大師。其中《競爭策略》是波特的成名作，書中最常被企業使用的策略分析工具是「五力分析」，以及他最著名策略主張：低成本、差異化、集中化三種。在《競爭優勢》書中提出最重要的概念，就是「價值鏈」（value chain）；另外，《國家競爭優勢》中波特把競爭的概念提升到國家層次，討論為何某些產業在某些國家表現特別出色？提出「群聚」（cluster）和分析國家競爭力的「鑽石模型」。

解答

13 在技術策略的競爭時機中，前瞻者會： (B)
(A)在一定的產品範圍內努力、防止他人進入
(B)追求在技術、產品、市場領先
(C)採老二主義，模仿修改他人的成功技術
(D)只有在面臨重大壓力時才會反應。 【103自來水】

考點解讀 (A)防禦者；(C)分析者；(D)反應者。

14 當環境穩定不變，這時需要穩健，強調內部經營效率的策略。這是調適策略中的哪一種？ (C)
(A)前瞻者 (B)分析者 (C)防禦者 (D)反應者。 【105台酒】

考點解讀 Miles and Snow（1978）將策略分為四種類型：
(1)防禦者：在一個穩定的環境中營運，強調內部經營效率，採取保守策略。
(2)前瞻者：在一個動態的環境中營運，重視市場機會，強調創新並保持彈性。
(3)分析者：處在中度變動環境中營運，企圖將風險降至最低，同時追求彈性與穩定。
(4)反應者：不會對特定情境作承諾，隨環境反應，如有不得不改變時才改變。

非選擇題型

1 波特（Porter）提出產業競爭策略有3種，包含：成本領導策略、________策略及集中化策略。 【106台電】

考點解讀 差異化。
波特（Porter）提出產業競爭策略有三種，包含：成本領導策略、差異化策略及集中化策略。

2 依據麥克波特（Michael E. Porter）運用五力模式選擇的競爭策略，提供獨特而為顧客喜愛的產品，如蘋果公司（Apple）創新的產品設計，即是採取________策略。 【107經濟部】

考點解讀 差異化。

3 請分別說明Michale E. Poter所提增加企業競爭優勢潛力的策略類型。 【107經濟部】

考點解讀 波特（Michale E. Poter, 1985）認為企業若能擁有持久性的競爭優勢，則將能在產業中佔有優勢地位，因而提出三類競爭策略：

(1)成本領導策略：要有效率的設施，掌握關鍵技術與原料，經濟規模的好處，使經營成本降到最低，並以低成本增加市場佔有率。
(2)差異化策略：所提供之產品或服務要與同產業其他公司有所區隔，利用產品特色、優質的服務品質、品牌形象或新技術，讓產品與眾不同，給消費者帶來獨特的價值感受，以強化其對公司品牌的忠誠。
(3)集中化策略：將經營重心集中在特定的地區或團體，嘗試於小市場中運用低成本或區隔的優勢。

4 邁爾斯與司諾（Miles and Snow）提出之適應策略，認為企業在不同環境下，應該發展出不同的策略來應付環境的挑戰，其中主動積極開發新市場及新產品，強調透過持續性的創新來維持成長的動力，稱為＿＿＿＿＿型策略。

考點解讀 探勘（型）（者）/前瞻（型）者/Prospector。

焦點 6 功能策略與7S模型

功能策略（functional strategy）是為支援事業策略的各功能領域決策，亦即事業單位下的各功能部門為達成事業策略目標，各自就其任務分工所制定的政策計畫。舉凡一般公司內各部門定期須提出的生產計畫、行銷計畫、人事計畫、研究計畫、財務計畫等，均為常見的企業功能策略。而企業是否有效利用資源，而獲得比競爭對手更高的績效，是競爭優勢的所在。

1. **資源本位觀點（resource-based view）**：認定企業持續性競爭優勢的來源，是奠基於「資源」與「能力」的統合應用。這些「資源」與「能力」就是企業在擬定策略時，主要考量的決定因素，企業在決定經營事業範疇時，會以「企業擅長領域」為出發點，去開發產品。Barney（1991），認為「資源」是所有可以讓公司在策略執行過程中，用以改進其效率與效能的資產、能力與公司特質。
   (1)**資源的特性**：Barney（1991），認為資源是否具有持續性競爭潛力，乃取決於四個特質：
   A. 價值性（valuable）：資源的價值來自資源能否使公司在執行特定策略時增進其效率與效能。
   B. 稀有性或稀少性（rareness）：市場中對於特定具有價值之資源的擁有者少於需求者，則該項資源及具有稀有性。
   C. 難以複製/模仿（imperfectly replicable）：使競爭者無法完全複製/模仿的動力來自資源具專屬性、模糊性、複雜性。

D. 難以替代性（imperfect substitutability）：當競爭者可以用相似資源執行相同的策略，或以完全不同的資源達成策略替代的效果時，公司的競爭優勢將無法持續。

(2)**組織的資產與能力**

A. 有形資產

a.財務資產：可自由流通的金融性資產，如現金、有價證券等。

b.實體資產：指具有固定產能的實體資產，如土地、廠房、機器設備。

B. 無形資產：指公司的商譽、品牌價值、技術、智慧財產權等。

C. 組織能力：企業運用管理能力持續改善整體運作效益的能力。

2. **麥肯錫的7S模型**：若想要欲將所建構的策略付諸實現，需要組織結構及組織文化的配合，才有成功的機會。彼得斯（T. Peters）和沃特曼（R.Waterman）兩位學者，訪問了美國62家歷史悠久大公司所得，提出**7S模型**（Mckinsey 7S Model）指出企業在發展過程中必須全面地考慮各方面的情況，包括**結構（Structure）、制度（Systems）、風格（Style）、員工（Staff）、技能（Skills）、戰略（Strategy）、共同價值觀（Shared Values）。其中位於 7 項組織構成要素之中樞地位為共同價值觀（Shared Values）**。而 7S 中的**策略**、**結構**與**制度**被認為是企業成功經營的「**硬體**」；**員工、風格、技能**、共同價值觀被認為是企業成功經營的「**軟體**」。

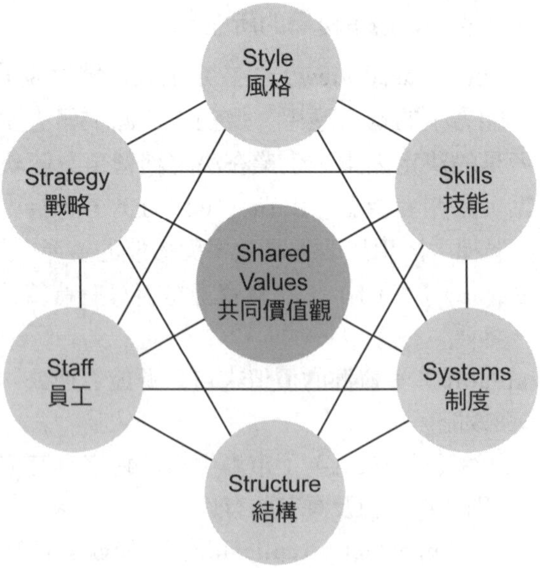

基礎題型

解答

1 研發策略屬於何種層次的策略？ (A)公司總體層次（corporate level） (B)產業競爭層次（competitive level） (C)事業單位層次（business level） (D)功能部門層次（functional level）。【105中油】 (D)

考點解讀 功能部門層次（functional level）指支援事業單位層次策略，舉凡在生產、行銷、人力資源、研發與財務等傳統功能部門的組織，扮演一個適當的支援角色。

2 資源基礎觀點（resource-based view）判斷資源是否可以成為競爭優勢來源。該原則不包括以下那項準則？ (A)稀少的 (B)難以模仿的 (C)可在市場交易的 (D)難以替代的。【108鐵路】 (C)

考點解讀 可為公司帶來持續性競爭優勢的資源，必須符合以下幾項準則：
(1)獨特性：同時包含有價值、稀少及不可替代性三點。
(2)專屬性：好的資源是企業所專用的資源，不易轉移或分割。
(3)模糊性：企業核心資源與競爭優勢之間的因果關係，不容易清楚的釐清，使得競爭者無從模仿或學習。

3 有關企業競爭優勢（Competitive Advantage）之敘述，係指組織擁有下列何種能力？ (A)特殊但可被取代的資源或能力 (B)為顧客創造價值的能力 (C)一般但可被取代的資源或能力 (D)一般但無法被取代的資源或能力。【111經濟部】 (B)

考點解讀 企業競爭優勢（Competitive Advantage）係透過資源或潛能的運用產生優於競爭者的能力，或透過資源或潛能的運用產生優於競爭者的能力。亦即能為顧客創造價值的能力。又可分為：
(1)擁有獨特（特殊）的資源及獨特的能力，無法被取代。
(2)擁有獨特的能力來管理一般的資源，用於協調整合及運用資源，做有效生產運用之技能。

4 麥肯錫（McKinsey）顧問公司發展的7S的經營分析模式係指下列何者？ (C)
(A) Strategy, System, Structure, Style, Staff, Survey, and Shared-Value
(B) Strategy, System, Structure, Status, Staff, Skill, and Shared-Value
(C) Strategy, System, Structure, Style, Staff, Skill, and Shared-Value
(D) Strategy, System, Structure, Statistics, Staff, Skill, and Shared-Value。
【104經濟部】

解答

考點解讀 麥肯錫顧問公司所提倡之策略7S架構之要素有：戰略（Strategy）、制度（Systems）、結構（Structure）、風格（Style）、員工（Staff）、技能（Skill）、共同價值觀（Shared Value）。

5 麥肯錫（McKinsey）公司所提出的7S模式中，下列何者錯誤？ (A)Structure (B)Schema (C)Style (D)Staff。 【100自來水】 (B)

考點解讀 Strategy、System、Structure、Style、Staff、Skill、Shared Value。

6 麥肯錫顧問公司（Mckinsey）提出7S的觀念架構來診斷一家公司的經營績效，下列何者位於7項組織構成要素之中樞地位？ (A)Strategy (B)Shared Value (C)Staff (D)Skill (E)System。 【95台電、95中油】 (B)

考點解讀 共同價值觀（Shared Value）或稱「共享價值觀」，位於七項組織構成要素的中樞或核心地位。

進階題型

解答

1 為達到行銷、財務、人事、生產、研發等目標所必須執行的策略稱為：(A)穩定策略 (B)功能策略 (C)事業策略 (D)總體策略。 【113鐵路】 (B)

考點解讀 功能策略（functional strategy），是指個別事業單位內部的各個功能部門如何以實際行動支援其事業或競爭策略，以行銷計畫為例，業務部門須於新產品上市前針對所選定的目標市場顧客與產品市場定位，擬定妥善的品牌塑造與經營計畫，並搭配適當的行銷組合策略，以達成所訂立的預期銷售目標。

2 企業競爭優勢通常來自於其特殊資源、能耐與組織文化，下列何者非企業競爭優勢來源？ (A)優質品牌形象 (B)創新專利技術 (C)大量存貨 (D)高顧客忠誠度。 【107經濟部】 (C)

考點解讀 競爭優勢是指企業有效利用資源，而獲得比競爭對手更高的績效，因此企業擁有的資源就是競爭優勢的基礎。90年代初期，Jay Barney等策略學者對資源基礎論中資源的定義，指的是企業的財務、實體、技術、市場、人力等資源，再加上經營企業能力等。為能清楚辨認，將其分類為：

(1)有形資產：主要有土地、廠房建物、設備、財產等。

(2)無形資產：包括智慧財產權、市場資訊系統、品牌、商譽、創新專利技術、忠誠度高的顧客群。

(3)人力資源：包括員工的技能、經驗、適應力及對企業的向心力。

(4)經營能力：包括業務相關能力及組織能力（企業文化、組織學習、變革能力）。

解答

3 關於資源基礎理論（resource based theory）的敘述，下列何者錯誤？(A)持續性的競爭優勢來源是奠定於企業本身資源與能力的統合運用 (B)企業掌握的資源須具備不可模仿性，才能夠創造長期性的競爭優勢 (C)人力資源的投資風險較高，因此企業無法以此建立長期競爭優勢 (D)管理者可與產業中的標竿企業相比較，分析本身資源的相對優劣勢。【111鐵路】 (C)

考點解讀 人力資源管理被視為創造持續性競爭優勢較為容易與具體的資源，主要有兩個理由：(1)人力資源部會有過時的問題。(2)人力資源可因技術產品與市場的不同而轉換。

非選擇題型

1 根據管理學者Barney & Wright以資源基礎觀點（resource-based view）認為，有助於組織長期競爭優勢的人力資源應該有4個重要特性，請說明該4個特性內容？【105台電】

考點解讀 Barney等人（1991），認為資源是否具有持續性競爭潛力，取決於四個重要的特質：

(1)價值性：有價值的資源，它是公司構想和執行策略、提高效率和效能的基礎。

(2)稀少性：必須擁有稀有的資源，資源即便再有價值，一旦為大部分公司所擁有，就無法帶來競爭優勢或者可持續的競爭優勢。

(3)不易模仿性：無法仿製的資源，一般需同時具備以下三點特徵：獨特性、起因模糊性，以及複雜性。

(4)不可替代性：難以替代的資源，不能夠存在一種即可複製又不缺少的替代品。

2 麥肯錫管理顧問公司提出7S模型，可用來診斷一家公司的經營績效，該模型分為：結構、＿＿＿、系統、技能、人員、風格及共享價值等 7 項要素。【108台電】

考點解讀 策略。

麥肯錫7S模型（Mckinsey 7S Model）是由彼得斯（T.Peters）和沃特曼 （R.Waterman）兩位學者，訪問了美國62家歷史悠久大公司所得，7-S模型指出了企業在發展過程中必須全面地考慮各方面的情況，包括：結構（Structure）、制度（Systems）、風格（Style）、員工（Staff）、技能（Skills）、戰略（Strategy）、共同價值觀（Shared Values）。

第二篇 管理概論與發展

Chapter 01 管理的內涵

焦點1 管理與管理者

<u>管理（Management）是藉由群體的力量，有效率、有效能地達成組織目標的過程</u>。而管理者（manager）則是指與一群人共事，並藉由協調他人的努力，來完成工作與達成組織目標的人。管理者為達成組織目標必須同時追求效率與效能。

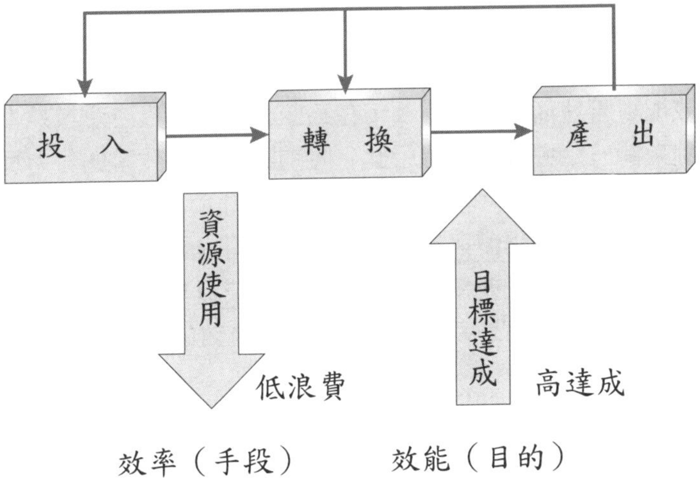

有關效率與效能兩者比較如下：

相異處	效率（efficiency）	效能（effectiveness）
意義	以最少的資源投入達到最大的產出	達成組織的目標
衡量指標	效率＝實際產出÷實際投入	效能＝實際產出÷計畫產出
關心焦點	資源的有效運用	目標的達成程度
強調重心	著重手段、方法、過程	著重目的、結果
Drucker解釋	把事做對（do the thing right）	做對的事（do the right thing）

實例說明：

某候選人參與年底選戰就策略的運用，及可能的結果，會有以下四種情形：

有效能／有效率	**有效能／無效率**
候選人使用適當的選戰策略，不用花費太多人力、金錢且如願地當選。	候選人使用的選戰策略，花費了許多人力、金錢，最後才如願當選。
無效能／有效率	**無效能／無效率**
候選人使用了適當選戰策略，沒有花費太多人力、金錢，但卻沒如願當選。	候選人使用的選戰策略，花費了許多人力、金錢，但卻沒如願當選。

☆ 小提點

1. 效率與效能對管理而言都很重要，在某些時點上，只要企業效率高，摒棄浪費，則效能一定會好；但過了此一時間點，提升效率的努力反而對效能產生不良影響。
2. **效率**是指**運用資源的程度與能力**，凡是能夠將人力、物力、財力，及時間做最妥善的分配者即是效率；而**效能**則為**達成目標的程度**，是指資源運用以後所產生的結果，凡是完全達成目標者即為效能。

基礎題型

解答

1 下列何者是透過眾人完成事情的藝術？ (A)領導 (B)統御 (C)管理 (D)傳道。 【107農會】 **(C)**

考點解讀 管理是經由他人的努力以完成工作，亦即群策群力以竟事功。

2 管理的目的中，以最小投入得到最大產出，「不浪費資源，把事情做好（Do things right）」指的是： (A)效率（efficiency） (B)效果（effectiveness） (C)效能（efficacy） (D)效標（criterion）。 【111鐵路】 **(A)**

考點解讀 效率（Efficiency）強調資源的使用率，如何用最少投入換取最大產出。

解答

3 企業的實際產出（Output）與實際投入（Input）的比值稱之為： (A)效能（Effectiveness） (B)邊際成本（Marginal Cost） (C)效率（Efficiency） (D)邊際投資（Marginal Investment）。 【107台酒】 (C)

4 在企業創造價值與追求利潤的過程中，會面臨效率（Efficiency）的問題，請問效率是指下列何者？ (A)最大化投入與產出比 (B)做對的事情 (C)選擇策略性目標 (D)強化產品效用。 【107桃捷】 (A)

5 陳經理在工作上，以相同的投入得到更多的產出，有時也運用較少資源，得到相同產出。這表示陳經理在工作上做到了什麼？ (A)效率 (B)效能 (C)效果 (D)利潤。 【106鐵路】 (A)

考點解讀 指投入與產出的關係，亦即把事做對（do the thing right），強調資源的使用率，如何用以最少投入得到最大產出。(B)(C)「效能」又稱「效果」或「效向」，指達成組織目標，亦即做對的事（do the right thing），強調如何提高目標的達成程度。

6 「做正確的事」指的是： (B)

(A)效率 (B)效果

(C)生產力 (D)技術。 【108鐵路營運人員、107農會】

考點解讀 或稱「效能」，指決定適當企業目標的能力，做正確的事（Doing the right thing），強調目標達成程度。效率則指運用較少資源（成本）達成企業目標能力，將事情做正確（Doing the thing right），亦即以最少的投入得到最大產出。

7 下列有關「效能（effectiveness）」的敘述，何者最正確？ (C)

(A)效能是指把事情做對（doing things right）

(B)以最少的資源投入，得到最大的產出

(C)達成組織所要的目標

(D)儘量減少資源的使用量。 【107鐵路】

考點解讀 效能（effectiveness）是指做對的事情（doing the right things），幫助組織達成目標。效率（efficiency）是指把事情做好、做對（doing things right），亦即以最少的資源投入，得到最大的產出，強調資源的減少使用。

8 有關效率（efficiency）與效能（effectiveness），下列敘述何者正確？ (A)效率是指目標的達成 (B)效能是指把事情做好 (C)減少資源浪費是效率的表現 (D)效率很好就有效能。 【105鐵路】 (C)

解答

考點解讀 (A)效能是指目標的達成；(B)效率是指把事情做好；(D)效率與效能均很重要，在某些時點上，只要公司效率高，摒棄浪費，則效能一定會好；但過了此一時間點，提升效率的努力反而對效能產生不良影響。

9 下列何者是比較企業投入資源和產出產品的指標？ (A)產能 (B)產量 (C)生產力 (D)平均產量。 【108漢翔】 (C)

考點解讀 指產出及投入的數值或比率，用以衡量企業運用資產的效率。
(A)公司利用現有的資源，在正常況狀下，所能達到的最大產出數量。
(B)指一定的可變要素的投入對應的最大產量。
(D)表示平均每一個單位可變生產要素投入所產生的產量。

10 如果某一相同事業別中的甲公司與乙公司規模相當，僱用員工人數也相當， 但是甲公司的產出明顯高於乙公司甚多，則甲公司之那一項指標顯然高於 乙公司？ (B)
(A)生產品質 (B)生產力
(C)固定成本 (D)變動成本。 【107鐵路】

考點解讀 生產力是最廣義的「效率」，可用系統的投入與產出關係來表示。

進階題型

解答

1 以經營一家餐廳為例，以下那一項屬於效率（efficiency）的提升？ (A)提升顧客滿意度 (B)讓食物更好吃 (C)降低人力成本 (D)提高餐廳知名度。 【108鐵路】 (C)

考點解讀 效率（efficiency）強調以最少的投入，來得到最大的產出。著重方法、手段的應用，如何讓資源有效利用，以減少浪費。(A)(B)(D)均屬於效能或效果（effectiveness）的提升。

2 一家電子商務的管理人員，嘗試在相同的營運成本下，縮短顧客上網訂購至取得商品的流程。請問這位管理人員追求的是： (A)
(A)提高效率（efficiency） (B)增加效果（effectiveness）
(C)減少服務人員 (D)同時增加效率及效果。 【104郵政】

考點解讀 如果營運成本維持不變，要縮短顧客上網訂購至取得商品的流程，就必需增加產出，也就是提高效率（efficiency）。

解答

3 網路購物業者強調其具有整合資源的能力，能將人力、財力、物力等資源做最妥善的分配，以提供顧客最快速的服務。從管理學的角度來看，此策略最符合以下何種概念？ (A)效率 (B)效能 (C)效應 (D)效度。 【103台酒】 (A)

考點解讀 效率（efficiency）是指在投入與產出的過程中，整合資源投入以達最適的分配，提供顧客最快速的服務，因而獲得最大的產出。

4 〈複選〉下列哪些對於效率（Efficient）的描述正確？ (A)(B)(D)

(A)以最少資源投入獲得最大產出

(B)是把事情做對（doing the things right）

(C)是做對的事情（doing the right things）

(D)在資源有限的狀況下顯得特別重要。 【107鐵路營運專員】

考點解讀 效率（efficiency）是指把事情做對（doing things right），亦即以最少的資源投入，獲得最大的產出，強調資源的減少使用。效能（effectiveness）是指做對的事情（doing the right things），幫助組織達成目標。

5 已知其公司的生產作業活動投入資金\$10,000，勞工成本\$2,500，物料成本每件\$8，能源成本\$500，作業費用\$1,500，最後產出3,000 件的產品，每件可賣\$16，此生產作業活動之總生產力約為： (A) 1.247 (B) 1.825 (C) 2.125 (D) 3.258。 【104郵政】 (A)

考點解讀 生產力是廣義的效率。

$$生產力=\frac{產出額}{投入額}$$

$$=(3{,}000\times\$16)\div(\$10{,}000+\$2{,}500+\$8\times3{,}000+\$500+\$1{,}500)$$

$$=\$48{,}000\div\$38{,}500=1.24675。$$

6 公務人員應該要勇於面對問題，實事求是，例如最近部分公營事業雖然努力達成整體營運的目標與民眾的滿意度，但往往受限於過去的人事負擔與設備折舊，導致成本無法下降。從績效的角度來看，這種情況稱為： (B)

(A)有效率沒效能 (B)有效能沒效率

(C)沒效率沒效能 (D)有效率有效能。 【102鐵路】

考點解讀 依題意「達成整體營運的目標與民眾的滿意度」屬於有效能（結果、目標）；「往往受限於過去的人事負擔與設備折舊，導致成本無法下降」屬於沒效率（過程、成本）。

解答

7 下列有關效能（effectiveness）與效率（efficiency）的敘述何者為非？ (A)皆是衡量企業或群體管理有效與否之主要指標 (B)效能追求最高目標的達成 (C)效率關注的是組織營運的結果 (D)效率為產出/投入及衡量內部之轉換效率。 【112桃機】 (C)

考點解讀 效率關注的是組織資源的投入有無浪費。

8 效率與效能有何不同？ (A)效率強調方法；效能強調結果 (B)效率強調提高達成率；效能強調減少浪費 (C)效率強調目標達成；效能強調資源使用 (D)效率強調做對的事情；效能強調用對的方法做事情。 【108郵政】 (A)

考點解讀 卡斯特（Kast, 1974）認為：「績效是衡量企業目標的達成程度，可由效率（efficiency）及效能（effectiveness）兩方面來加以分析。」

(1)效率：強調投入與產出間的關係，亦即以最少的投入，來得到最大的產出。重視方法、手段，如何讓資源能有效利用，以減少浪費。

(2)效能：在於追求組織目標的達成，強調做對的事情，著重結果。

9 對於效能（Effectiveness）與效率（Efficiency）的敘述，下列何者有誤？ (A)彼得杜拉克將效能定義為「Do the Things Right」 (B)某工廠的排污符合政府的規定是屬於組織的效能 (C)食品廠每小時原本生產1,000單位，提升為1,100單位是屬於效率提升 (D)效率是指投入和產出的相對衡量。 【111經濟部-企業概論】 (A)

考點解讀 彼得杜拉克將效能定義為「Do the Right Things」；效率定義為「Do the Things Right」。

非選擇題型

1 問答題：效能（Effectiveness）。 【108台電】

考點解讀 效能在於追求組織目標的達成，強調目標與結果。是指做對的事情（doing the right things），幫助組織達成目標。

2 效率與效能係管理者所追求之績效。若將效率與效能分為「高」、「低」兩類，當管理者之目標選擇正確並且致力去完成，但資源的使用不當，可謂之________效率、________效能。 【105台電】

考點解讀 低；高。

焦點 2 管理階層與管理者的技能

管理者（manager）督導組織中其他人的工作。管理者的等級通常可區分為高階管理者、中階管理者與第一線管理者。

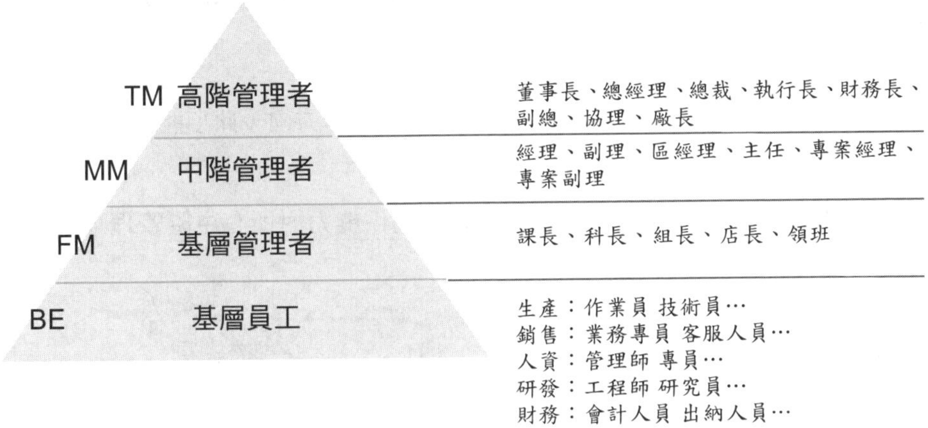

1. **高階管理者**（top managers）
   位於組織的最上層，負責有關**組織經營與未來發展方向的決策**，所研擬的決策可能會影響組織中的所有成員，如董事長、總經理。
2. **中階管理者**（middle managers）
   介於高階管理者與第一線管理者之間，**負責將高階經理者所要求的組織目標轉化為第一線管理者可以執行的明確作業活動**。執掌特定事業部或主要的功能部門，重視與其他單位建立良好關係、鼓勵團隊合作。
3. **基層管理者**（first-line managers）
   主要工作為**監督員工每天的作業活動**，是最接近員工的管理者，直接負責產品和服務的製造的管理者，如領班、主任。

若以規劃、執行及控制三者功能而言，**基層管理者**大多為例行性工作，其花在規劃的時間最少，而花在**控制**的時間較多；但**高階管理者**是組織經營活動的負責人，而須有較佳的思考創造能力，故其**規劃**的時間較多；中級管理者介於基層與高階管理者之間，為兩者溝通與協調的橋樑。

羅伯凱茲（Robert. L. Katz）認為，**成功的管理者須具備三項核心能力：技術性能力、人際關係能力和概念性能力**。

1. **技術性能力**（technical competencies）
精通特定的專業領域，擁有相關專業知識，例如電機、工程、行銷或會計，此項能力對基層管理者特別重要。
2. **人際性能力**（human competencies）
以領導、激勵與溝通來達成組織目標，管理者必須具有溝通能力，才能得到他人幫助，此項能力對中階管理者特別重要。
3. **概念性或觀念化能力**（conceptual competencies）
能將複雜情境概念化，運籌帷幄，指引未來發展的方向，此項能力對高階管理者特別重要。

其中**技術能力**對基層管理者最為重要，**人際關係能力**對所有**中階管理**最重要，而**高階管理者**則須具備較多**概念性能力**。

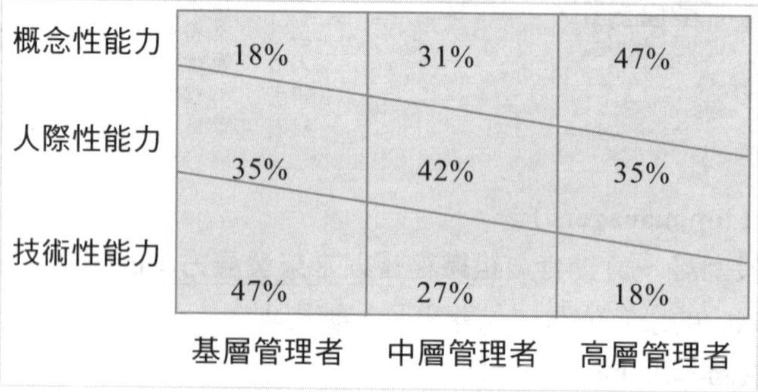

派維與羅（Pavett and Lau,1983）則進一步將擁有成功工作表現管理者所具備的技能分成：觀念能力、人際關係能力、技術能力、政治能力，並認為人際關係能力和技術性能力，對於各階層的管理人員均相當重要。

☆ 小提點

政治能力（Political skills）：取得權力、建立權力基礎、運用權力的能力。

基礎題型

解答

1 下列哪一類管理者需要透過各類資訊進行營運規劃、目標設立以及策略擬定？ (A)高階經理人 (B)中階經理人 (C)第一線管理者 (D)領班。 【106台糖】 (A)

解答

考點解讀 高階經理人位於組織的最上層，為組織的整體營運負責。工作內容是設定組織目標，制訂出達成目標的策略方法，監督並詮釋外部環境的變化。一般由董事長、總經理、副總經理等所組成。

2 管理階層中的高階管理者主要負責以下哪一項任務？ (A)制定長期營運策略 (B)指揮監督日常業務 (C)執行低階管理層所指定的任務 (D)協助員工解決工作上的問題。 【113鐵路】 (A)

考點解讀 高階管理者主要負責制定長期營運策略，中階管理者協助員工解決工作上的問題，而低階管理者指揮監督日常業務的進行。

3 對於負責生產線的基層管理者來說，下列那項能力特別重要？ (A)人際 (B)技術 (C)概念化 (D)經驗。 【103中油、106鐵路、108郵政】 (B)

4 凱茲（Katz）提出的管理者能力中，對於基層管理者來說，何者最重要？ (B)

(A)政治能力

(B)技術能力

(C)人際能力

(D)概念化能力。 【101鐵路、105中油、108台酒、108鐵路營運人員】

5 管理者須具備概念性、技術和人際關係三種基本能力，但技術能力對下列何種管理者特別重要？ (A)基層作業人員 (B)中階管理者 (C)高階管理者 (D)低階管理者。 【103中華電信】 (D)

6 對於管理者而言，下列哪個能力和激勵他人以及與同仁相處有重要的關聯性？ (A)人際能力 (B)技術能力 (C)決策制定能力 (D)財務能力。 【106台糖】 (A)

考點解讀 人際關係能力（human relations skills）是指領導、激勵、處理衝突以及與他人一同工作等的能力，強調如何處理「人」的問題。

7 以下哪項屬於管理者應具備的人際關係技能？ (C)

(A)獲取專業知識 (B)執行任務的能力

(C)溝通與協調能力 (D)目標設定與評估能力。 【113鐵路】

考點解讀 人際關係技能係以領導、激勵與溝通來達成組織目標，對所有的管理者都很重要。

解答

8 管理者的概念化能力是指： (C)
(A)與他人相處、合作的能力
(B)精通特定任務的能力
(C)對組織生存與定位長期而宏觀的能力
(D)能夠以特殊的工具或科技來解決問題的能力。 【107鐵路營運人員】

考點解讀 管理者須具備的技能包括：
(1)技術能力：利用特殊的工具或技術，以完成特定管理任務。
(2)人際能力：以領導、激勵和溝通來達成組織或部門的目標。
(3)概念化能力：對組織生存與定位長期而宏觀的能力。

9 管理者應具有分析並診斷複雜情況的能力，使管理者通盤了解事情的始末，以便制定決策。指的是管理者須具備的那一項技能？ (A)政治技能 (B)概念化的技能 (C)人際關係的技能 (D)專業技術的技能。 【105鐵路】 (B)

考點解讀 概念性能力（conceptual skills）包含下列三種能力：(1)瞭解組織外部環境的能力；(2)瞭解組織內部門互動的能力；(3)瞭解診斷及處理各種管理問題的能力。

10 下列何者是管理者應該具備，能進行抽象地思考、診斷與分析不同情境狀態，以及洞悉未來的能力？ (A)技術能力（Technical Skills） (B)人際關係能力（Interpersonal Skills） (C)概念化能力（Conceptual Skills） (D)決策能力（Decision-making Skills）。 【111經濟部】 (C)

考點解讀 概念性能力（conceptual skills）包含下列三種能力：(1)瞭解組織外部環境的能力；(2)瞭解組織內部門互動的能力；(3)瞭解診斷及處理各種管理問題的能力。

11 對於高層管理者而言，下列何種管理能力最為重要？ (A)創造能力 (B)人際能力 (C)概念化能力 (D)技術能力。 【111台酒】 (C)

考點解讀 高階管理者（Top managers）負責做有關組織營運發展方向的決策，研擬影響組織所有成員的決策；關心組織整體營運發展方向以及相關決策，所以概念化能力對高階管理者尤其重要。

12 組織中之管理者應具備多項管理能力，且依管理層級不同有所側重，依Katz的主張，相對於基層管理者，高階管理者最應具備哪項管理能力？ (B)
(A)技術能力 (B)概念化能力
(C)人際能力 (D)政治能力。 【104、105自來水】

進階題型

解答

1 以下何者非管理階層之職位？ (A)總經理 (B)事務員 (C)財務總監 (D)科長。 【107桃捷】 (B)

考點解讀 一般員工或作業人員（Operatives）：直接執行工作或任務，不必肩負監督他人工作的責任。如技術員、事務員、作業人員。管理者（Managers）：督導組織中其他人的工作。通常將管理者區分為高階管理者（總經理）、中階管理者（財務總監）、和基層管理者（科長）。

2 組織可分為四個階層：(1)策略階層（strategy level）；(2)管理階層（management level）；(3)知識階層（knowledge level）；(4)作業階層（operational level）。其中策略階層為下列何者所構成？ (A)知識及資料工作者 (B)高階主管 (C)中階主管 (D)作業主管。 【105台糖】 (B)

考點解讀 策略階層（strategy level）處於組織前鋒地位，屬於決策階層，為組織高階主管，如公司的董事長、行政機關首長。

3 對於管理者應具備的能力而言，「看懂財務報表」是一種什麼能力？ (A)觀念化能力 (B)技術能力 (C)人際關係能力 (D)政治能力。 【104鐵路】 (B)

考點解讀 技術性能力（technical skills）指在某一特定領域上，應用明確的方法、步驟與技術的知識及經驗等，強調如何處理「事」。

4 如以Robert L. Katz所指管理者應具備的技術能力、人際關係能力與概念化能力而言，高階主管應具備各種能力的比重，下列敘述何者正確？ (A)概念化能力＞技術能力＞人際關係能力 (B)技術能力＞人際關係能力＞概念化能力 (C)人際關係能力＞概念化能力＞技術能力 (D)概念化能力＞人際關係能力＞技術能力。 【105台糖、108漢翔】 (D)

考點解讀 羅伯・凱茲（Robert L. Katz）認為，成功的管理者必須具備三項核心技能：

(1)技術性能力（Technical skills）：指精通特定的專業知識及技能。工作比重：基層管理者>中階管理者>高階管理者。

(2)人際關係能力（Human skills）：與他人或團隊融洽相處的能力。工作比重：中階管理者>高階管理者>基層管理者。

(3)概念化能力（Conceptual skills）：具洞察力，將複雜情境予以概念化。工作比重：高階管理者>中階管理者>基層管理者。

解答

5 高階管理者的各項技能中，相對比較不重要的是： (C)

(A)設定公司策略方向 (B)人際技能

(C)專業技術 (D)概念化能力。 【108鐵路】

考點解讀 管理者的各項技能中，專業技術對低階管理者而言最重要。

6 下列何者最有可能在企業組織內部的策略規劃會議中列席？ (A)

(A)執行長 (B)電商平台客服領班

(C)預算分析助理 (D)廣告代理商。 【108郵政】

考點解讀 高階主管將重點工作集中於組織策略的規劃、執行以及修正。執行長（Chief Executive Officer，CEO）是公司最高行政負責人，因此，會列席企業組織內部的策略規劃會議。

7 有關企業組織內部管理者的敘述，下列何者錯誤？ (D)

(A)第一線管理者最重要的是技術性的技能

(B)對中階管理者而言協調溝通的能力最重要

(C)高階管理者需要具備概念性技能為企業組織規劃未來

(D)高階管理者不需要具備溝通能力。 【107台糖】

考點解讀 三者都須具備溝通能力。

8 用以管理組織的技能可簡單分成概念性技能、人際技能與專業技能，以下關於管理技能的敘述何者正確？ (A)不同層級的管理者，這三種技能的程度高低有不同的組合 (B)依照不同的管理層級，管理者不一定需要具備每一項技能 (C)在高度依賴專業技術的公司中，基層員工會更在意基層主管的專業能力而非人際能力 (D)對於中階主管而言，概念性技能的重要性會大於人際技能。 【111鐵路】 (A)

考點解讀 (B)依照不同的管理層級，管理者需要具備每一項技能。(C)在高度依賴專業技術的公司中，基層員工會更在意基層主管的技術能力而非概念性能力。(D)對於中階主管而言，人際性技能的重要性會大於概念性技能。

9 「變革管理」，是屬於下列哪些人的責任？ (D)

(A)低階管理者 (B)中階管理者

(C)高階管理者 (D)所有的管理者。 【108漢翔】

考點解讀 變革管理是每一個管理者工作中不可分割的部分。

非選擇題型

1 學者凱茲（Katz）將管理者的能力劃分為3類，其中對於基層管理者而言________能力極為重要，因為其時常與基層員工直接接觸，需引導部屬並發現問題。【111台電】

考點解讀 技術／技術性。

2 根據凱茲（Katz）及派維與羅（Pavett and Lau）的主張，管理者如何能夠在錯綜複雜的情況中抽絲剝繭、理出頭緒，係有賴於管理者的________化能力。【109台電】

考點解讀 概念／觀念。

3 管理是一門專業，羅伯凱茲（Robert L. Katz）指出，管理者需要具備三種能力，請回答下列問題：管理者需要哪三種技能？【108台酒】

考點解讀 羅伯・凱茲（Robert L. Katz）認為，成功的管理者必須具備三項核心技能：

(1)技術性能力（Technical skills）：精通特定的專業領域，擁有相關專業知識，對基層管理者特別重要。

(2)人際關係能力（Human skills）：以領導、激勵與溝通來達成組織目標，對中階管理者特別重要。

(3)概念化能力（Conceptual skills）：能將複雜情境概念化，運籌帷幄，指引未來發展的方向，此項能力對高階管理者特別重要。

焦點3 管理者的角色

1960年代後期，McGill大學教授明茲伯格（Henry Mintzberg）對高階管理者研究，發現管理者有十種不同但具高度相關的角色，十種角色可以區分為三大類，分別是**人際關係角色**的**代表人物、領導者、連絡人**，**資訊處理角色**的**監視者、傳播者、發言人**，**決策制定角色**的**企業家、危機處理者、資源分配者、談判協商者**。

小秘訣

(1)人際性角色：代表人（頭臉或頭銜人物、形象人物）、領導者（領袖）、聯絡人。
(2)資訊角色：監視者（監督者、偵測者、監理者、偵查者）、傳播者、發言人。
(3)決策角色：創業家（企業家）、危機處理者（干擾處理或解決問題者、清道夫、矯枉者、騷動控制者）、資源分配者、談判者（協商者）。

☆ 小提點

1. 人際關係角色：指人與人之間關係的建立，與慶典或例行社交法律任務的履行，其權力來自正式組織的授與。
2. 資訊處理角色：管理人藉人際關係的建立，也逐步建構自己的資訊網，以利決策的擬定。
3. 決策制定角色：管理者以決策讓工作小組按照既定的策略行事，並分配資源以保證計劃的實施。

明茲伯格的管理角色

角色	描述	例子
	人際角色	
頭臉人物	代表公司，象徵性的領導人	歡迎訪客、簽署法律文件
領導者	負責激勵、用人、訓練與連絡部屬	執行所有與部屬有關事務
聯絡人	聯繫組織內部與外部人際關係	接收消息、涉外活動
	資訊角色	
監視者	接收各種訊息，以瞭解組織內部與外部情況	閱讀期刊、維持個人連絡
傳播者	傳播由外界或內部員工的訊息	主持發表會、打電話傳訊息
發言人	將組織的計畫、政策、作為與結果傳播給外界	主持股東會議、發佈新聞
	決策角色	
企業家	在組織及環境中尋求機會，並發動改革，促進改變	負責策略與評估會議以發展新方案
危機處理者	組織面臨重要與未預期的紛亂時，負責提出矯正計畫	組織策略與評估會議以處理危機
資源分配者	負責組織所有資源的分配	執行與預算或設計部署工作相關活動
談判者	負責在主要談判中代表組織	參與工會協約的談判

基礎題型

解答

1 下列何者不是管理者在企業組織營運過程中所可能扮演的角色類型？ (A)人際角色 (B)決策角色 (C)資訊角色 (D)酬庸角色。 【107台糖】 (D)

考點解讀 明茲伯格（Henry Mintzberg）在1960年代末期，實地觀察一群高階主管日常的管理活動，歸納出十種不同角色分為三大類：人際角色、資訊角色、決策角色。

2 根據Henry Mintzberg的管理者角色（Mintzberg's Managerial Roles），組織中的聯絡者（Liaison）屬於下列何者？ (A)人際角色（Interpersonal Roles） (B)決策角色（Decisional Roles） (C)搞笑角色（Funny Roles） (D)技術角色（Technical Roles）。 【112郵政】 (A)

考點解讀 明茲伯格（Henry Mintzberg）的管理者三大類十大角色：

(1)人際關係角色：代表人物（figurehead）、領導者（leader）、聯絡者（liaison）。

(2)資訊傳遞角色：監視者（monitor）、傳播者（disseminator）、發言人（spokesperson）。

(3)決策做成角色：企業家（entrepreneur）、危機處理者（disturbance handler）、資源分配者（resource allocator）、談判者（negotiator）。

3 明茲伯格（Mintzberg）將十種管理者角色，歸納出哪三大類？ (A)人際性角色、資訊性角色、決策性角色 (B)技術性角色、資訊性角色、決策性角色 (C)技術性角色、領導性角色、決策性角色 (D)人際性角色、資訊性角色、領導性角色。 【102、104郵政】 (A)

4 1960年代後期，明茲伯格（Henry Mintzberg）對高階管理者的研究，發現管理者有十種不同但具高度相關的角色，十種角色可以區分為三大類，請問代表人物、領導者及聯絡人屬於下列那一類： (C)

(A)決策制訂角色 (B)資訊傳遞角色

(C)人際關係角色 (D)政治家角色。 【105鐵路】

考點解讀 明茲伯格（Henry Mintzberg）歸納出十種管理者角色，並劃分成如下三大類：(1)人際關係方面角色：代表人物、聯絡者、領導者。(2)資訊傳遞方面角色：監視者、發言人、傳播者。(3)決策制訂方面角色：企業家、資源分配者、危機處理者、協商談判者。

5 下列何者屬於Mintzberg主張管理角色中的資訊角色？ (A)聯絡人 (B)談判者 (C)領導者 (D)發言人。 【111台酒】 (D)

解答

考點解讀 明茲伯格（Henry Mintzberg）歸納出十種管理者角色，並劃分成如下三大類：
(1)人際角色：頭臉人物、領導者、聯絡人。
(2)資訊角色：監視（督）者、發言人、傳播者。
(3)決策角色：企業家、資源分配者、危機處理者、協商談判者。

6 根據明茲伯格（Mintzberg）對管理者角色分成不同類別的研究，下列何者屬於「資訊角色」？ (C)
(A)連絡者 (B)資源分配者
(C)監督者 (D)協商者。 【104自來水】

考點解讀 (A)屬於人際角色；(B)(D)屬於決策角色。

7 Henry Mintzberg 所提出的管理角色模型中，其中何者並非屬於資訊類角色？ (B)
(A)監督者（monitor）
(B)聯絡者（liaison）
(C)傳播者（disseminator）
(D)發言人（spokesperson）。 【102鐵路】

考點解讀 監視者（監督者、監控者）、傳播者、發言人屬於資訊處理角色。聯絡者（liaison）屬於人際角色。

8 明茲伯格（Mintzberg）認為管理者的「資訊角色」，包括下列何者？ (A)
(A)發言人 (B)代表者
(C)領導者 (D)聯絡者。 【102台糖】

考點解讀 代表者、領導者、聯絡人屬於人際關係角色。

9 管理角色有三種類型，「資源分配者」是屬於哪一類型？ (C)
(A)人際角色 (B)資訊角色
(C)決策角色 (D)文化角色。 【105台酒】

10 明茲伯格（Mintzberg）的管理者角色分類中，危機處理者（disturbance handler）被歸類為下列哪一種角色？ (C)
(A)人際角色 (B)資訊角色
(C)決策角色 (D)傳播角色。 【105經濟部】

進階題型

解答

1 很多藝人都會有經紀人幫忙處理大小事務。請問在明茲伯格（Mintzberg）管理角色分類中，經紀人的角色與任務較不屬於以下那一項？ (A)發言人 (B)危機處理者 (C)聯絡人 (D)收穫者。 【108鐵路】 (D)

考點解讀 影視明星經紀人是藝人與外界的橋樑，主要工作須與藝人代言的商家，參與活動與演出的洽淡以及各種事情的代辦與處理，代表明星發言，處理明星的經濟事務、臨時狀況處理等，幾乎涵蓋明茲伯格（Mintzberg）管理者的三大角色。

2 在明茲伯格（Henry Mintzberg）的管理角色中，監控者是屬於下列那種角色分類？ (C)

(A)人際角色 (B)控制角色 (C)資訊角色 (D)決策角色。 【106原民】

考點解讀 監控者或稱監視者、監理者，指從事組織內外獲取與蒐集資訊，屬於資訊角色。

3 對於管理者角色與工作，下列敘述何者正確？ (A)

(A)領導者是人際關係方面角色

(B)協商談判者是資訊溝通方面角色

(C)頭臉人物是決策制定方面角色

(D)發言人是決策制定方面角色。 【104郵政】

考點解讀 (B)協商談判者是決策制定方面角色 (C)頭臉人物是人際關係方面角色 (D)發言人是資訊溝通方面角色。

4 當管理者代表公司去為一家新開的店面剪綵時，他是在扮演什麼角色？ (C)

(A)領導者（Leader） (B)創業家（Entrepreneurs）

(C)頭臉人物（Figurehead Role） (D)監控者（Monitor）。 【104鐵路】

考點解讀 頭臉人物或稱形象人物、代表人物，指管理者必須代表或象徵公司參加各種場合的例行任務，如開球、致詞、頒獎、剪綵，或簽署法律文件等。

5 王大明是一位業務部經理，在一項新的企畫案中與行銷部經理見面，之後他將所得的訊息及決定與他的下屬分享；接著又在飯店裡主持新產品發表會議。請問王大明扮演哪些管理者的角色？ (A)資源分配者與代表人 (B)領導者與監督者 (C)聯絡者與發言人 (D)創業者與問題處理者。 【112桃機】 (C)

解答

考點解讀 聯絡者（liaison）：維持和外界所建立的人際網絡，使資訊交流維持暢通、良好的管道。發言人（Spokesperson）：在公開場合，以官方立場傳達資訊給他人或組織。

6 亨利・明茲伯格（Henry Mintzberg）將管理者的角色分為10種，下列敘述何者最接近明茲伯格所謂的「領導者」（Leader）？ (A)企業的精神領袖，是組織的象徵，常須主持文件簽署、迎接來賓等活動。有些組織的管理者甚至比組織本身更具有公眾知名度 (B)當組織遭遇瓶頸時，這個角色必須主導變革計畫、擬定策略、監督執行，以解決問題，確保組織獲得更好的成績 (C)為了正確決策，完成目標，這個角色必須蒐集大量與組織或產業相關資訊，也必須監督團隊的生產力及福祉 (D)這個角色必須訂定組織的目標，下達指令，並且掌握進度，以順利達成績效，同時也必須激勵和指導下屬，擔任教練的工作。 【112經濟部】 (D)

考點解讀 (A)代表人或頭臉人物（figurehead）是組織的象徵，常須主持文件簽署、迎接來賓等活動。(B)企業家或創業家（entrepreneur）當組織遭遇瓶頸時，必須主導變革計畫、擬定策略、監督執行，以解決問題。(C)監視者或監控者（monitor）為了正確決策，完成目標，這個角色必須蒐集大量與組織或產業相關資訊，也必須監督團隊的生產力及福祉。

非選擇題型

請簡要說明亨利・明茲伯格（Henry Mintzberg）歸納出的管理者角色各為何？

【105台電】

考點解讀 亨利・明茲伯格（Henry Mintzberg）歸納出十種管理者角色，並劃分成如下三大類：

(1)人際性角色：頭臉人物、領導者、聯絡員。
(2)資訊性角色：監視者、傳播者、發言人。
(3)決策性角色：創業家、問題處理者、資源分配者、協商談判者。

Chapter 02 管理思潮的演進

管理成為一個有系統的研究領域只有相當短的歷史，然而管理的出現卻可追溯到史前時代第一個人類組織的出現。而最早為人所知的例子，就是埃及的金字塔與中國的長城建造，都是管理的應用。然而，二十世紀前有兩件事情對管理學的研究有特別重要影響。

1. **亞當史密斯**在1776年出版的《**國富論**》中，對於藉由分工提升組織與經濟優勢提出精闢見解。他認為**企業與社會能夠獲得經濟利益的原因是透過分工**。
2. **工業革命的發展**，**可算是二十世紀前對管理發展影響最大的事件**。其最大貢獻在於**以機器取代人力從事大量生產**，也創造出需要管理的大型組織。

依管理思潮的演進過程可分為古典學派、計量管理學派、行為學派，以及現代學派等四種，如下圖所示：

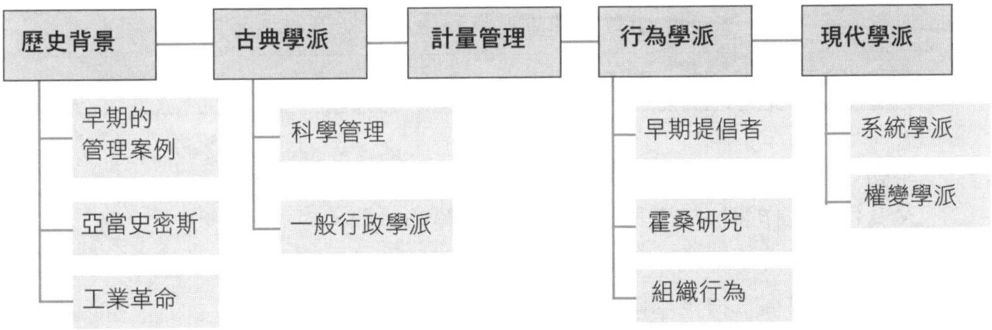

焦點 1 古典學派

古典學派強調找到使工作更有效率的管理方法，其中又可分為科學管理學派、一般行政學派。

1. **科學管理學派**：又稱「管理技術學派」，強調以科學研究的工作方式，來改善個別工人的工作產能。科學管理學派（scientific management school）著重於工作效率，其方式乃藉由重新設計工作流程，對員工與工作任務之間的關係，進行系統性的研究，以及透過標準化與客觀分析等方式，讓效率與生產量極大化。此一學派之代表人物包括泰勒（F. Taylor）、吉爾博斯（F. Gilbreth）、甘特（H. Gantt）、愛默生（H. Emerson）等。

(1)**泰勒（Frederick Taylor）**

稱譽：**科學管理之父**、時間研究之父。

實驗：生鐵實驗、鏟煤科學的研究。

著作：1911年出版《科學管理原理》被認為管理學的濫觴

重要主張：

科學管理四大原則	動作科學原則、甄選科學化原則、合作和諧原則、分工效率最大原則。
職能式組織	又稱橫式組織，指依職務性質，將工作分為若干平行而不相隸屬的專門部門。
按件計酬原則	組織成員的報酬，應該根據個人的工作績效來做決定，而不應根據工作時間長短或所屬團體的工作量來決定。
例外管理	管理者針對例外而重要的事項加以重點管理，而例行性事項則建立標準程序以授權下屬執行。
時間研究	對工人的所有工作訂出時間標準，以為獎懲依據。

泰勒（Taylor）科學管理管理四個原則：

A.為每一工作發展一套科學方法，取代經驗法則。

B.運用科學方法篩選、訓練、教育與發展員工。

C.誠摯地與工人合作以確定工作在已發展的科學方法下完成。

D.工作與責任由全員分擔，但管理者負整體成敗責任。

(2)**吉爾博斯夫婦（Frank and Lillian Gilbreth）**

稱譽：動作研究之父。

實驗：進行「時間與動作研究」，透過攝影研究砌磚的肢體動作，透過影片找出多餘可減少的動作，結果大大提昇工人生產力。

重要研究與主張：

A. 用顯微計時器來紀錄工人動作，並計算每個動作所花時間，使工作更趨完美。

B. 將手部基本動作有系統地分類為十七項動素，有效減少工人不必要的動作。

C. 升遷的三個職位計畫：認為此計畫可以增進工作表現，且可以吸引、掌握想要升遷的工人。在此計畫下，員工必須做好本身工作，為下一個更高的職務做準備，以及訓練接棒人。

(3) **甘特**（Henry L. Gantt）

稱譽：人道主義之父。

重要研究與主張：

任務及獎金（task and bonus）的薪資體系	較泰勒的「按件計酬」更具有人性關懷層面。他相信該薪資體系能給工作者安全支柱，因而可增加其士氣及產量。
甘特圖（Gantt Chart）	一種規劃與控制的條狀圖，亦是**一種排程工具，橫軸表示時間，縱軸表示工作計畫及目前進度**，可協助管理者控制生產的進度。

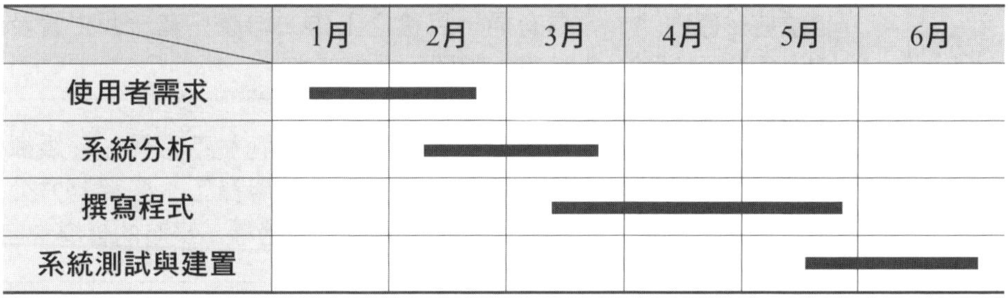

(4) **愛默生**（H. Emerson）

稱譽：效率教主。

著作：《效率的十二原則》。

重要主張：

A. 提出十二項效率原則，其口號是「消除閒蕩和惡意的浪費」。

B. 第一批注意到企業經理可以向軍隊學習的人，他將「參謀本部」的觀念帶入較高的組織階層中，類似今日的幕僚或策略規劃經理人。

2. **一般行政學派：**又稱為管理程序學派，偏重於與管理者相關的層面及整個組織之上。此一學派之代表人物包括費堯（Henri Fayol）、莫尼（James D.Mooney）、尤偉克（Lyndall F. Urwick）、韋伯（Max Weber）。

(1) **費堯**（Henri Fayol）

稱譽：**行政理論之父、管理程序之父、現代管理理論之父**。

著作：《一般管理與工業管理》。

重要主張：

A. **提出十四項基本的管理原則**，可適用於各種組織情境。

B. 首先將企業活動分為「企業功能」及「管理功能」，並認為管理實務有別於其他企業功能。

C. 提供放諸四海皆準的**管理功能：規劃、組織、命令（指揮）、協調、控制**。

費堯的十四點管理原則：

1	**分工原則** （division of labor）	分工主要是為了專門化並提高工作效率。
2	**權威原則** （authority）	管理者有指揮的權威。一個有效能的領導者必須擁有從技巧、經驗和性格而來的個人權威。
3	**紀律原則** （discipline）	員工需自願遵守規則與組織的規定。
4	**指揮統一原則** （unity of command）	任何一位員工，均應只有一位上司，不應接受兩個上司的命令，否則容易引起混淆和衝突。
5	**目標統一原則** （unity of direction）	具有同一目標之工作，均應只有一個主管及一套計畫，朝同一方向努力。
6	**團體利益原則** （subordination of individual interests to the common good）	整體來說，個別員工的利益不應優先於組織的利益，可藉由下列方式督導員工：勞資雙方公平的協議、管理者立下良好榜樣、平時的督導。
7	**薪酬公平原則** （remuneration of personnel）	任何薪酬制度須具備以下特點：公平待遇、績效獎勵、適度獎勵。
8	**集權原則** （centralization）	簡單結構及例行性工作，應採較大程度之集權；反之，應採分權。集權化的程度應視工作性質而定。
9	**指揮鏈原則** （scalar chain）	為了便於命令和報告，組織由最高層到最低層的權力路線應予正視；可分為： A.骨幹原則（skeleton principle）：組織須有明確之階層劃分及連鎖關係（垂直關係），以利命令下達與意見溝通。 B.跳板原則（gangplank principle）：不同部門相同階層的單位可互相自行協調（水平關係）。
10	**秩序原則** （order）	依據個人專長委派其適當的職務，如此人力資源才能發揮最大的效用。
11	**公正原則（equity）**	管理者對員工應該公平、和善。

12	**職位安定原則** （stability of tenure）	管理者應減少人員的流動率，維持人事的穩定。
13	**主動原則** （initiative）	管理者應留下空間讓部屬去發展與完成計畫，如此組織才能培養出更具創意的點子，部屬也有成就感。
14	**團隊原則** （esprit de corps）	高階主管須強化員工之團結及協調合作的精神。

企業活動：

A. 企業功能

a.技術性功能：包括生產、物管、生管、品質、維護、設計等。

b.商業性功能：包括採購、銷售、及交換行為。

c.財務性功能：包括資金取得及控制。

d.安全性功能：包括商品、人員及設備的保護。

e.會計性功能：包括盤存、會計報表、成本分析及統計等。

B. 管理功能：規劃、組織、指揮、協調及控制等。

(2) **莫尼**（James D.Mooney）

著作：《組織的原則》。

重要主張：

提出四個基本原則：

A. 層級原則：強調組織結構及權威。

B. 功能原則：應將任務劃分由部門別負責。

C. 協調原則：如此才能在追求一共同目標下使行動一致。

D. 幕僚原則：分開直線及幕僚，由直線人員行使職權，由幕僚人員提供建議。

(3) **尤偉克**（Lyndall F. Urwick）

著作：《行政科學論文集》。

重要主張：

A. 將管理者的功能用字母組成POSDCORB而聞名，POSDCORB各個字母的的意義是：規劃（planning）、組織（organization）、用人（staffing）、指引（directing）、協調（coordinating）、報告（reporting）、預算（budgeting）。

B. 部門化4P理論：提出歸類的方法，將組織分割成不同的部門。

(4) **韋伯**（Max Weber）

稱譽：組織理論之父。

著作：《新教倫理與資本主義精神》。

重要主張：

A. **提出官僚體系（bureaucracy）或稱科層體系的觀念，作為管理大型企業的標準組織**。

B. 將威權區分為三種型態：傳統型、魅力型、理性法定型，並認為只有在理性法定威權體系下，其理想型科層制度才會出現。

C. **韋伯（M. Weber）所提理想型官僚體制（Ideal Bureaucracy）的特徵有：專業分工、層級明確、具有詳細規範、非人情化、保障工作權、正式遴選等**。

權威的三種基礎：

A. 傳統型：源自對於傳統文化的信仰與遵循，亦即權威的來源是來自世襲的。

B. 魅力型：源自來自個人的特質或影響力，讓別人崇拜與追隨。

C. 理性法定型：服從法令及規範所賦予該職位的權力，而非服從領導者本人。

韋伯理想的官僚體制（bureaucracy），係以法定的正式職權系統為基礎，其特質如下圖所示：

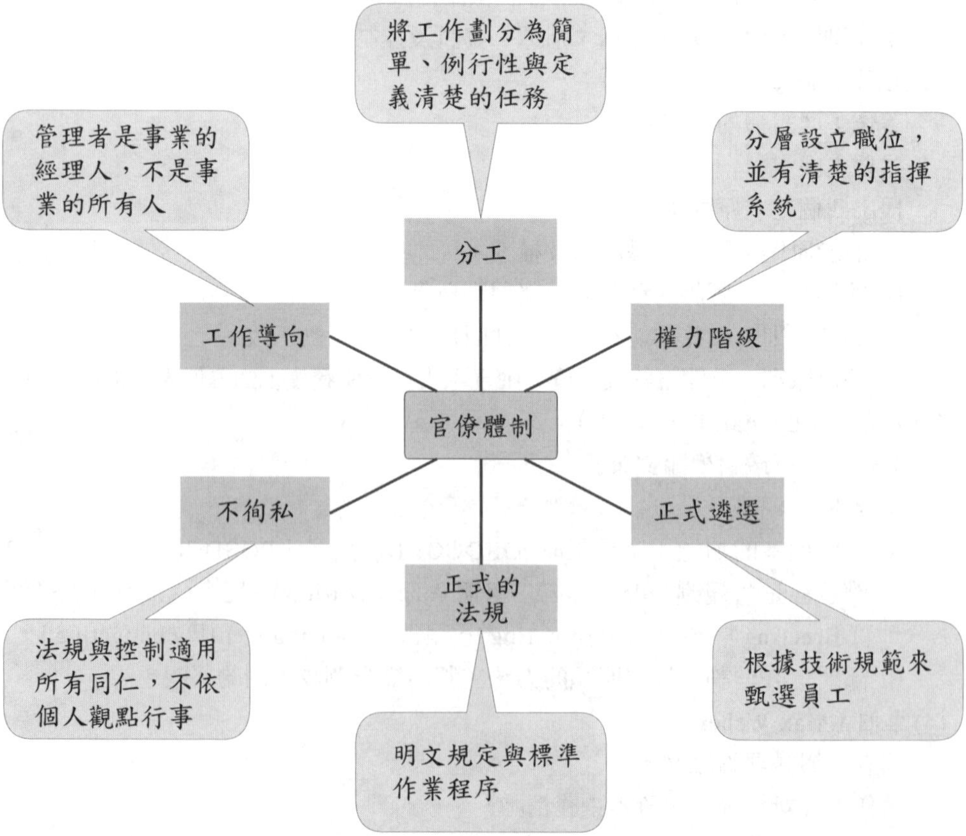

基礎題型

解答

1 亞當・斯密（Adam Smith）所出版的「國富論」中，認為企業與社會能夠獲得經濟利益的原因是：
(A)代工 (B)分工 (C)代理 (D)分析。【108鐵路】 (B)

考點解讀 亞當・斯密（Adam Smith）認為分工可以提高工人的技術熟練程度、節省因工作轉換而損失的時間，以及創造出省力的方法與機器，來增加生產量。

2 最早提出專業分工概念的濟學家是？
(A)李嘉圖 (B)亞當斯密 (C)馬克思 (D)哈洛。【107農會】 (B)

考點解讀 亞當斯密是18世紀最為卓越的經濟學家，也是經濟學的主要創立者，在其巨著《國富論》中，首先提出了「專業分工」的觀點。認為專業分工能夠促進生產力的原因有三點，「第一，勞動者的技巧因專業而日進；第二，由一種工作轉到另一種工作，通常需損失不少時間，有了分工，就可以免除這種損失；第三，許多簡化勞動和縮減勞動的機械發明，只有在分工的基礎上方才可用。」

3 「科學管理之父」，是稱呼下列哪一位學者？ (B)
(A)法蘭克・吉爾伯斯（Frank Gilbreth）
(B)菲德烈・泰勒（Frederick Taylor）
(C)亨利・甘特（Henry Gantt）
(D)亨利・費堯（Henri Fayol）。【101自來水、108漢翔】

考點解讀 泰勒（Frederick Taylor）在 1911年出版《科學管理原理》，被認為管理學的濫觴，提出「科學管理四大原則」、「時間研究」、「獎工制度」、「職能式組織」等理論。有系統地研究管理、組織，並為管理界帶來卓著的貢獻，被稱為「科學管理之父」。

4 有系統的研究管理、組織並有重大貢獻而被稱為「科學管理之父」的是：
(A)馬斯洛 (B)泰勒 (C)費堯 (D)杜拉克。【104郵政、106桃機】 (B)

5 下列何者並非是泰勒（Taylor）提出的管理四個原則？ (A)管理者的工作是溝通與激勵員工 (B)為每一工作發展一套科學方法，取代經驗法則 (C)運用科學方法篩選與訓練員工 (D)工作與責任由全員分擔，但管理者負整體成敗責任。【105中油】 (A)

考點解讀 誠摯地與工人合作以確定工作在已發展的科學方法下完成。

解答

6 哪位學者運用科學研究與實驗方法設計出專業分工原則？ (A)韋伯 (B)費堯 (C)泰勒 (D)黎溫。【107農會】 (C)

考點解讀 泰勒首先提出「職能式組織」（Functional organization），主要是改良直線式組織的缺點而提倡，是一種高度專業分工的組織型態。泰勒強調應將屬於勞心工作從工廠分出由計畫部門負責，而工廠僅負責按計畫執行。

7 根據科學管理的原則，泰勒（Frederick Taylor）提出下列何種薪酬制度？ (C)

(A)底薪制 (B)底薪加獎金

(C)按件計酬 (D)員工分紅。【104郵政】

考點解讀 泰勒（Frederick Taylor）提出獎工制度和按件計酬的方法，來激勵員工提高產量。他認為如果不用績效獎金和按件計酬的方式，工人只會發揮50%的效率。

8 甘特圖（Gantt's Chart）主要功能為何？ (A)了解工作預期時程與進度 (B)了解工廠廠房布置規劃 (C)了解成本控制狀況 (D)了解損益兩平點。【108台酒】 (A)

考點解讀 又稱條狀圖（Bar chart），是在1917年由亨利・甘特所開發出來，基本是一條線條圖，橫軸表示時間，縱軸表示活動（項目），線條表示在整個期間上計劃和實際的活動完成情況。甘特圖的主要用途在控制各項活動的進度，明確知道是否有落後或是超前。

9 「甘特圖」（Gantt Chart），係顯示各項活動的預定完成進度，與下列何者之比較？ (A)顧客要求運送的日期 (B)實際完成進度 (C)資源分配進度 (D) 監督者完成檢查時間。【108漢翔】 (B)

考點解讀 甘特圖的主要目的在了解工作預期時程與實際完成進度，用以控制工作進度，讓產量能大幅提高。

10 下列何圖是以「時間」為橫軸「活動」為縱軸的長條圖，其中水平的長條圖代表一個作業，每一個作業的開始與結束時間標示在水平的時間軸上？ (A)任務圖 (B)甘特圖 (C)策略地圖 (D)組織圖。【103中華電信】 (B)

考點解讀 (A)根據完成目標對象的要求和過程，以圖表方式分析和選擇實現目標路線，順序和過程的計劃管理方法。(C)策略地圖是為達成特定價值主張的行動方針路徑圖。(D)組織圖用來描述部門間的職權與關係。

解答

11 下列有關吉爾伯斯（F. B.Gilbreth）的敘述，何者有誤？ (A)時間研究之父 (B)提出動素者 (C)影片分析的提出者 (D)提出細微動作研究者。【102經濟部】 (A)

考點解讀 被尊稱為「動作研究之父」。

12 下列何者為科學管理學派最根本的原則？ (A)提高合法性 (B)強化權威 (C)提升效能 (D)提高效率。【105自來水】 (D)

考點解讀 科學管理學派（scientific management school）最主要著重於工作效率，其方式乃藉由重新設計工作流程，對員工與工作任務之間的關係，進行系統性的研究，以及透過標準化與客觀分析等方式，使效率與生產量極大化。

13 描述管理活動包含五個要素：計畫、組織、指揮、協調和控制，請問這是誰提出的論點？ (D)
(A)福特（Henry Ford） (B)泰勒（Frederick W. Taylor） (C)杜拉克（Peter Drucker） (D)費堯（Henri Fayol）。【104港務】

考點解讀 費堯（Henri Fayol）在《一般管理和工業管理》一書，將企業的工作分為六種：技術性、商業性、財務性、安全性、會計性、管理性作業。同時，Fayol更進一步將管理工作分為規劃、組織、命令（指揮）、協調與控制等五個要素。

14 下列何者不是費堯（Henri Fayol）所提出的十四點原則？ (A)
(A)例外原則 (B)主動原則 (C)公平原則 (D)職位原則。【103台電】

考點解讀 費堯發展出十四個管理原則（management principles）：
(1)分工原則；(2)權威原則；(3)紀律原則；(4)指揮統一原則；(5)目標統一原則；(6)團體利益原則；(7)獎酬公平原則；(8)集權原則；(9)指揮鏈原則；(10)秩序原則；(11)公平原則；(12)職位安定原則；(13)主動原則；(14)團隊精神原則。

15 下列何者不是韋伯（Weber）所提官僚體制（Bureaucracy）的特徵？ (C)
(A)合理的分工 (B)依規定與章程辦事 (C)組織架構較為鬆散有彈性 (D)組織成員的行為有明確規範。【107郵政】

考點解讀 韋伯（Weber）所提官僚體制（Bureaucracy）的特徵：(1)合理的分工（專業分工、分工原則、組織成員間固定分工）；(2)層級明確（層層節制、清楚地界定階層原則、權威階層嚴明）；(3)具有詳細規範（遵從正式的法律與規範、依規定與章程辦事、具備詳細的運作規範、組織成員的行為有明確規範、詳細的規則及規章原則）；(4)不講究人情關係（不徇私、非人情化）；(5)永業化的傾向（保障工作權）；(6)組織內職位應按人員專長進行正式遴選（甄選升遷理性）。

解答

16 馬克斯・韋伯（Max Weber）在十九世紀發展出一套權威結構與關係的理論，並以官僚體制（bureaucracy）描述他理想中的組織形式，以下何種不是官僚體制的特性？ (A)專業分工 (B)具有詳細規範 (C)不徇私 (D)以人為中心。 【104台電】 (D)

考點解讀 官僚式管理（bureaucratic management）乃指一個管理體系主要有賴於法令和規章、階級制度、專業分工、不講人情以及組織結構等，在 1900 年代初期由德國社會歷史學家韋伯（Max Weber）所提出。

17 下列何者非屬學者韋伯（Max Weber）提出理想科層組織的特性？ (A)專業分工 (B)層層節制 (C)保障工作權 (D)高度集權。 【103自來水】 (D)

考點解讀 集權原則（centralization）與團隊精神原則（espirit de corps）是費堯（Henri Fayol）在十四項管理原則之一。

18 下列何者不是韋伯的威權三種型態？ (A)超人或魅力的威權 (B)理性法定的威權 (C)傳統的威權 (D)民主自由的威權。 【107經濟部-人資】 (D)

考點解讀 韋伯認為威權演進的三階段：傳統的威權、超人或魅力的威權、理性法定的威權。

進階題型

解答

1 泰勒根據他的實際工作經驗，提出與哪一位學者大同小異的結論之後，科學管理的原則才開始受到舉世的重視，泰勒本人也因而贏得了科學管理之父的美譽？ (D)

(A)巴納德 (B)愛默生 (C)歐文 (D)巴拜治。 【105台糖】

考點解讀 巴拜治（Babbage）在1832年出版《論機器與生產（製造者）的經濟性》，強調生產效率的重要性，呼籲管理者多利用平時生產與銷售紀錄，來建立工作研究、成本分析、獎勵制度等科學管理制度。

2 誰寫了科學管理的原理（The Principles of Scientific Management）一書，開啟了科學管理學派？ (D)

(A)亨利・費堯（Henri Fayol）

(B)麥可・波特（Michael Porter）

(C)彼得・杜拉克（Peter Drucker）

(D)費德烈克・泰勒（Frederick Taylor） 【104郵政】

考點解讀 泰勒（Frederick Taylor）於1911年出版《科學管理的原理》，被認為管理學之濫觴。書中提出科學管理四大原則：動作科學原則、工人選用原則、合作和諧原則、分工效率最大原則。

3 科學管理大師泰勒（Taylor）所提出4大管理原則中，不包括下列何者？ (A)動作科學化原則（Scientific movements） (B)利潤最大化原則（Greatest profit） (C)誠心合作原則（Cooperation and harmony） (D)工人選擇科學原則（Scientific worker selection）。 【112經濟部】 (B)

考點解讀 菲德烈．泰勒被稱為科學管理之父，他致力於以科學化的方法改善工人的產出，區分生產行為為自然生產行為與系統化生產行為。並提出「科學管理四原則」：(1)動作科學化原則：尋找最具效率或高產出的工作方法。(2)科學選用原則：在一開始選用工人時就用科學化的方法。(3)職責劃分原則：又稱為「最大效率原則」，指不管是管理者或是工人，都應該有明確的權責，發揮最大效率。(4)合作和諧原則：管理者與員工之間應誠心對待、相互合作，勞資和諧才能產生團隊力量，提高生產力。

4 觀察工人動作，研究出可有效精簡動作程序、縮短時間，並將員工訓練和金錢動機連結，此符合誰提出的管理方法？ (A)亞當・史密斯（Adam Smith） (B)亨利・費堯（Henri Fayol） (C)馬克斯・韋伯（Max Weber） (D)費德列克・溫斯洛・泰勒（Frederick Winslow Taylor）。 【103鐵路】 (D)

考點解讀 (A)於1776年出版《國富論》一書，是近代經濟學的奠基之作，也是資本主義自由經濟的理論基礎。(B)提出十四項基本的管理原則，適用於各種組織情境。(C)發展出一套權威結構與關係的理論，並以「官僚體制」來描述他理想中的組織形式。

5 泰勒（F. W. Taylor）的科學管理論點，核心是要說明那個觀點？ (A)一般化的管理方式 (B)高壓的管理方式 (C)知識控管的管理方式 (D)追求效率的管理方式。 【108鐵路】 (D)

考點解讀 科學管理內涵強調利用科學的方法來改善工作，藉以提升工作效率。

6 下列何者是以時間為橫軸，以各項活動為縱軸的長條圖，每個水平的長條圖代表每一個作業及作業的開始與結束時間，用來控制計畫的執行？ (A)組織圖 (B)策略地圖 (C)甘特圖 (D)任務圖。 【112郵政】 (C)

考點解讀 甘特圖（Grantt Chart）以時間為橫軸及工作項目為縱軸來顯示生產的時間表，以長條來代表工作起迄時間，用來協助管理者規劃與控制生產時程與進度。

解答

7 關於科學管理（Scientific Management）的敘述，下列何者錯誤？ (A)最初由科學管理之父泰勒所推動 (B)主張論件計酬 (C)用科學的方法針對每個工作制定標準的流程 (D)認同改變工作流程以配合員工需求是達成企業組織目標的重要方式。【107郵政】 (D)

考點解讀 科學管理（Scientific management）是藉由重新設計工作流程，對員工與工作任務之間的關係進行系統性的研究，及透過標準化與客觀分析等方式，使效率與產量極大化。

8 下列那一項屬於費堯（Henri Fayol）提出的管理功能？ (A)生產 (B)行銷 (C)領導 (D)品管。【105鐵路】 (C)

考點解讀 費堯（Henri Fayol）提出可放諸四海皆準的管理功能：規劃、組織、命令（領導）、協調、控制。

9 有關管理程序學派的敘述，下列何者錯誤？ (A)費堯被稱為現代管理程序之父 (B)偏重中高階層的管理 (C)注重工人的工作管理 (D)又被稱為一般管理學派。【105台糖】 (C)

考點解讀 注重工人的工作管理是屬於科學管理學派的敘述。

10 行政管理學派創始者費堯所提出的14項管理原則中，A.是「專業化可提高工作效率，增加產出」，B.是「每位員工都應只接受一位上司的命令」，請問A.、B.應填入下列哪一個選項？ (A)分工原則（Division of work）；指揮統一原則（Unity of command） (B)主動原則（Initiative）；指揮鏈原則（Scalar chain） (C)團隊原則（Esprit de corps）；權威原則（Authority） (D)分工原則（Division of work）；權威原則（Authority）。【105經濟部】 (A)

考點解讀 費堯的14項基本管理原則：

(1)分工原則：專業化可以使員工更有效率地工作，並增加產出。
(2)權威原則：管理者必須有權力下命令。權威讓他們有這項權力，但權威伴隨著責任。
(3)紀律原則：員工必須尊重並服從這個組織的規定。
(4)指揮統一原則：每個員工都應該只接受一位上司的命令。
(5)目標統一原則：組織應該只有一個行動準則，來引導管理者與員工。
(6)團體利益原則：個人或組織內小團體的利益，都不應該優於整個組織之利益。
(7)獎酬公平原則：對員工的付出必須給予合理的酬勞。
(8)集權原則：指下屬能參與決策的程度。
(9)指揮鏈原則：由最高的領導者到最基層員工間，應該有一條明確的指揮鏈。
(10)秩序原則：員工與物料都應該在適當的時候，出現在適當的地方。

解答

(11)公正原則：管理者應該和善並公平地對待下屬。
(12)職位安定原則：管理當局應做好人事規劃，以確保職位空缺時可以迅速找到遞補人選。
(13)主動原則：讓員工參與計畫的提出與執行，可激發他們的努力。
(14)團隊精神：強調團隊精神可以促進組織的和諧團結。

11 企業組織內部的每一位員工都應該只接受一位上司的命令，以上的敘述符合費堯（Henri Fayol）十四項管理原則中的哪一項？ (A)分工原則 (B)領導原則 (C)命令原則 (D)指揮權統一原則。 【104郵政】 (D)

考點解讀 指揮統一原則（unity of command）：任何一位員工，均應只有一位上司，不應接受兩個上司的命令，否則容易引起混淆和衝突。

12 若勞基法中，規定了同工同酬的按勞分配制度，則符合費堯（Henri Fayol）「14點原則」的哪一項？ (A)權責相稱 (B)員工穩定原則 (C)紀律原則 (D)獎酬公平原則。 【108鐵路營運人員】 (D)

考點解讀 員工有所付出必須要給予同等的酬勞。(A)避免員工有權無責或有責無權。(B)避免人事波動過大，力求穩定、安定。(C)員工必須遵從組織的規定。

13 行政管理中所關心整個組織的管理的是？ (A)泰勒 (B)大前研一 (C)韋伯 (D)彼得杜拉克。 【107農會】 (C)

考點解讀 韋伯（Max Weber）關心整個組織的管理，發展出一套權威結構與關係的理論，以法定的正式職權系統為基礎的「官僚體制」（bureaucracy），來描述他理想中的組織形式。

14 提出組織理論的管理學派為何？ (D)
(A)系統管理學派 (B)計量管理學派
(C)行為管理學派 (D)古典管理學派。 【105台糖】

考點解讀 韋伯發展出一套權威結構與關係的理論，並以「官僚體制」來描述他理想中的組織形式。被稱為「組織理論之父」，是屬於古典管理學派的代表學者。

15 下列何者並非馬克思韋伯（Max Weber）所提出官僚體系（Bureaucracy）的特性？ (A)企業組織的分工明確 (B)企業組織的管理者以主觀的方式經營 (C)企業組織內部人員的晉升與聘雇以技術專業為考量依據 (D)企業組織訂有一致的規則以確保任務的達成。 【104郵政】 (B)

考點解讀 馬克思韋伯（Max Weber）所提出官僚體系（Bureaucracy），具備下列特性：組織的分工明確、層層節制的權力體系、正式的法律與規範、組織內職位應按人員專長進行正式遴選、 永業化的傾向、工作報酬有明文規定。

解答

16 下列何者是馬克斯韋伯（Max Weber）所提出科層式組織（Bureaucratic Organization）所能夠帶來的好處？ (A)科層組織對於顧客的需求總是能夠快速地反應 (B)科層組織的管理層級數較少 (C)科層組織中不同的部門之間彼此樂於互助合作 (D)科層組織中的員工有明確的工作規範可以遵循。【108郵政】 (D)

考點解讀 馬克斯韋伯（Max Weber）理想型科層式組織（Ideal Bureaucracy）特徵：高度專業分工、權威階層嚴明、詳細工作規範、正式遴選、非人情化、甄選升遷理性等。

非選擇題型

1 泰勒（Taylor）被譽為科學管理之父，並提出實行______管理，透過日常事務充分授權部屬，可讓管理者有更多時間注意市場競爭，及處理突發或重要的事務。【111台電】

考點解讀 例外。

2 「員工必須尊重並服從組織的規定」是費堯（Henri Fayol）十四點原則中的______原則。【101台電】

考點解讀 紀律原則（discipline）。
是員工需自願遵守規則與組織的規定。

3 管理學名詞解釋：甘特圖（Gantt Chart）與負荷圖（Load Chart）。【103經濟部】

考點解讀
(1)甘特圖（Gantt Chart）：是一種排程工具，以時間為橫軸，活動事件為縱軸，長條為預定與實際進度，可以控制各項活動的進度。
(2)負荷圖（Load Chart）：是一種修改了的甘特圖，它不是在縱軸上列出活動，而是列出或者整個部門或者某些特定的資源。使管理者對生產能力進行計劃和控制。

4 韋伯（Weber）的理想型官僚制度係建構在權威的基礎上，其演進過程為傳統權威、超人權威及______權威。【106台電】

考點解讀 合法理性。
科層體系的權力來源是法制理性權力，韋伯把這種組織的形式稱為「合法理性權威」，與這種模式對立是「個人魅力或超人權威」和「傳統權威」。

焦點 2 行為學派

行為觀點（Behavioral viewpoint）學派把重點放在「人如何表現其行為」以及「人為什麼有這種行為表現」的探求上，此觀點的代表性理念可以舉佛萊特（Mary P. Follett）及梅育（Elton Mayo）的霍桑實驗（Hawthorne experiments）對人性管理的貢獻。

1. **早期提倡者**

(1)**歐文**（Robert Owen）

成功的蘇格蘭商人，致力於改善工廠中惡劣的工作環境、固定工作時間、限制童工的雇用等措施，期望營造一個烏托邦式的工作場所。

(2)**孟斯特伯**（Hugo Munsterberg）

稱譽：工業心理學之父

著作：《心理學與工作效率》

重要主張：

A. 以科學的方法研究個人的特性，並依據個人特性作人力資源管理的決策。

B. 以心理測驗來改進選拔員工的方法，並將學習理論運用在訓練當中。

C. 觀察人類行為以了解對員工激勵的最佳工具。

> **小秘訣**
> 工業心理學的目的就是追求個人在工業中的最高效率和最適宜的環境條件。

(3)**佛萊特**（Mary Parker Follett）

稱譽：最先認為應由個人及群體行為來看組織的學者

首位將心理學引介到企業管理環境中學者。

著作：《創造性的經驗》

重要主張：

A. 比科學管理學派提出更多以員工為導向的概念。

B. 管理者要激發個人在團體中的潛能，協調個人的努力整合為團體的成果。

C. 管理者應該以專業知識來領導，而不能僅依賴正式權威。

D. 認為組織應立基於群體道德。

(4)**巴納德**（Chester Barnard）

稱譽：現代行為科學之父

著作：《經理人員的職能》

重要主張：

A. 組織是兩人或兩人以上的工作體系，有意識地協調行為把力量組織起來的系統。

B. 管理者認為組織是需要合作的社會系統。

C. 組織給員工報酬要和其貢獻相當。
D. 管理者的工作是溝通與激勵員工。
E. **權威接受論：權力是否能順利運作，須視部屬是否接受權威而定。**
F. 高階管理人員不僅應遵守一套複雜的道德規範，還應為其他人創造道德規範。

☆ 小提點

權威接受論：認為權威來自屬下接受的意願， 經理人的命令只有符合下列條件時才會被接受：(1)屬下瞭解命令的內容；(2)屬下相信此命令與組織目標一致；(3)屬下相信此命令不違背其個人的利益；(4)屬下有能力執行此項命令。

2. **霍桑研究**（Hawthorne studies）

稱譽：**開啟人群關係研究先河、開啟了以行為為主的管理思想、開啟了行為研究學派的大門**。

實驗過程：**梅育**（Elton Mayo）等人在1927年到1932年時間，於美國西方電器公司（Western Electric Co.）霍桑工廠展開一連串生產力的實驗。

實驗發現：

(1) 照明設備改善跟生產力高低沒有相關性。
(2) **員工行為與情緒狀態有密切的關係**，也就是員工的產出會受到情緒的影響。
(3) **團體對個人有顯著影響，團體績效水準也會影響個人產出。**
(4) **員工會受到正式法規與小團體規範的影響。**
(5) **社會規範或團體標準，是影響個人工作行為的關鍵因素。**

小秘訣

「霍桑實驗」始於1924年美國西方電器公司霍桑廠，源自不同照度的研究，其結果是生產力的高低和光線強度無關。並得到以下結論與影響：

(1)行為與情緒有密切關係，團體對個人有顯著影響。
(2)團體績效決定個人績效，金錢對產出影響力較小。
(3)社會規範是影響個人工作行為的關鍵因素。
(4)改變當時視工人如同機器的看法。
(5)霍桑實驗的重要性在於讓人們瞭解到工作中的人性因素。

☆ 小提點

霍桑效應（Hawthorne effect）是指當人們知道自己成為觀察對象，而改變行為的傾向。行為的改變是由於環境改變，例如工作者的行為若是被觀察或給予特別注意，將對該行為產生明顯的影響。

3. 組織行為學派

對於主張有較好的人際關係能提升員工生產力的人群關係運動（human relations movement）而言，貢獻最大的兩位理論學者，分別是是馬斯洛（A. Malsow）和麥格瑞哥（D. McGregor）。

(1) **馬斯洛（A.Malsow）的需求層級理論**

將人的需求層次，劃分為：**生理需求、安全需求、社會需求、自尊需求、自我實現需求**之五種需求，而且呈現宛如階梯式的排列，需設法加以滿足。

A. 生理需求：維持溫飽，如食衣住行與性的需求，組織可提供：薪資、福利等。

B. 安全需求：不受侵害及保障，如人身安全、工作保障，組織可提供：勞健保等。

C. 社會需求：受關愛的歸屬感，如親情、友誼、愛情，組織可提供：同事情誼等。

D. 自尊需求：個人地位、聲望與得到尊敬，組織可提供：名銜、獎狀、勳章等。

E. 自我實現需求：為達成自我的成就理想，組織可提供：職涯規劃、內部創業等。

> **小秘訣**
>
> 人群關係強烈地表達對工作中的個人重視，行為學派則追求對組織人類行為的客觀研究。人群關係運動是對科學管理學派的必要修正，但其想法過於樂觀，應用於實務上又太過簡化。近年，行為科學已逐漸取代原有的人群關係，所謂行為科學（behavioral science）是依賴科學研究來發展與人類相關的理論，以提供管理者實用工具。（Angelo Kinicki等二人著，胡桂玲翻譯, 2005：43）

(2) **麥格瑞哥**（D. McGregor）的 **X 理論與 Y 理論**，著有《企業的人性面》（The Human Side of Enterprise），認為人性激勵的管理方式有兩種即 X 理論與 Y 理論。

X理論對人性的假設（人性本惡）

A. 有好逸惡勞的天性，盡可能規避工作。

B. 缺乏進取心，不喜歡負責，寧願被別人指導。

C. 具有反抗改變的天性。

D. 大多是為金錢及地位的報酬而工作。

E. 天性以自我為中心，對組織的需要漠不關心。

Y理論對人性的假設（人性本善）

A. 一個人用於工作上心力與體力的消耗，正如同遊戲與休息一樣的自然。

B. 以外力控制或懲罰威脅，並非使人們朝向組織目標而努力的方法。

> **小秘訣**
>
> 超Y理論是1970年由美國管理心理學家約翰・莫爾斯（J. J.Morse）和傑伊・洛希（J. W. Lorscn）根據「複雜人」假定，提出的一種新的管理理論。主要見於1970年《哈佛商業評論》雜誌上發表的《超Y理論》一文和1974年出版的《組織及其他成員：權變法》一書中。超Y理論在對X理論和Y理論進行實驗分析比較後，提出一種既結合X理論和Y理論，又不同於是X理論和Y理論，是一種主張權宜應變的經營管理理論。實質上是要求將工作、組織、個人、環境等因素作最佳的配合。

C. 對目標的承諾是對成就動機的一種獎勵。

D. 在適當情況下，不僅接受責任，並且要求責任。

E. 多數人均具有相當的想像力與創造力，以解決組織的問題。

研究結論：一個人對某事物所持的態度，顯著地影響著此人對該事物的行為方式。

認為：只有 Y 理論才能在管理上獲得成功，在 Y 理論的假設下，管理者的任務是發揮成員的潛力。

4. **管理科學學派**

源於二次大戰期間，美軍利用數學和統計解決很多軍事問題，管理科學學派就是由此發展出來的，主要為**利用數學模型來幫助管理者做決策。管理科學(management science)又被「數字管理」、「作業研究」、「分析式管理」、「計量管理」學派**。其使用的方法包括：最佳化模式、資訊模型與電腦模擬、要徑法、統計決策模型、線性規劃技術、經濟訂購量模式、新產品擴散模式等。本時期代表人物有：賽門(Herbert Simon)、麥納馬拉(R. McNamara)。

> **小秘訣**
> 管理科學學派又稱計量管理（Quantitative approach）或作業研究（Operation Research, OR）學派，強調建立數量模型，利用數理、統計技術求解，以電腦為工具，試圖從整體系統中尋求最佳解來輔助決策。

(1) **賽門**（Herbert Simon）

稱譽：管理科學之父、決策學派創始人。

著作：《行政行為》。

重要主張：1978年諾貝爾獎得主賽門的研究主要是由巴納德的概念所出發的。

A. 組織是最初的決策結構，**個人不能理性的作出複雜的決策**。

B. 組織的原始功能是去發展和限制組織的範圍，而此功能又是透過組織的階層結構、政策、程序、資訊溝通管道和訓練計畫來完成。

C. 行政行為根本就是組織中決策制定的整個過程，而**決策活動包括：情報、設計與抉擇**。

(2) **麥納馬拉**（R. McNamara）

稱譽：將數字管理導入科學管理新時代人物。

經歷：福特汽車總裁、美國國防部長、世界銀行總裁。

重要貢獻：

將數量方法由軍事用途轉移至企業組織決策，其後在國防部長任內並利用成本效益分析法使得資源分配決策數量化。

基礎題型

解答

1 以心理學的方法來研究如何增強個人生產力和適應能力的學派主要是： (A)工業心理學派 (B)行政程序學派 (C)人群關係學派 (D)計量學派。 【101自來水】 (A)

考點解讀 孟斯特伯（Hugo Munsterberg）是工業心理學的主要創始人，被尊稱為「工業心理學之父」。孟斯特伯認為，心理學應該對提高工人的適應能力與工作效率做出貢獻。他希望能對工業生產中人的行為作進一步的科學研究。其研究的重點包括：如何根據個體的素質以及心理特點將其安置到最適合他們的工作崗位上；在什麼樣的心理條件下可以讓工人發揮最大的衝勁，從而能夠從每個工人處得到最大的、最令人滿意的產量。

2 以下那一個人的研究，開啟了行為研究學派的大門，並扭轉了將工人視為等同於機器的錯誤看法？ (D)

(A)麥格瑞哥（McGregor） (B)巴納德（Barnard）

(C)費堯（Fayol） (D)梅育（Mayo）。 【106鐵路】

考點解讀 霍桑實驗（Hawthorne studies）係由梅育（Mayo）等人於1927年到1932年間，在美國西方電器公司（Western Electric Co.）霍桑工廠展開一連串生產力的實驗，實驗發現：照明設備改善跟生產力高低非正相關、員工的產出會受到情緒的影響、員工受正式法規與非正式組織規範影響等結論。霍桑實驗開啟了行為研究學派的大門，並扭轉了將工人視為等同於機器的錯誤看法。

3 霍桑效應（Hawthorne Effect）在管理上最重要的意義是什麼？ (A)

(A)人會因為受到關注與重視而改變行為

(B)人會喜歡跟別人合作

(C)人會喜歡自己獨立作業

(D)人會因為命令才願意努力工作。 【108鐵路】

考點解讀 霍桑效應（Hawthorne Effect）指的是當人們發現自己被別人觀察時，他會表現得比平時更好，以維護其自尊，而形成短期的生產力上升的現象。

4 下列何者是指「霍桑效應（Hawthorne Effect）」？ (A)照明影響員工的生產力 (B)薪資影響員工的生產力 (C)福利影響員工的生產力 (D)管理者特別注意員工行為而影響員工的生產力。 【105郵政】 (D)

考點解讀 霍桑研究證明了工作者的行為若是被觀察或給予特別注意，將對該行為產生明顯的影響，此種現象稱為「霍桑效應」。

解答

5 有關「霍桑效應（Hawthorne effect）」的敘述，下列何者正確？ (A)工廠照明設備的明亮度與員工的生產力有關係 (B)增加薪資可以提升員工的生產力 (C)員工生產力提升主要是因為員工認為管理層特別注意他們行為所致 (D)增加工時可以提升員工生產力。【104自來水】 (C)

6 從 1924 到 1933 年間在芝加哥西方電氣公司所進行的研究發現當員工得到特別的關注時，不論工作條件如何改變，生產力都可望增加。這個現象就是指什麼效應？ (A)西瓜效應 (B)月暈效應 (C)霍桑效應 (D)連鎖效應。【103台糖】 (C)

考點解讀 (A)或稱依偎效應，指基於自身利益，向勢力強大或局勢較有利一方倒戈的情況。(B)又稱「光環效應」，指人們對他人的認知首先根據初步印象，然後再從這個印象推論出認知對象的其他特質。(D)指一種因素的變化引起了一系列相關因素的連帶反應。

7 有關霍桑效應（Hawthorne Effect），下列敘述何者正確？ (A)假設員工喜歡在家工作 (B)是指當員工相信自己受到管理階層的關注時，生產力會有上升的傾向 (C)指出員工無論是否受到關注，都會努力工作 (D)指出企業必須負擔社會責任。【112郵政】 (B)

考點解讀 霍桑效應（Hawthorne Effect）係指當被觀察者知道自己成為觀察對象，而改變行為傾向的效應。此效應來自於1927年至1932年梅育（Mayo）在霍桑（Hawthorne）工廠進行的一系列心理學實驗。

8 Maslow 的需求層級理論中，最高層次的需求是什麼？ (D)
(A)尊重需求 (B)社會需求
(C)安全需求 (D)自我實現需求。【103台糖、104自來水、108鐵路營運人員】

考點解讀 Maslow的需求層級理論認為人類有五個基本的需求：生理需求→安全需求→社會需求→尊重需求→自我實現需求。需求由低而高，循序漸進，組織須設法滿足其需求。

9 依據馬斯洛的「需要層級理論」，歸屬感的需要，是屬於下列何項？ (C)
(A)自我實現 (B)尊重需要 (C)社會需要 (D)安全需要。【108漢翔】

考點解讀 又稱「愛與歸屬感需求（love & belonging needs），指被他人、親友、同儕、團體的接納、關懷、友誼、溫暖的需要。

10 友誼的需要屬於馬斯洛需求層次關係中的： (A)生理需求 (B)安全需求 (C)社會需求 (D)尊重需求。【104郵政】 (C)

解答

11 成長、發揮自我潛能、自我滿足的需求，是屬於下列 Maslow 需求層次理論的何種層級？ (A)愛與歸屬需求 (B)社會需求 (C)自我實現需求 (D)尊重需求。 【108郵政】 (C)

考點解讀 自我實現需求（self-actualization needs）：成長、發揮個人潛能、自我滿足的需求，以及達到自己最充分發揮與成就的驅動力。

12 麥克葛里哥(McGregor)所提出的XY理論中，X理論對人性的假設是；(A)人性本惡 (B)人性本善 (C)人性本仁 (D)人性本貪。 【102自來水】 (A)

考點解讀 假設人的本性是懶惰的，工作越少越好，可能的話會逃避責任。大部分人對組織的目標漠不關心，因此管理者需要以強迫威脅、處罰，或金錢利益等誘因激發人們的工作動力。

13 下列那一種說法是較屬於管理學中的「X理論」的觀點，而不是「Y理論」的觀點？ (D)

(A)人是會自動自發的 (B)人會有強烈的責任感的

(C)人是會從工作中得到成就的 (D)人是需要被督促的。 【102鐵路】

考點解讀 X理論假設：(1)一般人生性厭惡工作，並且設法逃避。(2)由於人類有此厭惡工作性質，大部份的人都須強施威壓、嚴格管制，以及懲罰警戒，以促使其努力達成組織目標。(3)一般人樂於為人監督，規避職責，比較不具雄心，特別祈求安全與生活保障。

14 麥貴格（D. McGregor）認為何種理論的管理者，會假設員工內心基本上都厭惡工作，因此會以懲罰的方式來強迫、 控制或威脅員工朝向組織目標工作？ (A)

(A) X 理論 (B) Y 理論

(C) 公平理論 (D)期望理論。 【102台糖】

15 管理學中認為員工享受工作、尋求與接受責任是下列何種理論？ (A)X理論 (B)Y理論 (C)目標設定理論 (D)公平理論。 【107郵政】 (B)

考點解讀 Y理論對人性的假設

(1)一個人用於工作上心力與體力的消耗，正如同遊戲與休息一樣的自然。
(2)以外力控制或懲罰威脅，並非使人們朝向組織目標而努力的方法。
(3)對目標的承諾是對成就動機的一種獎勵。
(4)在適當情況下，不僅接受責任，並且要求責任。
(5)多數人均具有相當的想像力與創造力，以解決組織的問題。

解答

16 管理科學是下列哪一種學派的延伸？ (A)行為科學 (B)科學管理 (C)科層體制 (D)系統理論。 【113鐵路】 (B)

考點解讀 管理科學重視科學精神，強調科學方法以數學、統計學、經濟學為基礎，將有關現象量化以解決管理問題之管理理論學派。基本上，管理科學是科學管理學派的延伸。

17 在管理思想中，運用數學符號與方程式來處理各種管理問題；從建立模式為主，來求取最佳解答。此為下列何種管理理論？ (B)
(A)管理過程理論 (B)管理科學理論
(C)行政管理理論 (D)組織環境理論。 【103中華電信】

考點解讀 源於二次大戰期間所發展出來作業研究應用於軍事用途。又稱為「分析式管理」或「計量管理學派」。主張以科學方法，尤其數量方法來管理問題。亦即將統計、最佳化模型、資訊模型與電腦模擬及其他計量方法應用於管理實務上。

進階題型

解答

1 霍桑研究（The Hawthorne Studies）的研究發現為哪一個管理理論學派奠定基礎？ (A)科學管理學派 (B)系統學派 (C)組織行為學派 (D)權變學派。 【104自來水】 (C)

考點解讀 霍桑研究（The Hawthorne Studies）開啟了以行為為主的管理思想、也奠定了組織行為學派的基礎。

2 有關「霍桑研究」（Hawthorne Studies）的結論，下列何者正確？ (A)增加薪水會顯著地提升員工的生產力 (B)員工的行為與情緒彼此間是無關的 (C)工作環境的差異會顯著影響員工的生產力 (D)社會規範與群體標準是影響個人工作行為的關鍵決定因素。 【108漢翔】 (D)

考點解讀 (A)增加薪水不會顯著地提升員工的生產力。(B)員工的行為與情緒彼此間是有關的。(C)工作環境的差異不會顯著影響員工的生產力。

3 下列敘述何者正確？ (1)霍桑研究是關於「人在組織內的行為模式」之研究 (2)韋伯（Max Weber）是「科學管理之父」 (3)官僚體制是一種專業分工、層級節制、具有詳細規範、且重視私人關係 (A)(1) (B)(2) (C)(3) (D)(2)(3)。 【102台電】 (A)

考點解讀 (2)泰勒（F. Taylor）是「科學管理之父」；(3)官僚體制不講人情。

解答

4 關於行為科學學派，下列敘述何者錯誤？ (A)行為科學學派最具代表人物為梅約（Mayo） (B)用行為科學對人類行為的研究，作為管理上範疇 (C)梅約於美國西方電器公司所做的一系列研究稱為霍桑研究 (D)主張用電腦、數學、統計技術作分析，以系統方法求得問題解答。 【103台酒】 (D)

考點解讀 管理科學學派主張用電腦、數學、統計技術作分析，以系統方法求得問題解答。

5 根據霍桑研究（Hawthorne studies）的結果，當一個工作表現不佳的個人加入一個工作績效很高的群體時，他的工作績效會如何改變？ (A)工作績效不會改變 (B)工作績效會降低 (C)工作績效會提高 (D)工作績效會變得不穩定。 【104自來水】 (C)

考點解讀 群體對個人有顯著影響，群體績效水準會影響個人產出。

6 霍桑效應（Hawthorne effect）是指，可能影響組織工作績效的因素為下列何者？ (A)心理與社會因素 (B)生理因素 (C)經濟因素 (D)物理因素。 【108鐵路營運人員】 (A)

考點解讀 「霍桑實驗」發現主管對工人的關心對工人的影響，似乎還大於工作環境中物質條件的改善。或工人最在意的是他們在實驗中所感受到的注意與關懷，而不只是物質環境的改善。因此，「霍桑實驗」發現影響組織工作績效的原因是來心理與社會因素。

7 馬斯洛（Maslow）的需要層次為 A.安全感需要 B.尊重的需要 C.生理的需要 D.社會的需要 E.自我實現的需要，請由高層次至低層次的需要排列出其順序： (B)

(A)CADBE (B)EBDAC (C)EDABC (D)BEDCA。 【103台酒】

考點解讀 Maslow的需要層級理論由高層次至低層次的需要排列：自我實現的需要＞尊重的需要＞社會的需要＞安全的需要＞生理的需要。

8 李先生最喜歡的工作是，可以準時上下班，定時領到薪水，並且不希望有太多額外的加班，只求能穩定做到退休就好。李先生可以說是那一類型的員工？ (B)

(A) C 理論 (B) X 理論 (C) Y 理論 (D) Z 理論。 【108鐵路】

考點解讀 X理論對人性的假設：盡可能規避工作、缺乏進取心、反抗改變的天性、大多是為金錢及地位的報酬而工作等。

解答

9 大聯盟球隊在過去幾年陸續將數據分析方式導入球賽中。舉凡投打之間的球路分析、打者習性等，將各種數據運用在複雜卻又詳細的系統分析裡，只要是能贏球的方式或戰術全部都可以用。這樣的論點是屬於那個管理學派： (A)管理科學學派 (B)系統學派 (C)科學管理學派 (D)組織行為學派。 【108鐵路】 (A)

考點解讀 或稱「計量學派」，認為管理問題可以經由將問題模式化後，運用數學工具求出解答 。

10 下列何者不屬於管理科學學派（又稱作數量學派）所使用的方法？ (A)最佳化模式 (B)統計決策模型 (C)存貨模型的經濟訂購量模式 (D)組織行為研究。 【104自來水】 (D)

考點解讀 組織行為研究是屬於組織行為學派所使用的方法。

11 為了提升甲鐵路公司人員排班與車輛調度之順暢，管理者應用了統計分析、線性規劃、最佳化模型，並進行電腦模擬，以求得最適解。此一敘述符合下列何種學派？ (A)科學管理學派 (B)計量管理學派 (C)權變學派 (D)行政學派。 【103鐵路】 (B)

考點解讀 亦被稱為「作業研究」或「管理科學」，係將統計、最佳化模型、資訊模型與電腦模擬及其他計量方法應用於管理實務。

非選擇題型

1 莫爾斯（J. Morse）與洛希（J. Lorsch）所提出的__________理論為人性理論的權變觀點，其認為X或Y理論都不是絕對，人與環境皆會隨時改變，主要目標為尋求人、工作和組織間的完美搭配。 【111台電】

考點解讀 超Y/super Y。

2 解釋名詞：霍桑效應（Hawthorne Effect）。 【105台電】

考點解讀 指當被觀察者知道自己成為被觀察對象而改變行為傾向的反應。

3 馬斯洛（A. H. Maslow）提出需求層次理論（Hierarchy of Needs Theory），將需求分為哪 5個層次，請逐一列舉並說明之。 【108台電】

考點解讀 馬斯洛（A. H. Maslow）的「需求層次理論」指出，人有五種基本的需求，由低而高，循序漸進，組織須設法滿足其需求。

生理需求	飢餓、口渴、溫暖、性等基本需求。
安全需求	免於生理上的傷害與心理上的恐懼，身體、感情的安全、安定與受保護感。
社會需求	被愛和有歸屬感，是人際互動、感情、陪伴和友情等需求。
尊重需求	追求自我的價值感，被認知、社會地位及成就感。
自我實現需求	指個人有追求成長的需求，將其潛能完全發揮，自我滿足與實現。

4 麥克葛羅格（McGregor）在管理理論演進過程中，作不同的人性假定提出X理論（Theory X）及Y理論（Theory Y），請分別說明之。 【106台電】

考點解讀 麥克葛羅格（D. McGregor）著有《企業的人性面》（The Human Side of Enterprise）認為人性激勵的管理方式有兩種即X理論與Y理論。

(1) X理論對人性的假設：A.具有好逸惡勞的天性，盡可能規避工作；B.缺乏進取心，不喜歡負責，寧願被別人指導；C.具有反抗改變的天性；D.大多是為金錢及地位的報酬而工作；E.天性以自我為中心，對組織的需要漠不關心。

(2)Y理論對人性的假設：A.一個人用於工作上心力與體力的消耗，正如同遊戲與休息一樣的自然；B.以外力控制或懲罰威脅，並非使人們朝向組織目標而努力的方法；C.對目標的承諾是對成就動機的一種獎勵；D.在適當情況下，不僅接受責任，並且要求責任；E.多數人均具有相當的想像力與創造力，以解決組織的問題。

5 何謂科學管理（scientific management）？何謂管理科學（management science）？ 【99鐵路】

考點解讀 科學管理：強調運用科學的方法來取代經驗法則，找出最有效率的工作方式教導工人，以提昇工作效率。管理科學：發展自第二次世界大戰期間，強調將統計方法及計量模型運用於決策的改進。科學管理、管理科學兩者關係密切，同樣強調用科學方法來解決問題，兩者差異比較如下：

	科學管理	管理科學
年代	1900	1950
對象	現場作業人員	決策者
範圍	個別階層	組織整體
內容	動作研究、時間研究	PERT、線性規劃等
目的	效率	效能

焦點3 現代學派

學者孔茲（H.Koontz）在1961年所發表〈管理理論叢林〉文章中，提出：長期以來管理發展已至百花齊放、百家爭鳴的地步，尤如一場「叢林混戰」，二種途徑因應產生即系統途徑與權變途徑。

1. **系統學派**

系統是由許多彼此相關又相互依存的部分，所組合成的整體，以求達成一定目標或執行一定計劃。系統觀點（Systems viewpoint）將組織分成一個「投入－產出」的系統，會受外在環境的影響，並應用觀察、思考來解決問題。系統又可分為：

封閉系統（Closed system）	與外在環境沒有互動的系統。
開放系統（Open system）	與外在環境保持不斷互動關係的系統。

(1)**開放系統的五個結構：**

A. 投入（Input）：人力、資金、資訊、設備、物料等組織生產商品所需資源。

B. 轉換過程（Transformation）：生產活動、管理活動、營運方式。

C. 產出（Output）：透過組織生產而成的產品、服務、資訊、成果等。

D. 回饋（Feedback）：產出後所得到得訊息，可反應至投入面，作為改正依據。

E. 外在環境：顧客、供應商、競爭者、政府、總體環境變動等。

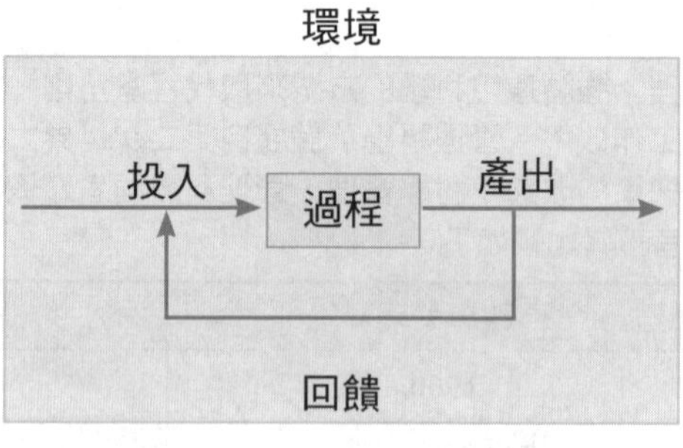

(2)**系統觀點的意涵：**

A. 協調組織內各不同部門，確保它們有良好的互動，以達成組織目標。

B. 組織內某一部分的決定和行動，都會影響到組織的其它部分。

C. 組織並不是獨立存在的，組織仰賴環境提供必要的資源作為它的投入，同時也仰賴環境接受它的產出。

(3) **系統學派代表人物：**

研究情境觀點的代表性學者包括鮑丁（K. Boulding）的「一般系統理論」、湯姆生（J. Thompson）的封閉/開放系統、萊斯（Rice）的「社會—技術系統」、彼得杜拉克（Peter Drucker）的「管理子系統」。

2. **權變學派**

權變觀點（Contingency viewpoint）認為並沒有所謂的最佳管理方法可以適用於所有情況，管理者在提出某種方法之前，必須具備良好的觀念性能力，並先診斷且認清情境，之後才能決定什麼方法是最佳者。

(1) **常見的權變觀點變數**

A. 組織大小：組織的人數是影響管理者任務的主要因素。當組織規模變大時，就會出現協調的問題。例如：一個五萬名員工的組織結構，會比僅有五十名員工的組織來得更沒有效率。

B. 技術的經常性：未達到組織目的，管理者通常會利用科技技術，使投入產出流程更為順暢。但經常性技術所需的組織結構、領導風格與控制系統，會與採用客製化或非經常性技術所需的情境有很大的不同。

C. 環境的不確定性：由於政策、科技、社會文化及經濟的改變，所造成的環境不確定性，會影響到管理程序。在穩定環境下運作極佳的管理程序，可能完全不適用於快速變化且無法預測的環境中。

D. 個人差異：每個人的成長需求、自主、期望與對不確定性的忍受度皆不同。這些個人差異會對管理者在選擇激勵技巧、領導風格與工作設計時有很重要的影響。

(2) **權變學派代表學者：**

研究權變（情境）觀點的代表性學者可以舉出吳德沃（Joan Woodward）、彭斯與史托克（Tom Burns & G. M. Stalker）、勞倫斯與洛區（Paul R. Lawrence & Jay W. Lorsch）等三位。

A. 吳德沃（Joan Woodward）：其研究顯示，什麼是最好的組織結構，並不能一概而論，至少技術條件是一項決定因素。

B. 彭斯與史托克（Tom Burns & G. M. Stalker）：提出組織結構應視產業環境而定，穩定的環境適合採用機械結構，創新的環境適合採用有機結構。

C. 勞倫斯和洛區（Lawrence & Lorsch）：1967年在其合著《組織與環境：分化與整合之管理》一書中對組織權變理論提出三種基本假定：組織管理不存在最佳的方法；任何組織方法並非相等有效；應視組織所處環境特質，採取因應的組織方法。

基礎題型

解答

1 將組織視為由相互關連的部分所組成的系統為？ (C)
(A)行政觀點 (B)品質觀點
(C)系統觀點 (D)科學觀點。 【107農會】

考點解讀 系統觀點認定組織內部活動及組織與環境的互動關係。系統是指一組彼此關連的組成元件，以整體的方式運作，回饋機制使系統成為完整的循環。

2 企業是一種開放系統，企業的經營受到環境因素影響甚鉅，不能忽視環境所帶來的衝擊，此為下列哪一種學派理論的觀點？ (A)功能學派 (B)計量學派 (C)系統學派 (D)權變學派。 【105經濟部】 (C)

考點解讀 (A)四海皆準的管理原則；(B)將統計方法及計量模型運用於決策的改進；(D)強調組織在面對不同情境時，應採取不同的管理方式。

3 由於組織各有不同的規模、目標及任務，因此很難以簡單的管理原則去適用各種企業管理情況。此一論述較接近下列何種管理哲學？ (A)程序觀點 (B)系統觀點 (C)權變觀點 (D)整合觀點。 【104郵政】 (C)

考點解讀 認為組織或管理方法的適用性是依情況而定，視組織的工作種類及環境特性而做選擇。

4 對於任何一家公司或產業而言沒有最佳的管理模式完全視情況而定。此種觀念稱為： (D)
(A)科學管理理論 (B)行政管理理論
(C)行為管理理論 (D)權變理論。 【101自來水】

考點解讀 權變理論認為世界上「沒有一種最好的方法」可解決所有的問題，管理概念須針對現實面隨時修正。

5 管理理論中的權變學派，主張要視情境採取不同的管理方法。下列何者並非是權變學派指出的權變變數？ (D)
(A)組織的規模 (B)環境不確定性
(C)技術的例行性 (D)財務的寬裕性。 【105中油】

考點解讀 常見的權變觀點變數：組織規模的大小、技術的例行性、環境的不確定性、員工的個別差異。

進階題型

解答

1 由於彼得・杜拉克（Peter Drucker）的遠見與貢獻，人們往往稱他為：(A)動作研究之父 (B)組織理論之父 (C)現代管理學之父 (D)科學管理之父。【102郵政】 (C)

考點解讀 (A)吉爾布勒斯（F. Gilbreth）；(B)韋伯（M. Weber）；(D)泰勒（F. Taylor）。

2 有關管理學學派的敘述，下列何者錯誤？ (A)系統學派的理論乃體悟生物學原理 (B)霍桑效應發現人性的重要性 (C)甘特被稱為人道主義之父 (D)效率專家是韋伯。【105台糖】 (D)

考點解讀 愛默生（H. Emerson）對工作效率有專門研究，被稱為「效率專家」或「效率的教長」，提出十二項效率原則。

3 下列有關「權變理論」的敘述，何者錯誤？ (A)管理上沒有一種管理理論，可適用於任何情況 (B)強調靜態的管理 (C)企業經營和管理並無一定的程序與方法 (D)企業組織是否恰當，管理方法是否良好，端視工作性質與企業之環境而定。【107台酒】 (B)

考點解讀 強調動態的管理。

4 下列何者並非權變觀點中常被提到的變數？ (A)組織規模大小 (B)管理者人數多寡 (C)外部環境的不確定性 (D)員工的個別差異。【102郵政】 (B)

考點解讀 應是「技術的例行性」，係為達成組織的目的，管理者通常會利用技術，使投入、產出流程更為順暢。

非選擇題型

在管理的理論中，強調沒有任何放諸四海皆準的法則，意即在變動的環境中，沒有最佳的單一管理方法，稱為______理論。【107台電】

考點解讀 權變。

「沒有放諸四海皆準的管理方法」、「沒有單一最佳的組織結構」，權變理論認為管理活動應隨管理者所面臨的環境狀況而調整。

Chapter 03 管理變革與組織成長

焦點 1 組織變革

組織變革（organizational change）是在組織中引入新觀念、新技術，以形成新結構與新行為。而組織變革的發起必須包括三方面：(1)確定組織需要變革的部分。(2)推動變革程序。(3)處理員工對變革的抗拒。

1. **組織變革的驅力**
   (1) **外部因素**：產業與競爭環境（競爭者、供應商、消費者）、總體環境（政治、經濟、社會、文化、法律與科技等所產生的變化。
   (2) **內部因素**：經營策略變動、組織再造、流程調整、勞動力改變、新設備導入、員工態度改變，而**經營策略的調整是造成組織變革最為重要的內部力量**。

2. **變革促發者或代理人（change agent）**
   在組織裡引導並管理變革任務的個體或團體，我們稱之為變革代理人或促發者（change agent），可能是組織內的管理者，也可能是非管理者－如人資部門推動改革的專員，甚或是組織外的顧問。
   (1) **內部的變革代理人**：
   熟悉組織內部有待改革狀況的公司管理者。
   A. 優勢：a.了解組織過去的歷史、政治的系統與文化。b.必須面對自己在組織中的付出、所造成的結果所以在處理變革上可能會格外謹慎。
   B. 弱勢：a.屬於組織中某派系，就很容易有「圖利」的指控。b.因太貼近變革的情境，而無法提供客觀的觀點。
   (2) **外部的變革代理人**：
   具管理變革專業的外部顧問。
   A. 優勢：a.能為組織帶進「外人」的客觀觀點。b.比較中立、不偏不倚。
   B. 弱勢：a.對整個組織的歷史了解極為有限。b.讓員工覺得很可疑。

3. **變革過程的兩種觀點**
   (1) **靜水觀**：**靜水行船**（calm waters metaphor）：組織有如航行在平靜水域的船隻，航向、路線均明確，變革的浮現只是偶然的風雨，只要努力即可達到目標。**李文（Kurt Lewin）的變革三部曲最具代表性**，他打破了將變革視為一種組織平衡狀態的看法，提出**變革三步驟：將現狀解凍，解凍後形成較適合改變的狀態，最後將變革的結果再凍結**。變革可藉由增加驅動力，或減少抗拒力，或兩種力量的結合來達成。

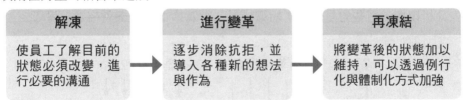

解凍
使員工了解目前的狀態必須改變，進行必要的溝通

→

進行變革
逐步消除抗拒，並導入各種新的想法與作為

→

再凍結
將變革後的狀態加以維持，可以透過例行化與體制化方式加強

(2) **惡水觀：湍流泛舟**（white-water rapids metaphor）：組織好比湍急河流中的小艇，**環境不清、方向不明，未來亦不可測**，改變是預期中的自然狀況，而變革管理是一個持續的過程。管理者必須面對不斷改變的環境，具備全方位的技能與彈性，接受並導入新的觀念，才能生存下來。

(3) **今日觀點**

隨著經濟與文化變化的不停加速，我們對未來可預見度正不斷的下降。企業經營所遭遇干擾是常態性的，而且干擾發生後，也不會再回復到「靜水」的狀態。許多管理者永遠無法避開環境的驚濤駭浪，他們面對的是終日不斷的改變。所以固定而單純的環境已不存在，管理者必須做好準備，才能有效管理組織所面臨的變革。

☆ 小提點

變革過程觀點可用兩種極端比喻形容：

1.「靜海行船」觀點：適用於1950、1960年代的企業，管理者面對穩定且有秩序的環境，可規劃來達成。以李文（Lewin, 1951）的變革三部曲最具代表性。
2.「激流泛舟」觀點：適用於1990年代以後的企業，管理者面對不確定性高且動盪的環境，管理者無法預知，只能在過程中邊做邊學，逐步累積經驗。

📖 新視界

Lewin（1945）提出力場分析模式（force-field analysis），認為任何事物都處在一對相反作用力之下，且處於平衡狀態。其中推動事物發生變革的力量是：驅動力（助力）；試圖維持原狀的力量是：抗拒力（阻力）。並視組織為一動態系統，此系統處在二力作用的動態平衡之中。為了推動變革，驅動力必須超過抗拒力，從而打破平衡。亦即以助力改變原有阻礙力量，使其達成平衡，並能維持現狀，進而達成目標。力場分析圖是建立在這些作用力與反作用力基礎上的一個圖表分析模型。這些力量包括：組織成員、行為習慣、組織習俗及態度等。

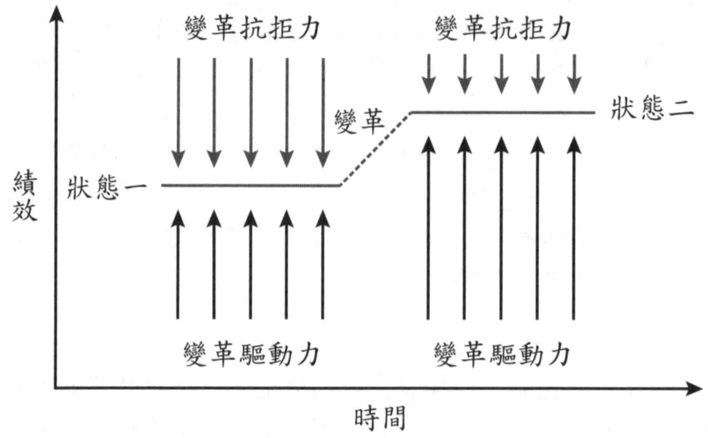

4. **組織變革的途徑**

根據學者**李維特**（Leavitt）的研究指出，組織或企業面臨變革的壓力所採取的**變革途徑可以歸納為下列三種**：

(1) **結構性改變**：改變組織結構及相關權責係，以求整體績效的增進。

(2) **行為的改變**：試圖改變組織成員思考方式、工作理念及做事態度等。

(3) **科技或技術性改變**：新科技、新自動化設備、新技術、新材料等改變。

> **小秘訣**
>
> 變革的步驟或途徑
>
> **李文**（Kurt Lewin）認為，成功的組織變革會遵循三個步驟：先將現狀**解凍（unfreezing），推動新變革（moving），最後再結凍（refreezing）**，以穩固變革效果。**李維特**（Leavitt）則認為組織變革的途徑可經由**結構、技術、行為**等三種不同的機能來完成。

結構	專業化分工、部門劃分、指揮鏈、控制幅度、中央集權與地方分權、制式化、工作再設計，以及實際的結構設計
技術	工作程序、方法與設備
人員	個人或團體—態度、期望、認知、行為

新視界

組織變革可依其程度區分為兩種類型：

1. **漸進式變革**（evolutionary change）：以循序漸進的方式去進行各項改善與調整，而能慢慢適應環境的變化，是逐步的、漸進的、有特定焦點的。如全面品質管理（TQM）。
2. **革命式變革**（revolutionary change）：是迅速的、激烈的、涉及整個組織的變革，可能造成劇烈的變動，包括全新的目標與結構、做事方法，如流程再造、結構重整、組織創新。

漸進的變革	革命的變革
持續進步	打破現有模式
影響組織部分	改變整個組織
透過正常結構與管理程序	創造新的結構與管理模式
技術改善	突破性技術
產品改善	新產品新市場

5. 組織變革的五種基礎

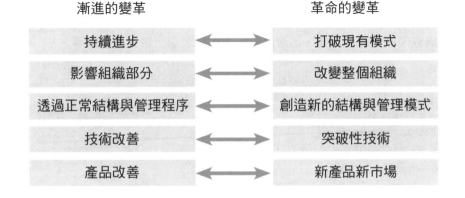

組織變革可基於五種基礎來進行：

(1) **技術為基礎的變革**：以技術為基礎的變革是指針對工作流程、生產方法、設備、控制系統與資訊系統所進行的變革與修正。

(2) **結構為基礎的變革**：以結構為基礎的變革是針對組織結構的基本要素，以及組織的整體設計所進行的改變。

(3) **文化為基礎的變革**：以文化為基礎的變革包括改變組織所共有的價值觀、信念、習慣，與基本行為，亦即文化變革就是企圖用一套新的價值或信念體系來替代舊有的價值或信念體系。

(4) **任務為基礎的變革**：以任務為基礎的變革主要是針對工作的內容、程序及步驟所進行的變革。

(5) **人員為基礎的變革**：以人員為基礎的變革是藉由改變員工的知覺、態度、能力與期望來試圖創造組織的變革。組織發展（OD）一詞便是描述著重於某些技術或方案，以改變員工及工作人際關係的本質和品質。

☆ 小提點

技術變革（technology change）主要內涵為**企業流程再造**（Business Process Reengineering, BPR），是**指對企業各層面之程序進行徹底的重新設計，以達到在成本上、服務上或時間上的主要改進**。重點包括：1.組織應該關注結果而非工作任務本身；2.讓使用該流程產出的人，包括內部或外部顧客參與整個流程；3.將權力分散到該做決策者人身上。

6. **組織發展**

組織發展（Organizational Development, OD）是一種組織改善的系統化方法，應用了行為科學理論與研究，以期能追求個人及組織的績效。**組織發展常用的技術有：調查回饋、程序諮商、團隊建立、團體間發展、敏感度訓練等。**

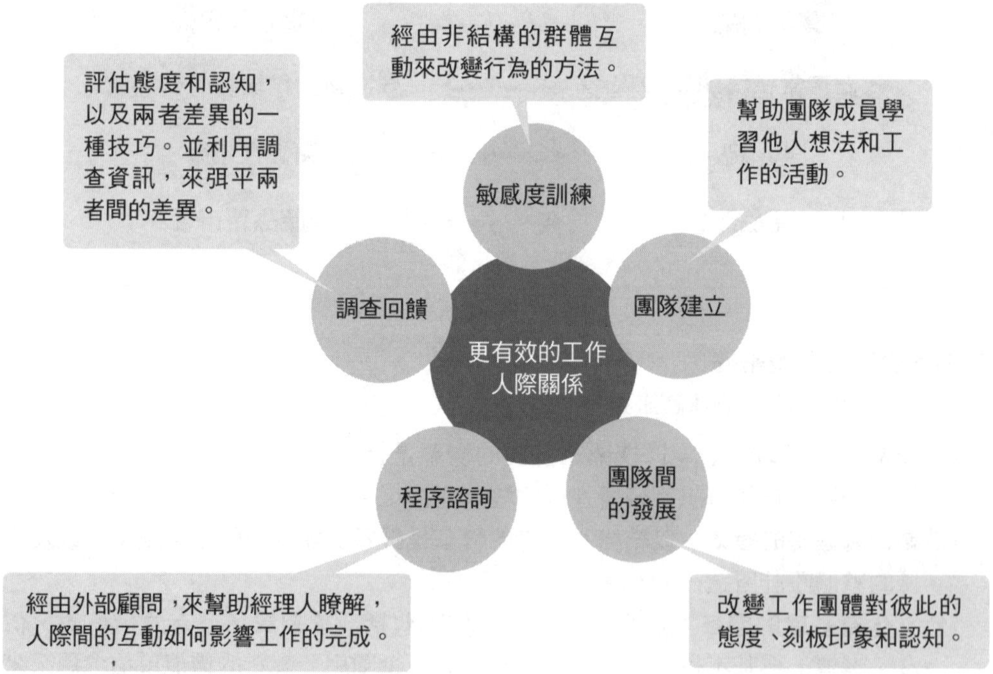

(1) **調查回饋**（Survey Feedback）：通常每位員工會收到一份問卷，要求其回答一連串有關組織活動的問題。根據調查的結果，可以瞭解員工可能會遭遇的問題。經過確認後，組織就可以採取適當的建設性變革，來補救和解決問題。

(2) **程序諮商**（Process Consultation）：主要是透過外部的顧問藉由觀察組織中的群體，來對他們的決策與領導程序、溝通型態、合作方式、以及衝突解決方式進行診斷，以協助管理者做必要之處理。

(3) **團隊建立**（Team Building）：目的是企圖加強在群體或團隊中工作的個人之滿足與效能，以提昇整個群體的績效。

(4) **團體間發展**（Intergroup Development）：企圖改善不同工作團隊間的關係，亦即團體間發展試圖透過改變一個團體對另一個團體的態度認知、刻板印象，來降低由於不同群體之間的相互依賴所造成的衝突，並促進彼此的合作。

(5) **敏感性訓練**（Sensitivity Training）：讓成員聚集在一個自由而開放的環境，由一位行為學家在旁引導進行討論及互動。目的在於使個人更瞭解自己的行為，瞭解別人對自己看法，對別人言行更具敏感度，以及增進個人對團體程序的瞭解。

7. **組織變革的步驟**

科特（John P.Kotter,2000）認為企業欲成功轉型須依循以下步驟而行：

1. **建立危機意識**
   考察市場和競爭情勢
   找出並討論，潛在危機或重要機會
2. **成立領導團隊**
   組成一個夠力的工作小組負責領導變革
   促成小組成員團隊合作
3. **提出願景**
   創造願景協助引導變革行動
   擬定達成願景的相關策略
4. **溝通願景**
   選用各種可能的管道，持續傳播新願景及相關策略
   領導團隊以身作則改變員工行為
5. **授權員工參與**
   剷除障礙
   修改破壞願景之體制或結構
   鼓勵冒險和創新之想法、活動、行動
6. **創造近程戰果**
   規劃明顯的績效改善或戰果
   創造上述戰果
   公開表揚、獎勵有功人員

7 鞏固戰果再接再厲

運用上述公信力，改變所有不符合轉願景之系統、結構和政策
聘雇、拔擢或培養能夠達成願景之員工
以新方案、主題及變革代理人給變革流程注入活力

8 讓新作法深植企業文化

創造顧客導向，等優秀的領導以及更有效的管理
明確指出新作為和組織的成功間關聯
訂定辦法，確保領導人的培養和接班動作

8. **造成組織變革抗拒的原因**

抗拒組織變革的理由有四點：不確定性、害怕失去既有的利益、認知差距，以及社會關係的重新建構。

(1) **不確定性**：組織變革會造成過去所熟悉的狀態加速轉變，而成為不確定性的與模糊的未來。組織成員往往會有一些既存的習慣和惰性，對於現狀每個組織成員或許都已經發展出一套完善的因應策略，而組織變革可能會造成現有因應策略的失效，取而代之的是組織變革所帶來的不確定性。面對這種不確定性，很多組織成員會感受到焦慮與不安。

(2) **害怕失去既有的利益**：組織變革會威脅一些現有利益者，並且可能改變對現有權力和資源的分配狀態。因此，對於既有利益愈大的組織成員，組織變革所帶來的潛在風險也愈大，導致其對組織變革的抗拒愈大。

(3) **認知差距**：當個人對於組織變革所可能產生的潛在利益看法不同時，對組織變革的承諾與認同便有不同。對組織變革的承諾與認同較低的員工，往往對組織變革的抗拒也較大。

(4) **社會關係的重新建構**：組織變革往往會改變組織中人與人之間的社會關係，例如，新的工作伙伴、新的工作場所、新的互動模式與新的非正式群體，而這種社會關係的重組與建構往往帶給組織成員很大的不安與焦慮。

9. **減少對變革抗拒的技巧**

管理者可以採取一些行動來減低組織變革的抗拒，這些技術包括：

(1) **教育與溝通**：組織抗拒很多是來自於觀點不同，藉由教育與溝通可讓組織成員瞭解變革的必要性，並建立互信基礎。

(2) **參與和涉入**：讓那些未來將直接會被變革所影響的員工，參加組織變革相關的決策過程，以增加合法性與正當性。

(3) **協助與支持**：透過組織的關懷與協助，來幫助員工處理與面對變革所帶來的恐懼和焦慮，如員工心理諮商、技能訓練、短暫的帶薪休假。
(4) **談判和協商**：當組織變革的抗拒來自於某一群體，談判和協商往往是必要的手段，以營造各退一步的局面。
(5) **操縱和拉攏**：操縱指扭曲事實、隱藏不利消息或製造假消息；買通或拉攏來收買抗拒團體的領袖等。
(6) **威脅與強迫**：包含直接威脅或強迫抗拒者接受變革，其主要缺點可能在於其非法性，例如對抗拒者減薪或解雇。

排除對變革抗拒作法的使用情境：

排除變革抗拒作法	常見的使用情境	優點	缺點
教育與溝通	當資訊缺乏或是資訊不正確時	一旦被說服，員工常會協助進行變革	如果涉入的人很多，可能會很耗時
參與和涉入	當發動變革者對於變革過程設計沒有足夠資訊，且其他人可能有很大的抗拒力量時	參與的人會願意進行變革，且相關的資訊會被整合在變革計劃中	如果參與者設計了不當的變革，非常耗時
協助與支持	當抗拒源自調適問題時	有變革調適的問題時使用	可能耗時、昂貴，但仍然失敗
談判與協商	當個人或群體在變革中會有明顯的損失，且他們擁有很大的抗拒力量時	有時為避免重大抗拒，是較容易方法	因要進行談判以改變他人，所以在很多情況下會很昂貴
操弄與籠絡	當其他的做法都無效或是太費時	可能是相對快速與不昂貴的抗拒解決之道	如果人們感受到被操弄，會導致未來的問題
外顯與內隱的強制	當速度很重要，且發動者有很大的力量時	很快速並可以解決各種抗拒	若因此使人們對變革發動者感到氣憤，則風險高

10. **當代變革管理的議題：**

員工個人壓力是目前管理者關心的議題之一，而組織文化是能否讓變革成功執行的重要因素。

(1) **員工壓力**：壓力（stress）是指個人面對特殊的需求、限制或機會等緊張情境時，在生理和心理所產生的一種反應，壓力本身不一定是壞的，它也有正面的價值。

A. **壓力的來源**：可能是員工個人的因素，也可能是來自於組織有關的事物。但變革是主要的壓力來源。

B. **降低員工壓力的作法**：管理者應試圖減輕的是那些會導致不正常工作行為的壓力，可採的方式：

員工甄選	當甄選新進人員時，須確定該人員能力符合工作要求，因為若是工作量超過員工個人負荷，則容易產生壓力。此外在甄試過程中，也可透過實際工作導覽降低對於工作的錯誤預期。
改善溝通	清楚且有效的溝通可使由模糊所導致的壓力降到最低。例如員工不懂主管的指令而產生壓力，應盡可能將模糊事項明確化。
目標管理	讓員工參與目標設定，可讓主管知道員工的負荷能力在哪裡，比較不會讓工作量超過員工個人能力，另外也可提高士氣，並增加自主性。
工作再設計	如果壓力是來自於工作的無聊或過度負荷，則將工作重新設計以增加挑戰性或降低負荷。
輔導諮詢	當員工願意接受且公司有提供該服務的情況下，可透過主管、內部輔導人員或外部專業機構協助，設法幫助員工解決其問題。例如台灣電力公司同心園地的園丁會協助有需求的員工，提供多方面的諮詢服務。

(2)**組織文化**：組織文化穩定而久遠的特質，使組織本身對許多變革無動於衷，而文化常需很久的時間才能形成，而一旦形成後，它便根深蒂固。強勢的企業文化尤其難以改變。而如何改變組織文化，

A. **瞭解情境因素**：應瞭解哪些是有利的情況容易促進文化的改變，例如發生重大的危機（財務危機、競爭者在技術上的重大突破等）、領導者更換人（新領導者可能帶來一套完全不同的價值觀）。

B. **完成文化變革**：管理者需要有一套完整而協調的策略來管理文化的變革。

a.透過管理行為製造氛圍，尤其是高階管理者必須是正面模範。

b.創造新的故事、象徵及儀式。

c.員工的甄選與升遷制度，採取新的文化價值。

d.改變組織的社會化過程，以配合新的文化。

e.鼓勵接受新文化，並改變獎酬系統。

f.以清楚明確的期望代替不成文規範。

g.透過工作輪調與終止職務，撼動目前的次文化。

h.透過員工參與獲得認同，並創造高度信任的風氣。

基礎題型

解答

1 針對組織內的部分做大幅修正或調整管理上稱為? (A)組織規劃 (B)組織變革 (C)組織革命 (D)組織文化。 【107農會】 (B)

考點解讀 組織變革是指針對組織內的某些部分所做的大幅修正或調整，組織變革可以包括組織結構的變遷、工作流程的改變、管理幅度的調整、工作人員的更新，以及組織設計的變化等。

2 下列何者是推動組織變革的內部力量？ (A)消費者需求的改變 (B)政府新的法令規章 (C)科技的改變 (D)員工態度的改變。 【108台酒】 (D)

考點解讀 推動組織變革的內部力量有：企業經營策略變動、組織結構僵化、組織流程調整、員工態度的改變等。外部力量則有：政府新的法令規章、經濟及科技改變、新競爭者的加入、消費者需求的改變等。

3 下列何者不屬於引發變革的組織內部環境因素？ (A)組織策略修訂 (B)員工態度改變 (C)人員結構調整 (D)科技變化。 【104自來水】 (D)

考點解讀 引發變革的組織內外部環境因素：

外部因素	內部因素
‧消費者的需求改變 ‧新的政府法令 ‧科技改變 ‧經濟情勢改變	‧新的組織策略 ‧勞動力組合的改變 ‧新設備 ‧員工態度的改變

4 「變革管理」，是屬於下列哪些人的責任？ (A)低階管理者 (B)中階管理者 (C)高階管理者 (D)所有的管理者。 【108漢翔】 (D)

考點解讀 變革是管理者工作的一部份，由於環境的不確定性，所以需變革。

5 在組織變革程序中引進外界專家來作為變革促發者（Change agent）的最大缺點是： (A)專業能力不足 (B)經驗不足 (C)對組織的了解不足 (D)時間有限。 【103台酒】 (C)

考點解讀 外界專家來作為變革促發者（Change agent）的最大缺點是對整個組織的歷史了解極為有限、對組織的了解不足。

解答

6 下列何者不是李文（Lewin）所提組織變革的三階段其中之一？ (A)解凍 (B)認知 (C)變革 (D)再凍結。 【107郵政】 (B)

考點解讀 李文（Lewin Kurt,1951）提出「組織變革三部曲」，認為成功的組織變革需要經歷：(1)使目前狀態溶解的解凍（unfreezing）；(2)變革或改變（changing）為新局面；(3)再凍結（refreezing）變革後的新狀態等三個階段。

7 勒溫（Kurt Lewin）提出組織變革途徑中，其中行為改變有三個階段，不包含哪一個階段？ (A)維持階段 (B)解凍階段 (C)再凍結階段 (D)改變階段。 【107鐵路營運專員、102郵政、101中華電信】 (A)

8 Lewin所提出組織變革過程所包含的步驟，不包括下列何者？ (A)變革（Implementation） (B)解凍（Unfreezing） (C)恢復（Recovery） (D)再凍結（Refreezing）。 【107台糖】 (C)

9 庫爾特．勒溫（Kurt Lewin）認為進行組織變革，應進行下列那些程序：A.變革；B.組織架構；C.解凍；D.再凍結 (A)A→B→C→D (B)C→B→A→D (C)C→A→D (D)A→B→D。 【111鐵路】 (C)

考點解讀 勒溫（Kurt Lewin）提出的變革三部曲係以「解凍、變革、再凍結」三步驟來進行。(1)解凍（unfreezing）：須將有助於改革之力量，予以增強。(2)改變（moving）：採用新的機制、方法來改變組織或部門之行為。(3)再凍結（refreezing）：使組織穩固於一種新的均衡狀態。

10 學者列溫（Lewin）提出所謂的「組織變革三部曲」，依序為解凍、改變，然後為： (A)整合（integration） (B)再凍結（refreezing） (C)調適（adaptation） (D)改造（reengineering）。 【104郵政】 (B)

考點解讀 組織變革的三步驟：解凍→改變（改造）→再凍結。

11 學者Leavitt認為組織變革的途徑可以經由不同的選擇來完成，其中不包含下列何者？ (A)組織結構 (B)工作技術 (C)員工行為 (D)領導風格。 【107經濟部】 (D)

考點解讀 根據學者李維特（Leavitt）的研究指出，組織或企業面臨變革的壓力所採取的變革途徑可以歸納為下列三種：(1)結構改變：指改變組織結構或相關權責，以求提升組織之整體營運績效，有效因應快速變遷的環境。(2)行為改變：指改變組織成員的思考邏輯、理念及做事態度等，進而改變其行為，以改善工作效率，提升組織營運成果。(3)科技改變：透過新科技、電腦化、自動化等技術來提升組織生產績效。

解答

12 在組織變革的類型中，工作程序、方法與設備的修改，是屬於下列哪一種類型的變革？ (A)
(A)技術變革 (B)結構變革
(C)人員變革 (D)文化變革。 【106台糖】

考點解讀 技術變革是指針對工作流程、生產方法、設備、控制系統與資訊系統所進行的變革與修正。

13 企業導入CRM 系統，是屬於何種變革類型？ (D)
(A)組織結構變革 (B)行為變革
(C)人員變革 (D)技術變革。 【105自來水】

考點解讀 客戶關係管理系統（Customer Relationship Management, CRM）是一套管理制度，也是一套軟體和技術，其本質是吸引客戶，留住客戶，實現客戶利益最大化。企業導入CRM 系統，是屬於技術變革類型。

14 科學管理著重於藉由操作層面上改善以提昇工作效率，此種方式屬於下列何種組織變革？ (A)
(A)技術變革 (B)結構變革
(C)員工變革 (D)回應變革。 【104自來水】

考點解讀 主要的技術變革包括新設備、新工具和新工法的引進，及自動化或電腦化等，主要目的在提升工作效率。

15 組織發展（organizational development, OD）屬於何種類型的組織變革？ (C)
(A)結構變革 (B)技術變革
(C)人員變革 (D)流程變革。 【105中油】

考點解讀 人員變革主要在改變人員的態度、期望、認知及行為。而組織發展：專注在人員，以及人際關係本質改變的議題。所以組織發展（OD）屬於人員變革的組織變革類型。

16 下列何者並非組織發展（organizational development）的技巧？ (B)
(A)調查回饋（survey feedback）
(B)操縱籠絡（manipulation and co-optation）
(C)程序諮商（process consultation）
(D)團隊建立（team building）。 【103中油】

考點解讀 操縱籠絡（manipulation and co-optation）是減少對變革抗拒的技巧。

解答

17 科特（John P. Kotter）提出組織變革的八大步驟，其中的第一步驟為下列何者？ (B)

(A)提出願景和策略 (B)建立危機意識
(C)成立領導團隊 (D)創造近程戰果。 【103台北自來水】

考點解讀 步驟一：建立危機意識——危機意識是變革的必要前提，除了可以消除組織中存在的不良情緒，還能檢討不良情緒對於變革的破壞。內容包括：考察市場和競爭情勢、點出並且討論危機與潛在危機的重要機會。

18 下列何者最不足以說明組織推動變革時會產生抗拒變革的理由？ (B)

(A)變革會損及個人的利益
(B)變革會帶給競爭者不勞而獲的機會
(C)變革導致個人或部門不能再以早已習慣的方式解決問題
(D)變革有可能導致組織生產力或產品品質的降低。 【105郵政】

考點解讀 其他抗拒變革的理由尚有：(1)變革的不確定性；(2)成員的認知及目標不同；(3)企業組織內部的社會關係面臨重新建構。

19 員工之所以抗拒組織變革，通常不會是因為下列哪一個原因？ (B)

(A)害怕失去既有的利益
(B)變革的確定性
(C)員工的認知與目標不同
(D)企業組織內部的社會關係面臨重新建構。 【104郵政】

考點解讀 變革的不確定性。

20 一般而言下列何者不是抗拒組織變革的原因？ (D)

(A)不確定性 (B)自身利益受損
(C)缺乏信任 (D)心理契約實現。 【101自來水】

考點解讀 心理契約是一種正式定義員工與組織之間權利義務的非正式契約。乃植基於員工的認知，亦即人們認為自己的貢獻已經得到組織承諾，未來會有所回饋，因而擬訂了一份無形、動態契約來報答對方。

21 下列何者不是減低抗拒變革的方法？ (A)教育與溝通 (B)談判 (C)協助與支持 (D)若無其事。 【108台酒】 (D)

考點解讀 Kotter 和 Schlesinger 提出六種降低抗拒變革的方法：教育與溝通、參與和涉入、協助與支持、談判和協商、操縱和拉攏、威脅與強迫。

進階題型

解答

1 甲資訊企業集團最近正面臨組織變革的問題，下列那個因素比較不是導致該集團必須進行組織變革的原因： (A)資訊產業中不斷有強力的新競爭者的加入 (B)產業中相關技術不斷進步，導致產品生命週期變得更短 (C)連日大雪使得美西幾個重要港口封港，影響產品交期 (D)組織策略有重大改變，決定切入平板電腦等新市場。【103鐵路】 (C)

考點解讀 一般來說，組織結構變革的原因在於：(1)企業經營環境的變化：組織結構是實現企業策略目標的手段，外部環境的變化必然要求企業組織結構做出適應性的調整。包括國民經濟增長速度的變化、產業結構的改變、政府經濟政策的調整、科技的發展等。引起產品和工藝的變革等。(2)企業內部條件的變化：主要包括：技術條件的變化、人員素質的提高 、管理行為改變、領導與決策等。(3)企業本身成長的要求。相對而言，自然環境改變並非導致該組織變革的主要原因。

2 甲公司從原本功能別的部門設計改變為依照產品別來劃分部門，這是屬於何種組織變革？ (A)人員變革 (B)結構變革 (C)技術變革 (D)態度變革。【112郵政】 (B)

考點解讀 根據學者李維特（Leavitt）的研究指出，組織或企業面臨變革的壓力所採取的變革途徑可以歸納為下列三種：

(1)結構變革：指改變組織結構或相關權責，以求提升組織之整體營運績效，有效因應快速變遷的環境。

(2)行為變革：指改變組織成員的思考邏輯、理念及做事態度等等，進而改變其行為，以改善工作效率，提升組織營運成果。

(3)技術變革：透過新科技、電腦化、自動化等作業來提升組織生產績效。

3 下列哪一項不是組織變革的原因？ (A)公司內部營運效率低下 (B)市場競爭環境變化 (C)經濟不景氣 (D)公司營收持續增長。【113鐵路】 (D)

考點解讀 任何組織常由於內在及外在因素，而使整個組織結構不斷在改變。這些變革有些是主動性與規劃性的改變；而有些則是被動性與非規劃性改變。本題題意應是公司營收持續衰退才是造成組織變革原因。

4 「靜海行船」的環境就像日漸消失的綠洲一般，已經非常少見，面對現今「急流泛舟」的變革過程所描述的環境特性，最接近下列那一種情境？ (A)周延性 (B)確定性 (C)不確定性 (D)循環性。【103鐵路】 (C)

考點解讀 「急流泛舟」（white-water rapids metaphor）的觀點似乎更貼近現實世界，由於今日的管理者面對著不確定性高且動盪的環境，顧客偏好迅速改變、競爭

解答

者不斷推陳出新、技術快速發展、無法預知的天然災害等紛爭。在此情況下，變革不可能按部就班的進行，管理者必須放棄傳統的束縛，具備全方位的技能與彈性，才能快速回應環境的變化。

5 組織變革是許多企業組織不斷在推動的工作，對於組織變革的敘述，下列何者錯誤？ (A)學者李文（K. Lewin）所提三階段變革模式，其中改變（Changing）為第一階段 (B)組織策略與員工態度為變革的內部力量 (C)人們常認為變革不符合組織最大利益的信念而抗拒改變 (D)組織可透過教育與溝通來減少變革抗拒。【102台糖】 (A)

考點解讀 學者李文（K. Lewin）所提三階段變革模式，其中解凍（unfreezing）為第一階段。

6 企業流程再造（Business Process Reengineering）不包含______。(A)運作流程的改變 (B)成本支出的減少 (C)組織各面向的績效提升 (D)對舊有流程進行修正，提昇效率。【104港務】 (D)

考點解讀 企業流程再造（Business Process Reengineering, BPR）的途徑：(1)發展再造的目標與策略；(2)強調高階管理當局對再造的承諾；(3)在組織每一位成員之間創造出危機意識感；(4)全新的重新出發：新的組織、流程；(5)兼顧由上而下與由下而上的觀點。

7 下列有關組織發展（organizational development）的敘述，何者有誤？(A)組織發展是協助組織變革能夠成功的各種方法 (B)目標管理是屬於發展個人適應變革的技術之一 (C)角色扮演是讓管理者更換到不同的單位工作，學習更多的工作實務技巧 (D)敏感度訓練是利用群體討論的方式，以學習合適的人際關係與行為模式。【103台電】 (C)

考點解讀 工作輪調是讓管理者更換到不同的單位工作，學習更多的工作實務技巧。

8 某位員工因為擔心組織結構調整後，他將無法跟原本熟悉的工作夥伴在同一單位工作，所以反對公司在組織結構調整上的變革，該員工抗拒變革的因素是屬於下列何者？ (A)管理階層因素 (B)員工個人利益因素 (C)群體因素 (D)員工個人價值觀因素。【105台酒】 (C)

考點解讀 屬於群體因素，亦即企業組織內部的社會關係面臨重新建構。

9 〈複選〉下列何者是組織成員抗拒變革的原因？ (A)由外界壓力造成 (B)變革產生不方便的感覺 (C)變革威脅到傳統規範與價值的改變 (D)組織穩定。【107鐵路營運人員】 (A)(B)(C)

解答

考點解讀 組織成員抗拒變革的可能原因有：(1)由外界壓力造成；(2)害怕失去既有的利益；(3)變革產生不方便的感覺；(4)變革不確定性；(5)懷疑變革的效果；(6)成員的認知及目標不同；(7)變革威脅到傳統規範與價值的改變；(8)管理者與成員間缺乏信任；(9)企業組織內部的社會關係面臨重新建構；(10)變革與組織目標利益不符。

10 在減少抗拒變革的方法中，透過扭曲事實、隱瞞負面資訊、或散播不實謠言等方式暗中影響結果，稱之為： (A)
(A)操縱（manipulation） (B)參與（participation）
(C)支持（support） (D)教育（education）。 【105中油】

考點解讀 (B)指讓那些未來將直接會被變革所影響的員工，參加組織變革相關的決策過程。(C)指透過組織的關懷與協助，來幫助員工處理與面對變革所帶來的恐懼和焦慮，進而提昇員工的層次。(D)藉由讓員工瞭解變革的全貌減低對變革的抗拒，前提是適用於溝通不良或資訊錯誤所造成的抗拒。

11 關於變革與組織文化之間的關係，下列何者敘述正確？ (A)變革通常都能符合組織文化 (B)組織文化通常導致人員對變革的抗拒 (C)組織文化通常可在數月之間改變 (D)組織文化可容易地被有目的的改變。 【104港務】 (B)

考點解讀 組織文化穩定而久遠的特質，使組織本身對許多變革產生極力的抗拒。文化常需很久時間才能形成，而一旦形成後，它便根深蒂固。強勢的文化特別會抗拒變革，因為員工對原來的文化已經非常認同。

12 一家企業創業成功之後，若想躍升為市場上的領導者，並為股東帶來財富，下列哪一個做法是無效的？ (A)重新定義市場 (B)堅守原來的成功方程式 (C)更深入了解顧客的潛在需求 (D)提供高度差異化的產品。 【105郵政】 (B)

考點解讀 在瞬息萬變動盪的市場上，企業堅守原來的成功方程式，很容易被市場所淘汰。學者薩爾（Donald N. Sull）在其所著《成功不墜》（Revival of the Fittest）一書，指出：「當一家公司業績達到頂峰時，當組織做出一系列承諾-對核心策略、主要顧客，或創新流程-逐漸建構該公司的成功方程式時，領導人即播下失敗的種子。」

13 有關組織變革之敘述，下列何者有誤？ (A)組織變革意指組織結構、技術或人員的改變或調適 (B)變革程序的三步驟為結凍至解凍再至改變 (C)人們會抗拒組織變革的原因包括不確定性、習慣、害怕個人損失等 (D)可藉由員工參與提升支持度。 【111經濟部】 (B)

考點解讀 變革程序的三步驟為解凍至改變再至結凍。

解答

14 促進變革的外部驅動力不包括下列何者？ (A)技術革新 (B)經濟環境改變 (C)員工績效評估方式改變 (D)顧客需求改變。 【111台酒】 (C)

15 在面對減輕抗拒變革時，下列何項技巧為當需要強大團體支持之使用時機？ (A)教育與溝通 (B)參與 (C)操弄與投票 (D)談判。 【111台酒】 (C)

考點解讀 當需要強大團體支持時，操弄與收編係透過製造假訊息，隱藏不利消息的方式，來提升員工對於變革的好感度。

非選擇題型

1 李文（Lewin）提出的組織變革（遷）3步驟，分別為：______、執行變革（遷）及再結凍。 【106台電】

考點解讀 解凍（unfreezing）：現狀是一個平衡的狀態，解凍是改變這種平衡的手段，可視為變革的預備，手段如下：
(1)增加驅動力（driving forces）：促進變革並遠離現狀。
(2)減少約束力（restraining forces）：降低反抗變革的變數，並使情況維持在現狀。
(3)同時結合上述兩種方式。

2 解釋名詞：Lewin的變革過程（Lewin's change processes）。 【107台電】

考點解讀 Lewin提出的變革三部曲是以「解凍、變革、再凍結」三步驟來進行。

3 管理學者李維特（Leavitt）認為組織改變可經由三種途徑進行，除結構性改變外，尚包括______及______。 【105台電】

考點解讀 行為性改變（變革）／人員改變（變革）、科技性改變（變革）／技術性改變（變革）。

4 管理者遇到需要改變工作組織或環境時會進行______變革，其可做的有結構、技術及人員3種變革，如大型超市使用電腦連線的掃描器，以提供即時的存貨資訊，係屬______變革。 【101台電】

考點解讀
(1)組織變革：於組織內任何結構、技術與人員的調整。
(2)技術變革：主要的技術變革通常包含新設備、新工具、新作業方法的引進，近年來產業中的競爭性因素或創新技術涵蓋：
A.自動化：以機器取代人力的科技變革。
B.電腦化：近年來最明顯的資訊系統變革。

5 管理者為因應內外在環境需求而進行組織變革時，常面臨強大的抗拒改變力量。請舉出5種降低組織變革阻力的方法，並簡述其內容。 【105台電】

考點解讀 降低組織變革阻力的方法：

(1)教育與溝通：與員工溝通，並讓員工了解變革的重要性與必要性。

(2)參與與涉入：讓抗拒者參與決策者的制定過程，如果藉由抗拒者提供有意義的建議，也能提高變革的品質。

(3)協助與支持：當員工對於變革焦慮不安時，管理者應給予適當輔導與訓練。

(4)協商與協議：利用付出代價的方式，降低員工抗拒。亦即如有個人或團體因為變革而遭受損失，則管理者予以利益補償。

(5)操縱與吸納：利用掩飾缺點、扭曲事實的方式，讓變革變得有吸引力；隱瞞對變革的不利資訊，散布有利變革的謠言，促使員工接受變革。

(6)威脅與強迫：直接威脅或強迫抗拒者接受變革，其手段包括對抗拒者威脅減薪或解雇等。

焦點 2 組織創新與成長

1. **組織創新**（Organizational Innovation）：現代企業了實現管理目的，將企業資源進行重組與重置，採用新的管理方式和方法，新的組織結構和比例關係，使企業發揮更大效益的創新活動。

(1) **激發並培育創新作法**

如何組織更有創意作法，包括：必須關心投入及轉換過程：

A.投入包括具有創意的員工、團隊；B.需要適當的環境。

如下圖所示：

☆ 小提點

創意（creativity）是指藉由某種特殊方法，將不同想法或概念結合的能力。
創新（innovation）將創意轉變為有用的產品或工法的過程。

(2)**促進組織創新的因素**有三：

A. 組織結構：有機結構、更大分權、充沛豐富的資源、單位間頻繁的交流。

B. 企業文化：**對模糊的接受、對不切實際或高創意忍受度高、外控程度低、對風險容忍度高、對衝突容忍度高、注意結果而非手段、強調開放式系統、鼓勵正向回饋。**

C. 人力資源：支持高度訓練與發展的人力資源政策、高度的工作保障、招募與甄選具有創意的員工。

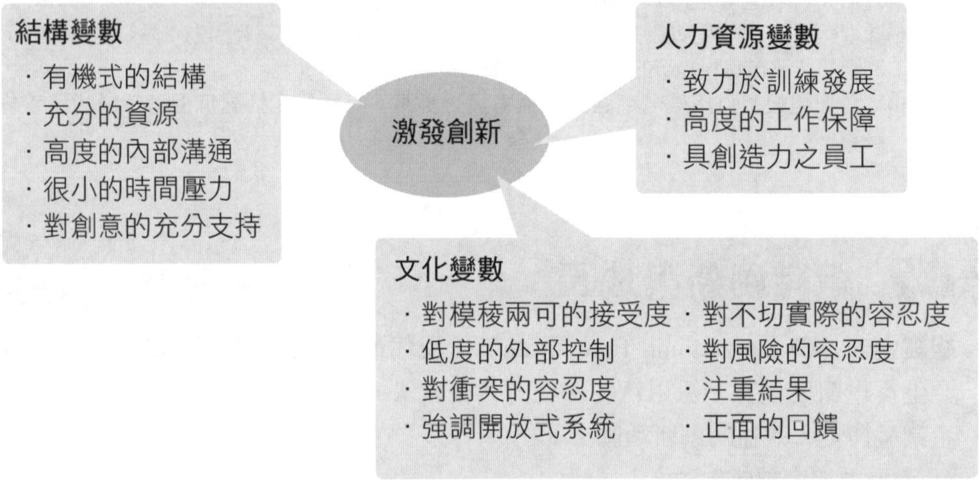

2. **組織成長**（Organizational growth）：以顧林納（Greiner, 1972）的研究最為著名。他將組織的成長階段化。每個階段都有組織成長的方式，也都有每個階段的危機，有各自的問題。透過管理的策略，不斷的突破，達成組織的成長。

小秘訣

顧林納（Greiner L.E,1972）提出「組織成長階段理論」（Stage Theory），認為一個在成長的組織通常會經過五個階段，五個階段各有其成長動力、面對危機：

階段1.組織創立時，成長靠創造力

階段2.領導危機發生時，成長靠命令

階段3.自主性危機發生時，成長靠授權

階段4.控制危機發生時，成長靠協調。

階段5.硬化危機發生時，成長靠合作。

【口訣】

成長動力：創 命 授 協 合

面對危機：領 自 控 硬 ？

1 第一階段，這個階段的成長是經由創造力（creativity）而產生的。

創業者創造了產品及市場，掌握了組織的活動與發展。重視業務或技術，不重視管理活動。隨著組織成長，管理的問題愈來愈複雜，創業者愈來愈感覺到無法以個人非正式溝通和努力解決，因而產生「領導危機」（crisis of leadership）。

即此階段組織業務日趨複雜，導致管理問題層出不窮。

2 第二階段，這個階段的成長是經由領導命令（direction）。

創業者將管理問題交給專業經理人。以專斷，集權管理方式來指揮各級管理者，而不是讓他們獨立自主。組織在此時得以成長、穩定。但隨之而來的是「自主危機」（crisis of autonomy）。即組織成長，事務漸繁多，事事請示，有待上級裁示，不能滿足需要，不習慣集權方式的紛紛求去。

3 第三階段的成長是經由授權（delegation）而產生。

為了解決自主危機，高階主管採取授權方式管理，將權力下授，容許各級主管有較多的決策權。高階主管只保留最低限的控制。組織遂能取得進一步的發展。這個階段會因為過分採用分權制度而造成「控制的危機」（crisis of control）。造成濃厚的本位主義，各自為政，意見十分分歧，不易整合。

4 第四階段，利用協調方式解決了控制危機。

企業在既有的分權組織下，採取加強各功能協調，如設委員會，整體規劃和管理資訊系統，增加高階主管對整個公司活動活動和發展瞭解與掌握。這一階段的危機來自老化，硬化或官僚化（red tape）的危機。為了達到協調目的，加上了許多工作上的步驟手續和規定。組織愈大，標準作業流程就愈多，為了達到這些作業流程的規定，組織成員會形成重視規定，標準作業程序，而忘了當初設這些作業規章的目的。

5 第五階段的成長是經由合作（cooperation）而成長的。

為了解決老化，硬化的危機，透過團體合作和自我控制，以達協調配合的機制。經由這個階段的成長，會遇到什麼危機，顧林納本人也不敢確定。

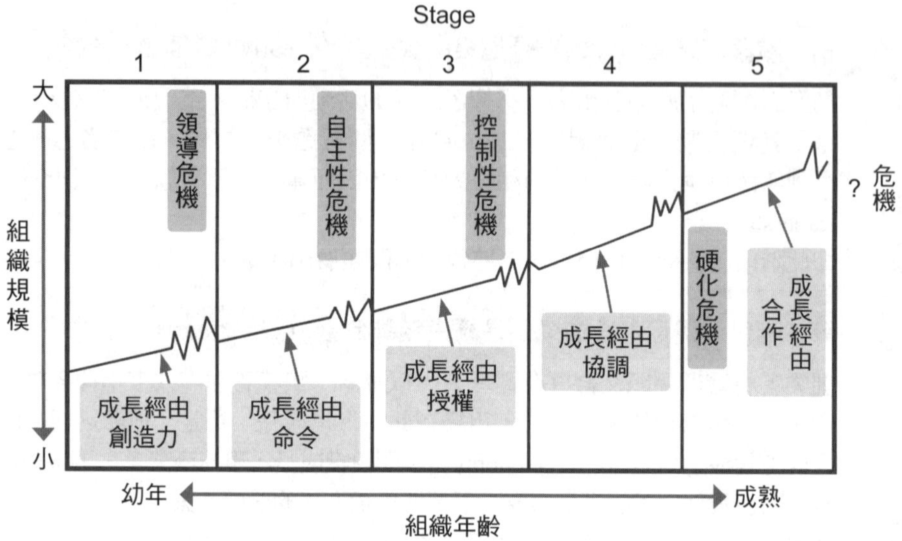

基礎題型

解答

1 現代企業就是為了實現管理目的，將企業資源進行重組與重置，採用新的管理方式和方法，新的組織結構和比例關係，使企業發揮更大效益的創新活動，此組織活動稱為下列何者？　(A)組織創新　(B)組織再造　(C)賦權（Empowerment）　(D)組織變革。　【103經濟部】 **(A)**

考點解讀　組織創新的主要內容就是要全面系統地解決企業組織結構與運行以及企業間組織聯繫方面所存在的問題，使之適應企業發展的需要，具體內容包括企業組織的職能結構、管理體制、機構設置、橫向協調、運行機制和跨企業組織聯繫六個方面的變革與創新。

2 組織激發創新的誘因可分屬於組織結構、組織文化和人力資源三種構面。下列哪一個誘因不屬於人力資源構面？　(A)對衝突的容忍度　(B)具創造力的員工　(C)高度的工作保障　(D)致力於訓練與發展。　【105郵政】 **(A)**

考點解讀　促進組織創新的因素有三：

(1)組織結構因素：有機結構、充沛豐富的資源、單位間高度的溝通。

(2)組織文化因素：對模糊的接受、對不切實際或高創意忍受度高、外控程度低、對風險容忍度高、注意結果而非手段、強調開放式系統。

(3)人力資源因素：支持高度訓練與發展的人力資源政策、高度的工作保障、有創意的成員。

解答

3 下列哪一項因素可增進組織創新的發生？ (B)
(A)機械式組織 (B)有機式組織
(C)官僚式組織 (D)科層式組織。 【104港務】

考點解讀 低度制式化、分權化、高度彈性、充分資訊分享的有機式組織。

4 下列何者不是創新文化的特徵？ (A)
(A)高度的外部控制 (B)注重結果，而非手段
(C)授權的領導 (D)對不切實際的容忍度。 【108郵政】

考點解讀 創新的組織文化特性包括：接受模糊性、對不合實際的容忍、低度外部控制、對風險的容忍、衝突的容忍、著重目的而非方法、強調開放式系統。

5 根據Greiner的組織成長階段理論，隨著組織規模逐漸擴大，組織可能經歷的危機依序為何？ (D)
(A)自主性→領導→硬化→控制
(B)控制→自主性→硬化→領導
(C)硬化→領導→自主性→控制
(D)領導→自主性→控制→硬化。 【102經濟部】

考點解讀 Greiner認為一個企業在成長過程會有五個階段，各有其成長方式與所面對的危機，如下表所示：

階段	成長的動力	成長的危機
1	創造力	領導
2	命令	自主
3	授權	控制
4	協調	硬化
5	合作	?

6 顧林納（Greiner）提出組織成長階段理論，將企業成長分為五個階段，在第三階段邁入第四階段時，企業將產生何種危機？ (B)
(A)領導危機 (B)控制危機
(C)自主性危機 (D)硬化危機。 【103台電】

考點解讀 階段三：成長是經由授權；因過度採分權制度而造成「控制的危機」。

進階題型

解答

1 下列何者無法刺激組織創新？ (A)具備充足資源的組織 (B)對不切實際或高創意忍受度低的企業文化 (C)對風險的忍受度高的企業文化 (D)支持高度訓練與發展的人力資源政策。【104自來水】 (B)

考點解讀 對不切實際或高創意忍受度高的企業文化。

2 下列哪一項因素可促進組織創新的發生？ (A)高度制式化、集權化的機械式組織 (B)高度彈性、充分資訊分享的有機式組織 (C)對犯錯員工給予重懲的組織 (D)一言堂式的組織。【105自來水】 (B)

考點解讀 (A)低度制式化、分權化的有機式組織；(C)採正面回饋，盡量避免懲處；(D)強調開放式系統、高度內部溝通。

3 在組織生命週期中，下列何項階段為正式化程度較低，沒有明確的分工，主要的決策是由創辦人決定的階段？ (A)

(A)創業階段 (B)合作協力階段
(C)正式化及控制階段 (D)結構精緻化階段。【103中華電信】

考點解讀 Quinn & Cameron提出四階段組織生命週期：分成創業階段、合作協力階段、正式化與控制階段、結構精緻化階段。

(1)創業階段（Entrepreneurial Stage）：較少明文規定、沒有明確分工、較少計畫和合作、正式化程度低、主要決策由創辦人決定、有許多新想法、強調創業資源配置與經營利基。

(2)合作協力階段（Collectivity Stage）：出現非正式溝通、有凝聚力產生、工作時間長、員工具有高度組織承諾與使命感。

(3)正式化與控制階段（Formalization & Control Stage）：相當正式化、穩定結構、強調效率與維持、有更多正式化規則和程序、組織行事風格較保守。

(4)結構精緻化階段（Elaboration of Structure Stage）：權力下放、本業擴張、組織因應環境調適與更新。

非選擇題型

1 根據顧林納（Greiner）提出組織成長階段理論，認為組織成長歷程中會遭逢許多危機和挑戰，依該理論所述，組織第一階段是經由________成長。【111台電】

考點解讀 創造力/創造。

2 Greiner的組織成長階段理論（Stage Theory），組織成長的過程依規模及年齡可劃分成五個階段，每個階段都有成長動力與面臨的危機，請以圖形表示並扼要說明之。【100經濟部】

考點解讀 組織成長階段理論（Stage Theory）又稱「組織生命週期理論」，是由顧林納（Greiner）於1972年所提出，其理論模型如下圖所示：

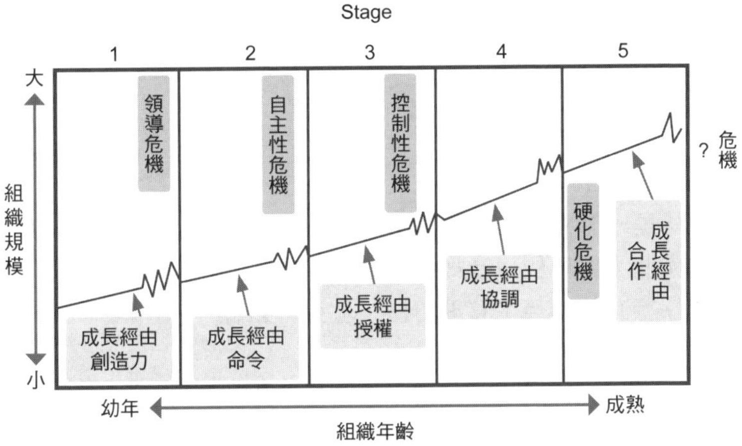

階段1：成長是經由創造力；瓶頸是管理問題層出不窮，產生「領導危機」。
階段2：成長是經由領導命令；事務漸繁多，有待上級裁示，產生「自主危機」。
階段3：成長是經由授權；因過度採分權制度而造成「控制的危機」。
階段4：成長經由協調；重視規定，標準作業程序，造成「硬化或官僚化危機」。
階段5：成長經由合作；透過團隊合作，以達目的，會造成何種危機無法確定。

Chapter 04 績效管理與員工績效評估

企業為了要確認組織各層級的目標是否達到預定的成效，必須制訂適當的績效管理計畫，以管理組織績效、部門績效以及員工個人績效的表現。

焦點 1 績效評估導論

1. **績效管理與績效評估**

(1) **績效管理**：是一套有系統的管理活動過程，用以建立組織與個人對目標以及如何達成該目標的共識，進而採行有效的員工管理方法，並提升目標達成的可能性。

(2) **績效評估**：是一套正式的、結構化的制度，用以衡量、評估以及影響與員工工作有關的特性、行為和結果，從而發現員工的工作成效、探究該員工未來是否能有更好的表現，以期員工與組織都能獲益。

> **小秘訣**
>
> **績效管理**：指管理者與員工之間就目標與如何實現目標上達成共識的基礎上，透過激勵並協助員工取得優異績效，從而實現組織目標的管理方法。
>
> **績效評估**：又稱績效考核，是針對員工專業領域表現所做的評量。

績效管理與績效評估考核比較如下：

區別點	過程的完整性	側重點	出現的階段
績效管理	一個完整的管理過程	側重於訊息溝通與績效提高，強調事先溝通與承諾	伴隨著管理活動的全部過程
績效評估	管理過程中的局部和手段	側重於判斷和評估，強調事後的評價	僅出現在特定的時期

2. **績效評估的目的**

(1) 作為升遷與薪資報償調整的參考。

(2) 個人的前程發展管理的依據。

(3) 誘導並改進部屬的行為及努力的方向。

(4) 提昇組織整體的績效。

3. **績效評估的原則**

(1) 應對評估的職務先做工作分析，再作績效評估。

(2) 評估標準要很明確。

(3) 績效評估應針對工作本身作評核。

(4) 評估過程要客觀公正。

(5) 平時考核重於定期考核。

(6) 評估結果應有高低區別。

(7) 須依據評估結果獎懲或升遷。

4. **組織績效的面向及其評估指標**

(1) **財務績效指標**：與財務有關的指標，如投資報酬率、淨值報酬率、盈餘成長率、投資的現金流量、獲利率、應收帳款週轉率等。

(2) **營運績效指標**：與營運有關的指標，如產品或服務種類、新產品的開發、產能利用率、企業目標達成度、整體公司績效等。

(3) **人力資源指標**：與人資有關的指標，如員工生產力、員工平均收益、員工流動率、人員認同程度、吸引員工的能力等。

(4) **市場績效指標**：與市場有關的指標，如企業聲譽、企業排名、市場佔有率、市場成長率、顧客滿意度等。

(5) **適應性指標**：與組織適應性有關的指標，穩定性、適應力、環境控制、創新能力、技術發展能力、新產品上市的成功率等。

5. **個人績效衡量的指標**

(1) **產量**（productivity）：衡量員工每單位時間（日／周／月）的產出，如生產量或銷售業績。

(2) **品質**（quality）：衡量符合或超越顧客能力的表現，如良率、退件頻率、顧客抱怨頻率。

(3) **及時性**（timeliness）：衡量某時間點（日／周／月）工作完成的狀況及時交付，多少百分比延遲。

(4) **成本管控**（cost control）：衡量組織每一單位人員、作業內容所必須花費的成本（每單位成本、庫存回收、每單一產品之成本）。

(5) **成長效率**（growth）：衡量組織為維持競爭應具備的成長能力（市場佔有率，客成長率、客戶開發／維持、主要客戶獲取）。

6. **績效管理的流程**

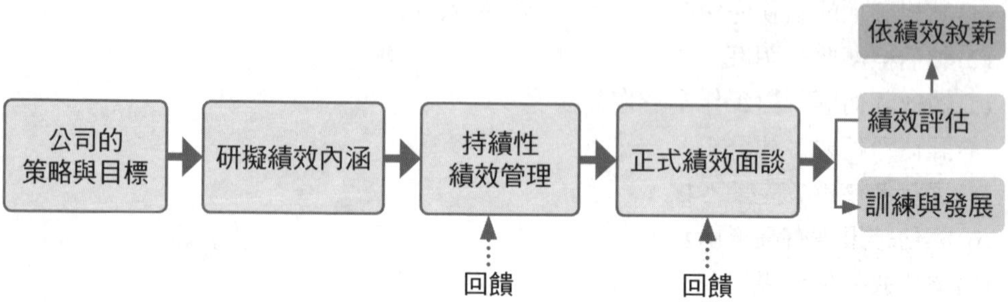

7. **績效評估的步驟**

定義工作並決定績效標準與評估的方式→建立績效標準與傳達此標準→進行實際評估→績效回饋並採取導正行動→根據評估結果作為相關人力資源規劃的依據。

8. **衡量績效的資訊來源**

在衡量績效時，管理者的資訊來源通常有以下數種：

資訊來源	優點	缺點
個人觀察	(1)取得第一手訊息； (2)資訊未經過濾 (3)深入涵蓋工作活動在衡量績效時，管理者的資訊來源通常有四：個人觀察、統計報告、口頭報告及書面報告。	(1)易受到個人偏見影響 (2)費時 (3)有失周全
統計報告	(1)易於顯示 (2)可以有效的顯示關係	(1)提供的資訊有限 (2)會忽略主觀因素
口頭報告	(1)取得資訊的最快管道 (2)可以得到語言和非語言的回應	(1)資訊被過濾了 (2)資訊不易被記載下來
書面報告	(1)全面 (2)正式 (3)易於歸檔和檢索	要花許多時間準備

新視界

傳統績效衡量系統焦點是財務之上，但必須整合一推資訊，要花較長的時間製作財務報表，且僅包含單一構面。新的績效衡量系統開始將將焦點移轉至「顧客導向」上，首須了解市場上的顧客，其次是將跨功能活動整合成單一事業系統，並以事業系統的整體績效取代局部性最適化。兩者比較如下：

傳統的衡量系統	策略性衡量系統
財務性焦點 ・財務性導向（專注於過去） ・有限彈性、以單一系統來迎合內部和外部需求 ・未和作業策略連結在一起 ・調整財務標準	**策略性焦點** ・顧客導向（專注於未來） ・有彈性、以作業上的控制來管理系統 ・追蹤當前的策略 ・刺激流程的改善
局部性最適化 ・降低成本 ・垂直性報告	**系統性最適化** ・提升績效 ・水平報告
零散 ・成本、產出以及品質之間的關係被視為無關 ・不清楚它們的抵換關係	**整合** ・同時進行品質、遞送、時間以及成本的衡量 ・強調其中的抵換關係
個人學習 ・激勵個人	**組織學習** ・激勵團隊

基礎題型

解答

1 下列有關績效評估原則的敘述何者是錯誤的？ (A)評估過程要客觀公正 (B)評估標準要明確 (C)績效評估除針對工作作評核外，還包含工作績效以外的事項 (D)應對評估的職務先做工作分析，了解每項工作的內容、任務、性質、責任、績效標準，再作績效評估。【107台酒】 (C)

考點解讀 績效評估應針對工作本身作評核，而且平時考核應重於定期考核。

解答

2 組織績效是指組織全部活動所累積的最終結果。請問以下何者「不是」常用的組織績效衡量指標？ (A)組織生產力 (B)組織效能 (C)企業排名 (D)員工遲到率。【108漢翔】 (D)

考點解讀 員工遲到率並非常用的組織績效衡量指標。與此有關的人力資源指標：與人資有關的指標，如員工生產力、員工平均收益、員工流動率、人員認同程度、吸引員工的能力。

3 管理者為衡量員工的工作績效，設計每天處理文件數、每月推銷員拜訪顧客數等指標，這種觀點偏重控制，比較欠缺激勵性。你認為下列哪種衡量指標比較能夠融合控制和激勵兩種觀點在一起？ (A)每月業績 (B)良率 (C)每月業績成長率 (D)既設目標達成率。【104台電】 (D)

考點解讀 既設目標達成率是原訂目標值與達成目標值的比較，例如某高科技公司致力於研發，訂出「取得國內外專利權項數」指標，其年度原訂目標值：15，而達成目標值：26項，其達成率就100%，可據此給予獎勵。

4 評估員工績效的步驟，不應包括： (A)建立績效標準與傳達此標準 (B)根據員工過去學經歷評估是否達到標準 (C)必須回饋並採取導正行動 (D)根據評估結果，作為相關人力資源規劃的依據。【105鐵路】 (B)

考點解讀 績效評估的步驟：定義工作並決定績效標準與評估的方式（根據員工工作表現評估是否達到標準）→ 建立績效標準與傳達此標準 →進行實際評估→ 績效回饋並採取導正行動→ 根據評估結果作為相關人力資源規劃的依據。

5 有關衡量績效方法優缺點之敘述，下列何者錯誤？ (A)藉由個人觀察，可取得第一手訊息 (B)採用統計報告會忽略主觀因素 (C)透過口頭報告可以迅速取得資訊 (D)利用書面報告有失周全且資訊不易保存。【105中油】 (D)

考點解讀 利用書面報告是全面、正式的，且易於歸檔和檢索。

6 就績效管理來說，近年來許多學者都指出應該建構一個更為未來導向、顧客導向的策略性績效評估系統。下列何者不是策略性績效評估系統強調的原則： (A)以系統最適化替代局部最適化 (B)以顧客滿意、彈性與生產力作為評估的核心準則 (C)以降低成本為核心，以確保達成財務目標 (D)將品質、時間、成本、遞送、產出進行整合性衡量。【103鐵路】 (C)

考點解讀 財務性焦點屬於傳統的衡量系統。策略性績效評估系統另一強調焦點或原則為：組織學習與激勵團隊。

進階題型

解答

1 關於績效評估的敘述，下列何者有誤？ (A)績效評估又稱考績 (B)配對比較法可節省人力成本與時間成本，適用於員工人數較多的組織 (C)工作標準法的評估項目較為精確，但工作標準不易制定 (D)績效評估的功能是鼓勵優秀人員，警惕怠惰人員。【104台電】 (B)

考點解讀 配對比較法是將每位被評估員工與其他員工兩兩比較，依每位員工的相對較優次數來排序，不過相當耗費人力成本與時間。適用於員工人數較少的組織。

2 員工之工作績效評估，下列何者非主要影響因素？ (A)

(A)知識 (B)激勵 (C)能力 (D)機會。【105郵政】

考點解讀 Robbins認為：績效（Performance, P）會受到能力（Ability, A）、激勵（Motivation, M）與機會（Opportunity, O）三種因素的共同影響。績效可以說是三者結合的函數：P=f（A×M×O）。另外，一些績效方面的專家將行為（Behavior, B）和環境（Condition, C）因素也納入績效影響範疇。

3 〈複選〉下列哪些活動屬於在績效管理中「評估前的準備工作」？ (A)(B)(D)

(A)工作分析

(B)評量方法的選擇

(C)績效問題檢討

(D)評量者的訓練。【107鐵路營運專員】

考點解讀 (C)績效問題檢討是屬於績效管理中「評估後的改善工作」。

4 下列何者不適合納入企業研究績效衡量項目？ (A)專利申請數量與取得數量 (B)新產品銷售量與市占率 (C)研發人力數量 (D)近五年新產品營業額佔總營業額比率。【108台酒】 (C)

考點解讀 企業績效衡量強調結果導向的績效評估方式，相較於公部門重視投入導向的績效評估有所不同。因此，企業研究績效衡量項目包括：專利申請數量與取得數量、新產品銷售量、新產品市占率、近五年新產品營業額佔總營業額比率等。研發人力數量、投入經費則比較屬於投入導向的績效衡量項目。

5 企業若能有效的評估團隊績效，將能為企業帶來什麼優點？ (A)增加人事成本 (B)強化組織的創造力 (C)提升組織解決複雜能力的問題 (D)縮短達成任務所需的時間。【107鐵路營運專員】 (B)(C)(D)

考點解讀 企業若能有效的評估團隊績效，將能為企業帶來以下優點：(1)減少人事成本；(2)強化組織的創造力；(3)提升組織解決複雜能力的問題；(4)縮短達成任務所需的時間。

非選擇題型

試論績效評估與績效管理在人力資源管理功能上的差別？為確實達到績效管理的目的，在績效管理的循環過程，通常應包含哪些步驟？【105台電】

考點解讀

兩者差異	**績效管理**：一套有系統的管理活動過程，用以建立組織與個人對目標以及如何達成該目標的共識，進而採行有效的員工管理方法，並提升目標達成的可能性。 **績效評估**：運用數理設計或特定指標體系對照統一標準，透過定量或定性對比分析，對項目一定經營期間的經營效益和經營者業績做出客觀公正的綜合評斷。
績效管理的步驟	步驟一：界定企業目標。 步驟二：設定部門目標、工作任務與績效標準。 步驟三：設定員工工作目標、工作任務與績效標準。 步驟四：執行績效評估與面談。 步驟五：持續監督績效目標與進度。 步驟六：績效評估資訊之運用。

焦點2 績效評估方法

1. **績效評估的基礎或內容**

Robbins在1989年提出：企業評估部屬績效之評估內容，一般有三項：部屬特質、工作行為、任務成果。如下表所列：

(1)**特質基礎論**：以個人特質作為評估績效優劣的標準，如個人特質、溝通能力、領導技巧等。曾被廣泛使用，但所衡量的特質未必與工作績效有直接關聯。

(2)**行為基礎論**：著重在員工如何執行工作，以作為績效考核依據，如百貨公司服務人員是否對顧客保持愉悅笑容與友善態度。較適用於行為與績效轉換程序的程度高或「方法-目的」間有較高聯結時。

(3) **任務或結果基礎論**：以員工完成或生產什麼，做為評估的基礎，如投資報酬率、生產力等。適用於較不需考量服務過程的工作。

☆ 小提點

績效評估方式有許多，可大致分為三大類：典範參考、行為評量與結果評量。茲分述如下：

1. 典範參考法：此為被評量者間彼此的比較，故又稱為「相對標準法」。為選定員工做彼此間的比較，在於找出誰的績效最好，誰的績效最差，以員工整體的績效表現作為評估標準。
2. 行為評估法：主要是在評估員工是否符合所訂定的行為標準，並依據其個人的行為效標，而不是與其他員工的表現來做比較。
3. 結果評估法：直接根據員工的工作成果或生產力，對員工進行績效考評的方法。包含目標管理法、成就表現紀錄等。

2. **常用的績效評估方法包括：**

(1) **典範參考法（多人比較法）**

A. 分等法（排列或排序法）：將同一部門的員工，依工作成果一一作比較，由優至劣依序排列。適用於小型的組織，特色：最傳統與簡單的考績制度、缺乏客觀性。

B. 配對比較法：將每位被評估員工與其他員工兩兩比較，依每位員工的相對較優次數來排序。適用於高階管理者或員工人數較少的組織，特色：相當耗費人力成本與時間。

C. 交替排序法：主管在評估員工績效時，先找出最佳與最差的員工，再找出次佳與次差者，直到所有人全都排序完成。特色為：易於使用，但排名不夠精確。

D. 強迫分配法：根據每一個工作要素的標準，將所有員工按照劃分等級的百分比予以評核。適用於規模較大的企業，特色：簡單易行、方便排列績效，但容易產生偏誤。

(2) **行為評估法**

A. 工作標準法：先訂出每項工作內容的工作標準，再比較員工的實際表現與工作標準的差異。適用於一般企業，特色：較精確，但工作標準不易制訂。

B. 座標式評等法：由評估者就一系列描述工作或個人品質的語句，在適當的績效向度中勾選或評分。在企業使用最廣泛，特色：設計較簡單、結果可量化、易產生評估偏差。

C. 重要事件法：要求主管觀察並記錄部屬在執行工作的過程中特別有效或無效的行為動作，評核主管在依據此事件作評核基礎。特色：較客觀、可明確回應員工努力訊息。

D. 評等尺度法（GRS）：或稱「圖表評分尺度法」，是最受歡迎或常被使用的績效評估法。依據工作相關設立之考核項目，按評等尺度逐項評分，而後加總分數。特色：評核標準較客觀、易懂，但未能對工作行為做深度衡量。

E. 行為定向評估尺度法（BARS）：或稱「行為加註測度法」，是在量化績效尺度上，加註特別好或壞等描述性績效實例，因而兼有描述性特殊事蹟與量化評等優點，但仍可能忽略某些特質。

> **小秘訣**
>
> 行為定向評估尺度法（Behaviorally anchored rating scales, BARS）又稱「行為標準尺度評量法」、「行為依據衡量尺度法」、「行為定錨等級尺度法」，是美國兩位心理學家Patricia Smith及Lorne Kendall，在1963年所提出的一套績效評估方法。此法乃為解決評等尺度中，各項評估項目敘述不明確的問題，因此根據各評估項目之評等尺度，逐一評述事例解釋給分標準，因此更明確，但也較複雜。

(3)**結果評估法**

A. 目標管理法：由主管與部屬共同訂定一個量化的合理工作目標，再以員工實際工作的成果與工作目標的差異，作為考核依據。

B. 直接指標評估法：利用客觀性指標，如生產率、不良率與出缺勤率來評估員工的績效。

C. 成就表現：若其工作成果無法以適當的工作行為或工作產出來評核，而以其創新與貢獻度來評估較適宜的話，則以其成果交由專家評估。

基礎題型

解答

1 績效評估技術中的個別評估法不包括下列何者？ (A)圖表評分尺度 (B)強迫選擇 (C)語言表達評分 (D)申論式評分。 【104台酒】 **(C)**

考點解讀 個別評估法包括：

(1)圖表評分尺度法：列出一些受評估的特質，評分者針對這些特質分別評分。

(2)強迫選擇法：評分者從一系列的員工描述中選擇。

(3)申論式評分法：將評分的尺度加以摘要，並討論不含評分範圍中其他面向。

解答

(4)重要事件法：要求評分者對受評員工好與不好的績效表現行為事件，做成日誌記錄，以為評分參考。
(5)行為觀察尺度法：將注意力放在具有工作效率的重要事件上。

2 企業將隸屬於同一主管的工作人員，根據工作成果逐一作比較，自優至劣漸次排列，此為何種績效評估方法？ (A)人與人比較法 (B)分等法 (C)配對比較法 (D)工作標準法。 【104台電】 (B)

考點解讀 又稱排列法，係將同一部門的員工，依工作成果逐一作比較，由優至劣依序排列。

3 結合重要事件法和評等尺度法，以連續的等級評選員工，且各等級反應出員工各種有效率和無效率的行為，這種績效評估方法，稱為下列何者？ (A)評等尺度法（graphic rating scale） (B)強迫分配法（forced attribution method） (C)360 度評量（360-degree appraisal） (D)行為定向評估尺度法（Behaviorally anchored rating scales）。 【105自來水】 (D)

考點解讀 行為定向評估尺度法（Behaviorally anchored rating scales, BARS）結合了重要（關鍵）事件及評等級尺度法的主要因素，評估者沿著一數量尺度，按照項目對員工進行評等。此評量方式，可以更具體的評量受評者的工作績效，但容易忽略員工的個人特質。

4 何種績效評估方式最常被使用？ (A)書面評語（Written Essay） (B)重要事件評估法（Critical Incident Method） (C)評等量表法（Graphic Rating Scales） (D)行為定向評估尺度法（Behaviorally Anchored Rating Scales）。 【107鐵路營運人員】 (C)

考點解讀 最常被使用績效評估方式，首先列出一系列的績效因素和增量量尺，然後評估者針對各項因素分別在一個尺度上（通常分為1～5）予以評等。可提供量化數值，不會耗費時間；但未能對工作行為做深度衡量。

5 「由主管與員工共同討論之後，做成決定」，是屬於下列哪一種績效評估方法？ (C)

(A)直接指標評估法 (B)座標式評等法
(C)目標管理法 (D)排列法 。 【108漢翔】

考點解讀 由主管與部屬以開誠布公相互協調的方式，共同訂定工作目標，以工作目標達成率的高低，來決定考績分數多寡的績效評估方法。

進階題型

解答

以量化指標做為主要績效考核依據時，可以稱為： (A)特質考核 (B)客觀考核 (C)主觀考核 (D)行為考核。 【108鐵路】 **(B)**

考點解讀 客觀考核是指以客觀標準對員工進行的考核評價，此種方法不受考核者主觀因素的影響，完全以客觀指標作為依據，如直接量化的生產指標和工作指標。

非選擇題型

何謂員工績效管理（Employee Performance Management）？常見的對員工有七種不同的績效評估方法－書面評語、重要事件、評等尺度法、行為依據衡量尺度、多人比較、目標管理、360 度回饋，供管理者選擇。請說明此七種績效評估方法及比較其優缺點，並舉例說明。 【105高考三級-管理學】

考點解讀 員工績效管理是管理員工個人績效的過程，Smith（1993）指出應包含計劃、評估和修正三個階段，即首先給員工確立目標並與其達成一致的承諾，接著對實際取得的績效進行衡量，最後通過回饋對目標進行修整，並採取行動。常見對員工的績效評估方法有：

(1)書面評語：是最簡單的方法，用敘述性的文字，說明員工的優缺點、工作表現等。其優點是簡單易行，缺點則是不夠客觀。

(2)重要事件：依平時記錄的重大優劣事件，作為日後評分的依據。其優點是省時，缺點是容易忽略受評者的平日表現。

(3)評等尺度法：又稱「圖表測量法」，為最古老的評估方法之一，列出一組績效因素，評估者根據各項因素，分別在一個尺度上給予評分。優點是簡潔明瞭，缺點是容易產生月暈效果。

(4)行為依據衡量尺度：又稱行為定錨等級尺度（BARS），係結合評等尺度法及重要事件法的評量方式，評估者根據某些項目，在一個數量尺度上衡量員工。其優點是可以更具體的評量受評者的工作績效，缺點則是容易忽略員工的個人特質。

(5)多人比較：將個人的績效與其他人比較，再依高低排列，是一種「相對」而非「絕對」的評估方式。其優點在於簡單易行，適合小企業，缺點是評估方式籠統、主觀。

(6)目標管理：由主管與部屬以開誠布公相互協調的方式，共同訂定工作目標，以工作目標達成率的高低，來決定考績分數多寡的績效評估方法。其優點是具有動機激勵、成長學習與長期留才；缺點是較重視結果，忽略過程，重量不重質。

(7)360度回饋：由員工自己、主管、同儕、顧客來評估，透過全方位各角度來瞭解個人的績效。其優點是全方位評量，共同交叉評量，比較客觀；缺點則是耗時。

焦點 3 績效評估參與者與偏誤

1. **績效評估參與者**

 執行績效評估的人員包括主管評估、自我評估、全方位360度評估。

 (1) **主管評估**：通常是由直屬主管來評估，適合單純僅做評估用途的評估作業。

  A. **優點**：主管能直接觀察被評核員工，主管對整個公司組織目標與決策最瞭解，評估資料較能配合管理措施。

  B. **缺點**：主觀意見會影響評估結果，且主管個人角色易造成衝突，無法達到監督與輔導之評核目的（Cascio, 1982）。

 (2) **自我評估**：由員工自己來作自我評估，適用自我發展為主要的評估制度，如獨立作業與擁有特殊專業技能的員工（Lee, 1985）。

  A. **優點**：員工最清楚自己，且防衛心最小，可作為自我發展的參考。

  B. **缺點**：評估結果過於寬容與誇大。

 (3) **全方位360度評估**：運用多元評估者進行績效評估，包含受評者自己、上司、部屬、同儕、供應商及顧客等，乃結合了績效考核與調查回饋，為多元角度的全方位績效回饋方法。適用一些利用團隊管理技術來達成目標的工作，例如實施全面品質管理的公司。

  A. **優點**：最為客觀、全面性的考核方式。

  B. **缺點**：耗費時間與成本。

> **小秘訣**
>
> 績效評估可能產生的問題：
> 1.對評估的反抗：特別是來自評分者主觀性所造成的不公平結果所致。
> 2.系統設計與操作問題。
> 3.評估者的問題：評估者評估標準不一，如過於寬大或苛刻等。

2. **評估者的偏誤**

 (1) **寬鬆偏誤**：評估者常懷寬大為懷心胸，所給的分數往往高於員工的真實能力水準。

 (2) **嚴苛偏誤**：評估者以嚴厲著稱，在評量過程中所給的分數往往低於員工真實能力水準。

 (3) **趨中偏誤**：評估者不願給予員工極端的分數，所以不論績效好壞，均給予中等的評定。

 (4) **月暈偏誤**：考評者根據被評估者單一特性或能力，來推論其整體績效表現，亦即「部份性的印象影響全體」。

 (5) **刻板印象**：根據考評者對於某群體認知，來判斷屬於群體中的成員。

 (6) **尖角效應**：評斷一個人時，如果對這個人有先入為主的壞印象，就會認為他樣樣都不好。

(7)**對照偏失**：將受評人與別人相比較，尤其是與前一位求職者的比較，而產生對此人過高或過低的評價。

(8)**時近效果**：或稱「近期效應」，考評者容易憑最近的印象來考核被評估者，而不記得以前的行為。

(9)**順序偏誤**：評估者使用多種層面的先後順序，以評估被評估者所造成的誤差。

(10)**社會偏誤**：評估者受社會傳統的影響所造成的偏誤。

基礎題型

解答

1 下列績效評估方法，何者是利用管理者、員工和同事的意見，作為衡量的依據？ (B)

(A)重要事件　(B)360度回饋

(C)評等尺度　(D)目標管理。【107鐵路營運專員、96郵政】

考點解讀 360度回饋是由員工自己、主管、同儕、顧客來評估，透過全方位各角度來瞭解個人的績效。

2 下列何種方法是利用來自主管、員工和同事的回饋的方法？ (A)圖尺度評價法 (B)兩兩比較法 (C)排序法 (D)360度績效評估。【106桃捷】 (D)

考點解讀 360度績效評估法（360 degree performance appraisal），即績效評估制度中，運用多元評估者進行績效評估，包含受評者自己、上司、部屬、同儕、供應商及顧客等，乃結合了績效考核與調查回饋，為多元角度的全方位績效回饋方法。

3 企業在對王小五進行績效評估時，參考了主管、同仁、部屬、顧客的評估結果來衡量其績效，此績效評估方式稱為： (A)360度評估 (B)等級評價法 (C)重要事件法 (D)情境模擬法。【103台酒】 (A)

4 何者是績效評估常犯的錯誤？ (A)比馬龍效應 (B)缺乏彈性 (C)幼獅效果 (D)趨中偏誤。【106中油】 (D)

考點解讀 績效評估常犯的錯誤有：寬嚴偏誤、趨中偏誤、月暈效果、 參照效果等。

5 績效評估常見的缺失，下列何者為非？ (A)近期效果 (B)趨中傾向 (C)團隊效應 (D)鯰魚效應。【101經濟部】 (D)

考點解讀 鯰魚效應（Catfish Effect）是指透過引入強者，激發弱者變強的一種效應。

解答

6 當上司在考核員工時，只根據某些工作表現來推論該員工全面的表現，並以此為考評的依據，稱之為：
(A)刻板印象 (B)月暈效應
(C)比馬龍效應 (D)漣漪效應。 【107台酒】 (B)

考點解讀 月暈效應（halo effect）：又稱「暈輪效應」，意指根據受評者的表徵，如外表、穿著、學歷、社經地位、工作表現等來產生整體印象。

7 績效評估時常發生的偏誤其中之一為考評者根據被評估者單一特性或能力，如拿過獎、擔任過班代、長的好看等等，來推論其整體績效表現，係為下列何種偏誤？
(A)尖角效應（Horn Effect）
(B)暈輪效應（Halo Effect）
(C)對照偏失（Contrast Effect）
(D)時近效果（Recent Effect）。 【102中油】 (B)

8 當評估者考核員工時，會受到受評者所屬的社會團體或群體的影響，而以評估者對此群體的知覺為基礎來判斷受評者。此種評估偏誤稱為：
(A)月暈效應 (B)中間傾向 (C)順序偏誤 (D)刻板印象。 【103中華電信】 (D)

考點解讀 刻板印象（stereotyping）評估者根據對某群體認知，來判斷屬於群體中成員。

進階題型

解答

1 〈複選〉下列哪些屬於全方位360度評估的評估者？ (A)直屬主管 (B)顧客 (C)相關的主管 (D)同儕。 【107鐵路營運專員】 (A)(B)(C)(D)

考點解讀 360度評估是由員工自己、主管、同儕、顧客來評估，透過全方位各角度來瞭解個人的績效。

2 下列何者不是績效評估中「360度回饋」的特點？ (A)完整周全 (B)費時 (C)利用管理者、員工和同事的回饋作為衡量依據 (D)似乎傾向衡量評估者的寫作能力，而忽略了員工的實際績效。 【108台酒】 (D)

考點解讀 360度回饋是一種「多元來源回饋」（Multiple-source Feedback）技術，其針對特定個人，包括上級、同儕、下屬、顧客和受評者自己來進行評鑑，能真實反應受評者工作表現的全貌。

解答

3 下列何者係指評估者考核員工時僅以一兩個最顯著的因素來進行評估而不自覺地將此顯著因素的評估結果影響到其他因素之評分所產生的評分偏誤？ (A)順序偏誤 (B)社會偏誤 (C)中間傾向 (D)月暈效應。【101郵政】 (D)

考點解讀 評估者根據受評者的某些表徵來產生整體印象。

4 當評估者考核員工時，僅以有限資訊來進行評估，而不自覺地將此有限資訊的評估結果影響到其他因素之評分。例如：某人從哈佛大學畢業，就認為其可以成為好的管理者，此種認知偏誤為：
(A)月暈效應 (B)刻板印象 (C)順序偏誤 (D)中間傾向。【104自來水】 (A)

考點解讀 月暈效應（halo effect）：如果評定者在評定某項行為或特質時，受到他對被評定者一般印象的影響，就會產生此種效應。

5 某公司主管重視員工出勤狀況，而王小明從來不遲到早退，導致該主管認為王小明在其他方面也都表現良好，請問該主管在績效評估是受下列何者所影響？ (C)
(A)對比效應（contrast effect）
(B)趨中效應（central effect）
(C)暈輪效應（halo effect）
(D)擴散效應（diffusible effect）。【102台電】

考點解讀 (A)只依賴兩種刺激比對結果而下判斷的情況。(B)評量者給予所有受評者都落在績效尺度中間的評等。(D)指所有位於經濟擴張中心的周圍地區，都會隨著與擴張中心地區的基礎設施的改善等情況，從中心地區獲得資本、人才等，並被刺激促進本地區的發展，逐步趕上中心地區。

非選擇題型

在評估員工績效時，利用管理者、員工和同事等回饋作為衡量依據的一種績效評估方法稱之為 ＿＿＿＿＿ 評估法。【107台電】

考點解讀 360度/360度回饋評估法。

第三篇 管理職能

Chapter 01 規劃的基本觀念

焦點 1 規劃的本質

規劃（planning）包含定義組織的目標、建立達成目標之整體策略，以及發展全面性的計畫，來整合與協調組織的活動。規劃是管理的首要功能，是其他管理功能的基礎。規劃有兩項重要元素：

目標（goals）	指期望達到的結果。提供所有管理決策的方向，同時也是衡量實際績效的指標，這就是它常被稱為管理基礎的原因。
計畫（plans）	記載「如何達成目標」的文件。包括各項資源的分配、時程表及完成目標的必要行動。

1. **管理者需要規劃的理由或目的：**
   (1) **規劃可為管理者與非管理者提供努力的方向**。
   (2) 規劃能迫使管理者預先設想，可能面臨的改變與衝擊，並發展因應行動來**減低不確定性的風險**。
   (3) 規劃**可以減少資源的重疊與浪費**。
   (4) 規劃**可建立作為控制之用的目標**。

2. **規劃的基本特性**
   (1) **首要性**（primacy）：規劃是管理功能之首。
   (2) **理性**（rationality）：規劃乃是基於一種客觀事實的評估，亦即是一種理性的分析和選擇。
   (3) **時間性**（timing）：此乃強調規劃功能中時間因素的重要性。
   (4) **持續性**（continuity）：規劃是一種動態性的、有彈性、繼續不斷的程序。

3. **規劃的程序**
   (1) 迪斯勒（Dessler）認為**規劃的程序**有五大步驟：
   建立目標→ 分析情境並建立規劃前提→ 決定可行方案→ 評估各個可行方案→ 選擇並執行計畫。

(2)許士軍教授認為規劃程序：
界說企業的經營使命→ 設定目標→ 進行有關環境因素之預測→ 評估本身資源條件→ 發展可行方案→ 選擇某一計畫方案→ 實施該項計畫→ 評估及修正。（以上兩者差異在許士軍教授的說法比較偏重在策略規劃）

4. **規劃的構面**

根據卡斯特與羅森威（Kast & Rosenzweig）的分類，規劃具有以下構面：

(1)**層次**：策略規劃、功能規劃、作業規劃。

(2)**範圍**：整體規劃、部門規劃、專案規劃。

(3)**時間**：長期規劃、中期規劃、短期規劃。

(4)**重複性**：重複性規劃、非重複性規劃。

其他的補充分類：

(1)**按企業功能**：生產規劃、銷售規劃、人力資源規劃、財務規劃、研發規劃等。

(2)**與環境的關係**：動態規劃、靜態規劃。

(3)**正式化程度**：正式規劃、非正式規劃。

新視界

1. **由內而外與由外而內的規劃方式**

(1)**由內而外規劃**：組織優先考量內部環境因素、組織在市場已有一定的生存利基，規劃首要考量強化本身內部因素，以因應外在環境因素之挑戰。

(2)**由外而內規劃**：組織優先考量外部環境因素、組織決定其生存的利基，再進行組織內部分析。

2. **由上而下與由下而上的規劃方式**

(1)**由上而下規劃**：高階管理者先擬定大方向與總體目標，中階管理部門主管研擬功能性計畫，再交由下一層主管擬定更細部的計畫。

(2)**由下而上規劃**：計畫是由中、低層主管各自發展細部計畫，再交由上一層主管彙整，最後成為組織的整體計畫。

基礎題型

解答

1 訂定組織目標、建立達成目標之策略，並發展一套有系統的計畫，來整合並協調企業的各項活動，係指下列哪 一項管理功能？
(A)目標 (B)策略 (C)協調 (D)規劃。 【106台糖】 **(D)**

解答

考點解讀 管理的功能：
(1)規劃（planning）：設定組織目標，研擬策略，以及發展一套有系的計劃，以整合與協調企業的各項活動。
(2)組織（organizing）：管理者需要安排工作來達成組織目標，包括決定必須完成的任務、執行人選、任務編組、決定報告體系等。
(3)領導（leading）：激勵員工，指揮與協調員工的活動。
(4)控制（controlling）：監督組織的績效，對於偏離原先所設定之目標的活動加以修正，使組織能朝既定目標邁進。

2 建立策略以達到組織目標，為下列何種功能？ (A)組織 (B)協調 (C)領導 (D)規劃。 【106鐵路】 (D)

3 決定組織目標並訂定達成目標的方法之一系列過程，是為下列哪一項管理功能？ (A)組織 (B)規劃 (C)領導 (D)控制。 【105台酒】 (B)

考點解讀 規劃是針對目標或問題，透過思考過程，並整理、分析所蒐集的資料，而訂出可行的方案的一系列過程。

4 各種管理機能中，哪種機能與控制的關係最密切？ (A)規劃 (B)組織 (C)領導 (D)人資。 【113鐵路】 (A)

考點解讀 規劃與控制一體兩面，控制主要用以確保活動能按計畫完成，並矯正任何重大的偏離的監視活動程序。

5 管理的首要功能是： (A)規劃 (B)組織 (C)領導 (D)控制。 【108漢翔】 (A)

考點解讀 規劃是管理的首要功能，是其他管理功能的基礎。

6 規劃（planning）包含了哪二個重要元素？ (B)
(A)目標（goals）與決策（decisions）
(B)目標（goals）與計畫（plans）
(C)計畫（plans）與決策（decisions）
(D)目標（goals）與行動（actions）。 【108鐵路營運人員】

考點解讀 規劃（planning）包含定義組織的目標、擬定達成目標之整體策略，以及發展全面性的計畫體系，來整合與協調組織的活動。規劃包含了目標（goals）與計畫（plans）二個重要元素。

7 規劃是首要的管理功能，規劃工作主要涵蓋哪兩項重要內涵？ (A)方案與預算 (B)預算與流程 (C)目的（或目標）與計畫 (D)效能與效率。 【104自來水】 (C)

解答

考點解讀 規劃有兩項重要元素：(1)目標（goals）：指期望達到的結果；(2)計畫（plans）：記載「如何達成目標」的文件。

8 下列何者不是規劃的主要理由？ (C)
(A)指引組織未來的方向 (B)降低環境變化的衝擊
(C)充分利用多餘的資源 (D)設定組織控制的標準。 【103經濟部】

考點解讀 規劃的主要理由：(1)可提供組織未來努力的方向；(2)促使組織採取系統性的積極活動，而非零星的消極因應；(3)降低環境變化的衝擊；(4)將組織的浪費與重複降至最低；(5)設定的目標可作為組織控制的標準。

9 下列對於規劃的基本特性之敘述何者錯誤？ (A)規劃是一種動態性的、有彈性 (B)規劃是一種理性的分析和選擇 (C)規劃是管理功能之首 (D)規劃主要工作在於針對過去資料加以整理分析。 【104郵政】 (D)

考點解讀 規劃的基本特性有：
(l)首要性（Primacy）：規劃是管理功能之首。
(2)理性（Rationality）：規劃乃是基於一種客觀事實的評估，亦即是一種理性的分析和選擇。
(3)時間性（Timing）：此乃強調規劃功能中時間因素的重要性。
(4)持續性（Continuity）：規劃是一種動態性的、有彈性、繼續不斷的程序。

10 規劃的五大步驟為： (A)
(A)建立目標→分析情境→決定可行的方案→評估方案→選擇並執行
(B)決定可行的方案→分析情境→建立目標→評估方案→選擇並執行
(C)評估方案→決定可行的方案→分析情境→建立目標→選擇並執行
(D)建立目標→決定可行的方案→分析情境→選擇並執行→評估方案。
【108鐵路】

考點解讀 狄斯勒（Dessler）認為規劃的步驟或程序為：建立目標→分析情境並建立規劃前提→決定可行的方案→評估各個可行方案→選擇並執行計畫。

11 下列哪一種規劃，是關於組織長期目標與活動資源配置的樣式，涵蓋組織主要部份，並且多由高階或資深主管負責規劃的發展和實行？ (C)
(A)戰術性規劃 (B)作業性規劃
(C)策略性規劃 (D)控制性規劃。 【105自來水】

考點解讀 策略規劃是指由高階主管負責規劃制定公司使命、組織目標、基本政策及策略，以規範達成該組織目標所需的資源使用管理。

進階題型

解答

1 請將「規劃」的基本步驟按順序排出： A.編列執行預算；B.訂立明確的目標；C.認清對企業有利的機會；D.實施檢討再規劃；E.評估方案的效益；F.擬訂輔助方案；G.選擇最可行的方案；H.建立規劃的前提；I.提出不同的可行方案。 (A)C.B.H.I.E.G.F.A.D. (B)B.C.H.I.E.G.F.A.D. (C)C.B.H.I.G.E.F.D.A. (D)B.C.H.I.E.F.G.A.D. 【106中油】 (A)

考點解讀 訂立明確的目標→ 認清對企業有利的機會→ 建立規劃的前提→ 提出不同的可行方案→ 評估方案的效益→ 選擇最可行的方案→ 擬訂輔助方案→ 編列執行預算→ 實施檢討再規劃。

2 甲公司擬將晶圓廠遷移到中國大陸的決策，是屬於下列何種規劃？ (C)

(A)作業性規劃 (B)戰術性規劃
(C)策略性規劃 (D)日常性規劃。 【107鐵路營運專員】

考點解讀 策略規劃（strategic planning）是組織決定其未來所要發展的目標，以及如何達成此目標的一項決策過程。

3 鴻海公司擬將自動化製造工廠遷移到美國的決策，是屬於下列何種規劃？ (A)作業性規劃 (B)戰術性規劃 (C)策略性規劃 (D)日常性規劃。 【108鐵路營運人員】 (C)

考點解讀 策略性規劃指企業長期營運方向與達成方式，通常由企業高階管理者來進行策略規劃工作，其特色在於全盤性與長期性。

4 下列有關策略規劃的說明，何者為最正確？ (A)決定企業的基本使命、目標與資源配置方式的過程 (B)擬定出的計畫經常是各項例行作業 (C)擬定者多為部門主管 (D)所做的規劃涵蓋時間短。 【104台電】 (A)

考點解讀 策略規劃係決定企業的基本使命、目標與資源配置方式的過程。通常由高階主管負責，所做的規劃涵蓋時間較長、涉及部門較廣泛，擬定出的計畫屬於非例行作業，重視對環境變化的因應，所做的決策通常是方向性的。

5 針對特定企業的優勢、劣勢、機會與威脅進行分析，通常是在下列哪個規劃階段進行？ (A)戰術規劃 (B)權變規劃 (C)作業規劃 (D)策略規劃。 【106台糖】 (D)

考點解讀 策略規劃的程序：(1)公司使命與目標的制定；(2)組織外部競爭環境分析（針對企業的機會、威脅進行分析）；(3)組織內部營運環境分析（針對企業的優勢、劣勢進行分析）；(4)策略制定、選擇與執行；(5)績效控制與回饋。

解答

6 下列何種規劃的特徵為在先前的計畫行動受到干擾或被證實為不適當時，將採取的因應之道（要採取的替代方案）？ (A)戰術規劃 (B)權變規劃 (C)長期規劃 (D)作業規劃。 【103台糖】 (B)

考點解讀 權變規劃：管理者事先模擬各種可能情況下最佳的應變計畫，一旦假設的狀況確實發生時，使管理者得以事先確定所應採取的行動。其限制為所需時間與成本較高，組織須能夠做好預測工作才有意義。

7 在不確定性的環境中，下列何種規劃比較具有彈性？ (A)非正式規劃 (B)正式規劃 (C)作業計劃 (D)特定計劃。 【108漢翔】 (A)

考點解讀 非正式規劃：想法不會形諸文字，非書面、注重短期；僅限於一個機構化的單位，但大多為小型企業。正式規劃：明確定義組織的年度目標，書面、具體會有特定的行動來達成這些目標。

焦點 2 目標設定方式

目標設定是企業成功的關鍵因素，而一個**好的目標設定**應具備以下的特色：(1)應該**以結果而非行動方式呈現**。(2)應該是**可以衡量且以可量化的**。(3)應該**有明確的期限**。(4)應該**具有挑戰性，卻又不會好高騖遠**。(5)應該**形諸文字，以書面方式表現**。(6)必須**傳達給組織內所有成員瞭解**。(7)**應與報酬系統相連結**。

1. **傳統目標設定法**

由高階主管設定一個目標，再分為各階層的細部目標，由上而下逐級傳遞。若組織的目標定義得很清楚，就可以形成手段目標鏈（means-ends chain），從最高階到最基層的架構，由上到下的組織目標，形成一種整合性的目標網。

缺點：

(1)最高主管未必能掌握到全盤狀況；

(2)員工若不能認同於所設定的目標，則效果有限；

(3)有時目標不夠明確，在層層轉達中各級管理者試圖釐清目標時，往往會加入自己的解釋，反而喪失目標的明確性與整合性。

2. **目標管理法**

目標管理（Management by Objective, MBO）是由彼得杜拉克（P.Drucker）在1954年於《管理實務》一書提出，意指上下級人員經由會談方式，來共同訂定組織目標及各部門目標，而人員於執行目標過程中，作自我控制、自我考核。

Drucker同時也提出**目標設定的SMART原則**，即：
(1)目標必須是**具體的**（Specific）。
(2)目標必須是**可以衡量的**（Measurable）。
(3)目標必須是**可以達到的**（Attainable）。
(4)目標必須和其他目標**具有相關性**（Relevant）。
(5)目標必須具有**明確的截止期限**（Time-based）。
目標管理法（MBO）由員工和管理者一起訂定明確的目標，並根據這些目標來評估員工績效，也可把目標當作激勵員工的依據。MBO包含四個元素：
(1)**目標明確化**：清楚的陳述目標。
(2)**參與決策制定**：管理者與部屬共同設定目標。
(3)**明確的期限**：有明確的時間限制。
(4)**績效回饋**：要求員工瞭解自己的目標，並有能力對自己作成果的檢視。

☆ 小提點

目標管理的步驟：
(1)訂定組織整體目標和策略。
(2)將主要目標賦予各分公司及部門。
(3)各部門管理者與更上層的管理者合作，共同設定明確的目標。
(4)與所有部門成員一起設定明確目標。
(5)經理人和員工共同決定達成目標的行動方案。
(6)執行行動方案。
(7)定期檢視進度，並回報問題點。
(8)對達成目標者給予獎賞。

基礎題型

解答

1 一個良好目標的特徵，不包含以下那一項： (A)可形諸文字的結果 (B)可以測量或是量化 (C)只有少數人知道要怎麼做 (D)能夠與報酬系統相連結。 【108鐵路】 **(C)**

考點解讀 王恆獎等人認為設計良好目標特徵，應具備：可形諸文字的結果、必須可以量化、目標須清晰與制訂完成期限、必須具有挑戰性、必須與所有成員溝通計畫的目標、能夠與報酬系統相連結。

解答

2 下列哪一項不是良好目標的特色？ (A)可衡量且可量化 (B)富挑戰性卻不好高鶩遠 (C)有明確時間表 (D)以口頭方式呈現。 【105中油】 (D)

考點解讀 良好目標的特色：(1)應該以結果方式呈現；(2)應是可衡量且可量化的；(3)應該有明確的時間表；(4)富挑戰性卻不好高鶩遠；(5)以書面方式呈現；(6)必須傳達給組織內所有必要的成員；(7)應與報酬系統相連結。

3 下列何者不是一個設計良好的目標所具備的特徵？ (A)必須清晰而且可形諸於文字的結果 (B)目標必須可量測或量化 (C)與報酬系統相連結 (D)不一定要說明完成期限。 【104自來水】 (D)

4 下列何者不是完善目標的特色？ (A)描寫結果與行動並重 (B)以書面方式呈現 (C)可衡量且可量化 (D)有明確的時程表。 【111台酒】 (A)

5 目標設定的SMART原則當中的M係指以下何者？ (A)明確特定 (B)可衡量 (C)可達成 (D)可調適。 【108漢翔】 (B)

考點解讀 目標設定的SMART原則，即是：(1)目標必須是具體的（Specific）；(2)目標必須是可以衡量的（Measurable）；(3)目標必須是可以達到的（Attainable）；(4)目標必須和其他目標具有相關性（Relevant）；(5)目標必須具有明確的截止期限（Time-based）。

6 若組織的目標定義得很清楚，可以形成一種整合性目標網，讓組織上下層級間目標環環相扣，共同創造成就，此稱： (A)目標設定法（goal-setting） (B)手段目標鏈（means-ends chain） (C)SMART法（目標的特定、可衡量、可達成、可行動與期限） (D)策略管理程序。 【105鐵路】 (B)

考點解讀 又稱方法目標鏈（means–ends chain），指組織目標定義得夠清楚，就可以形成一種整合性的目標網，下層目標的達成，成為上層目標達成的方法或手段。

7 「由主管與員工共同討論之後，做成決定」，是屬於下列哪一種績效評估方法？ (A)直接指標評估法 (B)座標式評等法 (C)目標管理法 (D)排列。 【108漢翔】 (C)

考點解讀 目標管理法是由員工和主管一起訂定明確的目標，定期檢視目標進度，並根據進度給予獎賞。

8 藉由計畫與控制來達成組織目標的方法，同時透過主管與部屬間，共同設定團體與部門目標，進行工作績效檢討的管理方式是哪一種？ (A)生產管理 (B)品質管理 (C)目標管理 (D)績效管理。 【107鐵路營運專員】 (C)

解答

9 企業中將組織目標轉換成員工目標，並使所有人參與討論與設定，各層級目標相連，屬於下列何種管理方式？ (A)目標管理 (B)行為管理 (C)激勵管理 (D)成本管理。 【106桃機、105郵政】 (A)

考點解讀 目標管理（management by objectives, MBO）的基本理念是希望納入組織各階層之意見，以擬定各層級與組織目標，並定期檢視執行績效與獎勵，使員工較傳統之目標建立方式更有積極參與之動機與成就感。

10 目標管理（MBO）是透過組織成員共同制定目標的過程，可以讓目標更？ (A)困難達成 (B)操作導向 (C)策略導向 (D)實際可行。 【106桃捷】 (D)

考點解讀 目標管理（MBO）是利用激勵理論與參與管理，使各級人員能親自參與目標設定的過程，將個人期望與組織目標相結合，並透過自我控制及自我指導等管理方式，讓目標更實際可行。

11 藉組織整體目標隨著組織層次逐次展開到單位與個人，經上下階層充份討論、溝通並協議確定後，單位或個人的目標，就成為績效考核的依據。這種方法為何？ (A)評鑑中心 (B)現場審查法 (C)目標管理 (D)360度回饋評估。 【105自來水】 (C)

12 下列何者不是目標管理（Management By Objectives, MBO）的特質？ (A)

(A)強調集權

(B)目標特定性

(C)部屬參與決策

(D)明確達成時間。 【113鐵路、108鐵路、102經濟部】

考點解讀 目標管理的特質：

(1)目標特定性：清楚的陳述目標。

(2)部屬參與決策：管理者與部屬共同設定目標。

(3)明確達成時間：明確時間期限，讓員工瞭解具有時間急迫性的目標。

(4)績效回饋：讓員工瞭解自己目標，有能力針對目標來衡量自己的績效。

進階題型

解答

1 彼得・杜拉克（Peter F. Drucker）在1954年所出版的《管理的實務》中提到企業的8大目標，試問，8大目標中，何者為企業的第一個目標？ (A)生產力的目標 (B)市場的目標 (C)創新的目標 (D)社會責任的目標。 【108鐵路營運人員】 (B)

解答

考點解讀 彼得・杜拉克（Peter F. Drucker）在1954年所出版的《管理的實務》中曾提到企業的八大目標：市場的目標、創新的目標、生產力的目標、實體與財務資源的目標、獲利性的目標、管理者的績效與發展的目標、員工的績效與態度的目標、公共責任的目標。

2 市場佔有率通常被用於評估下列哪一項目標？ (A)獲利性目標 (B)行銷目標 (C)生產力目標 (D)財務目標。【104自來水】 (B)

考點解讀 彼得杜拉克（Peter Drucker）曾列出目標的八大領域：
(1)獲利性目標：企業的利潤，例如提高毛利率與淨利率等。
(2)生產力目標：如何有效地運用資源，例如降低每一單位產品的生產成本。
(3)創新目標：在產品、服務及技術上的革新，例如每年所推出新產品數目、新核准的專利數目，以及新產品銷貨收入佔全部銷貨收入的百分比。
(4)管理者行為目標：管理者的績效與發展，例如管理人才的培育。
(5)行銷目標：企業產品的市場地位，例如銷售量、市場佔有率。
(6)財務目標：實體與財務資源的提供與利用：例如增加資產總額。
(7)員工態度目標：員工的績效與態度，例如員工對企業的忠誠度。
(8)社會責任目標：公共責任，例如企業對於社會公益活動的參與。

3 某運輸公司在制定下年度單位目標時，下列那種不是良好的目標制定？ (C)
(A)載客量成長5%，營業收入成長7%
(B)只要營業收入達到7%的成長，就發放績效獎金
(C)提高旅客滿意度，減少客訴抱怨
(D)準點率提高10%。【107鐵路】

考點解讀 「提高旅客滿意度，減少客訴抱怨」，該目標太抽象，不夠明確具體，因此，無法衡量與量化。良好目標的特色應符合：(1)以結果而非以行動的方式寫出來；(2)可衡量且可量化；(3)有明確的時間表；(4)富挑戰性卻不好高騖遠；(5)以書面方式呈現；(6)讓所有相關的組織成員知悉。

4 SMART原則是目標管理中的一種方法。目標管理的任務是有效地進行成員的組織與目標的制定和控制以達到更好的工作績效，下列何者不是SMART原則中代表的意義？ (A)
(A)簡單（simple） (B)可衡量（measurable）
(C)可達成（attainable） (D)相關（relevant）。【107經濟部人資】

考點解讀 管理學大師杜拉克認為好的目標需有五點：(1)S（specific）明確，不能只是概括形容；(2)M（measurable）可衡量，需要量化；(3)A（attainable）可達到的，不能是遙不可及的；(4)R（relevant）關聯性，與其他目標具有相關性；(5)T（time-based）有時效性的，有時間限制的。

解答

5 甲鐵路公司進行年度目標設定時，先由公司高層決定年度總目標，再拆解為成本目標與營收目標，並往下交付給生產部門與業務部門來執行推動。這種設立目標的方式，可稱之為？ (A)
(A)傳統目標設定法（Traditional Goal Setting）
(B)目標管理法（Management by Objectives, MBO）
(C)目標設定理論（Goal Setting Theory）
(D)動態多目標規劃方法（Dynamic Multi-Objective Programming Approach）。 【103鐵路】

考點解讀 由高階主管設定一個目標，然後再分為組織各階層的細部目標。
(B)由員工和經理人一起訂定明確的目標，並定期檢視目標進度。
(C)認為目標本身就具有激勵作用，目標能把人的需要轉變為動機，使人們的行為朝著一定的方向努力，並將自己的行為結果與既定的目標相對照，及時進行調整和修正，從而能實現目標。
(D)用來處理動態性複雜之多目標決策問題，係利用多目標規劃、模糊理論與系統動力學等研究工具，對動態性複雜問題來進行規劃。

6 公司各門市的管理方式是由店長與門市人員一起決定績效目標，並定期評估，報酬會依達成度作為基礎來進行分配。此種管理方式為： (A)專家系統 (B)規模校正 (C)目標管理 (D)價值鏈管理。 【103台酒】 (C)

考點解讀 目標管理的重點在於使員工透過對相關目標設定的參與，進而對該目標產生認同，透過這樣的認同使他們由內心產生一種自我激勵和自我控制，督促他們追求這些目標。並定期評估，報酬會根據達成度作為基礎來進行分配。

7 下列何者非目標管理之特性？ (D)
(A)主管與部屬共同參與決定 (B)注重整體目標
(C)強調自我控制 (D)對人性假設為X理論。 【107台酒】

考點解讀 目標管理的特性：(1)以人員為中心，對人性假設為Y理論；(2)主管與部屬共同參與決定；(3)注重整體目標；(4)強調自我控制；(5)充分發揮分權；(6)使用激勵與民主參與方式。

8 下列何者不是目標管理法（MBO）的步驟？ (A)管理者首先訂立明確的目標 (B)管理者與員工共同決定達成目標的行動方案 (C)定期檢視進度 (D)對於達成目標者給予獎賞。 【108漢翔】 (A)

考點解讀 目標管理法（MBO）由員工和管理者一起訂定明確的目標，並定期檢視目標進度，對於達成目標者給予獎賞。

解答

9 下列何者不是目標管理的步驟？ (A)對達成目標者給予獎賞 (B)不定期檢視進度 (C)管理者和員工共同決定達成目標的行動方案 (D)執行行動方案。【111台酒】 (B)

考點解讀 目標管理（MBO）的計畫步驟：
(1)設定組織整體目標與策略。
(2)分派各級事業部與部門主要的工作目標。
(3)單位主管與其上司主管共同訂立各單位之特定目標。
(4)單位所有成員共同訂定各自之特定目標。
(5)主管與部屬共同訂定如何達成目標之行動計畫。
(6)執行行動計畫。
(7)定期檢視進度，並回報問題點。
(8)對於達成目標者給予獎賞。

10 有關目標管理，下列敘述何者錯誤？ (A)目標管理是授權的、參與的、合作的管理 (B)目標管理的要素包括：績效回饋、明確的期限 (C)強調「由上而下」的運作，上級設定部屬目標後，監督其是否達成 (D)目標管理亦重視目標執行過程的自我檢討與自我評估。【107台北自來水、99鐵路】 (C)

考點解讀 目標管理（MBO）就是一種目標設定的制度，它既不是單純地由上往下，也不是由下往上的目標訂定方式；在此制度下，各個階層的目標是由下屬與上司所共同決定的。因為較低階的員工也參與了自身目標的設定，所以MBO是同時融合了「由下往上」與「由上往下」兩種程序的制度。目標管理的觀念是組織根據共同決定的目標，對目標的達成度定期加以評估，而獎酬則依目標達成度來給予。

非選擇題型

目標管理（Management By Objectives）是許多組織設定目標之常用方法：
(1) 其主要流程為何？
(2) 試舉出目標管理在執行上之優點與缺點各二項？【111經濟部-管理學】

考點解讀

(1) 目標管理的流程：
A. 設立組織的整體目標與策略。
B. 分派各級事業部與部門主要的工作目標。
C. 單位主管與其上司主管共同訂立各單位之特定目標。
D. 單位所有成員共同訂定各自之特定目標。
E. 主管與部屬共同訂定如何達成目標之行動計畫。

F. 執行行動計畫。
G. 定期評估目標之達成度，以及提供回饋。
H. 獎勵成功完成目標者。

(2) 目標管理在執行上的優點：
A. 可使規劃工作更加完整、有系統。
B. 人員因本身參與及自我控制可達到更大工作滿足。

(3) 目標管理在執行上的缺點：
A. 只重視目標達成而不重視過程。
B. 繁瑣的文書流程與作業程序。

焦點 3 計畫類型與整體規劃模式

1. 計畫的類型

描述組織計畫最常用的方法是：廣度、時間幅度、明確度、頻繁度。

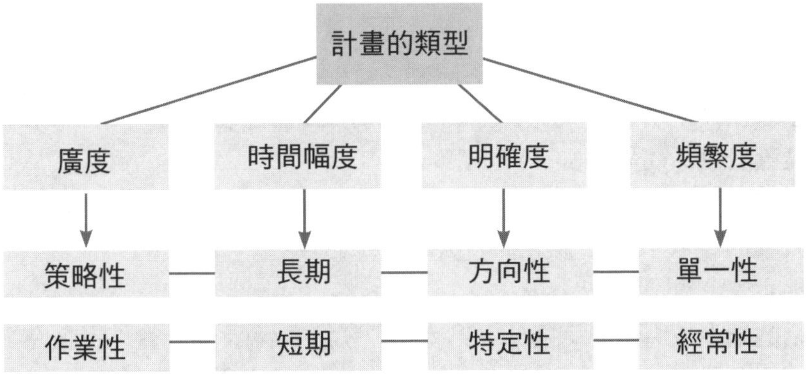

廣度	‧**策略性計畫**（strategic plans）：應用於整體組織，建立組織整體目標，探詢組織在所處環境中之定位的計畫。 ‧**作業性計畫**（operational plans）：對於所有整體目標如何達成的詳細計畫。
時間幅度	‧**長期計畫**（long-term plans）：考量時間達五年以上的計畫。 ‧**短期計畫**（short-term plans）：時間在一年或以下的計畫。
明確度	‧**特定性計畫**（specific plans）：定義清楚，目標明確而沒有模糊或可議之處的計畫。 ‧**方向性計畫**（directional plans）：建立一般準則的彈性計畫，指出目標的方向，但不會在細節行動上有太多的規定或限制。

頻繁度	·**單一性計畫**（single-use plans）：使用於特定需求或特殊情況的一次性計畫。 ·**經常性計畫**（standing plans）：是持續的，提供重複活動之指導的計畫。 ·**持續性計畫**包括： A.政策：屬於較高層次的指導方針，為組織規劃與決策時之參考依據。 B.程序：表示一套因應特定情境的步驟與準則。 C.規則：為處理特定情況的依據。

☆ 小提點

1. **策略性計畫**（strategic plans）
   (1)應用於整個組織；(2)建立組織全面性的目標；(3)探詢組織在所處環境中定位的計畫；(4)涵蓋較長的時間；(5)涉及部門較廣泛；(6)資源相對投入較多；(7)具彈性，屬方向性計畫；(8)由高層主管負責。
2. **作業性計畫**（Operational Plans）
   (1)明確說明組織將如何達到全面性目標的計畫；(2)涵蓋較短的時間；(3)涉及部門較窄；(4)資源相對投入較少；(5)較固定，屬特定性計畫；(6)由基層主管負責。
3. 計畫的類型依時間幅度區分，另有一種說法：(1)長期計畫：考量時間達三年以上的計畫；(2)中期計畫：介於長期計畫與短期計畫之間；(3)短期計畫：時間在一年或以下的計畫。

新視界

規劃的權變因素有三：

(1)**組織的層級**：規劃的權變因素管理者在組織的階層

基層管理者計畫以作業性為主。

高階管理者的計畫偏重策略性。

(2)**環境的不確定性程度**：

穩定環境：具體計畫。

動態環境：計畫應明確而有彈性。

(3)**未來承諾的時間長短**：指在計劃發展時，其規劃的時間跨距應該涵蓋所有「需要投入資源」的時間點。如果計畫涉及需要未來投入許多資源，則規劃的時間跨距就要有愈長的承諾投入。

2. **史坦納（Steiner）的整體規劃模式**

整體規劃係指企業針對未來長期性的目標，基於整體的觀點，以綜合性的分析方式所擬出完成目標的方法之過程，該規劃的特色，就在於它並不是部份或個別性的，而是整體性的。

史坦納（George Steiner）的整體規劃模式內容包含了**三大主要步驟**及兩項活動，該三大主要步驟為：**規劃基礎、規劃主體、規劃的實施與檢討**。兩項活動則為：**規劃研究、可行性測定**。

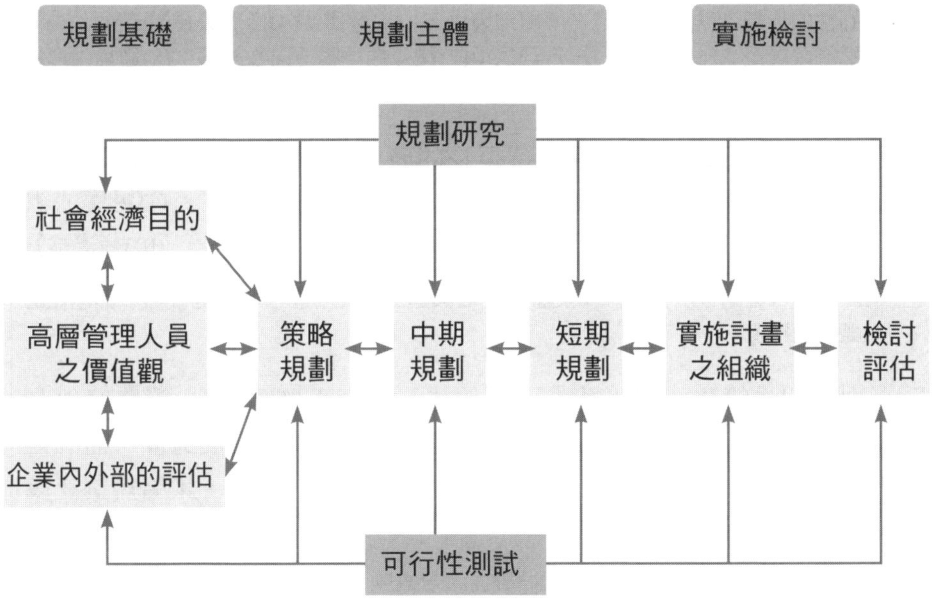

基礎題型

解答

1 「應用於整個組織及建立組織全面性目標」的一種計畫，對企業目標達成非常重要，請問這是屬於下列那一種計畫？ (A)策略性計畫 (B)操作性計畫 (C)部門計畫 (D)短期計畫。 【104鐵路】 (A)

解答

考點解讀 策略性計畫（strategic plan）界定組織全面性目標及達成策略目標所採取的行動步驟，包含組織行動與為達成目標所需資源分配的藍圖。一般為高階主管所規劃，涵蓋的時間較長。

2 針對策略性計劃（strategic plans）的敘述，下列何者錯誤？ (A)特定作業性部門的計劃 (B)涵蓋的時間較長 (C)屬於方向性計劃 (D)資源相對投入較大。 【105中油】 (A)

考點解讀 策略性計劃涵蓋組織整體各個部門、建立組織全面性目標與一套整合各部門活動的計劃。

3 下列何者為策略性計劃（strategic plan）的特徵？ (A)一年以下的計劃 (B)會議中初步發想的計劃 (C)經常性計劃 (D)方向性計劃。 【104自來水】 (D)

考點解讀 策略性計劃（strategic plan）的特徵：(1)應用於整個組織；(2)建立組織全面性的目標；(3)探詢組織在所處環境中定位的計畫；(4)涵蓋較長的時間；(5)涉及部門較廣泛；(6)資源相對投入較大；(7)具彈性，屬方向性計畫；(8)通常由高層主管負責。

4 策略性計畫比操作性計畫涵蓋更長的時間跨距，而且也包括下列哪一項？ (A)更窄的組織層面 (B)計畫期間的財務預測 (C)更廣的組織層面 (D)股東期盼的紅利預估值。 【103經濟部】 (C)

考點解讀 策略性計畫是應用於整個組織與建立組織全面性目標的計畫，其涵蓋的組織層面較廣。

5 下列有關「策略」與「計畫」的敘述，何者正確？ (A)策略必須有具體的時間表，計畫則否 (B)策略是用來指引未來發展方向，而計畫則是根據策略來擬訂具體工作事項 (C)計畫擬訂在先，策略規劃在後 (D)策略必須根據計畫來擬訂。 【107台酒】 (B)

考點解讀 (A)計畫必須有具體的時間表，策略則否。(C)策略規劃擬訂在先，計畫在後 。(D)計畫必須根據策略來擬訂。

6 根據Steiner 的整體規劃模型（Integrated Planning Model），下列何者不是主要步驟？ (C)

(A)規劃 (B)執行與檢討

(C)可行性測試 (D)前提。 【102經濟部】

考點解讀 Steiner 的整體規劃模型（Integrated Planning Model）的主要步驟規劃基礎（前提）、規劃主體、規劃的實施檢討。

進階題型

解答

1 下列有關規劃（planning） 和計畫（plans）的關係，何者有誤？ (C)
(A)規劃是動態的，計畫是靜態的
(B)規劃是因，計畫是果
(C)規劃是後果，計畫是過程
(D)規劃與計畫兩者關係密切。 【102台電】

考點解讀 規劃（planing）是指分析與選擇的過程，計畫（plans）則指所選擇的未來行動方案。規劃、計畫兩者的關係：(1)規劃是動態的，計畫是靜態的；(2)規劃是因，計畫是果；(3)規劃是過程，計畫是後果；(4)規劃是議，計畫是決；(5)規劃與計畫兩者關係密切。

2 每年暑假前，花東一帶的旅館業必須做各項防颱計畫以因應颱風季節的到來，這種為了重複發生的情況而做的計畫稱為下列何者？ (A)
(A)經常性計畫 (B)單一性計畫
(C)方向性計畫 (D)策略性計畫。 【108漢翔】

考點解讀 又稱「常設計畫」（standing plan），是持續的，它提供組織執行日復一日的活動時可資遵循的方針。

3 有關計畫類型，下列敘述何者正確？ (A)
(A)策略性計畫強調長期
(B)作業性計畫強調方向性
(C)策略性計畫強調經常性
(D)作業性計畫為建立一般準則的彈性計畫。 【110台酒】

考點解讀 (B)作業性計畫強調特定性。(C)策略性計畫強調持續性。(D)作業性計畫為如何達成的詳細計畫。

Chapter 02 規劃的技術與工具

焦點1 評估環境的技術

環境偵察（environmental scanning）是指透過大量資訊的篩選，來預測與解釋環境的變化。其主要方法有：

1. **競爭者情報**：蒐集競爭者資訊，包括：誰是競爭者？做什麼？但也不一定要透過商業間諜，也可輕易從自己公司的員工、顧客、供應商、網際網路，以及競爭者本身取得。
2. **全球性偵察**：蒐集所有會影響組織的全球性重要資訊，將視野與資訊蒐集來源拓展到全球化。

新視界

競爭者產品「逆向工程」（reverse engineering），係將競爭者的產品拆解研究，以便學習新的技術。

☆ 小提點

預測是指企業企業運用內部與外部相關資訊，針對某一事務在未來可能發生的情形，來進行事前的判斷與估計。

預測（forecasting）是規劃的前提或基礎，亦即企業在從事規劃工作時所必須建立的基本假定。預測技術又可分為定量及質化預測兩大技術：

預測技術		內容說明	應用實例
定量技術	時間序列分析	將過去趨勢以數學方程式表達，並用以預測未來發展	以過去四期資料來預測下一季銷售額
	迴歸模型	以已知或假設值之變數來預測另變數之值	尋找可以影響銷售金額的關鍵因素

	預測技術	內容說明	應用實例
定量技術	計量經濟模型	以一套迴歸方程式去模擬經濟活動的一部份	預測稅法改變對汽車銷售的影響
	經濟指標	使用一個或多個經濟指標以預測未來經濟狀況	以景氣對策信號來了解企業的景氣狀況
	替代效果	以數學公式預測新技術或新產品將於何種狀況或方式取代既有技術或產品	以傳統烤箱的銷售來預測微波爐的銷售
質化技術	專家意見	綜合各個專家的意見	調查公司內部人事主管對明年大學畢業生招募的需求
	銷售代表意見	綜合第一線銷售代表的銷售預期	汽車公司調查主要經銷商意見來決定產品的形式與數量
	顧客評估	分析既有顧客購買屬性，以預測未來銷售數量與種類	如購買Lexus的車主未來可能升級買Benz的數量
	德爾菲法	又稱專家調查法，採書面的方式進行，但以匿名方式的群體參與方法進行	銀行消金部門利用德爾菲法，瞭解影響小額信貸逾期的關鍵因素

☆ 小提點

景氣指標預測法：景氣指標與對策信號乃是為衡量經濟景氣概況，將一些足以代表經濟活動且能反映景氣變化的重要總體經濟變數，以適當統計方式處理，編製而成。目前國發會發布包含領先、同時、落後三種景氣指標，並同時發布景氣對策信號，提供各界衡量我國景氣脈動之用。

1. **景氣指標**包含「領先指標」、「同時指標」及「落後指標」，其構成項目為：
   (1) 領先指標：由外銷訂單動向指數（以家數計）、實質貨幣總計數M1B、股價指數、工業及服務業受僱員工淨進入率、建築物開工樓地板面積（住宅、商辦、工業倉儲）、實質半導體設備進口值，及製造業營業氣候測驗點等7項構成項目組成，具領先景氣波動性質，可用以預測未來景氣之變動。
   (2) 同時指標：由工業生產指數、電力（企業）總用電量、製造業銷售量指數、批發、零售及餐飲業營業額、非農業部門就業人數、實質海關出口值、實質機械及電機設備進口值等7項構成項目組成，代表當前景氣狀況，可以衡量當時景氣之波動。

(3) 落後指標：由失業率、製造業單位產出勞動成本指數、金融業隔夜拆款利率、全體金融機構放款與投資、製造業存貨價值等5項構成項目組成，用以驗證過去之景氣波動。

2. **景氣對策信號**：又稱「景氣燈號」，係以類似交通號誌方式的5種不同信號燈代表景氣狀況的一種指標，目前由貨幣總計數M1B變動率等9項指標構成。每月依各構成項目之年變動率變化（製造業營業氣候測驗點除外），與其檢查值做比較後，視其落於何種燈號區間給予分數及燈號，並予以加總後即為綜合判斷分數及對應之景氣對策信號。景氣對策信號各燈號之解讀意義如下：若**對策信號亮出「綠燈」，表示當前景氣穩定、「紅燈」表示景氣熱絡、「藍燈」表示景氣低迷，至於「黃紅燈」及「黃藍燈」二者均為注意性燈號，宜密切觀察後續景氣是否轉向**。

基礎題型

解答

1 企業組織新產品或產品重新設計的創意來源，如果係採取透過對競爭者產品進行拆解並仔細研究，以找出改良自己產品的方法稱之為？ (A)同步工程 (B)前置工程 (C)反向工程 (D)重製工程。 【107經濟部】 (C)

考點解讀 或稱「逆向工程」，係將競爭者的產品拆解研究，以便學習新的技術。

2 下列何種預測技術不屬於定量預測技術？ (A)時間序列分析 (B)經濟指標分析 (C)銷售代表意見 (D)經濟計量模型。 【104郵政】 (C)

考點解讀 銷售代表意見或稱草根法，是根據銷售人員在市場上的直接經驗，所提出的意見彙總而成。此法較適合大公司業績良好的銷售部門所採用。

技術		描述	應用
量化技術	時間序列分析	找一條符合趨勢線的數學方式，並利用此方程式來規劃未來	以過去四年的資料為基礎，預測下一季的銷售量
	迴歸模型	用已知或假設的變數來預測另一個變數	尋找可以預測銷售量的因素（如價格、廣告支出）
	計量經濟模型	以一套迴歸方程式來模擬某一範圍的經濟活動	預測相關稅法的改變所造成的汽車銷售變化

技術		描述	應用
量化技術	經濟指標	使用一個或多個經濟指標來預測未來的經濟狀態	利用GNP的變化來預測可支配的收入
	替代效果	利用數學公式來預測：如何、何時及何種條件下，會有新技術或產品取代現有的產品	預測DVD播放機的銷售量對錄影機銷售量的影響
質化研究	專家意見	組織並且整合所有專家的意見	調查公司內各個人力資源經理的意見，來預測明年大學畢業生的人才需求量
	綜合銷售員意見	綜合第一線銷售員對顧客購買量的預期	預測明年工業用雷射的銷售額
	顧客評量	從已完成的購買資訊來評估	汽車製造商項主要的汽車業者調查，以獲得消費者所期望的產品種類與數量

3 常用的預測方法有定性預測法及定量預測法兩大類，下列何者是屬於定性預測法？ (A)迴歸分析法 (B)德爾菲（Delphi）法 (C)指數平滑法 (D)時間序列分析法。 【104台北自來水】 (B)

考點解讀 德爾菲法（Delphi method）是在管理的決策過程中，運用一個專家團體給予問卷作答，然後根據結果做初步彙整，再依據彙整結果修正問卷，如此重複幾次後得到共識，可做為決策的依據。德爾菲法是一種專家意見法，屬於定性或質化的預測技術。

4 一群專家透過一系列問卷而形成共識，並達成一致性的看法，此種預測方法是： (A)名義群體技術（Nominal Group Technique） (B)SWOT分析法 (C)腦力激盪法（Brain Storming Method） (D)德爾菲法（Delphi Method）。 【108鐵路營運人員、107經濟部人資】 (D)

考點解讀 (A)決策過程中對群體成員的討論或人際溝通加以限制，但群體成員是獨立思考的。(B)協助企業分析本身的優勢（Strengths）與劣勢（Weaknesses）；外在環境的機會（Opportunity）與威脅（Threats），讓經理人在充分掌握資訊的情境下，進行最適當的決策。(C)一種創意激發的過程，鼓勵發表意見並停止批評。

5 景氣對策信號出現藍色燈號表示：
(A)景氣過熱 (B)景氣復甦 (C)景氣低迷 (D)景氣穩定。 【103台酒】 (C)

考點解讀 (A)景氣對策信號出現紅色燈號。(B)景氣對策信號出現黃藍色燈號。(D)景氣對策信號出現綠色燈號。

解答

6 景氣動向指標有所謂的同時指標、領先指標與落後指標三種，下列何者是領先指標？ (A)工業生產指數 (B)實質海關出口值 (C)股價指數 (D)製造業銷售量指數。【111鐵路】 (C)

考點解讀 領先指標：由外銷訂單動向指數（以家數計）、實質貨幣總計數M1B、股價指數、工業及服務業受僱員工淨進入率、建築物開工樓地板面積（住宅、商辦、工業倉儲）、實質半導體設備進口值，及製造業營業氣候測驗點等7項構成項目組成，具領先景氣波動性質，可用以預測未來景氣變動。

進階題型

解答

1 福特汽車公司以「反向工程（Reverse Engineering）」的方式刺激研發人員新產品的設計創意。請問這種創意來源是屬於： (A)供應鏈 (B)競爭者 (C)研究 (D)客戶。【105台北自來水】 (B)

考點解讀 採取透過對競爭者產品進行拆解並仔細研究，以找出改良自己產品的方法。

2 預測技術的定性分析法，下列優點何者正確？ (A)預測成本最低，準確度最高 (B)預測風險及誤差成本相對較低 (C)比較具有客觀性與科學性 (D)適用於缺乏過去歷史資料場合。【104鐵路】 (D)

考點解讀 定性預測技術與定量預測技術兩者比較：

(1)定性預測技術的優缺點：

優點：注重事物發展在性質方面的預測，具有較大的靈活性，易於充分發揮人的主觀反映，且簡單的迅速，省時省費用。

缺點：易受主觀因素的影響，比較注重於人的經驗和主觀判斷能力，易受人的知識、經驗和能力的多少大小的限制，尤其是缺乏對事物發展作數量上的精確描述。

(2)定量預測技術的優缺點：

優點：注重事物發展在數量方面的分析，重視對事物發展變化的程度作數量上的描述，更多地依據歷史統計資料，較少受主觀因素的影響。

缺點：比較機械，不易處理有較大波動的資料，更難於預測變化的事物。

3 面對快速、跳躍式或不連續的環境改變，何者為較佳的預測技術？(A)時間序列分析預測（Time-series Analysis） (B)德菲法（Delphi Method） (C)迴歸分析（Regression Analysis） (D)因果預測（Causal Forecast）。【106桃機】 (B)

解答

考點解讀 在團體中進行決策時，如果面對快速、跳躍式或不連續的環境改變，情況不明要找出問題所在，則宜採德菲技巧（Delphi technique）。

4 以下哪種預測方法，屬於專家判斷法？ (A)迴歸分析 (B)指數平滑法 (C)德非法 (D)市場調查。 【106桃捷】 **(C)**

考點解讀 專家判斷法係以判斷與意見為基礎的預測，包括：主管意見、消費者調查、銷售代表意見、德菲法（Delphi method）等。

5 國家發展委員會所公布的景氣對策訊號為藍燈時，代表何種經濟狀況？政府應該採行何種政策？ (A)景氣穩定，應採穩定性經濟政策 (B)景氣活絡，應採擴張性經濟政策 (C)景氣衰退，應採擴張性經濟政策 (D)景氣趨緩，應採緊縮性經濟政策。 【107台酒】 **(C)**

考點解讀 (A)景氣對策訊號為綠燈時，代表景氣穩定，應採穩定性經濟政策。(B)景氣對策訊號為紅燈時，代表景氣過熱，應採緊縮性經濟政策。(D)景氣對策訊號為黃紅燈時，代表景氣趨緩，不宜繼續採取緊縮及刺激經濟成長政策。

6 下列何者表示「國內生產毛額」？
(A) GDP (B) GNP (C) CPI (D) PMI。 【108漢翔】 **(A)**

考點解讀 常見經濟指標：

(1)國內生產總值GDP（Gross Domestic Product）：指一個國家在一定時期內所生產的最終產品和提供勞務的價值總和，是衡量一個國家綜合經濟實力的代表性指標。其與國民生產總值（GNP）不同之處在於，國內生產總值不將國與國之間的收入轉移計算在內。

(2)國民生產總值GNP（Gross National Product）：指一個國家所有常住居民在一定時期內所生產的最終產品和所提供的貨幣價值總和。常住居民包括：A.居住在本國的本國居民；B.暫住在外國的本國居民；C.常住在本國但未加入本國國籍的居民。

(3)消費者物價指數CPI（Consumer Price Index）：反映與居民生活有關的生活消費品和服務項目價格統計出來的物價變動指標，通常作為觀察通貨膨脹水平的重要指標。

(4)採購經理人指數PMI（Purchasing Managers' Index）：是衡量製造業的體檢表，為領先指標中一項重要數據，可衡量製造業在生產、新訂單、商品價格、存貨、雇員、訂單交貨、新出口訂單和進口等狀況。

7 政府編製景氣對策信號作為施政參考，分成紅燈、黃紅燈等五個景氣對策信號，在綜合判斷項目上，未包括下列何者？ (A)股價指數 (B)工業生產指數 (C)製造業銷售量指數 (D)全體貨幣機構放款與投資。 【111鐵路】 **(D)**

考點解讀 景氣對策信號係以類似交通號誌之5種不同信號燈表示目前景氣狀況，其中「綠燈」表示景氣穩定、「紅燈」表示景氣熱絡、「藍燈」表示景氣低迷，至於「黃紅燈」及「黃藍燈」二者均為注意性燈號，宜密切觀察景氣是否轉向，藉由不同的燈號，提示政府應採取之對策，亦可利用對策信號變化做為判斷景氣榮枯參考。目前國發會編製之對策信號由貨幣總計數M1B、股價指數、工業生產指數、非農業部門就業人數、海關出口值、機械及電機設備進口值、製造業銷售量指數、批發、零售及餐飲業營業額，及製造業營業氣候測驗點等9項構成項目組成。

非選擇題型

本國景氣對策信號亦稱為景氣燈號，國民可據以瞭解目前總體經濟狀況，當綜合判斷分數為17至22，即燈號為______燈，代表景氣短期內可能轉穩或衰退，政府可適時採取擴張措施。 【111台電】

考點解讀 黃藍。

紅燈：38～45分，景氣過熱。 黃紅燈：32～37分，景氣活絡。

綠燈：23～31分，景氣穩定。 黃藍燈：17～22分，景氣欠佳。

藍燈：9～16，景氣低迷。

焦點 2 資源分配的技術

資源分配的技術有：

1. **標竿管理（Benchmarking）**：從競爭或非競爭者中，找出能讓組織達到優越績效的最佳作法。企業可藉由分析與模仿各領域的佼佼者，來改善品質。

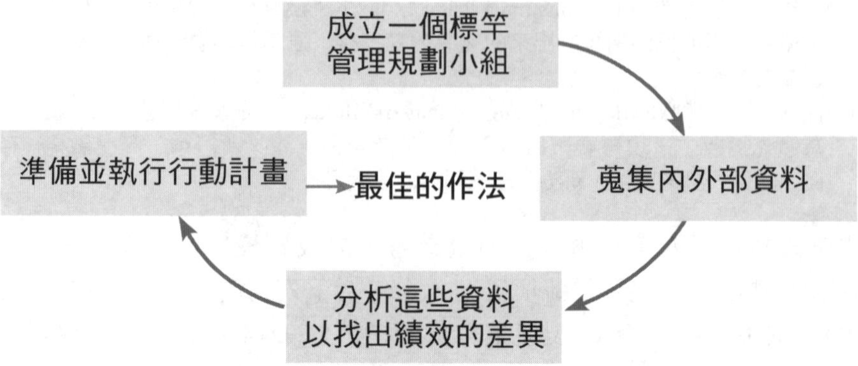

2. **預算編列**：預算是將資源分配到特定活動的數字計畫，例如：收支、費用和資本經費等。用以增進時間、空間和物資的利用，是組織最常使用和最廣泛適用的規劃技術。
3. **排程**：組織主管或部門經理透過規劃活動、完成活動的順序、決定執行者以及每個活動完成的時程，來定期分配組織資源，這些管理者所做的就是排程。也是對於各種活動的協調。
   (1) **甘特圖**：以時間為橫軸，以排程的活動為縱軸所畫出的長條圖，將各個任務預定完成時間以及實際進度視覺化。

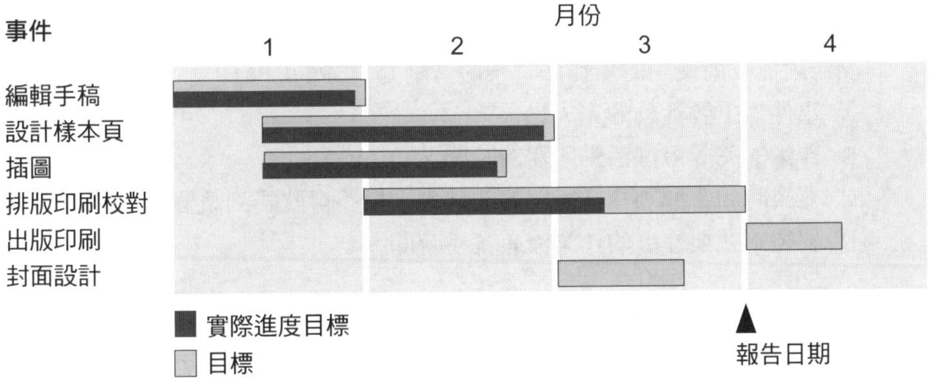

   (2) **負荷圖**：是一種修正的甘特圖，將整個部門或某特定資源的使用列於縱軸，讓管理者得以規劃和控制產能的運用

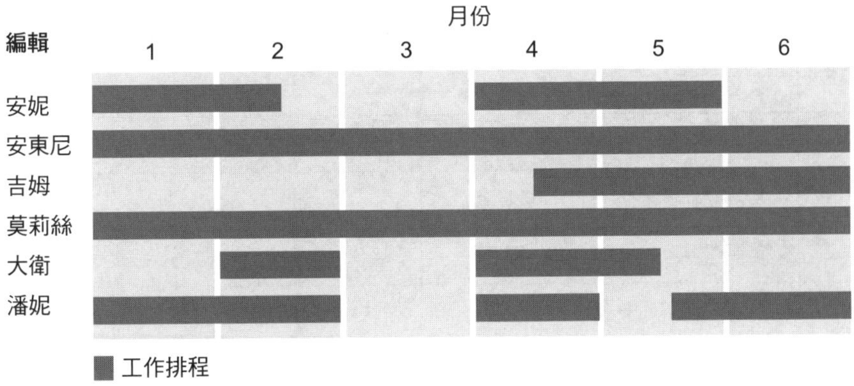

(3)**計畫評核術**（Program Evaluation Review Technique，PERT）源於美國海軍特殊專案室以及布艾漢顧問集團（Booze, Allen, and Hamilton Consulting Group）所共同發展而成，1958 年應用於美軍北極星火箭系統計畫。該技術主要是針對不確定性較高的工作項目，以網路圖描繪出完成計畫所需作業的先後順序，以及每項作業的相關時間或成本。要徑法（Critical Path Method，CPM）：由美國杜邦公司於1957年所發展出來，目的在於運用網路圖管理技術，對專案做充分的籌畫，期以最少的資源於最短的時間內達成專案目標。

要徑法（CPM）及計畫評核術（PERT）基本上都利用網狀圖來表現專案計畫各部分活動及其先後關係與所需時間。兩者差異之處在於PERT較偏重機率性的時間估計，而CPM則較偏重於固定的時間估計，但時至今日取而代之的是混合兩種技術優點的新作法，一般合稱為 PERT/CPM。

A. 事件：主要活動的完成點。

B. 作業：完成每個活動所需的時間。

C. 寬裕時間：個別作業所容許的延遲，但不會耽誤到整個計畫的時間。

D. 要徑：在要徑上的作業沒有寬裕時間。

案例：建造一棟辦公大樓的PERT網路表

事件	敘述	預期時間(週)	前置事件
A	批准設計與領取執照	10	無
B	開挖地下停車場	6	A
C	架設鋼骨	14	B
D	建構地面	6	C
E	安裝窗戶	3	C
F	鋪設屋頂	3	C
G	裝設內部線路	5	D,E,F
H	裝設電梯	5	G
I	鋪設磁磚與嵌板	4	D
J	裝設門與內部裝潢	3	I,H
K	移交給大樓管理團隊	1	J

建一棟辦公大樓的PERT網路圖：

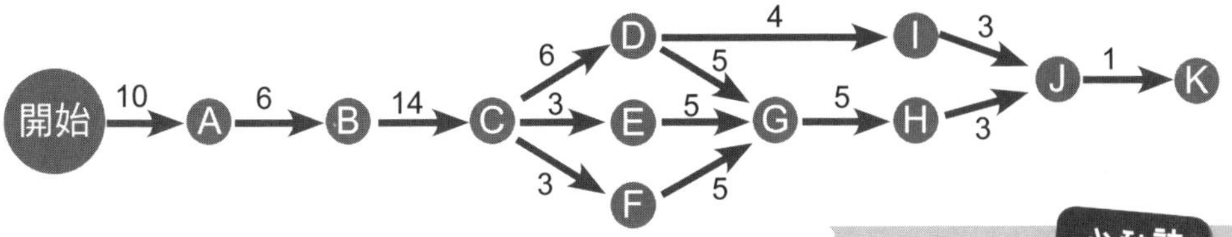

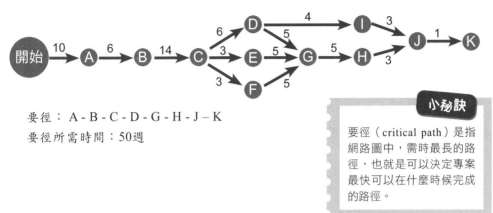

要徑：A-B-C-D-G-H-J-K
要徑所需時間：50週

小秘訣

要徑（critical path）是指網路圖中，需時最長的路徑，也就是可以決定專案最快可以在什麼時候完成的路徑。

☆ 小提點

PERT 之目的在於規劃與控制北極星飛彈計畫的執行，該計畫為創新的活動，具高度不確定性，缺乏實際工作經驗。因此，無法得知各項作業真正的工期，而必須採用三時估計法（Three times estimate）推估合理的工期。所謂「三時估計法」，即是對各項作業所需要的時間分別按照悲觀時間（Pessimistic time）、最可能時間（Most likely time）與樂觀時間（Optimistic time） 等三種不同情況予以估計，並在貝氏分配（Beta distribution）的假設下，採用傳統機率論來估算工期的期望值（Expected value）與變異數（Variance）。

1. 悲觀時間（Pessimistic time）：完成一個作業所需的最多可能時間， 亦即作業遭遇到逆境時所需要的時間。
2. 最可能時間（Most likely time）：作業可以完成的最可能時間，亦即專案人員最初所要求而提出的時間。
3. 樂觀時間（Optimistic time）：作業可以順利完成所需要的最少時間， 也就是說每一工作均可較通常預期的時間予以達成。

依據PERT各項活動的三個時間估計值，算出完成各項活動的「期望時間」、標準差、變異數，計算公式如下：

1. **期望時間**（t）：為完成各項作業預估時間，由a：樂觀時間、m：最可能時間（正常時間）、b：悲觀時間計算出來：$t=\frac{a+4m+b}{6}$。

2. **每個作業時間的變異數**：$\sigma^2 = \left(\dfrac{b-a}{6}\right)^2$；

作業時間的標準差：$\sigma = \left(\dfrac{b-a}{6}\right)$。

每條路徑的標準差：$\sigma = \sqrt{\sum(\text{作業變異數})}$

4. **線性規劃**：運用兩個變動因素之間的比例關係，尋求解決資源分配問題的技術。

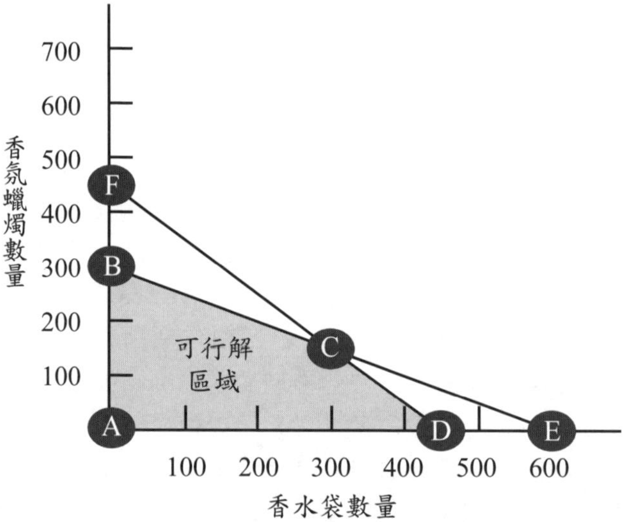

5. **現代的規劃技術**：

(1) **專案管理**（Project Management）：使專案的作業能根據工作說明書的要求，並在有限的時間與預算內完成所有作業的工作。專案管理須清楚定義專案目標，明確定義專案作業所需的資源，包括物料及人力等，並訂出各作業的完成先後順序。專案規劃的流程：

界定目標 → 確認活動與資源 → 建構順序 → 估算每個活動的時間 → 確定專案完成日期 → 與目標比較 → 確定額外的資源需求

(2) **情景規劃**：情景規劃之目的並不是要預測未來，而是藉由在不同特定情況下的沙盤演練，來減少不確定性的風險。

(3) **權變規劃**：發展情境，一旦假設的狀況確實發生時，使管理者得以事先確定應採取的行動。

基礎題型

解答

1 標竿（benchmarking）是希望透過學習其他企業的最佳實務，達成下列何項目的？ (A)擴大產品的市場佔有率 (B)讓公司能夠準確地找到目標客群 (C)更準確地來預測環境 (D)增進公司的績效。 【108漢翔】 (D)

考點解讀 標竿管理期望透過學習其他企業的最佳實務，以增進公司的績效。

2 「運用外部的比較標準，來衡量本身目前的情況，據以發現其他人或組織的優點，並思考如何將這些優點運用到本身的工作中。」以上敘述係指何種規劃技巧？ (A)

(A)標竿分析法（Benchmarking）

(B)腦力激盪法（Brainstorming）

(C)情境規劃法（Scenario Planning）

(D)SWOT分析法（SWOT Analysis)。 【103鐵路】

考點解讀 (B)鼓勵成員突破常規、大膽的想像，能由各種不同角度理解問題，提出看法、彼此激盪，此法較常用於決策初期階段。(C)藉由描繪一個個企業未來可能發生的情境，以作為策略擬定的指南，並協助企業洞悉未來方向，以便及時作出正確的回應。(D)透過分析企業內部優勢、劣勢，與外部環境的機會與威脅，來監測市場的營運方法。

3 標竿管理是一般常見的管理技術，下列那一項是錯誤的標竿管理步驟？ (C)

(A)成立標竿管理小組，確認標竿是什麼及值得標竿學習的「最佳技術」何在，並決定資料蒐集方式

(B)從組織內部與外部蒐集資料。經由自我了解，以便看懂與標竿組織的績效差異

(C)直接模仿標竿組織的運作程序

(D)訂定出趕上或超越標竿組織的標準，並確實執行計畫。 【105鐵路】

考點解讀 成立標竿管理規劃小組→ 從組織內部與外部蒐集資料→ 分析資料以找出績效差異→ 訂定出趕上或超越標竿組織的標準並確實執行計畫。

4 有關標竿學習（benchmarking）之敘述，下列何者正確？ (A)標竿的學習對象不限於同產業的競爭者 (B)尋找到標竿企業是一件容易的事 (C)標竿企業不包括海外的公司，因為會有文化差異 (D)只需要蒐集標竿企業的資料即可，不需要審視組織內部的現況。 【104自來水、104郵政】 (A)

解答

考點解讀 (B)尋找到標竿企業並非一件容易的事。(C)標竿企業包括海內、海外的公司，競爭或非競爭者。(D)除須蒐集標竿企業的資料，亦須審視組織內部的現況。瞭解自身組織與學習對象間程序所產生的績效落差與原因。

5 下列何者可以表示企業活動之實際進度與預期進度？ (A)甘特圖（Gantt chart） (B)組織圖 (C)價值鏈 (D)策略地圖。 【111台酒】 (A)

考點解讀 甘特圖（Gantt Chart）顯示各項活動的預定完成進度，與實際完成進度的比較，用以控制工作進度，使產量大幅提高。

6 繪製各項預排工作及實際已完成進度，以便看出實際進度與預定進度差異的生產進度控制圖稱為： (A)泰勒圖 (B)網路要徑圖 (C)特性要因圖 (D)甘特圖。 【104台電】 (D)

考點解讀 甘特圖（Gantt Chart）用來管理實際工作與預期工作的差異，是作為生產排程計畫的重要依據。

7 關於計畫評核術（PERT）的敘述，何者為非？ (C)
(A)P—Program計畫　(B)E—Evaluation評估
(C)R—Replace取代　(D)T—Technology技術。 【107鐵路營運專員】

考點解讀 計畫評核術（Program Evaluation Review Tachnique, PERT）又被稱為PERT網路分析，是1958年美國海軍執行「北極星飛彈計畫」所發展出一套採網狀圖作為計畫管制技術。即利用網狀圖將計畫的工作內容，適當的劃分成若干工作單位，然後排定合理而經濟的順序，計算每一工作單位所需時間，配屬適當的資源，並不斷的作適應進度的調整與修正，使計畫準確的完成。為目前大型專案計畫最普遍使用的控制方法，其實施步驟為規畫、配當、跟催。

8 將計劃所需的各項活動用先後順序及所需時間來呈現，以協助計劃主持人評估各項活動的必要性，並找出需要特別關注的活動，係為何種方案評估與檢視技巧？ (A)PERT（計劃評核術） (B)MRP（物料需求計劃） (C)CAD（電腦輔助設計） (D)損益平衡分析。 【102中油】 (A)

考點解讀 在作業管理和規劃中，當一項專案計畫中各項活動的期間經常變化和不確定時，通常使用PERT（計劃評核術）網路分析技術。

9 建造機場捷運專案計畫，常用下列何種分析方法作專案排程？ (A)關聯分析法 (B)要徑法 (C)流程分析法 (D)工作負荷分析法。 【104經濟部】 (B)

考點解讀 要徑法（CPM）是專案管理規劃和控制的一種方法，目的在對某一特定目標的工作，將組織中可用的資源與預算、配合專案技術、時間做完整的規劃，使其產品在限定的時間內完成。

解答

10 要徑法（CPM）是下列哪一項管理工作常用的分析技術？ (A)廠房佈置規劃 (B)廠址選擇 (C)專案管理 (D)供應商管理。 【104自來水】 (C)

11 在生產流程的規劃中，PERT網路分析是常見的工具，而所謂「要徑（critical path）」是指？ (C)

(A)從一個事件到另一個事件中所需的時間或資源

(B)主要活動的完成點

(C)PERT網絡中最耗時的作業流程

(D)個別作業容許的延遲時間。 【102鐵路】

考點解讀 要徑（critical path）是PERT網路中花費時間最長的事件和活動的序列。

12 下列問題何者不能利用線性規劃來進行分析？ (D)

(A)選擇運輸路線的組合來最小化運輸成本

(B)分配廣告預算到不同的產品企畫上

(C)分配兩種飲料的生產量

(D)多位高階主管的會議日期排程。 【104港務】

考點解讀 線性規劃是指運用兩個變動因素之間的比例關係，尋求解決資源分配問題的技術。多位高階主管的會議日期排程無法用線性規劃來分析進行。

進階題型

解答

1 組織以相同作業流程中的最佳者為標竿，稱為： (C)

(A)競爭標竿管理

(B)內部標竿管理

(C)功能標竿管理

(D)外部標竿管理。 【113鐵路、102經濟部】

考點解讀 有關標竿學習的類型，依比較對象可區分為：

(1)內部標竿：在相同的企業或組織從事部門、單位間的比較。

(2)競爭標竿：和製造相同產品或提供相同服務的最佳競爭者，直接從事績效或結果間的比較。

(3)功能標竿：和具有相同的產業與技術領域的非競爭者，從事流程或功能上的比較。

(4)通用標竿：不限組織規模與行業類別，只要是市場龍頭或企業典範，都可以被學習引用。

解答

2 程序控制是指針對作業程序及生產進度所做的控制，下列何者不是程序控制所用的控制工具？ (C)
(A)要徑法（CPM） (B)計劃評核術（PERT）
(C)經濟訂購量（EOQ） (D)甘特圖。 【105台糖】

考點解讀 經濟訂購量（Economic Order Quantity, EOQ）是幫助管理人員決定合適購買存貨、存貨購買數量及管理倉庫入庫提取等決策。

3 建構一個要徑（critical path）分析，需要的內容包括活動名稱、活動編號外，還包括________。 (B)
(A)後續活動及預估時間 (B)預估時間及前置活動
(C)嚴重路徑及預估時間 (D)嚴重路徑及寬鬆時間。 【104港務】

考點解讀 要徑法（Critical Path Method, CPM）由網路圖上找出花費最長時間的路徑，稱為「要徑」，組成要徑分析的內容包括活動名稱、活動編號、預估時間及前置活動。

4 在專案管理當中，最晚起動時間與最早起動時間之差額，稱為： (A)閒置時間（slack time） (B)趕工時間（rush time） (C)關鍵路徑時間（critical path time） (D)活動時間（activity time）。 【105台酒】 (A)

考點解讀 專案排程即是決定每一個作業開始及結束時間。專案中有些作業的開始及結束時間可能會有些寬裕，這些寬裕時間稱為作業的閒置時間（slack time）。專案中的每一個作業皆須計算四個時間：最早開始、最早完成、最晚開始、以及最晚完成。最早開始與最早完成是一項作業開始與完成的最早時刻。相同地，最晚開始與最晚完成是一項作業開始與完成的最晚時刻，最晚開始與最早開始之間的差異即是閒置時間。

5 請以要徑法（CPM）計算右方網路圖所需之工作天數： (A)14天 (B)18天 (C)19天 (D)17天。 【102經濟部】 (D)

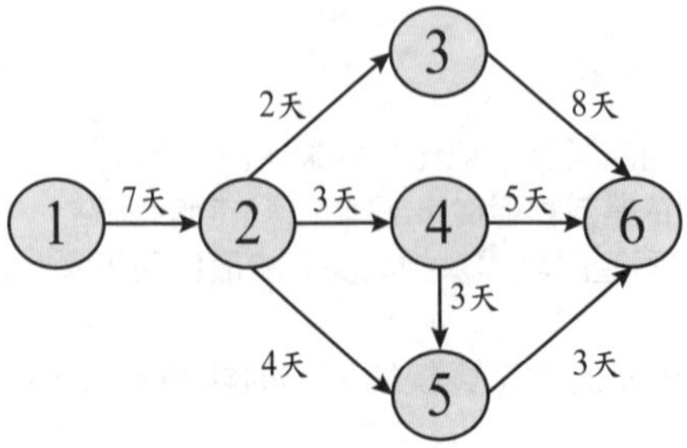

考點解讀 要徑為1-2-3-6，所需時間為17天。

解答

6 專案活動時間採用三項時間估計法，且估計時間符合Beta分配，若估計時間分別為樂觀4 hrs，最可能6 hrs，悲觀14 hrs，則其期望時間為： (B)

(A)6hrs (B)7hrs
(C)8hrs (D)9 hrs。 【104郵政】

考點解讀 預期時間 =（樂觀時間 + 4 × 最可能時間 + 悲觀時間）÷ 6
=（4 + 4 × 6 + 14）÷ 6
= 7hrs。

7 依計畫評核術（PERT）假設樂觀時間4天，悲觀時間12天，最可能時間5天，則預期時間為幾天？ (C)

(A)4天 (B)5天
(C)6天 (D)12天。 【102台電】

考點解讀 預期時間 =（樂觀時間+ 4 ×最可能時間+悲觀時間）÷6
=（4+4×5+12）÷6 = 6 天。

非選擇題型

1 將企業部門的活動以時間為橫軸，排程活動為縱軸，所畫出的長條圖稱為______，可看出各活動執行進度及完成情形。 【107台電】

考點解讀 甘特圖。

2 預算編列中總結不同單位的收入與支出預算，以計算各單位的利潤貢獻稱為______預算。 【107台電】

考點解讀 利潤。
以利潤為核心的預算管理模式的預算目標是利潤，會編列收入與支出預算，以計算各單位的利潤貢獻。

3 標竿管理為從競爭者或非競爭者中找出使企業達到優越績效的最佳方法，其中在同一企業內挑選出績效表現最好的部門當作比較與學習的對象，稱為______標竿。

考點解讀 內部。

焦點 3 損益平衡分析

損益兩平點（Break-Even Point），又稱盈虧平衡點，是**總收入等於總成本的銷貨量**，亦即利潤為零的銷貨量，常用於管理決策的使用。其意涵為企業的銷貨額（或量）至少要達到損益兩平點，否則企業將會發生虧損；反之，若企業銷貨額（或量）超過損益兩平點，就能夠獲利。

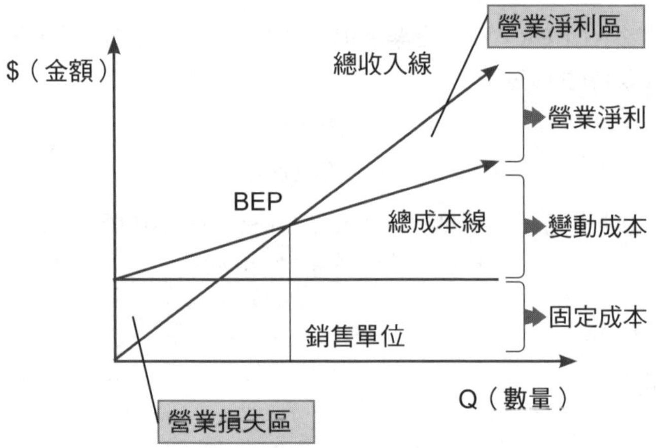

1. **其公式為：**

   損益平衡銷售量＝總固定成本÷（售價－單位變動成本）

2. **公式的推導：**

   損益兩平點（Break-even Point）：指淨利為零的銷售金額或銷售數量。

   (1)總收入－總成本＝0，表示公司沒有獲利也沒有虧損。

   (2)（銷售量×價格）－［總固定成本＋（銷售量×變動成本）］＝0

   (3)銷售量＝總固定成本÷（售價－單位變動成本）

   固定成本：總成本不會隨銷售量變動而變動的成本，例如房租、營業人員薪資等，不管銷售量或銷貨收入多寡都一定要支出的項目。

   變動成本：會隨著銷售數量多寡而變動的成本費用支出，如直接材料或原料等。

基礎題型

解答

1 下列何者是「損益平衡銷售量」？ (A)總收入等於總成本的銷售量 (B)總收入等於變動成本的銷售量 (C)總收入等於固定成本的銷售量 (D)銷售價格等於總成本的銷售量。【104自來水】 (A)

考點解讀 「損益平衡銷售量」是指的是總營收等於總成本時的銷售量，當銷售收入高於損益平衡點時企業盈利，反之，企業就虧損。損益平衡點可以用銷售量來表示，即損益平衡點的銷售量；也可以用銷售額來表示，即損益平衡點的銷售額。

2 下列哪一項工具可以幫助經理人員設定獲利的目標？ (A)因素分析 (B)成本分析 (C)損益平衡分析 (D)PERT（Program Evaluation and Review Technique）。【104郵政】 (C)

考點解讀 企業經營時，損益平衡點可用來做為衡量企業經營成敗的指標，也可用來決定生產數量。因此運用損益兩平分析工具，可協助管理者制定各項經營管理決策，以達到利潤的目標。

3 假設某廠商的固定成本為$4,000，每件產品的售價是$8，變動成本是$3，則損益兩平點為多少單位？ (A)400單位 (B)600單位 (C)800單位 (D)1,000單位。【112郵政】 (C)

考點解讀 損益兩平點＝〔固定成本÷（價格－變動成本）〕＝〔$4,000÷（$8－$3）〕＝800單位

4 台中公司推出一項新產品，估計每月總固定成本$84,000，單位變動成本$10，單位售價為$15，其損益兩平點是：(A)3,360件 (B)5,600件 (C)8,400件 (D)16,800件。【107台酒】 (D)

考點解讀 損益平衡銷售量＝總固定成本÷（售價－單位變動成本）＝ $84,000÷（$15-$10）＝16,800件。

5 圓融公司銷售商品，每件售價為10元，生產時每件商品的生產成本為4元，該公司租用廠房每月租金為27,000元，請問圓融公司的損益平衡點為：(A) 2,700 件 (B) 4,500 件 (C) 6,750 件 (D)8,000 件。【106自來水】 (B)

考點解讀 損益平衡點銷售量＝總固定成本÷（售價－單位變動成本）＝27,000÷（10－4）＝4,500 件。

解答

6 陳君希望投資巧克力商店，每月固定開銷為10萬元，每盒巧克力預計售價為220元，巧克力製造成本為每盒170元，請問陳君每月需銷售多少盒巧克力，方能達到損益平衡？ (C)
(A)1000盒 (B)1500盒 (C)2000盒 (D)2500盒。【104郵政】

考點解讀 損益平衡銷售量＝總固定成本÷（售價－單位變動成本）
＝$100,000÷（$220－$170）＝2000盒。

7 公司有一新產品，單位目標價格為10元，固定成本10,000元，每單位變動成本6元，請問為達損益兩平衡，新產品應至少銷售多少單位？ (B)
(A)2,000 (B)2,500 (C)2,750 (D)1,667。【103鐵路】

考點解讀 損益平衡銷售量＝總固定成本÷（售價－單位變動成本）
＝$10,000 ÷ ($10－$6)＝2,500單位。

8 某家紅茶廠商的固定成本是20萬元，每杯紅茶售價80元，變動成本是40元，希望有20萬元的利潤目標時需要賣多少杯才能達成？ (A)5,000 (B)10,000 (C)15,000 (D)20,000。【111鐵路】 (B)

考點解讀 損益平衡分析計算式：
損益平衡銷售量（Q）＝（總固定成本＋利潤）÷（售價－單位變動成本）
＝（200,000+200,000）÷（80－40）
＝10,000杯。

9 公司的固定成本為$300 萬，產品每單位售價為$5，平均單位變動成本為$3；則公司損益平衡銷售量為何？ (A)100萬個產品 (B)150萬個產品 (C)200萬個產品 (D)250萬個產品。【102中油】 (B)

考點解讀 損益平衡銷售量＝總固定成本÷（售價－單位變動成本）
＝$300萬÷（$5－$3）＝150萬個產品。

進階題型

解答

1 下列何者為損益兩平的主要概念？ (A)找到顧客滿意度與員工滿意度均衡點 (B)找到企業成本與虧損均衡點 (C)找到員工滿意與員工績效均衡點 (D)找到產品售價與銷售量均衡點。【105郵政】 (D)

考點解讀 損益平衡（breaking even）表示廠商正好賺得正常收益率的狀況，亦即找到產品售價與銷售量均衡點。

解答

2 計算損益平衡點分析（break-even analysis），不需要下列哪一項資訊？ (A)產品的需求量 (B)總固定成本 (C)產品的銷售價格 (D)產品的變動成本。【105中油】 (A)

考點解讀 損益平衡銷售量＝總固定成本 ÷（售價－單位變動成本）。

3 假設臺酒公司推出玉泉紅葡萄酒，每瓶售價為200元，總固定成本為280萬元，單位變動成本60元，則臺酒公司要銷售多少瓶的紅葡萄酒才能達到70萬元的目標利潤？ (A)14,600瓶 (B)10,770瓶 (C)20,000瓶 (D)25,000瓶。【107台酒】 (D)

考點解讀 銷售量＝（總固定成本+利潤）÷（售價-單位變動成本）
＝（280萬元+70萬元）÷（200元－60元）
＝350萬元÷140元
＝25,000瓶。

4 某甲賣雞排，一塊價格60元，每塊變動成本40元，總固定成本5,000元，利潤5,000元，根據損益兩平分析，要賣多少塊雞排才能達到目標？ (A) 300 (B) 400 (C) 500 (D) 600。【107經濟部人資】 (C)

考點解讀 銷售量＝（總固定成本+利潤）÷（售價－單位變動成本）
＝（5,000元+5,000元）÷（60元－40元）
＝500塊。

5 某影印中心，每張影印收費3 元，每月固定成本80,000元，每張變動成本1元，請問每月營收至少多少才能達到損益平衡？ (A)100,000元 (B)110,000 元 (C)120,000 元 (D)130,000 元。【105鐵路】 (C)

考點解讀 損益平衡銷售量＝固定成本÷（售價－單位變動成本）
＝$80,000 ÷（$3－$1）＝40,000張。
損益兩平的每月營收＝40,000張×$3＝120,000元。

6 某商店販售商品每個月的固定成本為100,000元，該商品每單位的變動成本為160元，預定售價為240元，若希望每月能獲得利潤20,000元以上，請問每個月至少需要販售多少個商品？ (A)1,000個 (B)1,200個 (C)1,500個 (D)1,800個。【104郵政】 (C)

考點解讀 銷售量＝（總固定成本+利潤）÷（售價－單位變動成本）
＝（100,000元+20,000元）÷（240元－160元）＝1,500個。

非選擇題型

1 假設某飲料店每年營運的固定成本是10萬元，每瓶飲料變動成本為10元，售價為 15元，須賣出______瓶即可達到損益平衡。【107經濟部】

考點解讀 2萬。

損益平衡銷售量＝總固定成本÷（售價－單位變動成本）

＝10萬元 ÷（15元－10元）

＝2萬瓶。

2 假設某廠商販賣洗手乳之單位售價為75元，單位變動成本為25元，若總固定成本為20,000元，則損益平衡銷售量為______個。【111台電】

考點解讀 400。

損益平衡分析計算式：

損益平衡銷售量（Q）＝（總固定成本）÷（售價－單位變動成本）

＝（20,000）÷（75－25）

＝400個。

Chapter 03 管理決策

焦點 1 決策與決策程序

1978年諾貝爾經濟學獎得主賽蒙（Herbert Simon）曾經以「管理就是決策」這句話，點出決策的重要性。決策（decisions）通常被形容為「在諸多方案中做選擇」，但這樣的說法太過簡單。因為做決策是一個過程，而非只是單純的方案選擇。**決策有八個步驟**，此過程對個人或組織皆可適用。

1 確認問題

決策的過程始於問題（problem）的存在，亦即決策是起因於「現實與理想間存有差距」。問題指促使所欲達成的目標或目的變得困難的阻礙。

2 確認決策標準

決策的標準（decision criteria）的確認。亦即管理者必須決定哪些因素是重要並與決策有關。

3 決定標準權重

決策者必須決定各決策標準相對的權重。

4 發展解決方案

要求決策者列出解決問題的各種可行方案，這是決策者需要發揮想像力的階段。

5 分析解決方案

找出解決方案後，決策者應審慎分析每一可能的方案。 將每一方案的得分乘上權數，分數的總和表示各方案最終評估的結果

6 選擇解決方案

選出第五步驟中最高分的方案。

7 執行解決方案

將方案的訊息傳給相關的人，並獲得他們的認同與承諾。

8 評估決策效能

檢視決策的結果是否有解決問題。如果評估後發現問題依然存在，管理者需仔細檢討到底哪裡出錯了。是在問題的界定上出錯？在方案的評估上出了問題？還是所選的方案沒有問題，執行卻有偏差？

基礎題型

解答

1 請依序排列決策的過程： (1)方案評估；(2)選擇最佳方案；(3)問題發現；(4)方案發展；(5)資料蒐集及分析 (A)(2)(1)(5)(4)(3) (B)(3)(5)(4)(1)(2) (C)(1)(3)(2)(4)(5) (D)(5)(3)(1)(2)(4)。【107台酒】 **(B)**

考點解讀 Kotler指出，消費者的購買決策過程可分為幾個階段：問題確認→資訊蒐集→方案發展→方案評估→購買決策→購後行為。

2 「現實與理想（目標）間存有差距」乃是指： (A)問題 (B)決策 (C)決策的標準 (D)決策的可行方案。【101鐵路】 **(A)**

考點解讀 (B)需在二或多個方案中作選擇。(C)決策標準是解決問題的重要因素。(D)列出解決問題的各種可行方案。

3 下列何者是決策過程中的第一步驟？ **(B)**
(A)確認決策的評估標準 (B)確認問題
(C)決定評估標準的權重 (D)分析解決方案。【108漢翔、108郵政、108台酒】

考點解讀 決策過程包括：確認問題→確認決策的標準→決定標準的權重→發展可行的方案→分析可行的方案→選擇解決的方案→執行解決的方案→評估決策的效能。

4 決策是尋找對策以解決問題的思考過程，下列何者是決策過程的第一步驟？ (A)尋找可行方案 (B)分析可行方案 (C)收集並分析資料 (D)確認中心問題。【103台電、96郵政】 **(D)**

5 消費者的購買決策程序的第一個步驟為： (A)資訊收集 (B)替代方案評估 (C)問題確認 (D)分享。【101郵政】 **(C)**

進階題型

解答

1 企業管理上做決策最困難的點在於？ (A)解決組織目前存在的問題 (B)界定問題之所在 (C)擬訂策略方向 (D)選擇最佳方案。 【107農會】 (D)

考點解讀 由於決策前提是要選擇表現最佳的替代方案，因此決策者會根據制定的決策準則、決策準則的權重、可選擇的替代方案，從中選出最適的替代方案。不過經理人往往仍會落入「分析的癱瘓陷阱（Paralysis of Analysis）」，猶豫不決，或認為所想的方案都不符合理想中的最佳方案，結果到最後一個決策也沒下。

2 Bill要將新款的產品上生產線，目前有三款新開發產品，Bill只能選其中一款，他決定用目標市場大小、產品成本與淨利潤三項來評估決定。以決策過程而言，這三項稱為Bill的？ (A)解決方案（alternatives） (B)標準權重（criterion weights） (C)決策的標準decision criteria） (D)問題（problems）。 【106鐵路】 (C)

考點解讀 確定決策的標準（準則）：當決策者界定出需要注意的問題時，接著便必須決定哪些因素與決策有關，決策標準（decision criteria）就是決策時考慮的重要因素。以Bill要將新款的產品上生產線，目前有三款新開發產品，Bill只能選其中一款為例，他必須評估哪些因素與他的決策相關，就是列出他對新款產品的要求的準則：目標市場大小、產品成本與淨利潤三項因素來評估決定。

3 決策程序的步驟過程裡，創意思維在那一個程序中占有重要的元素？ (A)分析替代方案 (B)分配決策準則比重 (C)發展替代方案 (D)界定決策準則。 【106鐵路】 (C)

考點解讀 發展替代方案主要在「列出解決問題的各種可行方案」，決策人員必須具備製造新奇又實用的想法之能力。

非選擇題型

1 何謂「決策」（decision-making）？並說明決策過程的步驟。另以你在工作中或生活中的一項決策為例，運用所述的決策過程，說明你的決策。 【105台電】

考點解讀

(1) 決策（decision）就是在兩個以上的方案中做選擇。以早餐為例，個人在想早餐要吃什麼時，會考慮要吃中式還是西式、要自己煮還是要買現成的。

(2) 決策過程：

A.確認問題：現實與理想間存有差距。例如，炎炎夏日將至，想要買一台冷氣機。

B.制定決策的標準：決定哪些因素是重要或與決策有關，如價格、節能、靜音。

C.分配標準的權重：各個決策標準的重要性並不同，決策者必須決定其相對的權重，如價格佔50%、節能省電佔30%、靜音佔20%。

D.發展解決的方案：列出解決問題的各種可行方案，如國際牌Panasonic、日立HITACHI、東元TECO、歌林Kolin、台灣三洋SANLUX冷氣機。

E.分析解決方案：審慎分析每一可能的方案，仔細評估並比較不同品牌冷氣機。

F.選擇解決方案：選出上一步驟中，得分最高的方案，例如HITACHI的冷氣機。

G.執行解決方案：將決策付諸行動，採取購買的行動。

H.評估解決效能：檢視決策的結果是否有解決問題，檢視使用後的情形。

2 決策是問題解決的重要思維過程，請回答下列問題：

(1)請列出決策過程之8個主要步驟。

考點解讀 決策是在諸多方案中做選擇，決策的8個步驟包括：

(1)確認問題：決策的過程始於問題，亦即決策是起因於「現實與理想間存有差距」。

(2)確認決策的標準：決定哪些因素是重要或與決策有關的。

(3)決定標準的權重：各個決策標準的重要性並不同，決策者必須決定其相對的權重。

(4)發展解決的方案：列出解決問題的各種可行方案。

(5)分析解決方案：審慎分析每一種可能的方案。

(6)選擇解決方案：選擇最佳的解決方案，也就是選出上一步驟中，得分最高的方案。

(7)執行解決方案：將決策付諸行動。

(8)評估決策的效能：檢視決策的結果是否有解決問題。

焦點 2 決策制定

決策制定（decision making）指確認組織面臨的問題與機會、提出解決方案、選擇最佳方案以達成預定目標的一個行動過程。

1. 決策者的類型

(1) 問題趨避者：對問題視而不見，認為少做少錯，多做多錯，相關問題決策能免則免。

(2) 問題解決者：當問題出現時，才會開始思考解決方案。

(3) 問題尋求者：主動、積極尋找問題，當組織問題尚未發生或可能發生時，會事先尋找可能的解決方式。

2. **決策的類型**

(1) **程序的決策**：面對**結構化的問題**，可以依例行標準化做法處理的重複決策。

(2) **非程序的決策**：面對新的問題、環境因素各異、**非結構化的問題**，必須量身訂做以解決獨特和非重複問題的決策。

> **小秘訣**
>
> **非結構化問題**
> （unstructured problems）：問題是新的、不常見的，且相關資訊也模糊或不完全。
>
> **非預設決策**
> （nonprogrammed decision）：比較特殊、無重複性且需量身訂製特別的解決方案。基層管理者常遇到的是相似且重複性高的問題，因此他們常使用預設決策方式來處理。隨著管理層級的升高，管理者所面對的問題轉為非結構化。

3. **決策的情境**

(1) **確定（certainty）情況**：指所有可能方案的結果都已知的情況，是決策時所面臨的最理想狀況，管理者可做出精確的決策。

(2) **風險（risk）情況**：決策者可以**預估各方案的成敗機率**，是較常見的情況；機率的推估可能來自個人經驗，或次級資料的佐證。

(3) **不確定（uncertainty）情況**：決策者對決策的可能結果與機率一無所知的情況。管理者常會碰到，除了根據手邊少數資料做判斷外，決策者的心理特質也會影響決策的方式。**樂觀的管理者會選擇最大利益的極大化（maximax）；悲觀的管理者會追求最小利益的極大化（maximin）；其他管理者可能會追求最大損失的極小化（minimax）**。

4. **決策制定的模式**

(1) **理性決策模式（rational decisional-making model）**：又稱為古典模式，從經濟的角度來看待決策問題，為Adam Smith經濟人的假設，亦即管理者在特定的限制下，所做的一致的、價值極大化的抉擇。完美的理性決策者，應該是全然客觀、合乎邏輯的；會清楚地界定問題，有清楚和明確的目標；決策過程的每個步驟都朝向經濟利益的極大化邁進。

(2) **行政人的決策模式（the administrative model）**：**又稱準理性決策模式或有限理性決策模式**，由諾貝爾經濟學獎得主賽門（Herbert A.Simon）與馬區（James March）在1978年提出，是**基於有限理性、資訊不完整與滿意水準下，所進行的決策模式**。認為決策者不可能取得決策所需的完整資訊，也無法完全吸收所有資訊，因此決策充滿風險與不確定性。

(3) **漸進的決策模式（incremental model）**：由於理性模式需要完整審視所有的相關資料和選擇，許多無法採取理性模式的決策者，往往寧可使用「漸進模式」。其中心概念是逐步改進，與其朝目標前進，不如遠離是非、嘗試某種小策略，不必有宏大的計畫或最終目的。

(4) **直覺式決策模式**（intuitive decision making）：是一種由個人經驗、感覺和判斷累積而成的潛意識決策方式。直覺式決策對理性及有限度理性，其實都有補強的作用。研究發現，若管理者對決策標的有很多情感涉入，而且他理解這情感所代表的意義時，往往會做出較好的決策。

(5) **垃圾桶決策模式**（garbage can model）：由詹姆斯・馬區（James March）首先提出，視組織決策為一個混亂的過程，它並不採信傳統的「先界定問題、探究可行方案、評估各可行方案、然後擇一最佳方案」的理性決策過程，反而認為是當問題、解決方案、和參與者在某個特定環節相互碰撞在一起時，決策就會在當時不同的認知與共識中而出現。

(6) **政治決策模式**（political decision model）：指一種將內、外部各種有影響力關係人的特別利益與目標納入考慮的決策過程。政治決策模式常發生在組織內、外存在著一些非常有影響力的關係人時。

☆ 小提點

1. 完全理性決策假設
   (1) **問題要明確清晰**：決策的問題必須夠清晰，沒有模糊不清的地帶。
   (2) **目標導向**：存在著一套有待達成、清楚界定的目標，同時各個目標間沒有衝突。
   (3) **已知的方案**：所有的替代方案與結果都是已知的。
   (4) **清楚的偏好**：決策者對自己的偏好與價值很清楚。
   (5) **穩定的偏好**：決策者的偏好一致且穩定。
   (6) **沒有時間與成本限制**：假設決策沒有時間與成本上的限制。
   (7) **最大報償**：決策者會選擇能獲取最大報償的替代方案。
2. 準理性決策模式：為賽門（H.Simon）有限理性的行政人假設，亦即人並非完全理性，而是限度內理性。所以只能作到「差強人意的」或稱「滿意的」決策。而決策過程由三種活動所構成：
   (1) **情報活動**：觀察與研究社會、文化、經濟等各種情況，並蒐集決策所需的資訊。
   (2) **設計活動**：針對問題，擬定各種解決問題的各種可行方案並評估各自的優缺點。
   (3) **選擇活動**：就各種可行的解決方案中，擇一加以實施。

5. **決策風格：**

決策者的行為模式可能是理性、受限理性或是以直覺辦事，但在決策風格上，也會發展獨特的個人特徵。不同的決策風格會影響決策者對方法的選擇。Rowe及Boulgarides（1992）以「思考方式」與「對不確定性的忍受度」，將決策風格分為命令型（directive）、分析型（analytic）、概念型（conceptual）及行動型 （behavioral）等四種類型。

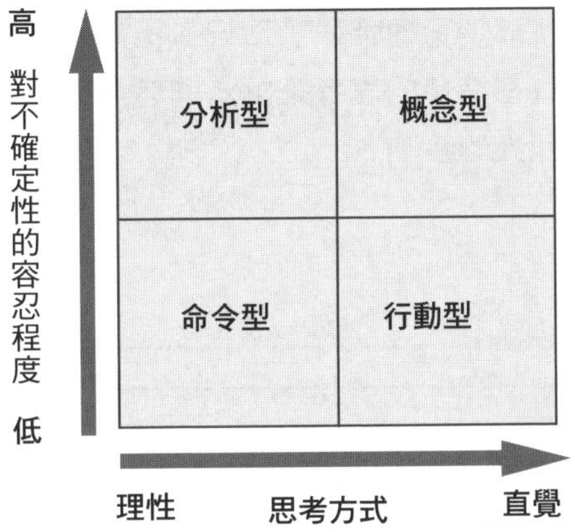

(1) **命令型**（directive）：或稱**引導或指示型**，此種類型的管理者決策速度快，有效率，邏輯性，其快速和有效率來自於他們根據較少的短期的資訊，並只評估少數的方案。

(2) **分析型**（analytic）：他們會比命令型的決策者收集更多的資訊與考量更多的方案，此種類型的管理者善於處理特殊的情況。

(3) **概念型**（conceptual）：或稱**觀念型**，通常有較宏觀的看法，並會找尋很多解決方案，較專注於長期目標，善於以創造性的思考來解決問題。

(4) **行動型**（behavioral）：或稱**行為型**，關心部屬的績效且易於接納別人的意見，利用會議來達成溝通，並盡量避免衝突。

☆ 小提點

1. 做決策的方法有兩種：從「思考方式」切入，有理性與直覺性思考的不同。
   (1) 理性思考：以理性與邏輯的方式處理訊息與思考，在決策之前儘量查詢資料，並確定其資料的邏輯性與一致性。
   (2) 直覺性思考：直覺性傾向於創意與直覺，只看大局，不會去詳細檢視資料間的邏輯。

2. 從「對不確定性的忍受度」切入：對模糊的忍受程度。
   (1) 理性思考：容忍度低：他們在處理資訊時會儘量降低其不確定性致性。
   (2) 直覺性思考：容忍度高：他們可同時處理許多事情，並能容忍不確定性。
3. 管理者四種不同的決策風格：
   (1) 指示型：決策速度快，有效率，邏輯性。
   (2) 分析型：仔細且善於處理特殊的情況。
   (3) 觀念型：善於以創造性的思考來解決問題。
   (4) 行為型：尋求他人的接納。

基礎題型

解答

1 下列何者會比較依賴「程式化決策模式」？ (A)員工 (B)低階管理者 (C)中階經理人 (D)高階經理人。【108漢翔】 **(B)**

考點解讀 程式化決策模式（programmed decision）：面對結構化的問題，可以依例行做法處理的重複決策，通常較低階管理者會面對此種決策類型。非程式的決策模式（nonprogrammed decision）：面對新的問題、環境因素各異、非結構化的問題，必須量身訂做以解決獨特和非重複問題的決策。通常較高階管理者會面對此種決策類型。

2 管理者面對低度結構化問題（Ill-Structured Problem）所作的決策屬於何種類型？ (A)程序決策（Programmed Decision） (B)非程序決策（Non-Programmed Decision） (C)最佳決策（Maximizing Decision） (D)便利直覺（Availability Heuristics）。【112經濟部】 **(B)**

考點解讀 程式化決策與非程式化決策兩者比較如下表：

特性	程式化決策	非程式化決策
問題類型	結構性	非結構性
管理層級	低階	高階
頻率	重複性	新的、非一般的
資訊	隨手可得	模糊的、不完整的
目標	清楚的、特定的	朦朧的
方案設定時間幅度	短期	相當長
決策依據項目	程序、規則、政策	判斷及創新

解答

3 企業高階管理者面對的問題多屬於？ (A)非結構性問題 (B)結構性問題 (C)程式化決策 (D)一般性問題。 【106桃捷】 (A)

考點解讀 決策者所面對決策問題可區分為兩大類：(1)高度結構化問題：問題非常清楚且經常發生，無須花費決策者太多時間即可輕易解決，此時決策者若制訂標準作業流程（SOP），將可節省寶貴的資源。(2)非結構化的問題：問題不清楚且不常見，需經理人付出比較多心力加以解決，這類決策被稱為非程序化決策。事實上，在組織中愈高階的經理人愈常面對非結構性問題，相反地，愈低階的經理人常面對的則是結構性問題。

4 某一企業新的科技投資案或是新產品的開發，是屬於何種決策？ (A)情緒式 (B)直覺式 (C)非程式化 (D)程式化。 【105台糖】 (C)

考點解讀 非程式化的決策都是獨特而且不會重複發生的，例如新的科技投資案、新產品的開發、新市場的進入、重大併購案等。

5 一般來說，下列何者比較可能屬於非結構化的決策問題（unstructured problem）？ (A)顧客退貨 (B)供應商延遲交貨 (C)夏天供電不足進行限電 (D)進入國外某個特定市場。 【104自來水】 (D)

考點解讀 非結構化的決策問題是新的或不常見的問題，且有關問題的資訊也不齊全，例如進入國外某個特定市場，所採用的是非預設性的決策。

6 下列何者不是「非例行性決策」（nonprogrammed decision making）？ (A)是否應跨足海外市場 (B)生產線缺料問題 (C)是否應發展多角化事業 (D)企業合併。 【104港務】 (B)

考點解讀 程式化或例行性決策：相當於日常營運的決策，採逐步設計、建立特定SOP方式，例如生產線缺料問題、設定每日生產量、機器保養維修、聘僱員工、顧客退貨等。非程式或非例行決策：與企業長期策略方向有關，涵蓋時間較長、部門較多，其決策往往牽涉是否進入新市場、併購競爭者、發展多角化事業等議題。依本題題旨：何者不是「非例行性決策」，指的就是指例行性的決策。

7 管理者在做決策時，通常因無法分析所有相關資訊，亦即，管理者會在資訊處理能力的限制下，作出理性的決策，稱為： (A)直覺決策 (B)有限度理性決策 (C)代理決策 (D)無決策。 【106台糖】 (B)

考點解讀 決策者由於認知能力的限制，無法正確地詮釋取得的資訊、無法同時處理龐大的資訊等，因此會影響其決策能力。基於決策者的有限理性與不完整資訊，就只能就所知的範圍的方案加以考慮，而追求滿意方案。

解答

8 學者賀伯賽門（Herbert Simon）認為「純理性決策或追求最佳效果的決策實際上並不存在，管理者在追求決策效率的時候，滿足當事人的現實需要」，此稱為下列何項原則？ (A)有限理性 (B)目標導向 (C)承諾升高 (D)最佳化決策。【103自來水】 (A)

考點解讀 賀伯賽門（Herbert Simon）針對古典經濟學家的純粹理性決策模式提出了批判，認為由於環境的不確定性與資訊不完全充分，因此無法做到完全的理性決策，決策者僅能追求滿意的決策而非最佳化的決策，故又稱為「限制理性」或「有限理性」。

9 決策者在資訊處理過程中，往往選擇的是滿意的決策，而非最佳的決策。以上敘述符合下列何種決策？ (A)綜合掃描決策模式 (B)預設決策模式 (C)有限理性決策模式 (D)漸進決策模式。【111經濟部】 (C)

10 何謂有限理性（Bounded Rationality）： (A)以客觀與合乎邏輯的科學方法來尋求最佳解 (B)受限於個人處理資訊的能力，決策通常是滿意解 (C)在有證據的前提下，會不斷增加承諾來做決策 (D)用潛意識或是感覺來做決策。【108鐵路】 (B)

考點解讀 大部份的決策是在資訊不完全的情況下做的，且大部份人的能力有限，無法處理和理解大量的資訊，所以難以達成最佳解。賽蒙（H.Simon）認為在資訊處理限制和組織的束縛下，管理者所表現的是有限理性的行為，所以只能做滿意決策。

進階題型

解答

1 下列預設決策（programmed decisions）的特性，何者錯誤？ (A)多用於處理結構化問題 (B)經常重複發生 (C)決策者為高階管理者 (D)目標清楚明確。【108漢翔】 (C)

考點解讀 預設性決策（programmed decision），即具重複性或例行性處理方式、替代方案清楚之決策，管理者只須遵循一套既有的流程、規則或政策便能解決問題，決策者通常是低階管理者。多用於處理經常且重複發生的結構性問題，目標清楚明確。

2 採用「大中取大」的準則，求出各種可行方案的最大利益，選出利益最大者作為決策的是： (A)悲觀準則 (B)拉普拉斯準則 (C)機會損失準則 (D)樂觀準則。【108鐵路營運人員】 (D)

解答

考點解讀 或稱進取原則、最大報償準則，決策者對未來整體環境，抱持樂觀態度，會選擇最大報償方案。(A)又稱保守原則，最小報償準則，會採取「小中取大」的準則。(B)又稱主觀機率原則，在完全不確定情況下，對每一個可能狀態賦予相同的機率，則可以進而求出每一個決策方案的期望報酬，並從中選擇期望值較大方案。(C)又稱最少遺憾原則，決策者在作決策時會考慮其機會損失，亦即會在瞭解各投資方案的最大機損失後，選取最小值方案，以免造成過多的遺憾。

3 小明是個樂觀的人，不論遇到什麼困難都會樂觀思考所有的可能性，所以小明經常會選最好結果的方案或替代方式。在這樣的論點下，小明是一個什麼樣的決策者： (A)極小極大遺憾準則的決策者（minimax regret criterion） (B)極大極大準則的決策者（maximax criterion） (C)極大極小準則的決策者（maximin criterion） (D)極小極小準則的決策者（minimini criterion）。 【108鐵路】 **(B)**

考點解讀 樂觀原則：或稱進取原則、最大報償準則，決策者對未來整體環境，抱持樂觀態度，會選擇最大報償方案，即極大極大準則的決策者（maximax criterion）。

4 有關行政人決策模式的敘述，下列何者錯誤？ (A)由賽門（Simon, H. A）與馬曲（March, J.）提出 (B)決策者會窮其所能找出最佳的解法 (C)建立在有限理性和滿意水準兩個概念上 (D)強調決策者不可能無限制的蒐集資訊，期待在毫無失敗風險的狀況下做決策。 【107台北自來水】 **(B)**

考點解讀 「行政人決策模式」強調決策者在可以解釋一個問題的基本特性的簡化模式的參數限制下，所表現出的理性行為。在資訊處理限制和組織的束縛下，管理者所表現的是有限理性的行為，所做的是滿意決策，而非最佳決策。

5 下列那一項對於「有限理性決策」的描述錯誤？ (A)資訊往往是不足夠的 (B)我們至少知道所追求目標間的替換關係 (C)我們是追求滿意解 (D)我們只在有限的方案中抉擇。 【104鐵路】 **(B)**

考點解讀 賽蒙的「有限理性決策」模式的主要論點有三：
(1)管理者所擁有的資訊是不完整且不完美的。
(2)決策是在有限理性下達成的。
(3)決策是追求滿意解，而不是追求最佳解。

6 下列何者不是理性決策（rational decision making）的前提條件？ (A)問題定義清楚明確 (B)已知道所有選項產生的結果 (C)管理者的偏好是清楚與穩定的 (D)管理者追求令人滿意的選擇。 【103中油】 **(D)**

考點解讀 理性的假設的前提條件：(1)問題定義很清楚明確；(2)未來目標必須單純且易於達成；(3)所有替代方案及其結果都是已知；(4)管理者的偏好是清楚與穩定的；(5)沒有時間與成本的限制；(6)決策的結果是最大報償。

解答

7 關於理性決策模式與準理性決策模式之敘述，下列何者正確？ **(B)**
(A)準理性決策模式追求長期績效
(B)理性決策模式缺乏彈性應變能力
(C)準理性決策模式追求最佳解
(D)理性決策模式會發生系統性偏差。 【102、103經濟部】

考點解讀 理性決策模式：是經濟人的假設，能做到完全理性，其特徵為：追求長期績效、無彈性、最佳解、機械、系統性、僵固性、準確、集權。準理性決策模式：是行政人假設，只是有限理性，其特徵為：追求短期績效、高彈性、滿意解、有機、變化性、適應性、偏差、分權。

8 根據 Rowe 等人所提出之決策風格（Decision-Making Style）理論，下列敘述何者有誤？ (A)分析型管理者對模糊的容忍程度高 (B)觀念型管理者採直覺的思考方式 (C)行為型管理者對模糊的容忍程度高 (D)指示型管理者採理性的思考方式。 【102經濟部】 **(C)**

考點解讀 Rowe等人提出四種不同的決策風格：
(1)指示型（directive style）：理性思考、對不確定性容忍度低，做事情非常有效率而且按部就班，有一定邏輯可循。
(2)分析型（analytic style）：理性思考、對不確定性容忍度高，會蒐集更多資訊、考慮更多方案。
(3)觀念型（concceptual style）：直覺思考、對不確定性容忍度高，具有長遠且宏觀的看法，強調創造性思考。
(4)行為型（behavioral style）：直覺思考、對不確定性容忍度低，常以會議方式來與他人溝通並重視他人意見。

決策風格

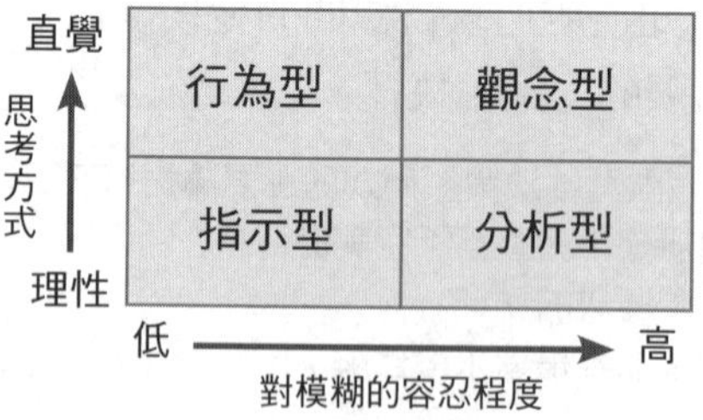

9 每一位決策者在解決問題時，皆會有其獨特性的個人特徵。若一位決策者的決策風格為眼光遠大，而且通常會檢視許多方案。傾向於著重長期且常找尋有創造力的解決方案。請問此類型的決策風格稱為： (A)觀念性風格 (B)引導性風格 (C)分析性風格 (D)行為性風格。 【102自來水】 **(A)**

解答

考點解讀 Rowe & Boulgarides提出決策者「思考方式」、「對不確定性的忍受度」的兩個構面，並定義出四種決策風格：

(1)引導性風格：管理者決策速度快，有效率，邏輯性，其快速和有效率來自於他們根據較少的短期的資訊，並只評估少數的方案。

(2)分析性風格：比引導性風格的決策者收集更多的資訊與考量更多的方案，管理者尤其善於處理特殊的情況。

(3)觀念性風格：通常有較宏觀的看法，並會找尋很多解決方案，較專注於長期目標，善於以創造性的思考來解決問題。

(4)行為性風格：關心部屬的績效且易於接納別人的意見，利用會議來達成溝通，並盡量避免衝突的發生。

10 哪一種類型的思考模式是傾向於運用內部資料，用個人獨特的方法及感覺來消化資料，然後用直覺來決策和行動？ (A)

(A)非直線型（nonlinear）

(B)主動體驗型（active experimentation）

(C)直線型（linear）

(D)有機型（organic）。 【105台糖】

考點解讀 直線型與非直線型思考模式：(1)直線型思考模式（linear thinking style）：偏好蒐集外部資料及事實，會用理性而邏輯的方式分析資訊，並做決策和行動。(2)非直線型思考模式（nonlinear-thinking style）：傾向於運用內部資料，較憑個人直覺及感覺來消化資料，然後用直覺來決策和行動。

非選擇題型

1 羅賓斯（Stephen Robbins）根據「思考方式」及「對模糊的容忍程度」2個構面，將決策風格分為以下4種類型：指示型、________型、觀念型及行為型。 【108台電】

考點解讀 分析。

魯賓斯與辛絡普（Robbins & Cenzoep）根據「個人思考方式」及「模糊的忍受程度」兩個構面，將決策風格區分為：分析型、指示型、概念型與行為型四大類型。

2 有關賽蒙（Simon）所提出的管理決策三部曲，分別為情報（智慧）活動、________活動及選擇活動。

考點解讀 設計。

焦點 3 個人決策與團體決策

決策可以根據參與決策人數的多寡，區分為個人決策與團體決策。

1. **個人決策**：一個人就可以決定的，其複雜度通常都是由決策者依能力來加以處理。
2. **團體決策**：為充分發揮集體的智慧，由多人共同參與決策分析並制定的過程。

☆ 小提點

團體決策的副產品包括團體迷思（Groupthink）與團體偏移（Group-shift）

1. 團體迷思：或稱「團體盲思」指某團體因具有高度的凝聚力，強調團結一致的重要性，因此壓抑了個人獨立思考及判斷的能力，放棄批判及提出不同意見的機會，最後使團體產生錯誤或不當的決策。
2. 團體偏移：團體在討論替代方案並做最後決定時，會比當初所持有的主張更極端，如更保守或冒險。

1. **個體決策**

優點	(1)決策迅速、爭取時效。 (3)意見少受干擾。	(2)責任歸屬明確清楚。 (4)保持價值的一致性。
缺點	(1)成員無法集思廣益。 (3)個人主觀意見。 (5)不符民主精神。	(2)成員無互動機會。 (4)較少資訊。

2. **團體決策**

優點	(1)集思廣義、考慮較周詳。 (3)提供更多樣的經驗和觀點。 (5)提高解決方案的接受程度。 (7)會增加決策品質。	(2)可提供更完全的資訊。 (4)可以開發更多的可行方案。 (6)增加正當性。
缺點	(1)耗時、效率低、成本較高。 (3)服從的壓力。 (5)決策是妥協產物。	(2)少數人壟斷。 (4)集體迷思（groupthink）。 (6)模糊的責任（責任風險移轉）。

3. **增進多樣性決策創造力的方法**

團體決策雖然有許多優點，但也有其無法避免的限制及盲點。因此產生了許多改善的技巧與做法。

(1)腦力激盪（brainstorming）：一種創意激發的過程，鼓勵發表意見並停止批評。

(2)名目團體技術（nominal group technique）：團體成員必須出席，但是獨立作業，不互相影響。

(3)魔鬼辯證法（devil's advocate）：由不同團體提出反對意見，促使團體作出做最好決定。

(4)逐步領袖法（step leader technique）：透過逐步加入新成員，來降低團體思考的盲點。

(5)德菲爾法（delphi method）：透過多回合匿名、問卷調查方式，來達成專家的共識。

(6)電子會議（electronic meeting）：經由電腦資訊設備連線而達到交談目的之集體決策方式。

基礎題型

解答

1 下列何者不是團體決策的優點？ (A)大量的資訊 (B)更多的觀點與想法 (C)團體偏移 (D)成員對決策有較高的接受度。 【105台糖】 **(C)**

考點解讀 群體決策的優點如下：(1)群體決策集思廣益，可提供更多觀點、更完整的資訊。(2)群體決策有較多的替代方案可供抉擇。(3)群體決策由於群體成員共同參與決策，因而可增加對解決方案的認同和承諾程度。(4)群體決策增加決策的合法與正當性。(5)提高解決方案的接受程度。(6)避免產生圖利個人決策。

2 下列何者不是群體決策的優點？ (A)增加合理性 (B)提供更完整的資訊和知識 (C)提出更多的方案 (D)比個人決策花更少的時間。 【108郵政】 **(D)**

考點解讀 比個人決策花更多的時間。

3 下列哪一個敘述並非群體決策的缺點？ (A)決策流程比個人決策長 (B)決策成本較高 (C)決策過程通常不會受到特定個人的主導 (D)可能出現集體迷思。 【104郵政】 **(C)**

解答

考點解讀 群體決策常會出現以下缺點：
(1)群體決策通常較為費時和耗費成本。
(2)群體決策常造成少數菁英的壟斷。
(3)群體的服從壓力造成群體盲思。
(4)群體決策常造成模糊不清的責任。

4 下列何者是群體決策的缺點？ (A)獲得較少的資訊 (B)花較多時間制定決策 (C)可以增加員工決策被員工接受的機會 (D)會降低決策品質。【101自來水】 (B)

考點解讀 群體決策的缺點：花費時間、易遭少數壟斷、有從眾的壓力、決策責任模糊。

5 下列各項中何者並非群體決策常用的技術？ (A)名目團體 (B)線性規劃 (C)腦力激盪 (D)德菲法。【107鐵路營運人員】 (B)

考點解讀 常用團體決策的方法有：
(1)腦力激盪法：集思廣益，鼓勵創意的激發。
(2)名目團體法：見面的群體互動，近似面對面會議。
(3)德菲法：以匿名、問卷方式為之，透過反覆回饋，以形成共識。
(4)電子會議：經由電腦資訊設備連線而達到交談目的之集體決策方式。
(5)魔鬼倡議法：由不同團體提出反對意見，促使團體作出做最好決定。

6 有關創意團隊的決策發展技巧，若鼓勵成員提出方案，而不做任何批評的創意發展過程，係為下列何者？ (A)記名團體術 (B)腦力激盪術 (C)電子會議 (D)德菲法。【107台北自來水】 (B)

考點解讀 腦力激盪（brainstorming）是一種創意激發的過程，鼓勵成員發表意見，但停止批評。

7 解決耗時的問題制定決策時仍由相關人員出席，但在過程中禁止出席人員相互討論，稱為？ (A)名義群體技術（Nominal Group Technique） (B)德菲法（Delphi method） (C)腦力激盪法（Brain Storm） (D)電子會議（Dennis et al.）。【102經濟部人資】 (A)

考點解讀 名義群體技術（Nominal Group Technique）：名義群體中的成員並不以群體表決的方式，來對解決方案進行投票。但就像傳統會議一樣，群體成員都必須出席會議。在會議中，群體成員先寫下自己對解決問題的想法，再口頭說明個別的想法並寫在黑板上，以便讓所有人都能看到。當所有想法都寫下後，整個群體再開始討論，接著，群體成員個別且私下對每個想法進行投票，最後得票最多的想法獲得採用。基本上，名目群體技術並不試圖去達成一致的共識（Greenberg and Baron,1995）。

解答

8 群體成員以匿名且不互相碰面的方式填寫問卷，各自表達意見，經整合後再請成員提出解決方法，反覆而得到共識與結論，這種方法稱為：
(A)德爾菲法 (B)名義群體技術法
(C)腦力激盪法 (D)魔鬼辯證法。 【100經濟部人資】 **(A)**

考點解讀 德爾菲法（Delphi Method）的特點是讓專家以匿名群眾的身份參與問題的解決，有專門的工作小組透過書面（問卷）的方式進行交流，避免大家面對面討論帶來消極的影響，經過多次的提問與回覆，所形成的共識。

進階題型

解答

1 〈複選〉個人決策與群體決策之比較，下列哪些正確？ (A)群體決策較為耗費時間與成本，效率低 (B)個人決策品質較為單一主觀 (C)群體決策責任歸屬較為明確 (D)群體決策容易產生「風險移轉」的行為。 【107鐵路營運人員】 **(A)(B)(D)**

考點解讀 (C)群體決策責任歸屬較不明確，容易產生責任移轉的情形。
群體決策是為充分發揮集體的智慧，由多人共同參與決策分析並制定決策的整體過程，其優點是集思廣益、完整的資訊、增加決策正當性。但其缺點是較花時間與成本、從眾壓力、責任模糊。

2 下列何者為激發群體創造力的方法？ (A)腦力激盪法 (B)名目群體技術 (C)德菲法 (D)以上皆是。 【107農會】 **(D)**

考點解讀 增進多樣性決策創造力的方法：腦力激盪法、名目群體技術、魔鬼辯證法、逐步領袖法、德菲爾法、電子會議。

3 下列哪一種團體決策的技術承受較高的社會壓力？ **(D)**
(A)電子會議（Electronic Meeting）
(B)名目群體技術（Nominal Group Technique）
(C)腦力激盪（Brainstorming）
(D)互動團體（Interacting Groups）。 【103台糖】

考點解讀 互動團體法（interacting group）是最常見的一種團體決策形式。它是由成員面對面地進行互動，透過口語及非口語的方式溝通來達成決策；但此一方法有可能有成員迫於順從團體多數人觀點，而失去原來進行團體決策的用意。

解答

4 團體討論後的團體決策與團體個別成員的決策往往不同，團體的決議最終不是更謹慎保守，就是要冒更大的冒險，請問在管理上稱這種情況為何？ (C)

(A)團體暴力　(B)團體迷思

(C)團體偏移　(D)團體凝聚力。【107台北自來水、108鐵路營運人員】

考點解讀 指在團體中進行決策時，人們往往會比個人決策時更傾向於冒險或保守，向某一個極端傾斜，從而背離最佳決策。

5 有關採用「腦力激盪術」開發新產品之敘述，下列何者正確？ (A)鼓勵自由自在的聯想 (B)構想越少越好 (C)鼓勵批評他人構想 (D)參與者越多越好。【104郵政】 (A)

考點解讀 腦力激盪術的四個原則：拒絕批評、鼓勵自由聯想、以量孕質、合併改進。

焦點 4 決策偏差與錯誤

個人決策的問題，在於因人類天生的限制，個人在做決策時會根據經驗將問題簡化，經驗可能會讓決策者在分析資訊與決策時造成認知偏差，形成決策盲點（decision biases）。 個人決策有以下常見的偏誤：

1. **過度自信**：不切實際的認定自己或別人的表現。
2. **選擇性認知**：選擇用比較偏狹的觀念來組織並分析事情。
3. **自利偏差**：或稱「自我中心」，一味爭功，而將失敗推給外在的因素或他人。
4. **定錨效應**：又稱「先入為主」，以最初得到的資訊或第一印象作為判斷的基準，此後有相關的訊息推翻原來的判斷，會堅持己見。
5. **框架影響**：將注意力集中在少數幾個面向，侷限於某些看法而排除其他意見。
6. **自我鞏固**：或稱「佐證偏差」，即刻意尋求與自己經驗吻合的資訊，而忽視與過去經驗抵觸的資訊。
7. **承諾升高**：已知先前的決策有錯，仍投入資源，一錯再錯。
8. **近期效應**：傾向於根據最新近發生、印象最深刻的事件，以作為決策的依據。
9. **代表事件**：以一個事件與另一事件相似的程度，來評斷該事件應有處理方式。
10. **隨機偏差**：自以為看到兩個事件之間事實上並不存在的相同點。其實有些問題的發生是隨機，而沒有任何道理。
11. **沉沒成本**：指在決策時，受到已投入資源的限制，而不能做出合理決定。

12 **捷思**：指個人對於某問題情境未能有清楚、全盤的瞭解時，依據其個人經驗所採用的直觀推論方式。

13. **後見之明偏差**：指總在事後才放馬後炮，吹噓他們早就料到事情的結果。

基礎題型

解答

1 決策者用比較偏狹的觀念來組織及分析事情，此為何種決策偏差？(A)過度自信的偏差（over-confidence bias） (B)先入為主的偏差（anchoring bias） (C)選擇性認知的偏差（selective perception bias） (D)代表性偏差（representation bias）。【104自來水】 **(C)**

考點解讀 用比較偏狹的觀念來組織並分析事情時，犯了選擇性認知。例如，認為銀行一定比較穩健，不會倒。

2 中國古代楚漢相爭時期的韓信投靠劉邦，但一開始，劉邦看不起貌不驚人且之前只是在項羽底下當個執戟郎，更曾受胯下之辱的韓信，故雖然隨後蕭何極力向劉邦推薦韓信的將才能力，但劉邦卻不理會蕭何所言的韓信能力，因此起初並不願意重用他。請問劉邦的行為可用下列何種理論加以解釋？ **(B)**

(A)隨機偏差（randomness bias）

(B)定錨效應（anchoring effect）

(C)沉沒成本錯誤（sunk cost error）

(D)自利性偏差（self-serving bias）。【106鐵路】

考點解讀 定錨效應（Anchoring Effect）或稱「錨定效應」（沉錨效應），是認知偏差的一種。是指人類在進行決策時，會過度偏重最早取得的第一筆資訊（這稱為錨點），即使這個資訊與這項決定明顯無關。在進行決策時，人類傾向於利用最早取得的片斷資訊，以快速做出決定。在接下來的決定中，再用第一個決定為基準點，逐步修正。但是人類容易過度利用第一個錨點，來對其他資訊與決定做出詮釋，當第一個參考用的錨點與實際上的事實之間的有很大出入，就會造成偏誤。

(A)指我們的決策環境中有許多不是我們可以控制的因素，這些因素是隨機在做變化。在面對這種情況下，有時候決策者為了要降低一些不確定感，會相信自己有某種方法能做較正確的預估。

(C)指在做決策時，受到已有設備限制，不能做出合理決定。

(D)判斷自己的行為時，我們會傾向將成功歸為自己的努力或能力佳；將失敗歸之於外在因素，如運氣不佳、無法克服的障礙等。

解答

3 在有限理性的決策模式下，已經投入的事情後來發現有誤，將錯就錯，越陷越深的現象稱為？ (B)
(A)組織承諾（organizational commitment）
(B)承諾續擴（escalation of commitment）
(C)減少承諾（reduced commitment）
(D)專業承諾（professional commitment）。 【111鐵路】

考點解讀 又稱「承諾升高或升級」或「加倍投注」，指雖已知先前的決策有錯，卻仍加碼投入資源。

4 心理學家將「決策過程中知道可能錯了，還不停止，硬撐下去」或「既然走到這一步，就再堅持下去」的決策偏差現象稱為什麼？ (A)直覺（intuition） (B)定見（anchoring） (C)系統決策（systematic decision） (D)承諾升級（escalation of commitment）。 【103台糖】 (D)

5 某航空公司在二年前訂購一批某國空中巴士的飛機，經支付訂金與期初費用後，約定五年後交付成品。但就在今年發現，當初訂購機型時並未考量後續維修成本與匯率換算損失，管理者將成本納入計算後發現，當初的決策可能並不符合公司經營成本效益。但由於先前支付費用相當龐大，他決定還是繼續完成此份採購案。請問，這是管理者受到何項因素的影響所造成的決策偏差？ (A)直覺式決策 (B)承諾升高 (C)選擇性認知 (D)近期效應。 【103鐵路】 (B)

考點解讀 承諾升高（escalation of commitment）指明知過去的決策並無法解決問題，但仍執意執行且投入更多資源。原因是由於決策者害怕為過去決策負責（承諾最初的決策是錯誤的），反而繼續投入更多資源，在原先的決策上繼續加碼，企圖掩蓋真相或期待奇蹟的發生。

6 根據最新近發生、印象最深刻的事件作為決策依據係指為下列何者？ (A)近期效應偏差 (B)過度自信偏差 (C)立即滿足偏差 (D)自我中心偏差。 【108台酒】 (A)

考點解讀 (B)認為自己懂得很多，或不切實際，而把一切都理想化看成很簡單時。(C)不想有太多投入，卻希望能有立即效果。(D)一昧爭功，而將失敗推給外在的因素或他人。

7 如果你的做法被別人批評，覺得很委屈，所以到處找人訴苦，若有人同情，你就很高興的說：「就是說嘛！」你已經掉入何種陷阱？ (A)認同性證據 (B)沉沒成本 (C)停留在過去 (D)基點效應。 【105台糖】 (B)

解答

考點解讀 沉沒成本（sunk cost）指忘記現在的決策無法改變過去的事實，在分析問題時，沒有專注於未來，而只是在惋惜於過去所花費的時間、金錢或努力。

8 下列何者是基於一事件與另一事件相似的程度來評估某事件的可能性？ (A)沉默成本錯誤 (B)自我中心偏差 (C)馬後炮偏差 (D)代表事件偏差。 【111台酒】 (D)

考點解讀 代表事件偏差（representation bias）係以一事件與另一事件相似的程度，來評斷該事件應有的處理方式，但實際上兩事件可能存在很大的差異。

進階題型

解答

1 管理者的決策常會受到腦海中立即可以想到資訊的影響，此種傾向稱為： (A)代表性偏差 (B)可取性偏差 (C)錨定與調整 (D)承諾遞升。 【105台酒】 (B)

考點解讀 捷思（heuristic）又稱為「直覺」，主要有以下三種：
(1)可得性捷思：或稱「可取性偏差」，傾向於將判斷奠基於容易獲得的資訊之上。
(2)代表性捷思：使人們根據事件的熟悉性來判斷發生的可能性。
(3)定錨（anchoring）捷思：受到初始狀態或第一印象的影響的偏誤。

2 人們根據事件的熟悉性（相似性）來判斷發生的可能性，稱為： (A)可得性捷思（availability heuristic） (B)代表性捷思（representative heuristic） (C)有限性捷思（limited heuristic） (D)移情性捷思（Empathy heuristic）。 【102台糖】 (B)

考點解讀 以一個事件與另一事件相似的程度，評斷該事件應有的處理方式。但實際上，兩事件的時空可能有很大的差異。

3 在沒有智慧型手機的年代，會發現若是等公車時，公車一直都不來，但此時會有坐計程車不甘願、要繼續等下去又不想的感覺。請問這樣的感受是什麼樣的原因造成： (A)月暈效果 (B)選擇性知覺 (C)資訊扭曲 (D)沉沒成本。 【108鐵路】 (D)

考點解讀 指在決定時，受到已有設備限制，不能做出合理決定。
(A)基於單一特質，對個體形成印象。
(B)個體會基於本身背景、經驗、態度來篩選過濾自己想要的資訊。
(C)資訊在傳遞過程中被層層扭曲以致於不實，無法決策提供依據。

解答

4 「男主外、女主內」，請問這句話犯了什麼決策的偏誤：　(A)群體盲思（groupthink）　(B)刻板印象（stereotypes）　(C)對比效果（contrast effects）　(D)投射效果（projection effects）。　【108鐵路】　(B)

考點解讀　根據對某群體認知，來判斷屬於群體中成員。

(A)指團體在決策過程中，由於成員傾向讓自己的觀點與團體一致，因而讓整個團體缺乏不同的思考角度，不能進行客觀分析。

(C)只依賴兩種刺激比對結果而下判斷的情況。

(D)是以「他人都和自己相似」的假設來判斷別人，而非根據事實的觀察所得。

5 在決策過程中，決策者常受到框架效應影響而導致決策偏誤。下列何者有誤？　(A)刻意尋求與自身經驗吻合的資訊，而對他們看法不同的資訊抱持懷疑與批判的態度，稱為自我鞏固偏差　(B)局限於某些看法而排除其他意見，扭曲自己所看到的事物，並創造出錯誤的參考資訊，稱為選擇性認知偏差　(C)以一事件與另一事件相似的程度，評斷該事件應有的處理方式，而實際上兩事件的時空背景與處理方式可能完全不同，稱為代表事件偏差　(D)不想有太多投入，卻希望能有立即效果，稱為立即滿足偏差。　【111經濟部】　(B)

考點解讀　框架影響偏差（framing bias）指局限於某些看法而排除其他意見。

非選擇題型

名詞解釋：

承諾升高（escalation of commitment）。　【111台電】

考點解讀　儘管有證據表明做出的決策是錯誤的，但是人往往依舊傾向於繼續做出同樣的決策。造成這種現象的原因大多是因為決策後的認知失調，決策者不想承認他們最初的決策存在某些缺陷，因此並非尋找新的方案來取代，而是簡單地增加他們對最初方案的承諾。

Chapter 04 組織的基本概念

焦點 1 組織的意涵

組織（organization）是一群執行不同工作，但彼此協調合作與專業分工之人的組合，並努力有效率推動工作，以共同達成組織目標。組織主要目的在於：(1)將工作分派至特定的部門與職位；(2)針對每個職位分派工作與責任；(3)協調組織的各項作業；(4)將不同的工作整合於同一部門中；(5)建立個人、團隊與部門間的關係；(6)建立正式的指揮系統；(7)配置與部署組織資源。

☆ 小提點

組織活動的步驟：(1)確定要做什麼（組織目標）？；(2)部門劃分與指派工作；(3)決定如何從事協調工作；(4)決定控制幅度；(5)決定應該授予多少職權；(6)勾繪出組織圖。

組織通常表現在組織結構和組織圖上。

1. **組織圖**

   組織圖是以圖表方式來顯示組織的結構，用以呈現企業組織內有關工作任務與階層的正式安排，組織圖揭露了**組織結構的四項重要資訊**：

   (1) **任務**：組織圖顯示了組織中各種不同的任務。

   (2) **分工**：組織圖顯示了組織的分工，組織圖中的不同方塊，代表不同的工作領域。

   (3) **管理的層級**：組織圖顯示了組織從最高階層到最低階層的組織分層。

   (4) **指揮鏈**：組織圖中方塊間的垂直線，顯示了職位間的指揮關係。

ex.中華郵政公司花蓮郵局組織圖：

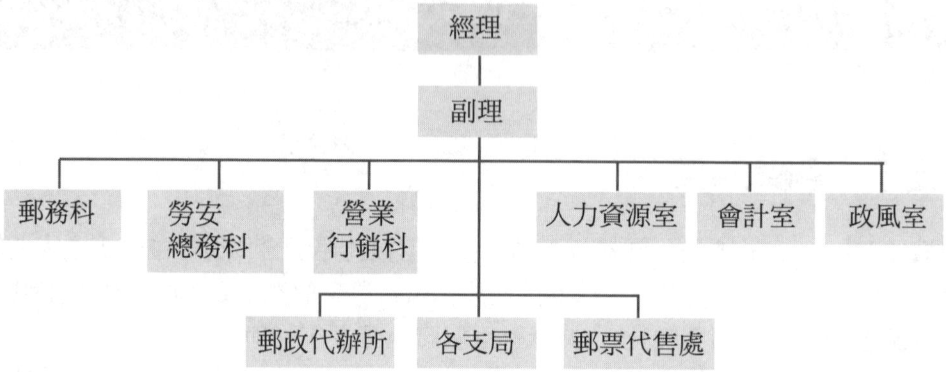

2. **組織結構**：組織結構是組織各構成部份的某種特定關係形式。組織依結構劃分，分為正式與非正式組織。
   (1) **正式組織**：組織內法制與正式的組織結構，係經過精心設計、計畫而建立的個人地位和權責關係。
   (2) **非正式組織**：組織內成員所發展出來的一種非正式、私人性的接觸、溝通，以及做事方式。非正式組織相對於正式組織，是一種自發組成的團體，在組織圖中是隱略不顯。

基礎題型

解答

1 有關「組織的定義」，下列哪一項是正確的？ **(A)**
(A)是一群人為了完成特定目的所組合在一起的單位
(B)是一群人為了服務其他人所集合成的一個單位
(C)是一群人工作的地方
(D)是一群人為了賺錢所集合成的一個團體。　【108漢翔】

考點解讀　Robbins的定義：是將人員作刻意安排，以達成某些特定目標。張緯良的定義：一群人為了達成某些特定的目的而形成有系統結合。

2 根據計畫的目標，將員工進行適當的分組，並將任務分配給各個工作小組，且要求任務完成的期限，請問這是屬於哪項管理功能？　(A)規劃　(B)組織　(C)領導　(D)控制。　【107鐵路營運專員】 **(B)**

考點解讀 組織（organizing）係指將欲完成的工作，分配給各部門及人員，並授予各部門人員職權，然後建立協調與控制機制，以確保這些部門或每個人能同心協力完成組織的目標及計畫。

3 管理者依據所設定的目標，將員工進行適當的分組，並將任務分配給各個工作小組，且要求任務完成的期限，請問這是屬於哪項管理功能？ (A)規劃 (B)組織 (C)領導 (D)控制。 【100郵政】 **(B)**

考點解讀 組織為管理功能之一，是協助企業達成目標的手段。當計畫工作完成之後，就要進行一連串的職位劃分和權責分配，使各工作人員與各部門間的縱橫關係建立，此種分工合作的結構，就是組織。換言之，管理者依據所設定的目標，將員工進行適當的分組，並將任務分配給各個工作小組，並要求任務完成的期限。

4 組織結構可以用以下何種方式呈現？ (A)組織圖 (B)甘特圖 (C)圓餅圖 (D)活動圖。 【107鐵路營運人員】 **(A)**

考點解讀 組織結構就是組織內部各層級與各部門之間，所建立的一種相互關係模式，可用組織圖來加以呈現。

5 下列何者是指「使企業組織結構明確化，讓員工知道他們隸屬於企業哪一部門與業務的圖」？ (A)策略地圖 (B)組織圖 (C)魚骨圖 (D)甘特圖（Gantt chart）。 【104自來水】 **(B)**

考點解讀 組織圖（organizational chart）使組織結構明確化，以及讓員工知道他們隸屬於企業的那一部門或那一部分業務與位置的圖。

6 下列何者使組織結構明確化，以及讓員工知道他們隸屬於企業的那一部門或那一部分業務與位置的圖？ (A)統計圖 (B)分析圖 (C)進度控制圖 (D)組織圖。 【101鐵路】 **(D)**

考點解讀 (A)利用幾何圖形或具體事物的形象和地圖等形式來表現社會經濟現象數量特徵和數量關係的圖形。(B)利用圖表來分析各種影響因素的動向或預測未來的走勢。(C)對項目進度實施與項目進度變更所進行的追蹤管理圖表。

7 下列何者為公司中的非正式組織？ (A)同鄉會 (B)董事會 (C)資訊處 (D)總經理室。 【104自來水】 **(A)**

考點解讀 非正式組織乃是基於人與社會關係所建立的交往系統，並非建立或取得於正式的權威，而是基於人的結合自發地形成。這種自發的認同關係包括，如同學、同鄉、同宗、同好、同事、同個性的「六同關係」，凡共同點愈多者其非正式關係也愈密切。

解答

8 非正式組織： (A)可在組織圖中呈現 (B)上層主管即是領導者 (C)無群體規範 (D)易產生角色混淆現象。【104農會】 (D)

考點解讀 人員受雇於機關，被賦予若干任務並達成之，但非正式組織形成，能使人員在工作外獲得另一種社會滿足，為尋求此種滿足感，往往忽視機關目標，容易造成角色混淆的現象。

進階題型

解答

1 「根據企業所必須完成的任務，來安排執行人員之間的相互關係」，這是哪一種管理職能？ (A)規劃 (B)組織 (C)領導 (D)控制。【104自來水】 (B)

考點解讀 組織係根據企業所必須完成的任務，來安排執行人員之間的相互關係。組織結構則說明了任務編組的方式、職位間的從屬及負責關係，以及職位的相關工作內容。

2 下列何者並非是管理流程中組織（organizing）階段的工作？ (A)將工作分派至特定的部門與職位 (B)協調組織的各項作業 (C)激勵部門的人員 (D)配置與部署組織資源。【105中油】 (C)

考點解讀 組織（organizing）階段的工作或目的：(1)將工作分派至特定的部門與職位；(2)針對每個職位分派工作與責任；(3)協調組織的各項作業；(4)將不同的工作整合於同一部門中；(5)建立個人、團隊與部門間的關係；(6)建立正式的指揮系統；(7)配置與部署組織資源。

3 有關組織圖的敘述，下列何者正確？ (A)組織圖描繪組織結構 (B)組織圖描繪組織文化氛圍 (C)組織圖描繪組織願景 (D)組織圖描繪組織宗旨。【108台酒】 (A)

考點解讀 Child（1984）認為組織圖反映組織結構，組織圖將一個組織的整體活動及流程，以有形的方式來表現，在組織結構的定義中反應出三個主要面向：
(1)正式的隸屬關係，包含在科層體制中層級數目及主管的控制幅度。
(2)明確的將每個人劃分所屬部門，再將各部門整合成一完整的組織體。
(3)以系統設計來確保有效的溝通和協調，以及整合部門間的力量。

4 組織圖可揭露一家公司組織結構的重要訊息，但無法看出： (A)管理層級 (B)部門別 (C)目標明確度 (D)指揮鏈。【103中華電信】 (C)

考點解讀 組織圖揭露了組織結構的四項重要資訊：任務、分工（部門別）、管理層級、指揮鏈。

解答

5 下列對於非正式組織（Informal Organization）敘述何者正確？ (C)
(A)減緩角色衝突問題
(B)可以促進改革的腳步
(C)可以滿足員工的情感需求
(D)會減緩正式組織的溝通效果，減少組織的工作時效。
【108鐵路營運人員】

考點解讀 非正式組織乃是基於人與社會關係所建立的交往系統，並非建立於正式的權威，而是基於人的結合自發地形成。成員參加非正式組織可滿足情感需求、得到群體的認同、可增加正式組織的溝通效果。但非正式組織也可能產生負面功能，例如對抗組織改革、角色衝突問題、傳播謠言等。

非選擇題型

組織內的任務分工及工作之間的相互關係，稱之為組織________，如以書面圖示方式加以呈現即為組織圖。【108台電】

考點解讀 結構。
組織結構係組織內部各層級與各部門之間，所建立的一種相互關係模式。

焦點 2 組織結構構成要素

組織係決定如何將組織活動與資源作最適切的劃分與歸類，而組織結構是指組織內有關工作任務的正式安排。

組織結構構成三大要素包括：正式化、複雜化與集中化。

1. **正式化**
指組織內使用規則、程序來引導員工行為的程度，規定與管制愈多，則組織結構就越正式化。
2. **複雜性**
指組織分化程度，涵蓋垂直分化、水平分化與空間分化。分工越細，上下層級越多，地理涵蓋範圍越廣，則複雜性程度越高。
3. **集中化**
指決策權集中在高階管理者的情形，若決策權是集中於高層稱為中央集權；若決策權下授給組織低階人員，稱為分權。

正式化、集權化、複雜化程度都很高，會形成機械式組織；相反的，三者皆很低，會形成有機式組織。

1. **機械式組織**
   經過精密設計、高度專精化，且集權決策的組織型態，其結構設計強調的重點是控制與效率。
2. **有機式組織**
   有彈性、沒有精細分工，且分權決策的組織，其結構設計強調的重點是適應與效能。

機械式組織及有機式組織的比較如下：

機械式組織	有機式組織
工作細分成較窄的任務	工作是以一般性任務呈現
個人的任務是固定的	個人的任務經常因與他人互動而調整
控制、職權、溝通結構是層級式的	控制、職權、溝通結構是網路式的
決策由特定組織層級完成	決策由具相關知識技能的人制定
垂直溝通	垂直水平溝通
溝通內容主要是上下級之間的指示	溝通內容主要是資訊及建議
強調忠誠及對上級的服從	強調對組織目標的承諾及擁有專業技能

基礎題型

解答

1 當經理人透過規則和程序規範員工的工作行為時，工作將變得更如何？ (A)多樣化 (B)正式化 (C)垂直化 (D)水平化。 【103經濟部】 **(B)**

考點解讀 又稱「制式化」，指工作標準化，與員工遵循公司規章和程序而行事的程度。

2 在組織設計時決定分工精細程度的是下列哪一個構面？ (A)複雜化程度 (B)結構化程度 (C)正式化程度 (D)集權化程度。 【103自來水】 **(A)**

考點解讀 複雜化程度：代表組織內部工作分工的專業與精細的程度，分工愈細則表示複雜化程度愈高。

解答

3 與有機式組織不同，機械式組織強調下列何者？ (A)大的控制幅度 (B)自由流通的資訊 (C)清楚的指揮鏈 (D)跨功能的團隊。 【108台酒】 (C)

考點解讀 機械式組織強調高度的專業分工、具有清楚的指揮鏈、傾向中央集權、較窄的控制幅度。

4 那種組織具有高度的專業化與嚴格的部門劃分？ (D)
(A)有機式（Organic） (B)基礎式（Fundamental）
(C)學習式（Learning） (D)機械式（Mechanistic）。 【106鐵路】

考點解讀 有機式（Organic）與機械式（Mechanistic）組織比較如下：

機械式	有機式
·高度專業化 ·嚴格的部門劃分 ·明確的指揮鏈 ·較窄的控制幅度 ·集權化 ·高度正式化	·跨部門團隊 ·跨層級團隊 ·自由的資訊流 ·較寬的控制幅度 ·分權化 ·低度正式化

5 機械式組織的特點為何？ (A)低複雜性、低正式化和低集權度 (B)高複雜性、高正式化和低集權度 (C)高複雜性、高正式化和高集權度 (D)低複雜性、高正式化和高集權度。 【101自來水】 (C)

考點解讀 機械式結構（mechanistic structure）的三個組織結構要素的特點是：(1)高複雜性：任務被分割為多個專業化的子任務。(2)高正式化：員工一切要按照規章制度來辦事。(3)高集權度：高階管理當局負責大部分重要決策制訂。

6 下列何者不是有機式組織的特質？ (A)高度的專業分工 (B)跨功能的團隊 (C)大的控制幅度 (D)低度制度化。 【108漢翔】 (A)

考點解讀 有機式組織的特徵有：具有高度彈性、跨功能團隊、跨層級團隊、自由的資訊流通、大的控制幅度、決策分權化、低度制度化（正式化）、倚賴非正式溝通途徑等。

7 組織設計有兩種最典型的模式，當中能隨環境變化而調適、具高度彈性、跨功能團隊及自由資訊流通依賴非正式溝通途徑的溝通，是屬於何種組織模式？ (A)機械式組織 (B)有機式組織 (C)事業部組織 (D)簡單式組織。 【107台北自來水】 (B)

解答

8 有機式組織與僵化的機械式組織完全相反，是一種具高度彈性的組織，有關其特點之敘述，下列敘述何者錯誤？ (A)跨功能團隊 (B)自由的資訊流通 (C)決策分權化 (D)倚賴正式的溝通途徑。【100郵政】 (D)

考點解讀 機械式組織：其特色是高度專業分工、僵固的部門化、明確的指揮鏈、狹隘的控制幅度、決策權集中化、依賴正式化溝通途徑。
有機式組織：是一種能隨環境變化而調適、具高度彈性的組織，它的特點有：跨功能團隊、跨層級團隊、自由的資訊流通、寬廣的控制幅度、決策分權化、倚賴非正式溝通途徑。

9 下列何者為有機式組織的特質 (B)
(A)個人的任務是固定的
(B)簡單、非正式、低度集權的組織
(C)控制、職權、溝通結構是層級式的
(D)溝通內容主要是上下級之間的指示。【100鐵路】

考點解讀 有機式組織的特質：
(1)簡單、非正式、低度集權的組織，賦予組織更多的彈性及應變能力。
(2)促成跨部門間的合作，讓組織內各單位的界線不至於成為完成特定任務的障礙。
(3)網路結構：當企業將許多功能交由其他企業執行，企業間是以資訊科技進行協調整合。
(4)團隊結構：組織內存在著各種為期較長的任務團隊，團隊成員則是來自各部門。

10 重視跨功能團隊建立、指揮鏈長度較短、權力分配狀態偏向分權、控制幅度較大及強調因應環境變化，以上敘述較偏向下列何種類型的組織？ (A)有機式組織 (B)機械式組織 (C)矩陣式組織 (D)虛擬式組織。【112經濟部】 (A)

考點解讀 有機式組織特徵：具彈性、沒有精細分工，控制幅度大且分權決策的組織，其結構設計強調的重點是適應與效能。

11 因應外在環境快速變化能力較強的組織設計是： (A)有機式組織 (B)機械式組織 (C)官僚式組織 (D)大規模組織。【103台酒】 (A)

考點解讀 有機式組織：組織具有高度的適應力與彈性，適合於外在環境相對複雜及不穩定，例如追求創新的公司。機械式組織：組織擁有固定而嚴謹的結構，適合於外在穩定的環境，例如，大型企業、政府部門。

12 企業面臨複雜的經營環境時，何種組織結構較為適合？ (A)機械式組織 (B)有機式組織 (C)矩陣式組織 (D)功能式組織。【102中華電信】 (B)

進階題型

解答

1 有關機械式組織的敘述，下列何者錯誤？ (A)嚴格的部門劃分 (B)小的控制幅度 (C)跨階層的團隊 (D)也稱為官僚組織。 【108郵政】 (C)

考點解讀 亦稱為「官僚組織」，係根據古典組織理論設計原則而來，主張高度集權化、部門化與正式化，強調高度專業分工、嚴格部門劃分、清楚指揮鏈、小的控制幅度、中央集權、高度制式化，適合大量製造大型組織。

2 當組織強調任務導向、期待員工對組織任務及目標的投入、採取分權式控制、強調專業知識的影響力與雙向溝通，適合採用何種組織設計？ (A)有機式組織 (B)機械式組織 (C)變形蟲組織 (D)無疆界組織。 【106桃機、101中華電信】 (A)

考點解讀 當組織強調任務導向、期待員工對組織任務及目標的投入、採取分權式控制、強調專業知識的影響力與雙向溝通，適合採用有機式組織（organic organization）。此種結構又稱為「適應性組織」，為低複雜性、低正規化和分權化的組織，是一種鬆散、靈活的具有高度適應性的形式。

3 下列那一種企業較不適合使用有機式組織的組織設計？ (A)採用追求創新的差異化策略 (B)位於不確定性高的環境中 (C)使用大量生產的技術 (D)規模較小，員工數較少。 【102鐵路】 (C)

考點解讀 單位及小批量生產由於標準化的程序較少，組織結構是有機式的；大批量及大量生產則需仰賴標準化及正式化的工作程序，組織結構是機械式的；連續程序生產則是由於每一個生產步驟的專業程度都相當高，組織結構又偏向有機式。

4 下列哪一項因素可增進組織創新的發生？ (A)機械式組織 (B)有機式組織 (C)官僚式組織 (D)科層式組織。 【104港務】 (B)

考點解讀 Clark 與Guy（1998）將組織創新定義為把知識轉換為實用商品的過程，強調該過程中人、事、物，以及相關部門的互動與資訊的回饋；創新過程是創造知識與科技知識擴散的最主要來源，也是組織提昇競爭優勢的重要方法。有機式組織具有高度的適應力與彈性，可增進組織創新的發生。

5 關於有機式組織與機械式組織的敘述，下列何者錯誤？ (A)機械式組織宜採中央集權 (B)有機式組織具有嚴格的部門劃分 (C)機械式組織具高度正式化 (D)有機式組織具有跨階層的團隊。 【106鐵路】 (B)

考點解讀 有機式結構（organic structure）具彈性、沒有嚴格的部門劃分，且分權決策的組織，其結構設計強調的重點是適應與效能。

解答

6 〈複選〉有機式組織（Organic Organizations）包括下列何種特質？ (A)低度正式化 (B)自由流通的資訊 (C)小的控制幅度 (D)分權。 【109台糖】 (A)(B)(D)

考點解讀 有機式組織則是一種低度專業化、低度正式化和高度分權的組織，自由流通的資訊與較大的控制幅度。相對於機械式組織的僵固和穩定，有機式組織是較為鬆散且具有彈性的調適型組織。

非選擇題型

問答題：扁平式組織（Flat Type Organization）。 【108台電】

考點解讀 為高度適應形式，主張低度集權化、複雜性與正式化，層級少、較寬管理幅度，偏向變動、鬆弛、自主性。

焦點 3 影響組織結構的權變因素

最常影響組織結構設計的權變因素有：

1. **企業策略**：組織結構是幫忙經理人達成目標的手段，而目標則是源自於組織整體的策略。1962年**陳德勒（Chandler）**提出「策略決定結構」的概念，認為**結構應該追隨策略**。當策略從單一產品移向垂直整合、產品多角化時，結構必須由有機式移向機械式。最近的研究也驗證了策略-結構關係。例如差異化策略較適合採用具有高度彈性和適應性的有機式組織。成本領導策略，機械式組織是較佳的選擇。集中策略會將組織結構依其所著重的焦點來安排。
2. **組織規模**：規模較大的大型企業，通常會傾向較高度的專業化、分工較細、層級較多、使用較多的正式化書面規則與管制，亦即較傾向採取機械式組織。但隨著組織的擴張到達一定規模後，組織規模對結構的影響會逐漸減小。
3. **員工的個別差異性**：當員工能力強、具有專業知識、教育程度高、自主性越高、Y型人格時，較適合有機式組織；當員工能力弱、知識薄弱、教育程度低、自主性低、X型人格時，較適合機械式組織。
4. **技術（科技）**：技術是指組織用來將其投入轉換成產出的程序，在其他條件不變的情況下，越是例行性的技術，其結構就愈可能標準化，適合機械式組織；相反地，非例行技術的結構應該適合有機式組織。1960年代學者吳沃（J. Woodward）的研究發現：有機式的組織結構適合單位與小批量生產以及程序生產的模式，而機械式的組織結構則適合大批量生產。

5. **外部環境**：環境同時也是結構上的主要影響力量，在其他條件不變的情況下，穩定的組織環境下，機械式組織結構往往較具效能。有機式組織結構與動態和不確定的環境較能配合。

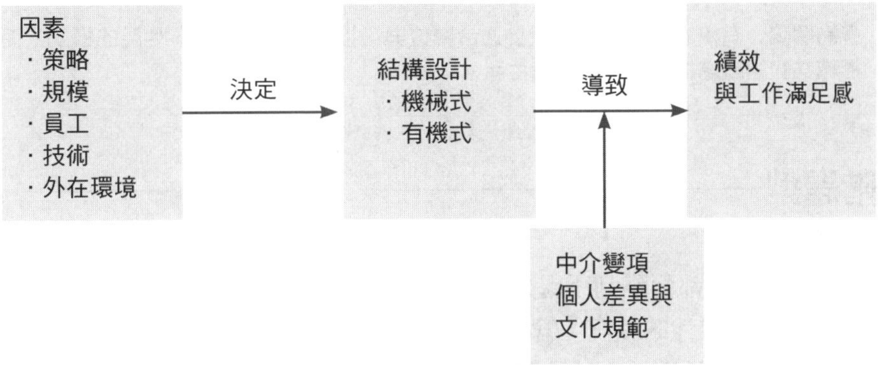

基礎題型

解答

1 管理理論中的權變學派，主張要視情境採取不同的管理方法。下列何者並非是權變學派指出的權變變數？ (A)組織的規模 (B)環境不確定性 (C)技術的例行性 (D)財務的寬裕性。 【105中油】 **(D)**

考點解讀 最常影響組織結構的權變因素：企業策略、組織的規模、員工的個別差異性、技術因素、環境不確定性。

2 陳德勒（Chandler）提出之「結構追隨策略（Structure follows strategy）」意謂： (A)組織的長期目標決定它的組織設計 (B)組織設計影響管理者如何制定策略 (C)組織的技術型態決定它的組織設計 (D)管理者的價值觀影響組織設計。 【100經濟部】 **(A)**

考點解讀 亦即企業的經營使命與目標會隨環境變化而調整，而使命與目標的變動，策略亦將隨之調整，策略一旦變動後執行策略的組織結構設計也必須隨之改變。

3 下列何項因素，會使得組織結構偏向採用有機式組織？ (A)環境不確定性大 (B)生產技術變動少 (C)組織訂定成本領導策略 (D)組織規模較大。 【108漢翔】 **(A)**

考點解讀 環境不確定性大、生產技術變動多、組織訂定差異化策略、組織規模較小等因素，都會使得組織結構偏向採用有機式組織。

解答

4 下列那一種企業較不適合使用有機式組織的組織設計？ (A)採用追求創新的差異化策略 (B)位於不確定性高的環境中 (C)使用大量生產的技術 (D)規模較小，員工數較少。【102鐵路】 (C)

考點解讀 有機式的組織結構設計適合單位與小批量生產以及程序生產的模式，而機械式的組織結構則適合大批量生產。

進階題型

解答

1 今日許多組織都面臨到所處外部環境中極大的不確定性。若不能有效掌握環境 不確定性的狀況，管理者將難以採行有效的決策。下列何者為一般用來描述環境不確定性的兩個構面？ (B)

(A)變化程度與擴散程度

(B)變化程度與複雜程度

(C)成長程度與離散程度

(D)集權程度與擴散程度。【103鐵路】

考點解讀 環境不確定性（environmental uncertainty）是指組織環境的變化與複雜程度。

(1)變化程度：如果企業所面對的環境變化頻繁，我們稱它為動態環境；如果變動很小，則稱為穩定環境。

(2)複雜程度：指的是構成組織環境的因子數目，以及組織對這些因子的瞭解程度。

2 依學者Woodward 的看法，機械式組織結構在下列何種情況最有效？ (A)單位生產 (B)大量生產 (C)程序生產 (D)客製化生產。【108漢翔】 (B)

考點解讀 Woodward在技術、結構與效能上的發現：

技術	單位生產	大量生產	流程生產
結構特徵	低度垂直差異化 低度水平差異化 低度正式化	中度垂直差異化 高度水平差異化 高度正式化	高度垂直差異化 低度水平差異化 低度正式化
最有效之結構	有機式	機械式	有機式

3 下列關於組織設計的敘述，何者正確？ (A)結構追隨策略 (B)機械型組織的特徵在於分權且官僚化 (C)有機型組織的特徵在於集權且官僚化 (D)矩陣式結構的優點在於指揮權統一。【111鐵路】 (A)

考點解讀 (B)機械型組織的特徵在於集權且官僚化。(C)有機型組織的特徵在於分權且彈性。(D)矩陣式結構的缺點在於違反指揮權統一原則。

非選擇題型

請說明影響組織結構設計的四大權變因素及各個因素如何影響組織的設計，並舉例說明之。【105鐵路】

考點解讀 組織結構的設計會受到許多權變（情境）因素的影響，最重要的包括組織策略、組織規模、技術與外部環境等四種因素。

(1) 組織策略：組織策略決定了組織目標，而組織結構是使組織的管理階層達成目標的重要工具，所以組織策略與組織結構緊密相連。管理學者陳德勒（Chandler）在研究杜邦公司、通用汽車公司、新澤西標準石油公司後，於1962年提出「結構追隨策略」，主張組織設計應該視策略而定。

(2) 組織規模：組織規模也會對組織結構產生顯著的影響，當組織規模很小，員工很少，工作無法細分，也很難明定職責執掌，組織藉由非正式組織運作；隨著組織規模的擴大，工作逐漸細分，須利用正式化規章制度，組織會愈趨機械式。例如政府部門組織龐大，分工較細、層級較多，傾向採取機械式組織；一般小企業（企業社）人數較少，則傾向簡單式組織。

(3) 工作技術：工作技術是將投入資源轉化為產出的方法，對組織結構設計有很大的影響。愈是例行性的技術，其結構就愈可能標準化；相反地，非例行技術的結構愈趨向有機式組織。例如汽車工廠屬於例行性的技術，趨向機械式組織；太空科技屬於非例行技術，則趨向有機式組織。

(4) 外部環境：機械式組織追求效率，比較適合穩定、變數少，不確定性低的環境；有機式組織追求提升彈性與適應力，適合變動、複雜不確定性較高的環境。例如國內傳統產業外部環境相對較穩定，適合機械式組織；創新產業外部環境相對較動盪，則適合有機式組織。

Chapter 05 組織設計

焦點 1 組織設計的古典原則

組織設計（organizational design）目的在發展或改變組織結構，組織設計涉及到以下幾個基本的概念：

1. **專業分工**：指將組織內的工作分解成較小的部分來進行，每一個人只負責一個較小的部分，只專精於某一部分的生產活動。例如，在汽車裝配線上，整個汽車的組裝工作被拆解成許多細部的動作，而每一個工人只重複某些標準化的動作。

2. **指揮鏈**：代表從組織高層到基層的一條連續性的職權關係，它明確指出誰該向誰報告。 指揮鏈有三個重要觀念：

   (1) **權威**（authority）：代表職位所賦予的權力，可指揮下屬做事，並期望下屬達成任務 。

   (2) **責任**（responsibility）：當管理者在協調與整合員工工作時，員工有義務接受指派的工作 。

   (3) **指揮權統一原則**（unity of command）：每一部屬都應該只對一位，且只能向一位直屬上司負責，沒有人應該同時對兩位以上的上司負責。因為兩位以上的主管其對命令與政策執行優先順序的不同看法，將使部屬無所適從。

3. **控制幅度**：**又稱「管理幅度」，指一位管理者可以有效率及有效能地管理員工數目**。控制幅度會影響組織階層數，若採用嚴格（較小或較窄）的控制幅度，組織階層數增加，會造成高塔式組織結構（tall organization）；反之，若採取較廣（較大）的控制幅度則會造成扁平式組織（flat organization）。

   (1) **高塔（高聳）式組織**：即高金字塔式組織，有很多管理階層，較高的管理成本，溝通往往較無效率。

   (2) **扁平（平坦）式組織**：一種在員工和執行者之間很少存在或不存在中間管理層的組織。

控制幅度寬窄的對照比較：

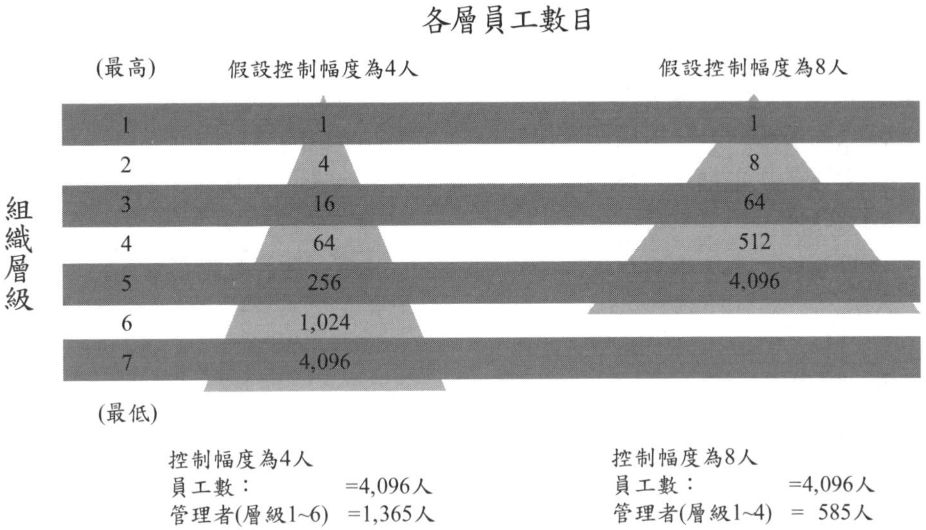

☆ 小提點

現代觀點認為情境變數會影響適當的控制幅度。例如，當**部屬愈是訓練有素**及**經驗豐富**時，他們所需要上司的直接管理也愈少；因此，其管理者可以有較大的控制幅度。另外，**管理者或幕僚的能力愈強時**，控制幅度愈大。**員工任務的相似性**（愈相似，控制幅度愈大）、**工作複雜性**（愈複雜，控制幅度愈小）、與**員工地理距離的接近性**（愈接近，控制幅度愈大）、**程序標準化的程度**（愈標準化，控制幅度愈大）、**組織管理資訊系統的複雜性**（愈複雜，控制幅度愈小）、**組織價值系統的強度**（愈強有力，控制幅度愈大），以及**管理者偏好的管理風格**（愈專權，控制幅度愈小）。

4. **協調**：協調的核心在於互賴，透過協調，不同的部門和工作活動之間就可以互相交換資源與資訊，以便發揮較大的效能。常用的協調機制：臨時性的編組、組織層級、作業程序、聯絡人員、價值觀、公正的第三人、相互溝通。

☆ 小提點

組織中的三種互賴：
1. 片狀互賴：是一種最低層次的互賴，意指不同部門間彼此很少互動，整個組織的績效只是在組織層次單純進行加總各單位的績效而成。
2. 連續互賴：是指某一單位的產出會變成另外一單位的輸入，彼此成為一種連續狀態。
3. 交互互賴：是指不同單位之間存在著雙向互賴，彼此互相影響。

5. **職權、職責與負責**
 (1) **職權**（authority）：因職位而來的權力，也可以說是職務上所擁有的權力。
 (2) **職責**（responsibility）：是與職權一起的。當我們擔當某一職位，除了承受職權外，同時也必須負起相對應的職責。
 (3) **負責**（accountability）：是指員工會去承擔隨著工作成果而來的褒貶。

☆ 小提點

1. **直線職權**：指賦予管理者指揮其部屬工作的職權，這是從組織的最高層一直延伸到最底層，也就是遵循所謂的指揮鏈中的主管-部屬的職權關係。對達成組織目標有直接的貢獻。
2. **幕僚職權**：其功能是支援、協助以及減輕直線管理者原先的資訊負擔，只能影響無法制訂或改變決策。

6. **集權與分權：**
 (1) **集權**（centralization）：指組織將大部分的決策權力保留在組織的較高階層。
 (2) **分權**（decentralization）：指組織將大部分的決策權力有系統地分散在組織的中低階層。
7. **部門化：**組織依據某些功能或標準，若干種職務歸類到同一個部門，可依功能、顧客、產品、地區或流程不同來劃分部門。

小秘訣

(1) **授權**（delegation）：是指如何將職權分配在主管與其幾個部屬之間。
(2) **賦權**（empowerment）：意指允許並幫助部屬，使其有能力去做他們所被授予去執行的工作。

8. **正式化或制式化**：工作標準化和員工遵循公司條例與標準程序來行事的程度。
(1)高度制式化的組織裡，有詳細的工作說明書、組織規範、清楚的工作程序。
(2)制式化程度較低時，員工對該如何完成工作有很大的自由度。

新視界

穀倉效應（Silo Effect）是由英國《金融時報》（Financial Times）編輯主任暨專欄作家吉蓮・邰蒂（Gillian Tett）首先提出的理論。利用農場中的穀倉，譬喻部門結構、企業組織、國家政府等，因內部因「過度分工」而缺少溝通，一個部門、營運單位或業務單位，也不願與其他單位分享資訊。各部門就像一間「小公司」，一個個高聳豎立的穀倉，各自為政、自掃門前雪，只專注在自身的績效利益，而非整體的利益，最終導致整個組織功能失調、企業走向衰敗。意指專業分工雖可達高效率，但過度分工卻讓組織僵化。

基礎題型

解答

1 工作專業化的觀念主要是來自於下列那一種觀念？ (A)規劃 (B)組織 (C)控制 (D)分工。 【104鐵路】 (D)

考點解讀 工作專業化來自於分工的概念，分工是將工作分解成數個步驟，每個人只負責完成一個步驟。

2 下列那一個字眼和組織設計中的「工作專業化」是同義的？ (A)指揮鏈 (B)分工 (C)控制幅度 (D)中央集權。 【102鐵路】 (B)

3 企業在組織化過程中，將一個工作拆解成數個步驟，並由不同的人來完成，請問這種作法稱為： (A)部門化 (B)分權 (C)專業分工 (D)指揮統一。 【104鐵路】 (C)

考點解讀 (A)將具有類似屬性的工作聚集在同一個部門，並由一位管理者指揮。(B)組織將某些決策權授與下級單位，使該部門擁有獨立自主的決策權。(D)指每個部屬都只能有一位其直接負責的主管，而不應該同時向兩位以上主管負責。

4 關於專業分工（work specialization）與生產力的關係，下列敘述何者正確？ (A)專業分工的高低與生產力無關 (B)專業分工可以無限制地提高生產力 (C)專業分工程度愈高，其生產力愈高 (D)適度的專業分工，其生產力最高。 【105郵政、106桃機】 (D)

解答

考點解讀 專業分工（work specialization）一詞用來描述組織任務分工的程度。分工制度在現代企業中，絕對有其存在的價值，重點在於如何分工達到其最大效益。適度的分工，可以產生較高的生產力；而過度的分工，反而會產生人力不經濟，導致生產力下降。

5 工作專業化（Specialization）最主要的目的為何？ (A)降低授權的必要性 (B)提升工作績效 (C)建立工作團隊 (D)確立工作流程。 【108郵政】 (B)

考點解讀 工作專業化（Specialization）的觀念主要是源自於分工的概念，分工是將工作分解成數個步驟，每個人負責完成一個步驟。認為藉分工可以提高生產力。

6 「工作專業化（Specialization）」在企業中的主要優點是能增加： (A)動機 (B)進步的機會 (C)生產力 (D)工作豐富化。 【105自來水】 (C)

考點解讀 古典觀念認為工作專業化（Specialization）可以提高生產力。

7 從組織高層到基層的一條連續性的職權關係，稱為： (A)一條龍 (B)指揮鏈 (C)權責系統 (D)組織層級。 【106台糖】 (B)

考點解讀 指揮鏈（chain of command）：是指從組織上一階層延伸至組織最低階層，並且釐清誰必須向誰報告的一種職權連續線。

8 控制幅度的概念是指下列何者？ (A)
(A)一位主管能直接管理的部屬人數
(B)一位主管必須要承擔工作責任的大小
(C)一位主管所擁有的權力
(D)一位主管所能發揮的效能程度。 【107鐵路營運人員】

考點解讀 控制幅度（span of control）是探討一位管理者所可以直接有效地管理部屬的人數。為了維持緊密的控制，早期的學者認為不超過六人的控制幅度是比較適當的；然而，現今大多數學者都認為理想的控制幅度應視權變因素才能決定。

9 管理人員能夠有效地監督、指揮其直接下屬的人數是有限的在管理學上稱為？ (A)領導力 (B)控制權 (C)管理幅度 (D)指揮鏈。 (C)
【107農會、106台糖、104郵政、104鐵路、103中油】

考點解讀 又稱控制幅度，是指一位管理者可以有效率及有效能地管理員工數目，管理幅度的大小會決定組織的層級。

10 隸屬於同一位主管的部屬人數，稱為： (A)組織結構 (B)部門化 (C)管理幅度 (D)科層組織。 【105台酒】 (C)

解答

11 有關於控制幅度（Span of Control），下列何種狀況會使控制幅度增加？ (D)
(A)員工對工作任務不熟悉 (B)員工未有良好的訓練
(C)員工的工作任務較困難 (D)員工工作能力佳。 【112郵政】

考點解讀 員工對工作任務熟悉、員工有良好的訓練、員工的工作任務較簡單、員工工作能力佳等狀況下，會使控制幅度增加。

12 面對越來越複雜的商業競爭環境，一般而言，那一種組織結構的設計會比較適合這種環境的需要，以使企業經理人能快速反應？ (A)高聳式 (B)扁平式 (C)多部門式 (D)官僚式。 【102鐵路】 (B)

考點解讀 扁平式組織結構主張低度集權化、複雜性與正式化，有較寬的管理幅度，偏向變動、自主性，為高度適應的形式，面對複雜的商業競爭環境，讓企業經理人能快速的反應。

13 下列何者屬於企業職能中的直線職能？ (A)財務職能 (B)人力資源職能 (C)生產與作業職能 (D)研究發展職能。 【112桃機、104鐵路】 (C)

考點解讀 直線職能（Line Functions）：直接和企業的利潤與營業收入有關，包括生產與作業職能與行銷的職能。幕僚職能（Staff Functions）：位於輔助的位置，包括財務職能、人力資源職能、財務管理職能、研發職能。

14 下列何者為企業中的「直線職能」？ (A)財務管理 (B)教育訓練 (C)生產與作業管理 (D)會計。 【103台酒】 (C)

15 下列何項職權是在專長領域中給予其他單位或個人的建議及諮詢的權力？ (D)
(A)個人職權 (B)直線職權
(C)員工職權 (D)幕僚職權。 【103中華電信】

考點解讀 幕僚職權只是對其主管提供建議、諮詢與服務的權力，並無實質的指揮權。

16 下列何者是幕僚人員？ (A)行銷經理 (B)生產經理 (C)配銷經理 (D)人事經理。 【104自來水】 (D)

考點解讀 幕僚人員與組織目標不發生直接的執行關係，是對內的、不屬組織中層級節制體系，主要作用在經由協助與建議以推動組織業務。如人事經理、研發經理、財務經理、資訊主任、總務主任、稽核主任等。

解答

17 下列何者不是「中央集權」管理制度強調的影響因素？ (A)複雜而不確定的環境 (B)大型企業 (C)基層管理者不願意參與決策 (D)組織面對著企業失敗的危機和風險。【108台酒】 (A)

考點解讀 中央集權傾向的影響因素：(1)穩定的環境；(2)大型企業；(3)基層管理者不願意參與決策；(4)基層管理者不願負決策的責任；(5)組織面對著企業失敗的危機和風險；(6)公司策略的有效達成，有賴管理者出面表達其意見。

18 總公司給與不同地區商店管理者採購、標價、以及促銷適合當地商品的權力，但對一些基本重要事項總公司仍保有控制權，這樣的權力分配方式稱為： (D)

(A)集權管理 (B)職權管理 (C)平權管理 (D)分權管理。【103台酒】

考點解讀 分權管理：組織的決策下授由直接負責執行的管理者來擔任。集權管理：組織的決策權掌握在單一管理者的集中程度。在某些組織裡，最高管理者決定所有的決策，而基層管理者和員工則只是執行高階主管的命令而已。

19 管理者將原先屬於自己職位的正式權威與責任傳遞給其他職位的人，此作法稱為： (A)分權 (B)授權 (C)集權 (D)職權。【105台酒】 (B)

考點解讀 指管理者委授部分職權及職責至其下一級人員，以完成特定的任務。

進階題型

解答

1 張先生是甲公司的業務部經理，他可以有效指揮的員工共有6人，故張經理的□□＝6。請問□□應該填入： (A)工作範疇 (B)集權程度 (C)控制幅度 (D)績效水準。【108漢翔】 (C)

考點解讀 控制幅度又稱管理幅度，是指每位主管能夠有效掌控部屬的程度。

2 下列有關控制幅度的敘述，何者有誤？ (A)

(A)控制幅度增大時，組織的階層便會增加

(B)控制幅度越大，組織型態會越扁平

(C)指每位主管能夠有效掌控部屬的程度

(D)又稱管理幅度。【107台酒】

考點解讀 控制幅度與組織階層兩者呈反比關係，控制幅度增大時，組織的階層便會減少，組織型態會越扁平。

解答

3 控制幅度（span of control）指管理者可以有效控管之下屬人數，下列何者比較不可能是增加現代企業控制幅度的因素？ (C)

(A)主管管理能力提升　(B)通訊科技進步

(C)組織設計更強調集權　(D)員工能力提升。【105鐵路】

考點解讀 管理幅度又稱控制幅度，指主管能有效指揮、監督部屬的人數。影響管理幅度大小的因素：

工作的特性：

(1)工作的複雜性：愈複雜，控制幅度愈小；愈簡單，控制幅度愈大。

(2)工作的相似性：愈相似，控制幅度愈大；愈不相似，控制幅度愈小。

(3)部屬彼此工作的關聯性：關聯性愈大，亦即彼此密切關聯時，控制幅度愈小。

(4)工作標準的寬嚴：愈標準化，控制幅度愈大。

人員的特性：

(1)管理者的技能力條件：管理者的能力愈強時，控制幅度愈大。

(2)主管要親自處理的工作負擔：愈重時，控制幅度愈小。

(3)管理者偏好的管理風格：管理者愈偏好高控制幅度，控制幅度愈小。

(4)幕僚襄助：若幕僚很得力，控制幅度自然可以擴大。

(5)部屬的能力：部屬愈是訓練有素及經驗豐富時，控制幅度可加大。

(6)部屬工作性質必須經常和主管商量：須經常和主管會商時，控制幅度愈小。

(7)部屬需要督導的程度：若只需最少督導，控制幅度可加大。

其他：

(1)部屬員分佈地區的疏密：即部屬工作地點集中度，愈集中控制幅度愈大。

(2)組織設計集權傾向程度：組織設計愈強調集權，控制幅度愈小。

(3)組織價值系統的強度：愈強有力，控制幅度愈大。

(4)通訊科技進步程度：透過資訊科技輔助資訊處理與傳達能力愈強，控制幅度愈大。

4 下列何者會降低管理幅度（span of control）？ (A)標準化程度高 (B)技術複雜程度高 (C)員工經驗多 (D)主管能力強。【108鐵路】 (B)

考點解讀 標準化程度低、技術複雜程度高、員工經驗少、主管能力弱、工作地分散都會降低管理幅度。

5 在下列何種情況下，管理者的控制幅度無法增加？ (A)

(A)部屬工作任務相似性降低

(B)管理者愈偏好高控制幅度

(C)透過資訊科技輔助資訊處理與傳達

(D)工作程序的標準化程度增加。【104自來水】

考點解讀 部屬工作任務相似性程度，由完全相同到完全不同。若其相似性降低，則管理者的控制幅度無法增加。

解答

6 〈複選〉以下對於「協調」的敘述哪些正確？ (A)協調是組織結構設計時必然要考慮的議題 (B)每個部門都想要為組織達到最好的績效，但如果少了協調的機制，部門間的任務目標可能就會產生牴觸 (C)不去考量部門間的差異並進行協調，是許多組織在變動環境中遭遇的困難 (D)現今管理者面臨全球化的環境，利用命令做為管控工具、勿需浪費時間進行協調，才是有效率的管理方式。 【107鐵路營運人員】 (A)(B)(C)

考點解讀 現今管理者面臨全球化的環境，須進行協調，才是有效率的管理方式。

7 下列敘述何者正確？ (D)

(A)扁平式組織結構（flat organizational structure）的組織層級較多於高架式組織結構（tall organizational structure）

(B)管理者的控制幅度大，係謂其管理的部屬較少

(C)高架式組織結構（tall organizational structure）優點在於員工有較大之授權與自主性、工作滿足度較高，且組織不易官僚化

(D)授權包括分派責任與授予職權。 【104自來水】

考點解讀 (A)扁平式組織結構（flat organizational structure）的組織層級較少於高架式組織結構（tall organizational structure）。(B)管理者的控制幅度大，係謂其管理的部屬較多。(C)扁平式組織結構（flat organizational structure）優點在於員工有較大之授權與自主性、工作滿足度較高，且組織不易官僚化。

8 什麼情境下適合採取中央集權的組織設計？ (A)穩定的組織環境 (B)基層管理者具決策能力與經驗 (C)組織文化開放而允許自由表達意見 (D)分散在不同地理區域的企業。 【105中油】 (A)

考點解讀 中央集權與地方分權傾向的影響因素：

偏向集權	偏向分權
(1) 穩定的環境 (2) 相較於高階管理者，基層管理者較缺乏決策的能力與經驗 (3) 基層管理者不願負決策的責任 (4) 決策事關重大，會影響公司存亡成敗 (5) 組織正面臨企業失敗的危機與風險 (6) 適用於大型的企業 (7) 地理區域集中的大型企業 (8) 公司策略是否有效達成，有賴參與管理者出面表達其意見	(1) 複雜而不確定的環境 (2) 基層管理者有決策能力與經驗 (3) 基層管理者希望有決策權 (4) 決策相對不重要 (5) 組織文化開放而允許管理者有自由表達意見的機會 (6) 適用於地理區域分散的企業 (7) 需要快速回應顧客需求 (8) 公司策略是否有效達成，繫於管理者的參與及彈性決策

解答

9 集權的決策權掌握在較高層級，分權則將決策權下放到較低層級。下列何種情形，適合採用集權制度？ (A)當環境面臨重大改變或不確定性 (B)地理區域集中的大型企業 (C)需要快速回應顧客需求 (D)該決策並不會影響到公司存亡成敗。【103鐵路】 (B)

考點解讀 (A)(C)(D)適合採用分權制度。

10 下列有關分權（decentralization）的敘述，何者有誤？ (A)下屬做決定前需向上級請示的次數愈少，則表示分權程度愈低 (B)基層主管所做決策數愈多，則表示分權程度愈高 (C)基層主管所做決策的重要性程度愈重要，則表示分權程度愈高 (D)同一階層主管所做決策的涵蓋功能範圍愈廣，則表示分權程度愈高。【103台電】 (A)

考點解讀 下屬做決定前需向上級請示的次數愈少，則表示分權程度愈高，集權程度愈低。

11 關於授權的權變因素之敘述，下列何者錯誤？ (A)組織規模越大，越傾向減少授權 (B)任務或決策愈重要，則授權的可能性愈低 (C)任務愈複雜，則授權的可能性愈高 (D)公司的組織文化若是對員工有信心並信任，則愈可能授權。【106鐵路】 (A)

考點解讀 歸納各學者的見解，影響授權的情境因素有：

(1)組織的規模：指組織規模大小與分工程度。若組織規模越大，需要做決策的數量也就越多，則越傾向增加授權。
(2)任務的重要性與複雜性：任務或決策愈重要，則授權的可能性就愈低；而任務複雜度愈高，則愈要授權。
(3)組織文化：若是組織對員工有信心並信任，則愈可能授權。
(4)人員的能力：部屬能力越高、經驗越豐富，主管越願意授權。
(5)環境因素：指外在環境的穩定程度，環境愈不穩定，愈要分工授權。
(6)時間成本：時間越緊迫，則授權程度越低。

12 授權是指管理者分派工作給部屬的程序。授權不包括下列何者？ (A)分派責任（responsibility） (B)給予預算（budget） (C)授予職權（authority） (D)建立當責（accountability）。【105鐵路】 (B)

考點解讀 授權指管理者分派工作給部屬的程序，包括分派責任（responsibility）、授予職權（authority），使其能夠完成所交付的工作;建立當責（accountability），使部屬負起完全責任，並交出成果。

解答

13 比利在外面跑業務時，他能在一定的權限內自由決定可以給客戶什麼樣的優惠與折扣，而不需要呈報主管許可。請問這樣的行為稱為： (A)授權 (B)直接管理 (C)權力整合 (D)集權。 【108鐵路】 (A)

考點解讀 授權（delegation）是指主管將一部分的工作負荷授予部屬來共同承擔的過程。簡而言之，即授予權力並給予與相等的責任。

14 敘述過度分工反而造成個人或企業失去競爭力的概念是： (A)長尾效應 (B)曼德拉效應 (C)霍桑效應 (D)穀倉效應。 【111鐵路】 (D)

考點解讀 穀倉效應（Silo Effect）是指企業內部因「過度分工」而缺少溝通，一個部門、營運單位或業務單位，就像一個個高聳豎立的穀倉，彼此鮮少往來，也不願與其他單位分享資訊。

焦點 2 傳統的組織設計

最常見的組織設計有以下幾種：

1. **簡單式結構**：較精略的部門化、較大的控制幅度、集權的指揮與彈性的組織設計。優點：迅速、彈性、維護成本低、責任歸屬明確。缺點：不適於組織成長期；完全依賴一個人會有風險。
2. **部門化型態**：就實務而言，企業的組織設計，大致可區分為五種類型。
   (1) **功能別**（Functional）：按功能將工作歸類，如生產、行銷、財務等部門。
   (2) **地區別**（Geographical）：以地理或區域作為劃分基礎，如北區、中區。
   (3) **產品別**（Product）：按生產線來區別工作，如乳品、麥片、飲品等部門。
   (4) **程序別**（Process）：依產品或顧客的流向來劃分，如醫院的掛號、門診、取藥。
   (5) **客戶別**（Customer）：以相同需求或問題的顧客群為基礎，如政府、私人。

新視界

部門化組織的二大類型：

(1)**依產出導向區分：**

A.以產品為基礎部門化；B.以顧客為基礎部門化；C.以地區為基礎部門化。

(2)**內部功能或作業程序導向區分：**

A.以功能專業分工為基礎部門化；B.以作業程序為基礎部門化。

3. **事業部結構**（Divisional Structure）：又稱M型結構或多部門結構，是由不同的單元或部門所組成，例如某集團的生技保健品、保養品、清潔用品、包裝飲用水事業部，是以產品做為基礎的組織。每個事業部都有自己的決策權，較完整的功能部門，並有自主性的利潤中心。
4. **複合式組織**（Conglomerate Organization）：沒有單一的劃分方式，而採取了多種的劃分方式，以適應不同性質的組織單位。常見於大型組織，如美國的 Wal-Mart公司、IBM等。

☆ 小提點

事業部結構最早是由美國通用汽車公司總裁史隆（Sloan）於1924年提出的，是一種高度集權下的分權管理體制，即實施集權式政策、分權式管理。事業部在最高決策層的賦權下享有一定的投資許可權，是具有較大經營自主權的利潤中心，其下級單位則是成本中心。

基礎題型

解答

1 下列哪一種類型的組織結構是依企業基本功能或活動劃分部門？ (A)功能型組織結構 (B)事業部型組織結構 (C)矩陣型組織結構 (D)國際型組織結構。 【111台酒、105台酒】 **(A)**

考點解讀 功能式組織結構（functional structure）係將相似或相關工作專長的員工歸在一起的組織設計，是以功能作為組織劃分部門依據，目的在追求經濟規模，所有組織均適用。

2 將相同技術、知識與訓練的人安排在同一個部門的劃分方式是： (A)產品別部門劃分 (B)顧客別部門劃分 (C)地區別部門劃分 (D)功能別部門劃分。 【101鐵路】 **(D)**

考點解讀 (A)以產品或產品線為分類基準，公司中每個主要產品都組成獨立部門來加以處理，所有與產品線相關事項均由該部門主管統籌負責。(B)根據所服務的對象來設置部門，能針對每個部門顧客共同需求與問題，設法滿足與解決。(C)根據地區或處所為基礎而設置部門，當公司面對市場範圍廣泛，且隨地區而有不同時，經常會採用此方式。

解答

3 強調相似員工專長歸類在一起的組織設計是指下列何種組織結構？ (B)
(A)簡單式結構 (B)功能式結構
(C)事業部結構 (D)虛擬式結構。 【自來水】

考點解讀 功能式結構是將具有相似專長的工作人員集合在同一部門工作，以達專業分工的效果。

4 可使組織很容易的因應各不同地區的獨特消費者及環境特性，為下列何種部門化的主要觀點？ (A)功能部門化 (B)產品部門化 (C)顧客部門化 (D)地理部門化。 【103台糖】 (D)

考點解讀 地理部門化係以區域或地理作為劃分的基礎，其優點為：(1)在處理特定地區所產生的議題時，較有效率與效果；(2)針對特定地區市場的需求時，能提供較好的服務。

5 假設可口可樂公司將其部門分為環太平洋部、歐洲部、拉丁美洲部及中東部，此係屬於哪一種部門化？ (A)地區別部門化 (B)產品別部門化 (C)顧客別部門化 (D)功能別部門化。 【102中油】 (A)

6 某家電信公司設有行動通信、國際電信、數據電信等部門，則此種部門化方法屬於下列何種類型？ (A)顧客別部門化 (B)功能別部門化 (C)產品別部門化 (D)流程別部門化。 【104自來水】 (C)

考點解讀 指企業將相同產品線的產銷活動結合在一起，形成一個部門來運作。

7 若中華郵政公司設有儲匯、壽險、信用卡、郵政、包裹等部門，此為下列何種組織結構部門化類型？ (A)功能別部門化 (B)顧客別部門化 (C)產品別部門化 (D)地區別部門。 【102郵政】 (C)

8 若政府機構設置一個公益服務部門，以孩童、勞工，以及殘疾人士為服務對象，請問以下那一種部門化（departmentalization）方式較適合？ (A)產品部門化 (B)地理區域部門化 (C)程序部門化 (D)顧客部門化。 【106桃機】 (D)

考點解讀 係按不同客戶群或服務對象，來加以區分營業單位的方式。

9 一企業將其組織分成三個部門，A部門服務政府單位、B部門服務企業、C部門服務終端消費者，這樣的組織設計是根據： (A)產品別劃分 (B)地區別劃分 (C)顧客別劃分 (D)功能別劃分。 【104郵政】 (C)

解答

10 當企業進行多角化成為大型企業時，其最可能採用的組織結構為： (C)
(A)簡單結構（simple structure）
(B)功能結構（functional structure）
(C)事業部結構（divisional structure）
(D)矩陣式結構（matrix structure）。 【103中油】

考點解讀 事業部結構適用於規模龐大，產品種類繁多，技術複雜的大型企業，是國外較大的集團所採用的一種組織形式，近幾年我國一些企業進行多角化成為大型企業時，也引進了這種組織結構形式。

進階題型

解答

1 下列何者不是常見的組織分工部門化的方式？ (C)
(A)職能別部門化 (B)產品別部門化
(C)專利別部門化 (D)地理別部門化。 【108台酒】

考點解讀 常見的五種部門劃分方式：
(1)功能或職能別部門化（Functional）。
(2)地理區域別部門化（Geographical）。
(3)產品別部門化（Product）。
(4)程序別部門化（Process）。
(5)客戶別部門化（Customer）。

2 下列何種組織的缺點是不易培植出大格局、全方位的管理人才？ (A)矩陣式 (B)直線別 (C)功能別 (D)顧客別。 【105台糖】 (C)

考點解讀 功能別部門劃分係將相同專業的人以及相同技術、知識和訓練的人安排在一起。
其優點為：(1)符合分工專業化的效益；(2)功能部門間的合作；(3)可提高部門的工作效率。
缺點：(1)容易導致部門本位主義而忽視整體目標；(2)企業盈虧的責任不易明確歸屬到各部門主管身上，而全由最高主管來承擔；(3)無法培養獨當一面的管理人才（通才）。

3 容易產生本位主義（隧道視線）缺點是下列那一種部門劃分的方式？ (A)功能別 (B)產品別 (C)顧客別 (D)區域別。 【鐵路】 (A)

考點解讀 隧道視線效應：一個人若身處隧道，無法看到隧道以外的路徑。功能別部門劃分的方式，由於各部門員工擁有其各自的專業，傾向用自己的角度去看事情

解答

的全貌，沒有從整體組織思考，所以容易產生本位主義。延伸而言，專業分工，較少跨部門溝通，導致組織目標的觀點受限。

4 企業在進行組織結構設計時，會依照企業的運作與發展採用不同的方式進行部門化。美國J集團計畫分拆為4個部門，分別為消費者保健品部門、醫療藥品部門、醫療器材部門及運動裝備部門，上述例子較符合下列何種部門化類型？ (A)

(A)產品別部門化　(B)程序別部門化

(C)顧客別部門化　(D)職能別部門化。【111經濟部】

考點解讀 產品別部門化（product departmentalization）係依產品線或服務來組合活動。

5 某企業將部門劃分成A、B、C、D四個部門，A部門處理政府單位的業務、B部門處理批發商的業務、C部門處理學校單位的業務、D部門處理零售的業務。以下哪個選項最能表達該企業的組織設計？ (A)地理部門化 (B)產品部門化 (C)程序部門化 (D)顧客部門化。【103台酒】 (D)

考點解讀 某企業將部門劃分成A、B、C、D四個部門，服務對象或顧客分別為：政府單位、批發商、學校單位、零售業者。此種分類最能表達顧客部門化的組織設計方式。

6 某公司即將轉型為事業部組織，以下何者是關於事業部組織結構的敘述？ (A)粗略的部門，較大的控制幅度 (B)專業分工的成本節省優勢，依工作的相似性，將員工分組 (C)注重結果，部門管理者對其產品與服務負責 (D)具多變性和彈性，沒有固定的組織層級來阻礙決策或行動的速度。【104台電】 (C)

考點解讀 事業結構的優點：注重結果，部門管理者對其產品與服務負責。缺點：行動與資源的重複，會增加成本並減低效率。

7 有關「賦權」（empowerment），對於哪一型態的組織而言，是最重要的？ (D)

(A)功能式組織　(B)簡單型組織

(C)任務基礎式組織　(D)事業部組織。【108漢翔】

考點解讀 是以產品做為基礎的組織，每個事業部都有自己的決策權，較完整的功能部門，並有自主性的利潤中心。所以賦權對事業部組織而言很重要。

非選擇題型

關於組織結構與運行，請回答下列問題：

(1) 組織設計有哪些基本原則？

(2) 組織結構的選擇與調整有哪些影響因素？

(3) 試舉出2種常見的組織結構，並簡述其個別的優點、缺點，以及適用範圍。

【111經濟部】

考點解讀

(1) 組織設計（organizational design）的工作，它的內容牽涉到六項基本原則：專業分工、部門劃分、指揮鏈、控制幅度、集權與分權以及正式化。

A. 專業分工：將工作分解成數個步驟，每個人負責完成一個步驟。

B. 部門劃分：將分工後的工作再重新組合的動作即稱為「部門化」。

C. 指揮鏈：指從組織高層到基層的一條連續性的職權關係。

D. 控制幅度：指一個主管，直接所能直揮監督的部屬數目。

E. 集權與分權；組織決策權掌握在高層或分散給低階管理者的程度。

F. 正式化；指組織內工作的標準化程度。

(2) 最常影響組織結構的選擇與調整有哪些影響因素有：策略、規模、科技或技術、環境。

(3) 有2種常見的組織結構

A. 簡單式組織結構：組織層級少，複雜性、正式化程度多很低，為「扁平組織」，職權則集中於一人手中。

a. 優點：彈性、可迅速回應外界變化與顧客需求，經營成本低，責任劃分明確。

b. 缺點：當組織擴大時，高度集權化與低度正式化將造成管理階層負擔太重、決策權集中一人風險太高。適用於規模小、業務單純的企業。

B. 事業部組織結構：由數個完整獨立的單位或部門所組成，並由一位事業部經理人負責，各事業單位自負盈虧，擁有相當決策權。

a. 優點：對各產品線情形易於掌握、有利於公司成長與多角化經營、可培養管理通才。

b. 缺點：組織內許多功能性作業重複配置造成資源浪費、以財務指標作為評量標準易造成管理者短視利潤現象。適用於規模龐大，品種繁多，技術複雜的大型企業。

焦點 3 現代的組織設計

1. 面對現代環境高度變化與複雜化的挑戰，必須有創新的思維來重新架構、組織工作，以使企業能滿足顧客與員工的需要。現代的組織設計形式有以下幾種形式：

(1) **矩陣式與專案式組織**（matrix and project structures）

A. 矩陣式（matrix）組織：從不同功能部門中調集專家們組成專案團隊，並由一位專案經理人來領導。

B. 專案式（project）組織：是指員工並沒有歸屬的部屬，他們憑著專門的技術、能力與經驗，在完成一個專案後再繼續其他的專案。專案結束後，員工不須回到功能式部門。

(2)**虛擬組織（virtual organization）**：是以少數的全職員工為核心，有工作要處理時，組織再僱用短期的專業人員。

(3)**網路組織（network organization）**：無固定形式的組織型態，可隨時因應環境需要而彈性組成一工作團隊，大量運用資訊科技溝通協調，成員有共同目標，工作結束即解散的組織。

(4)**模組化組織（modular organization）**：模組化組織雖參與製造的工作，但只負責產品的最後組裝，所有產品元件或組成單位都由外部供給商提供。

(5)**團隊結構（team structures）**：整個組織是由工作群或員工被充分授權的自主團隊所組成。

(6)**學習型組織（learning organization）**：員工透過知識管理的訓練，使組織發展出不斷學習、適應，與改變的能力。

☆ 小提點

無疆界組織（boundaryless structure）指不受傳統結構所設定的疆界所限制的組織設計。無疆界組織可分三種：

1. 虛擬組織（Virtual Organization）：是以少數的全職員工為核心，有工作要處理時，組織再僱用短期的專業人員。
2. 網路組織（Network Organization）：針對某一特定的工作任務，挑選具備各項專長的個人或團體，提供各自的核心專長與資源，並以資訊科技為基礎來溝通，以電子化做連結而臨時組成的團隊。。
3. 模組化組織（Modular Organization）：模組化組織雖參與製造的工作，但只負責產品的最後組裝，所有產品元件或組成單位都由外部供給商提供。

2. 現代組織設計優缺點的比較

(1)**團隊結構：**

A. 內容：整個組織都是由工作小組或工作團隊組成。

B. 優點：員工參與度高，擁有更高的權力。

C. 缺點：指揮系統不夠清楚；團隊績效壓力大。

(2) **矩陣式專案結構：**

A. 內容：矩陣結構就是從各部門指派專職的員工成立專案小組負責執行專案，當專案結束後，各自回到原來的工作崗位。專案結構則是由專職的員工負責執行專案，一個專案結束後繼續執行下一個專案。

B. 優點：快速而彈性，能隨時回應外界的變化，決策速度快。

C. 缺點：分派專案時容易產生工作分配上的問題和人際衝突。

(3) **無疆界結構：**

A. 內容：不受各種人為疆界的限制，有虛擬、網路和模型結構。

B. 優點：非常有彈性、回應速度快。

C. 缺點：不易控制，容易產生溝通上的障礙。

(4) **學習型組織結構：**

A. 內容：支持組織持續調整與改變。

B. 優點：員工隨時都在分享與運用知識，學習能力有助於維持競爭優勢。

C. 缺點：要求員工分享所學可能會有困難，員工之間合作不易。

新視界

構型理論（The configuration theory）

明茲伯格（H.Mintzberg）於1983年出版《五種組織結構：有效組織的設計》，主張：認為任何一個組織由於其構成要素的力量的獨特性或強弱不一，將會導引建構成不同之組織架構。依照Mintzberg將組織的構成部分將組織區分成六種不同特色的結構類型：簡單結構、機械科層組織、專業科層組織、事業部結構、統協組織、傳導式組織。

1. **構成要素**

(1) 策略層峰（strategic apex）：指組織之最高決策者，握有大權，以制訂組織策略、監督執行狀況與控制組織方向。

(2) 技術幕僚（technical staff）：指負責專業技術之分析、操作，以建立作業人員之標準作業程序與制度的幕僚人員。

(3) 中階直線（middle line）：指組織之各直線事業部門主管，負責扮演組織上層與下層溝通與協調的角色。

(4) 支援幕僚（support staff）：指不同專業領域但整合的專家，以負責組織所面臨問題的解決諮詢與協助之幕僚人員。

(5)作業核心（operating core）：指各事業部門下之專業人員，按其專業知識與技能，負責實際之生產、行銷等實際業務。

(6)意識型態（ideology）：指組織特有之共同信念與價值觀。

2.**組織結構型態**

組織結構名稱及舉例	強勢構成要素	特性	適合情境
簡單式組織 simple structure （有機式組織） 如新創的小公司	策略層峰	1. 低正式化、低複雜化、高集權化。 2. 決策過程快、快速反應能力。 3. 缺乏專業人才的管理。	1. 組織較年輕。 2. 規模小。 3. 環境：簡單動盪。 4. 高層想要主導。
機械科層組織 machine bureaucracy （機械式組織） 如政府部門、大型企業	技術幕僚	1. 高正式化、高複雜化、高集權化。 2. 追求規模經濟。 3. 作業流程標準化。	1. 成立年數久。 2. 規模大。 3. 環境：簡單穩定。 4. 技術系統已標準化。
專業科層組織 professional bureaucracy （機械式組織） 如大學、醫院	作業核心	1. 高正式化、高複雜化、低集權化。 2. 追求技能之標準化。 3. 高度依賴各部門專業知識與技能。 4. 充分授權使員工有較高決策參與。	1. 與成立年數與規模無關。 2. 環境：複雜穩定。 3. 技術系統尚不規則。
事業部結構 divisionalized form （有機式組織） 如多角化企業、跨國籍企業	中階直線	1. 高正式化、低複雜化、低集權化。 2. 追求產出標準化。 3. 按顧客、產品或地區劃分事業部。 4. 各事業部之間獨立性高，總公司充分授權予各事業部，但仍肩負協調以達共同目標。	1. 成立年數久。 2. 規模龐大。 3. 環境：簡單穩定。 4. 技術系統可明確分割。

組織結構名稱及舉例	強勢構成要素	特性	適合情境
統協組織 adhocracy （有機式組織） 如航太企業	支援幕僚	1. 低正式化、高複雜化、低集權化。 2. 以問題為導向。 3. 強調創新、整合、協調與相互支援。	1. 組織較為年輕。 2. 規模不一定。 3. 環境：複雜動盪。 4. 技術系統複雜。
傳導式組織 missionary 如教會	意識型態	1. 組織間主要藉由標準化的規範體系作為協調與控制之用。 2. 工作專業化程度低。	1. 年數與規模不一定。 2. 環境：簡單穩定。 3. 技術系統簡單。

基礎題型

解答

1 在下列哪一種組織架構中，企業內部不同功能領域的員工會組成團隊，結合不同的專長以完成特定的專案或計畫？ (A)矩陣式組織 (B)部門式組織 (C)區域式組織 (D)功能式組織。 【106台糖】 (A)

考點解讀 矩陣式組織（matrix organization）：指在一個機構的功能式組織型態下，為達成某種特別任務，另外成立專案小組負責，而此專案小組與原組織配合，在型態上有行列交叉的形式。

2 結合功能式結構的專業化優點與產品事業部結構的專注與負責所形成之組織結構稱為： (A)有機式組織結構 (B)矩陣式組織結構 (C)無邊界組織結構 (D)虛擬式組織結構。 【102自來水、106桃機】 (B)

考點解讀 矩陣式組織結構是結合「功能式結構」的專業化優點與「產品事業部結構」的專注與負責所形成的綜合式組織，它擁有垂直式結構中融合水平式結構的特性，亦即維持傳統直線與幕僚組織結構，可使管理者面對外在環境的變化，能夠迅速的回應。

3 「有一種組織架構，有傳統的功能架構，但以達成各種專案任務為目標。專案成員由功能部門內抽調組成團隊，專案結束後，成員則自專案解編，歸回原來的部門，兼收功能專業性與專案運作的彈性。」前述係指下列何者？ (A)無邊界組織 (B)矩陣組織 (C)專案組織 (D)自我管理團隊。 【105自來水】 (B)

解答

考點解讀 「專案組織」與「矩陣組織」差異在，專案組織員工並沒有歸屬的部屬，他們憑著專門的技能與經驗，在完成一個專案後再繼續其他的專案，專案結束後，員工不須回到功能式部門。

4 矩陣式組織可能會遇到下列哪一種問題？ (A)無法獲得專業分工的好處 (B)導致組織僵化 (C)員工出現角色衝突 (D)減少協調資源分配所需的時間。【107台糖】 (C)

考點解讀 矩陣式組織成員要扮演多重角色，職無固定，容易形成角色衝突、不安全感與挫折感。尤其成員要在原來部門與矩陣組織兩邊跑，造成指揮系統雜亂（指揮不統一），容易形成權力鬥爭（power struggle）與權責模糊的現象。（Robbins，2001）

5 矩陣式組織違反費堯的哪一項管理原則？ (A)分工 (B)公平 (C)指揮統一 (D)人員獎酬。【108漢翔、105台電】 (C)

考點解讀 矩陣式組織的形成違反了費堯（Henri Fayol）「管理十四原則」中的指揮統一原則。

6 下列哪種組織問題最可能發生於矩陣式組織？ (A)無法發揮專業分工之機能 (B)指揮不統一，工作人員易發生角色衝突 (C)組織僵硬、缺乏機動性 (D)各部門各自為政，缺乏溝通與協調。【107台北自來水】 (B)

7 現代的組織設計中，哪一種是不受限於水平、垂直或公司內外界線等，其優點是可善用任何地方的人才？ (A)跨功能團隊（cross-functional team） (B)無疆界組織（boundaryless structure） (C)矩陣式結構（matrix structure） (D)專案式結構（project structure）。【103台糖】 (B)

考點解讀 無疆界組織係指不受傳統結構所設定的疆界所限制的組織設計，包含兩種類型：虛擬組織及網路組織。
其優點：高度的彈性和良好的回應、可使用任何地方的人才。
缺點：缺乏控制、溝通較困難。

8 組織設計不受限於水平式、垂直式或公司內外界線的限制，以消除公司與顧客及供應商之間的藩籬，通常包含兩種類型：虛擬組織與網路組織。此種組織設計被稱為？ (B)
(A)矩陣式組織（Matrix Organization）
(B)無疆界組織（Boundaryless Organization）
(C)團隊結構（Team Structures）
(D)學習型組織（Learning Organization）。【103鐵路】

解答

9 面對全球競爭的環境，一個具有持續學習、調適與應變的組織，稱為下列何者？
(A)網路組織（network organization）
(B)無疆界組織（boundaryless organization）
(C)學習型組織（learning organization）
(D)團隊組織（team organization）。 【104自來水、105台糖】 (C)

考點解讀 學習型組織（learning organization），是彼得·聖吉（Peter M. Senge）在《第五項修煉》（The Fifth Discipline）一書中所提出的管理觀念。學習型組織是讓學習不斷在個人、團隊及組織中持續進行，促使成員的潛能不斷發展，並運用系統思考的方式解決問題，以增進組織適應環境及自我革新的能力。

10 學習型組織強調的是下列何者？ (A)透過公司購買套裝軟體，以加強員工的工作技能 (B)做中學 (C)經由較資深的員工指導年輕的新進員工 (D)不斷的學習知識、適應環境與自我調整。 【104郵政】 (D)

11 彼得．聖吉學習型組織的五項修練中，最經典、重要的為下列何者？
(A)系統思考 (B)改善心智模式
(C)建立共同願景 (D)自我超越。 【105台糖】 (A)

考點解讀 系統思考（system thinking）是學習型組織的五項修練中，最經典、重要、核心的基礎。

12 彼得聖吉（Peter M.Senge）在《第五項修練》一書中，提及學習性組織的五項修練，下列何者為其五項修練的核心？ (A)自我超越 (B)系統思考 (C)改善心智模式 (D)建立共同願景。 【103台電、108鐵路營運人員】 (B)

進階題型

解答

1 矩陣式組織的優點包括： (A)指揮統一 (B)權責清楚 (C)多面向考量 (D)協調容易。 【108鐵路】 (C)

考點解讀 企業從不同的功能部門調集人手組成團隊，並由一位專案經理負責領導。矩陣式組織的優點：可以有多面向考量、具有彈性、可消除部門間的本位主義、有效率地使用稀少資源、能訓練通才的管理人員（發展員工跨功能的技能）、提升員工的參與度等。但缺點是員工將會造成雙重指揮鏈的結果，即指揮不統一的現象；另外，專案與功能部門的經理應時常溝通，但協調不是那麼容易。

解答

2 下列何者不是矩陣式組織的優點？ (A)角色及責任的衝突較少 (B)有效率地使用稀少資源 (C)發展員工跨功能的技能 (D)提升員工的參與度。【103鐵路】 (A)

考點解讀 角色衝突會增加，因為一個部屬必須對兩個主管負責，會產生指揮不統一的情形，是矩陣式組織的缺點。

3 下列何者是矩陣式結構（matrix structure）的缺點？ (A)增加調度員工到專案團隊的複雜度 (B)降低決策過程的速度 (C)減少組織的回應 (D)導致團隊士氣的降低。【106鐵路】 (A)

考點解讀 矩陣式結構的缺點如下：
(1)組織成員會遭受到來自功能部門及專案計畫兩方面的工作要求，形成角色衝突的窘境，其不但降低了成員工作士氣，也妨礙了矩陣式組織功能的發揮。
(2)由於雙重管理，所以矩陣式結構可能會導致管理成本的增加，再加上矩陣式組織也需要長期的監督，所以也會造成監督成本的增加。
(3)增加調度員工到專案團隊的複雜度。
(4)成員需具備良好的人際關係技巧與額外的訓練。
(5)因需時常開會及解決衝突，而耗費時間。

4 因資訊與通訊科技發達，促使虛擬式組織（virtual organization）的發展。以下有關虛擬式組織的敘述，何者錯誤？ (A)虛擬式組織並非正式的組織結構 (B)虛擬式組織通常是任務導向的 (C)虛擬式組織為一常設性的組織 (D)虛擬式組織的成員通常來自外部不同領域的專業者。【104、105自來水】 (C)

考點解讀 虛擬式組織是「無固定形式的組織型態，可隨時因應環境需要而彈性組成一工作團隊，大量運用資訊科技溝通協調，組織成員有共同目標，工作結束即解散的組織。」

5 在專案結構與無疆界組織中，管理者更需要下列何者來有效的管理組織？ (A)如何建立員工的溝通平台 (B)如何建立員工間的階層 (C)如何找尋更多的臨時員工 (D)如何找尋更多的供應商。【105自來水】 (A)

考點解讀 專案結構與無疆界組織中，管理者更需要建立員工的溝通平台來有效的管理組織。

6 下列何者不是學習型組織的特性？ (A)科層的組織結構 (B)創新的文化 (C)顧客導向的策略 (D)廣泛的資訊分享。【104郵政、106桃機】 (A)

解答

考點解讀 學習型組織（The Learning Organization）是員工透過知識管理的訓練，使組織發展出不斷學習、適應，與改變的能力。
學習型組織的特性：(1)充分賦權、開明的團隊結構設計；(2)創新的文化；(3)顧客導向的策略；(4)廣泛的資訊分享；(5)清楚的組織未來願景；(6)共享價值、信任、開放的組織文化。

7 下列何者不是學習型組織的特徵？ (A)團隊學習在這類組織中相當常見 (B)成員間有著共同的願景 (C)成員認同自我超越的重要性以促成共同願景的實現 (D)成員平時沒有太多時間分享訊息。【107郵政】 (D)

考點解讀 成員間有廣泛的資訊分享。

8 相較於傳統組織，下列何項不是學習型組織的觀點？ (A)如果不進行改變，目前的運作不會好多久 (B)沒有學習、不能適應 (C)員工賦能（使員工有能力） (D)不是在公司內發明的，就不要用。【103台糖】 (D)

考點解讀 學習型組織鼓勵創新、異議，求新求變，嘗試實驗，面對失敗。所以不管是在公司內或公司外發明的，都可採用。

9 〈複選〉搜尋引擎公司谷歌（Google），是採取下列哪一種組織結構來創造競爭優勢？ (A)矩陣式專案結構（matrix structure） (B)無疆界結構（boundaryless organization） (C)學習型組織結構（learning organization） (D)團隊結構（team structure）。【105郵政】 (A)(B)(C)(D)

考點解讀 矩陣式專案結構、無疆界結構、學習型組織結構、團隊結構都屬於現代的組織設計，具彈性可因應環境的改變。因此，可讓公司創造競爭優勢。

10 根據Mintzberg所提出的構型理論（Configuration Theory）中教會是屬於哪種組織？ (A)簡單式組織 (B)扁平式組織 (C)專業科層組織 (D)傳導式組織。【101台電】 (D)

考點解讀 是利用意識型態扮演組織關鍵元件並對成員做控制，如宗教組織。

非選擇題型

彼得聖吉（Peter Senge）的《第五項修練》提出有別於傳統組織，能不斷學習、適應及改變的組織稱為＿＿＿＿＿＿。【107台電】

考點解讀 學習型組織。

Chapter 06 組織文化

焦點 1 組織文化概念

組織文化（organizational culture）是組織成員共有的價值觀、原則、傳統及作法，它規範並影響組織成員的行為。

1. **組織文化的建立與維持組織文化的的形成因素有**
   (1) **組織創辦人的哲學**：創辦人在創立公司時，會提出公司未來的願景、經營哲學或策略，甚至是個人的獨特見解。
   (2) **員工招募標準**：在甄選過程中找出和組織價值相符的員工。
   (3) **高階主管的言行示範**：高階主管的言行是組織成員的典範，所以組織文化的養成，都是由高階管理者所主導。
   (4) **成員社會化**：組織成員從其他成員身上學習以融入組織的過程，包括恰當的行為、不恰當的行為以及價值觀等。組織必須透過社會化過程協助員工適應組織文化，並產生高度認同。

組織文化的建立

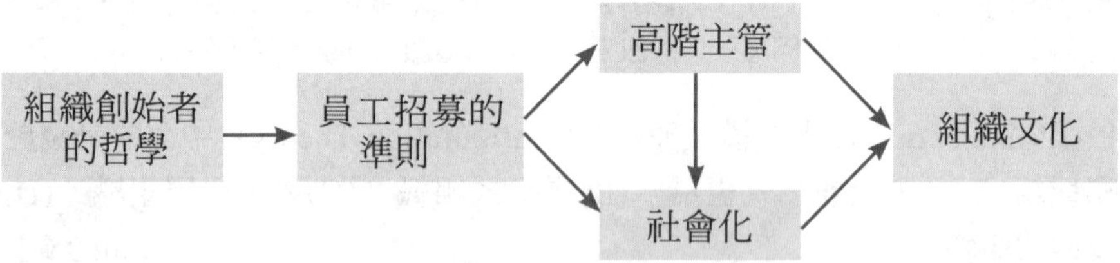

☆ 小提點

管理者可由以下的步驟來建立組織文化：
1. 篩選：首先要透過篩選的程序，來尋找和雇用一些在基本假設、價值與信念、以及行為型態與組織所要塑造的組織文化相符合的個人。
2. 高階管理當局的行為示範：組織文化不能只是口頭說說，要真正地身體力行，特別是高階管理當局更應如此，組織文化才會在組織中落實下來。

3. 社會化：組織幫助新進人員對組織文化進行調適的過程，稱為社會化。社會化包括三個步驟：職前階段、接觸階段、轉變階段。
4. 績效評估與獎酬：將整個組織所要求的改變，融入於新進人員的績效評估中，如此將使整個改變更容易達成，同時對於優異的表現給予獎酬與回報。
5. 儀式、故事與符號的增強：管理者可透過儀式、故事與符號，持續地對改變給予正面的增強。

2. **組織文化的學習與傳承**

員工可藉由許多方式瞭解組織文化，其中最常見的是故事、儀式典禮、實質象徵和語言。

(1) **故事**（stories）：是組織內往往會流傳著一些傳奇、故事或歷史事蹟，來傳達組織所堅信的價值和理念。

(2) **典禮及儀式**（rites and rituals）：是一套重複性和一連串的活動，透過這些活動來傳達並強化組織的價值。如房仲、直銷公司的業績表揚大會。

(3) **實質象徵**（material symbols）**或符號**：組織文化所傳達的價值有些很抽象，其內涵不易理解，須藉助具體符號或象徵來傳達。如標章、旗幟、服飾。

(4) **語言**（language）：語言可用來辨認出某文化的成員，經由特定的術語，除了展現組織文化，也強化組織文化所欲表達的概念。

3. **組織文化的層次：**

席恩（E. Schein）將組織文化的構成分為三個層次，包括基本假定、價值觀、人為表徵。詳細說明如下：

(1) **基本假設**（basic assumption）：組織成員對其周遭的人、事、物及組織本身所持的一種潛藏信念。

(2) **價值觀**（values）：由組織基本假設衍生出來的，代表判斷可欲性與正當性的行為準繩。價值觀念將會影響組織所採行的管理方法與制度，甚至是決策。

(3) **人為表徵**（artifacts and creations）：組織文化最常被看見的部分，是成員在組織基本假設、價值觀、規範和期望影響下所創造出器物與創造物形式，如旗幟、符號、建築物、典禮儀式、組織識別系統等。

基本假設 與環境的關係 事實、時間、空間的本質 人類活動的本質 人類關係的本質 價值觀和表徵的最終來源	潛意識、視為理所當然的信念
價值觀 策略、目標及哲學 外顯的判斷準則	較易知覺到的層次
人為表徵 科技 藝術 可見且可聽到的行為模式	可見到但是不容易被解讀

新視界

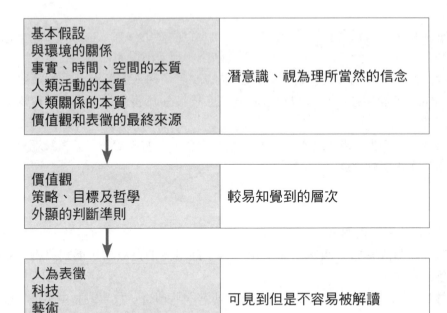

杭特（James Hunt）曾提出一個組織文化內涵的架構，將組織文化分為四個層次：文化表象、行為型態、價值與信念、基本假設。

1. **文化表象**（Cultural Artifacts）：指文化所呈現出來一些明顯可見的外在表徵。例如，組織文化的符號、標誌、書面的規定、辦公室的裝潢，以及服飾準則等。
2. **行為型態**（Patterns of Behavior）：此一層次支持文化表象，包括組織的儀式、活動與組織成員的實際行為。例如，公司的年終聚會、年度初始的目標宣達儀式，以及年終的目標達成儀式等。
3. **價值**（Values）**與信念**（Beliefs）：指引導組織成員的基本想法和觀點。這些價值與信念會告訴員工哪些是應該做的，又有哪些是不該做的。
4. **基本假設**（Basic Assumptions）：是整個組織文化最根本的部分，是組織對於生命一些基本構面的信念。

4. **組織文化與組織氣候的關係**

組織成員對組織的察覺和認知，將形成所謂的組織氣候。因此，**組織氣候是組織內部環境持久的特性，而組織文化是指組織共同的信仰、價值觀與基本假設**。組織氣候是透過例行公事與獎懲制度傳達訊息給組織成員，組織文化的訊息則是透過歷史途徑來傳達。組織文化之持續性較強，其範圍較廣，但組織氣候範圍較窄，僅是組織文化的一部分。

基礎題型

解答

1 在一群人所組成的社群中，成員間所共享的價值觀、信念、態度、行為準則與習慣，這些特徵足以使人們辨識出不同的社群，此稱之為：(A)控制 (B)領導 (C)文化 (D)組織。【107鐵路營運專員】 (C)

考點解讀 組織文化是組織內成員所共享的價值觀、信念、態度、行為準則與習慣，能使成員明瞭組織成立的目的、行事的準則與主要的價值觀。

2 一套共享的價值、原則、傳統與做事方式，可以影響組織成員的行為是下列何者之定義？ (A)目標設定理論 (B)工作滿足 (C)組織文化 (D)走動管理。【107郵政、107台北自來水】 (C)

3 組織需要員工完成工作，請問組織中成員共享的價值觀、信仰及做事原則，稱為： (A)組織倫理道德 (B)組織信任 (C)組織認同 (D)組織文化。【104鐵路】 (D)

4 下列何者不是組織文化建立和維持的重要因素？ (A)組織創辦人的哲學 (B)甄選標準 (C)社會化 (D)低階管理。【108郵政】 (D)

考點解讀 組織文化建立和維持的重要因素有：組織創辦人的哲學、員工甄選標準、成員社會化、高階主管的言行示範、績效評估與獎懲。

5 下列何者不是組織文化建立與維持的主要因素？ (A)組織創辦人的哲學 (B)甄選標準 (C)個人化 (D)高階管理。【111台酒、108郵政】 (C)

考點解讀 強化組織文化的途徑：創建人的價值觀、組織社會化過程、典禮與儀式、流傳故事、術語（組織成員共通的語言）等。

解答

6 員工無法藉由下列何種方式學習所處企業之組織文化？ (A)故事 (B)儀式 (C)物質符號 (D)其他公司之組織文化。【107郵政】 (D)

考點解讀 員工可透過以下方式學習組織文化：
(1)故事：包含對重大事件或人物的描述，便於塑造遠景，及處理問題之原則方向。
(2)儀式：一系列重複性的活動，來表達與強化組織的價值與目標。
(3)物質符號：物質表徵及裝飾塑造組織的人格特質，例如組織建築物、員工的穿著、公司交通工具的提供等，都是物質表徵的例子。
(4)語言：組織經常會發展出特殊的術語，以描述和業務有關的設備、重要人物、供應商、客戶或產品等。

7 「訴說組織中的英雄作為及其行為的價值，目的是希望組織成員能夠加以仿效」，是屬於下列哪一種組織文化？ (A)故事 (B)價值觀與規範 (C)典禮或儀式 (D)語言。【108漢翔】 (A)

8 組織文化可以藉由很多方式傳遞給員工，請問其中「儀式」的定義是下列何者？ (A)對重大事件或人物故事的描述 (B)一系列重複性的活動 (C)特殊的術語或字句 (D)組織創始者的願景與使命。【105經濟部、102鐵路】 (B)

考點解讀 儀式（Rituals）是一套重複性和一連串的活動。透過這些活動，管理者得以傳達並強化了組織的價值。

9 關於組織文化的敘述，下列何者錯誤？ (A)
(A)組織文化是組織成員所共享的價值觀，它是屬於組織外在環境的一個要素
(B)組織文化會影響員工行為
(C)故事是組織文化的一個重要學習來源
(D)儀式是組織文化的一個重要學習來源。【106鐵路】

考點解讀 內在環境要素：存在於企業內，企業有能力控制的影響因素如組織文化、員工士氣、組織制度等。外在環境要素：不在企業控制下的影響因素，如政治、經濟、社會、科技、法律、自然環境等。

10 一個組織的識別系統是屬於企業文化的內涵中哪一個層級？ (A)價值觀 (B)人為表徵 (C)基本假設 (D)核心精神。【103自來水】 (B)

考點解讀 是組織文化最常被看見的部分，亦即成員在組織基本假設、價值觀、規範和期望影響下所創造出器物與創造物形式，如組織的識別系統（CIS）。

進階題型

解答

1 企業運作過程中，經由時間的累積，學習處理外在問題以及內部整合時，漸漸建立起一套共享的基本假設，並且可以傳授給新進的成員，成為企業內部成員所共享的價值觀與行為模式，並且影響員工的行為。 上述概念可以稱為：
(A)企業文化 (B)企業功能 (C)企業標竿 (D)企業策略。 【107鐵路】 (A)

考點解讀 (B)係企業為求生存成長所需的基本工作，包含了生產與作業管理、行銷管理、人力資源管理、研究發展管理、財務管理、資訊管理。(C)以任何產業中卓越的公司作為模範，學習其作業流程，透過如此的持續改善來強化本身的競爭優勢。(D)是決策層次最高的一種管理，包括確定策略性的目標，發展並執行策略性的計劃來達成目標。

2 下列何者不是維持組織文化的方法？ (A)甄選與組織理念相符的員工 (B)高階管理者建立行為規範 (C)進行組織內部工作流程再造 (D)傳頌組織過去的英雄事蹟。 【105中油】 (C)

考點解讀 維持組織文化的方法：(1)甄選與組織理念相符的員工；(2)高階管理者建立行為規範；(3)員工透過社會化的過程來學習組織文化；(4)績效評估與獎酬的增強；(5)傳頌組織過去的英雄事蹟。

3 每天早上剛上班時，全體員工一起作晨操以建立成員的向心力，係透過何種方式來呈現組織文化？ (A)會議 (B)儀式典禮 (C)故事 (D)象徵符號。 【105台糖】 (B)

考點解讀 儀式（rites）或典禮（ceremonies）是一系列重複性的活動，來表達組織目標，並激勵員工與強化組織的價值。

4 組織成員從其他成員身上學習以融入組織的過程，包括恰當的行為、不恰當的行為以及價值觀等，其稱之為： (A)社會化 (B)價值觀與規範 (C)語言 (D)典禮或儀式。 【107鐵路營運專員、101中華電信】 (A)

考點解讀 (B)個人或團體社會所偏好的事物、行為模式或有關生存的終極目標，包含價值觀、規範與倫理等內涵。(C)組織經常會發展出特殊的術語，以描述和業務有關的設備、重要人物、供應商、客戶或產品等。(D)一系列重複性的活動，來表達與強化組織的價值與目標。

5 〈複選〉下列哪些是員工學習組織文化的方法？ (A)重大儀式 (B)故事的傳講 (C)組織內特定的語言 (D)顧客關係管理。 【107鐵路營運人員】 (A)(B)(C)

解答

考點解讀 員工可透過以下方式學習組織文化：

(1)故事：包含對重大事件或人物的描述，像是組織創辦人、打破成規，或是對以往錯誤的反應等。

(2)儀式：一系列重複性的活動，來表達與強化組織的價值與目標。

(3)物質表徵：物質表徵及裝飾塑造組織的人格特質。例如組織設備的配置、員工的穿著、高階主管的配車及公司交通工具的提供等，都是物 質表徵的例子。

(4)語言：組織經常會發展出特殊的術語，以描述和業務有關的設備、重要人物、供應商、客戶或產品等。

6 下列何項對於「組織文化」的敘述錯誤？ (D)

(A)組織文化是組織成員共享的價值觀、原則、傳統及作法

(B)組織文化是一種認知，大多數無法實際看到或聽到組織文化的存在

(C)即使多數組織均有特殊文化，但並非所有文化都對員工的行為有影響力

(D)若組織成員不喜歡某種文化，則該組織文化便不存在。 【103鐵路】

考點解讀 組織文化乃是組織成員持續共有的一種基本價值、信念與行為假設。組織文化不會因為組織成員不喜歡，就不存在。

7 〈複選〉組織文化會對下列哪些管理功能產生影響？ (A)規劃 (B)組織 (C)領導 (D)控制。 【107鐵路營運專員】 (A)(B)(C)(D)

考點解讀 組織文化指的是組織成員所共享的價值觀、信念、態度、行為準則與習慣。組織文化是經過長時間的演化而產生的，會對規劃、組織 、領導、控制等管理功能產生影響。

非選擇題型

1 組織中，一套組織成員共有的價值、信念與象徵的複雜組合，稱之為________，它會影響組織成員的言行。 【106台電】

考點解讀 組織文化。

2 哈佛大學教授黎特文和史春格（Litwin & Stringer）提出，倡導以「整體與主觀」的環境觀念研究組織成員的行為動機，此種概念稱之為________。

考點解讀 組織氣候。

3 企業協助新進員工儘早適應組織文化，且最後產生高度認同的過程稱為________。【107台電】

考點解讀 社會化（Socialization）。
就組織的社會化來說，由於新進人員並不熟悉組織文化，因此組織必須協助其適應此文化，包括徵選過程的篩選、職前訓練等。

焦點 2 組織文化的構面、類型與功能

1. 組織文化構面

組織價值觀是組織文化的核心，而且它能通過理論和方法上進行重覆鑒定。加州大學教授查特曼（J. Chatman）為了要研究企業契合和個體有效性，如職務績效、組織承諾和離職之間的關係，構建了「**組織文化剖面圖**」（organizational culture profile，OCP），簡稱**「OCP量表」，將組織文化分成七大構面**：

(1) **注意細節**：要求員工關注細節、精確度或集中力的程度。
(2) **績效導向**：管理者注重結果甚於過程的程度。
(3) **人員導向**：管理者在決策中考慮到人員的程度。
(4) **團隊導向**：重視團隊執行工作勝於個人的程度。
(5) **進取性**：員工競爭好鬥大於合作的程度。
(6) **穩定度**：強調組織決策與行為維持現狀的程度。
(7) **創新和冒險**：鼓勵員工創新和冒險的程度。

2.強勢文化與弱勢文化

組織文化會影響管理者的主要工作範圍，一個組織的文化，特別是強勢文化，在規劃、組織、領導及控制等方面都會深深影響和限制管理者的工作方式。以下就強勢文化與弱勢文化，說明比較如下：

> **小秘訣**
> OCP量表的七個構面：
> [口訣] 細績人團進穩創。

(1) **強勢文化**：組織中之員工廣泛的接受核心價值觀，對組織文化擁有高認同感。強勢文化可取代管理上的規章制度，約束員工之行為。
(2) **弱勢文化**：組織中並未指出什麼是重要的，或哪些價值是被重視的，哪些行為是被肯定的。在此情況下，價值觀受到支持的程度沒有那麼強烈與廣泛。

強勢與弱勢文化之比較

強勢文化	弱勢文化
核心價值為多數員工所接納	核心價值只被小部分人接受一通常是高階管理層
對於「什麼是重要的」，組織文化總是傳達很一致的訊息	對於「什麼是重要的」，組織文化所傳達的訊息前後很不一致
大部分員工都講得出公司歷史或英雄人物的事蹟	員工對於公司歷史或英雄人物所知不多
員工對組織文化有強烈的認同感	員工對組織文化沒什麼認同感
核心價值與員工行為間有很直接的關聯	核心價值與員工行為之間不太相關

☆ 小提點

在強勢文化中，核心價值被深刻而廣泛接納，強勢文化比弱勢文化對員工有更大的影響力，且組織文化越強勢，對管理者行為影響力越大。強勢文化具有以下優缺點，優點如強勢組織文化中的員工，會比弱勢組織文化的員工對其組織有更高的忠誠度；缺點則如強勢文化有時會阻礙員工嘗試新的方法，尤其是對於處在快速變動環境中的組織。

3. **組織文化的類型**

組織文化的類型，可利用正式的控制導向（Formal Control Orientation）與注意的焦點（Focus of Attention）兩個構面，**將組織文化分為科層體制型文化、宗族型文化、創業家型文化與市場型文化（**Cameron,1985**）**。

(1) **內部、穩定的官僚或科層體制型文化**：建立在控制與權力上，層級結構與權責劃分清楚，工作內容經常標準化或文件化，規避風險且拒絕重大變革。

(2) **內部、彈性的宗族或派閥型文化**：組織成員對組織有高度的忠誠、自我管理，組織重視承諾，強調員工的參與、團隊精神與人際關係。

(3) **外部、穩定的市場型文化**：講求工作效率，重視成本的控制與績效的達成，組織內個人與單位間相互競爭，權衡風險與利益來決策。

(4) **外部、彈性的創業家型文化**：認為環境充滿著挑戰性與動態性，員工應具活力與創造力等特徵，並容許員工嘗試錯誤。組織價值鼓勵面對不熟悉風險時樂於接受改變，並能創造變革。

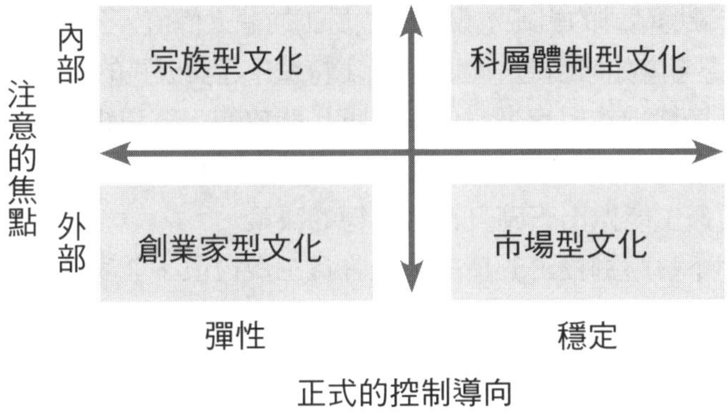

> **小秘訣**
>
> Cameron（1985）依組織對環境重視程度（內部/外部）與組織內部管理特質（彈性/穩定）兩構面，將組織文化分為科層體制型文化、宗族型文化、創業家型文化、市場型文化四種型態。
>
> 1. 注意的焦點：
>
> (1)內部焦點與整合性：強調內部整合、團結、凝聚力等。
>
> (2)外部焦點與差異性：強調差異性、競爭、獨立性等。
>
> 2. 正式的控制導向：
>
> (1)彈性與自主：強調彈性、自主性、變革、適應等。
>
> (2)穩定與控制：強調秩序、控制、可預期、機械性等。

4. **組織文化的功能**

(1) **正向功能**：A.釐清組織界限；B.促進組織的穩定；C.促進成員對組織的認同與奉獻；D.控制成員行為；E.提升組織績效。

(2) **負面功能**：A.造成內部衝突；B.阻礙創新；C.阻礙成員的活力；D.阻礙組織間的合作。

5. **建立創新的文化**

根據瑞典學者Goran Ekvall的觀點，它必須具備下列的特徵：

(1) **挑戰和參與**：員工是否參與、被激勵而承諾投入於組織長期目標的達成。

(2) **自主性**：員工可自行決定工作範圍、自行判斷並逕行處理每日工作的程度。

(3) **信任與開放性**：員工間互相幫助與尊重的程度。

(4) **思考時間**：員工在行動之前有多少時間是花在思考。

(5) **玩笑與幽默**：工作場合存有多少的歡樂與悠閒。

(6) **衝突的解決**：解決問題的考量是基於組織利益或個人利益之程度。

(7) **辯論**：員工可以自由表達意見的空間有多大？他們的想法會被考慮或接受的程度又如何？

(8)**風險承擔**：管理者對不確定與模糊的容忍度，以及員工願承擔風險時，公司會獎賞該員工的程度。

6. **職場精神的組織文化**：職場精神是指「藉由從事對社會有意義的工作，來達到員工心中對自我生命的認同」。以下是具有職場精神組織的五種文化特徵：
 (1)**對目標的強烈意識**：具有職場精神的組織會選取有意義的目標，作為公司的文化。雖然「利潤」是很重要的，但它通常都不是這類組織最主要的目標。
 (2)**專注於個人發展**：具有職場精神的組織重視每一位員工的個人價值，公司不只提供工作機會給員工，還考慮如何創造一個能讓員工持續學習與成長的文化。
 (3)**信任與開放**：一個具職場精神的組織是互信、誠實且開放的。這種組織的管理者勇於承認錯誤，且常與員工、顧客和供應商站在同一陣線上。
 (4)**員工授權**：管理者相信員工能做出正確且符合道德的決策。
 (5)**對員工的容忍度**：他們不會壓抑員工的情緒，允許員工做自己，並表達自己的情緒與感受，而無需內疚或擔心受到譴責。

基礎題型

解答

1 公司內多數管理者對結果的重視程度遠高於過程，這意謂公司重視下列哪一種組織文化？ (A)團隊導向 (B)創新導向 (C)績效導向 (D)細節導向。【105郵政】 **(C)**

考點解讀 Chatman教授的組織文化剖面圖（OCP），將組織文化分成七大構面：
(1)注意細節：要求員工注意細節或精密的程度。
(2)績效導向：管理者對於過程或結果的重視程度。
(3)人員導向：管理者在決策中考慮到人員的程度。
(4)團隊導向：團隊來執行工作的程度。
(5)進取性：員工競爭好鬥與合作程度。
(6)穩定度：強調維持現狀的程度。
(7)創新和冒險：鼓勵成員創新和冒險的程度。

2 在下列何者中，組織成員皆會奉行組織的價值觀與行為規範，他們會運用自我控制來追求組織的利益，因此較不需要太多的外在控制？ (A)強勢文化 (B)弱勢文化 (C)市場導向 (D)員工導向。【105台北自來水】 **(A)**

考點解讀 強勢文化（strong culture）指的是組織成員皆深深地信守且廣泛地分享其主要的價值觀，並且願意對組織文化做出承諾。強勢文化組織的核心價值觀

解答

（core value）受到多數成員的強烈認同，並會奉行組織的價值觀與行為規範，運用自我控制來追求組織的利益。

3 下列何者是強勢文化（strong culture）的特徵？ (A)組織的核心價值僅為少數員工接納 (B)組織核心價值與員工行為沒有關聯 (C)組織總是傳遞不一致的訊息 (D)員工對組織文化有強烈的認同感。 【104郵政】 (D)

考點解讀 組織的核心價值廣被接納、組織核心價值與員工行為有強烈關聯、組織總是傳遞一致性的訊息。

4 下列何者不是強勢組織文化（strong cultures）的特質？ (D)

(A)核心價值為多數員工所接納

(B)組織文化總是傳遞一致的訊息

(C)員工對組織文化有強烈的認同感

(D)組織核心價值與員工行為間沒有關聯。 【103中油】

考點解讀 強勢與弱勢組織文化比較如下：

強勢文化	弱勢文化
(1)價值觀廣被接受。 (2)對組織的價值傳遞一致性的訊息。 (3)大部分的員工能夠述說公司的歷史和英雄人物。 (4)員工強烈認同組織文化。 (5)價值觀與行為有強烈的連結。	(1)價值觀只限於少數人，通常為高階管理人。 (2)對組織的價值傳達矛盾的訊息。 (3)員工對於公司的歷史和英雄人物認識不多。 (4)只有少數員工認同組織文化。 (5)價值觀與行為間的連結不多。

5 在組織文化中，強調把組織內部的事情做好，重視處理事情的程序及手續，在組織面對問題時，只要求保持穩定。此種組織文化稱為： (A)

(A)官僚文化 (B)派閥文化

(C)市場文化 (D)適應性文化。 【104郵政】

考點解讀 Cameron（1985）利用正式的控制導向（Formal Control Orientation）與注意的焦點（Focus of Attention）兩個構面，將組織文化分為官僚文化、派閥文化、創業家型文化、與市場型文化。

(1)官僚文化（Bureaucratic Culture）：強調把組織內部的事情做好，重視處理事情的程序及手續，在組織面對問題時，只要求保持穩定。

(2)宗族或派閥文化（Clan Culture）：尊重傳統、高忠誠性、個人承諾度高、高度的社會互動、強調團隊、自我管理，以及高度的社會影響。

(3)創業家文化（Entrepreneurial Culture）：強調高度的冒險、動態性與創造性，組織價值聚焦於高度風險承擔、具活力幹勁與創造力之特徵者。

解答

(4)市場文化（Market Culture）：以追求可衡量與所企圖的目標為職志的文化，組織文化的注意力焦點放在外部，特別重視行銷或財務目標。

6 「組織價值聚焦於高度風險承擔、具活力幹勁與創造力之特徵者」，其屬於何種文化類型？ (A)市場文化 (B)宗族文化 (C)企業家文化 (D)科層文化。 【102經濟部】 (C)

考點解讀 企業家文化（Entrepreneurial Culture）強調高度的冒險、動態性與創造性，其不只是針對變革加以因應，也強調創造變革。

7 某公司對於成員的控制與管理，集中於承諾、社會化與忠誠度，較不重視正式規章或標準作業程序，此種組織文化是屬於下列那一個類型？ (A)官僚文化 (B)派閥文化 (C)市場文化 (D)創業文化。 【107鐵路】 (B)

考點解讀 (A)強調把組織內部的事情做好，重視處理事情的程序，在組織面對問題時，要求保持穩定。(C)以行銷或財務目標之達成為其重要性，即尋求競爭力與利潤導向的價值觀。(D)鼓勵創造力、變革與風險承擔的價值觀。

進階題型

解答

1 以下關於組織文化的敘述，何者正確？ (B)
(A)在強勢組織文化中，核心價值只被高階管理層接納
(B)強勢組織文化中的員工有較高的組織忠誠度
(C)一個有利於創新的組織文化通常具有低度的模糊容忍度（tolerance of ambiguity）
(D)組織文化對管理決策的影響僅限於規劃層面。 【108漢翔】

考點解讀 (A)核心價值為多數員工所接納。(C)一個有利於創新的組織文化通常具有高度的模糊容忍度。(D)組織文化對管理決策影響是全面性的。

2 雅虎（Yahoo）或亞馬遜（Amazon）的網路基礎企業，是下列那一類文化的奉行者？ (B)
(A)市場文化（market culture）
(B)創業文化（entrepreneurial culture）
(C)派閥文化（clan culture）
(D)官僚文化（bureaucratic culture）。 【105原民】

解答

考點解讀 創業文化(entrepreneurial culture)強調高度的冒險、動態性與創造性,其不只是針對變革加以因應,也強調創造變革。

3 身處產品標準化、產業變動情況較少的企業,或政府組織與大型企業大部分屬於何種類型的組織文化? (B)
(A)派閥文化(Clan Culture)
(B)官僚文化(Bureaucratic Culture)
(C)創業文化(Entrepreneurial Culture)
(D)市場文化(Market Culture)。 【107鐵路營運人員】

考點解讀 當一個組織強調正式化、規則、標準作業程序與透過組織層級來進行協調時,便偏向官僚型文化(Bureaucratic Culture)。

4 下列哪一種文化類型會促使經理人隨時注意環境的變遷,並將環境偵測納入規劃過程中的重要任務? (A)強勢文化 (B)弱勢文化 (C)員工導向 (D)市場導向。 【112郵政】 (D)

考點解讀 企業藉由市場導向的文化促進組織內部以市場為焦點的學習與變革,滿足多元的顧客需求,讓組織擁有持續的競爭優勢。

5 根據瑞典學者Goran Ekvall的觀點,下列何者不是創新型組織文化的特徵? (A)員工嚴格遵守紀律 (B)員工間互相幫助 (C)員工高度自主 (D)員工願意承擔風險。 【104自來水】 (A)

考點解讀 根據瑞典學者 Goran Ekvall的觀點,創新型組織文化必須具備以下特徵:員工挑戰與參與、員工高度自主性、員工間互相幫助與尊重、員工行動前會思考、工作場合存有歡樂與悠閒、解決問題的考量基於組織利益、員工可自由表達意見、員工願意承擔風險。

Chapter 07 瞭解個人與團體行為

組織行為（Organizational Behavior, OB）主要是研究組織中人的行為，亦即人們在組織中所表現的行為。藉由對組織成員行為的研究，可用以提高組織效能，而組織行為包含個體行為、團體行為。

焦點1 個體行為的基礎

個體行為主要關注人們在工作場所的行為，其理論是植基於心理學家的研究，此一範疇包括價值觀（values）、態度（attitudes）、性格（personality）、情緒（Emotion）、知覺（perception）和學習（learning）。

1. **價值觀**：代表一種基本的信念，引導某人思想及行為的抽象概念，也會影響個人對某種事物的判斷與強度。例如：抱負非凡，追求富裕生活。
   (1)**終極價值觀**：希望能達成的最終狀態，個人在一生中想成就的目標。
   (2)**工具價值觀**：個人追求終極價值時，偏好的手段或行為模式。

2. **態度（attitudes）**：是價值性的陳述，對事物、人、或事件的喜歡或不喜歡。
   (1)**態度的三個組成要素為：**
      A.認知要素（cognitive）：個人的信念、意見、知識或資訊。
      B. 情感要素（affective）：對事物的情感反映，情緒或感覺。
      C. 行為要素（behavior）：針對某特定人事物而顯露於外的行為意圖。

   (2)**與工作有關的三種態度：**
      A. 工作滿足度：對各方面的工作覺得滿意或不滿意的感受，可反映員工對其工作抱持正向態度的程度。工作滿足與生產力、**組織公民行為**、顧客滿意有關。
      B. 工作投入：員工認同自己的工作、積極從事工作，並且認為工作表現足以彰顯個人價值的程度。
      C. 組織承諾：**員工認同特定組織及其目標，並且希望持續成為組織內一份子的程度，組織承諾的主要組成要素為：情感承諾、規範承諾、持續承諾。**

> **小秘訣**
> 1.組織公民行為（Organizational citizenship behavior, OCB）指員工在正式工作要求之外，仍自願從事無條件的付出行為，這種行為有助於提升組織效能。
> 2.工作投入是認同工作；組織承諾是認同服務的企業。

☆ 小提點

Meyer & Allen（1991）整合多種替代的觀念，發展出三構面的組織承諾模式：

1. 情感性承諾（affective commitment）：指員工在心理上或情感上認同組織，並珍惜與組織間的關係。
2. 持續性承諾（continuance commitment）：指員工基於某種價值考量，而願意繼續留在組織中。
3. 規範性承諾（normative commitment）：指員工堅信對組織忠誠是一種義務，且需絕對遵守的價值觀。

(3) **人員與工作相稱**：每一個員工都希望他個人的努力付出，組織也可以提供相對應的報酬。

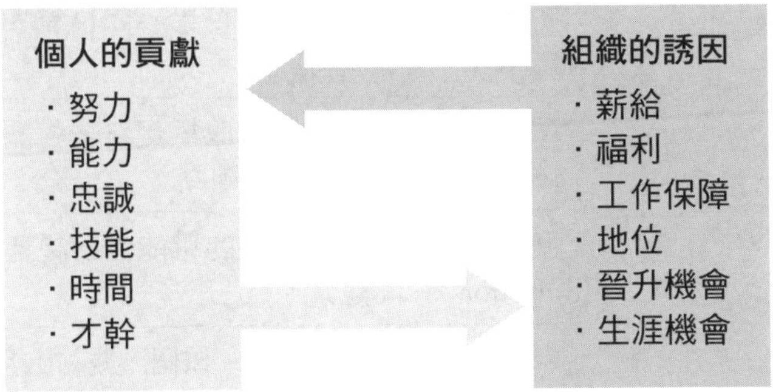

心理契約（psychological contract）就是指組織期待員工對組織有所貢獻，而員工期待組織會提供報酬。心理契約是存在於員工與企業之間的隱性契約，其核心是員工滿意度。心理契約的主體是員工在企業中的心理狀態，而用於衡量員工在企業中心理狀態的三個基本概念是工作滿意度、工作參與和組織承諾。

(4) 態度與一致性：人們會透過兩種方法尋求一致性包括：在態度間尋求一致性、在態度和行為間尋求一致性。若出現不一致，人們會採取以下措施：改變他們的態度、改變他們的行為或對不一致的現象提出合理的解釋。學者費斯汀格（L.Festinger）在1950年後期提出「**認知失調理論**」（cognitived dissonance theory），**指個人對事情的認知或態度與行為間出現矛盾或不一致**。並認為任何形式的不一致都會使人感到不舒服，因此個人會試著降低不協調的認知發生。例如，您瞭解酒後駕車是不對的行為，但是每次喝完酒，仍存僥倖心理開車，期望不被臨檢。

3. **人格或性格**（personality）：某些獨特心理特徵的組合，是個人適應外在環境的獨特形式，會影響一個人的反應及其與他人的互動。

(1)二個區分人格特質的主要架構

A. **麥布梅斯布吉指標**（Myers-Briggs Type Indicator, MBTI）**是常被廣泛地用來說明人格的模型之一**。它是根據對於一份近一百題的問卷所作的回答，而使用四個人格構面：

a.社會互動：**外向型或內向型**（extrovert or introvert, E或I）

b.資料蒐集的取向：**理性型與直覺型**（sensing or intuitive, S或N）

c.對作決策的偏好：**感覺型與思考型**（feeling or thinking, F或T）

d.作決策的方式：**認知型與判斷型**（perceptive or judgmental, P或J）

社會互動	外向型（Extraverted）	著重外在世界，因注意外在事情而獲得動力。
	內向型（Introverted）	著重內心世界，因反省、感覺和意念而獲得動力。
資訊蒐集的取向	理性型（Sensing）	使用五官收集資料，強調事實，注重實際和具體觀點。
	直覺型（Intuition）	注重事情的可能性與關連性，看見潛在遠景。
對作決策的偏好	感覺型（Feeling）	下決定時，以個人觀點出發，重視個人價值、喜好和原則。
	思考型（Thinking）	根據客觀事實，倚重分析來做決定，注重公平原則。
作決策的方式	認知型（Perceiving）	不介意突發事情，喜歡彈性生活，注重過程而非目標。
	判斷型（Judging）	喜歡有條理的生活，實踐計劃時，以目標為本。

在四構面組合之下，共有十六種人格類型。MBTI人格類型釋例如下：

類型	敘述
INFJ **（內向、直覺、感覺、判斷）**	相當堅強、誠懇、關心別人。這種人靠著毅力、創意與決心而成功。他們不輕易妥協，常受到人們高度的尊重。

類型	敘述
ESTP（外相、理性、思考、認知）	這種人率直而有點遲鈍，務實而不慌不忙，他們常能隨遇而安，最適合擔任實物拆裝的工作。
ISFP（內向、理性、感覺、認知）	感性、和善、謙虛、害羞、非常友善。此種人不喜歡爭吵，極力避免衝突。他們是忠誠的跟隨者，當完成工作時，他們會有如釋重負的感覺。
ENTJ（外向、直覺、思考、判斷）	溫和、友善、直率、堅決，通常具備推理及完整表達的能力，有時他們會高估自己的能力。

B. **五大人格特質模式**（Big-Five Model）：柯斯塔與麥克雷（Costa and McCrae, 1998）定義出五個人格特徵構面，稱為**五大人格特質模式（Big-Five Model），其組成要素有：外向性、經驗開放性、親和性、勤勉審慎性、情緒穩定性**。詳如下表所敘：

外向性（extraversion）	代表個人熱情、合群、果斷、喜愛參與活動、尋找刺激激且對人生充滿正面情緒。 例如，外向者善於社交，面對問題較果斷；內向者拙於外交，面對問題舉棋不定。
經驗開放性（openness）	指個人有鮮明的想像力，崇尚美學、重感受、喜歡採取行動改變傳統、有好奇心與理念。 例如，開放者樂於傾聽新意見而改變想法；保守者對新訊息不為所動，舊思維根深蒂固。
親和性（agreeableness）	個人與群體共處的一種能力，反映出一個人與群體共處具有和善、信賴、坦率、順從、謙虛、善解人意等良好本質。相反地，一個不友善的人在與群體共處時往往容易動怒、急躁、不合作、曲解人意、很自我意識等。
勤勉審慎性（conscientiousness）	個人按部就班、有責任心、追求勝任感與成就、自我約束和謹慎行事。 例如，謹慎者專注較少的目標，可將資源有效分配，因應突發狀況，比較容易仔細規劃。

情緒穩定性 （neuroticism）	顯現個人充滿焦慮、抑鬱、敏感和衝動，往往因為無法應付壓力而易受傷害，甚至心生憤怒和敵意。 例如，神經質者有負面情緒、掌握個人情緒程度偏低；相反，較少負面情緒，泰然自若。

研究結論：

特定人格構面與工作績效之間，具有相關性：勤勉審慎性構面得分高者，通常工作專業知識素養也較佳，工作上較為努力，工作績效也會較佳。其他人格構面與績效的關聯：

a.**情緒穩定性與工作滿足感較有關**。

b.**外向者則比較樂在工作，社交技能較佳**。

c.**開放性構面高者，較有創意，較可能成為有效的領導者**。

d.**親和性高者較容易被人當作朋友或夥伴**。

(2)其他與OB相關的人格特質

A. **內外控傾向**（locus of control）：指個人認為他們的行為與結果之間的相關程度。

a.內控者認為他們可以控制自己的命運，內控傾向強的員工工作投入及滿意度較高。

b.外控者認為命運是由上蒼或是外力所控制，外控傾向強的員工工作投入及滿意度較低。

B. **自我效能**（self-efficacy）：指一個人對自己具備能力去有效完成一件工作的信念、自我認知和期望。

自我效能高者因為比較強調自己的能力，所以不一定會去迎合社會的主流價值。

> **小秘訣**
>
> 五大人格特質模式（Big-Five Model），其組成要素：
>
> 1. 外向性（extraversion）
> 2. 勤勉審慎性（conscientiousness）：或譯為「勤勉盡責性、嚴謹性、謹慎性、誠懇性」。
> 3. 友善性（agreeableness）：或譯為「親和力、合群度」。
> 4. 神經質（neuroticism）：或譯為「情緒性、情緒穩定性」。
> 5. 經驗開放性（openness）：或譯為「開放性」。
>
> **[口訣]外勤友（有）神經**

C. **威權主義**（authoritarianism）：指個人認為在組織層級中，權威和力量必須享有至高無上地位的程度。

a.高度權威傾向者對上司的命令使命必達，比較重視傳統價值，不敢挑戰權威。

b.低度權威傾向者對上司的命令或許會努力達成，不過對於不合理的命令會質疑。

D. **馬基維利主義（權謀主義）**（Machiavellianism）：代表個人對於權力取得與指揮他人慾望。高度權謀者偏向以實用主義為本位，喜怒不形於色，為達目的不擇手段，不重視組織忠誠度、關係與情感。

E. **自尊**（self-esteem）：指個人認為自己是值得的、該受賞識的程度。自尊程度較高者會尋求較高階工作，認為自己可達更高績效，更可獲得更多滿足感。低自尊程度者會滿足於現有工作，受他人影響。

F. **自我監控**（self-monitoring）：指個人適應外界情境因素或他人行為以調整自我的能力。高自我監控者對外部訊息有相當的敏銳度，可以隨外在情境來調整自己的情緒和行為。

G. **風險偏好**（風險承受傾向）（risk propensity）：指個人對於改變的接受度與作出風險決策的意願。高風險偏好者比較積極冒險，低風險偏好型式風格比較保守。

(3) 性格與工作的配合：員工人格要能與組織文化相契合，**荷蘭德（John Holland,1985）提出「性格——工作批配理論」（personality-job fit theory）整理出六種人格類型**，如下表所示：

Holland的性格類型與配合的職業

人格類型	人格特質	合適的職業
事務型（realistic）： 偏好具有技術、需要體力及協調性之肢體活動	害羞、率真、堅持、穩定、順從、實際	機械技師、工匠、生產線的作業員、農夫
研究型（investigative）： 偏好思考、組織及理解之心智活動	分析力強、具原創力、有好奇心、獨立	生物學家、經濟學家、數學家、新聞播報員
社會型（social）： 喜歡幫助及啟發他人之活動	善於社交、友善、合群、善解人意	社工、老師、諮商輔導員、臨床心理顧問
傳統型（conventional）： 偏好具規章制度、有秩序條理、明確清楚的活動	服從、講求效率及實際、較無想像力及彈性	會計人員、公司主管、銀行行員、檔案管理員
企業型（enterprising）： 偏好以口語活動來影響別人、取得權力	自信、有野心、精力充沛、主導性強	律師、房地產仲介、公關顧問、小企業的主管

人格類型	人格特質	合適的職業
藝術型（artistic）： 偏好能表達作意念的不具章法與非系統活動	富想像力、不喜條理、理想化、情緒化、較不重實際	畫家、音樂家、作家、室內設計師

理論重點在於：

每個人的性格都有本質上的差異，有各種不同的工作型態，性格若能與工作類型搭配得宜，個人不僅滿足感高，而且也較不會自動離職。所以性格與工作類型息息相關，主管必須適才適所的安排，才能讓員工樂在工作、享受工作。

4. **情緒**（Emotion）：受到某人或某事刺激時的立即感受，一般人有六種普遍的情緒，如生氣、恐懼、悲傷、快樂、厭惡、驚訝。

   情緒智商（Emotion Intelligence, EI）是一種非認知技能與能力的綜合，它決定個人能否成功地應付外界的需求與壓力。情緒智商所強調的五大構面：

   (1) **自我認知**：了解自我感受的能力。
   (2) **自我管理**：管理情緒與衝動的能力。
   (3) **自我激勵**：面對挫折、失敗仍能堅強到底的能力。
   (4) **同理心**：能體會他人心境的能力。
   (5) **社會能力**：能處理他人情緒的能力。

5. **知覺**（perception）：個人藉由組織和解釋由感官所得來的印象，來定義周遭人事物的過程。而知覺歷程包括四個步驟：選擇性知覺→解釋與評估→儲存記憶中→從記憶中取回並做出判斷及決定。

   (1) 常發生的三種知覺偏差：
      A. 選擇性知覺：我們無法「看到」周遭正在進行的一切，而只能選擇性地注意、或看到其中的某一部份而已。
      B. 刻板印象：認定某人是屬於某個團體，並依此來判斷他的行為。
      C. 月暈效果：僅根據對方的某項特質而勾勒其整體的評價。

☆ 小提點

自驗預言或畢馬龍效應：自驗預言（self-fulfilling prophecy）亦即我們所知的畢馬龍效應（Pygmalion effect），它是描述當人們期盼自己或其他人有某些行為，而這些期盼就會成真的現象。

(2)歸因理論：知覺與歸因息息相關，歸因是觀察行為以後，對產生行為原因推論的一種機制。**歸因理論是指個人觀察到他人的行為時，會試圖去認定這是由內在或是外在因素所引起**。

A. 內部歸因：行為被認為是由於個人因素引發的行為，例如常常遲到的張三，今天又再次遲到。主管認為他是習慣性的遲到。

B. 外部歸因：行為是由外在因素所導致，例如，張三上班從來沒有遲到過，但今天突然沒有來。主管想會不會發生什麼事？

歸因主要受三種因素影響：

A. 一致性：個人在面對不同情境時，均會產生相同的行為。

B. 特殊性：個人在面對其他情境時，會有不同的行為。

C. 共通性（共識）：其他人在相似的情境下也會有相似的行為。

> **小秘訣**
>
> 1.選擇性知覺：個體接受的訊息的零碎片段並非隨機選取，而是基於觀察者的興趣、背景、經驗、態度而選取。
>
> 2.刻板印象：依據我們對某人所屬團體的知覺來評鑑某人。
>
> 3.月暈效果：基於單一的特質，對個體形成整體印象。
>
> 4.假設相似性：相信別人與自己相像。

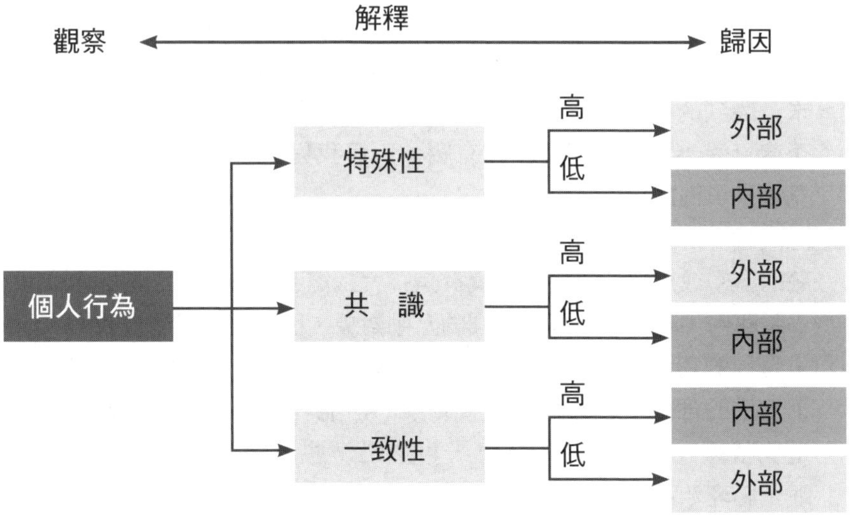

歸因也會產生一些謬誤，這些謬誤和偏差，會造成歸因的扭曲。

A. 基本的歸因謬誤：評判個體行為時，很容易低估外在因素的影響，而高估內在因素的影響。

B. 自利偏差：個體傾向於將自己的成功，歸因於自己的能力或努力等內在因素，而將失敗歸咎於外在因素。

(3) 人際互動模型——周哈理窗（Johari Window）：由美國社會心理學家Joseph Luft和Harry Ingham在1955年所提出，周哈理窗顯示了關於自我認知和他人對自己的認知之間在有意識或無意識的前提下形成的差異，由此分割為四個範疇，一是面對公眾的自我塑造範疇，二是被公眾獲知但自我無意識範疇，三是自我有意識在公眾面前保留的範疇，四是公眾及自我兩者無意識範疇，也稱為潛意識。（Wikipedia）

	自己知道 Known by self	**自己不知道** Unknown by self
他人知道 Known by others	公眾我 Open	盲目我 Blind
他人不知道 Unknown To others	隱藏我 Hidden	未發現的我 Unknown

A. 公眾我（open self）：或稱「開放我」，自己和別人都知道的訊息，有可能是個人情感、態度、動機、行為等，不過也會隨著個人互動對象之不同而有不同，比較願意進行自我揭露的人，開放自我就會比較大；反之，當個人不願意透露太多自我相關訊息時，此區域就會小很多了。

B. 盲目我（blind self）：是自己不知道而別人知道的部分，例如一些個人所未意識到的習慣或口頭禪，也就是所謂個人的盲點。此部分可能與個人是否容易受到注意及接受回饋有關，盲目我只是自己不知道的訊息而已，不見得是負面的。

C. 隱藏我（hidden self）：是自己知道，別人不知道的訊息，包含個人有意隱藏的祕密或想法。一般人都屬於選擇性揭露者，會透露一些訊息，也會隱藏一些祕密，有時也會因為不同的互動對象，而調整自己隱藏我的大小。

D. 未發現的我（unknown self）：或稱「未知我」，是自己不知道，別人也不知道的部份，例如個人未曾覺察的潛能，或壓抑下來的記憶、經驗等。這些積壓在內心深處的訊息，可透過一些方式，來挖掘探索，如透過催眠、心理治療等，也有機會讓其轉變為「自己知道」的部份。

6. **學習**（learning）：學習是經由經驗而在行為上所產生的相對性的永久改變，幾乎所有複雜的行為都是學習而來的。管理者如果想要解釋並預測行為，就必須要了解個體如何學習。學習理論的發展歷程：

(1) **古典制約**（classical conditioning）：**巴夫洛夫（Pavlov）以狗的唾液腺分泌來進行實驗**，他在狗進食之前或當中，給牠鈴聲做為刺激，經過幾次練習後，狗即使未吃到東西，但只要聽到鈴聲，也會分泌唾液。**狗看見食物或進**

食時會分泌唾液流口水的反應，巴夫洛夫稱之為「**非制約反應**」，而把**引起唾液分泌的鈴聲稱之為「制約刺激」，因制約刺激的出現而流口水的反應則稱為「制約反應」**。這種透過制約刺激和非制約刺激之間產生某種連結，然後逐漸由制約刺激取得非制約刺激的特性，導致最後即使制約刺激單獨出現，也會使個體產生制約反應的學習過程，就是古典制約學習歷程。

(2)**操作制約**（operant conditioning）：**史金納（Skinner）將小老鼠放置特製的箱中，小老鼠若按槓桿，便取得食物。他推論說，一個行為若帶來強化（reinforcement）的刺激，這個行為便會繼續，稱之為「操作制約」**。強化亦有正（positive）和負（negative）之分。正強化的意思是：某行為若帶來正面的刺激（例如食物），於是強化了這行為，至於負強化，則是一些不受歡迎的刺激（例如噪音），因為某行為而停止，結果，亦強化了這個行為。如果撤銷正面的刺激，或者不受歡迎的負面刺激呈現，會導致行為的出現率下降，這就是懲罰。至於獎勵就是讓理想行為帶來強化物。

> **小秘訣**
>
> 操作制約理論認為行為是透過學習，而非一時的反射作用，伴隨行為而來的「結果」，則會強化或減弱行為的產生。相較於古典制約的生物性，操作制約多了個體的主動性，而不限於生理上的反射作用。

(3)**社會學習理論**（social learning theory）：**班度拉**（A.Bandura）的「**攻擊行為研究**」，主要探討人們如何學會攻擊行為，從試驗結果顯示：**學習是社會化行為，可經由觀察他人行為間接學習**，亦即人的行為是藉由觀察別人的行為而產生的結果，藉由觀察學習的行為，可省略嘗試錯誤的歷程，直接學到最後應有的行為。而觀察模仿須經歷四個階段：

A. **注意**（attentional）階段：模範者的吸引力或被認同的特質。

B. **記憶**（retention）階段：對模範者行為的記憶程度。

C. **重複行為**（motor reproduction）階段：模仿模範者的行為。

D. **增強**（reinforcement）階段：學習模範者的行為後是否得到獎賞。

基礎題型

解答

1 「休假日到遊樂園人潮眾多會影響旅遊品質，所以我都選擇平日才到遊樂園遊玩」，句中「我都選擇平日才到遊樂園遊玩」是代表態度的哪一要素？ (A)認知的 (B)行為的 (C)情感的 (D)投入的。【104自來水】 **(B)**

解答

考點解讀 態度是對人事物把持的正面或反面的評價，由三個成份而組成：
(1)認知的：對某一目標的信念。例如：休假日到遊樂園人潮眾多會影響旅遊品質。
(2)情感的：情感上的反應。例如：不喜歡假日到遊樂園遊玩。
(3)行為的：對人事物表現的特定意圖。例如：我都選擇平日才到遊樂園遊玩。

2 關於工作滿意度的敘述，下列何者正確？ (A)滿意度高的員工留任意願較低 (B)滿意度高的員工比較不容易展現組織公民行為 (C)滿意度高的員工比較容易達成高績效表現 (D)滿意度高的員工比較不願意幫助其他同事完成工作。【107台糖】 (C)

考點解讀 (A)滿意度高的員工留任意願較高。(B)滿意度高的員工比較容易展現組織公民行為。(D)滿意度高的員工比較願意幫助其他同事完成工作。

3 有關員工工作滿意度之敘述，下列何者錯誤？ (A)
(A)員工的工作滿意度，與顧客的滿意度和忠誠度的高低並沒有關係
(B)擁有較多滿意員工的企業組織，效率通常也越高
(C)工作滿意度較高的員工，缺勤率通常較低
(D)工作滿意度較高的員工，離職率通常較低。【102郵政】

考點解讀 員工的工作滿意度，與顧客的滿意度和忠誠度的高低成正相關。

4 員工認同特定組織及其目標，並希望與組織繼續維持僱傭關係，稱之為： (D)
(A)工作滿意 (B)組織公民
(C)工作投入 (D)組織承諾。【105中油、103鐵路】

考點解讀 組織承諾（organizational commitment）此一概念最早是Becker（1960）所提出，是指個體認同並參與一個組織的強度。

5 組織承諾強調員工對組織的認同與歸屬感，研究結果也發現組織承諾高的員工其離職率和曠職率都會較低。以下何者不屬於組織承諾的主要組成要素？ (A)行為承諾 (B)規範承諾 (C)情感承諾 (D)持續承諾。【103鐵路】 (A)

考點解讀 Meyer & Allen（1991）整合多種替代的觀念，發展出三構面的組織承諾模式：(1)情感性承諾（affective commitment）：指員工在心理上或情感上認同組織，並珍惜與組織間的關係。(2)持續性承諾（continuance commitment）：指員工基於某種價值考量， 而願意繼續留在組織中。(3)規範性承諾（normative commitment）：指員工堅信對組織忠誠是一種義務，且需絕對遵守的價值觀。

解答

6 有關組織公民行為之敘述，下列何者正確？ (B)
(A)對公司淨利有直接貢獻的正面行為
(B)對公司聲譽有直接貢獻的正面行為
(C)減損且無益於組織績效的負面行為
(D)對公司淨利有間接貢獻的正面行為。 【111經濟部】

考點解讀 組織中的個人不求報酬，自動自發地表現出有利於組織績效的行為。

7 下列何種行為最能意味著某企業員工具備良好的組織公民意識？ (A)願意幫助新員工 (B)使用辦公用品進行私人用途 (C)保持正常上下班時間 (D)工作上滿足績效標準。 【107經濟部】 (A)

考點解讀 組織公民意識是指組織中的個人表現出超越角色標準以外的行為，不求組織獎賞仍然能自動自發、利他助人，關心組織績效的行為。

8 在正式工作要求之外，員工從事對組織營運有益的自願性行為，稱為下列何者？ (A)工作投入（job involvement） (B)組織公民行為（OCB） (C)員工生產力 (D)員工支持。 【105自來水】 (B)

9 當前許多企業都重視「組織公民行為」（organizational citizenship behavior）的文化建構。下列哪一項行為不屬於「組織公民行為」？ (A)同事之間彼此協助完成任務 (B)員工自願承擔額外的工作 (C)員工會主動提出建設性的建議 (D)員工重視加班報酬的合理性。 【105郵政】 (D)

10 組織期待員工對組織有所貢獻，而員工期待組織會提供報酬，以上敘述屬於下列何者？ (A)組織承諾 (B)認知失調 (C)公民行為 (D)心理契約。 【111經濟部】 (D)

考點解讀 Schein把心理契約定義為：任何時刻都存在於個體與組織之間的一系列沒有明文規定的期望。Rousseau（1990）將「心理契約」定義為：受雇員工個人與組織雙方相信對方，會遵循「對等」關係，並執行彼此的權利與義務。

11 下列何者不是「五大人格特質模型（Big Five Personality）」的組成要素？ (A)外向性 (B)經驗開放性 (C)親和性 (D)智力。 【107郵政】 (D)

考點解讀 五大人格特質模型（Big Five Personality）的組成要素有：(1)外向性（extraversion）；(2)經驗開放性（openness to experience）；(3)親和性（agreeableness）；(4)勤勉審慎性（conscientiousness）；(5)情緒穩定性（emotional stability）。

解答

12 人格特質的五大模型（The Big Five Model）不包括下列哪一個構面？ (B)
(A)外向性（extraversion）
(B)冒險性（risk taking）
(C)開放性（openness to experience）
(D)親和性（agreeableness）。 【104自來水】

考點解讀 另二者為：勤勉審慎性（conscientiousness）與情緒穩定性（emotional stability）。

13 下列何者並非五大模型（the big five model）的人格特質構面？ (A)
(A)自我調適性（self-monitoring）
(B)親和性（agreeableness）
(C)勤勉審慎性（conscientiousness）
(D)情緒穩定性（emotional stability）。 【103中油】

考點解讀 另二者為外向性（extraversion）、經驗開放性（openness to experience）。

14 具有下列何種人格特質的人較務實，喜怒不形於色、相信為達目的可以不擇手段？ (A)控制傾向 (B)自我監控 (C)自尊 (D)馬基維利主義。 【104自來水】 (D)

考點解讀 講求實際效果、情感上常與人保持距離，而且相信為達目的可以不擇手段。；(A)我是否為自己生命的主宰者。(B)個人為適應外界環境而調整行為的能力。(C)人們喜歡自己或不喜歡自己的程度。

15 下列何者不是情緒智商所強調的構面？ (D)
(A)自我認知 (B)同理心
(C)自我激勵 (D)勤勉審慎性。 【108台酒】

考點解讀 情緒智商所強調的五大構面：(1)自我認知：瞭解自我情緒的能力；(2)自我管理：管理及控制自我的情緒；(3)自我激勵：為達成目標，不受他人影響，並堅持到底的能力；(4)同理心：瞭解他人需求及所關心的事物為何的能力；(5)社會能力：如何與他人維持並發展關係的能力。

16 由自我認知、自我管理、自我激勵、同理心、社會能力五構面所組成，被證實與工作績效成正向關係，可準確的察覺與管理情緒的能力，稱為： (C)
(A)情緒管理 (B)情緒失調
(C)情緒智商 (D)情緒檢測。 【106台糖】

解答

17 人們常將觀察對象歸屬於某一特定族群，並以此來快速判斷其性格時，所用方法是下列何種方法？ (A)刻板印象 (B)選擇性 (C)假設相似 (D)月暈效應。 【104自來水】 (A)

考點解讀 刻板印象（stereotyping）是一種依照個人的特徵來判斷個人是屬於哪一種典型的群體傾向。

18 當我們以一個人的智力、社交能力或外表等單一特徵來評斷某人時，我們是受到什麼影響？ (A)刻板印象 (B)暈輪效果 (C)自利偏差 (D)選擇性的吸收。 【106自來水】 (B)

考點解讀 (A)根據個人所屬的團體來評斷此人。(C)人們常將自己的成功歸因於內在因素，而把失敗歸咎在運氣等外在因素的不配合。(D)資訊的選取並不是隨機的，而是決定於觀察者的興趣、背景、經歷及態度。

19 暈輪效應（halo effect）是指： (A)假設其他人都與自己相同 (B)依據其所屬團體的認知來評斷某人 (C)以一個人的單一特徵來評斷某人 (D)以高估其個人因素影響來判斷某人行為。 【105中油】 (C)

考點解讀 又稱「光環效應」、「月暈效應」，是指人們對他人的認知首先根據初步印象，然後再從這個印象推論出認知對象的其他特質。(A)假定相似。(B)刻板印象。

20 一個人會傾向把個人成功歸因於內部的因素，而將個人失敗歸咎於外部的因素，這種錯誤的知覺稱之為？ (A)刻板印象（stereotyping） (B)月暈效果（halo effect） (C)基本歸因謬誤（fundamental attribution error） (D)自利偏差（self-serving bias）。 【111鐵路】 (D)

考點解讀 (A)單純的把個人歸屬於某一群體，然後再以對此群體之印象論斷此人。(B)以單一現象或情況推論到個人或某一事件之整體印象。(C)人們傾向於將行為的發生歸因於個人特性高於外在情境因素。

21 請問周哈里窗（Johari windows）理論中，他人知道我；而我不知道自己，稱為？ (C)

(A)公眾我 (B)隱藏我

(C)盲目我 (D)未發現的我。 【101經濟部、108鐵路營運人員】

考點解讀 周（Joseph Luft）與哈里（Harry Ingham）兩人共同發展了「周哈里窗」（the Johari window）理論，將自我分為四個向度，成一種動態的辯證關係，分別是「公眾我」（open self）、「盲目我」（blind self）、「隱藏我」（hidden self）與「未發現的我」（unknown self）。

	自己知道 Known by self	自己不知道 Unknown by self
他人知道 Known by others	公眾我 Open	盲目我 Blind
他人不知道 Unknown To others	隱藏我 Hidden	未發現的我 Unknown

進階題型

解答

1 組織公民行為（organizational citizenship behavior）是一種組織規範，不包括那一種行為？ (A)避免不必要爭端 (B)自願分擔分外工作 (C)強調一致性行為 (D)提出建設性建議。【108鐵路】 (C)

考點解讀 組織公民行為（Organizational Citizenship Behavior, OCB）是由學者Organ提出，係指組織中沒有正式規定，員工自發的、利他的個人行為卻能夠促進組織運作更有效。強調一致性行為是屬於組織規範性的行為，不是組織公民行為內涵的特點。

2 從車站的站長所執行的任務來看，何者較類似組織公民行為（organizational citizen behavior）的做法？ (A)在假日時，自發組成討論會來鼓勵並激發原有員工服務熱誠 (B)上班時間遇到班車嚴重誤點時，即時協調其他站與本站班車之運作 (C)自願幫忙誤闖車站之外國背包旅客，搭乘其他地方客運 (D)上班時協助售票人員處理乘客的不滿反應。【102鐵路】 (A)

考點解讀 組織公民行為（OCB）是指組織中的個人，表現出超越角色標準以外的行為；它是不求組織給予獎賞，仍然能自動自發、利他助人，關心組織績效的行為。

3 〈複選〉代表員工與組織之間關係的心理契約（psychological contract）之相關敘述，何者錯誤？ (A)是一種正式定義員工與組織之間權利義務的非正式契約 (B)心理契約管理乃攸關企業如何取得心理契約、公平性及用人需求之間的平衡 (C)員工與組織間的心理契約具有穩定恆常性 (D)心理契約管理需要考慮個人異質性。【104自來水】 (A)(C)

考點解讀 Rousseau認為心理契約的特點：

(1)主觀性：心理契約的核心特點，這是一種主觀感知，會因人而異的。

(2)動態性：心理契約在員工與組織的關係發展過程中是變化的。

(3)責任性：心理契約關注員工與組織的相互責任，在已有承諾的基礎上，雙方都對彼此間的關係進行了投資，並期望得到積極的產出。

(4)相互性：心理契約離不開雇傭雙方這種前提，個人或是組織單方面都是無法形成心理契約的，而是在雙方的相互作用中形成了這種不可避免的關係。

4 MBTI（Myers-Briggs Type Indicator）人格特質測驗的四個分類構面中，依照人們對做決策的偏好（preference of decision making），區分為哪兩種型態？ (C)

(A)外向型（extrovert）或內向型（introvert）

(B)理性（sensing）或直覺（intuitive）

(C)感覺型（feeling）或思考型（thinking）

(D)認知型（perceptive）或判斷型（judgmental）。 【105中油】

考點解讀 MBTI（Myers-Briggs Type Indicator）人格特質測驗的四個分類構面：

(1)外向型（extrovert）或內向型（introvert）應用在社會互動。

(2)理性（sensing）或直覺（intuitive） 應用在收集資料。

(3)感覺型（feeling）或思考型（thinking） 應用在決策偏好。

(4)認知型（perceptive）或判斷型（judgmental）應用在決策方式。

5 五大人格特質中強調個人社交、健談與善於人際相處的程度為下列何者？ (A)外向性 (B)親和性 (C)開放性 (D)情緒穩定性。 【108台酒】 (A)

考點解讀 五大人格特質（The Big Five Model）的分類方式是在1963年時由Norman和Allport等學者所提出，而目前最被接受的五大人格特質分類項目是由Costa & McCrace（1995）所提出。該篇研究將人格特質區分為：

(1)外向性：強調個人社交、健談與善於人際相處的程度。

(2)親和性：描述個人和善、合群與可信任的程度。

(3)開放性：描述心胸寬大、冒險進取、不喜歡例行公事的特質。

(4)情緒穩定性：描述一個人沉穩、鎮定的、熱忱的、安心的程度。

(5)嚴謹自律性：描述一個人負責可靠、堅忍不拔、成就取向的特質。

6 五大人格因素理論中，認為個人對於某些目標之專注，因而產生責任感、可信賴、一致性的使命必達特質，是下列何者？ (B)

(A)外向性（extraversion）

(B)誠懇性（conscientiousness）

(C)親和力（agreeableness）

(D)情緒穩定性（emotional stability）。 【102台糖】

考點解讀

(1)外向性（extroversion）：善交際、比較喜歡一大群人、健談與善於人際相處。

(2)親和力（agreeableness）：溫和、謙虛、順從、合作性強、容易使人信賴。

(3)誠懇性（conscientiousness）：對目標專注、使命必達、認真負責、勤奮不懈、組織性強。

解答

(4)情緒穩定性（emotional stability）：穩定者冷靜、自信、胸有成竹。不穩者則神經質、焦慮、沮喪及缺乏安全感。
(5)開放性（openness to experience）：好奇、具想像力、具藝術天賦、觀察敏銳。

7 Mark是一名某運動品牌的產品經理，他總是將低劣的銷售業績歸咎於環境因素、部屬推廣不利或是顧客不識貨等自己無法控制的因素，從不認為也有可能是自己管理不當等與自身相關因素所造成的結果，請問Mark具有以下何種性格？ (A)內控傾向 (B)外控傾向 (C)馬基維利主義 (D)低度自我監控。 【103台酒】 (B)

考點解讀 外控傾向認為命運是由上蒼或是外力所控制，外控傾向強的員工工作投入及滿意度較低。(A)認為他們可以控制自己的命運，主導自己的工作。(C)又稱「權謀主義」，崇尚務實主義並相信結果決定手段。(D)個人適應外界情境因素或他人行為以調整自我的能力較差。

8 表現出工作過度賣力、力爭上游、易引發情緒激動的表徵是： (A)內控的人格特質 (B)外控的人格特質 (C)中性的人格特質 (D)A型的人格特質。 【103自來水】 (D)

考點解讀 弗雷曼（Meyer Friedman）與羅生門（Ray Rosenman）在1974年所提出「A/B型人格」：A型個性急躁、好勝、求好心切，追求完美主義，容易引發情緒激動。B型則是較為隨和、悠閒、放鬆，對成敗的得失心比A型淡薄。

9 最近幾年，情緒商數（emotional quotient, EQ）被認為在執行工作上，重要性勝過智商（IQ），情緒商數不包括下列何者？ (A)自我覺察（self-awareness） (B)管理情緒（managing emotion） (C)激勵自己（motivating oneself） (D)技術技能（technical skills）。 【105鐵路】 (D)

考點解讀 情緒商數（EQ）是由自我覺察（selfawareness）、管理情緒（managing emotion）、激勵自己（motivating oneself）、衝動控制（impulsecontrol）及人際技能（people skills）等幾項特質所構成，而這些特質是可以透過學習、發展而來。

10 當一個人的「印象確立」之後，人們就會自動「印象概推」，將第一印象的認知與對方的言行聯想在一起。這是說明下列何者現象？ (A)霍桑效應 (B)月暈效應 (C)授權效應 (D)蝴蝶效應。 【103台糖】 (B)

考點解讀 (A)指當被觀察者知道自己成為觀察對象，而改變行為傾向的效應。(C)在心理學上又稱為「道德許可證」，指一般人會不知不覺地追求自我感覺的平衡，它所描述的行為就是當你做了一件好事，對自己感到滿意時，更有可能放縱自己的衝動使壞。(D)指在一個動態系統中，初始條件的微小變化，將能帶動整個系統長期且巨大的連鎖反應。

解答

11 關於知覺扭曲中的月暈效果，下列敘述何者正確？ (B)
(A)單純的把個人歸屬於某一群體，然後再以對此群體之印象論斷此個人
(B)以單一現象或情況推論到個人或某一事件之整體印象
(C)以個人自己的特質來看待他人的特質
(D)個人對於威脅或不利於己之訊息、物件或他人，會加以忽略以保護自我。 【105鐵路】

考點解讀 (A)刻板印象。(C)投射作用或稱似己效應。(D)自利偏差。

12 根據學者Harold Harding Kelley的歸因理論（attribution theory），要決定行為是由內在或外在因素所導致時，會受到3個重要因素的影響，其中不包括下列何者？ (D)
(A)情況特殊性（distinctiveness）
(B)團體共識（consensus）
(C)個體行為一致性（consistency）
(D)組織認同（organizational identification）。 【104經濟部】

考點解讀 歸因主要受三種因素影響：個體行為一致性（恆常性、永恆性）、情況特殊性（狀態獨特性）與團體共通性。

13 根據歸因理論（Attribution Theory），下列何者不是影響內、外在歸因的因素？ (A)團體共通性 (B)狀態獨特性 (C)個體永恆性 (D)條件持續性。 【102經濟部】 (D)

14 下列哪一個情況會產生外部歸因？ (A)獨特性低 (B)共同性高 (C)一致性高 (D)可能性低。 【99農會】 (B)

考點解讀 產生外部歸因因素：獨特性高、共同性高、一致性低。產生內部歸因因素：獨特性低、共同性低、一致性高。

15 管理者的行為有偏差，而造成部屬模仿後也產生偏差行為，此為下列何種理論之觀點？ (A)
(A)社會學習理論 (B)增強理論
(C)操作制約理論 (D)歸因理論。 【102經濟部】

考點解讀 社會學習（social learning）是指透過觀察別人行為、吸收他人經驗或自己的親身體驗而學習。

非選擇題型

1 Skinner於1971年提出增強理論（reinforcement theory），認為行為是其結果的函數，行為由外在因素所造成，故透過提供其不想要的事物來阻止某特定行為一再發生，此即______。【107台電】

考點解讀 懲罰。

懲罰（punishment）是對不符預期的行為予以懲戒，如遲到扣薪水。主要的目的在改除其不符組織預期的行為。

2 解釋名詞：(1)心理契約（psychological contract）。【107台電】

考點解讀 「心理契約」是美國著名管理心理學家施恩（E. Schein）教授所提出的一個名詞，並將之定義為：「組織中每個成員與管理者及其他人之間，在任何時間都存在的一種非正式的期望。此種期望雖然無形，但卻能發揮有形契約之作用。企業清楚地瞭解每個員工的需求與發展願望，並儘量予以滿足；而員工也願意為企業的發展全力奉獻，因為他們相信企業能滿足他們的需求與願望。」

3 企業為了解員工的人格特質進而預測員工的行為，常用MBTI（Myers-Briggs Type Indicator）性格評量測驗中，________型的人顯現適應力強而且容忍度高。【107台電】

考點解讀 認知。

MBTI（Myers-Briggs Type Indicator）人格特質測驗的四個分類構面：

(1)應用在社會互動：外向型（extrovert）或內向型（introvert）。
　外向型(E)：善交際、較武斷；內向型(I)：安靜與害羞。
(2)應用在收集資料：理性（sensing）或直覺（intuitive）。
　理性型(S)：重實際、守秩序；直覺(N)：無意識的直覺思考。
(3)應用在決策偏好：感覺型（feeling）或思考型（thinking）。
　感覺型(F)：仰賴價值觀及情緒；思考型(T)：喜好推理分析及邏輯
(4)應用在決策方式：認知型（perceptive）或判斷型（judgmental）。
　認知型(P)：有彈性、適應力強而且容忍度高；判斷型(J)：偏好井然有序與結構清晰的環境。

4 請說明史金納（B. F. Skinner）之行為修正理論（Behavior Modification Theory）或稱增強理論（Reinforcement Theory）其基本概念及其內涵為何？【108鐵路】

考點解讀 又稱操作制約或工具制約理論，強調行為是結果的函數，個人會採取某種行為，是因為他預期會產生某種結果，而此結果稱為增強物。史金納的增強理論是以學習理論為依據，其重點在於探討工作人員被激發之行為如何可以長久維持。增強理論認為可以強化或改變個人行為之增強，有四個基本類型：

(1)正向增強：對想要的行為加以獎賞。
(2)負向增強：以排除令人不愉快的事做為獎勵。
(3)懲罰：對不符預期的行為予以懲戒。
(3)消滅／弱化：將維繫某一行為的強化因子去掉。

5 人格特質為影響工作績效的變數之一，且常為招募、甄選或升遷等重要參考依據，目前廣為接受的5大人格特質分別為開放性、盡責性、親和性、神經質及________性。 【111台電】

考點解讀 外向。

6 主管只藉由某位部屬的單一特徵（如外表）形成對該部屬的整體印象，此現象稱為____________效應。

考點解讀 月暈／暈輪／halo／horn（s）／尖角。

焦點 2 團體行為的基礎

團體或群體（group）是由兩個或兩個以上的組織成員所組成，藉由彼此互動與相互依賴，進而完成特定目標。團體可以是正式的，也可以是非正式的。

1. 團體的分類

(1)正式團體：組織建立的，有設計好的工作與任務，行為受到組織目標指引。

A. 指揮團體（command group）：決定於組織結構，明定上司、部屬之間的轄屬關係。如企業的生產、行銷部門。

B. 任務團體（task group）：組織決定的，為了共同完成某項工作任務而組成，可以不受原有指揮關係所限制。如品管圈、颱風期間救災指揮中心。

(2)非正式團體：基於社會接觸的需要，在工作中自然形成的團體，多半以興趣、友誼而形成。

A. 利益團體（interest group）：由一群共同關心某特定事物的人所形成的，如工會、商會。

B. 友誼團體（friendship group）：個別成員有著共同的特質而持續發展，這種友誼多半屬於工作情境之外的社會性聯誼。如扶輪社、康輔社、FB粉絲團。

2. **加入團體的理由**

(1)**安全**：團結就是力量、減少孤立的不安全感。

(2)**地位**：加入特定團體所帶來的認可和身分地位。

(3)**自尊**：覺得自己更有價值，尤其是成為重要團體的一員。

(4)**歸屬感**：經由社會互動滿足個人的社會需求。

(5)**權力**：透過團體行動得到個人無法得到的；保護成員免於他人的無理要求。

(6)**成就感**：結合多人的才能、知識或權利，達成個人無法獨立完成的任務。

3. **團體發展的階段**

Tuckman在1977年歸納的五階段團體發展模式：形成期→動盪或風暴期→規範期→執行期→解散期。

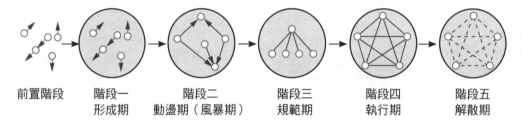

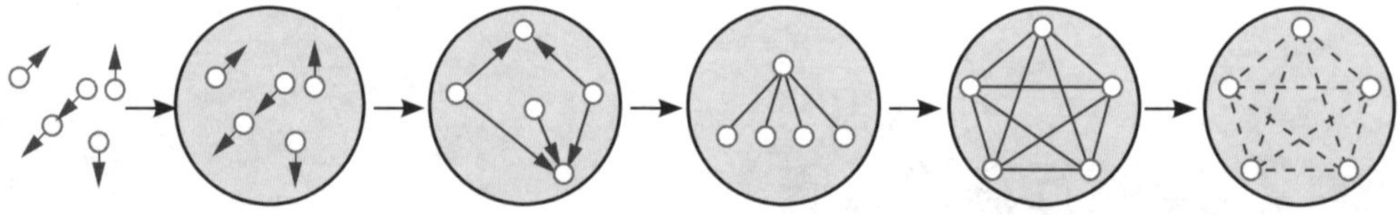

(1) **形成期（forming stage）**：團體的目標、結構與領導的從屬關係十分不穩定。

(2) **動盪期（storming stage）**：又稱「風暴期」，團體內仍存在著衝突的階段。

(3) **規範期（norming stage）**：團體凝聚力增強，團體成員發展較密切關係的階段。

(4) **執行期（performing stage）**：團體的力量轉移到執行任務，注重工作績效上，團體的結構完全可發揮其功能。

(5)**解散期（adjourning stage）**：團體準備解散，追求高任務績效已不再是首要目標。取而代之的是將注意力放在結尾工作上。

4. **團體行為的基礎概念**

團體行為是團體中各成員間、次團體間，以及成員與領導者間所形成的人際關係型態。一般而言，可透過角色、規範、地位、團體的大小、凝聚力來說明。

(1)**角色**：指人們因為在社會單位中擔任某一職位，而有一組預期的行為型態。角色的相關概念：

A. 角色認同（role identity）：指個人的態度與行為能夠跟角色一致。

B. 角色知覺（role perception）：個人認為自己在某特定場合中該扮演何種角色。

C. 角色期望（role expectation）：別人認為你在某特定的場合中，應該有何種行為表現。

D. 角色衝突（role conflict）：當個體面對分歧的角色期望時，就會產生。

E. 角色超載（role overload）：他人對某人的期望超過某人的能力範圍。

F. 角色模糊（role ambiguity）：焦點人物無法理解他人對他的期待，或是不懂得期待的訊息，原因是訊息不足或是未接到訊息。

(2) **規範與順從**：規範是可接受的行為標準，為團體成員所共同遵守，如產出水準、穿著、忠誠度等。規範形成途徑是由主管或同事明白的提出、依循前例等，而身處團體中成員會希望被接納，所以很容易就會順從團體的規範。團體也會施予強大的壓力，促使成員們改變其態度與行為，以順從團體的規範。同時，個體會順從一些較為重要的團體，這些重要的團體被視為參考團體（reference group）。

(3) **地位**：他人給予團體或團體成員社會上所定義的職位或階級。地位是一項重要的激勵因子，對個人的行為有重要影響。地位的獲得方式可能是正式組織所賦予員工的地位象徵，或非正式，若群體眾人認為某一特性有其價值，則該特性就有其地位上的價值。

(4) **團體規模**：指團體成員人數的多寡，一般而言，較小的團體，其完成任務的速度，比較大的團體快；規模大的團體，在解決問題時，處理得較好。但也有研究顯示：團體規模的增加與個體績效成反比，也就是所謂的「**社會賦閒**」（social loafing），**指個人在團體中工作時所付出的努力比自己單獨工作時少**。原因可能是：努力的公平性、缺乏個人責任感、由於報酬共享而缺乏動機、搭便車（free ride）現象。

小秘訣

參考團體：那些個體已經隸屬或希望加入，並且順從其規範的重要團體。
職場偏差行為：組織成員故意違背既定規範，而表現出反社會行為，這些行為亦將對組織與其成員產生負面結果。

☆ 小提點

社會賦閒（social loafing），意指當群體成員人數愈多時，成員愈容易傾向投入較少的努力，是一種搭便車現象（只享權利不盡義務）。而避免社會賦閒的方法有：

1.增加工作的挑戰性與重要性予以改善；

2.讓團體成員個別對團體工作的一部份負責；

3.應用階梯技巧方法。

階梯技巧法（stepladder technique）是將團體成員分為核心團隊，並在每一階段增加或減少人數，以利決策的進行。例如四人的團隊可分為三個階層，先由二人的核心團體開始著手解決問題，然後再加入第三人，就相同問題提出他的解決辦法，接著三人進行討論，最再由第四位提供他個人的解法，繼而於四人討論之後再做出最終的決定。

(5) **團體凝聚力**：團體成員相互吸引、共享目標的程度且願意留在團體內的程度。凝聚力高的團體，成員愈朝團體目標努力，效能愈高。而增加凝聚力的作法有：

A.團體人數少一些。

B.促使成員對團體目標有所承諾。

C.增加成員相處與互動的頻率。

D.提升團體的地位或成員加入團體的困難度。

E.刺激與其他團體相互競爭。

F.給團體獎賞優於給個別成員酬償。

G.在實體上把團體孤立起來。

H.績效表現獲得企業組織外部人士的認可。

I.空間距離愈近，成員間的互動頻率增高。

小秘訣

團隊應包含以下四點關鍵組成要素：

1.成員在兩人以上。

2.團隊成員彼此依賴，並在團隊運作過程中相互協調與合作。

3.團隊的主要任務是完成共同的目標。

4.團隊成員共同負擔團隊的成敗責任。

5. **團體與團隊**

團隊也是一種群體，團體與團隊的最大不同，在於團隊的基礎是共同的承諾，即團隊成員間通常具有高度的互賴、協調性的互動，以及對於個人在達成特定群體目標的高度認同。因此，當群體成員發展出對群體的高度認同時，群體便可稱為團隊。

(1) **團體**（group）：兩個或以上互動且相互依賴的個人，組合起來經由互動以達成特定目標。

(2) **團隊**（team）：成員密切合作以達成特定共同目標，並共同擔負責任的團體。

6. **團體與團隊的比較**

根據Katzenbach, Jon R和 Smith, Douglas K（1993）指出，團隊與團體基本的差異在於：團隊的成員對其是否完成團隊的共同目標一起承擔成敗責任，而團體則否。再者，團隊的最後成果是經由全體團隊成員共同貢獻心力所完成的，而且這個成果絕非單獨依靠個人力量可以完成。茲將兩者差異比較如下：

構面	團體	團隊
領導者	有一位正式且強有力的領導者。	領導者的角色由團隊成員輪流擔任。
成員責任	只擔負個人的成敗責任。	同時擔負個人成敗及團隊成敗責任。
目標	團體的目標與組織使命相同。	團隊自己有其特殊的目標。
工作成果	注重個人的工作努力成果。	注重團隊集體的工作努力成果。
會議過程	只著重進行有效率的會議。	著重進行鼓勵每一個人參與討論，充分溝通，並在一起解決問題的會議。
績效評估	績效評估以個人表現為依據。	績效評估以集體的工作成果作為衡量的依據。
工作方式	在經過討論及決策後，授權個人去進行任務。	在經過討論及決策後，大家共同完成任務。

7. **工作團隊類型**

工作團隊（work teams）是成員利用正面的綜效、個別或共同的責任，和互補的方式，積極朝特定的共同目標前進。工作團隊可分為：

(1) **功能團隊（functional team）**：由單位中的管理者及員工所組成，又稱為命令（command）或垂直（vertical）團隊。通常努力來改善工作活動，或解決特定功能單位的問題。

(2) **跨功能團隊（cross-functional team）**：是由同一階層，但不同工作領域的員工所組成，又稱為水平（horizontal）或任務小組（task force）團隊。他們集合在一起以完成某一特定任務。

(3) **問題解決團隊（problem-solving team）**：由同部門中若干成員組成，通常只有建議權，如品管圈。在問題解決團隊中，成員分享想法或提供改善工作流程及方法的建議。

(4) **自我管理團隊（self-managed team）**：一個沒有管理者，並自行負責完整工作流程，或傳遞產品、服務給外部或內部顧客的正式員工群體，成員自我規劃和負責完成工作。

(5) **虛擬團隊（virtual team）**：使用電腦科技將分散在各地的成員連結，以完成共同目標的團隊。

8. **有效團隊或高績效團隊的特徵**

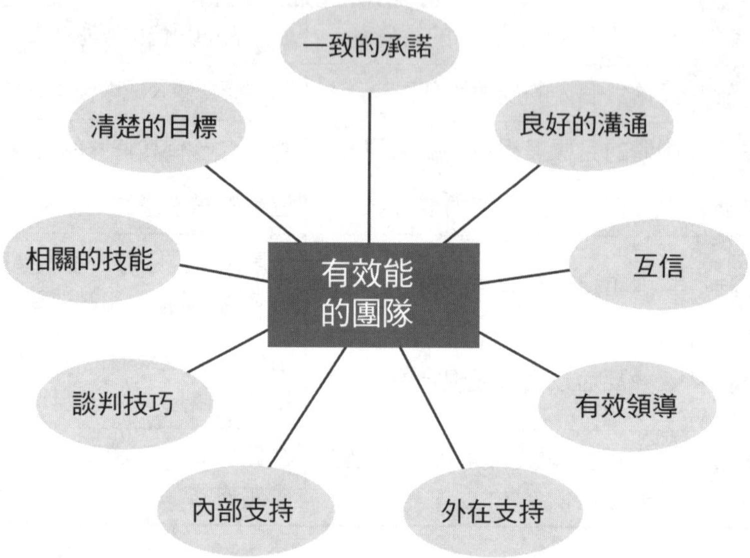

9. **管理全球團隊**

全球化工作環境下，每位團隊成員的背景可能是很不相同，呈現出多元觀點與意見。

(1)全球團隊是來自不同國家、具備不同的專業背景、在不同的地點工作、甚至從未面對面交談過的成員所組成的團隊。

(2)全球團隊的優缺點：

A. 優點

a.多元化的意見。

b.較不易有群體迷思現象。

c.較容易注意到彼此的意見和想法。

B. 缺點

a.不喜歡的團隊成員。

b.彼此間不具信任基礎。

c.文化的刻板印象。

d.溝通上的障礙。

e.壓力與緊張。

(3)管理者的角色須應對團隊中成員的差異性有敏銳的知覺。

基礎題型

解答

1 為特別需求所設立的特設委員會，是屬於下列哪一種團體或團隊？ (A)指揮團體 (B)虛擬團隊 (C)友誼團體 (D)任務編組。 【105台酒】 (D)

考點解讀 或稱「任務團體」或「任務團隊」，是為了共同完成某項工作任務而組成，可以不受原有指揮關係所限制。

2 下列何者不是團體發展的階段？ (A)形成期 (B)風暴期 (C)規範期 (D)落後期。 【107郵政】 (D)

考點解讀 團體發展的五個階段：形成期、動盪（風暴）期、規範期、執行（表現）期、解散期。

3 群體發展階段依序排列為下列何者？ (C)
(A)形成期-規範期-動盪期-行動期-休止期
(B)規範期-形成期-行動期-動盪期-休止期
(C)形成期-動盪期-規範期-行動期-休止期
(D)形成期-規範期-行動期-休止期-動盪期。 【111台酒、103中華電信】

考點解讀 群體發展的五個階段：形成期、動盪（風暴）期、規範期、執行（表現或執行）期、解散（休止）期。

4 群體發展的第一階段為下列何者？ (A)行動期 (B)形成期 (C)動盪期 (D)規範期。 【108台酒】 (B)

考點解讀 群體發展的五個階段：形成期、動盪期、規範期、行動期、解散期。

5 團體發展階段中的哪一個階段團體成員間會有很多的衝突，對應該做的事有不同的意見，若沒有順利地通過這個階段，團隊可能就會夭折，或者在後來產出較差的專案？ (A)
(A)動盪期（storming） (B)規範期（norming）
(C)執行期（performing） (D)休止期（adjourning）。 【103台糖】

考點解讀 團體內仍存在著衝突的階段，成員彼此間會產生意見不一，溝通不良、拒絕團體的控制或是對於從屬關係產生質疑與排斥。

6 下列何者為組織中角色模糊的定義？ (A)工作量超過時限內所能完成的量 (B)無法達成或滿足工作期望的狀況 (C)不清楚角色界定，而不確定該做什麼的情況 (D)直接熟悉能容易處理的狀況。 【108台酒】 (C)

解答

考點解讀 Kahn (1964) 等人認為角色模糊 (role ambiguity) 指個人缺乏足夠的訊息，導致無法適當扮演其應有的角色行為，即個人對角色行為或績效水準不明白所致。

7 下列何者對提升企業組織內部員工凝聚力的影響性較低？ (A)擴大企業組織的規模 (B)在員工間形成一致性的目標 (C)提高員工彼此間互動的頻率 (D)績效表現獲得企業組織外部人士的認可。【107台糖】 (A)

考點解讀 影響團體凝聚力的因素之一是團隊規模，學者認為小團隊的成員具有較高的激勵作用與承諾，成員互動與目標共享程度越高，凝聚力也越大。

8 下列關於群體和團隊的敘述，那一項錯誤？ (A)當群體成員發展出對群體的高度認同時，群體便可稱為團隊 (B)群體沒有目標，團隊有目標 (C)團隊成員間常具有高度互賴與協調性互動 (D)所有團隊都是群體，但群體並不一定是團隊。【104鐵路】 (B)

考點解讀 群體目標與組織目標相同，團隊目標有特殊的的團隊願景與目的。

9 一個有效的工作團隊在運作期間通常不會出現下列何項狀況？ (A)成員對於團隊目標都非常清楚 (B)成員間彼此互相信任 (C)成員間的溝通頻率不高 (D)成員擁有充分的內外部支持。【102郵政】 (C)

考點解讀 工作團隊 (work team) 一群擁有互補技能的人，且認同共享的使命、績效目標，以及對彼此的責任感。一個有效之工作團隊通常具備以下特徵：(1)成員對於團隊目標都非常清楚；(2)成員具備達成目標所需的技能；(3)成員間彼此互相信任；(4)成員顯露強烈的忠誠及對團隊奉獻精神；(5)成員間的溝通頻率很高；(6)合適的領導協助成員發揮潛能；(7)成員擁有充分的內外部支持。

10 以下關於跨功能團隊的敘述，何者錯誤？ (A)由各個不同功能專業人員所組成 (B)比傳統部門別組織更具有彈性 (C)是組織成員之間自然形成的非正式團體 (D)非常仰賴橫向溝通。【108漢翔】 (C)

考點解讀 組合不同領域的專家，以共同完成各式各樣任務的工作團隊。

11 由於網路技術的發達，團隊不再需要實體的人與人之會面，而是透過電子科技（例如網路郵件、視訊、Line等），團隊成員得以穿越時空的限制，彼此溝通，以達成團隊目標， 此種團隊稱之為： (A)跨功能團隊（cross-functional team） (B)高階管理團隊（top-management team） (C)虛擬團隊（virtual team） (D)研發團隊（R&D team）。【107台酒】 (C)

考點解讀 成員很少或從不面對面接觸，但使用各種形式的資訊科技，如電子郵件、電腦網路、電話、傳真機與視訊會議等來進行互動的團隊。

解答

12 想成為有效的團隊領導者，管理者不必學習下列哪一項技能？ (A)分享資訊 (B)信賴他人 (C)下放權力 (D)干預控制。 【106桃機】 (D)

考點解讀 想成為有效的團隊領導者，管理者必學習：分享資訊、信賴他人、下放權力、彈性應變、協同合作。

進階題型

解答

1 有關群體發展(group development)階段的敘述，下列何者錯誤？ (A)在形成期(forming)，群體成員定義群體目標及結構 (B)在動盪期(storming)，群體成員會因意見不同產生衝突 (C)在規範期(norming)，群體結構已完全功能化且為成員接受 (D)在休止期(adjourning)，群體已預備解散，高績效不是最重要考量。 【105中油】 (C)

考點解讀 在規範期（norming），成員關係較密切，凝聚力逐漸增強。執行期（performing），群體的功能已經完全功能化且為成員所接受。

2 可以增加團隊凝聚力的因素有： (A)團隊內競爭 (B)團隊規模變大 (C)團隊成員多元化 (D)團隊間競爭。 【108鐵路】 (D)

考點解讀 團隊凝聚力是指團隊對成員的吸引力，成員對團隊的向心力，以及團隊成員之間的相互吸引。團隊凝聚力的決定因素包括：團隊互動、共同分擔目標、團隊間的競爭及團隊對個人的吸引力。

3 在團體的互動過程中，成員對團體規範的順從程度反映了該團體的凝聚力，下列何者不是導致團體凝聚力增加的可能原因？ (A)成員間目標的相似性高 (B)團體過去的成功經驗多 (C)團體的開放性高 (D)成員間互動程度高。 【103鐵路】 (C)

考點解讀 導致團體凝聚力的因素：

(1)團體規模：小團隊的成員間互動程度高。具有較高的激勵作用與承諾。另外，團隊互動與目標共享程度越高，凝聚力越大。

(2)有效的多樣性管理：成員有類似的態度、價值觀、目標比較容易共事。

(3)團體認同與良性競爭：藉著鼓勵團隊發展本身的認同感與人格，或者進行良性競爭來增加凝聚力。

(4)團體過去的成功經驗多：在增加團體凝聚力方面，沒有一句話比「沒有一件事比成功更像成功」來得貼切。

解答

4 工作團體（work group）與工作團隊（work team）有別，而下列何者不屬於工作團隊的特質？ (A)
(A)討論時講求效率 (B)領導角色共享
(C)以特定目的建構組織 (D)成員享有工作分配權。 【105郵政】

考點解讀 工作團體（group）為二人以上，具備共同利益、目標、且持續互動的一群人。強調個人的領導、團體重視分工、個人的責任、與個別工作的成果、討論時講求效率。因此著重個人的工作成果，強調個人的工作責任；工作團隊（work team）為一群擁有互補技能的人，且認同共享的使命、績效目標，以及對彼此的責任感。強調特定目的建構、共享的領導、共有的責任、以及集體的工作產出。

5 甲企業集團的平板電腦事業部門在組織中屬於相對年輕的部門，由於業務的需要，團隊成員常常必須來自不同部門，也有不同的專業背景，工作上必須經常溝通才能完成團隊的任務。請問，該部門的團隊組成比較傾向於那一種類型的團隊？ (A)自我管理團隊 (B)虛擬團隊 (C)跨功能團隊 (D)問題解決團隊。 【103鐵路】 (C)

考點解讀 由位於組織層級同一位階的員工，而非來自組織中同一工作領域的員工所組成。此團隊集合許多不同工作領域的員工，以便完成某一特定任務。(A)通常沒有一位經過組織任命的正式領導者，是由成員所自行推派的非正式領袖來領導。(B)組織使用電腦科技來連結分散各地的跨組織和跨國界員工，來達到共同的目標。(D)常常是為瞭解決組織中的某些專門問題而設立的，團隊的成員通常每周利用幾個小時討論改進工作方法的問題，並提出建議。

6 所謂的虛擬團隊具備下列哪一個特徵？ (B)
(A)團隊成員間彼此非常熟悉
(B)團隊成員間會運用資訊科技完成工作任務
(C)團隊成員所具備的能力互相重疊
(D)團隊任務完成後會轉為正式團隊。 【107台糖】

考點解讀 綜合相關的研究，我們可以發現虛擬團隊存在四個方面的特徵：(1)團隊成員具有共同的目標；(2)團隊成員地理位置的離散性；(3)採用電子溝通方式來完成任務；(4)寬泛型的組織邊界。

7 任務編組（task force）的團隊，不包括那項特色？ (A)臨時安排 (B)跨部門 (C)低控制幅度 (D)解決問題導向。 【108鐵路】 (C)

考點解讀 任務編組（task force）的團隊，其特色包括：臨時安排、動態性、跨部門、寬控制幅度、解決問題導向等。

解答

8 下列何者不是全球團隊的優點？ (A)多元的意見 (B)較不易有群體迷思的現象 (C)較容易注意彼此的意見與想法 (D)較容易達成共識。 【103中油】 (D)

考點解讀 全球團隊的優點：多元化的意見、較不易有群體迷思現象、較容易注意到彼此的意見和想法。

9 下列哪一項不屬於團隊領導者（team leader）的角色？ (A)目標制定者 (B)問題解決者 (C)衝突管理者 (D)教練。 【105郵政】 (A)

考點解讀 團隊領導者的角色應具有以下四種功能：

(1)與外部相關人員的聯繫者：領導者對外代表相關、確保所需的資源、釐清他人對團隊的期望、蒐集外界資訊並與團隊成員分享。

(2)問題解決者：當團隊有困難或需要援助者時，領導者可藉由相關會議協助問題的解決。

(3)衝突管理者：協助處理衝突，並幫忙確認衝突來源、有誰涉入、爭議為何、可行的解決方案。

(4)教練：他們釐清期望和角色，教導、提供支援、鼓勵和協助任何維持高績效所必須做的事。

10 下列何者不屬於團隊領導者主要扮演的角色？ (A)問題解決者 (B)教練 (C)控制者 (D)外界關係聯繫者。 【104、105自來水】 (C)

非選擇題型

1 團隊的發展要經過那些階段？各階段發展脈絡如何？均請說明之。 【108鐵路】

考點解讀 Tuckman 在1977年歸納的五階段團體發展模式：形成期、動盪期、規範期、執行期、解散期。

(1)形成期：成員加入，接著定義群體目標、結構及領導。

(2)動盪期：成員可能對誰擁有群體的控制權，及群體應做的事有不同意見， 因而產生衝突。

(3)規範期：群體會發展出緊密的關係，並展現群體的凝聚力，個人對群體有強烈的認同感及夥伴情誼。

(4)行動期：群體的功能已經完全功能化且為成員所接受。

(5)解散期：群體已預備要解散，高績效已不再是成員最重要的考量，如何收尾才是最重要的工作。

2 何謂工作團隊（work team）？一個有效之工作團隊應具備哪些特徵？請條列逐一詳加申述之。【107經濟部】

考點解讀 工作團隊（work team）是由一小群擁有專業技能的人，為執行共同目的、工作目標與方向而彼此相互依存。團體中個體努力後的績效結果會大於個別投入的總和。

一個有效之工作團隊應具備的特徵：

(1)清楚的目標：能夠對所欲達成的目標有清晰的了解，並且相信此一目標能夠體現有價值或是重要的結果。

(2)有關的技能：有達成目標所需的技能與能力，以及與他人合作良好所應具備的人格特徵。

(3)互相信任：成員們應相信彼此的正直、人格以及能力。

(4)一致的承諾：有效團隊的成員會顯露強烈的忠誠以及對團隊的奉獻精神，他們願意為了幫助團隊成功而作任何事情。

(5)良好的溝通：成員得以既定與清晰的形式彼此互相傳達訊息。

(6)合適領導：幫忙闡明目標，克服惰性，改變現狀，增加團隊同仁的自信心，幫助同仁充分發揮潛能。

(7)外部和內部支持：提供一個健全的結構，適當的訓練、團隊成員得以衡量其整體績效的評估系統、 辨認及獎勵團隊行動的誘因方案、以及支持性的人力資源系統。

3 團隊中出現個人在團體中工作時所出的努力比自己單獨工作時更少，此現象稱為________________。【111台電】

考點解讀 社會賦閒／Social Loafing／社會惰化／社會閒散／社會懈怠／搭便車（效應）／ Free-rider／Free ride。

Chapter 08 領導理論

焦點 1 領導權力來源

許士軍教授認為：領導是在一特定情境下，為影響一人或一群人之行為，使其趨向於達成某種群體目標之人際互動的程序。領導的權力來源是領導很重要的基礎，可來是自**正式組織法定職權的賦予，也可能是來自非正式組織個人的影響力。**

領導的權力來源：法蘭區與瑞芬（J.French & B.Raven, 1959）認為領導的權力基礎，是由五種力量構成，如下表：

法統權力	基於職位賦予的權力，相當於職權，包含獎賞權、脅迫權。
獎賞權力	給予正面利益或獎賞的權力，例：加薪、升遷。
脅迫權力	因為害怕被處罰而對擁有懲罰權力者的遵從。
專家權力	基於個人因擁有某種專長、特殊技能或知識而產生的權力。
參考權力	基於自某人獨特的魅力或特質而具有的影響力。

☆ 小提點

領導是管理的一部分，所以管理者都應該是領導者。但並非所有的領導者都一定具備管理的能力或承擔管理者的職務，領導者通常是指能影響他人的人。

小秘訣

領導者權力的來源（French & Raven）：有效的領導者會透過數種不同型態的權力，來影響部屬的行為與績效。

(1)法定權力（legitimate power）可翻譯為：法統權、法制權、法理權、法職權、合法權。此種因組織職位而依法取得的權力，包含獎賞權力及強制權力。

(2)獎賞權力（reward power）可翻譯為：獎勵權或獎酬權。藉正面的獎賞或鼓勵而取得的權力。

(3)強制權力（coercive power）可翻譯為：強迫權、脅迫權、懲罰權、壓制權、威嚇權。藉強迫、威嚇或懲罰而取得的控制權力。

(4)專家權力（expert power）可翻譯為專技權。伴隨專業、特殊技術或知識而來的影響力。

(5)參考權力（referent power）可翻譯為參照權、歸屬權、榜樣權、敬仰權、偶像權。因個人特質或魅力而為他人喜愛或景仰的權力。

新視界

法蘭屈與雷門（John French & Bertan Raven,1959）認為權力的基礎，是由五種力量構成，其為法定權、獎賞權、強制權、參考權、專家權。其後1975年雷門與克魯格蘭斯基（W.Kruglanski）認為尚可加上「資訊權」。到了1979年赫賽（P.Hersey）與高史密斯（M.Goldsmith）主張「關聯權」也是領導的基礎。

1. **資訊權力（information power）**：擁有他人所需要、且稀少的資訊。
2. **關聯權力（connection power）**：與組織內具有權勢地位的重要人士有密切的關係，他人基於巴結或不願意得罪等心理而接受其影響。

基礎題型

解答

1 管理者激勵並且幫助下屬達成組織目標，稱為： (A)規劃 (B)領導 (C)證明 (D)控制。 【107鐵路營運人員】 **(B)**

考點解讀 管理的四大基本功能或程序包括：
(1)規劃：設定組織目標，以及達成目標的方法。
(2)組織：界定部門職掌，建立分工合作關係。
(3)領導：激勵員工，朝向組織目標自發性的努力。
(4)控制：檢視執行情況，提出修正，確保目標達成。

2 下列何者不是領導者的五項權力來源？ (A)專家權 (B)獎賞權 (C)參照權 (D)投票權。 【108漢翔、107桃捷】 **(D)**

考點解讀 法蘭屈與雷文（French & Raven）將權力來源歸納為以下五種：
(1)法定權（legistimate power）：由於擔任組織的某一職位而具有的權力。
(2)獎賞權（reward power）：給予獎勵的權力。
(3)強制權（coercive power）：藉由威脅或懲罰來強迫他人服從的權力。
(4)專家權（expert power）：具備某種專業知識技能使他人信服。
(5)參照權（referent power）：奠基於認同、忠誠或魅力。

3 〈複選〉法蘭屈和雷文（French & Raven）所提出領導者的權力來源，包含下列哪些？ **(A)(B)(C)**
(A)合法權（Legitimate Power）
(B)強迫權（Coercive Power）
(C)參考權（Referent Power）
(D)同意權（Agreement Power）。 【107台糖】

解答

4 「管理者給予部屬一個工作去執行，而這個工作內容涵蓋部屬的正式工作範疇」，係指該管理者使用下列何種權力？ (A)獎賞權力（reward power） (B)參考權力（referent power） (C)強制權力（coercive power） (D)法定權力（legitimate power）。 【108漢翔】 (D)

考點解讀 或稱合法權或法理權，乃因職位而擁有的權力稱為法定權，就是所謂的職權。

5 林經理是董事長的女婿，多年來表現的非常稱職，最近將被擢昇為副總經理，他在組織所擁有的權力應屬於French and Raven（1960）所提出的何種權力來源？ (A)

(A)法定權 (B)獎賞權 (C)專家權 (D)參照權。 【103經濟部】

6 在權力的來源基礎中，基於可以給予他人所認為有價值的獎賞，而所產生對他人的權力，稱為：(A)法制權力 (B)壓制權力 (C)獎賞權力 (D)專家權力。 【104郵政】 (C)

考點解讀 又稱獎酬權，能夠給予他人報償，以換取人合作的權力。

7 管理者發現下屬有違規行為時，有給予懲罰或建議懲罰的權力，請問此權力稱為？ (C)

(A)獎賞權 (B)所有權

(C)強制權 (D)參考權。 【107桃捷、101郵政】

考點解讀 擁有可以對他人施予脅迫或懲罰的權力。

8 王經理對於部屬李大仁的錯誤行為採取降職，此種取決於領導者的能力進行懲罰或控制的力量，稱為何種權力？ (A)獎賞權力 (B)專家權力 (C)強制權力 (D)參照權力。 【106鐵路】 (C)

考點解讀 弗蘭契（J.French）與納文（B.Raven）認為領導的權力來源基礎：

(1)法制權力：基於個人在正式組織所擔任的職位而取得的權力。

(2)強制權力：因為害怕被處罰而對擁有處罰權力者的遵從，此種基於畏懼的權力，就是強制權力。

(3)獎賞權力：基於個人因具有給予其他人所認為有價值的獎賞，而所產生對他人的權力。

(4)專家權力：基於個人因擁有某種專長、特殊技能或知識而產生的權力。

(5)參考權力：基於某人因為擁有某些獨特的特質而易受他人認同的權力。

解答

9 陳先生因為本身擁有專門知識和技術，而使公司其他人願意接受其建議或指揮。請問陳先生的權力基礎為下列何者？ (A)參考權 (B)獎賞權 (C)專家權 (D)法定權。【112郵政】 (C)

考點解讀 專家權力係基於個人因擁有某種專長、特殊技能或知識而產生的權力。

10 下列何種權力來自於個人的魅力，使其能獲得他人的喜愛、佩服與認同，進而願意跟從或接受其影響與指揮？ (A)專家權力 (B)獎賞權力 (C)法定權力 (D)參考權力。【104自來水】 (D)

考點解讀 來自於個人的魅力或特質，如自信、熱忱、溫暖、堅定等，而能獲得他人的喜愛、佩服、學習與認同，進而願意跟從或接受其影響與指揮的權力。

11 因為一個人擁有令人渴望的資源或個人特質而發生的權力，係屬於下列何者？ (A)專家 (B)參照 (C)法治 (D)獎賞。【111台酒】 (D)

進階題型

解答

1 「為企業組織建立願景，並透過引導、訓練、激勵以及其他方式與員工一起完成組織目標並實現願景」符合下列哪一個管理功能？ (A)組織 (B)控制 (C)領導 (D)用人。【108郵政】 (C)

考點解讀 (A)將組織任務及職權予以適當的劃分及協調，以達成目標。(B)是一種檢視程序，以確保各項活動能按計畫達成，並矯正任何顯著偏離。(D)指針對組織內各項職位，選用能勝任的人員，擔任並且發展其能力的程序。

2 以下對領導（leading）的敘述說明，何者為錯誤？ (A)領導有激勵下屬的功能 (B)領導有影響員工家庭的功能 (C)領導有影響員工工作表現的功能 (D)領導有解決員工行為問題的功能。【107桃捷】 (B)

考點解讀 領導（leading）：是激勵員工，指揮與協調員工的活動。

3 下列針對企業組織中「權力（power）」的敘述，何者錯誤？ (A)「權力」是指一個人影響決策的能耐 (B)在企業組織圖中所處的位置愈高，權力一定愈大 (C)權力可由其在組織中的垂直位置和其與組織權力核心的距離來決定 (D)組織中某人之所以擁有「專家權力」，是因為其擁有專長、特殊技能或知識而產生之權力。【103台酒】 (B)

解答

考點解讀 影響力（Influence）是指一個人可以使其他人採取某些行動的能力。權力（Power）的基礎便是影響力，當一個人有了影響力，他便擁有了權力。在企業組織圖中所處的位置愈高，權力不一定愈大。

4 正式主管職位對於下屬權力的來源，通常不包括： (A)法制權（legitimate power） (B)強制權（coercive power） (C)獎賞權（reward power） (D)參考權（referent power）。 【103中油】 (D)

考點解讀 正式主管職位的權力來源是係基於職位所賦予的權力，即法制權，因而擁有獎勵他人的獎賞權，或懲罰部屬的強制權。

5 領導者的五個權力來源中，以下那兩個是源於領導者個人的能力或特質？ (A)獎賞權（reward power）與參照權（referent power） (B)強制權（coercive power）與專家權（expert power） (C)獎賞權與專家權 (D)專家權與參照權。 【106鐵路】 (D)

考點解讀 法蘭區與瑞芬（J.French & B.Raven）認為權力的基礎，是由五種力量構成，分別為法統權力、獎賞權力、強制權力、參照權力、專家權力。其中法統權力、獎賞權力、強制權力是來自正式組織，源於職權所賦予。專家權與參照權是來自非正式組織，源於領導者個人能力或特質所產生的影響力。

6 有關領導者權力之敘述，下列何者錯誤？ (A)法制權比強制權與獎賞權的影響更廣泛 (B)大部分的有效領導者，會透過不同型態的權力，來影響部屬的行為與績效 (C)參照權是指伴隨專業、特殊技術或知識而來的影響力 (D)強制權是懲罰或控制部屬的權力。 【108郵政】 (C)

考點解讀 專家權是指伴隨專業、特殊技術或知識而來的影響力。

7 以下有關權力來源的敘述，何者錯誤？ (B)

(A)獎酬權（reward power）：可以透過實質的獎勵來影響另一個人

(B)專家權（expert power）：在知識經濟時代中，擁有重要資訊可以影響另一個人

(C)強制權（coercive power）：一個人可以透過處罰來影響另一個人

(D)合法權（legitimate power）：基於組織中正式的職位有權力來影響另一個人。 【107台酒】

考點解讀 應是指資訊權（information power），由於領導者擁有或接近具有價值的資訊，而被領導者想要分享其資訊，因此在領導者願意提供資訊的情況下，便可發揮其影響力。

解答

8 當球迷模仿一個專業運動明星的穿著與行為舉止時，則該運動明星對於這些球迷具有何種權力？ (B)
(A)專家權（expert power）
(B)參考權（referent power）
(C)強制權（coercive power）
(D)獎賞權（reward power）。 【105經濟部】

考點解讀 某人對於另一個人表示認同或景仰，因而可以引為參考或模仿的對象。(A)擁有的專業知識和技能。(C)擁有的足以懲處別人的權力。(D)是指某人被認為具有分配報酬的能力。

9 「魅力型領導」（charismatic leadership）與下列何項權力有緊密的聯結？ (A)
(A)參考權力（referent power）
(B)強制權力（coercive power）
(C)專家權力（expert power）
(D)法定權力（legitimate power）。 【108漢翔、105自來水】

考點解讀 領導者個人具有某種激發部屬與追隨者支持與接受的特質，而吸引他人追隨的能力。如同參照權（referent power）是來自於某人特殊的資源或個人的特質。

非選擇題型

有關 French & Raven 所舉的 5 種權力中，因個人魅力或特質讓部屬心甘情願跟隨的權力稱為______權。 【107台電】

考點解讀 參照／參考權。

焦點 2 早期的領導理論

依據歷史角色背景而言，領導理論的研究可分為特質理論、行為理論、情境理論及新近領導理論等四種途徑取向，如下表所示：

領導理論與研究的發展趨勢

時期	領導理論與途徑取向	研究主題
1904年代晚期以前	特質論	領導能力是天生的
1940年代晚期～1960年代晚期	行為論	領導效能與領導行為關聯性
1960年代晚期～1980年代早期	權變領導理論	領導有賴於所有因素的結合
1980年代早期以前	新近領導理論	具有遠景的領導者

早期的領導研究，著重在兩大類：領導者本身（領導特質理論）、領導者如何與成員互動（領導行為理論）。

1. 特質理論（trait approach）或稱特徵理論、屬性理論，主要試圖找出領導者與非領導者在特質上有何不同。一般而言，常被提及的領導者特質包括生理特質（如外表、年齡、身高、精力）、人格特質（如自信、果斷、勇敢、積極、堅毅、熱心）、社會背景（如學經歷、家世、關係）以及智力、口才等。

> **小秘訣**
> 特質理論主要尋找可以區別領導者與非領導者的特徵，大部分研究中都與領導有密切相關的五種性格特質包括：智力、支配性、自信、精力及工作知識。但是以特質解釋或預測領導效能的正確性並不高。

2. 行為理論（behavior theory）認為領導者是後天可以培養的，將焦點轉移到領導者所表現的行為上，並嘗試找出有效領導者的行為特性。其主要的研究有：**愛荷華大學的研究（民主型、專制型、放任型）、俄亥俄州立大學的研究（關懷、定規）、密西根大學的研究（員工導向、生產導向）、德州大學的研究（布雷克與莫頓的管理方格或座標理論）**。茲整理如下表所示：

研究機構	行為構面	結論
愛荷華大學（University of Iowa）	**民主型態**：部屬融入、授權，及鼓勵參與。 **專制型態**：命令式的方法、極權決策與很少的員工參與。 **放任型態**：讓群體自由制定決策和完成工作。	研究顯示民主型態的領導較有效果，但後續研究結果不一。

研究機構	行為構面	結論
俄亥俄州立大學（Ohio State）	**關懷**：考量部屬的想法與感受。 **定規**：建構不同工作間的關係，以符合任務目標。	高—高的領導者（高關懷與高定規）導致高績效與滿意度的員工，但並非所有狀況皆如此。
密西根大學（University of Michigan）	**員工導向**：強調人際關係和關懷員工需求。 **生產導向**：強調工作的技術與任務面。	領導者的「員工導向」傾向會影響群體的生產力及工作滿意度。
德州大學（University of Texax）	**關心員工**：以1至9（由低至高）來衡量領導者對部屬的關心程度。 **關心生產**：以1至9（由低至高）來衡量領導者對完成工作的關心程度。	領導者最好的表現是9, 9型態（對員工與對生產的高度關心）。

(1) **管理座標理論**：或稱**「管理方格」或「管理格道」理論**，是由德州大學的**布萊克**（Robert R.Blake）和**莫頓**（Jane S.Mouton）在1964年出版的《管理方格》，並於1978年修訂再版，改名為《新管理方格》一書中提出的。其認為管理者欲達成組織目標，在從事管理活動時，必須具有某種程度的關心工作生產與關心員工態度。而管理者對於兩者的關心情況就決定了他所採取的領導型態。依其所見，管理者可能在81種不同組合之管理格道中呈現其中一種領導方式，其中有五種較為關鍵的領導型態分別是：**團隊型、鄉村俱樂部型、組織人型、權威型、赤貧型**。

A. 團隊型（9,9）（Team Management）：認為工作的績效是來自於高組織承諾的員工。因此，他們試圖建立一種員工對於組織目標上的「共同命運」感覺。

B. 鄉村俱樂部型（1,9）（Country Club Management）：希望創造一種舒服和安全的氣氛，並且相信部屬在這種氣氛下，會有正面的表現。

C. 組織人型（5,5）（Middle of the Road Management）：認為應該在工作成效上的必要性與維持員工士氣的滿意水準兩者之間取得平衡，以達成足夠的組織績效。

D. 權威型（9,1）（Task Management）：並不認為員工的個人需要對於達成組織目標是重要的，他們運用法制或強制的權力來促使員工達成組織的目標。

E. 赤貧型（1,1）（Impoverished Management）：希望能夠避免麻煩，盡量避免承擔責任。他們只願意花費最少的精力，來做一些為了保有組織成員身分的必要性工作。

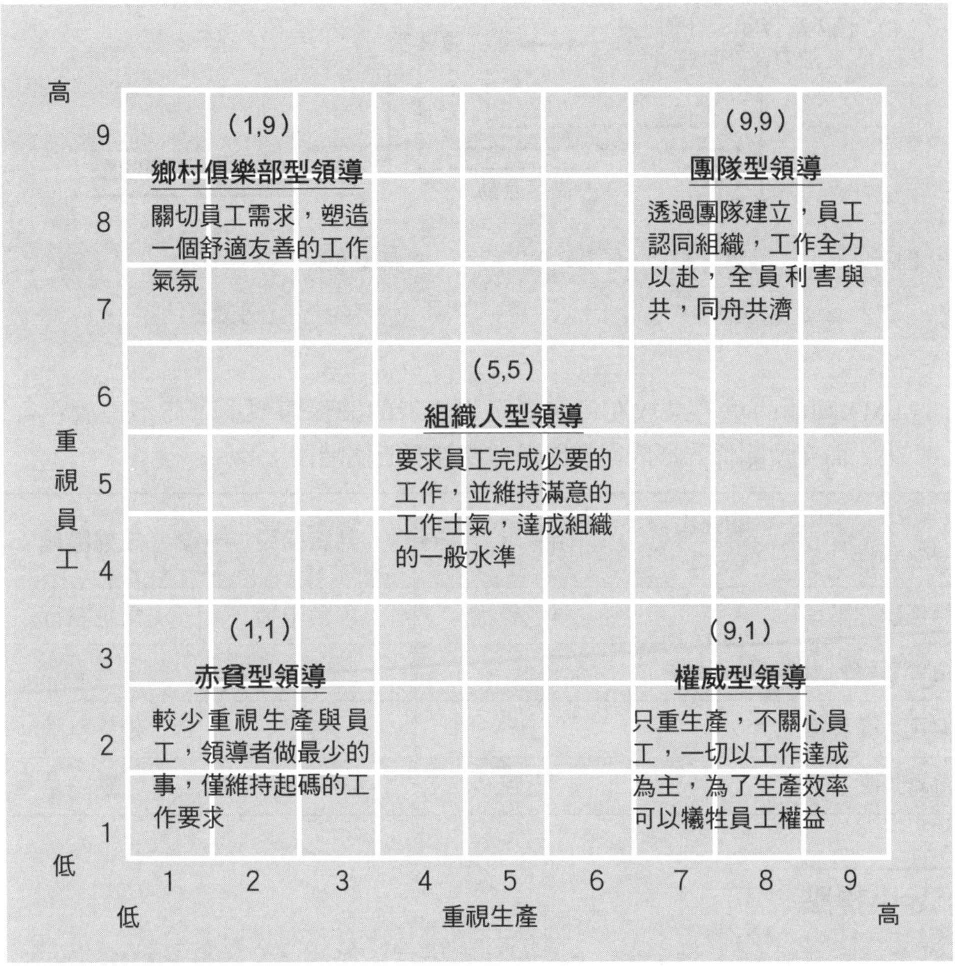

(2) 葛倫的LMX理論：領導者——成員交換理論（leader-member exchange theory，簡稱LMX理論）

由葛倫（George Graeo）和拜恩（Uhl-Bien）在1976年首先提出，他們在VDL模型的研究過程中，透過純理論的推導，得到如下結論：由於時間壓力，領導者對待下屬的方式是有差別的，領導者會與下屬中的少部分人建立了特殊關係，這些個體成為圈內人（in-group），他們受到信任，得到領導者更多的關照，也更可能享有特權，同時圈內人也會有較好表現與效高工作滿意度、對組織有較高認同度。

其他大部分則為圈外人（out-group）或圈內人與圈外人之間成員。圈外人與領導者交換關係較不好的成員，獲得的授權、考核、獎酬與晉升均較低，而他們和領導者的互動關係則是建立在正式職權上。

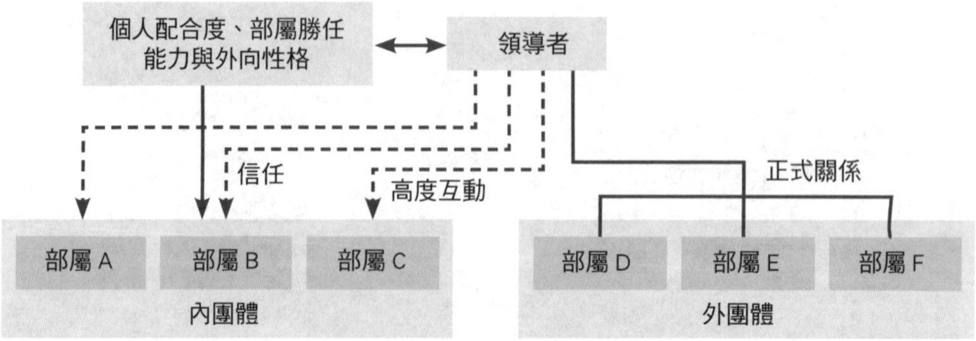

LMX理論的重心是放在領導者與追隨者的關係類型上，而不是放在行為上。而交換關係的形成與發展過程要經歷三個階段：

關係階段／關係特性	陌生階段 →	熟識階段 →	成熟階段
關係建立階段	角色尋找	角色塑造	角色執行
領導者與追隨者關係品質	低	中	高
相互影響程度	無	有限	幾乎無限
興趣焦點	自我	→	團隊

☆ 小提點

林建煌教授所著《管理學》中有關領導的行為理論涵蓋：愛俄華大學的研究、密西根大學的研究、俄亥俄州立大學的研究、布雷克與莫頓的管理方格理論外，另增列「葛倫的LMX理論」。

新視界

中山大學企管系所著《管理學：整合觀點與創新思維》中有關華人本土領導理論，有提到「差序式領導理論」，是指企業主持人因受「認知有限性」的侷限，以類別為基礎來處理訊息。同時，領導者將部屬歸類為自己人與外人，並依此親疏之分而產生不同的領導或管理方式；這似乎與「葛倫的LMX理論」有異曲同工之妙。

基礎題型

解答

1 下列那一個理論相對上比較傾向支持「領導者是先天決定的」觀點？ (A)特質理論 (B)管理方格理論 (C)費德勒權變模式 (D)路徑－目標理論。【104鐵路】 (A)

考點解讀 特質理論認為領導者具有某種特定的特質是天生的，這些特質構成領導者權力與威權的基礎，同時也不會隨時間或情境改變。

2 領導者傾向於員工參與決策、授權，並藉由給員工回饋來訓練員工是下列何種領導型態？ (A)民主型態 (B)專制型態 (C)放任型態 (D)直接規定部屬工作型態。【108台酒】 (A)

考點解讀 愛荷華大學的研究：
(1)民主型態：部屬融入、授權及鼓勵參與。
(2)專制型態：命令式工作方法、集權決策和很少的員工參與。
(3)放任型態：讓群體自由制定決策和完成工作。

3 由懷特與李皮特（White and Lippitt）所提出的領導方式理論，當中主要政策均由群體討論與決定，領導者採取鼓勵與協調態度，經由討論使其他人員對工作全貌有所認識，是哪一種領導方式？ (A)權威式領導（Authoritarian） (B)放任式領導（Laissez-faire） (C)指揮式領導（Command） (D)民主式領導（Democratic）。【103台酒】 (D)

考點解讀 懷特（White）與李皮特（Lippitt）在1953年就提出領導者的風格可以分為三類：
(1)獨裁式或稱權威式領導（authoritarian）：所有政策均由領導者決定，有關採行步驟也聽任領導者命令行事。工作分配也都由他單獨決定，和下屬較少接觸。
(2)民主式領導（democratic）：主要政策均由群體討論與決定，領導者採取鼓勵與協調態度，經由討論使其他人員對工作全貌有所認識，在所勾畫之基本途徑與範圍內，工作者對於進行步驟，有相當選擇機會。
(3)放任式領導（laissez-faire）：工作者個人或群體有完全之決策權，領導者儘量不參與其事；領導者僅負責供應其他人所需之資料條件，而不主動干涉，僅偶爾表示意見，工作進行全依賴個人自行負責。

4 那一種領導行為的型態會傾向「給予員工決策上的完全自由，並讓員工自由地選擇完成工作的方法」？ (A)專制型態 (B)民主諮商型態 (C)民主參與型態 (D)放任型態。【104鐵路】 (D)

解答

考點解讀 放任型態領導行為首長放棄決策權，員工擁有完全自主權，並不關心或過問部屬情形，一切聽其自然，屬無為而治。

5 注重人際關係，瞭解部屬的個別需求，並接受成員間的個別差異。這是哪一種型態的領導者？ (A)員工導向 (B)生產導向 (C)任務導向 (D)無為導向。 【104自來水】 (A)

考點解讀 密西根大學的研究，發現領導行為的兩個重要構面：
(1)員工導向：注重人際關係，瞭解部屬的個別需求，並接受成員間的個別差異。強調發展和諧的工作團體，同時關心員工的工作滿意度。
(2)生產導向：強調工作的技能和任務，關心的重點是團體任務與績效的達成，將群體成員視為一種達成目的的工具。

6 管理方格理論（the managerial grid theory）採取哪兩個構面界說領導方式？ (A)對員工關心、對生產關心 (B)對法規關心、對產能關心 (C)對社會關心、對收益關心 (D)對職責關心、對績效關心。 【104台電】 (A)

考點解讀 布雷克與莫頓所提出的管理方格係基於「對員工的關心」與「對生產的關心」兩項構面而來。一共產生81種領導風格型態，然而其中有五種較為關鍵的領導風格，包括位於四個角落與中間方格等五種主要領導風格。

7 認為工作績效來自於高組織承諾的員工，同時關切員工與生產，試圖建立一種互信與互尊的關係。此理念屬於Blake和Mouton提出的管理方格理論中的何種領導風格？ (D)
(A)放任型（improverished management）
(B)任務型（task management）
(C)鄉村俱樂部型（country club management）
(D)團隊型（team management）。 【104自來水】

考點解讀 Blake 和 Mouton 提出的管理方格理論的五種關鍵的領導型態：
(1)放任型、無為型、赤貧型、貧乏型（1,1）：領導者同時對員工與生產顯示最少關心的管理方式，領導者只從事最少努力，以求在組織中保住其身分地位。
(2)任務型、業績中心型、權威型、權威服從型（9,1）：領導者對生產顯示最大關心與對員工最少關心的管理方式，運用強制的權力，使員工達成組織目標。
(3)鄉村俱樂部型、懷柔型（1,9）：領導者對員工顯示最大關心與對生產顯示最少關心的管理方式，希望創造一個舒適、友善的組織氣候。
(4)團隊型、理想型（9,9）：領導者同時將關心員工與關心生產整合到作高水準的管理方式，透過種團隊合作方式，建立一種互信與互尊的關係。
(5)中庸或中間型、平衡型、組織人型、中間路線型（5,5）：領導者同時對生產與員工表示適度關心管理方式，被大多數領導者所採用。

解答

8 在管理座標（Managerial Grid）中，對員工表現最大關心，對工作展現最少關心的管理方式稱為：
(A)團隊式管理（team management）
(B)鄉村俱樂部式管理（country club management）
(C)中庸式管理（middle-of-the-road management）
(D)放任式管理（impoverished management）。【105台北自來水】 (B)

9 領導者專注於關心及支持員工，全力營造一個和諧愉快的工作環境，強調員工滿足，而不強調生產效率，是屬於管理座標中哪一種領導風格？
(A)俱樂部型領導 (B)任務型領導
(C)中庸型領導 (D)放任型領導。【102郵政】 (A)

10 在管理方格理論中，極關心生產而忽視關心員工的領導方式稱為：
(A)（5,5）型態 (B)（9,1）型態
(C)（1,9）型態 (D)（9,9）型態。【104郵政】 (C)

考點解讀 權威型領導（9,1）高度對事（生產）關心、低度對人關心，認為領導者的主要職責在於組織任務與工作績效的達成，較不考慮成員的感受與需求。

進階題型

解答

1 某家客運公司領導者常以自己本身的意志與經驗指揮管理決策，公司成員幾乎不曾參與決策過程，此種領導風格是屬於下列何種？
(A)自由放任領導 (B)專制領導
(C)參與領導 (D)家長式領導。【107鐵路】 (B)

考點解讀 (A)給予員工在決策上的完全自由，並且讓員工自由地選擇他認為能完成其工作的合適方法。(C)領導者與部屬共同分擔決策的制定，而領導者主要的角色是促進與溝通。(D)一種表現在人格中的、包含強烈的紀律性和權威、包含父親般的仁慈和德行的領導行為方式。

2 李克特（Likert）的管理系統研究，將民主與專權領導區分為四種類型，其中管理系統II是屬於下列哪一種領導型態？ (A)仁慈式專權領導 (B)參與式民主領導 (C)諮詢式民主領導 (D)獨裁式專權領導。【103台電】 (A)

解答

考點解讀 李克特（R.Likert）依照一般管理者對人性假設，將領導依民主與專權導區分為四種類型：

(1)獨裁式專權領導：適用管理系統Ⅰ，這些人被假定為「性惡者」，亦即厭惡工作、逃避責任、消極被動等。領導者採嚴厲的監督作法，相當的專斷與權威。

(2)仁慈式專權領導：適用管理系統Ⅱ，這些人仍是相當被動消極的，故領導者應採權威式領導，不過已多少考慮被領導者立場。

(3)諮詢式民主領導：適用管理系統Ⅲ，這些人接近「性善者」，已能夠自動自發，故領導者凡事都會徵詢部屬意見以作為決策參考。

(4)參與式民主領導：適用管理系統Ⅳ，被假設為「性善者」會主動、負責盡職地去完成工作，領導者非常尊重其意見，並給予同等的權力參與決策的制定。

3 某公司主管時常關心員工需求，並提供舒適友善的工作環境，他（她）認為員工只要能愉快地工作，生產效率高低並不是那麼重要；依管理方格理論來說，屬於哪一種管理行為？ **(B)**

(A)放任管理 (B)鄉村俱樂部

(C)任務管理 (D)中間路線管理。 【104經濟部人資】

考點解讀 布雷克與莫頓的管理方格理論：

(1)放任管理：希望能夠避免麻煩，盡量避免承擔責任。他們只願意花費最少的精力，來做一些為了保有組織成員身分的必要性工作。

(2)任務管理：不認為員工的個人需要對於達成組織目標是重要的，他們運用法制或強制的權力來促使員工達成組織的目標。

(3)鄉村俱樂部：希望創造一種舒服和安全的氣氛，並且相信部屬在這種氣氛下，會有正面的表現。

(4)團隊管理：認為工作的績效是來自於高組織承諾的員工。因此，他們試圖建立一種員工對於組織目標上的「共同命運」感覺。

(5)中間型管理：認為應該在工作成效上的必要性與維持員工士氣的滿意水準兩者之間取得平衡，以達成足夠的組織績效。

4 小芬主管的領導風格相當重視誠信與承諾，對於部門中人際關係盡力維持，但也相當重視員工的工作表現與部門績效。若以管理方格領導模式來說，小芬主管比較傾向於那種管理風格？ **(D)**

(A)組織人管理 (B)權威服從式管理

(C)鄉村俱樂部式管理 (D)團隊管理。 【103鐵路】

考點解讀 亦即領導者藉由與成員間互信、溝通與合作方式，來完成組織的目標。是一種將關心員工與產量整合到最高水準的管理方式。

5 管理方格（Managerial Grid）是由布列克（Blake）與莫頓（Mouton）發展出來的，下列敘述何者正確？ **(B)**

解答

(A)（9,9）是中庸式管理（middle-of-the road management），對生產與員工關心都在中等程度
(B)（1,9）是鄉村俱樂部管理（country club management），極度關心員工，但對生產之關心為最低
(C)（5,5）是團隊式管理（team management），極度注重績效生產但對於員工部份毫不關心
(D)（1,1）是赤貧式管理（impoverished management），極端注重績效生產，對員工十分關切。【103台酒】 (B)

考點解讀 (A)(5,5)是中庸式管理（middle-of-the road management），對生產與員工關心都在中等程度。(C)（9,9）是團隊式管理（team management），極度注重績效生產並對員工十分關心。(D)（1,1）是赤貧式管理（impoverished management），較少重視生產也不關心員工。

6 領導者將成員歸為「圈內人」（in-group）與「圈外人」（out-group），這是下列哪一種領導理論的觀點？ (C)
(A)路徑–目標理論（path-goal theory）
(B)情境領導理論（situational leadership theory）
(C)領導者與成員的交換理論（leader-member exchange theory）
(D)領導者特質論（trait theory）。【105郵政】

考點解讀 領導者與成員的交換（Leader-Member Exchange, LMX）理論，強調領導者與其每一位成員之間會發展出不同程度的關係。領導者與成員因為工作上的互動與接觸，會根據某些因素及影響，將某位成員歸入「圈內人」（in-group）或「圈外人」（out-group）的關係類別。

非選擇題型

布萊克（R. Blake）與摩頓（J. Mouton）提出的管理方格理論，利用關心生產與人員兩個構面構築不同的領導風格，能合理重視生產目標及員工需求滿足的最有效領導風格為________型領導。【111台電】

考點解讀 團隊（管理）／（9,9）。

焦點3 領導的權變理論

領導行為會隨著情境的改變而改變，重點在找出關鍵的情境變數，指出這些情境變數是如何交互影響，來決定最適當的領導行為。

1. **譚寧邦與施密特的領導行為連續帶理論**：譚寧邦與施密特發展出一種領導行為的連續帶，試圖解答情境與領導風格間的關係。從領導者行為的連續帶分布中看到，從模式左邊「以主管為中心（專制的）」到模式右邊「以員工為中心（民主的）」都包含其中。為了決定在連續帶下該使用何種領導行為，譚寧邦與施密特認為領導者應該考慮三項因素：領導者的特性、部屬的特性，與情境的特性。

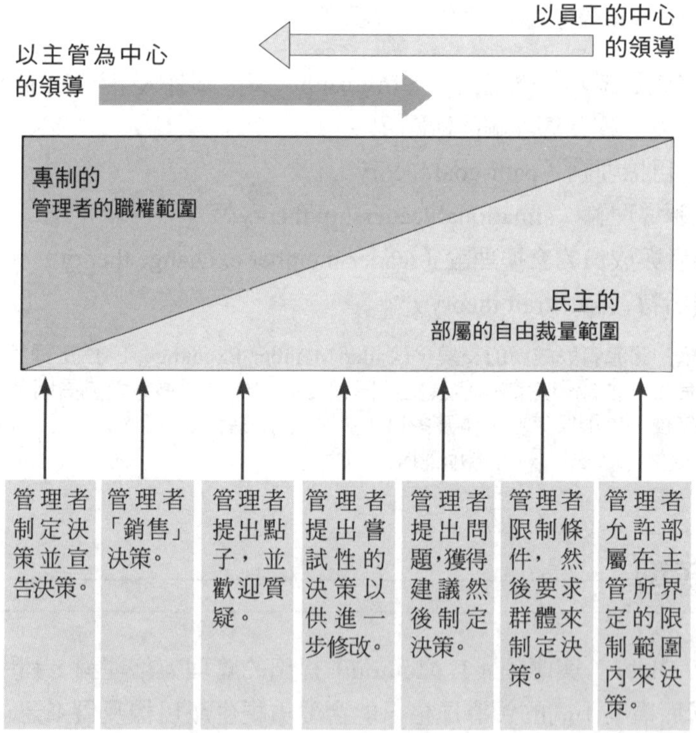

2. **費德勒（F.Fiedler）的權變模式**
   (1) **第1階段**：領導者本身的領導風格
   利用**最不受歡迎之同事量表**（LPC；Least-preferred Coworker）找出員工適合的領導風格，是**任務導向型或人際關係導向型**。

A. 人際關係導向型：受訪者是以較正面的語氣（LPC高分）來描述他最不喜歡共事的同事，其傾向喜歡和同是維持良好的人際關係。

B. 任務導向型：受訪者是以較負面的語氣（LPC低分）來描述其最不喜歡共事的同事，其著重提升生產力。

(2) **第2階段**：領導者所在的情境

領導者之效能，決定於三項關鍵情境因素：

A. 職位權力（position power）：領導者對聘用、解雇、規範、升遷和加薪等的影響程度；分為「強」和「弱」。

B. 任務結構（task structure）：群體的任務是否清楚界定，即工作正式化和程序化的程度；分為「高」和「低」。

C. 領導者－部屬關係（leader-member relations）：指部屬對領導者的信心、信任與尊重的程度；分為「好」和「差」。

(3) **第3階段**：配適

情境的有利程度是由三個變項所決定，依其重要性分別為領導者與部屬關係（好或壞）、任務結構（高或低）以及職位權力（強或弱）。依此三變項可組成八個不同有利程度的情境。如下圖所示：

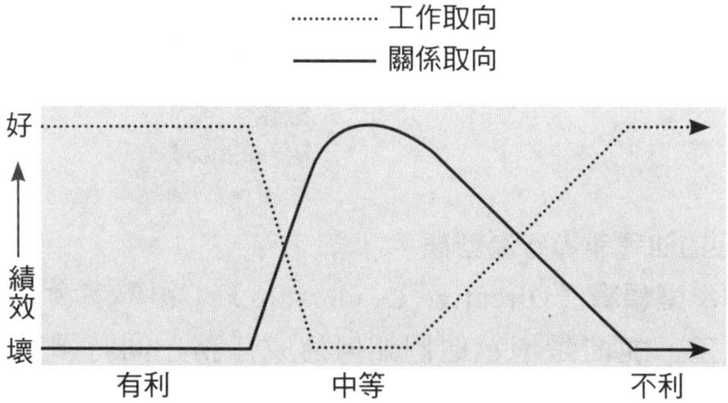

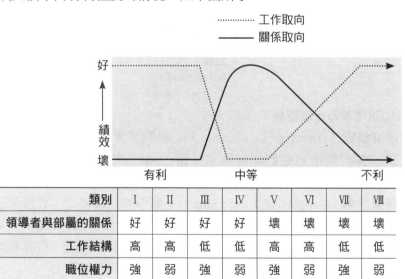

類別	I	II	III	IV	V	VI	VII	VIII
領導者與部屬的關係	好	好	好	好	壞	壞	壞	壞
工作結構	高	高	低	低	高	高	低	低
職位權力	強	弱	強	弱	強	弱	強	弱

(4) **第4階段**：改善領導效能

Fiedler認為**個人的領導風格是不變的**，因此，只有兩種方式可以改善領導者的效能。包括：

A. 調換領導者以適合所在情境：聘用領導風格較適於該情境的新領導者。

B. 改變情境以適合於領導者：可經由任務重新編組，或調整領導者在加薪、升遷及規範等決策的權力，或改變領導者－成員關係來達成。

3. **豪斯（R.House）的路徑——目標理論：**

主要成分係參考俄亥俄州立大學領導研究中的倡導結構與體恤，並結合了動機期望理論。認為有效的領導者能指出路徑，幫助部屬達成工作目標，並能藉由減少路障和陷阱，使達成目標的路徑更順暢。有**四種領導型態：指導型領導型態、支援型領導型態、參與型領導型態，以及成就導向型領導型態**。而領導型態採用應視兩組不同**情境變數**而定：**任務環境的特性**與**部屬的特性**。

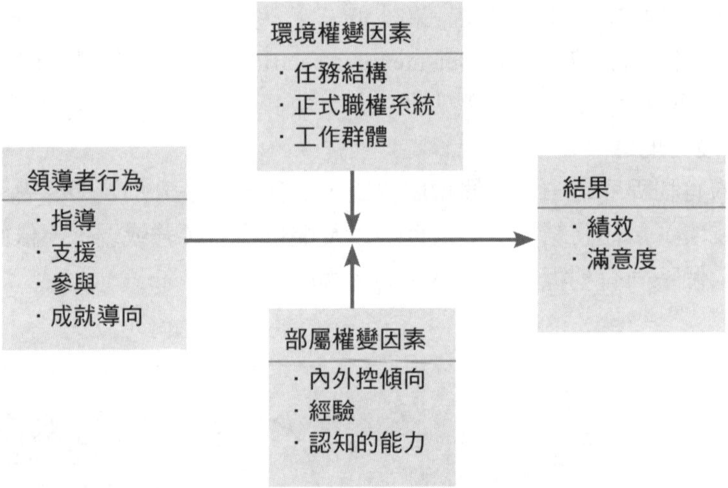

House**的四種領導行為型態：**

(1) **指導型領導**（Directive Leadership）：領導者會讓部屬瞭解到他對他們的期望，並清楚指示他們如何達成任務，同時領導者也會將工作的時程安排妥善。

(2) **支援型領導**（Supportive Leadership）：領導者是友善的、容易親近的，並且關心部屬的需要與內心感受。

(3) **參與型領導**（Participative Leadership）：在制定決策前，領導者會諮詢部屬的意見，並且尊重他們的建議，也允許部屬參與決策。

(4) **成就導向型領導**（Achievement-oriented Leadership）：領導者會設定具有挑戰性的目標，對部屬具有高度信心，同時預期部屬能表現出最佳水準。

4. **伏隆及亞頓（Vroom & Yetto）的領導者——參與模式：**

伏隆、亞頓（V.Vroom & P.Yetton）等人於1973年所發展出，此一理論係提供一連串在各種不同情境下，所應允許部屬參與決策的程度與形式，採用決策樹的形式，如下圖所示：

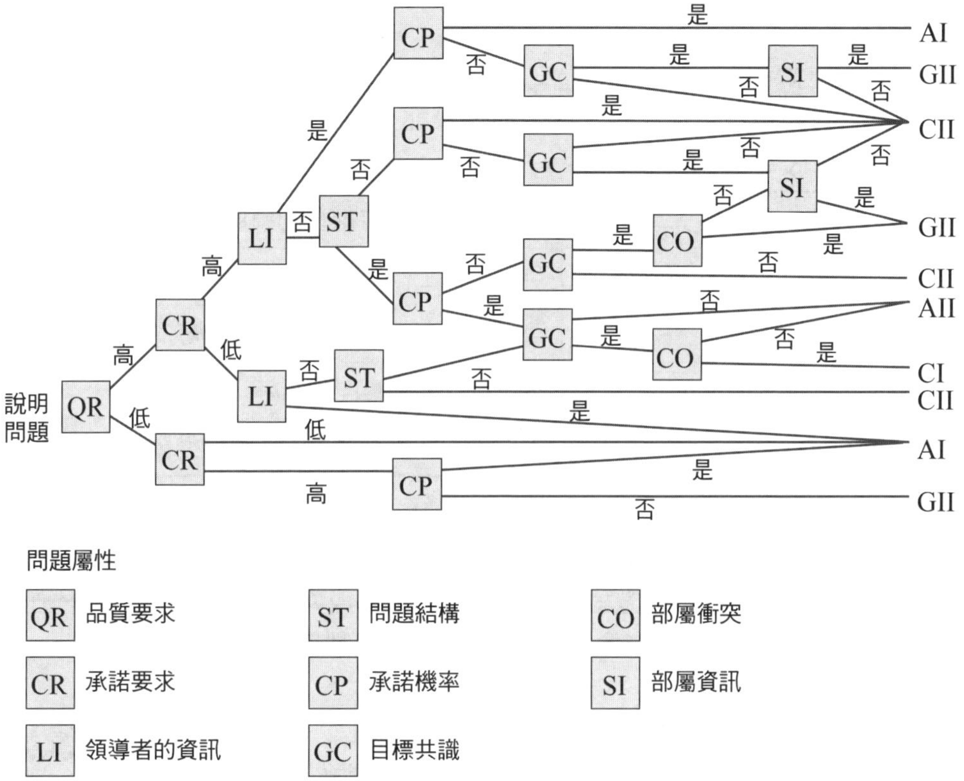

基本前提：

決策的效能受決策的品質與員工對該決策的接受程度而定，亦即在不同類型的情境下，所應允許部屬參與決策的程度與形式不同。有五種決策型態，包括兩種專斷型決策、兩種諮商型決策，以及一種群體型決策。

(1) **專斷一型**：決策者當下根據自己所擁有的資訊下決策或解決問題。

(2) **專斷二型**：決策者由部屬提供必要的資訊，再下決策。

(3) **諮詢一型**：決策者把問題個別地告訴相關部屬，分別從他們那裡蒐集意見及建議，自己再獨自做最後的決定。

(4) **諮詢二型**：決策者把部屬召集起來，從中蒐集他們對問題的看法及建議；自己再做最後的決定。

(5) **群體二型**：決策者把部屬們聚集起來，一起討論問題，共同評估可能的解決之道，最後產生一個共識方案。

雖然此理論比其他領導模式更能獲得研究支持，然而，對一般的管理者而言，這個模式仍太複雜。不過該理論強調領導風格是具有彈性，並假設領導者能調整領導風格去適應各種情境。

5. **領導替代理論**

1978年由克爾和傑邁爾（Kerr & Jemier）所提出，認為隨著知識經濟的崛起，員工的知識水平提高，其能力與素質亦提升。因此，在許多情形下被領導者可以替代領導者的部分職責。

情境	可取代的領導功能
部屬的經驗、能力、訓練	可以取代工作導向的領導
部屬的專業素養	可以取代工作及人際導向的領導
能帶來內在滿足的工作	可以取代人際導向的領導
領導者職權低時	工作導向及人際導向的領導無從發揮功能

6. **情境領導理論**（situational leadership theory, SLT）

或稱「生命週期的領導理論」，由**赫賽**（P.Hersey）與**布蘭查**（K.Blanchard）於1993年所提出，認為領導方式取決於部屬的人格成熟度，而領導風格可依任務與關係行為雙構面，區分為**命令型、推銷型、參與型與授權型等四種類型**。

(1) **追隨者情境**

部屬有四種不同的成熟度：

A. R1：追隨者人格成熟度低，即無能力且不願意工作。

B. R2：追隨者人格成熟度中低，即無能力但願意工作。

C. R3：追隨者人格成熟度中高，即有能力但不願意工作。

D. R4：追隨者人格成熟度高，即有能力且願意工作。

> **小秘訣**
>
> 情境領導理論（SLT）是一個著重部屬成熟度的權變理論，所謂成熟度（readiness）是指人們有能力也有意願，去完成一件明確任務的程度。當部屬達到較高成熟度時，領導者除了減少控制部屬的行為外，也要減低與部屬的關係。

(2) **領導的風格**

A. **命令式**（Telling）：**高任務——低關係**的領導型態，也就是由領導者給予清楚的指示與明確的方向。除了清楚界定角色外，領導者也清楚告知部屬該做些什麼、如何做、何時做，何處做。

B. **推銷式**（Selling）：**高任務——高關係**的領導型態，領導者同時提供部屬在指引上的與支持性的行為。

C. **參與式（Participating）：低任務——高關係**的領導型態，領導者與部屬共同參與決策。因此，領導者的主要角色是在幫助部屬與進行溝通。

D. **授權式（Delegating）：低任務——低關係**的領導型態，一般而言，在此領導型態下，領導者提供部屬較少的指引與支持。

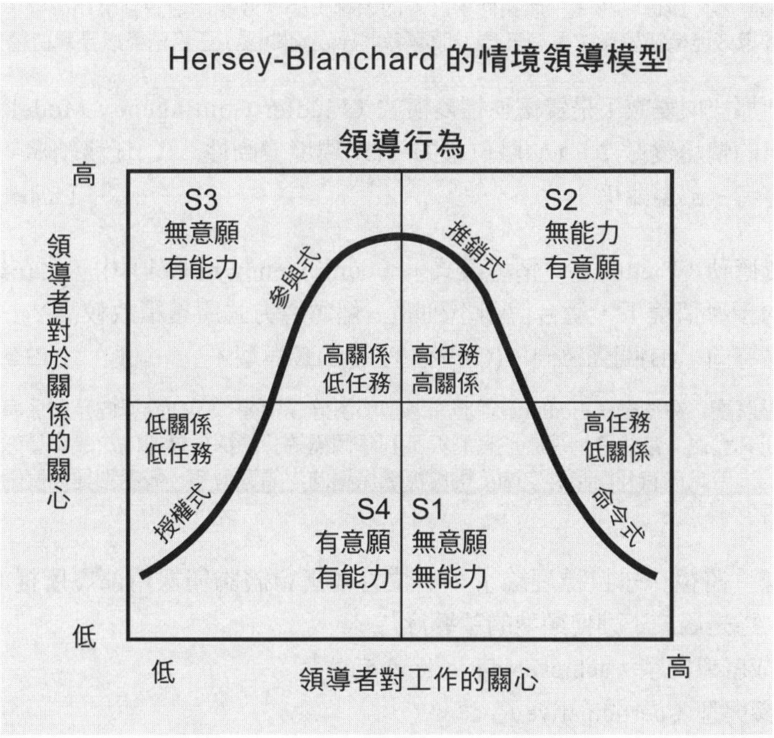

成熟	R4	R3	R2	R1	不成熟

基礎題型

解答

1 下列何項觀點認為最有效的領導方法係視目前的情境狀況而定也就是說領導風格與領導績效受到情境因素的影響？ **(C)**

(A)轉換型領導觀點　(B)魅力型領導觀點

(C)權變觀點　(D)交易型領導觀點。【101郵政】

考點解讀　權變觀點認為沒有任何一種領導型態可放諸四海而皆準，換言之，在某一種情境下非常有效的領導型態，在另一種情境下可能就完全無效。因此，領導型態必須與情境配合才會有效。

解答

2 權變領導理論的基本假設為適宜的領導行為會隨著情境的改變而改變。下列何者不是費德勒（Fiedler）權變模式所定義的情境因素之一？ (C)
(A)領導者－部屬關係 (B)職位權力
(C)組織類型 (D)任務結構。 【104自來水】

考點解讀 費德勒認為，無論何種型態的領導，領導效能均會受到情境影響，而影響領導效能情境變數主要有三項：領導者與部屬間關係、任務結構以及職位權力。

3 下列那一項變數不是費德勒權變模式（Fiedler Contingency Model）所提出的情境變數？ (A)職位權力 (B)環境變動性 (C)任務結構 (D)領導者－部屬關係。 【104鐵路】 (B)

4 在費德勒（Fiedler）「情境模式」（contingency model）中，當在最有利的領導情境下，適合使用下列哪一種領導方式所獲績效較高？ (A)任務導向 (B)關係導向 (C)授權型 (D)參與型。 【103台電】 (A)

考點解讀 費德勒（Fiedler）並將領導型態區分成兩類，即任務導向及關係導向。其研究發現：當領導情境屬於有利與不利兩個極端時應採任務導向之領導型態。相反的，若處於有利與不利之間，則應採關係導向之領導型態，較易獲得高度績效的表現。

5 依據「路徑——目標理論」，一位管理者會諮詢與採用部屬所提的建議，這是屬於下列何類型的領導行為？ (B)
(A)成就導向型（achievement-oriented）
(B)參與型（participative）
(C)支援型（supportive）
(D)指導型（directive）。 【108漢翔】

考點解讀 「路徑－目標理論」指出的四種領導型態：(1)指導型領導：讓部屬瞭解上司對他們的期望，並清楚指示他們如何達成任務，同時將工作的時程安排妥善。(2)支援型領導：不斷關懷部屬，並提供各種援助，以滿足其需求。(3)參與型領導：做決策之前，諮詢部屬的意見並接受其建議。(4)成就導向型領導：設定挑戰性目標，期望部屬發揮最大潛能。

6 依據「路徑－目標」理論指出的四種領導型態，其中領導者不斷關懷部屬，並提供各種援助，以滿足其需求，是屬於下列何種領導類型？ (A)
(A)支援型領導 (B)參與型領導
(C)成就導向型領導 (D)指導型領導。 【107台酒】

解答

7 根據荷賽與布蘭查（P.Hersey & K.H.Blanchard）的情境領導模式，當部屬願意工作且知道如何工作或具備工作能力時，最適合採取下列何種領導模式？ (C)

(A)參與型（participating） (B)教導型（directing）
(C)授權型（delegating） (D)推銷型（selling）。 【112郵政】

考點解讀 當部屬不願意工作且不知道如何工作或不具備工作能力時適合採用教導型領導；當部屬願意工作但不知道如何工作或不具備工作能力時適合採用推銷型領導；當部屬不願意工作但知道如何工作或具備工作能力時適合採用參與型領導。

8 依據賀喜與布蘭查（Hersey & Blanchard）所提出的「領導生命週期理論」（Life Cycle Theory of Leadership），當部屬具備足夠的能力，但缺乏信心和動機處理工作時，管理者應採取下列哪一種領導方式？ (D)

(A)告知式領導（Telling Leadership）
(B)授權式領導（Delegating Leadership）
(C)推銷式領導（Selling Leadership）
(D)參與式領導（Participating Leadership）。 【103台電】

考點解讀 參與式領導指領導者和部屬共同制定決策，領導者的主要角色是協調與溝通，部屬的成熟度為R3型（成熟度中高，即有能力但不願意工作）。

9 強調高任務導向與低關係導向是屬於下列何種領導風格？ (C)

(A)推銷型 (B)參與型
(C)告知型 (D)授權型。 【111台酒】

考點解讀 (A)高任務導向與高關係導向。(B)低任務導向與高關係導向。(D)低任務導向與低關係導向。

10 在Hersey & Blanchard兩位學者提出情境領導理論中，領導者與追隨者共同制定決策，領導者主要負責溝通與協調，此乃是屬於低任務結構及高關係導向，此是指那一種領導風格？ (B)

(A)告知型（telling） (B)參與型（participating）
(C)推銷型（selling） (D)授權型（delegating）。 【111台鐵】

考點解讀 (A)屬於高任務結構及低關係導向。(C)屬於高任務結構及高關係導向。(D)屬於低任務結構及低關係導向。

進階題型

解答

1 下列何者為權變（contingency）領導理論的基本假設？ (A)優秀的領導與領導者的特質有關 (B)好的領導與領導者的特質無關，最重要的是領導者做了什麼事 (C)適宜的領導風格會隨著情境所改變 (D)領導的過程跟「權」力「變」化有關。【104港務】 (C)

考點解讀 領導成功與否單靠獨立出幾個特質或行為似乎都無法成就長期的成功。促使學者將焦點轉向情境因素的影響上。權變領導理論的基本假設為領導風格和效能是依情境而定的。

2 下列哪一個情境發生時，領導者較能發揮其影響力？ (A)工作本身重複性高 (B)工作內容非常明確 (C)組織面臨嚴峻挑戰 (D)組織成員專業度強。【105郵政】 (C)

考點解讀 有效領導的影響因素包括：領導者本身的行為、部屬或追隨者的行為、情境因素。本題(A)(B)(C)均屬情境因素，不過要讓領導者能發揮影響力，其敘述應修改為：(A)工作本身重複性很低(B)工作內容非常不明確(D)組織成員專業度低。

3 〈複選〉費德勒情境領導模型中，所提出影響領導效能的情境變數為何？ (A)領導者與成員間的關係 (B)任務結構 (C)領導型態轉變的頻繁度 (D)地位權力。【107鐵路營運人員】 (A)(B)(D)

考點解讀 費德勒提出「情境領導模型」，認為「無論何種型態的領導，領導效能均會受到情境影響，而影響領導效能情境變數主要有三項：領導者與部屬間的關係、任務結構以及職位權力。」

4 根據費德勒（Fiedler）的領導權變模式，有利於領導的情境不包括以下那一項？ (A)領導者與下屬關係良好 (B)下屬的任務明確 (C)下屬的經驗豐富 (D)領導者有獎懲下屬的權力。【108鐵路】 (C)

考點解讀 費德勒（Fiedler）認為，無論何種型態的領導，領導效能均會受到情境影響，而影響領導效能情境變數主要有三項：領導者與下屬間關係（良好或不良）、任務結構（明確或模糊）以及領導者的職位權力（穩定或不穩定）。

5 某餐廳店長與部屬關係良好、工作結構化程度高、權力地位穩固，依費得勒（Fiedler）情境領導觀點，採用下列何種領導模式將使店長績效較佳？ (A)關係導向 (B)任務導向 (C)權威導向 (D)仁慈導向。【104經濟部人資】 (B)

考點解讀 領導情境屬於有利與不利兩個極端時應採任務導向之領導型態；相反的，若處於有利與不利之間，則應採關係導向之領導型態，較易獲得高度績效的表現。依題意敘述屬於有利情境，應採取任務導向的領導模式，較易獲得較佳的績效。

解答

6 依據路徑－目標理論，在指導型領導中哪種領導特質，會協助員工達成最高的績效？ (A)設定具挑戰性的目標，並希望員工能有最高水準的表現 (B)明確表示完工期限，並給予完成任務的協助 (C)友善並關心員工需求 (D)在決策前和群體成員磋商，並採用他們的建議。 (B)

考點解讀 (A)成就型領導的特質。(C)支援型領導的特質。(D)參與型領導的特質。

7 「領導者自行做決策，並提供部屬明確的任務方向與作業執行方式」，是屬於下列哪一種領導方式？ (A)推銷型領導（selling） (B)授權型領導（delegating） (C)參與型領導（participating） (D)教導型領導（directing）。 【108漢翔】 (D)

考點解讀 或稱「告知型」或「命令型」，由領導者給予清楚的指示與明確的方向，除了清楚界定角色外，領導者也清楚告知部屬該做些什麼、如何做、何時做，與何處做。

8 下列何者領導風格可以用來描述一位領導者自行做決策，但會向部屬說明決策的背景及理由，傾聽部屬的感受與意見，提供部屬明確的任務指導與動機上的支持？ (A)教導型領導（directing leadership） (B)推銷型領導（selling leadership） (C)參與型領導（participating leadership） (D)授權型領導（delegating leadership）。 【104港務】 (B)

考點解讀 領導者同時提供部屬在指導上的與支持性的行為。

9 依據情境領導理論（SLT），部屬成熟度處於哪一階段時，領導者應使用推銷型風格？ (A) R1 (B) R2 (C) R3 (D) R4。 【108漢翔】 (B)

考點解讀 依據情境領導理論（SLT），部屬成熟度有四種：
R1：追隨者人格成熟度低，即無能力且不願意工作，應採告知型領導風格。
R2：追隨者人格成熟度中低，即無能力但願意工作，應採推銷型領導風格。
R3：追隨者人格成熟度中高，即有能力但不願意工作，應採參與型領導風格。
R4：追隨者人格成熟度高，即有能力且願意工作，應採授權型領導風格。

10 領導者提供很少的指導與協助是屬於下列何者狀態？ (A)高任務導向；低關係導向 (B)高任務導向；高關係導向 (C)低任務導向；高關係導向 (D)低任務導向；低關係導向。 【108漢翔】 (D)

考點解讀 授權式領導指領導者提供很少指導與協助，當部屬的成熟度為R4型（成熟度高，即有能力且願意工作）。

非選擇題型

何謂路徑-目標理論（Path-goal Theory）？請說明路徑-目標理論的4種領導型態為何？

考點解讀 豪斯（R. House）路徑-目標理論是一種動態的領導模式，結合了俄亥俄州大學的領導研究與佛洛姆（V. Vroom）的激勵期望理論。認為一個人的激勵程度，受個人達成任務努力與慾望影響，故領導者須扮演好輔助角色，以協助部屬達成目標。而領導者所能採取的領導風格有：

(1) 指導型領導：明確指示工作方向、內容及方法，利用規章、制度、說明。
(2) 支援型領導：以友善、親和、支持態度關心部屬，提供各項支援，滿足其動機與需求。
(3) 參與型領導：訂定方案、決策時會徵詢部屬意見，請其支援建議。
(4) 成就導向型領導：設定具挑戰目標激勵部屬，使其不斷努力與成長。

綜合而言，途徑目標理論認為上述四種領導行為，可由領導者依情境的不同而選擇採行。
而有效的領導行為須依兩項情境變數而定，即部屬的特性（內外控、經驗與知覺）與工作環境的特性（任務結構、正式職權系統與工作群體）。

焦點 4 領導的新觀點

當代的領導觀點，也是發展中的領導方法，有以下數種：

1. **魅力式領導**：認為追隨者會將他們所看到的領導者某些特定行為，歸因於該領導者所具有的英雄屬性或超凡的領導能力。魅力型領導者須具備五種特徵：有願景、能清楚說明願景、願冒險以達成願景、對環境的限制和部屬的需求很敏感、反傳統的行為。
2. **交易型領導**：領導者主要是以社會交換（交易）的方式進行領導，指引或激勵部屬朝既定的目標前進，並透過生產力來向領導者換取酬勞。
3. **轉換型領導**：透過**訴求部屬的理想與道德價值**，來**激發出部屬超出平常的動機**，以**引發他們用一種全新的方式來思考組織的問題**。Podsakoff等人認為**轉換型領導行為的衡量要素**包括：**辨識與傳達願景、提供適當模範、鼓勵接受群體目標、高績效期望、提供個人支持、智性激發**等要素。轉換型領導者應具備的特質：
   (1)將注意力放在個別關心員工及需要。 (2)幫助部屬以新觀點看就問題。
   (3)強調組織整體的利益。 (4)強調主要的變革。
   (5)鼓勵部屬達成較大顯著的的成就。 (6)也是魅力式領導。
   (7)要求部屬不盲從領導者。 (8)對部屬賦權與教導。

(9)思慮周詳的風險承擔者。
(10)具有一套核心價值。
(11)具高度彈性。
(12)努力學習。
(13)優異的分析能力。
(14)對提出的願景具高度信心。

4. **願景式領導**

是對組織或組織的單位的未來提出一個真實、可信及吸引人的願景，同時號召相關的技能、資源與人才來實現此一願景。而願景式領導者所應具備的能力：

(1) **解釋的能力**：必須能將該願景清楚地解釋給追隨者，同時能指出達成該願景的必要行動。

(2) **表達的能力**：必須能夠藉由他的行為來清楚地表達出願景，透過領導者的行為不斷地傳達與增強願景的意涵。

(3) **延伸的能力**：能將該願景延伸至不同的領導領域中。例如，領導者要讓不同領域都能感受到願景的意義。

5. **團隊型領導**

對大多數管理者而言，最大的挑戰是學習如何成為有效的團隊領導者。必須學習的技能有：願意分享資訊、信任他人、下放權力、瞭解該於何時介入工作。

(1) **團隊領導者的工作**

A. 管理團隊的外部邊界。

B. 協助團隊流程：教導、協助、處理紀律問題、檢視團隊和個人績效、訓練和溝通。

(2) **團隊領導者主要扮演的角色**：外部相關人員的連繫者、問題解決者、衝突管理者、教練。

6. **道德領導**

領導者要培養高尚的人格，本著為正義與行善的義務感實施領導，冀求成員也能為正義與行善來充分完成組織目標而努力。

7. **家長式領導**

特色是在人治的色彩下，顯現出嚴明的紀律、父親般的仁慈與權威，以及道德的廉潔性。家長式領導在華人家族企業極為普遍的現象，重要面向有：

(1) 威權領導：領導者強調其權威是絕對的、不容挑戰。

(2) 仁慈領導：領導者對部屬個人福祉做個別、全面而長久的關懷。

(3) 德行領導：領導者必須表現出更高的個人操守或修養，以贏得部屬的景仰與效法。

8. 僕人式領導

又稱服務領導、公僕型領導，是由格林利夫（Robert K. Greenleaf）在1970年於〈僕人式領導者〉一文中率先提出。**僕人式領導者（servant leaders）專注在提供他人更多的服務上，同時達成下屬與組織目標，而非他們自己的目標，亦即超脫自身利益，著重於協助部屬成長與發展**。他們不會利用權力來達成目標，他們重視說服。僕人式領導的重心在於服務他人的需求行為，其特色包括：傾聽、同理心、困難解決、勸服、鼓勵合作、了解自己的優弱勢、先見、承擔管理職責、積極發展部屬的潛能等。

9. 第五級領導

由柯林思（J. Collins）在《從A到A+》一書中所提倡，是指**領導者結合謙虛的個性（personal humility）和專業的堅持（professional will）**，將個人自我需求轉移到組織卓越績效的遠大目標。

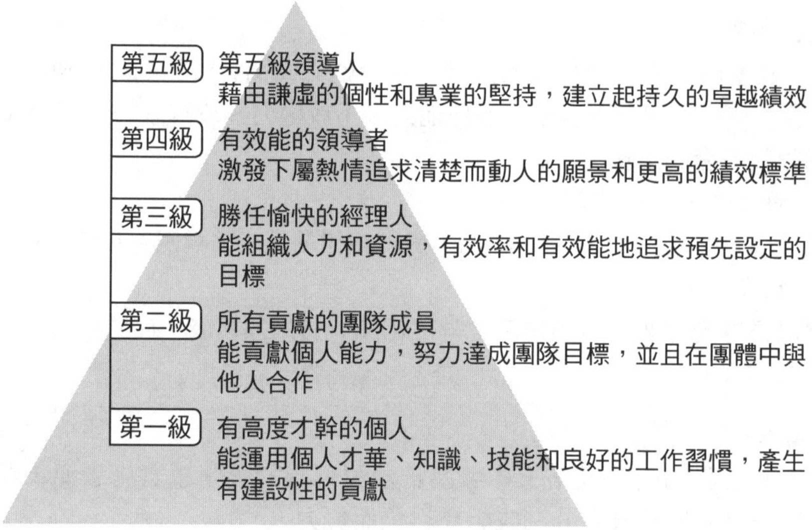

第五級
第五級領導人
藉由謙虛的個性和專業的堅持，建立起持久的卓越績效
第四級
有效能的領導者
激發下屬熱情追求清楚而動人的願景和更高的績效標準
第三級
勝任愉快的經理人
能組織人力和資源，有效率和有效能地追求預先設定的目標
第二級
所有貢獻的團隊成員
能貢獻個人能力，努力達成團隊目標，並且在團體中與他人合作
第一級
有高度才幹的個人
能運用個人才華、知識、技能和良好的工作習慣，產生有建設性的貢獻

10. 策略領導

指具備審慎權衡、展望擘劃、維持彈性，必要時還能充分授權他人進行策略性變革的一種領導能力。而有效的策略領導應具備：決定組織目標或願景、開發並維持組織的核心競爭力、發展人力資本和社會資本、創造並支持組織強勢文化、適當建立平衡的組織控制、重視組織道德決策與行為、提出尖銳問題並質疑基本假設來挑戰主流看法、建立並維持組織關係。

基礎題型

解答

1 領導者很可能具有高度的自信心、堅定的信念，以及影響他人的強烈慾望，同時傾向於表達對追隨者表現出高績效的期望及信心。請問上述的領導類型是屬於？ (A)變換性領導 (B)團隊領導 (C)魅力領導 (D)代替領導。【105台糖】 (C)

考點解讀 魅力領導者充滿熱情、自信，靠其個人魅力吸引追隨者，其個性和行動會影響到他人的行為。

2 下列何者不是魅力型領導者的特徵？ (A)能夠清楚說明願景 (B)對環境的限制相當清楚 (C)凡事遵循傳統的行事原則 (D)對於部屬的需求相當敏感。【102郵政】 (C)

考點解讀 魅力型領導者的特徵：有願景、能夠清楚說明願景、願冒險以達成願景、對環境的限制和部屬的需求很敏感、反傳統的行為。(林孟彥、林均妍譯,S. P.Robbins & M.coulter原著《管理學》版本)

3 領導者使用獎勵（或懲罰），藉由澄清角色和工作要求來建立工作目標，並依此目標來激勵或引導部屬，稱之為： (A)

(A)交易型領導（Transactional Leadership）

(B)轉化型領導（Transformational Leadership）

(C)魅力型領導（Charismatic Leadership）

(D)情境式領導（Situational Leadership）。【107台酒】

考點解讀 注重權宜的獎賞或懲罰，會透過角色界定以及任務分派方式，激勵員工達到預設目標。

4 某公司領導者與部屬之間的交換關係類似一種契約，只要部屬完成領導者所交付的任務，領導者就會提供報酬獎賞與升遷機會，這種領導風格是屬於： (A)魅力型領導 (B)願景型領導 (C)轉型領導 (D)交易型領導。【107鐵路】 (D)

考點解讀 (A)源自於領導者個人具備天賦、獨特的人格特質，受到被領導者的認同與信服。(B)領導者勾勒可以激勵部屬的未來正面願景，且提供未來規劃與目標設定的方向。(C)指組織領導者應用其過人的影響力，轉化組織成員的觀念與態度，使其齊心一致，願意為組織的最大利益付出心力，進而促進追求組織的轉型與革新。

解答

5 領導者給予追隨者個別的關懷與智力的啟迪，並且帶給他啟發性的激勵。此為下列哪一種領導型態？ (A)魅力型領導 (B)交易型領導 (C)轉換型領導 (D)僕人式領導。 【105台酒】 (C)

考點解讀 轉換型領導者本身擁有魅力特質，同時也會提供部屬個別關懷以及智力激發。

6 激勵並鼓舞跟隨者以促使其達到超越平常水準的績效，屬於下列何種領導方式？ (A)轉換型領導 (B)願景型領導 (C)魅力型領導 (D)交易型領導。 【111經濟部】 (A)

考點解讀 轉型領導是部屬對領導者高度信任與深具信心，且領導者能提昇部屬的自尊、激勵部屬超出工作職責的額外努力。而轉型領導者能提供共同願景、授權、鼓舞部屬，並影響部屬促使其達到超越平常水準的績效。

7 領導者能夠激發、喚起及鼓勵部屬投入額外的努力來達成群體的目標，是指下列何種領導者？ (A)交易型領導者（transactional leaders） (B)轉換型領導者（transformational leaders） (C)魅力型領導者（charismatic leaders） (D)願景型領導者（visionary leaders）。 【104自來水】 (B)

考點解讀 轉換型領導者會激勵部屬超越自己的利益而以組織利益為重，且能對部屬產生深遠的影響，能夠鼓勵部屬投入額外的努力，來達成群體目標。

8 一位領導者會以部屬的內在需求與動機作為其影響的機制，並強調改變組織成員的態度和價值觀，此種領導者為__________。 (A)轉換型（transformational） (B)交易型（transactional） (C)指導型（directive） (D)資訊型（informational）。 【104港務】 (A)

考點解讀 轉換型領導係研究如何透過領導的作用以部屬的內在需求與動機作為其影響的機制，並強調改變組織成員的態度、價值觀、人際關係與行為模式。

9 企業領導者被要求由自己的行為到明示的道德行為都要維持高道德水準，且促使組織中他人保持相同標準，此稱： (A)策略性領導 (B)道德領導 (C)企業倫理 (D)社會責任。 【105鐵路】 (B)

考點解讀 強調領導者培養高尚人格、落實正義倫理的價值信念，運用責任感與正義感來激勵成員的領導方式。

10 領導者具備了解組織與環境複雜度的能力，且能夠領導組織變革，以提升競爭力，這是屬於何種領導形式？ (A)交換型領導 (B)策略領導 (C)交易型領導 (D)魅力型領導。 【113鐵路】 (B)

解答

考點解讀 策略領導（strategic leadership）是指如何最有效地管理公司的策略制定程序，以創造競爭優勢。須具備審慎權衡、展望擘劃、維持彈性，必要時還能充分授權他人進行策略性變革的一種領導能力。

11 在領導模式中強調放下身段去服務他人，強調犧牲奉獻的精神，從部屬、顧客的角度去瞭解他們的需要，傾聽他們的聲音，才能成為一個真正的領導者。此種領導模式稱為： (A)道德領導 (B)願景型領導 (C)魅力型領導 (D)僕人式領導。【104郵政】 (D)

考點解讀 僕人式領導強調領導者的服務意識，認為領導地位是透過服務被領導者而來，而非將自己視為高高在上，處處需要下屬服侍。僕人式領導的基礎概念為：先服務，而非先領導。

12 柯林斯（Jim Collins）在他的「A到A+」（Good to Great）一書中提到，激發下屬熱情追求清楚而動人的願景和更高的績效標準，請問這是第幾級的領導人？ (A)第二級 (B)第三級 (C)第四級 (D)第五級。【101台電】 (C)

考點解讀 領導能力的五個層級：

第一級領導人	有高度才幹的個人：能運用個人才華、知識、技能和良好的工作習慣，產生有建設性的貢獻。
第二級領導人	有所貢獻的團隊成員：能貢獻個人能力，努力達成團隊目標，並且在團體中和他人合作。
第三級領導人	勝任愉快的經理人：能組織人力和資源，有效率和有效能地追求預先設定的目標。
第四級領導人	有效能的領導者：激發下屬熱情追求清楚而動人的願景和更高的績效標準。
第五級領導人	藉由謙虛的個性和專業的堅持，建立起持久的卓越績效。

進階題型

解答

1 領導者給予部屬明確的任務及角色，引導與激勵部屬完成組織目標，以達到雙方相互滿足，這種領導類型稱為： (A)交易型領導 (B)願景型領導 (C)轉換型領導 (D)魅力型領導。【103台北自來水】 (A)

考點解讀 交易型領導（transaction leadership）指領導者給予部屬明確的任務及角色，並提供部屬明確的完成工作的利益當誘因，以交換領導者想要的績效表現，是一種領導者與被領導者相互滿足需求的過程。

解答

2 轉換型領導（Transforming Leadership）衡量不包括下列何者行為要素？ (A)鼓勵個體目標達成，置個人利益為上 (B)願景傳達 (C)提供適當模範 (D)高績效期望。【104台酒】 (A)

考點解讀 Podsakoff等人認為轉型領導行為的衡量包括：辨識與傳達願景、提供適當模範、鼓勵接受群體目標、高績效期望、提供個人支持、智性激發等要素。

3 許多證據顯示轉換型領導比交易型領導更為優越，下列對轉換型領導的敘述何者錯誤？ (A)主動監測異常的失誤與差錯，並採取對策 (B)延伸個人自信與成就、連接目標、喚起部屬的情緒 (C)能傳達高的期望，肯定員工的努力 (D)激發部屬、提供教育訓練與個別的關懷。【105鐵路】 (A)

考點解讀 轉換型領導是透過訴求部屬的理想與道德價值，來激發出部屬超出平的動機，以引發他們用一種全新的方式來思考組織的問題。

4 下列何者不屬於團隊領導者主要扮演的角色？ (A)問題解決者 (B)教練 (C)控制者 (D)外界關係聯繫者。【104自來水】 (C)

考點解讀 團隊領導者主要扮演的角色有：外部相關人員的連繫者、問題解決者、衝突管理者、教練。

5 下列何者不是有效的策略領導？ (A)提出尖銳問題並質疑基本假設來挑戰主流看法 (B)不特別創造並支持組織強勢文化 (C)重視組織道德決策與行為 (D)發展組織的人力資本。【111台酒】 (B)

考點解讀 應是創造並支持組織強勢文化，另有決定組織目標或願景、開發並維持組織的核心競爭力、發適當建立平衡的組織控制、建立並維持組織關係。

非選擇題型

1 目前許多企業強調顧客導向與市場機制，認為提供服務優先於行政管理，因此也孕育出了先服務，而非先領導的基礎概念，羅伯特・K.・格林里夫（Robert K. Greenleaf，1904-1990） 提出僕人式領導（servant leadership），是一種存在於實踐中無私的領導哲學。試問何謂僕人式領導？僕人式領導的特質為何？僕人式領導的結構內涵為何？僕人式領導與轉型領導有何異同之處？【107台酒、105農會】

考點解讀

(1)僕人式領導是一種存在於實踐中的無私的領導哲學，領導者專注在提供他人更多的服務上，同時達成下屬與組織目標，而非他們自己的目標。

(2)僕人式領導的特質：Larry Spears（1998）首次提出僕人領導的十項重要的特質，包括傾聽、同理心、療癒、認知、說服、概念化、遠見，管理行為承諾和社區建設。

(3)僕人式領導的結構內涵：僕人領導概念包含無私的愛，謙恭，利他主義，願景，信任，授權，服務，各因素的組成是個過程，起始於無私的愛最後達到服務的目的。

(4)僕人領導與轉換型領導的異同

A. 相似之處：Graham（1991）和 Farling et al.（1999）認為僕人領導與的轉換型領導兩種領導方式相似，都是激勵領導者與跟隨者提升另一卓越的精神、內部一致性、使命感、願景、信任、授權等。

B. 相異之處：轉換型領導鼓勵員工，仍是以達成公司目標為首要目的，他們首先考慮的是公司的績效超過員工的成長；僕人式領導則是以服務員工為首要；藉著開放性的溝通、內在價值的分享、自然的傳遞給員工；從本身正面的示範中，向跟隨者展示他們所說與所做的一致性，故在本質上有差異，在實行上當然不盡相同。

2 解釋名詞：僕人領導（Servant Leadership）。 【111台電】

考點解讀 指領導者以僕人的方式誘發旁人的領導力，以僕人的方式作領導，並完全摒棄領導傳統的概念，徹底地去服務身邊的人，讓他們潛在的領導力及才能在不知不覺間發展，從而擴展至各分支單位，讓他們重拾僕人的服事本份，為整個組織及社會提供優質服務。

Chapter 09 激勵員工

焦點 1 激勵意涵與研究途徑

激勵或稱動機（Motivation）可以定義為一種驅動力量，透過這個驅力來啟動、指引與支持一個人的行為。激勵過程：

需求未被滿足→緊張壓力→驅使力→搜尋行為→需求滿足→降低緊張。

對於激勵的研究，學者大致上從下列三方向進行：

型態	特徵	相關理論	管理上應用
內容理論（Content theory）	說明驅使個人行為的因素到底是什麼，或者說，有那些因素可以促發個人的行為。	1.需求層級理論 2.雙因子理論 3.ERG理論 4.X理論和Y理論 5.三需求理論	以滿足員工金錢地位與成就需求來激勵部屬。
過程或程序理論（Process theory）	討論的是個人的行為如何開始？如何被引導？如何持續或中斷，也就是激勵的行為是如何完成的。	1.期望理論 2.公平理論 3.目標設定理論	從明瞭員工對工作的投入、績效、標準與報酬的知覺來達到激勵。
增強或強化理論（Reinforcement theory）	由行為學習的觀點來說明如何使員工表現出適當的、符合組織預期的行為。	增強理論	藉獎勵所期望行為來激勵

早期的激勵理論主要有三種知名理論，包括馬斯洛（Maslow）的需求層級理論、麥葛瑞格（McGregor）的X與Y理論、赫茲伯格（Herzberg）的雙因子理論，其後又有艾德佛（C.Alderfer）的ERG理論、麥克林蘭（McClelland）的三種需要理論。

☆ 小提點

需求層級理論、XY理論和二因子理論，雖然此三種理論的效度目前飽受抨擊與質疑，但仍有其存在的價值：(1)他們是近代激勵理論的基礎；(2)實務界的管理者常用它們和其專業術語解釋員工動機。

1. **馬斯洛（A.Maslow）的需求層級理論**

   認為人類的需求可以分成**生理、安全、社會（社交、歸屬感與愛）、自尊（尊重、尊榮），以及自我實現的需求等五類。這些需求有其優先順序，低層次的需求要先獲得滿足**，而低層次的需要雖然較優先，但容易滿足；高層次的需要雖然不那麼優先，但卻較不容易滿足。馬斯洛（Maslow）除建構需求層級理論外，也將五種需求粗略分為匱乏性需求及成長性需求。匱乏性需求的層次屬於較低層的次需求（外在）：生理、安全。成長性需求屬於較高層次需求（內在）：社交、尊重、自我實現。

2. **Maslow理論在個人或組織的實際運用**

   (1) **生理需求**：薪資、福利、津貼、工作環境。

   (2) **安全需求**：消防、勞健保、工作安全、退休制度、工作保障。

   (3) **社交需求**：同事情誼、工作團隊、員工聚會、員工旅遊。

(4) **尊重需求**：獎狀、名銜、升遷、勳章。

(5) **自我實現需求**：內部創業、攀登玉山、橫渡日月潭、終生志工服務。

3. **需求層級理論的優缺點**

(1) **優點**：淺顯易懂、合乎直覺邏輯，受歡迎。

(2) **缺點**：缺乏實證性、只有少數人有機會達到自我實現的境界。

基礎題型

解答

1 是指一種驅動力，會促使人們作出特殊的、有某種目的的行為。 (A)個性（personality） (B)良知（conscience） (C)激勵（motivation） (D)特質（trait）。 【104港務】 (C)

考點解讀 激勵（motivation）是指當一個人的努力能同時滿足其某種需求時，他會全力以赴達成組織目標的意願。激勵的三個關鍵要素：(1)努力：衡量驅動力或強度的要素；(2)目標：與組織的目標一致；(3)需求：個人會竭盡全力的個人驅動力。激勵的最高境界是個人需求與組織的目標方向一致。

2 關於激勵過程的敘述，下列何者正確？ (A)

(A)未滿足的需要→緊張→驅使力→搜尋行為→滿足的需要→緊張的降低

(B)未滿足的需要→緊張→搜尋行為→驅使力→滿足的需要→緊張的降低

(C)緊張→未滿足的需要→驅使力→搜尋行為→滿足的需要→緊張的降低

(D)未滿足的需要→緊張→驅使力→搜尋行為→緊張的降低→滿足的需要。

【106鐵路】

考點解讀 人因為有需求然後產生動機，接著做出行為來滿足原本最初的需求。在喚起需求到行為到得到滿足的一系列過程中，大致上可以分為：未滿足的需求→緊張→驅動力→搜尋行為→目標達成（滿足的需要）→緊張的降低。若是行為不能達到目標，將會再重複一次循環或是降低原本的需求來減少緊張。

3 「需求未被滿足→緊張壓力→搜尋行為→需求滿足→降低緊張」稱為？ (A)壓力過程 (B)需求過程 (C)緊張過程 (D)激勵過程。 【106桃捷】 (D)

4 馬斯洛（Abraham Maslow）所提出需求層次理論中，不包括下列哪一類需求？ (A)生理需求 (B)安全需求 (C)心理需求 (D)自我實現需求。 【107台糖】 (C)

解答

考點解讀 認為每個人內心都有五種不同層次的需求：生理、安全、社會、尊重、自我實現。在滿足下一個層次的需求前，必須先充分滿足前一個層次的需求。一旦一項需求獲得充滿的滿足，就不再對個人有激勵的作用。

5 馬斯洛（A. Maslow）的需求層級模型，將人的需求分為五種需求型態，即自尊需求、生理需求、安全需求、自我實現需求與社會需求這五種需求型態依需求高低層級排序，下列何者正確？ (A)（最低層級）生理需求→安全需求→社會需求→自尊需求→自我實現需求（最高層級） (B)（最低層級）安全需求→生理需求→社會需求→自尊需求→自我實現需求（最高層級） (C)（最低層級）生理需求→自尊需求→安全需求→社會需求→自我實現需求（最高層級） (D)（最低層級）生理需求→社會需求→安全需求→自尊需求→自我實現需求（最高層級）。 【111台酒】 (A)

6 依據馬斯洛（Maslow）的人性需求理論，企業提供員工福利津貼，可滿足員工何種需要？ (A)生理需要 (B)社會需要 (C)自尊需要 (D)自我實現需要。 【106桃機】 (A)

考點解讀 馬斯洛（Maslow）認為每個人內心都有五種不同層次的需求：生理、安全、社會、尊重、自我實現。而其理論在個人或組織的實際運用有：
生理需求：薪資、福利、津貼、工作環境。
安全需求：消防、勞健保、工作安全、退休制度、工作保障。
社會需求：同事情誼、工作團隊、員工聚會、員工旅遊。
尊重需求：主管重視部屬意見、公開表揚員工、提供升遷管道、獎狀或名銜。
自我實現需求：攀登玉山、橫渡日月潭、終生志工服務。

7 根據馬斯洛需求層次理論（Maslow's hierarchy of needs theory），雇主提供員工健康保險，表示雇主關心員工們的何項需求？ (A)自我實現 (B)社會 (C)安全 (D)尊重。 【107桃捷】 (C)

考點解讀 指生理與心理的安全、免於受傷害的需求。企業為確保員工的安全得到保障，可提供勞健保、工作保障、退休金制度以使員工能安心工作。

8 根據馬斯洛（Maslow）的需要層級理論，員工希望被同事接納成為公司的一份子，渴望友情與同事情誼，這是那一個層級的需要？ (A)自我實現需要 (B)歸屬感需要 (C)尊重需要 (D)安全需要。 【107鐵路】 (B)

考點解讀 社會需求又稱歸屬感與愛的需求（Belonging & Love Needs），歸屬是指個人和別人有從屬或認同的感覺；被人愛或有所愛，都使人有歸屬感。這個層次反應出友誼與歸屬於某個群體。

解答

9 根據Maslow需求層級理論，主管重視部屬意見與參與，能滿足部屬的何種需求？ (A)生理需求 (B)社會需求 (C)尊重需求 (D)自我實現需求。 【103經濟部】 (C)

考點解讀 包括內部的尊重，如：自尊、自主。

10 馬斯洛的人類需要層級理論中最高層級的慾望為下列何者？ (D)
(A)身體的需求
(B)安全的需求
(C)社會的需求
(D)自我實現的需求。 【113鐵路、106台糖】

考點解讀 自我實現為最高層次的需求，是心想事成的需求，包括自我成長、發揮潛力與實踐理想等。

進階題型

解答

1 下列有關馬斯洛需求理論的敘述，何者有誤？ (A)認為員工工作的目的在於追求內在需求的滿足 (B)將人的需求層次由高至低分成五個需求 (C)自尊需求是最高層級的需求 (D)需求的改善是造成需求有層級之分的主因。 【107台酒】 (C)

考點解讀 自我實現需求為最高層次的需求。

2 下列有關馬斯洛（Maslow）的需求層級理論，何者錯誤？ (A)五種層級需求依次為，生理需求、安全需求、社會需求、尊重需求、自我實現需求 (B)沒有被滿足的最低階需求是最具有激勵效果的需求，已經被滿足的需求則較不具激勵效果 (C)公開表揚肯定員工、提供升遷管道是滿足員工的社會需求 (D)自我實現需求是不會被滿足，它是會不斷的被增強。 【105台酒】 (C)

考點解讀 公開表揚肯定員工、提供升遷管道是滿足員工的自尊或尊重需求。

3 有關Abrham H. Maslow需要層級理論的敘述，下列何者錯誤？ (A)需要分成五大類 (B)需要有層級之分 (C)最高層級的需要是自我實現 (D)不包括歸屬感的需要。 【104郵政】 (D)

考點解讀 包括歸屬感與愛的需要，亦即社會或社交需求。

焦點 2 早期激勵理論

1. **馬斯洛（A. Maslow）的需求層級理論如前焦點介紹。**
2. **麥克葛瑞格（Douglas McGregor）的X與Y理論**

   麥克葛瑞格是MIT的教授，在1906年出版的《企業的人性面》中提出了對人性假設的X理論與Y理論（Theory X、Theory Y）。

   (1) **X理論**：代表的是對人類本質的負面觀點（**人性本惡**）。假設員工沒什麼企圖心、不喜歡工作、想逃避責任，而需有嚴密的控制，才能有效地工作。

   (2) **Y理論**：代表正面的觀點（**人性本善**）。假設員工喜歡工作、接受責任並願意負責，而且自動自發。員工具有豐富的想像力、智力與創造力，可以解決組織問題。

   結論：假設以Y理論作為管理實務的依據，讓員工參與決策、承擔責任、接受挑戰性的工作、良好的團隊作業等，都會對員工產生很大的激勵效果。

   XY理論的限制：XY理論無實證性，且兩種理論都只適用於特定情境。並沒有證據可證實X理論和Y理論的正確性，也沒有證據顯示根據Y理論來改變管理的行動，可以使員工受到更多的激勵。

3. **赫茲伯格（Herzberg）的雙因子理論**

   認為決定工作成敗最主要的原因是一個人對於工作的態度，所以Herzberg進行一項「人們想從工作中獲得什麼？」的調查研究。結果發現：**激勵因子與工作滿足有關；保健因子與工作不滿足有關**。當人們對工作滿足時，傾向歸因於自己的特徵所致；當人們對工作不滿足時，則傾向歸因於外在因素所致。並提出雙因子理論，又稱激勵保健理論，認為有兩類因素會影響員工工作情況：

   (1) **保健因素**：或稱不滿足因素，如果這些因素不理想，會導致人員不滿足，如**薪資、監督、工作環境、地位象徵、工作保障、公司政策、行政措施、上司管理監督、工作條件、人際關係、福利措施**等。

   (2) **激勵因素**：或稱為滿意因素，如果這些因素不理想，並不會導致人員不滿足；但若這些因素理想，則可激勵員工，如**讚賞、責任、升遷、認同感、成就感、個人成長、挑戰機會、工作本身**等。

   雙因子理論的優缺點：

   (1) **優點**：廣為流傳、提供經理人良好的建議。

   (2) **缺點**：

      A. 受限方法論。因為當諸事順利時，人們會傾向認為是自己的功勞；而當不順時，會傾向把失敗原因歸於外在環境。

      B. 信度有問題、沒有全面性的衡量滿足感、忽略情境變數。

4. **艾德佛（Clayton Alderfer）的ERG理論**

將Maslow的五種需求層次簡化為三種需求類別，分別是：

E	**生存需求**（Existence needs）	係維持生存的物質需求，可以透過食物、空氣、薪資與工作環境來滿足，**相當於Maslow的生理與安全需求**。
R	**關係需求**（Relatedness needs）	需要和他人建立和維持良好人際關係，如與上司、同事、朋友維持良好的人際關係，**相當於Maslow的社會需求**。
G	**成長需要**（Growth needs）	指個人努力表現自我，透過創意或生產力的工作表現，以獲致發展的一種需求，**相當於Maslow的尊重與自我實現需求**。

需求層次理論與ERG理論的差異：**ERG理論主張可以同時有兩種以上的需要來影響人們的動機**。需求層級理論的假設是滿足累進的觀點；**ERG理論提出挫折回歸的觀點**。

5. **麥克林蘭（D. McClelland）的三需求理論**

認為需求非與生俱來的，而是從文化中學得，亦即從經驗中學習而來，並將之分為：

(1) **成就需求**（need for achievement）：一種強烈追求成就的傾向，並且熱衷於成功與達成目標。

(2) **親和需求**（need for affiliation）：反應出一種想要為人喜愛接納的強烈慾望，期望與他人建立良好關係。

(3) **權力需求**（need for power）：是一種想要控制或影響他人的慾望。

結論：在大型組織中，高成就需求者未必是好的管理者，因為高成就需求者較注重自我實現，而好的管理者所注重的應該是如何幫他人完成目標。**好的管理者傾向於有較高的權力需求與較低的歸屬需求**。

基礎題型

解答

1 以下何者認為員工基本上都厭惡工作，所以必須嚴格控制？ (A)M理論 (B)X理論 (C)Y理論 (D)Z理論。 【108漢翔】 **(B)**

考點解讀 (A)強調除考量X、Y理論外，管理績效主要是在「個人」與「群體」共同合作下進行。(C)認為員工會自動自發、扛起責任並主動負責。(D)強調組織的管理文化，並認為組織在生產力上不僅需要考慮技術和利潤等指標，也應考慮如信任、人際關係等因素。

解答

2 下列何種理論假設員工缺乏野心、不喜歡工作且規避責任，必須嚴密控制才能有效工作？ (A)麥克里高的X理論 (B)麥克里高的Y理論 (C)馬斯洛的需求層級理論 (D)麥克里蘭的三項需要理論。【105台酒】 (A)

考點解讀 麥葛瑞格的X理論與Y理論，X理論假設員工沒什麼企圖心、不喜歡工作、想逃避責任，因此需要有嚴密的控制才能有效地工作；Y理論假設員工會自動自發、擔起責任並主動負責，同時認為工作是自然的活動。
而讓員工參與決策、承擔責任和具挑戰性的工作，以及發展良好的團體關係等作法，對員工的激勵效果最大。

3 激勵理論的兩因子理論（two factors theory）認為員工的工作滿意或不滿意受二類因子的影響。下列何者屬於這二類因子？ (B)
(A)成長因子與升遷因子
(B)保健因子與激勵因子
(C)成長因子與自我實現因子
(D)環境因子與自我控制因子。【111台酒】

4 管理學家F. Herzberg提出激勵的兩因子理論（Two Factor Theory），以下何者屬於保健因子（Hygiene Factor）？ (A)工作自主性 (B)個人成長 (C)有趣的工作 (D)主管的管理方式。【107台酒】 (D)

5 在Herzberg的雙因素理論中，工作滿意主要來自下列哪個因素？ (B)
(A)保健因素 (B)激勵因素 (C)平等因素 (D)滿意因素。【106台糖】

6 根據赫茲伯格（Frederick Herzberg）的雙因素理論，員工因為工作所產生的成就感以及對所屬企業組織的認同感，屬於下列哪一類的因素？ (A)激勵因素 (B)保健因素 (C)員工滿足社會需求的途徑 (D)與X理論的描述一致。【108郵政】 (A)

考點解讀 赫茲伯格（Frederick Herzberg）的「雙因子理論」認為有兩類因素會影響員工工作情況：(1)保健因素：或稱不滿意因素，如果這些因素不理想，會導致人員不滿足，如薪水福利、工作條件、公司政策、人際關係等。(2)激勵因素：或稱為滿意因素，如果這些因素不理想，並不會導致人員不滿足；但若這些因素理想，則可激勵員工，如賞識、責任、成就感、認同感、工作本身等。

7 下列何者是工作雙因子理論中的激勵因子？ (A)工作環境 (B)和主管的關係 (C)薪水 (D)成就感。【108台酒】 (D)

解答

考點解讀 赫茲伯格（Herzberg）的雙因子理論，認為有兩類因子會影響員工工作情況：

(1)保健因子：指工作時身體與保健的狀況。當員工保健需求不能得到滿足時，必然會對工作不滿意；但當其基本保健需求得到滿足時，卻只是對工作不會感到不滿意。

(2)激勵因子：與工作的本質及其挑戰有關，會提昇工作滿足。

保健因子	激勵因子
薪資福利	賞識、肯定
地位象徵	升遷
上司監督	責任感
行政措施	個人成長
工作（實體）環境	工作成就感
公司政策	工作本身
人際關係	自我實現

8 下列何者屬於 Herzberg 雙因子理論中的激勵因子？ (A)和主管的關係 (B)責任感 (C)工作環境 (D)和同仁的關係。 【105中油】 (B)

9 下列何者屬於赫茲伯格（Herzberg）雙因子理論中的激勵因子（motivator）？ (A)公司政策與管理措施 (B)與上司的關係 (C)個人成長 (D)工作保障。 【112桃機】 (C)

10 根據雙因子理論，下列那一個因素不是激勵因子？ (A)成就感 (B)升遷 (C)薪酬 (D)工作挑戰。 【104鐵路】 (C)

考點解讀 雙因子理論，認為有兩類因子會影響員工的工作情況：

雙因子理論	意涵	因子
保健因素	維持員工工作動機於最低標準，如果沒有會產生不滿意，有的話不會增加滿意	公司政策、行政措施、上級監督、薪酬福利、工作環境、人際關係
激勵因素	激發員工工作動機於最高標準，這些條件存在會讓員工感到滿意，不存在不會產生不滿足	肯定、認同、賞識、責任、工作本身、工作挑戰、升遷、成就感、個人成長

11 下列何者不屬於赫茲伯格（F. Herzberg）兩因子理論中的激勵因素？ (A)薪資 (B)成就 (C)肯定 (D)個人成長。 【103台酒】 (A)

解答

12 艾德福（C. Alderfer）提出 ERG 理論，認為主管必須滿足員工的某些需求，才能激勵員工的士氣。請問ERG理論將人們的需求分為哪三類？(A)生存、關係、成長 (B)公平、成就、自尊 (C)成就、權力、歸屬 (D)生存、安全、關係。【108漢翔】 (A)

考點解讀 根據艾德福所言，需求可以歸為三類，分別是生存（Existence）、關係（Relatedness）及成長（Growth）。並視需求為連續的構面，不僅有「滿足——進展」的方式，並且還有「挫折——退縮」的因素。

13 耶魯大學的艾德佛（C. Alderfer）提出ERG理論，其中的R是指何種需求？ (B)

(A)成長需求 (B)關係需求

(C)生存需求 (D)權力需求。【107鐵路營運人員】

考點解讀 艾德佛（Clayton Alderfer）將Maslow之五種需求層次簡化為三種需求類別，包括生存需求（Existence needs）、關係需求（Relatedness needs）以及成長需求（Growth needs）。(1)生存需求（Existence needs）：指維持生存的物質需求，可以透過食物、空氣、薪水、工作環境來滿足。(2)關係需要（Relatedness needs）：指需要和他人建立和維持良好人際關係的需要，包括那些涉及工作場所中與他人互動的關係在內。(3)成長需要（Growth needs）：指對具有創造力、能產生貢獻與有所用處，以及能取得個人發展機會的需要。

14 不同的學者主張的需求內涵各有不同，麥克林蘭（McClelland）認為人們工作的主要動機來自後天的需求，並主張能夠激勵員工的是要滿足三項主要需求，請問下列三項需求何者正確？ (C)

(A)成就、權力、金錢 (B)成就、地位、金錢

(C)成就、權力、歸屬 (D)金錢、權力、歸屬。【104鐵路】

考點解讀 麥克林蘭（McClelland）的三種需要理論包括：(1)成就需求（Need for Achievement：nAch）：企圖去超越別人，並要求達到某些標準，對於追求成功有很大的驅動力。(2)權力需求（Need for Power：nPow）：對能夠影響他人之能力的需要。透過這種能力，他們能驅使他人去做其原來不想去做的事。(3)歸屬需求（Need for Affiliation：nAff）：追求友善及親密的人際關係之慾望，也是一種讓別人喜歡和接受的慾望。

15 員工到處吹噓他個人於新產品開發上的突破，這符合大衛．麥克利蘭（David McClelland）所發展的成就動機理論（achievement motivation theory），又稱三種需要理論中的那項需求？ (A)成就需求 (B)親和需求 (C)權力需求 (D)滿足需求。【111鐵路】 (A)

進階題型

解答

1 根據X、Y理論，下列敘述何者正確？ (A)Y理論認為一般人自私自利，以自我為中心 (B)Y理論認為人工作是為了金錢 (C)X理論認為人普遍具有創造性決策能力，只是沒有運用 (D)X理論認為人不願承擔責任。 【107台酒】 **(D)**

考點解讀 (A)X理論認為一般人自私自利，以自我為中心。(B)X理論認為人工作是為了金錢或物質。(C)Y理論認為人普遍具有創造性決策能力，只是沒有好好的運用。

2 有關「X，Y人性論」，以下敘述何者錯誤？ (A)麥克葛瑞格（Douglas McGregor）提出 (B)X理論的假設偏向於傳統嚴密監督制裁的管理 (C)Y 理論的假設偏向於民主式的管理 (D)X理論偏向馬斯洛所提出的社會與自尊的需要。 【106桃機】 **(D)**

考點解讀 由Douglas McGregor提出對人性的兩種極端分野，一為負面的X理論；另一為正面的Y理論。從需求層次來看，X理論認為低層次需求主宰著員工；而Y理論則認為高層次需求才是員工訴求的重心。X理論偏向馬斯洛所提出的生理與安全的需要，Y理論偏向社會、自尊、自我實現的需要。

3 何者不是「兩因素理論（two-factor-theory）」中提升工作滿足感的內在因子？ (A)升遷 (B)挑戰機會 (C)人際關係 (D)責任。 【104台電】 **(C)**

考點解讀 兩因素理論（two-factor-theory）由Frederick Herzberg所提出，認為內在因子如責任、升遷等與工作滿足有關；認為外在因子如工作環境等與工作不滿足有關。人際關係是指與主管或同事、部屬的關係。

4 在雙因子理論中，下列何者使員工展現高積極度以及完成自己的工作？ **(A)**

(A)責任與認同感 (B)高薪資

(C)人際關係 (D)公司政策。 【106鐵路】

考點解讀 1950年代末赫茲伯格在匹茲堡進行實證研究發現：屬於工作本身或工作內涵方面的因素（例如，挑戰性的工作、認同感、責任）能使員工感到滿意；屬於工作環境或工作關係方面的因素（例如，薪資、福利、公司政策、公司政策、工作安全感、人際關係）容易使員工感到不滿意。前者被稱為激勵因素（Motivational Factors），後者被稱為保健因素（Hygiene factors）。激勵因素能使員工展現高積極度以及完成自己的工作，增加滿意感；而保健因素的滿足，並不會產生激勵效果，但沒有反而容易導致不滿意。

解答

5 赫茲伯格（Herzberg）主張的激勵因子類似馬斯洛（Maslow）需求層次理論中的哪個需求？ (A)自我實現需求 (B)生理需求 (C)社會需求 (D)安全需求。 【107經濟部人資、107鐵路營運專員】 (A)

考點解讀 赫茲伯格（Herzberg）主張的保健因子類似馬斯洛（Maslow）需求層次理論中的生理需求、安全需求、社會需求；激勵因子則類似馬斯洛（Maslow）需求層次理論中的尊重需求、自我實現需求。

6 若某條件存在時不會導致員工不滿足，但也不會是被激勵的主要因素，例如工作環境，則該條件是屬於？ (A)

(A)保健因子（hygiene factors）

(B)激勵因子（motivators）

(C)成就因子（achievement factors）

(D)雙重因子（dual factors）。 【107鐵路】

考點解讀 Herzberg提出二因子（Two Factors）理論，認為，能防止員工工作不滿意的因子為「保健因子」，而能增加員工工作滿意的因子為「激勵因子」。 工作環境是屬於保健因子。

7 以下對Herzberg的雙因子理論（two-factor theory）之敘述，以下何者敘述是正確的？ (D)

(A)保健因子是指能帶來工作滿足的因素，激勵因子是指能降低工作不滿足的因素

(B)工作滿足的反面即是工作不滿足

(C)激勵因子包括薪資、主管與部屬間的關係與工作環境條件等

(D)以上皆非。 【112桃機】

考點解讀 保健因子是指能降低工作不滿足的因素，激勵因子則是指能帶來工作滿足的因素。保健因子包括薪資、主管與部屬間的關係與工作環境條件等；滿意的相反不是不滿意，而是沒有滿意。

8 在工作場所，要有空調，要提供飲水機，大樓內要有電梯，當然要提供合理的薪資。請問上述條件對於員工來說是什麼樣的激勵因子： (A)自我實現（self-actualization） (B)公平（equity） (C)保健因子（hygiene factor） (D)激勵因子（motivators）。 【108鐵路】 (C)

考點解讀 「二因子激勵理論」認為有兩類因素會影響員工工作情況：(1)保健因素：或稱不滿意因素，如果這些因素不理想，會導致人員不滿足，如薪水福利、工作保障、工作環境、公司政策、人際關係等。 (2)激勵因素：或稱為滿意因素，如

解答

果這些因素不理想，並不會導致人員不滿足；但若這些因素理想，則可激勵員工，如賞識、責任、成就感、工作本身、個人成長等。

9 有關赫茲伯格的兩因素激勵理論，下列何者錯誤？ (B)
(A)兩因素是指激勵因素與維生因素
(B)沒有激勵因素，員工會不滿意
(C)維生因素的項目中，多數和工作環境有關
(D)給予工作保障之類的維生項目，員工未必會更賣力工作。【105鐵路】

考點解讀 沒有維生（保健）因素，員工會不滿意。

10 〈複選〉麥克林蘭（McClelland）認為人們工作的主要動機來自後天的需求，只要能滿足下列何種需求就能激勵員工？ (A)(B)(C)
(A)成就 (B)權力
(C)親密 (D)金錢。【107鐵路營運專員】

考點解讀 麥克林蘭（McClelland）的三需求理論（three-needs theory）：說明人們工作的主要動機，是源自三項後天需求：
(1)成就需求（need for achievement, nAch）：是達到、超越一個水準以上成功的驅動力。
(2)權力需求（need for power, nPow）：是能夠影響他人行為的需求。
(3)歸屬需求（need for affiliation, nAff）：是對友情與親密人際關係的需求。

11 有關三需求理論中成就需求，下列敘述何者正確？ (C)
(A)能夠影響他人行為的需求
(B)對友情與親密人際關係的需求
(C)努力追求個人成就，而不太在乎成功後的頭銜或報酬
(D)最好的管理者傾向有較高的成就需求和較低的歸屬需求。【111台酒】

考點解讀 (A)權力需求。(B)歸屬需求。(D)歸屬及權力需求與管理上的成功有密切的關係，最好的管理者傾向於有較高的權力需求與較低的歸屬需求。

12 依據Maslow的需求階層理論與ERG理論，員工工作動機若來自穩定被僱用的工作環境，屬於下列哪個階層？ (C)
(A)自我實現需求與Growth（成長需要）
(B)自我實現需求與Existence（生存需要）
(C)安全需求與Existence（生存需要）
(D)安全需求與Growth（成長需要）。【111經濟部】

焦點 3 當代的激勵理論

1. **佛倫的期望理論**

佛倫（Victor Vroom,1964）的期望理論認為：個人採取某種行為傾向，取決於兩因素：(1)採取某種行為之後，達成該任務的機率。(2)達成任務所獲得的價值，是否具有吸引力。因此，理論中包括三項變數或關係：

(1)**努力（Effort）——績效（Performance）關聯性**：個體認為付出一定的努力之後，能達到績效的機率。

(2)**績效（Performance）——報酬（Outcome）關聯性**：個體對於績效達到水準時會獲得預期結果的相信程度。

(3)**報酬的吸引力（Value）**：組織所提供的報酬需與員工想要的一致。

所以：**激勵（M）＝期望（E）× 工具（I）× 期望值（V）**

$$(E \rightarrow P) \times (P \rightarrow O) \times V$$

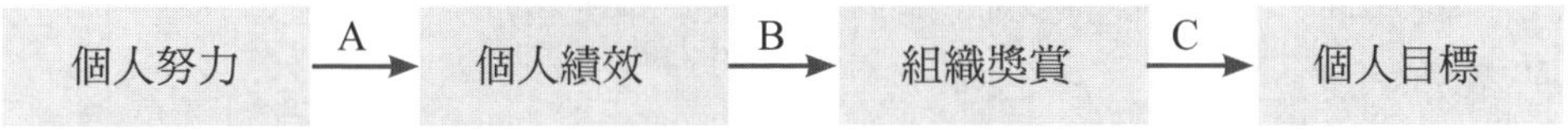

A＝努力與績效的連結
B＝績效與獎賞的連結
C＝吸引程度

2. **亞當斯的公平理論**

公平理論（Equity Theory）是由美國心理學家亞當斯（J. Stacey Adams）於1965年所提出，認為員工的激勵程度來自於對**自己和參照對象（Referents）的投入和報酬比例的主觀比較感覺**。如果員工察覺自己的比率和他人相同時，則公平是存在的。相反的，如果比率不相等，則表示有不公平，員工會認為自己報酬不足或過多。

認知比率之相較*	員工的評估
$\frac{\text{產出A}}{\text{投入A}} < \frac{\text{產出B}}{\text{投入B}}$	不公平（報酬過低）
$\frac{\text{產出A}}{\text{投入A}} = \frac{\text{產出B}}{\text{投入B}}$	公平
$\frac{\text{產出A}}{\text{投入A}} > \frac{\text{產出B}}{\text{投入B}}$	不公平（報酬過高）

小秘訣

公平理論認為，組織成員對行為的選擇，是**以個人認為在組織中獲得公平的待遇為準**，組織員工所認知的公平，是以簡單**投入／產出比率**為依據，此種認知會影響員工下一階段的努力。

當員工感受到不公平時，會試著降低此種不公平的狀況，例如覺得投入／產出比率太低時，可能會採取以下措施，來降低這種不公平的狀況：

(1)**增加產出或報酬**：例如要求加薪、增加獎金等。

(2)**減少投入或付出**：例如少做點事、缺勤、摸魚等。

(3)**改變比較對象**：例如與其他公司的員工比較，比上不足比下有餘。

(4)**改變其他人的「投入／產出」比率**：例如讓別人多做點事。

(5)**改變心理的比較狀態**：例如自我安慰，為此種低報酬尋找新的解釋。

(6)**離開此種不公平的情境**：例如選擇離職或調職。

☆ 小提點

參考對象或標的：員工用來比較的依據，可以是他人、系統與自我。

1. 他人（Other）：包括了在相同組織內做類似工作的其他人、朋友、鄰居或自己所屬的專業團體。
2. 系統（System）：考慮的是組織的薪酬政策、程序，以及整個系統的行政措施。
3. 自我（Self）：指的是和自己相比，這主要是反映出個人過去的經驗與就業狀態。另外，這也會受到過去的工作類型或自我要求等標準而影響。

新視界

組織正義又稱「組織公平」，由三個基礎所構成：

1. **分配的正義**（distributive justice）：個體對組織決策有關於薪酬分配、工作負荷量、責任的承擔是否公平的認知，如「公平理論」比較關心效標結果。
2. **程序的正義**（procedural justice）：決定獎勵分配的過程是否公平，較易影響員工對公司的投入、離職意圖、工作績效、組織承諾、組織公民行為。
3. **互動的正義**（interactional justice）：指個體對於組織的各項決策是否與他們互相溝通的公平，強調人際互動在程序進行中有其重要性。

三者的關係為：程序（procedure）→ 互動（interaction）→分配正義（justice）

公平理論可以作為組織中分配正義的重要理論基礎，亦即當組織成員感受到較少的分配正義時，可能會影響其工作滿意並降低對組織的付出。

3. **史金納（B. Skinner）的行為修正理論**

又可稱為增強理論（reinforcement theory），源自於行為學派心理學大師史金納的研究。強調透過正面結果或負面結果的學習經驗來改變或塑造行為，運用增強理論來塑造行為時，應考量兩個重要問題，一是增強的類型，二是增強的時間安排。增強的類型：

(1) **正向增強**（positive reinforcement）：管理者對於表現合乎組織期待的行為給予正面的獎勵，以促使該項行為重複出現。

(2) **負向增強**（negative reinforcement）：使員工為了避免某些負面結果而願意表現合乎組織期待的行為。

(3) **消滅**（extinction）：將任何維持行為的增強物，包括正向增強或負向增強予以消除的方法。

(4) **懲罰**（punishment）：當員工出現不符合要求的行為出現時，則給予某些負面結果來終結那些行為。

增強時間的安排：

(1) **固定間隔**：不管行為本身，每隔一段固定的時間便出現增強物。

(2) **固定比率**：指不管時間本身，每隔固定的行為次數便出現增強物。

(3) **變動間隔**：增強物的出現時間是變動的。

(4) **變動比率**：指在一定的變動次數後，便出現增強物。

結論：管理者可藉由對「有助組織達成目標之行為」的正向增強，來影響員工的行為。對於不當的行為，應該忽略而不是懲處。懲罰的效果通常很短暫，且可能會有衝突、缺勤或離職等負面影響。

4. **洛克（E. Locke）的目標設定理論**

目標設定理論（goal-setting theory）是由洛克（Edwin A. Locke）所提出，認為管理者可以透過**設定一些為部屬所接受和認同的挑戰性目標，來激發部屬的績效**，同時，管理者可以透過對部屬提供目標達成程度的回饋資訊，來使目標成為有效的激勵因子。其中有兩個目標特性會影響部屬的績效，就是**目標困難度與目標特定性**。

(1) **目標困難度**（Goal Difficulty）：指目標的挑戰性與需要努力的程度。目標困難度會影響部屬對目標的接受與認同。

(2) **目標特定性**（Goal Specificity）：指目標的明確與清楚的程度。目標特定性愈高，則目標的明確與清楚的程度也愈高，相較於模糊的目標，特定性高的目標是比較有效的激勵因子。

目標設定理論有三項因素會影響目標設定與被激勵者、績效間的關係，包含對目標承諾、適當的自信能力、國家文化因素。

5. **羅賓斯（Stephen P. Robbins）的整合激勵模型**

以期望理論為基礎，提出整合激勵模型來將我們目前所知的大部分激勵理論整合成一個模型。在羅賓斯的整合激勵模型中同時考慮了需要理論、公平理論、期望理論、目標設定理論，和行為修正理論。

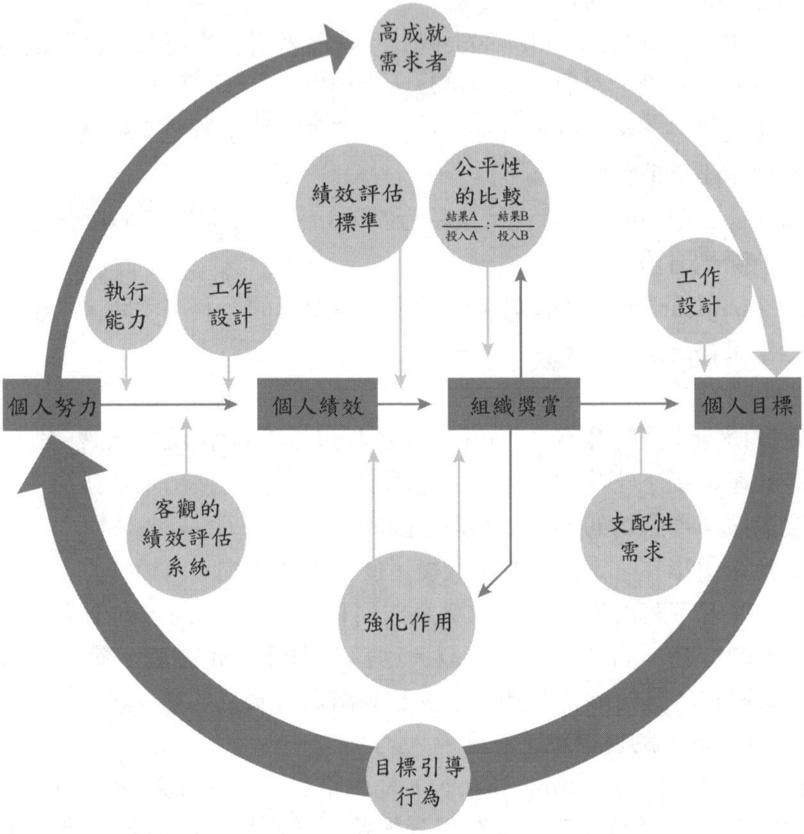

基礎題型

解答

1 根據公平理論，員工希望組織在資源分配上是公平的，所以會比較自己與他人的：　(A)投入與結果之比　(B)產出與結果之比　(C)薪資與獎金之比　(D)報酬與所得之比。 【108漢翔】 (A)

考點解讀　公平理論（Equity theory）由亞當斯（J.S. Adams）所提出，認為員工會比較自己和參考對象（Referent）的投入與產出（結果）比率，並依據公平與否而影響其行為。參考對象包括：他人（other）、系統（system）與自己（self）。

解答

2 激勵理論中，以自己之投入與產出和他人投入與產出相比，稱為： (C)
(A)期望理論 (B)二因子理論
(C)公平理論 (D)內容理論。 【107鐵路營運專員】

3 員工滿意度取決於他的投入和產出比率，與其他員工投入和產出比率的比較，稱為：(A)增強理論 (B)行動激勵（action motivation） (C)公平理論 (D)目標設定。 【104郵政】 (C)

4 公平理論認為員工會將自己和參考對象進行比較，因而影響到他們所認知的公平性。下列那一個不是公平理論所主張的參考對象（Referent）： (A)自己 (B)他人 (C)系統 (D)媒體。 【104鐵路】 (D)

考點解讀 參考對象（標的）指員工用來比較的依據，可以是他人、系統與自我。

5 員工比較自己和他人的投入產出比率後，據以採取行為，是下列哪一理論的觀點？ (A)期望理論 (B)需求層次理論 (C)公平理論 (D)雙因子理論。 【103台北自來水】 (C)

6 下列哪一個激勵理論是主張個人會根據對行為結果的期望，以及此結果的吸引力，來決定其對某種行為的傾向。而且此理論關鍵在於了解個人目標，以及努力與績效、績效與獎賞、獎賞與個人目標滿足之間的關聯性？ (A)公平理論 (B)期望理論 (C)雙因子理論 (D)需求理論。 【106台糖】 (B)

7 根據Victor Vroom所提出的期望理論（expectancy theory）的內涵，主管為了提高部屬的工作動機，不需要透過以下哪一種方式？ (B)
(A)提高員工努力與績效的關聯性
(B)確保部屬對主管的瞭解是正確無誤的
(C)清楚的連結酬賞和績效
(D)酬賞必須對員工有正向價值。 【112桃機】

考點解讀 伏倫（V.Vroom）提出「期望理論」，認為人員於決定從事某種行為之前，必先評估各種行為策略，如果某個策略是其相信可獲取報酬的策略，而此項策略又是他所期望的，那麼他就會選擇該項行為策略。其中三種重要的變數：(1)努力－績效之連結；(2)績效－酬賞之連結；(3)酬賞－個人目標價值之連結。

8 根據期望理論（Expectancy Theory），主要提出三項變數：績效(P)、努力(E)、報酬(O)。這三項變數的前後順序關係為： (A)P→E→O (B)E→P→O (C)P→O→E (D)O→E→P。 【106桃機、104鐵路】 (B)

解答

考點解讀 期望理論（Expectancy Theory）主要提出三項變數：努力（E）、績效（P）、報酬（O）。
這三項變數的前後順序關係為：E→P→O，所以
激勵＝Σ（E→P）×（P→O）×V
E→P指努力導致績效的期望機率；
P→O指績效產生結果的機率；
V指對各種結果的價值判斷；
Σ指乘積的總和。

9 激激勵理論中的期望理論（expectancy theory）由Vroom學者所提出，其中一個簡化的模式，可清楚描述期望理論的內涵，其順序為下列何者？ (A)個人努力→組織報酬→個人績效→個人目標 (B)個人目標→組織報酬→個人努力→個人績效 (C)個人努力→個人績效→組織報酬→個人目標 (D)個人目標→個人努力→個人績效→組織報酬。【111鐵路】 (C)

10 佛倫（Victor H. Vroom）的期望理論（expectancy theory）認為一個人的激勵是______的函數，但下列何者錯誤？ (A)預期努力會達到所欲績效水準 (B)所認知績效和報酬之間的關連性 (C)個人對工作報酬的偏好 (D)個人對績效的價值觀與態度。【104港務】 (D)

11 只要員工業績提前達標，就會得到主管額外發給的獎金，請問這是行為塑造的哪一種方法？ (A)懲罰 (B)消除 (C)正向增強 (D)負向增強。【108漢翔】 (C)

考點解讀 藉由報酬來創造一種愉悅的結果，以增加行為重複的可能性。

12 塑造員工行為時，如果對於常遲到的員工扣一些薪水，這樣的做法屬於那一種行為塑造方式？ (A)正強化（positive reinforcement） (B)負強化（negative reinforcement） (C)懲罰（punishment） (D)消滅（extinction）。【111台酒】 (B)

考點解讀 給予員工不喜歡的刺激，來降低員工不當行為的發生。

13 一位管理者藉由排除令員工不愉快的事作為獎勵，以塑造員工行為，此方法稱之為： (A)正向強化（positive reinforcement） (B)負向強化（negative reinforcement） (C)處罰（punishment） (D)消弱（extinction）。【103中油】 (B)

解答

考點解讀 (A)給予員工愉快的事作為獎勵，以塑造員工行為。(C)給予員工不愉快的事作為懲罰，以終止員工行為。(D)消除令員工愉快的事或免除不愉快的事，以終止員工行為。

14 許多企業要求員工要突破困難、奮力不懈，繼續追求企業在業界一直保持的領先地位及獲利，請問這是依據那一種激勵理論？ (A)工作設計理論 (B)公平理論 (C)需求理論 (D)目標設定理論。 【104鐵路】 (D)

考點解讀 洛克（E.A. Locke）的目標設定理論認為管理者可以透過設定一些為部屬所接受和認同的特定或困難的目標，來指引部屬的績效。同時，管理者可以透過對部屬提供目標達成程度的回饋資訊，來使目標成為有效的激勵因子。

進階題型

解答

1 員工會因為自己投入比其他人還要多，卻得到比較少的回報，而感到不滿意甚至想要離職。此種觀點是何種理論的應用？ (C)

(A)期望理論 (B)自由理論
(C)公平理論 (D)增強理論。 【107鐵路】

考點解讀 「公平理論」認為當一個人覺得其工作結果（job outcomes）與工作投入（job inputs）的比率，和另一個參考人對象結果與投入者相比而不相稱時，就會產生不公平的感覺。當不公平的情況發生時，員工會試圖做一些修正，例如生產力降低或提高、品質下降或改善、缺勤率增加、自動請辭等。

2 根據Vroom的期望理論，管理者讓員工相信「有好的工作表現就能獲得獎酬」，是在提高下列何者？ (B)

(A)努力與績效的連結 (B)績效與獎賞的連結
(C)獎賞的吸引力 (D)個人目標的層級。 【108漢翔】

考點解讀 Vroom認為員工工作動機的強弱，取決於個人的期望強度，亦即員工努力的投入程度，係根據對於自身的期望，而非客觀的結果。因此決定員工期望強的主要因素包括下各項：

(1)「努力－績效」的連結是否確實：員工會考自身會達成組織目標的可能性有多大，即使獎賞豐富，但目標過於嚴苛達成，則激勵效果亦降低。

(2)「績效－報酬」的連結是否確實：即使組織提供員工所需的報酬，員工也不一定有努力投入工作動機，另一個決定因素是員工必須要知道，何種績效的表現可以得到何種的報酬，如果目標過於模糊，則屬難以達到激勵效果。

(3)報酬是否具有吸引力，能滿足個體的目標：組織中所提供的報酬，是否能符合員工的需求，不同員工會有不同的期望，如組織無法提供報酬滿足員工的期望，員

解答

工的期望強將會減弱。個人會根據其對行為結果的期望，以及此結果的吸引力，決定對其某種行為的傾向。

3 下列哪個理論認為企業組織的經理人可以運用獎賞（Rewards）與懲罰（Punishments）來激勵員工展現有利於完成工作任務的行為？ (C)
(A)期望理論（Expectancy Theory）
(B)公平理論（Equity Theory）
(C)增強理論（Reinforcement Theory）
(D)目標設定理論（Goal-Setting Theory）。【108郵政】

考點解讀 增強理論不考慮目標、期望或需求等因素，而將焦點集中在人們進行某種行為後的結果。管理者可藉正向增強「有助達成組織目標」之行為，來影響員工。

4 下列何者屬於負向強化（negative reinforcement）的行為塑造方法？(A)管理者稱讚員工的好表現　(B)管理者說如果員工準時上班，就不會扣薪水　(C)管理者將經常遲到的員工扣兩天的薪資　(D)管理者取消自願加班的額外福利。【105中油】 (B)

考點解讀 (A)正向強化；(C)懲罰；(D)消滅。

5 有些公司會要求員工星期六加班，管理者意識到員工通常不喜歡在星期六工作，如果員工在5個工作日內達到績效水平，經理可以提議在星期五結束工作，此為下列何種增強理論類型？ (C)
(A)消滅　(B)懲罰
(C)負面強化　(D)正面強化。【111經濟部】

考點解讀 當人們從事某種行為的目的是為了避免一些不愉悅的結果。

6 依據激勵的增強理論，老師想要學生每堂課都能出席，因此告知若有缺課則取消獲得該科學期成績額外加分的機會，這是屬於增強理論中的何種類型？ (A)正面強化　(B)負面強化　(C)消滅　(D)懲罰。【104自來水】 (C)

考點解讀 行為修正的四種方法：
(1)正向增強：藉由報酬來創造一種愉悅的結果，以增加行為重複的可能性。
(2)負向增強：當人們從事某種行為的目的是為了避免一些不愉悅的結果。
(3)處罰：當不符合要求的行為出現時，則給予某些負面結果來終結那些行為。
(4)削弱：將任何維持行為的增強物（包括正向增強或負向增強）予以消除的方法。

解答

7 「長期而言，可能會因個體的疲乏而失去效果」，是屬於下列哪一種激勵的缺點？ (A)部分增強 (B)連續性增強 (C)變動性增強 (D)增強的時程。 【108漢翔】 (B)

考點解讀 史金納（B. F. Skinner）曾將增強物出現的方式分為兩類，一為「連續增強」，一為「間歇增強」。如果對每一次正確的反應或所期望的行為，均予強化，就是連續增強，亦即百分之百的增強。此種作用在學習或訓練的初期有其必要性。然而也容易使被強化者感到「疲乏」（satiation），以致削弱強化的力量。而「間歇增強」則是指並非每次正確的反應均予以強化的增強方式。

8 根據增強理論（reinforcement theory），當下列何種情形，員工會快速地遵照主管所期望的方式行為？ (C)

(A)他們舉止適當，但沒有獲得任何肯定

(B)他們做錯事受到處罰

(C)他們獲得立即且持續性地獎勵

(D)他們設定明確，但困難的目標要達成。 【104郵政】

考點解讀 認為行為的結果為何，會影響行為的動機，真正控制人們行為的是增強物。如果在某種行為發生後，立即給予增強物，且持續性地增強，則可增加該行為重複發生的機率。

9 關於各激勵理論的論述，下列何者錯誤？ (A)

(A)McClelland的三需求理論，是指成長、關係與權力三者

(B)Herzberg試圖區分工作本身與工作外兩種因素的效果

(C)Vroom的期望理論以努力與績效、績效與報酬、報酬與其吸引力三者關係來解釋員工行為

(D)增強理論認為行為是其結果的函數。 【105自來水】

考點解讀 麥克里蘭（McClelland）的三需求理論，是指成就感、歸屬感、權力。

10 有關激勵理論之敘述，下列何者正確？ (A)

(A)古典激勵理論認為員工只會受到金錢的激勵

(B)人性天生是追求成長、願意承擔責任屬於人力資源模型中的X理論

(C)兩因子理論主張滿足的相反是不滿足，並認為滿足多與內在因子相關，不滿足多與外在因子相關

(D)期望理論把焦點放在社會比較上，意即人們會參照其他人的待遇，來評估組織對自己的待遇。 【111經濟部】

考點解讀 (B)人性天生是追求成長、願意承擔責任屬於人力資源模型中的Y理論。(C)「滿足」的反面不是「不滿足」，而是「沒有滿足」。「不滿足」的反面不是「滿足」，而是「沒有不滿足」。(D)公平理論把焦點放在社會比較上，意即人們會參照其他人的待遇，來評估組織對自己的待遇。

非選擇題型

藉由排除令員工不愉快的事件作為獎勵以塑造員工行為，如上班準時，就不取消全勤獎金，讓員工「準時上班」的行為重複發生機率提高，此為操作制約理論中的________。 【111台電】

考點解讀 負增強／負向強化／負強化。

焦點 4 激勵性的工作設計

工作設計是將任務集合成一個完整工作的方法，有效激勵的工作設計應將環境改變、組織科技、員工能力及偏好都納入工作設計的考量。

1. **具有激勵作用的工作設計法**

(1) **工作擴大化**：藉由擴展水平方向的工作，增加「工作範疇」，亦即增加工作不同任務的種類與發生次數。

(2) **工作豐富化**：藉由賦予規劃與評估的責任，來垂直擴展員工的工作範疇。可增加「工作深度」，亦即可增加員工對工作的控制程度。

(3) **工作特性模型**：將工作特性與個人對工作的反應兩者之間的關係予以模式化，包括技能多樣性、任務完整性、任務重要性、自主性、回饋性等五個構面。工作特性理論（Job Characteristic Model, JCM）的五個核心構面：

A. 技術多樣性：工作上需要多樣性活動的程度。

B. 任務完整性：工作上需要完成一個整體而明確工作的程度。

C. 任務重要性：該工作會影響他人工作及生活的程度。

D. 自主性：在排定工作時間與決定執行步驟上，個人擁有的自由、獨立性以及判斷性的程度。

E. 回饋性：完成一項工作時，個人對其工作績效，能得到直接與清楚訊息的程度。

JCM模式

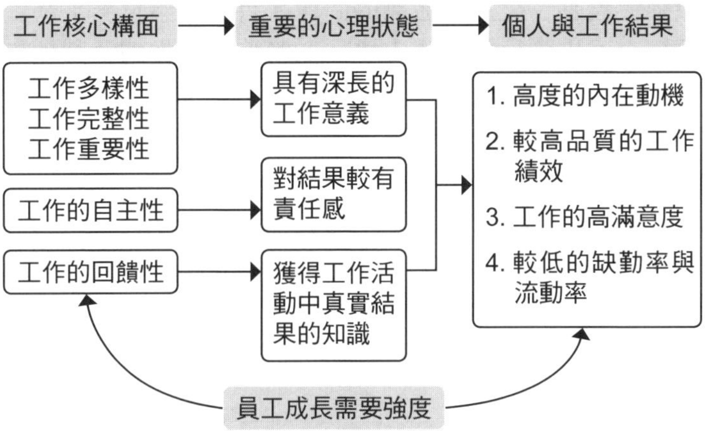

動機潛在分數（Motivation Potential Score, MPS）

$$MPS=\frac{\text{工作多樣性}+\text{工作完整性}+\text{工作性}}{3}\times\text{自主性}\times\text{回饋性}$$

解釋：

(1) MPS越高，工作激勵效果越高。

(2) 自主性與回饋性都不得為零。

(3) 由公式可知工作擴大化與工作豐富化亦可使MPS提高。

小秘訣

工作特性模型（JCM）是由海克曼及歐德漢（Hackman & Oldham）於1975年所提出，其內容主要是指：工作中的五種「核心工作構面」會激發員工感受到的「關鍵的心理狀態」，進而會影響到「個人和工作的成果」。

〔**口訣**〕五種核心工作構面：**多完重自回**。

☆ 小提點

激勵潛能分數（MPS）適用來量測員工士氣的潛在分數之高低，MPS分數高，表示員工擁有正面的士氣，工作績效及滿意程度都會提高，負面如缺席率等將維持較低的水準。

$$MPS=\frac{\text{技能變化性}+\text{工作完整性}+\text{工作重要性}}{3}\times\text{自主性}\times\text{回饋性}$$

2. **激勵多樣化的員工**

管理者需以彈性觀點，來思考激勵的問題。有些企業實施平衡工作與生活的福利。有些則發展出彈性的工作安排，如壓縮的工作週、彈性工時、工作分攤、電子通勤。

(1)壓縮的工作週：指在一個工作週中，員工每天工作較長的時間，每週工作天數較少。

(2)彈性工時：有一個共同的核心時段，全員都必須在工作崗位上，但上下班及午餐時間是彈性的。

(3)工作分攤：由兩人或兩人以上，來分攤一份全職的工作。

(4)電子通勤：員工在家工作，並藉由電腦與網路連線到工作場所。

基礎題型

解答

1 原本專門負責銷售的員工被企業要求需學習產品包裝以及協助運送的工作，稱為： (A)工作輪調 (B)工作擴大化 (C)工作重新設計 (D)工作分析。【106台糖】 (B)

考點解讀 工作擴大化（job enlargement）：指增加水平性的工作內容。亦即將某項工作的範圍加大，使所從事的工作任務變多，同時也產生了工作的多樣性，其目的在於消除員工工作的單調感，增加員工滿足感。

2 企業將員工的工作內容進行垂直方向的擴充，也增加工作的深度與廣度，是指？ (D)

(A)工作特徵模式化 (B)工作簡單化

(C)工作專業化 (D)工作豐富化。【106桃捷】

考點解讀 指增加垂直方向的工作內容，讓員工對本身的工作掌握更大的控制權，同時肩負通常由上司擔任的工作，即工作的規畫、執行和評估。工作豐富化乃是站在人性的立場考慮，徹底改變員工工作內容，其方法不僅擴展工作的廣度，同時也擴大了工作的深度，目的在讓員工對自己的工作有較大的控制權來激發員工個人的成長與發展。

3 對於員工的工作除了增加任務的數目外，也增加員工對工作的控制程度。此種作法稱為： (A)工作整合 (B)工作擴大化 (C)工作輪調 (D)工作豐富化。【104郵政】 (D)

解答

4 下列何者代表垂直擴張工作內容，增加規劃與評估的責任？ (D)
(A)團隊生產（team production） (B)工作擴大化（job enlargement）
(C)工作輪調（job rotation） (D)工作豐富化（job enrichment）。
【104自來水、105台酒】

5 有關激勵員工的工作設計之中，「給予工作者較多參與規劃、組織、協調的機會，工作中賦予員工更多的責任、自主權和控制權。」稱為： (C)
(A)工作輪調 (B)工作擴大化
(C)工作豐富化 (D)工作簡化。 【103台北自來水】

考點解讀 工作豐富化（job enrichment）係給予工作者對於所擔任工作具有較多機會以參與規劃、組織及控制，因此，他對於進行步驟、工作方法及品質控制有較大的參與和決定機會。工作豐富化因增加工作者之內在意義，對工作者具有較強烈的激勵作用。

6 工作特性模型（JCM）定義了五種主要的工作特性，其中不包括下列何者？ (B)
(A)技術多樣性 (B)環境明確性
(C)自主性 (D)回饋性。 【108漢翔】

考點解讀 Hackman & Oldham的工作特性模型（Job Characteristics Model, JCM）定義五項核心構面，分別為技術多樣性、任務完整性、任務重要性、自主性及回饋性，其中自主性會使員工對工作結果有責任感。

7 下列何者不是工作特性模型（Job Characteristics Model）的工作核心構面？ (C)
(A)技能多樣性 (B)自主性
(C)工作認同性 (D)任務重要性。 【105中油】

8 在Hackman & Oldham兩位學者所提出的工作特性模式（job characteristics model）中，所提及的那一個工作核心構面，會讓員工體會要對工作結果有責任感？ (C)
(A)技術多樣性（skill variety） (B)任務完整性（task significance）
(C)自主性（autonomy） (D)回饋性（feedback）。 【111鐵路】

考點解讀 工作自主性（autonomy）指工作對員工的工程排程和執行程序的決定方面，給予實質的自由度、獨立性、以及空間。自主性會讓員工體會要對工作結果有責任感。

解答

9 下列哪一種彈性工作安排模式，會因員工的能力差異與工作習性的不同，而造成工作配合的困難？ (A)遠距離辦公（telecommuting） (B)彈性工時（flextime） (C)工作分享（job sharing） (D)壓縮工作週（compressed weekwork）。 【105郵政】 (C)

考點解讀 工作分攤是由兩人或兩人以上，來分攤一份全職的工作。此種工作安排模式，會因員工的能力差異與工作習性的不同，而造成工作配合的困難。

10 大學課堂上常有兩位以上的老師共同開設一門課程，或在企業也有一個工作由兩個人去平分做的這種型態稱為： (A)工作擴大化（job enlargement） (B)工作豐富化（job enrichment） (C)工作輪調（job rotation） (D)工作分擔（job sharing）。 【111鐵路】 (D)

進階題型

解答

1 「藉由增加工作的職權（authority）、自主性（autonomy）及對如何達成任務與工作的控制權，以提升員工對職務的滿意度，係屬於一種垂直式的工作重整方法。」這種方法是下列哪一種？ (A)工作豐富化（job enrichment） (B)工作輪調（job rotation） (C)工作擴大化（job enlargement） (D)工作簡化（job simplification）。 【105自來水】 (A)

考點解讀 工作豐富化乃是增加垂直方向的工作內容，也就是讓員工對自己的工作有較大的自主性，同時肩負起某些通常由其監督者來做的任務，如規劃、執行及評估其工作。

2 公司讓小莉除了原有的工作外，開始也讓她參與決策的規劃以及控制最終的成果。請問這樣的工作設計稱為： (A)工作輪調 (B)工作擴大化 (C)工作豐富化 (D)工作正式化。 【108鐵路】 (C)

3 小李在臺酒公司擔任業務代表超過五年且表現良好，公司主管決定除了讓小李與客戶有議價的權限之外，更增加議約的權限，同時議約的權限也很大，在不讓公司虧損的前提下，均無需向主管報告、這是屬於工作設計中的哪一種內容？ (C)

(A)工作簡單化 (B)工作擴大化

(C)工作豐富化 (D)工作複雜化。 【107台酒】

解答

4 小陳為汽車公司裝修員，部門主管林課長為增加小陳對其他相關工作之內容與責任，除繼續讓小陳進行裝修工作外，另再增加執行品管檢驗工作，此種工作設計的方式稱為：
(A)工作輪調 (B)工作簡化
(C)工作豐富化 (D)工作規範 。 【103台電】 (C)

5 根據工作特性模型（Job Characteristics Model），自主性（autonomy）主要是使員工在心理上哪種狀態的改變？
(A)工作的意義感 (B)對結果的責任感
(C)了解實際工作結果 (D)技能多樣性。 【103台糖】 (B)

考點解讀 Hackman & Oldham的工作特性模型（Job Characteristics Model, JCM）定義五項核心構面，分別為技術多樣性、任務完整性、任務重要性、自主性及回饋性，其中自主性會使員工對工作結果有責任感。

6 根據工作特性模型（Job Characteristics Model）進行工作設計，下列敘述何者錯誤？ (A)將零散的任務合併成為較大的工作單位，可以增加任務完整性 (B)創造自然的工作單位，可以增加任務重要性 (C)建立顧客關係，可以增加任務自主性 (D)開放回饋管道，可以增加技術多樣性。 【103中油】 (D)

考點解讀 根據工作特性模型工作設計的指導方針：

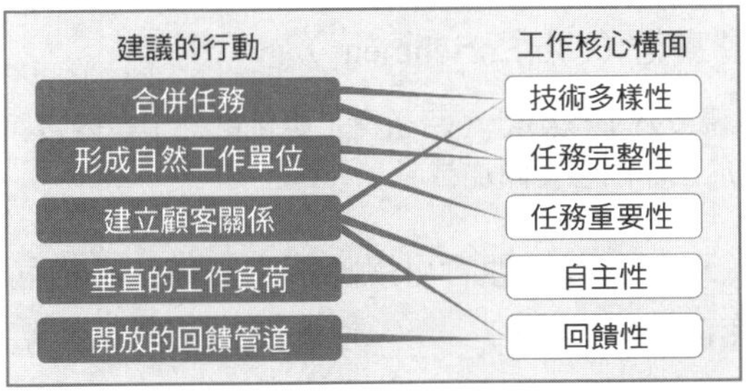

7 根據J.Richard Hackman和Gregory Oldhan的工作特性模式，為提高員工動機、工作滿足、工作績效等，工作必須重新設計，在實務的做法上，應該遵從一些原則，下列何者為非？ (A)為增加技術多樣性，得提供員工不同類的訓練 (B)增加工作整體性，分派專案計畫，工作組合成模組形式 (C)增加員工自主性，多授權 (D)增加員工回報專業性，提供主管客觀、立即的訊息。 【103經濟部】 (D)

解答

考點解讀 增加員工回饋性，提供主管客觀、立即的訊息。增加工作重要性，建立公司良好形象外，要把工作重要性傳達給員工。

8 以下關於工作豐富化的敘述，何者錯誤？ (A)工作豐富化可增加工作深度 (B)工作豐富化是藉由擴展工作的水平方向來增加工作範疇 (C)工作豐富化讓員工有更多自主權、獨立性與責任 (D)研究顯示，對於低成長需求的人，工作豐富化並沒有提高績效的效果。 【108漢翔】 (B)

考點解讀 工作豐富化係垂直擴張工作內容，增加規劃與評估的責任。

9 有關工作設計的敘述，下列何者錯誤？ (A)工作輪調可以降低企業的員工訓練成本 (B)工作豐富化可以提升員工成長與進步的機會 (C)工作擴大化會提高員工的工作負擔 (D)工作專業化可以有效提高工作效率。 【107台糖】 (A)

考點解讀 工作輪調交叉訓練（cross training）的方法，是指一位員工在一個工作單位或部門中，於特定的期間內學習多種不同的工作（Byars & Rue,1994）。其優點為可以減輕員工工作單調、提高工作滿意度、促進個人的成長等。缺點是會增加訓練成本、不適當的輪調結果會增加員工對工作的壓力等。

非選擇題型

1 簡答題：工作豐富化（Job Enrichment）。 【108台電】

考點解讀 指透過良好工作設計，給予員工更挑戰性工作內容與自主性，以提高員工個人工作效率，屬於工作內容縱向加載。

2 工作特性模型（JCM）讓管理者可以瞭解到工作核心構面與員工心理狀態之間的關係，而工作核心構面中的______性會讓員工對工作結果負責。 【111台電】

考點解讀 自主（性）。
自主性指工作提供充分自由、獨立性及裁量權，個人可以自行安排工作排程與工作方式的程度。

Chapter 10 組織溝通

焦點 1 溝通意涵與程序

溝通是藉由分享消息、事實或態度，試圖與他人或團體建立共同的瞭解與看法。溝通過程中包含了六大元素：**發訊者（傳訊者）、編碼、管道（媒介）、收訊者（接受者）、解碼、回饋**。

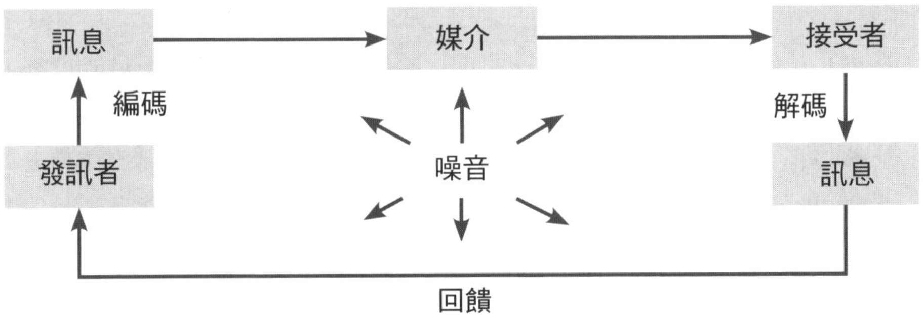

整個溝通的過程起始於傳訊者想傳達某些訊息給收訊者。**傳訊者**（sender）將想傳達的訊息以一種收訊者可以理解的方式，再加以**編碼**（encoding）後，經過溝通**管道**（channel）傳達給**收訊者**（receiver）。收訊者收到後，則將訊息解碼（decoding）成他所能理解的意思，再將其反應**回饋**（feedback）給傳訊者。在整個溝通過程中，存在著干擾溝通效果的各種不同**噪音**（noise），以致收訊者未能接收到正確訊息。

基礎題型

解答

1 下列何者「不是」溝通過程的要素？ (A)編碼（encoding） (B)解碼（decoding） (C)回饋（feedback） (D)控制（control）。 【105台酒】 **(D)**

考點解讀 整個溝通模式包括發訊者、訊息、收訊者、溝通管道等要素。而這當中存在著編碼、譯碼、回饋，及干擾等動作。

解答

2 溝通過程中，訊息的傳遞者會先經過下列何種過程，才進行傳遞訊息？ (A)編碼 (B)整理 (C)轉碼 (D)解碼。【101郵政】 (A)

考點解讀 編碼（Encoding）指將訊息轉換成符號的形式。

3 某餐飲業企業在進行服務人員的教育訓練時，台上的教師將所要傳達的訓練內容製作成有趣的教材，以讓參與教育訓練的學員瞭解內容。此過程是溝通程序中的何者？ (A)管道 (B)解碼 (C)回饋 (D)編碼。【103台酒】 (D)

考點解讀 指溝通者將其所欲表達的想法，以某種符號或方式表現。編碼的方式很多，如最常使用的文字和語言，也可以是圖畫或符號，但並不局限於有形的表達方式。

4 承上題，當參與的學員在接收訊息前，需將教材內容轉譯成學員能瞭解的內容，此過程為溝通程序中的何者？ (A)管道 (B)解碼 (C)回饋 (D)編碼。【103台酒】 (B)

考點解讀 解碼（Decoding）指將接收符號轉譯成可理解的意思。

5 收訊者會將送訊者的訊息轉譯回來，即符號觀念化，稱為： (A)解碼 (B)編碼 (C)通路 (D)回饋。【106桃機】 (A)

6 為了確認資訊是否被正確地傳達與理解，組織溝通中下列何者的建立是不可或缺的重要機制？ (A)回饋系統 (B)控制系統 (C)領導系統 (D)分類系統。【104自來水】 (A)

考點解讀 回饋系統溝通程序中的最後一個步驟，其實是最重要的卻也最常被忽略。

進階題型

解答

1 在人際溝通程序中，有四種情況會影響到編碼的有效性，分別是：技巧、態度、發訊者的知識及下列何者？ (A)社會文化系統 (B)接受者 (C)發訊者的年齡 (D)環境問題。【99郵政】 (A)

考點解讀 訊息編碼的有效性會受到發訊者的溝通技巧、態度、知識所限制，另外發訊者的社會文化系統也會影響編碼有效性。

解答

2 如果公司想要精簡人力，管理者花費很多心力來構思如何對即將被裁員的同仁開口、如何表達裁員理由、如何撰寫人力調整的公告等事宜，這位管理者正花費心力在人際溝通程序的哪個部份？ (A)解碼 (B)編碼 (C)回饋 (D)噪音。 【112桃機】 (B)

考點解讀 編碼（encoding）係將發送者所傳送的訊息，轉換成符號的形式。

焦點 2 組織溝通的類型

組織溝通可分為正式溝通、非正式溝通、組織溝通網路。

1. **正式溝通指依照組織指揮鏈的溝通，或是為完成個人工作所必須的溝通。又可分為以下四種：**
   (1) **下行溝通**：由上層傳至下層，通常是指由管理階層傳到員工的溝通方式。常使用方式有：公司政策、人事命令、公告、法規、會議、通知、面談、工作指示、績效考核、作業手冊等。
   (2) **上行溝通**：指下級人員以報告或建議等方式，對上級反應其意見。常使用方式有簽呈、意見箱、工作報告、提案制度、意見陳報、員工訪談、態度調查等措施。
   (3) **橫向溝通**：指組織中同一層級的人員或部門之間的溝通。方式可透過部門間協調會報、公文會簽、工作聯繫單、委員會洽商、備忘錄等方式進行。
   (4) **斜向溝通**：不同部門不同層級間的溝通方式，常見於矩陣組織或專案小組等。

2. **非正式溝通**
   又稱為葡萄藤式溝通，指不經由組織圖與組織層級的正式程序所進行的溝通方式，依戴維斯（Davis）的分類，可分為單線、閒談、機遇、群集連鎖。
   (1) **單線連鎖（single chain）**：資訊由一人轉告另一人，此種情況最為少見。
   (2) **閒談連鎖（gossip chain）**：由一個人告知其他所有的人，又稱密語連鎖。
   (3) **機遇連鎖（probability chain）**：資訊傳送並無特定的對象，隨緣傳播，碰到什麼人就轉告什麼人。
   (4) **群集連鎖（cluster chain）**：在溝通過程中，可能有幾個中心人物，由他轉告某些人，而且有某種程度的選擇性。

3. 組織溝通的網路型態

組織溝通是指兩個以上的人員所進行的正式或非正式溝通。Berelson & Steiner 以五種型態，來說明群體溝通的方式：

小秘訣

溝通網路是指組織內的水平及垂直溝通方式，溝通網路的形式可分為：鏈型網路、輪狀網路、環狀網路、網狀網路、交錯型溝通、Y狀網路。

(1) **鏈型溝通**（chain communication）：溝通流向隨著正式的指揮鏈上下流動，例如軍隊。

(2) **輪狀溝通**（wheel communication）：是一個強勢領導者和組織成員間的溝通方式，領導者就如同輪軸中心一樣，所有的訊息都會透過他傳遞，如分店與總店。

(3) **環狀溝通**（circle communication）：不像輪狀溝通有明顯的核心人物存在，而是彼此間水平地位，由一人傳給一人，逐一傳遞再回到原點。

(4) **交錯型溝通**（all channel communication）：或稱網狀式、星型、全方位溝通，成員可以和所有的其他成員彼此互動與溝通，無核心人物，成員彼此間立於均等地位，例如團隊成員間的互動。

(5) Y**狀網路**（Y form communication）：由二個部屬向一位上司報告，而這位上司的上面還有二個層級。因此，實際上是四個層級的結構。例如大中型企業的溝通方式。

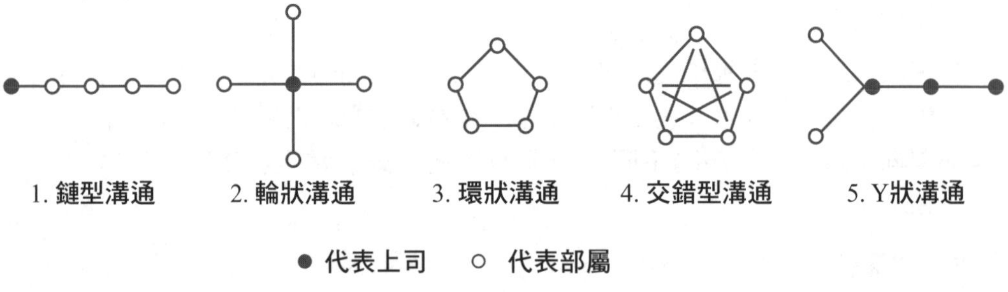

網路及評估準則表

準則	鏈狀	Y字型	輪狀	環狀	交錯型
速度	適中	適中	迅速	優	迅速
正確性	高	高	高	低	適中

準則	鏈狀	Y字型	輪狀	環狀	交錯型
出現核心人物	適中	適中	高	無	無
士氣	適中	適中	低	高	高

基礎題型

解答

1 下列何者不是組織中會見到的溝通流向？ (A)跳躍溝通 (B)上行溝通 (C)下行溝通 (D)平行溝通。 【103台糖】 (A)

考點解讀 應是指斜向溝通或斜行溝通（diagonal communication）。

2 下列何者為跨功能的團隊十分依賴的溝通形式？ (A)下行溝通 (B)上行溝通 (C)理論溝通 (D)橫向溝通。 【113鐵路】 (D)

考點解讀 跨功能團隊指該團隊的成員是來自於兩個或兩個以上的部門，具備各式各樣技能和經驗的人，一起團結合作，為共同的目標而努力。跨功能的團隊十分依賴橫向或水平溝通的溝通形式。

3 管理者指派工作目標給其部屬，是屬於哪一種方向的溝通？ (A)下行溝通 (B)上行溝通 (C)橫向溝通 (D)斜向溝通。 【101台酒】 (A)

考點解讀 或稱向下溝通，是指由直屬主管到下屬，或領導群體到附屬群體的溝通行為。

4 早班工讀生與晚班工讀生在交接、換班時的溝通，可稱為下列何種溝通？ (A)垂直 (B)向上 (C)向下 (D)水平。 【111經濟部】 (D)

考點解讀 平行溝通或稱水平溝通，指組織中同一層級的人員或部門之間的溝通，以及業務與幕僚之間的溝通，多屬協調性質或相互支援的活動。

5 下列何種溝通方式用在橫跨工作領域及組織層級的溝通上，即不同層級不同部門間的溝通？ (A)上行溝通 (B)斜向溝通 (C)橫向溝通 (D)正式溝通。 【104自來水】 (B)

考點解讀 斜向溝通是一種特殊形式的溝通，包括團體內部非同一組織層次上的單位或個人之間的訊息溝通和不同團體的非同一組織層次之間的溝通。

解答

6 下列哪一種溝通方法，是經由朋友和熟人所組成的網路關係，透過謠言和其他非官方資訊，在人們之間傳遞訊息的方式？ (A)平行溝通 (B)葡萄藤 (C)肢體語言 (D)正式溝通。 【106桃機、105自來水】 (B)

考點解讀 非正式溝通不必受到規定或形式所限制，因此往往比正式溝通還要有彈性且傳播快速。在美國這種途徑常常稱為「葡萄藤」（grapevine），用以形容其枝茂葉盛，隨處延伸。

7 下列何者不是葡萄藤溝通（Grapevine）的特性？ (A)在組織中無所不在 (B)往往是循著組織層級來進行溝通 (C)不受正式的組織程序與規範所限制 (D)傳播速度很快。 【104鐵路】 (B)

考點解讀 非正式溝通最常見的方式，就是一般所謂的葡萄藤式（grapevine）溝通，成員是不必考慮組織層級就可直接進行溝通，所以通常不會出現在正式組織溝通系統上。

8 以下那一種組織溝通網路型態，員工的滿意度會較高？ (A)鏈式溝通（chain communication） (B)Y式溝通（Y form communication） (C)輪狀式溝通（wheel communication） (D)網式溝通（all channel communication）。 【106鐵路】 (D)

考點解讀 網狀式溝通是一種全方位型網路溝通，所有團隊成員彼此間皆可隨意溝通，所以員工的滿意度會較高。

9 下列哪一種型態是正式的組織溝通網絡（communication networks），團隊員工彼此可互相溝通且滿意度會最高？ (A)網狀（all-channel）型式 (B)輪狀（wheel）型式 (C)鏈狀（chain）型式 (D)葡萄藤（grapevine）型式。 【105中油】 (A)

10 若要增進組織成員的滿意度，下列哪一種形式的正式溝通網絡最有效？ (A)輪狀式（wheel） (B)全方位式（all channel） (C)鏈狀式（chain） (D)葡萄藤式（grapevine）。 【105郵政】 (B)

11 下列哪一種溝通網絡型式，員工的滿意度最高？ (D)
(A)葡萄藤（grapevine） (B)鏈狀（chain）
(C)輪狀（wheel） (D)網狀（all-channel）。 【104自來水】

12 那一種溝通模式（方法）較有能力去處理複雜的訊息？ (A)面對面交談 (B)電話 (C)傳真 (D)公布欄。 【101鐵路】 (A)

考點解讀 面對面溝通的優點是，個人所提出的計劃與構想可以立即得到對方的反應，較有能力去處理複雜的訊息；再者，當面也較容易鼓舞或說服對方以達成目的。

進階題型

解答

1 業務專員因客戶需求而與研發部門經理討論，要提供給客戶什麼的產品設計與規格，此種溝通方式，稱之為： (A)下行溝通（downward communication） (B)上行溝通（upward communication） (C)橫向溝通（lateral communication） (D)斜向溝通（diagonal communication）。 【105中油】 (D)

考點解讀 斜向溝通是指機關組織內不同層級的單位或人員間的溝通，亦即不同單位職位不相當人員間的溝通。例如，業務專員與研發部門經理溝通。斜向溝通是常常發生在具有某種業務方面的聯繫，但又分屬不同功能部門、不同層級之間的溝通。此種溝通活動的作用在於：可以減少溝通的時間，簡化垂直（上、下行）方向的交流，加快交流的速度和時效性，同時也可以減少訊息被誤解的可能。（MBAlib）

2 下列關於組織非正式溝通的敘述，何者錯誤？ (A)
(A)資訊多為小道消息，毫無事實根據，管理者無須重視
(B)其途徑被比喻為葡萄藤（grapevine）
(C)其溝通的速度與範圍常比正式溝通要快及廣
(D)與組織層級及指揮鏈無關。 【104、105自來水】

考點解讀 非正式溝通在組織中無所不在，且由於它不受正式組織的程序與規範所限制，因此它的訊息傳播速度與衝擊程度往往比正式溝通還大。非正式溝通雖不在組織所有效規範的範圍內，但這並不意味著管理者可以忽略它。

3 速度快、員工滿意度高但無領導的明確性，是下列何者組織溝通網路？ (A)直線式 (B)網狀式（all-channel） (C)輪狀式（wheel） (D)鍊狀式（chain）。 【108郵政】 (B)

考點解讀 網狀式網路又稱「全方位型網路」，所有團隊成員彼此間皆可隨意溝通。其特點是速度迅速、正確性適中、員工滿意度與士氣高但無領導的明確性。

4 下列哪一種溝通方式所獲得的顧客回饋最為直接？ (A)廣告溝通 (B)人員溝通 (C)直接郵件 (D)網路。 【107鐵路營運專員】 (B)

解答

考點解讀 以人員為主的銷售，是利用面對面的溝通方式來達到銷售的目的，所獲得的顧客回饋也是最直接。

5 〈複選〉以電子郵件作為溝通工具有何種特色？ (A)(B)(C)(D)
(A)高機密性 (B)高編碼簡易性
(C)高正式性 (D)高廣度可能性。 【108鐵路】

6 以下何種溝通管道提供了最好的資訊豐富度（information richness）？ (B)
(A)網路郵件 (B)面對面溝通 (C)紙本文件 (D)以上皆非。 【105農會】

考點解讀 面對面溝通可以有立即回饋、並且傳送多重線索，像是非語文的訊息（表情、聲調、肢體語言等），且使用自然語言，是高個人化的管道，訊息能立即地被調整、修正與加強，因此是資訊豐富度最高的管道；網路郵件雖然回饋訊息的速度很快，但並非是立即的回饋，且缺乏聲調等非語文線索，雖然有語音信箱系統可供選擇，可傳遞聲音線索，但是仍無法提供直接的互動。個人化紙本文件提供的非語文線索相當有限，回饋的速度也相當慢。非個人化紙本文件像是公告以及數字性報表，是豐富性最低的媒介，因為其使用比較制式化的語言，訊息提供的非語文線索很少且回饋速度緩慢（Trevino等人，1990）。

非選擇題型

1 依組織溝通的4種流向，公司高階管理者每天早上會聚集員工進行10分鐘的會議宣布工作安全注意事項及表揚績效優良者，稱為______溝通。 【107台電】

考點解讀 下行／向下溝通。

2 非正式溝通係指在組織結構外，來自人員自發行動所形成的溝通網路，依據戴維斯（Davis）的分類，資訊由數個中心人物傳達給其他人，稱為______連鎖，此為組織中最常見的非正式溝通。 【111台電】

考點解讀 群集／集群／群眾／cluster。

焦點 3 溝通的障礙與改善

在現實狀況中，有許多有形與無形的障礙，都會使溝通的效率降低。常見的溝通障礙包括：

1. **時機不當**：管理者應選擇適當時機傳遞訊息，對溝通結果往往有決定性成效。
2. **資訊不宜**：資訊過多或過少，都會妨礙溝通的效益。如**資訊超載**，指必須處理的資訊超過個人的能力。
3. **過濾作用**：刻意操縱資訊以迎合收訊者的喜好，報喜不報憂。
4. **選擇性知覺**：收訊者會基於個人的需求、動機、經驗、背景、和人格特質，選擇性地看或聽接收到的訊息。
5. **情緒作用**：喪失理性和客觀的思考程序而以情緒化來判斷訊息。
6. **語意差異**：指溝通時表達不良，如語氣不當、字義不清、使用專業術語。
7. **傳達工具不佳**：溝通媒介（管理）選擇不慎，會大大損害溝通的品質。
8. **防禦性**：當人們覺得受威脅時，常傾向於以一種會妨礙有效溝通的方式來回應對方。
9. **非口語的線索**：非口語的線索（表情、動作）應與口語溝通相符。
10. **國家文化**：因文化的不同而產生溝通的差異。

管理者可以採用以下的措施來改善溝通的障礙：

1. **保持主動傾聽**：主動地蒐尋對方話中的意義，並應進入說話者的心中，瞭解對方所要溝通的觀點。
2. **使用對方容易瞭解的語言**：在溝通時，應盡可能選擇對方可以瞭解的詞語或思考邏輯，以使訊息接收者能夠輕易並正確地理解訊息。
3. **開放的心胸**：由於每個人或多或少都存在一些主觀和偏見，在溝通時，我們往往很難迴避這些主觀的影響。
4. **保持雙向溝通**：雙向溝通是有效溝通的必要條件，溝通者應該主動地詢問或鼓勵對方回應，以獲得對方對溝通訊息的回饋。
5. **避免在溝通中加入情緒**：溝通應該是理性的，溝通者應該盡量避免在溝通中加入情緒，因為情緒會阻礙或是扭曲意思的傳達。
6. **善用回饋的技巧**：回饋可以分為正面和負面兩種。一般而言，正面的回饋通常是受歡迎的，負面回饋要在最可能被接受的情況下運用。

> **小秘訣**
>
> 認知障礙，會對訊息的解讀造成影響，溝通認知障礙有：
>
> - **月暈效果**：僅依有限資訊獲得對人的概括印象與認知。
> - **刻板印象**：以一個人所屬的團體作為判斷他的基礎。
> - **選擇性認知**：有意或無意地過濾訊息，只選擇特定部分來聚焦的過程。
> - **對比效果**：依據先前經驗來解讀訊息而產生偏誤。
> - **投射**：假設別人跟我一樣會有相同的反應。

基礎題型

解答

1 下述何者不是溝通時常見的認知障礙？ (A)月暈效果 (B)投射 (C)對比效果 (D)訊息上下傳遞上之扭曲。【107經濟部】 (D)

考點解讀 常見的認知障礙有月暈效果、刻板印象、投射、對比效果、選擇性認知。

2 在溝通的過程中，接收者會基於個人的需求、動機、經驗、背景以及其人格特徵，來選擇觀看與聽聞某些事務之現象為： (D)

(A)過濾作用（filtering）

(B)資訊超荷（information overload）

(C)定錨偏誤（anchoring bias）

(D)選擇性知覺（selective perception）。【108鐵路營運人員】

考點解讀 (A)指送訊者會為某種目的而操縱所傳遞的訊息，如下屬對上司報喜不報憂。(B)意指接受太多的資訊，已超出了個人的有效處理能力，從而產生低分析決策和無形的壓迫感。(C)人在進行判斷時，很容易受到最早取得的資訊（定錨點）的影響，易言之，就是受第一印象或第一訊息支配。

3 下列何者不是改善溝通障礙的有效方法？ (A)主動傾聽 (B)儘量使用專業術語 (C)開放心胸 (D)善用回饋技巧。【104鐵路】 (B)

考點解讀 改善溝通障礙的有效方法：保持主動傾聽、使用對方容易瞭解的語言、開放的心胸、保持雙向溝通、避免在溝通中加入情緒、善用回饋的技巧。

4 主動傾聽（Active Listening）能降低溝通的障礙。下列何者並非主動傾聽的行為？ (A)保持目光的接觸 (B)盡量不要提出問題 (C)善用身體語言回應 (D)設身處地以發訊者的立場思考。【106桃機】 (B)

考點解讀 主動傾聽的原則：話別說太多、設身處地以發訊者的立場思考、保持目光的接觸、提問題、避免分心的動作或手勢、用自己的話重述、避免打斷他人的談話、善用身體語言回應（保持適當的臉部表情與點頭肯定）。

5 下列何者不是溝通中主動傾聽的行為技巧？ (A)設身處地 (B)保持目光接觸 (C)不提問題 (D)用自己的話重述。【108郵政】 (C)

考點解讀 溝通中主動傾聽的行為技巧：設身處地、保持目光接觸、提問題、用自己的話重述、保持適當的臉部表情與點頭肯定、避免分心的動作或手勢、避免打斷他人的談話、話別說太多。

進階題型

解答

1 每天的e-mail 信箱都會收到上百封的 e-mail，要逐封仔細閱讀並回覆是不可能的，對工作者而言，他正承受了什麼溝通上的問題？ (A)資訊不足 (B)資訊超載 (C)溝通管道受限 (D)資訊不及時。 【103台糖】 (B)

考點解讀 資訊超載或資訊過荷（information overload）指接收太多訊息，超過所能控制的情況，造成資訊消化不良，易形成資訊的曲解與斷章取義。

2 管理者使用例外管理（management by exception），主要可解決何種溝通障礙？ (C)

(A)組織層級 (B)組織地位 (C)資訊超載 (D)資訊模糊。 【104港務】

考點解讀 例外管理指管理者應將主要精力和時間用來處理首次出現的、模糊隨機、十分重要且需立即處理的非程序化問題，並將例行化、瑣碎的工授權給下屬去做。

3 〈複選〉促進有效溝通的方法有： (A)(C)(D)

(A)簡化語言　(B)預設立場

(C)注意資訊流程的管理　(D)主動傾聽。 【107鐵路營運人員】

考點解讀 促進有效溝通的方法有：簡化語言、主動傾聽、控制情緒、具有同理心、使用回饋、開放的心胸、保持雙向溝通、注意資訊流程的管理。

4 美國經理人認為有效溝通的關鍵在發訊者身上，他們偏好明確且A的協定，因為潛在的誤解容易發生在B溝通中。請問A及B分別為何？ (B)

(A)口頭；口頭　(B)書面；口頭

(C)口頭；書面　(D)非言辭；書面。 【104郵政】

考點解讀 口頭溝通的優點是訊息傳播快速，可面對面溝通，立即得到回饋；缺點是傳遞過程容易扭曲，且無法永久保存。書面溝通的優點是較正式不扭曲，溝通前可周詳考量；缺點是傳遞速度慢，無法雙向交流、立即回饋，過程太過冗長。

焦點4 組織的衝突

衝突是指兩方或兩方以上的成員，群體或組織間，由於知覺到彼此不相容的差異，所導致的異議或對立。

1. **衝突的處理有三種不同觀點**

(1) **衝突的傳統觀點**：自十九世紀初至1940年中葉止，管理界普遍認為衝突是有組織性且具破壞性，需設法加以減少或消除。

(2) **衝突的人群關係觀點**：自1940年代至1970年代止，管理界認為衝突是組織運作不可避免的現象，須設法加以解決。

(3) **衝突的互動觀點**：自1970年代以來，不但認為衝突是正常合理的，而且承認衝突的絕對必要性，並公然鼓勵衝突。

2. **衝突的過程模型**

衝突學者龐帝（Louis Pondy）將衝突視為一個動態過程，他認為衝突是由一連串相互連結的「衝突情節」組合而成，此衝突情節可分成五個階段：

衝突潛伏期 → 衝突認知期 → 衝突感覺期 → 衝突外顯期 → 衝突餘波期

(1) **潛伏期**（latent stage）：兩個競爭者有不同的目標，或者皆在爭取同樣稀少的資源，但敵對尚未浮出檯面。

(2) **認知期**（perceived stage）：兩個競爭者因溝通不良而誤解，但未察覺到彼此目標不同或是基於同一目標在爭取相同的資源。

(3) **感覺期**（felt stage）：競爭者開始將衝突內化，會以找碴的方式打擊對方。

(4) **外顯期**（manifest stage）：競爭者衝突表面、公開化，一方明顯在攻擊他方。

(5) **餘波期**（aftermath stage）：不管衝突解決或尚未解決，都有各式的後遺症發生。

3. **衝突的分類：**

(1) 衝突的類型

A. 功能性衝突：能支持群體目標，並改善群體的績效，是有建設性的衝突。

B. 非功能性衝突：會破壞及妨礙團隊達成目標的衝突。

(2) 衝突的種類

A. 關係衝突：發生在人與人之間的關係。

B. 程序衝突：與工作完成的步驟有關。

C. 任務衝突：與工作目標及內容有關。

4. **衝突管理的策略**

湯瑪斯（K.W.Thomas）以合作性及堅持性為向度，提出了五種不同的衝突處理方式：

(1) **競爭或強迫**：即高堅持低合作型，堅持己見強迫對方接受自己的看法。

(2) **規避或避免**：即低堅持低合作型，不願面對衝突，一味的粉飾太平。所以表面上似乎沒有衝突，但事實上卻暗潮洶湧。

(3) **讓步或遷就**：即低堅持高合作型，希望滿足對方，將對方的利益擺在自己的利益之上。

(4) **妥協**：即中堅持中合作型，雙方各退一步，對自己的權益做了某些讓步。雙方雖各有犧牲，但也各有所得，雖不滿意但是還可以接受。

(5) **合作或統合**：即高堅持高合作型，雙方都著眼於問題的解決，澄清彼此的異同，考慮所有的可能方案，尋求雙贏的途徑。

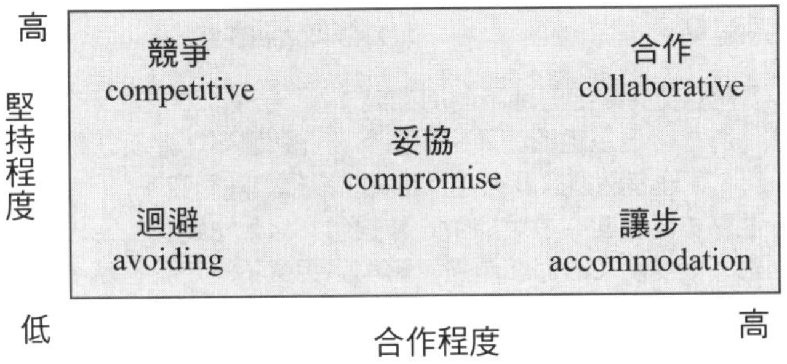

☆ 小提點

湯瑪斯（Thomas）以合作（cooperativeness）與堅持（assertiveness）兩個構面來看衝突，他認為每個衝突下都是有著背後的目的。

1. 合作：是指個人藉由滿足對方的需求來修正衝突。
2. 堅持：則是指個人藉由滿足自己本身的需求來修正衝突。 並根據「合作」與「堅持」的程度，提出共五種衝突抑減策略：迴避、讓步、競爭、妥協以及合作。

5. **目標抉擇的衝突類型**

勒溫（K. Lewin）的人格理論提到衝突，認為衝突分為「需求衝突」和「價值衝突」，兩者在日常生活中混合出現，影響我們的抉擇，而其中主要的衝突有三種型式：雙趨衝突、雙避衝突與趨避衝突

(1) **雙趨衝突**：指兩種或兩種以上目標同時為人所吸引，而人只能選擇其中一種目標時所產生的內心衝突，亦即會產生「魚與熊掌」等難以取捨的衝突。

(2) **雙避衝突**：指兩種或兩種以上目標都是個人想要迴避的，而只能迴避其中一種目標時所產生的內心衝突。會產生「兩害相權取其輕」的無奈選擇。

(3) **趨避衝突**：當個體遇到單一目標時，一方面好而趨之，一方面惡而避之；使個人情感與理性矛盾而形成的痛苦，形成「既期待，又怕受傷害」的矛盾心理。

基礎題型

解答

1 衝突管理是有關群體程序的決策，學界對衝突提出三種不同的觀點，其中認為衝突是很自然的，衝突不一定是負面的，有可能因衝突的存在，反而對團隊的績效有正面的幫助，這是屬於下列哪一種觀點的內涵？ (C)

(A)互動者觀點　(B)功能性衝突

(C)人際關係觀點　(D)傳統觀點。 【106台糖】

考點解讀 學界對衝突提出三種不同的觀點：

(1)傳統觀念：將衝突視為組織的異常現象。在此觀點下，衝突往往和破壞、不和諧聯想在一起，管理者必須盡量去避免衝突，積極消除衝突。

(2)人群關係觀點：認為衝突是組織中一種很自然且無法避免的現象，管理者必須以平常心面對，接受衝突的存在事實，體認到衝突不一定有害處，甚至有些衝突對組織績效產生正面的貢獻。

(3)互動者觀點：主張有些衝突不僅對組織有正面影響，甚至對組織或是群體的有效運作還是不可或缺的。組織有時鼓勵衝突，透過適度的衝突可以激發出成員的創作與變革。

2 現代化管理對衝突的看法是採取互動的觀點，認為： (A)組織內不允許衝突 (B)組織內應避免衝突 (C)衝突在所難免，只好接受 (D)應該維持適度的衝突。 【103自來水】 (D)

考點解讀 (A)(B)屬於傳統觀點。(C)屬於人際關係觀點。

3 現代化的觀點對衝突的態度是； (A)衝突是不好的，一定要避免 (B)衝突是難免的，必須接受 (C)衝突是偶發的，要加以留意 (D)衝突可能是有益的，要善加管理。 【102自來水】 (D)

考點解讀 (A)屬於傳統觀點。(B)屬於人際關係觀點。

4 Pondy認為團體衝突，通常會經過五個階段，請問團體中成員開始將衝突內化，會以「雞蛋裡挑骨頭」的方式打擊對方，是處於下述哪個階段？ (C)

(A)潛伏期（latent stage）

(B)認知期（perceived stage）

(C)感覺期（felt stage）

(D)外顯期（manifest stage）。 【101經濟部】

解答

考點解讀 在感覺衝突階段，衝突者對對方已經起了情緒反應。一般來說，衝突者會漸漸在心理上形成我們與他們的對比二分法，並且直截了當地將衝突歸咎於對方。

5 解決衝突的方法中，藉由退縮或是壓抑來解決衝突，稱之為： (D)

(A)合作（collaboration） (B)妥協（compromise）
(C)強制（coercion） (D)避免（avoidance）。 【105中油】

考點解讀 湯瑪斯（Thomas）提出五種衝突處理的方式，包括：

(1)避免：如果衝突本身不是太重要，或是衝突已經引發過度激昂的情緒，此時採取此種措施可能在短期內很有效。亦即藉由退縮或是壓抑來解決衝突，是一種「不堅持、不合作」的類型。
(2)遷就：是常見的衝突抑減方式，亦即先抑制自己的需求，滿足其他人的需求，以便維持雙方一種和諧的關係，是一種「不堅持、合作」的類型。
(3)強迫：是迫使對方讓步，以滿足自己需求的做法。當有些重要議題存在著時間性的壓力，須立刻解決，強迫往往有其效用。強迫是一種「堅持、不合作」的類型。
(4)妥協：是衝突的雙方各退一步，來取得妥協。當衝突雙方彼此相持不下，或急於對某些議題取得一個暫時的解決方案，或是面對很大的時間壓力時，妥協是最佳的策略。是一種「中度堅持和合作」的類型。
(5)合作：透過彼此公開而具誠意的溝通，來了解彼此的差異，並努力找出可雙贏的方案，使雙方都獲得最大利益，但前提必須建立互信的基礎。合作是當衝突雙方都有意尋求雙贏的方案，或是議題十分重要而無法妥協，而時間壓力又不大的情況下，合作是較佳的解決方案。是「堅持、合作」的類型，是以達成雙贏為目的。

6 魚與熊掌不可兼得，是屬於衝突的哪一種類型？ (A)

(A)雙趨 (B)雙避
(C)趨避 (D)雙趨避。 【107經濟部人資】

7 下列何者為衝突的類型？ (A)

(A)任務衝突、關係衝突、過程衝突
(B)事務衝突、關係衝突、過程衝突
(C)任務衝突、團隊衝突、過程衝突
(D)任務衝突、工作衝突、過程衝突。 【111經濟部】

進階題型

解答

1 組織衝突可分為建設性衝突和非建設性衝突。下列哪一種衝突最無法產生建設性的衝突效果？ (B)

(A)任務衝突　(B)關係衝突

(C)程序衝突　(D)目標衝突。【105郵政】

考點解讀 關係衝突（relationship conflict）指的是「人與人之間關係」的衝突，這種衝突通常沒有建設性，只會損害組織目標的達成。

2 與工作完成的方式有關之衝突是屬於下列何者？ (A)

(A)程序衝突　(B)關係衝突

(C)非理性衝突　(D)人際衝突。【109台糖】

考點解讀 (A)衝突以互動分類為「任務衝突」、「關係衝突」、「程序衝突」三種類型：

(1)任務衝突是與工作目標及內容有關的衝突。

(2)關係衝突指成員因對其他成員的瞭解不夠而產生的情緒衝突。

(3)程序衝突是指在工作完成的方式有關的衝突。

3 下列何者為解決衝突方法中合作程度最高之狀態？ (D)

(A)強制　(B)妥協

(C)避免　(D)通融。【108台酒】

考點解讀 或稱「統合」（collaborating），即高堅持與高合作型。衝突的對方都希望滿足對方的需求時，便會合作而尋求兩者皆有利的結果。是解決衝突方法中合作程度最高的狀態。

4 當個體面對二個同時具吸引力的目標時，容易產生下列何種衝突？ (C)

(A)零和衝突　(B)趨避衝突

(C)雙趨衝突　(D)雙避衝突。【108鐵路營運人員】

考點解讀 同時有兩個都是個人所渴望的事物，但實際上只能得其一，於是便產生「魚與熊掌」無法兼得的雙趨衝突。

(A)一方之所得乃是建立在另一方之所失上，即一方是贏家，另一方為輸家。

(B)對某一目標同時具有趨近與逃避兩種動機，形成既愛之又恨之，既欲趨之又擬避之的矛盾心理。

(D)即同時面臨兩種不利的事物或兩種不佳的情況，皆欲尋求避免，但客觀上卻又必須選擇其一，便產生「兩害相權取其輕」的抉擇。

非選擇題型

1 組織中有些衝突能支持群體目標並改善群體績效，此類有建設性的衝突稱為______衝突。【107台電】

考點解讀 功能性衝突。

2 請說明湯瑪斯（Kenneth W.Thomas）的5種衝突抑減策略。

考點解讀 湯瑪斯（Kenneth W.Thomas）在1976年提出了五種不同的衝突處理方式，它包含兩個向度，即合作性與堅持性，因此又稱為「雙向度應付衝突模式」。合作性係指願意與他人合作而使之滿意的程度，而堅持性則是指個人堅持己見的程度。兩兩相配的結果，可以定出五種衝突處理方式。

(1)競爭（competition）：即高堅持與低合作型，指一個人只追求達到自己的目標和獲取利益，而不考慮衝突對對方的影響，非爭個你死我活不可。

(2)統合（collaboration）：即高堅持與高合作型，衝突的對方都希望滿足對方的需求時，便會合作而尋求兩者皆有利的結果。

(3)退避（aviodance）：即低堅持與低合作型，雙方不願面對衝突，一昧掩飾。所以表面上似乎沒有衝突，但事實上卻是暗潮洶湧。

(4)順應（accommodation）：即低堅持與高合作型，指一個人希望滿足對方時，可能會將對方的利益擺在自己的利益之上而委曲求全。

(5)妥協（compromise）：即中堅持與中合作型，這種情況是雙方對自己的權益爭取上各做了某些層面的讓步，雙方各退一步，以求得彼此能夠早日達成共識。亦即所謂的「雖然不滿意，但是還可以接受」。

3 若個體對目標具有好惡相間、又愛又恨的矛盾，只想要好的不想要不好的，例如想吃美食又怕體重增加，此為心理/動機衝突中的______衝突。

考點解讀 趨避/Approach-avoidance。

Chapter 11 控制的基礎

焦點 1 控制的意涵與程序

控制是一種程序，其功能是**監控作業，藉此找出重大的偏差，然後予以修正**，以確保作業能照原訂計畫完成。控制也是管理循環的最後一環，規劃與控制實為一體兩面，控制的標準及預期的結果乃源自於規劃，而控制的目的在確保各項活動朝著完成組織目標的方向來進行。

1. **控制步驟**

有效的控制系統可以協助組織完成既定的目標，應包含四個前後關聯的步驟：

步驟 1	建立績效標準
步驟 2	衡量實際績效
步驟 3	比較實際績效與績效標準
步驟 4	評估結果，如未達到績效標準，則採取矯正行動

(1) **建立目標及標準**：每個組織都有其設立的目標，目標的建立須根植在明確且可衡量的績效標準上，如數量、成本、品質、時間等；標準是對既定目標事先訂定的績效水準。

(2) **衡量實際績效**：為了解實際績效為何，管理人員必須獲得組織作業的相關資訊。資訊來源包括：正式管道（書面報告、統計資料）、非正式管道（口頭報告、個人觀察），而資料來源必須有深度、廣度與可信度。

(3) **將實際績效與目標及標準比較**：比較實際表現與目標及標準，可得知組織活動績效與目標及標準之間的差異。從差異分布的範圍及變異程度，可以分析出問題的根源及決定是否採取矯正行動。

(4) **採取必要行動**：組織營運狀態發生顯著偏差時，管理人員必須採取必要的矯正行動，以確保規劃的目標可以達成。

2. **企業控制功能的目的**

(1) **與規劃連結**：目標是規劃的基礎，透過控制，管理者可得知目標與計畫是否被達成，未來該採取何種行動。

> **小秘訣**
> 有關控制的程序，可簡化為：**標準→衡量→比較→修正。**

(2)**提供績效評估的依據**：藉由控制可以了解員工達成目標的程度，可做為績效評估與獎懲的依據。

(3)**賦權員工**：組織發展可提供資訊與員工績效回饋的有效控制系統，可促進授權與賦權。

(4)**公司治理**：為因應組織內部與外部環境的變化，可採取適當措施。

基礎題型

解答

1 追蹤企業經營績效，是屬於下列哪一項企業管理活動的一部分？ (D)
(A)規劃 (B)組織 (C)領導 (D)控制。 【108漢翔】

考點解讀 為了有效提升企業競爭力，愈來愈多的企業開始重視經營績效。為追蹤經營績效，企業必須透過控制活動來檢視整個過程，對未能達成目標的原因提出解釋與對策，並落實解決問題的方案，持續追蹤直到完成。

2 公司除了隨時掌控工作情形，還要建立回饋系統，迅速將實際狀況反應給公司，並適時加以修正改善，是管理功能中的何種功能？ (D)
(A)規劃 (B)組織 (C)領導 (D)控制。 【107鐵路營運專員】

考點解讀 管理的四大功能包括：

(1)規劃：設定目標、建立達成目標之策略，以及發展一套有系統的計畫，來整合並協調企業的各項活動。

(2)組織：建立組織的系統架構及劃分各部門執掌，並確定部門間的權責關係。

(3)領導：激勵員工，指揮與協調員工的活動。

(4)控制：監督組織的績效，對於偏離原先所設定之目標的活動加以修正，使組織能朝正確的目標方向前進。

3 企業經理人衡量營運的結果並與原定的目標進行比較，請問他是在執行下列哪一個管理的功能？ (D)
(A)引導 (B)組織 (C)分析 (D)控制。 【106台糖】

考點解讀 控制是監督實際績效，將實際績效與期望績效做比較，並於必要時採取糾正行動。高層的管理工作與基層管理人員在控制工作上同等重要，差別在監督的對象與事物不同而已。

4 監督業務的進行，指出問題進行修正，以確保目標達成的程序是： (D)
(A)規劃 (B)組織 (C)領導 (D)控制。 【102中華電信、103自來水】

考點解讀 控制是用來確保活動能按計畫完成，並藉此矯正重大偏差的監督活動過程。

解答

5 下列何者為控制的必要程序：A.設定績效標準；B.採取校正行動；C.衡量績效；D.改善衝突；E.比較績效與標準 (A)ABDE (B)CDEB (C)CBAD (D)ACEB。【111鐵路、104自來水】 (D)

考點解讀 控制過程的四個步驟，依序為：設定績效標準→衡量實際績效→將實際績效與標準比較→採取校正行動。

6 控制程序的四個步驟，依序為： (A)衡量實際績效→將實際績效與目標及標準比較→建立目標及標準→採取必要行動 (B)建立目標及標準→衡量實際績效→將實際績效與目標及標準比較→採取必要行動 (C)建立目標及標準→採取必要行動→衡量實際績效→將實際績效與目標及標準比較 (D)衡量實際績效→建立目標及標準→將實際績效與目標及標準比較→採取必要行動。【103中華電信】 (B)

7 「控制過程」的第一個步驟，是指下列何項？ (D)
(A)採取管理行動 (B)實際績效與標準進行比較
(C)衡量績效 (D)建立標準。【108漢翔、101郵政】

8 管理涉及到四個基本功能，而管理程序的最後一個步驟是什麼？此步驟的內容包括設立標準（例如銷售額度及品質標準）、比較實際績效與標準，然後採取必要的矯正行為。 (C)
(A)組織 (B)領導 (C)控制 (D)規劃。【103台糖】

考點解讀 控制程序由四個單獨而不同的步驟所組成：(1)建立績效標準；(2)衡量實際的績效；(3)比較績效標準與實際績效間的差異；(4)評估差異結果並採取必要的矯正行動。

進階題型

解答

1 「高階管理者要求中階管理者，每週要向他報告專案進度」，這是屬於管理的何項功能？ (A)控制 (B)規劃 (C)領導 (D)組織。【108漢翔】 (A)

考點解讀 管理可視為一種程序，經由這種程序，組織得以運用其資源以求達成其既定目標。在此程序中，包括有性質不同的若干功能：
(1)規劃：規劃乃針對未來擬採取的行動，進行分析與選擇的過程。
(2)組織：將組織任務及職權予以適當的劃分及協調，以達成目標。
(3)領導：在一特定情境下，為影響一人或一群人的行為，使其趨向於達成某種群體目標的人際互動程序。

解答

(4)控制：是一種檢視程序，以確保各項活動能按計畫達成，並矯正任何顯著偏離。（許士軍著，《管理學》，東華書局，1990）

2 小芬的工作是比較各部門每個月的預算及實際支出，故我們可以說小芬在執行下列何種管理的功能？
(A)規劃 (B)組織 (C)控制 (D)領導。 【106鐵路】 (C)

3 關於控制程序的三步驟，下列何者正確？ (B)
(A)衡量實際表現→採取管理行動以修正→將實際績效與標準相比較
(B)衡量實際表現→將實際績效與標準相比較→採取管理行動以修正
(C)採取管理行動以修正→衡量實際表現→將實際績效與標準相比較
(D)將實際績效與標準相比較→採取管理行動以修正→衡量實際表現。
【102鐵路】

考點解讀 衡量實際表現→將實際績效與標準相比較→採取管理行動以修正。

4 某保險公司規定員工每月的業績為5,000萬元，結果造成許多員工因壓力過大而紛紛離職。從控制過程的角度，管理者應採取下列何種行動？
(A)修改標準 (B)矯正差異 (C)維持現狀 (D)提供贈品。 【104郵政】 (A)

考點解讀 修改標準：偏差的來源可能來自標準訂的不夠實際，在這種情形下，需要修正的是標準，而非工作表現。標準設定需考慮標準的有效性，當初始目標太高或太低時，就須重設目標。

5 下列何者不是企業控制功能的目的？ (A)因應環境變化 (B)提高控制幅度 (C)提供績效評估依據 (D)確保目標達成。 【108鐵路】 (B)

考點解讀 控制活動是管理活動的最終連結，並提供管理活動進行再規劃最關鍵的連結，其重要性有：與規劃連結、提供績效評估的依據、因應環境變化、確保目標達成。

非選擇題型

管理者可以透過控制程序（control process）瞭解企業目標是否達成。請問控制程序包括哪些步驟？ 【112經濟部】

考點解讀 控制是企業用來確保能在原先規劃的方向上運行的一切活動，在過程中不斷的衡量與矯正，以達成組織的目標。控制程序包括以下四個步驟：

(1) 建立標準：每個組織都有其設立的目標，而目標的建立須植基在明確且可衡量的績效標準上，如數量、成本、品質、時間等。
(2) 衡量績效：若欲達到有效的控制機制，績效的衡量必須具備效力，且應持續、一致的進行。
(3) 將實際績效與標準進行比較：將實際的績效水準與控制標準進行比較，實際績效可能會高出、低於或等於控制標準。
(4) 採取管理行動：比較實際績效與控制標準之間的差異後，管理者可能採取的行動有三種：維持現狀、矯正差異、修改標準。

焦點 2 控制系統方法

加州大學洛杉磯分校教授**威廉大內**（W.Ouchi）提出三種控制方法可運用在組織管理中，包括：**市場控制**（Market Control）、**官僚控制**（Bureaucratic Control）、**集團控制**（Clan Control）。

1. 三種控制系統方法

(1) **官僚控制**：強調組織權威，依靠階級及行政體制，如規定、條例、程序、政策、標準活動、明確的工作說明書及預算，以確保員工的行為適當且符合績效標準。適用時機是績效模糊性中等、目標不一致性中等時。

> **小秘訣**
> Ouchi的三種組織控制系統：
> (1) **市場控制：強調價格、利潤、競爭、市場。**
> (2) **科層（官僚）控制**：強調**職權、程序、規定、SOP。**
> (3) **派閥（黨派、氏族）控制**：強調**承諾、規範、文化、價值觀。**

(2) **市場控制**：利用外部市場機制，如價格競爭及相對市場佔有率，來建立系統的標準。產品或服務清楚具體，且市場競爭激烈的組織，最常使用此種方法。適用時機是績效模糊性低、目標不一致性高時。
(3) **集團控制**：藉由共享的價值觀、規範、傳統、儀式、信念和其它組織文化，來規範員工的行為。在團隊作業及技術變化快速的組織內，常用此種方法。適用時機是績效模糊性高、目標不一致性低時。

2. 有效的控制系統應具備以下特性

(1) **適當的控制重心**：有效的控制系統必須將控制放在主要的關鍵點。由於組織的資源有限，管理者必須將控制的重心放在與組織績效最有策略關聯的因素上。
(2) **合理的控制設計**：控制制度必須被組織的成員所接受，才能發揮作用，因此，其設計必須考慮人性化與合理性。主要表現在控制制度的可瞭解度與控制準則的合理性。

(3) **良好的資訊品質**：控制制度的核心和關鍵在於相關資訊的取得，而資訊良窳會影響控制制度的有效與否。有關資訊的品質須注意：資訊的有效性、正確性、時效性與客觀性。

(4) **足夠的控制彈性**：一個有效的控制制度必須保有足夠的控制彈性，以因應時間、環境及情境的改變而進行調整。

(5) **高度的成本效益**：所有的控制制度都必須要求所產生的效益大於其成本。亦即必須注重成本效益。成本不僅只是經濟上的成本，還包括在執行上所產生的不便與調適成本。

3. **控制失能**

控制的失能係指控制未能達成原來所設定的目標。造成控制失能的主要原因可歸納如下：

(1) **不當的控制標準**：錯誤的目標會引導錯誤的行動，有時控制失能的產生，便是因為選擇了不當的控制標準。

(2) **無法達成的目標**：當所制定的目標過高，即使知道了實際的績效與期望的水準有所差距，但不論採取何種修正行動都無法彌補差距。

(3) **不可衡量的標準**：有些標準很難衡量且模糊不清，因此是否產生偏差或需要進行修正行動，往往並不明確，進而可能錯失良好的控制時機。

(4) **員工對情境不具控制力**：評估的目的是要找出差距，如果差距是來自於組織成員所不能控制的因素，便可能無法採取必要的修正行動。

(5) **互相衝突的控制標準**：同時對兩個互相衝突的目標進行控制時，往往會產生顧此失彼的結果，因而造成控制失能。

基礎題型

解答

1 強調員工承諾、群體規範、組織文化的自我控制，是屬於哪一種控制系統？ **(C)**

(A)市場控制（Market Control） (B)科層控制（Bureaucratic Control）
(C)派閥控制（Clan Control） (D)多層控制（Muti-Level Control）。

【101中華電信】

考點解讀 組織的三種控制制度：

(1)市場控制：強調使用外部市場機制來進行控制的方式，控制係基於價格競爭、利潤導向或市場佔有率的準則。

(2)科層控制：強調專權，並且依賴管理規則、規定、程序以及政策的控制方法。

(3)派閥控制：藉由共有的價值、規範、傳統、儀式、信念及組織文化，來規範員工行為的控制系統。

解答

2 有關官僚控制（Bureaucratic Control）的敘述，下列何者錯誤？ (D)
(A)預算控制與內部稽核都是官僚控制
(B)內部稽核包括財務稽核、營運稽核、電腦稽核、績效稽核、管理稽核
(C)因為僵化的官僚行為造成官僚控制失靈
(D)官僚控制即是公司老闆決定一切標準。【100自來水】

考點解讀 官僚控制依靠行政規定、條例、程序及政策等行事。

3 在主要的控制方法中，「蒐集及評估」與銷售、價格、成本、利潤等有關之資料，以協助決策之制定、並評估結果，稱之為？ (A)策略性控制 (B)財務控制 (C)結構控制 (D)營運控制 (E)市場控制。【103壽險】 (E)

4 下列何者不是有效控制系統的特性？ (B)
(A)適當的控制重心 (B)單一標準的控制設計
(C)良好的資訊品質 (D)高度的成本效益。【104鐵路】

考點解讀 有效控制系統的特性：(1)適當的控制重心；(2)合理的控制設計；(3)良好的資訊品質；(4)足夠的控制彈性；(5)高度的成本效益。

進階題型

解答

1 Ouchi提出控制類型中，強調績效模糊性中等、目標不一致中等時，採取何種控制方式？ (B)
(A)派閥（clan） (B)官僚 (C)市場 (D)事後。【103經濟部】

考點解讀 Ouchi認為不同控制類型有不同的使用時機：
(1)市場控制：當成果或績效的模糊性低，且個人目標與組織目標不一致性高時採用。
(2)官僚控制：當成果或績效的模糊性中等，且個人目標與組織目標不一致性中等時採用。
(3)派閥控制：當成果或績效的模糊性高，且個人目標與組織目標不一致性低時採用。

2 為了避免路跑活動變質，主管機關開始思考，是否應該有一些控制機制，例如過去許多路跑標榜公益，卻變相有營利的嫌疑，對於這類的路跑可能就不再出借場地。就控制的觀點來說，上述的控制機制屬於： (C)
(A)社會化控制 (B)財務性控制
(C)策略性控制 (D)結構性控制。【103鐵路】

解答

考點解讀 控制層次可分為：策略性控制、結構性控制、作業控制與財務控制。

(1)策略性控制：通常專注在組織的五個層面：結構、領導、科技、人力資源，以及資訊和作業控制系統。

(2)結構性控制：透過不同的組織設計作為控制系統，以管理員工的行為。如官僚制度式控制、派閥式控制。

(3)作業性控制：焦點在於有效地將資源轉化成產品或服務的流程，包含三個部分：預先控制、審查控制、事後控制。

(4)財務控制：目的在控制組織中的財務資源流動，以確保企業的財務健全。其工具有：預算、財務報表、其他財務比率分析。 策略性控制目的是要讓組織和其所處的環境維持在一種協調、有效率的境界，並使組織朝其策略性目標前進。

3 下列何者是行為控制（behavioral control）的機制？ (A)制定規則與程序 (B)強調價值觀 (C)強調員工態度 (D)落實企業文化。 【108鐵路】 (A)

考點解讀 行為控制是管理者組織建立的一套用來提高績效的組織控制系統之一，也是激勵員工的方法之一，其控制機制有三種：制定規則與程序、行為績效的衡量、嚴密監督和回饋。

非選擇題型

1 請比較說明市場控制、科層控制及派閥控制等三種不同的組織控制方式。

【103鐵路】

考點解讀 威廉大內教授提出三種控制方法達到組織控制：

(1)市場控制：透過市場機能，以協調為焦點的控制方式。

(2)科層控制：亦稱「層級控制」，透過組織機能，以服從為焦點的控制方式。

(3)集團控制：亦稱「派閥控制」，以承諾為焦點的控制方式。

2 力其曼（Richman）與法墨（Farmer）認為有效的控制系統應具備哪5個特徵？請逐一列舉並說明之。 【111台電】

考點解讀 力其曼（Richman）與法墨（Farmer）認為有效的控制系統應具備哪五個特徵：

(1)相關性：即控制之績效項目。若包括有某些不相干或無關緊要之標準在內，即屬於過度控制。

(2)效率性：設置控制系統時，必須利用成本效益分析評估，其價值是否一致，亦稱為控制之經濟性考量。

(3)安全性：控制系統一旦發生問題，應有立即警告與處置措施。

(4)數量性：若控制系統所用標準及資料數量化，則控制效率大為增加。

(5)反應性：控制系統與管理人員之間應有良好的溝通方式與反應。

焦點3 控制的類型

管理者可在一個活動開始前、進行中或完成後實施控制程序，第一種方式稱為事前（前向性、前饋）控制、第二種稱為事中（即時性、同步）控制、第三種是事後（回饋）控制。三者比較如下：

1. **事前控制（Precontrol）或稱「前饋型控制」（Feedforward）**：指在問題實際發生前所做的控制方式。事前控制是一種**未雨綢繆**的方式，其重點是在問題造成實際損害前，就已採取適當的管理行動。例如原物料的入廠檢驗、人員甄選與教育訓練等。**為最好的控制類型**，但須即時掌握正確的資訊，對管理者而言有難度。
2. **事中控制（Concurrent Control）或稱「即時型控制」（Concurrent）**：指控制是安排在活動進行當中來實施，亦即**在工作進行中也同步實施控制**，如此一來，管理者便可在問題造成重大損失前，及時改正問題。例如領班**直接監督**生產線上員工作業、高階主管採取**走動式管理**。
3. **事後控制（Postcontrol）或稱「回饋型控制」（Feedback）**：指控制發生在行動之後，主要依賴回饋的產生來進行控制。事後控制行動時損失即已產生，故被視為一種「**亡羊補牢**」的方式，例如**顧客滿意度調查、財務報表分析**。是最常見的控制方式。

小秘訣

控制的類型：依時間分類
(1) 事前控制：又可稱為前瞻控制、預先或投入控制，屬未來導向，用於輸入階段，亦即控制活動發生在實際活動前，管理者能預見問題所在，並採取防範未然的措施。如ISO9002、預算書。
(2) 事中控制：又稱即時控制、同步控制、程序控制、持續或審查控制，用於轉換階段，亦即在工作進行中，隨時掌握與檢討進度，即時修正行動的偏差。如直接監督、走動式管理。
(3) 事後控制：又稱回饋控制或結果控制，用於產出階段，亦即在事件發生之後才進行的控制，屬於一種「亡羊補牢」的辦法，但也常常是唯一可行的方式。如績效評估、財務報表分析，顧客意見調查表。

☆ 小提點

走動管理（Management By Wandering Around，簡稱MBWA）的概念起源於美國管理學者彼得斯（T.Peters）與沃特曼（R.Waterman）在1982年出版的名著《追求卓越》一書。書中提到，表現卓越的知名企業中，高階主管不是成天待在豪華的辦公室中，等候部屬的報告，而是在日理萬機之餘，仍能經常到各個單位或部門走動走動。所以走動管理，是指**高階主管應利用時間經常抽空前往各個辦公室走動，以獲得更豐富、更直接的員工工作問題，並及時瞭解所屬員工工作困境的一種策略**。

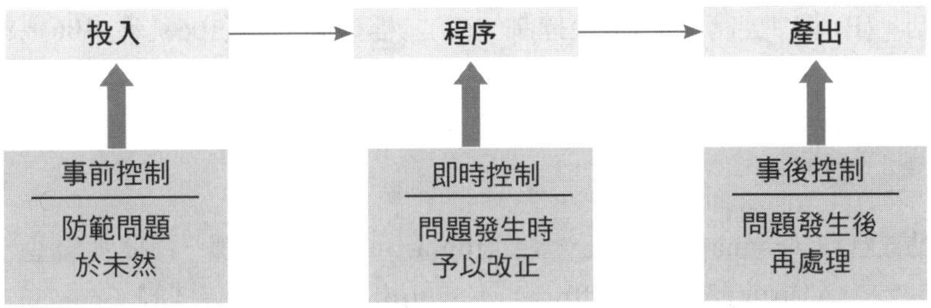

新視界

社會化／調適性的控制機制：一種內化的控制模式，指企業可以透過教育訓練或社會化的程序將組織的價值觀潛移默化給員工，員工因而被同化並將這些觀念付諸實踐於工作。適用於轉換過程不明顯或無法明確定義，且其產出結果也無法客觀衡量的產業，如會計師事務所、律師事務所、醫療診所、研究實驗室，以及專業人員和白領階級的工作內容等。

基礎題型

解答

1 在問題發生時立刻採取控制行動，稱之為： (B)

(A)事前控制 (B)即時控制 (C)事後控制 (D)市場控制。 【108漢翔】

考點解讀 控制類型依時序可分為：

(1)事前控制：避免發生預期之問題所施行的控制，屬防範未然導向的控制。

(2)事中控制：問題發生時所施行之控制，其特色為直接監督，立即修正。

(3)事後控制：問題發生後所施行的控制，屬「亡羊補牢」式控制。

2 「航空公司監控飛行，直接和機組人員溝通飛行狀況」屬於下列何種控制？ (B)

(A)事前控制 (B)事中控制 (C)事後控制 (D)自主控制。 【111經濟部】

解答

考點解讀 或稱「即時控制」或「同步控制」，即在工作進行中，隨時掌握及檢討進度，並修正行動的偏差。

3 下列何者指管理者在工作區域中直接與員工互動？ (A)事前管理 (B)行為管理 (C)走動管理 (D)事後管理。 【106台糖】 (C)

4 陳大明領班在工作現場採用直接監督，這是屬於何種控制類型？ (A)事前控制 (B)事中控制 (C)事後控制 (D)全程控制。 【106桃機、106鐵路】 (B)

考點解讀 又稱「即時控制」，直接監督可在事情發生時，立即採取控制行動。(A)在問題未發生前，就採取必要的管理行動。(C)是最常見的控制類型，在行動完成後才進行控制。

5 走動式管理（management by walking around）屬於哪一種控制類型（工具）？ (A)事前控制（feedforward control） (B)即時控制（concurrent control） (C)事後控制（feedback control） (D)資訊控制（information control）。 【105郵政、104自來水、103中油、101鐵路】 (B)

考點解讀 走動式管理（MBWA）的概念起源於美國管理學者彼得思（T. Peters）與瓦特門（R. Waterman）在1982年出版的名著《追求卓越》一書。係指高階主管利用時間經常抽空前往各個辦公室走動，以獲得更豐富、更直接的員工工作問題，並及時瞭解所屬員工工作困境的一種策略。

6 某公司的行控中心透過高科技的監控設備，在大型環狀螢幕上可看到各路線、各候機室當下的情況，以在問題訊號出現時馬上提供有效的處理方式。這是哪一種控制類型？ (A)事前控制 (B)即時控制 (C)事後控制 (D)以上皆非。 【112桃機】 (B)

考點解讀 即時控制又稱事中控制或同步性控制，係以直接監督的方式，在工作進行中便執行控制，同時採取修正行動。

7 「在轉換過程完成之後，對產出結果進行檢驗」，是屬於下列哪一種控制？
(A)社會化控制 (B)事後控制 (C)審查控制 (D)預先控制。【108漢翔】 (B)

考點解讀 又稱回饋控制或結果控制，用於產出階段，亦即在事件發生之後才進行的控制。

8 「亡羊補牢」是一種： (A)事前控制 (B)事中控制 (C)事後控制 (D)全程控制。 【104鐵路】 (C)

解答

考點解讀 「亡羊補牢」是一種事後控制，是在行動完成後才進行控制，為最常見的控制類型。事後控制有兩個優點：(1)提供了有意義的資訊，讓管理者知道他們的計畫是否有效；(2)提供了績效衡量相關的資訊，也可作為獎賞員工的依據。

9 電信公司客服人員打電話詢問客戶停租網路原因，屬於下列哪種控制？ (A)事前控制 (B)事中控制 (C)事後控制 (D)科層控制。 【104經濟部】 (C)

考點解讀 控制型態可分為：
(1)事前控制：避免發生預期之問題所施行的控制，屬防範未然導向的控制。
(2)事中控制：問題發生時所施行之控制，其特色為直接監督，立即修正。
(3)事後控制：問題發生後所施行的控制，屬「亡羊補牢」式控制。

10 財務報表分析是下列哪一種控制技術？ (A)事前控制 (B)事中控制 (C)事後控制 (D)行為替代。 【104自來水】 (C)

考點解讀 許多時候，事後控制是唯一可行之道，如財務報表分析，可提供績效回饋的資訊，強化動機。

11 在王品集團旗下的餐廳用完餐後，通常都會受到請求填寫顧客意見調查表，此屬於王品集團施行的何種控制模式？ (A)前向控制（forward control） (B)同步控制（concurrent control） (C)回饋控制（feedback control） (D)預算控制（budget control）。 【111鐵路】 (C)

考點解讀 意指蒐集並分析績效資料，並將結果送回程序中執行者以執行修正動作，如顧客滿意度調查。屬回饋導向，是一種後應式控制，著重於矯正結果與標準之間的偏差。

進階題型

解答

1 下列敘述，何者錯誤？ (A)事前控制又稱前瞻、輸入、初始控制 (B)事後控制是過去導向思維 (C)事中控制關注的焦點在於投入資源的整備上 (D)事中控制的優點在於防微杜漸。 【105台糖】 (C)

考點解讀 事前控制關注的焦點在於投入資源的整備上，事中控制關注的焦點在於活動的進行程序。

2 當公司在面試篩選新進人員時，會嘗試設立各種適當的標準，以檢驗出該新進人員是否符合公司所需要，例如：書面測驗，資格審查……。而這些做法，以「控制」的角度來看，是屬於那一種控制？ (A)事後控制 (B)事前控制 (C)過程控制 (D)派閥控制。 【102鐵路】 (B)

解答

考點解讀 事前控制強調未來導向，務期防範問題於未然，是最好的控制類型。但需要即時而精確的資訊，然而這些資訊卻又不易獲得。

3 建築工地建立一套工作安全標準，要求所有工作人員遵守。此為下列哪一種控制？ (C)

(A)回饋控制　(B)同步控制

(C)前瞻控制　(D)事後控制。 【105台酒】

考點解讀 依事件發生的時間點可將控制的類型分為：

(1)前瞻控制：在事件發生之前進行的投入控制（Input control），如事前針對原物料與人員的篩選。

(2)同步控制：與事件發生同時進行的過程控制（process control），如根據事前規劃的工作標準化作業流程進行實施同步監控。

(3)回饋控制：在事件發生之後才進行的產出或結果控制（output control），如強調事後干擾、誤差的校正。

4 下列何者為最佳的控制類型？ (A)事前控制 (B)同步矯正問題 (C)即時控制 (D)事後控制。 (A)

考點解讀 事前控制（feedforward control）是最佳的控制類型，它著眼於未來並防範問題發生。事前控制的關鍵在於問題未發生前即採取管理行動。

5 管理者在工作區域中直接與員工進行互動的「走動式管理」是屬於何種控制類型？ (D)

(A)事前控制，預測問題

(B)平行控制，防患於未然

(C)事後控制，問題發生後予以矯正

(D)即時控制，在問題擴大前加以導正。 【104台電】

考點解讀 即時控制是在事情發生時立即採取控制行動，往往可以花較少的成本來矯正問題。最有名的即時控制方法就是直接監督，例如「走動式管理」便是屬於此種控制類型。

6 某運輸公司要求所有第一線員工必須完全依照標準作業程序，並以此衡量員工績效。該公司對第一線員工採取何種控制模式？ (A)產出控制 (B)行為控制 (C)投入控制 (D)文化控制。 【107鐵路】 (B)

考點解讀 管理者為了達成組織目標，企圖鼓勵並塑造員工的行為，如藉由直接的監督或以特定目標的達成度來衡量員工的績效，例如透過規章、辦法、作業程序（SOP），以塑造員工的行為。

解答

(A)又稱結果控制，是一種進行分析最終產品或服務的活動。結果的品質取決於過程的有效性及投入的足夠與適當性。
(C)指從標準或目標找出偏差，以便在主要活動開始前採取改善行動，包括原料供應、成本控制、人員甄選與配置，務期控制輸入最好的，才能避免過程中發生問題。
(D)指組織成員所認同的一套價值觀與行為規範，對員工互動方式產生控制的作用。

7 學校在學生畢業之後持續追蹤就業狀況與成就，就管理控制的角度來看，如果學生的就業表現是學校教育的成果，則持續追蹤學生就業後之表現，為下列何種管理控制模式？ (A)過程控制 (B)投入控制 (C)產出控制 (D)社會控制。【107鐵路】 **(C)**

考點解讀 又稱結果控制，是一種進行分析最終產品或服務的活動。結果的品質決定於過程的有效性及投入的足夠與適當性。社會控制（social control）強調組織可透過教育訓練或社會化的程序將組織的價值觀潛移默化給員工，員工因而被同化並將這些觀念付諸實踐於工作中。社會控制比較適合需要經常調整控制要素的組織。

8 「企業文化」比較偏向是一種： (A)外部控制 (B)機械控制 (C)科層體制控制 (D)有機控制。【104鐵路】 **(D)**

考點解讀 組織有兩個主要的結構控制形式：機械式控制（mechanistic control）及有機式控制（organic control）。(1)機械式控制：廣泛地運用規則與程序、從上而下的權威、嚴格規範的書面工作說明書、以及其他的正式方法，來防範與修正期望行為和結果的偏差。(2)有機式控制：包含使用彈性職權、相當鬆散的工作說明、個人的自我控制，以及其他非正式方法，來防範與修正偏差。

非選擇題型

1 各航空公司所排定的飛機預防性保養計畫，都是為了事先察覺及預防結構上的損害，以避免空難發生，此舉著眼於未來並防範問題於未然，在問題未發生前，就採取必要的管理行為，係屬______控制。【101台電、105中油】

考點解讀 事前控制。

2 管理者可在行動開始前、進行中或結束後執行控制，利用走動式管理直接監督是屬於______控制。【107台電】

考點解讀 事中控制。

焦點 4 控制組織績效的工具組織

績效是組織全部作業流程與活動所累積的最終結果，常見衡量組織績效的工具有：

1. **財務控制工具**：目的在控制組織中的財務資源流動，以確保企業的財務健全。如預算、財務報表、財務比率分析。
2. **平衡計分卡**：一種不限於由財務觀點來評量組織績效的方法，它是由四個角度：**財務、顧客、內部流程、組織學習**來衡量它們對公司績效貢獻度的方法。
3. **管理資訊系統**：管理資訊系統（MIS）即是收集資料，並將其轉變成管理者可使用的相關資訊，為一個定期提供管理所需資訊的系統。
4. **標竿管理**：從競爭或非競爭者中，找出可使公司達到優越績效的最佳作法。

小秘訣

平衡計分卡（BSC）的概念是由卡蘭與諾頓（Kaplan & Nortonm）在1992 年所提出，有別於傳統衡量僅重視財務指標，平衡計分卡顧名思義即是以「平衡」作為概念，透過：財務構面、顧客構面、內部流程構面及學習與成長構面等四大構面，以補充傳統財務構面之不足，將企業的長期策略與短期目標相結合，強調在長期與短期的目標之間、財務績效與非財務績效之間、落後指標和領先指標之間、內部與外部之間取得平衡，並選定關鍵績效衡量指標（KPI）衡量策略執行程度，使企業能藉由平衡計分卡檢視其自身是否聚焦於策略發展方向，進而達成企業最終目標。

☆ 小提點

關鍵績效指標法（KPI）：以組織年度目標為依據，通過對員工工作績效特徵的分析，據此確定反映組織、部門和員工個人一定期限內綜合業績的關鍵性量化指標，並以此作為基礎進行績效考核。

基礎題型

解答

1 平衡計分卡方法（balance scorecard approach）的主要用途是： (A)利用財務槓桿平衡企業資產 (B)從不同構面評量組織績效 (C)評估整體產業環境之優勢與劣勢 (D)提供客觀的人員考核標準。 【104台電】 (B)

解答

考點解讀 平衡計分卡（balanced scorecard，簡稱BSC）是以財務、顧客、內部流程、學習與成長四個構面，平衡地評估組織的績效，並連結目的、評量、目標及行動的系統，轉化成可行方案的一種策略管理的工具。

2 平衡計分卡（balanced scorecard）是一種從四個構面進行組織績效衡量的工具，也是組織發展策略的依據，關於四個構面，下列敘述何者正確？ (B)
(A)財務、資產、管理、人員／創新
(B)財務、人員／創新、內部程序、顧客
(C)規劃、組織、領導、控制
(D)規劃、內部程序、顧客、財務。 【106台糖、108鐵路】

考點解讀 一種不限於由財務觀點來評量組織績效的方法，它是由四個角度，來衡量它們對公司績效貢獻度的方法。分別是財務、顧客、內部程序（內部流程）、人員／創新／成長資產（學習與成長）。

3 事後控制方式之一的平衡計分卡是一種不限於由財務觀點來評量組織績效的方法，它是由四個角度來衡量它們對公司績效貢獻度的方法。請下列何者不屬於平衡計分卡的四個構面？ (C)
(A)財務 (B)顧客
(C)外部程序 (D)學習與成長。 【104經濟部】

考點解讀 平衡計分卡（BSC）是指評估組織績效必須從四個面向：顧客、內部作業流程、財務績效以及員工學習和成長來衡量。

4 下列何者是一種組織績效的衡量工具，其不僅考慮財務指標，而是由財務、顧客、內部程序與人力資產四個角度來衡量公司績效貢獻度？ (C)
(A)市場附加價值 (B)經濟附加價值
(C)平衡計分卡 (D)資訊控制。 【104自來水、108漢翔】

5 「平衡計分卡」希望透過四個構面的衡量指標將公司的願景、目標與決策具體呈現，以下何者不屬於此四個構面？ (B)
(A)顧客 (B)規模
(C)學習與成長 (D)企業內部流程。 【112桃機】

6 平衡計分卡的四大構面不包括下列何者？ (A)顧客 (B)經濟景氣 (C)學習與成長 (D)企業內部流程。 【112桃機】 (B)

解答

7 對於平衡計分卡的四個構面描述何者有誤？ (A)財務與非財務的衡量 (B)高層與低層的目標 (C)落後與領先的指標 (D)外部與內部的績效。 【113鐵路】 (B)

考點解讀 平衡計分卡（BSC）係一套強調平衡的績效考核系統，主要在尋求組織短期與長期目標間，財務與非財務，過去與未來，落後與領先衡量指標間的平衡狀態，並以財務構面、顧客構面、內部流程構面、學習與成長構面四大面向來考核組織的績效，依這些構面分別設計合宜的績效衡量指標。

進階題型

解答

1 「平衡計分卡」有四大構面中，一般將「市場佔有率」指標列在哪一構面？ (B)

(A)財務 (B)顧客

(C)學習與成長 (D)企業內部流程。 【104台酒】

考點解讀 平衡計分卡係由卡普蘭與諾頓（Kaplan & Norton,1992）所提出，提倡管理及評估企業績效應由四個構面來衡量：

(1)財務面：與獲利性有關之評估指標，如投資報酬率（ROI）、總資產報酬率（ROA）、股東權益報酬率（ROE）及每股盈餘（EPS）等。

(2)顧客面：與顧客及市場有關之評估指標，如顧客滿意度、顧客再購率、市場佔有率、銷貨成長率等。

(3)內部程序面：與重大影響組織目標達成有關之評估指標，如流程改善與創新、售後服務流程改善與創新等。

(4)學習與成長面：與組織透過人力、系統與組織程序來創造長期成長和改善有關之評估指標，如員工潛能之增強、員工留住率、資訊系統能力之增強、權責與激勵之增強、及目標達成能力之增強等。

2 平衡計分卡（Balanced Scorecard）將公司策略透過財務、顧客、內部流程及學習成長等四個構面來檢視公司。所謂平衡，非由以下角度視之？ (A)外部與內部間的平衡 (B)財務及非財務構面平衡 (C)領先指標與落後指標之平衡 (D)顧客與員工的平衡。 【105自來水】 (D)

考點解讀 平衡計分卡（balanced scorecard, BSC）：係將企業制定之策略與關鍵性績效指標相互結合，並於長期與短期目標下，對於財務性與非財務性、外部構面與內部構面、落後指標與領先指標及主觀面與客觀面等之具體績效指標間取得平衡之管理工具，不僅是績效衡量制度，亦是衡量策略之制度。

解答

3 關於平衡計分卡管理意涵之敘述，下列何者有誤？ (A)平衡計分卡只關注財務指標 (B)平衡計分卡也重視非財務指標，包括客戶、內部流程及學習與成長等指標 (C)平衡計分卡將組織的戰略目標轉化為具體的指標和行動計畫，並確保各個層級和部門的目標與組織整體戰略保持一致 (D)鼓勵組織不斷學習、創新和改進，以提高組織的競爭力及適應能力。【112經濟部】 (A)

考點解讀 「平衡計分卡」由卡普蘭（R.Kaplan）與諾頓（D.Norton）於1990年提出，超越傳統以財務會計量度為主的績效衡量模式，以使組織的「策略」能夠轉變為「行動」。

4 組織有兩個主要的結構控制形式：機械式控制（mechanistic control）及有機式控制（organic control）。下列何者不是機械式控制的特點？ (D)

(A)員工順從 (B)嚴懲的規則

(C)以個人績效為基礎 (D)扁平式組織。【103台糖】

考點解讀 組織有兩個主要的結構控制形式：

(1)機械控制（Mechanistic Control）係指廣泛地運用規則與程序、從上而下的威權、嚴格規範的書面工作說明書，以及其他的正式方法，來防範與修正期望行為和結果的偏差。例如，軍隊和政府機構的控制方式便較偏向機械控制。

(2)有機控制（Organic Control）則使用彈性職權、採取相當鬆散的工作說明、強調個人的自我控制，以及使用其他非正式方法，來防範與修正偏差。例如，部分自願性公益團體便較偏向有機控制。

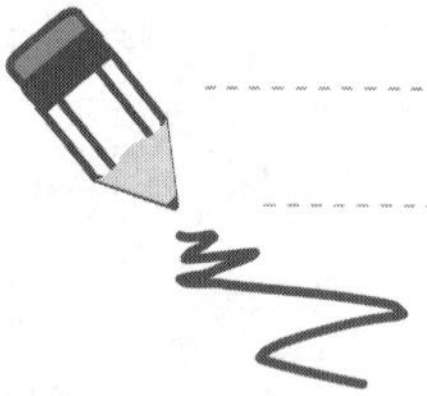

第四篇　企業的直線職能

Chapter 01 生產與作業管理

焦點 1　生產管理導論

生產作業是一般企業的根本，主要目的在配合企業的經營策略方向，以合理的成本在適當時間內生產出合乎顧客所需品質的產品。生產管理的內容涵蓋兩大部份，一是生產系統的設計，另一是生產規劃與控制。

1. **生產系統**

   生產系統（Production system）是將資源投入轉換為期望產出的產品或服務的過程，生產系統轉換過程類型，彙整如下表所示：

分類基礎	類別		說明
生產事業			
產品需求來源	訂貨生產		依據客戶訂單生產
	存貨生產		依據公司之市場需求估計生產
生產批量大小	大量生產		單一規格產品大量生產
	小批量生產		每一批量之規格不同、分批生產
	零工式生產		單一批量數量少、或單一或數個產品
處理過程	連續性生產	連續流程	固定管線流程生產
		裝配線	輸送帶式加工組裝生產
	間斷性生產	批量生產	以加工中心方式按批量生產
		專案生產	為單一產品或極少數批量設計生產
服務業			
服務形式	專業服務		配合顧客特性，以滿足顧客個別需求
	量販服務		同一時間內對眾多顧客提供服務，不考慮顧客特殊需求
	店面服務		服務人員被賦予適當權限，儘可能滿足顧客需求

2. 生產系統的設計

生產系統的設計包括產品設計、製程設計、廠址選擇、廠房佈置、機器設備佈置。

(1)**產品設計**：產品設計是生產系統的基礎，依現代行銷觀點是以「能瞭解消費者需求並提供產品來滿足」為目標。故產品設計準則強調：顧客導向設計、品質機能展開、價值分析／價值工程。而產品開發流程包括：規畫→ 概念發展→ 系統整體設計→ 細部設計→ 測試與修正→ 試產。

☆ 小提點

1. 品質機能展開（QFD）：將顧客的聲音反應到產品的品質設計之中，首先蒐集顧客反應作為有關產品研究，其次定義出顧客需求特性，最後要求顧客對公 司與競爭者產品進行比較及排名。
2. 價值分析與價值工程：目標在於簡化產品流程，以便維持或創造較好的績效。

(2)**製程設計**：製程設計是指選擇並決定採用何種生產方式或步驟將產品製造出來。

A. 依作業程序分類

直線式生產	流程的效率高，但較不具彈性，適用於產品、服務標準化程度高，且需求量大的情況。直線式生產區分為連續性生產與大量生產等二種。
間歇式生產	將相同或類似的機器設備與具備操作這些設備技能的員工予以彙集在一起，而形成一個工作站或工作中心，當產品需要利用此一工作中心時，則運送至該中心進行加工或相關的工作。以批量的方式生產為主。
零工式生產	專門生產變化性大，且數量很少的特殊品。
專案式生產	指需要整合不同部門資源的複雜系統之獨特性工作，具備高度顧客化程度但卻只有極少量的產品或服務需求特性之製程。

B. 依訂貨方式分類

存貨生產	又稱「計畫生產」，指廠商自行評估市面上對公司所提供產品的可能需求，自行備料生產，所生產的產品儲存於倉庫中，視市場銷售情形陸續出貨。

訂貨生產	指廠商接到顧客的訂單後，根據顧客所開設的規格，再行備料、排定議程進行生產，再將所生產的產品依約交給客戶。

☆ 小提點

接單生產：指在接到客戶訂單後才開始製造，生產管理的重點是掌握「交貨期」。其形式又可分為：

1. 訂單組裝（Assembly-to-Order, ATO）：接到訂單後將零組件組裝成品出貨。
2. 訂單生產（Build-to-Order, BTO）：接到訂單後開始設計生產。
3. 訂單構型（Configure-to-Order, CTO）：接到訂單後開發產品結構，組裝出貨。
4. 接單式設計（Engineering-to-Order）：接到訂單後開始研發規格，製造組裝出貨。
5. 接單揀貨（Pick-to-Order）：接到訂單後揀貨包裝出貨。

C. 依生產數量分類

大量生產	適用於產品單一規格、數量非常龐大且種類較少。
批量生產	當產量介於零工生產與大量生產之間時使用批量生產。
零工生產	當需求量低且產品變異大時，通常會使用零工生產加工方式。
專案生產	通常針對一次一樣，規格特殊，缺乏重複性的產品。

(3) **廠址選擇**：企業廠址選擇可能考量的因素有：

主要條件	接近市場、接近原料、勞工因素、運輸因素、燃料問題。
次要條件	法律問題、稅賦問題、環境與氣候因素、金融業因素、用水供應等問題。

(4) **廠房佈置**：或稱「工廠佈置」，主要目的在使機器設備、人員及物料供應等作最佳的安排，讓生產系統發揮最大效率。為達此目的須遵守以下原則：最小移動距離原則、直線前進原則、充分利用空間原則、生產力均衡原則、適宜廠內運輸原則、工人滿意原則、保持再佈置彈性的原則、便於檢驗原則、附屬設施

適當原則、配合設計原則、整體考量原則、資本減少原則、順利進行原則、流水式製造程序原則。

(5)機器設備佈置

A. 程序佈置（Process layout）：又稱功能性佈置，是將相同功能的設備，集中於某一區域的佈置方式，如將車床集中在同一個區域。

B. 產品佈置（Product layout）：是依據產品製造的步驟來安排設施，每個零件的製造路徑都是直線的，如化工生產線。

C. 固定位置佈置（Fixed-position layout）：產品因為體型或重量的因素，是固定於某個地點上，製造設備須移動至產品所在地，如建築工地、造船廠。

D. 單元佈置（Group technology layout）：將不同的機器，分配至同一個製造單元，以生產相同形狀與作業需求的產品。

E. 綜合佈置（composite layout）：可結合前面四種的佈置依其需求加以混搭，以達經濟效益。

新視界

1. **資訊科技在生產管理的應用**：近年來由於資訊科技的發展，逐漸被應用在製程的設計，也提高了生產效率。

(1)電腦數值控制（CNC）：以數位設備來控制生產設備。

(2)電腦輔助設計（CAD）：以電腦軟體處理繪圖與計算從事產品設計。

(3)電腦輔助製造（CAM）：以電腦來指揮多台數值控制機具設備。

(4)彈性製造系統（FMS）：在電腦控制下以生產線生產少量多樣的產品。

(5)電腦整合製造（CIM）：結合CAD/CAM、FMS及生產排程等功能。

(6)機器人（Robot）：以機械臂執行實際生產的工作。

2. **台灣產業的轉型**

台灣廠商早期在國際分工的角色多以OEM為主要的業務型態，但OEM最大缺點在於訂單來源不穩定，產品行銷、設計階段的利潤無法掌握，因此某些OEM廠商逐漸轉型為ODM型態；部份廠商更嘗試建立自有品牌（OBM），直接經營市場。

(1)委託製造代工（OEM）：指供應商依據買主所提供的產品設計與產品生產的相關技術協助，提供勞務為其生產所指定產品的供應方式。如鴻海、台積電。

(2)委託設計代工（ODM）：結合供應商本身的產品研發技術，展開產品設計工作，並依買主對產品的需求、依照買主指定的品牌來交貨的供應方式。如寶成鞋業。

(3)自我品牌（OBM）：連結產品開發設計、生產組裝、品牌行銷，乃至配送銷售等價值鏈階段活動，以自有品牌產品進軍國際市場。如巨大、華碩。

基礎題型

解答

1 「透過協調與管理土地、勞力、資本以及企業家精神等要素以確保產品或服務得以順利產出」，稱為： (A)資源整合 (B)供應鏈管理 (C)生產管理 (D)採購管理。【108郵政】 (C)

考點解讀 生產管理為處理有關生產過程的決策，以期求得最低的成本，並適時地提供適質、適量的產品或服務。

2 下列何者是「生產系統設計」的主要內容？ (A)

(A)產品設計、製程設計 (B)機器設備的報廢

(C)廠房的市場價值分析 (D)訂定銷售計畫。【107自來水】

考點解讀 生產作業開始之前，必先建構完整廠房設備與流程規劃。因此，生產系統設計包含：產品設計、製程設計、廠址選擇、廠房佈置、機器設備選擇。

3 下列何者並非「產品設計準則」？ (A)顧客導向設計 (B)品質機能展開 (C)完全成本中心設計 (D)價值分析/價值工程。【107台北自來水】 (C)

考點解讀 產品設計準則：

(1)顧客導向設計：重視顧客需求，並從顧客需求的角度切入來設計產品。

(2)品質機能展開（QFD）：將顧客需求轉換成產品設計規格的工具。

(3)價值分析／價值工程：在較低的成本或是更高的績效下，提供相同功能的產品的功能。

4 下列何項生產系統是利用自動化的機器設備與標準作業程序所進行的生產作業系統，且在生產過程中不需依賴作業人員太多的個人判斷？ (A)小批量生產 (B)客製化生產 (C)即時生產 (D)大量生產。【101郵政】 (D)

考點解讀 每一生產批量中，同一類型或規格產品數量很大，適宜採用標準化零件、統一製程來生產，其優點是生產效率較高、成本較低、品質受到控制，但初期設備投資成本較高。

5 少量多樣的產品適合用下列哪一種生產方式？ (D)

(A)訂貨生產 (B)存貨生產

(C)大量生產 (D)小批量生產。【101自來水】

解答

考點解讀 又稱單位生產，強調少量多樣的生產方式，每一批量規格不同，分批生產，用於客製化的產品。

6 食品業近年來為了維護產品品質並降低成本，在生產方面從原物料開始到最後包裝都是一貫作業的大量生產，其採取的生產方法稱為： (B)
(A)大批量組裝 (B)連續性生產
(C)客製化生產 (D)小批量生產。【108台酒】

考點解讀 一種產量非常高而且種類很少變化的生產系統，通常每天24小時、每週7天不停的生產，例如煉鋼廠、石化工業。(A)生產系統在產品的種類上比連續生產較有小量的變化，但產量仍然很大，例如汽車工業製造。(C)為接單後組裝生產模式的一種，先以銷售預測規劃前段模組化的準系統生產，當客戶訂單或規格確認後，才進行後段的客製化的成品組裝。(D)產品的種類很多，但同一個批次的產量卻相對較少，機械工廠（Job Shop）均為此種生產方式。

7 體育館建造是屬於哪一種生產型態？ (A)專案性生產 (B)訂單生產 (C)分批生產 (D)連續性生產。【106自來水】 (A)

考點解讀 適用於體積特別龐大以致不便搬運或根本不能移動的產品製造。如造船、造橋、建造高速公路、製造飛機等。(B)依照顧客訂單所載之規格生產，適用於規格較不一致的工業用品。(C)產品的種類很多，但同一個批次的產量卻相對較少。(D)從原料的投入到產品的產出過程完全自動化，煉鋼廠、石化工業等均屬之。

8 訂製遊艇的生產方式是採用： (A)連續性生產 (B)間斷性生產 (C)大批量生產 (D)專案生產。【103台酒】 (D)

考點解讀 單一大型產品、批量內容差異大，就須專門設計與生產規劃。例如飛機、船舶、太空梭製造。(A)機器使用時間較長，連續重覆使用次數較高的生產型態。(B)機器使用時間較短、且間歇而反覆使用的生產型態。(C)又被稱為「重複生產」，指生產大批量標準化產品的生產類型。

9 下列何者「不是」實體產品之廠址規劃的主要考量因素？ (C)
(A)產地的稅率與法令
(B)勞工的供應是否充足
(C)實體產品的價格
(D)能源與運輸成本的高低。【105台酒】

考點解讀 廠址規劃考量主要條件：是否接近市場、原料、勞工因素、運輸因素、燃料問題等；次要條件：法律問題、賦稅、環境與氣候、金融業、用水供應。廠址決定條件：未來廠房擴充性、地價、地勢、基礎建設、社區問題與環保汙染問題等。

解答

10 水泥廠大都設在礦區附近，主要是考量下列哪項因素？ (A)基礎建設 (B)運輸因素 (C)勞工因素 (D)氣候因素。 【104自來水】 (B)

考點解讀 運輸因素：考量是否接近原料／接近顧客。

11 在廠房布置中，將相同功能的機器設備集中於加工中心，產品在加工中心按步驟完成，小批量生產多採此方式，這是下列那一種布置方式？ (A)程序布置（process layout） (B)產品布置（product layout） (C)固定位置布置（fixed-position layout） (D)群組技術布置（group technology layout）。 【111鐵路】 (A)

考點解讀 又稱功能布置，係將具有相同功能之機器設備集中在同一地點，產品再依加工程序在各加工中心移動，以完成產品的生產與製造，適用小批量生產。(B)產品布置（product layout）是依照產品的製程或是作業的順序安排。(C)定點或固定布置（fixed-position layout）是將人力、原料與設備等移動至生產產品所在地。(D)結合產品布置與程序布置，目標是追求製造彈性。

12 自行設計開發新商品、新服務與新活動，而發展出自己的企業形象與商品／服務／活動之形象，進而獲取自有品牌經營的最大經濟利益，稱作？ (A)OEM (B)ODM (C)OBM (D)GL。 【106鐵路】 (C)

考點解讀 OBM（自有品牌Own Branding & Manufacturing）產品的設計、製造、品牌、通路完全是國內廠商的自行研發，企劃行銷，賺取所有利潤。(A)OEM（簡稱委託代工，Original Equipment Manufacturing）為主要的業務型態，運用充裕的勞動力提供國際市場上所需的產品製造、組裝之委託代工服務。(B)ODM（簡稱設計加工，Own Designing & Manufacturing）是不僅生產還包含設計。承接ODM業務的廠商則以自行設計的產品爭取買主訂單，並使用買主品牌出貨。

進階題型

解答

1 有關產品開發流程，下列敘述何者錯誤？
(A)以製造面來看，「概念發展」階段需要評估生產的可行性 (B)以設計面來看，「系統設計」階段必須定義零件型態 (C)以行銷面來看，「規劃」階段必須評估市場機會 (D)以製造面來看，「細部設計」階段必須定義生產流程。 【107台北自來水】 (B)

考點解讀 產品開發流程是指企業從確認概念、設計到產品上市的步驟。一般包含六個主要階段：規畫→概念發展→系統設計→細部設計→測試與修正→試產。

解答

(1)規劃階段：必須評估市場機會。
(2)概念發展階段：需要評估生產的可行性。
(3)系統設計階段：發展產品方案與擴展產品群。
(4)細部設計階段：必須定義生產流程。
(5)測試與修正：可靠度測試並發展促銷計畫。
(6)試產：啟動生產系統作業並評估初步生產成效。

2 下列何者係希望能同時獲得大量生產與小批量生產的優點，也就是希望能夠維持多樣少量客製化小批量生產又能同時將成本維持與大量生產，一樣地低廉？ (A)連續性生產 (B)客製化生產 (C)即時生產 (D)彈性生產。【101郵政】 (D)

考點解讀 (A)指機器使用時間較長，連續重複使用較高生產型態。(B)係以客戶之需求，而個別化生產其所需產品或服務。(C)即時生產系統（Just-in-time）使用最少的原物料、在製品及完成品之庫存，以得到精確產量以及短前置時間的整合活動。

3 下列服務系統中，何者可為客戶達到最高度的客製化（customization）？ (A)存貨式生產（Make-to-Stock） (B)訂單式生產（Make-to-Order） (C)訂單式組裝（Assembly-to-Order） (D)接單式設計（Engineering-to-Order）。【105台北自來水】 (D)

考點解讀 接到訂單後才開始研發設計及生產，依客戶要求的性能規格交貨。ETO可為客戶達到最高度的客製化的生產方式。

4 〈複選〉寧夏夜市集合 20 家平均五十歲的夜市老店及攤子，推出千歲宴，使消費者不用一攤攤各別去消費，就布置規劃而言，屬於那一種布置方式？ (A)產品布置 (B)流程布置 (C)定點布置 (D)顧客導向布置。【105鐵路】 (C)(D)

5 新的生產模式中，將許多標準共用零件先行組裝成半成品，等客戶下單後，再組配各種零組件形成物料表（BOM），進行排程與組裝，可減少回應時間，此為下列何者？ (A)接單構型（configure to order） (B)接單組裝（assembly to order） (C)接單設計（engineering to order） (D)接單製造（build to order）。【105台電】 (A)

考點解讀 (B)接單構型（CTO）與接單組裝（ATO）都屬於將許多標準共用零件先行組裝成半成品，等客戶下單後，再組裝成品出貨。接單構型（Configure-to-

解答

Order, CTO）：接到訂單後開發產品結構，組裝出貨。接單組裝（Assembly-to-Order, ATO）接到訂單後將零組件組裝成品出貨。

6 應用微笑曲線來比較OEM、ODM、OBM 三種經營型態的整體效益，以下敘述何者正確？ (A) OEM＞ODM＞OBM (B) ODM＞OEM＞OBM (C) OBM＞OEM＞ODM (D) OBM＞ODM＞OEM。【105台糖】 (D)

考點解讀 自有品牌生產（Original Brand Manufacturer, OBM）：指生產商跳脫代工模式，建立自有品牌，製造產品，並以此品牌行銷到市場的一種作法。原廠委託設計（Original Design Manufacturer, ODM）：由採購方委託製造方，由製造方從設計到生產一手包辦，而由採購方負責銷售的生產方式，採購方通常會授權其品牌，允許製造方生產貼有該品牌的產品。專業（委託）代工（Original Equipment Manufacturer, OEM）：由採購方提供設備和技術，由製造方負責生產、提供人力和場地，採購方負責銷售的一種現代流行生產方式。

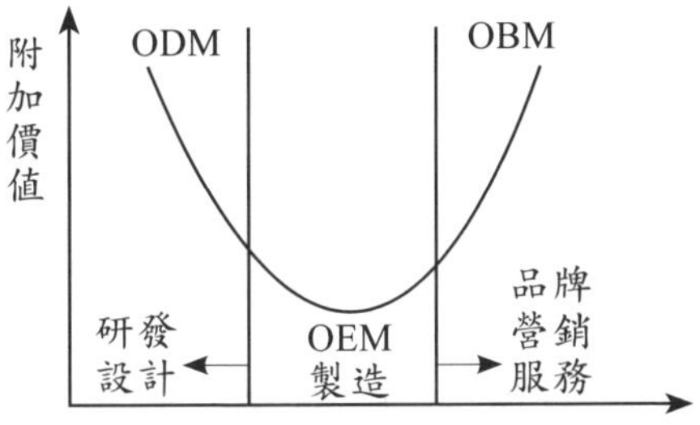

微笑曲線

7 「結合供應商的產品開發技術，展開產品設計，並依買主對產品的需求、使用買主指定品牌交貨的供應方式」，是屬於下列哪一種生產方式？ (A) OEM (B) ODM (C) OBM (D) IDM。【108漢翔】 (B)

焦點 2 生產計劃與控制

在生產系統設計完成並建置妥當後，生產管理的重心就移到生產計劃與控制。生產計劃與控制的內容包含：生產規劃、生產排程、物料管理、存貨管理與品質管理等工作。

1. **生產規劃**

在合理成本下，於規劃時間內生產出符合品質標準與所需數量的產品。生產規劃的內容依時間長短可分為：長期產能規劃、中期整體規劃與短期生產排程。

(1)**長期產能規劃**：係企業體檢視目前產能是否足以應付未來需求變動所產生的一種活動，同時也是在對資源作長期的承諾，並為生產系統修正與調整的基礎。

(2)**中期整體規劃**：在既定條件下，如何達成產品數量需求的規劃，用以調整產能配合需求，由整體計畫、主生產排程與物料需求規劃三者構成的戰術性作業計畫。

(3)**短期生產規劃**：受限於中期規劃的決策下，所作的日程安排、機器負荷安排、工作順序安排與工作指派等，為求順利出貨的計畫。

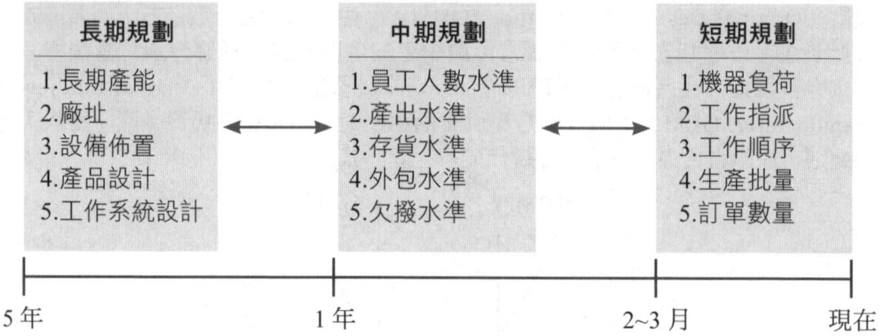

2. **生產排程**

生產排程是一個決策過程，在最佳化特定目標函數下，決定各個工作的執行順序。**常用的生產排程工具有：甘特圖、負荷圖，要徑法（CPM）以及計畫評核術（PERT）**。

3. **物料管理**

物料管理為計畫、協調並控制各部門的業務活動，以經濟合理方法提供各部門所需物料的科學。物料管理部門應確保物料供應**適時（Right time）、適質（Right quality）、適量（Right quantity）、適價（Right price）、適地（Right place）的五 R 原則**。

4. **存貨管理**

生產排程之後，在開始生產前需要採購原料，以備生產或加工之用。存貨管理的目的，在於對原物料、在製品、製成品存貨的掌控，以確保有適質適量的存貨，不至於中斷生產工作。

(1)**經濟訂購量（Economic Order Quantity model, EOQ）：物料採購成本與持有成本最低的採購量，亦即存貨成本最低的採購量**。

經濟訂購量（EOQ）計算公式如下：$Q = \sqrt{\dfrac{2 \times D \times S}{H}}$

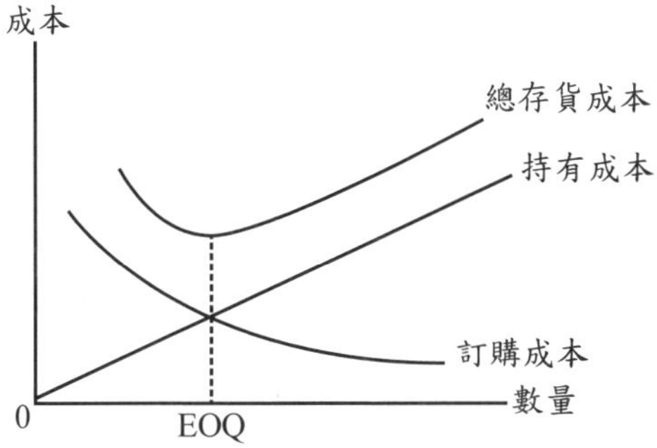

（Q：每批訂購數量、D：每年需求量、S：每次訂購成本、H：每單位每年的儲存或持有成本）

(2) ABC 存貨控制法

ABC 分類計劃係根據**柏拉圖（Pareto）定理**，依少數產品佔了大部分的資金，而大部分產品佔了小部分資金原理分類，將庫存產品分成三群。

A類物料	**數量少價值高**的物料，是控制的重點，應詳細記載，嚴密監控。
B類物料	**數量價值均多**的物料，可利用最低存貨控制，每月盤點定量訂購。
C類物料	**數量多價值少**的物料，可用安全存量控制，每季定期盤查、定期訂購。

☆ 小提點

1. 訂購成本（ordering cost）：在訂購過程中所發生的成本包括請購手續的作業費用、郵電費用、驗收人員的費用等。
2. 持有成本（holding cost）：持有存貨所發生的成本，包括資金積壓所負擔財務成本；保障商品安全而支付的保險費；商品儲藏過久，因而發生變質及陳舊過時的損失；倉庫空間及設備等的折舊費用；倉庫部門的作業成本等。

基礎題型

解答

1 下列何者不屬於生產或作業管理的長期規劃決策？ (A)品質規劃 (B)廠址規劃 (C)產能規劃 (D)排程規劃。 【103中油】 (D)

考點解讀 長期規劃決策是依據對產品需求的估計來規劃工廠的最大產品水準，以作為建廠及機器設備購置的基礎。其規劃時程很長，包含了廠址規劃、廠房建置、機器設備選擇、產能規劃、品質規劃等。排程規劃是屬於短期生產日程計畫。

2 作業管理中，指出什麼產品被製造以及什麼時候被製造的戰術規劃工具，稱之為： (C)

(A)產能規劃（capacity planning）

(B)區位規劃（location planning）

(C)主排程（master schedule）

(D)材料需求規劃（material requirements planning）。 【105中油】

考點解讀 針對最終產品或規畫主要零件時、主排程（master schedule）提供了生產作業的概況，指出什麼產品被製造以及什麼時候被製造。(A)根據對產品需求的估計來規劃工廠的最大產品水準。(B) Thunen 認為廠商對區位規劃，是依據原料與產品的重量、運輸距離以及產品價值等因素而定。(D)提供每一項物料與零組件的訂購或生產的排程。

3 對於各項生產資源的取得與運用所制定的時間表稱為： (A)製程規劃 (B)排程 (C)單元布置 (D)產能規劃。 【104鐵路】 (B)

考點解讀 排程（scheduling）是一個決策過程，在最佳化特定目標函數下，決定各個工作在各資源上的執行順序。排程不但可以減少資源的閒置時間，也可增加資源的利用率。

4 在生產系統中，生產進度規劃與控制是重要的工作，下列哪一項工具或方法經常使用於生產進度的規劃與控制？ (A)損益兩平分析 (B)線性規劃 (C)作業成本矩陣 (D)甘特圖。 【104郵政、106自來水】 (D)

考點解讀 在進行生產規劃與產能排程時，經常使用的工具有：甘特圖、負荷圖，要徑分析法（CPM）以及計畫評核術（PERT）。

5 下列哪一個不是生產規劃與產能排程的工具？ (A)甘特圖 (B)計畫評核術 (C)要徑分析 (D)損益兩平分析。 【103台北自來水】 (D)

考點解讀 損益兩平分析（break-even analysis）是一種普遍用來分析銷售量和獲利力之間關係的工具。

解答

6 下列何者不是物料管理的5R原則？
(A)適地（Right place）
(B)適價（Right price）
(C)適質（Right quality）
(D)適法（Right method）。【103中油】 (D)

考點解讀 物料管理部門應確保物料供應適時（Right time）、適質（Right quality）、適量（Right quantity）、適價（Right price）、適地（Right place）的五R原則。

7 下列何者和經濟訂購量（EOQ）的計算無關？ (A)需求量 (B)訂購成本 (C)儲存成本 (D)產品單價。【104經濟部】 (D)

考點解讀 經濟訂購量模型（EOQ）是用來決定最適採購數量的一種數學模型工具，其考慮存貨的持有成本與訂購成本，並希望使兩者相加的總成本達到最低。經濟訂購量EOQ公式：

$$EOQ=\sqrt{\frac{2\times\text{每年需要量}\times\text{每次訂購成本}}{\text{每單位儲存成本}}}$$ 。

8 假設中華飯店每年毛巾的需求量為1,000打，若每打的年持有成本為10元，每次訂購成本為50元，請問飯店毛巾的EOQ為多少？ (A)20 打 (B)70 打 (C)100 打 (D)120 打。【102郵政】 (C)

考點解讀 $EOQ=\sqrt{\frac{2\times\text{每年需要量}\times\text{每次訂購成本}}{\text{每單位儲存成本}}}=\sqrt{\frac{2\times1,000\times50}{10}}=100$打。

9 假設每年通路需求包裝袋為96,000個，需求量每天都差不多，訂購成本為300元，儲存成本為1.6元，如果不允許缺貨，包裝袋的最佳訂購量為何？ (A)3,000個 (B)4,000個 (C)5,000個 (D)6,000個。【101中華電信】 (D)

考點解讀 $EOQ=\sqrt{\frac{2\times\text{每年需要量}\times\text{每次訂購成本}}{\text{每單位儲存成本}}}=\sqrt{\frac{2\times96,000\times300}{1.6}}=6,000$個。

10 信義公司每年需用原料2萬個單位，每次訂購成本1,000元，而每單位儲存成本40元，依經濟訂購量（EOQ）模式，則該公司每次訂購數量應為多少單位？ (A)200 (B)500 (C)1,000 (D)2,000。【101郵政】 (C)

考點解讀 $EOQ=\sqrt{\frac{2\times\text{每年需要量}\times\text{每次訂購成本}}{\text{每單位儲存成本}}}$

$=\sqrt{\frac{2\times20,000\times1,000}{40}}=1,000$個（經濟訂購量）

解答

11 ABC存貨控制法中A級物料是 (A)少量價高 (B)少量價低 (C)多量價高 (D)多量價低。【107台酒】 (A)

考點解讀 A物料：為數量少價值高的物料，是控制的重點，應詳細記載，嚴密監控。

12 ABC存貨管理將物料分為三級，當中C類存貨指的是： (A)價值低，數量多 (B)價值高，數量少 (C)價值和數量皆為中等 (D)價值高，數量多。【103台酒】 (A)

考點解讀 C物料：數量多價值低的物料，可用安全存量控制，每季定期盤查，定期訂購方式管理。

進階題型

解答

1 生產規劃依規劃時間長短可分為長期、中期及短期3種，下列何者屬於短期規劃的範圍？ (D)

(A)人力資源規劃 (B)粗略產能規劃

(C)生產線佈置 (D)工作指派。【102中油】

考點解讀 短期生產規劃：受限於中期規劃的決策下，所作的日程安排、機器負荷安排、工作順序安排與工作指派等，目標是可以順利的出貨。

2 程序控制是指針對作業程序及生產進度所做的控制，下列何者不是程序控制所用的控制工具？ (C)

(A)要徑法（CPM） (B)計劃評核術（PERT）

(C)經濟訂購量（EOQ） (D)甘特圖。【105台糖】

考點解讀 經濟訂單量（Economic Ordering Quantity, 簡稱EOQ），是要將存貨的儲存成本和訂購成本減至最低的訂購量。

3 下則哪一項活動不屬於物料管理活動（material management）？ (C)

(A)供應商挑選 (B)採購

(C)生產排程 (D)運輸。【105中油】

考點解讀 物料管理（Materials Management）：指有關材料流程的整個週期中，所有從採購和生產材料的內部控制，經由半製品的計劃與控制，直到最後製成品的倉儲、裝運（Shipping）和分配（Distribution）等管理功能而言。

解答

4 當存貨水準達到預先決定的數量時，就要再訂一批定量的新貨。這是何種存貨控制方法？ (D)
(A)ABC 分類法（Activity Based Classification）
(B)物料需求規劃（Material Requirements Planning, MRP）
(C)固定時間間隔訂購系統（Fixed-Order Interval System）
(D)經濟訂購量（Economic Order Quantity, EOQ）。 【103鐵路】

考點解讀 (A)係根據柏拉圖（Pareto）定理，依少數產品佔了大部分的資金，而大部分產品佔了小部份資金原理分類 ，將庫存產品分成三大類。(B)係企業藉由整合主生產排程、物料清單（BOM）及庫存管理的資訊，產生對於原物料的需求、採購、儲存、調度與生產排程計畫，藉以降低整體企業的總生產成本。(C)指每次訂購期間間隔相同的存貨管制系統。企業依過去之經驗，擬出一定的訂購間隔，訂購之數量為訂購之當時倉庫最大容量與現有存量之差額。

5 在物料管理時，如果廠商透過和供應商的密切關係，達到製造與運送的效率、速度和正確度的提升，請問這種管理稱為： (B)
(A)產能規劃管理 (B)供應鏈管理
(C)廠房布置管理 (D)作業程序控制管理。 【104鐵路】

考點解讀 供應鏈管理（Supply Chain Management,SCM）在1985年由麥可·波特（Michael E. Porter）提出，為一個策略概念，以相應的資訊系統管理技術，將從原料材料採購直到銷售給最終客戶的全部企業活動集成在一個無縫接續流程中。

6 甲工廠每年可售出電風扇10,000台，每次訂購費用為$3,000，每台單價為$1,500，每季之儲存成本為電風扇單價的4%，試問此款電風扇的經濟訂購量（EOQ）為多少？ (A) 500個 (B) 1,250個 (C) 250個 (D) 1,000個。 【107台酒】 (D)

考點解讀 $EOQ=\sqrt{\frac{2\times 每年需要量\times 每次訂購成本}{每單位儲存成本}}=\sqrt{\frac{2\times 10,000\times 3,000}{(\$1,500\times 4\%)}}=1,000$個。

7 甲公司每年需要消耗物料1,404單位，該物料單價60元，每次訂購成本為26元，單位儲存成本為物料單價20%，為使存貨成本達到極小化，利用經濟訂購量算出每次訂購量後，請問該物料的每年訂購次數為： (C)
(A) 12次 (B) 15次 (C) 18次 (D) 20次。 【107中油】

考點解讀 $EOQ=\sqrt{\frac{2\times 每年需要量\times 每次訂購成本}{每單位儲存成本}}=\sqrt{\frac{2\times 1,404\times 26}{(\$60\times 20\%)}}=78$單位。

該物料的每年訂購次數 $=1,404\div 78=18$次。

解答

8 某一工廠每年需80,000片晶片，每片單價500元。訂購成本為15,000元，年存貨持有成本為產品價格的25%，試求訂購週期（四捨五入至整數，1年以365天計）： (A) 20天 (B) 30天 (C) 40天 (D) 50天。【101台電】 (A)

考點解讀 $EOQ=\sqrt{\frac{2\times 每年需要量\times 每次訂購成本}{每單位儲存成本}}=\sqrt{\frac{2\times 80,000\times 15,000}{(\$500\times 25\%)}}=4,382$片。

每日需求量=80,000片÷365=220片。

訂購週期=4,382÷220=20天。

9 智慧型手機在某市場之年需求量為10,000隻，每隻智慧型手機售價16,000元，A公司在該市場之市占率為80%，每次訂購成本12,000元，其每隻手機庫存成本為產品售價30%，則A公司之經濟訂購量（EOQ）與年採購次數為何？（計算至整數，以下四捨五入） (A)224隻、45次 (B)200隻、50次 (C)224隻、40次 (D)200隻、40次。【102經濟部】 (A)

考點解讀 $EOQ=\sqrt{\frac{2\times 每年需要量\times 每次訂購成本}{每單位儲存成本}}$

$=\sqrt{\frac{2\times 10,000\times 12,000}{(16,000\times 30\%)}}=223.606$，四捨五入，約等於224隻。

A公司之經濟訂購量（EOQ）與年採購次數 = 10,000隻÷224隻

= 44.642次，約等於45次。

10 存貨ABC 分析法中，價值小，庫存金額少，但其項目卻十分繁多，是歸為何類存貨？ (A) C 類 (B) B 類 (C) A 類 (D) ABC 類。【102中油】 (A)

考點解讀 屬於價值低而項目多的物料，例如鉚釘、圖釘等，以大量採購為宜。

非選擇題型

1 在作業管理的工具中，＿＿＿＿係源於1958年美國海軍的北極星火箭系統計劃，是網絡分析的技術，以網絡圖規劃整個專案將各項作業與主要事件排程聯結。【108台電】

考點解讀 計劃評核術（PERT）：計劃評核術（PERT）是西元1958年美國海軍執行「北極星飛彈計畫」所發展出一套採網狀圖作為計畫管制技術。就是利用網狀圖將計畫的工作內容，適當的劃分成若干工作單位，然後排定合理而經濟的順序，計算每一工作單位所需時間，配屬適當的資源，並不斷的作適應進度的調整與修正，使計畫準確的完成。

2 何謂五適（5R）原則？物料管理的要義在利用五適（5R）原則達到物料管理的目標；請說明其意義。【103鐵路】

考點解讀 企業採購過程中須遵循哪些原則，才能使採購效益最大化呢？採購專家提出應用「5R」原則指導企業採購活動，也就是在適當的時間以適當的價格從適當的供應商處買回所需數量、品質之物品的活動。

(1)適時（Right time）：要求供應商在規定的時間準時交貨，防止交貨延遲。
(2)適質（Right quality）：供應商送來的物料質量應是適當的，符合技術要求。
(3)適量（Right quantity）：採購物料的數量應是適當的，能符合工作上的要求。
(4)適價（Right price）：在確保滿足其他條件的情況下爭取最低的採購價格。
(5)適地（Right place）：物料原產地的地點應適當，與使用地點距離越近越好。

3 某商品之年需求量為200個，每個單價為9元，每次訂購成本為100元，而每個商品儲存成本為 4 元，若按經濟訂購量（EOQ）採購，則全年採購次數為______次。【105台電】

考點解讀 2

$$EOQ=\sqrt{\frac{2\times 每年需要量\times 每次訂購成本}{每單位儲存成本}}=\sqrt{\frac{2\times 200\times 100}{4}}=100個。$$

每年需採購幾次＝每年需求量÷經濟採購量
＝200÷100＝2次。

焦點 3 品質管理

品質（quality）是產品或服務最重要的屬性之一，企業的產品要能得到顧客的青睞，願意付出金錢來購買，產品的品質水準必須能符合甚至超越顧客的期望。而品質管理係透過組織的控制，使得產品或服務各項顧客重視的特性，均可達到卓越的表現。

1. **品質觀念的發展**

費根堡（Feignbaum）博士認為品質觀念的發展包含了五個階段的演變：

(1) **品質是檢驗出來的**：品質制度僅建立在依靠檢查的「品質檢驗」。
(2) **品質是製造出來的**：產品製造時就必須採取回饋與預防措施。
(3) **品質是設計出來的**：顧客需求、產品設計為主的「品質保證制度」。
(4) **品質是管理出來的**：品質不再只存在於產品面上，已擴展到工作面及提供服務層面上的「全面品質管制（TQC）制度」。

(5) **品質是習慣出來的**：員工應該在工作上重視顧客需求，塑造企業文化，從教育訓練而產生個人態度的改變，再到個人行為的改變，進而影響品質。重視「全面品質保證（TQA）制度」及「全面品質管理（TQM）制度」。

2. **品質的成本**

品質是有成本的，**品質的成本項目包含了預防成本、檢驗成本、內部失靈（失敗）成本、外部失靈（失敗）成本**。

(1) **預防成本（prevention costs）**：有關企圖避免瑕疵品發生所需的成本，例如品質制度的設計、品質評審和審核費用等。

(2) **鑑定或檢驗成本（appraisal costs）**：有關檢驗、測試與其他可揭露不良產品或服務的活動，或確保無不良品存在的成本。例如品質檢驗工作所需的成本。

(3) **失敗成本（failure costs）**：源自於不良零件或產品或是不完美服務的成本。

A. **內部失敗**（internal failures）：製造過程中發現的問題，例如對不良品的棄置或重作所需的成本。

B. **外部失敗**（external failures）：銷售給顧客後發現的問題，包含保固期間免費維修或換新的成本、責任賠償以及商譽的損失。

3. **品質認證**

在品質保證的觀念下，產品品質不是靠品質檢驗來確保，而是從產品設計開始、到製程設計、到產品的加工與生產以至最後的產品檢驗整個過程來達成的。而 ISO9000 **品質保證認證制度**就是在此精神下所發展出來的。

4. **品質控制的技術**

品質控制（QC）七大手法被公認為改進品質之非常有用的工具，品質實務方面幾乎離不開這七種手法：

(1) **管制圖（Control Charts）**：應用統計方法訂定一個品質管制的上下界限，用來檢驗品質的分佈狀況，由薛華德（Shewhart）所提出，可用在製程分析或監控製程是否有異常發生。

管制圖

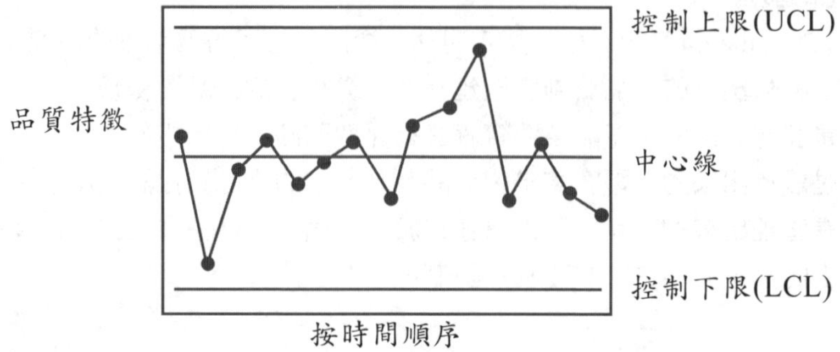

(2) **檢核表**（Check Sheet）：一種用來收集及分析數據簡單而有效率的圖形方法，運用簡單的符號標記出 工作目標是否達成或對特定事件發生給予累積紀錄。

XX 公司					
不 良 原 因 檢 核 表			編號		
主管		檢核人		日期	
符號	○：良好 △：普通 ×：較差				
說明：					
分類	檢 核 項 目		○	△	×
品管單位	教育訓練	1.教育訓練是否實施？			
		2.教育訓練的教材準備？			
		3.教育訓練成果有無記錄並考核			
	檢驗設備	1.有無量測和檢驗設備？			
		2.設備是否按時檢驗？			
		3.機具、儀器是否標示檢測情況？			
		4.檢驗人員是否按標準程序進行檢驗？			

(3) **直方圖**（Histograms）：將所收集之數據整理成機率分佈長條圖，縱軸代表發生次數，橫軸代表品質特性，可提供管理者掌握品質狀況。

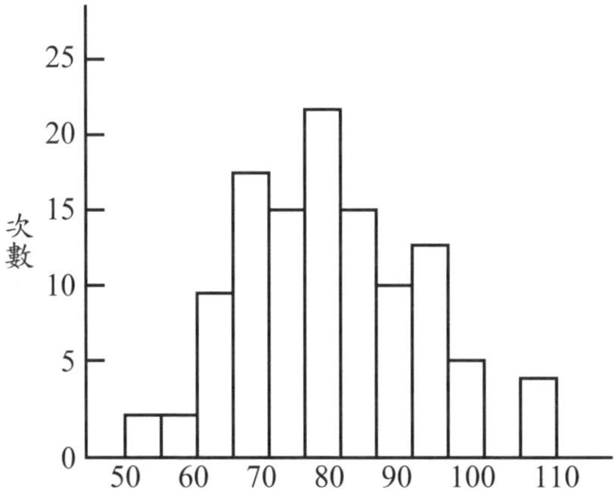

(4) **柏拉圖**（Pareto Chart）：又稱「重點分析圖」，乃一長條圖，是直方圖的一種，其長條之長度代該項目出現之頻率，頻率最高之項目靠左，頻率最低者靠右，依次排列。

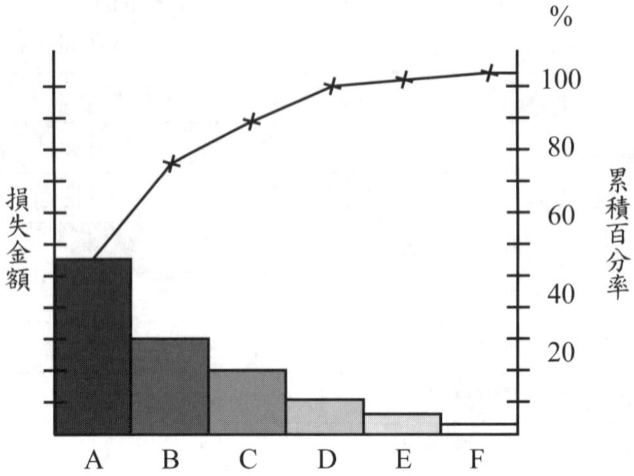

(5)**特性要因圖**（Cause and Effect Diagram）：又稱「魚骨圖」（Fishbone Diagram），由石川馨所提出，因其外觀看起來像是一張魚骨而得名。將造成產品品質不良的原因，依其關聯性歸納匯集而成。

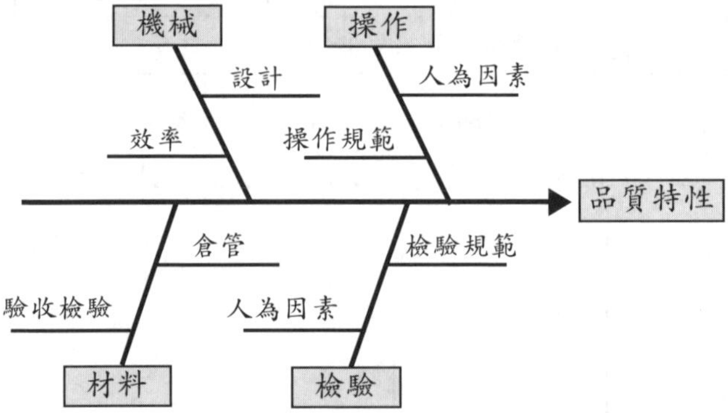

(6)**散布圖**（Scatter Diagram）：用來分析一對參數間之關係，將成對之數據繪製在 X-Y 圖上，藉此找出兩者間之關係，可分為「正相關」、「負相關」與「無相關」三種情況。

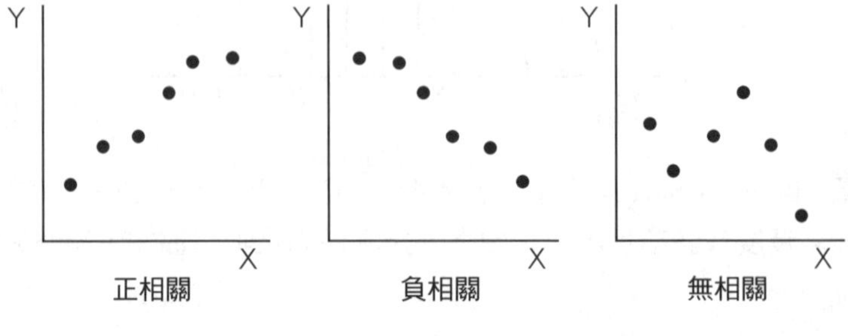

(7) **流程圖**（Flow Chart）：由圖形符號來代表系統間各項作業與程序之間的關係，易於瞭解品質控制的問題所在。

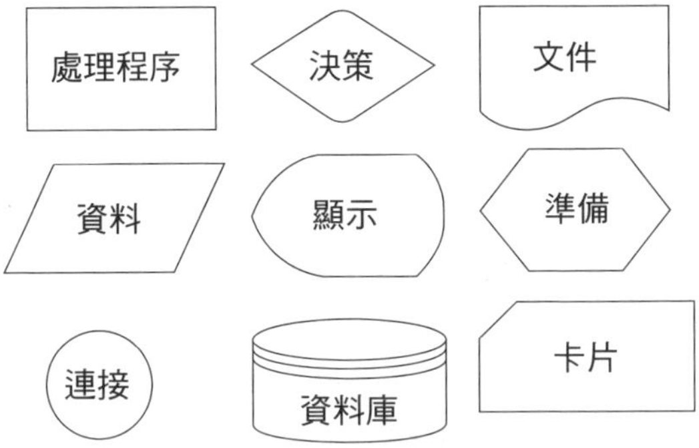

5. **全面品質管理（TQM）**

全面品質管理（Total Quality Management,簡稱TQM）是一種管理概念，也是實務的運作方法。**藉由全員參與與團隊合作的方式，來推行所有流程的持續改善，以確保產品、服務和組織每個層面的品質效率，並滿足顧客的需求與期望**。全面品質管理構成的要素：**顧客導向、全員參與、授能員工、重視流程、持續改善、重視衡量**。TQM的基本運作方式為PDCA**循環**（Plan-Do-Check-Action Cycle, PDCA）或稱戴明循環，為一系列不斷循環的持續改進活動。

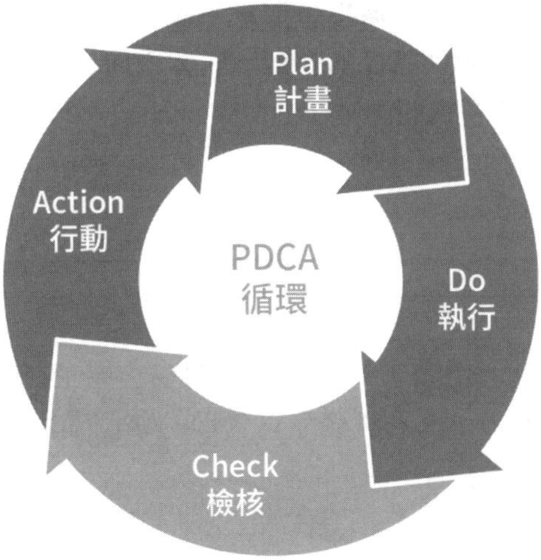

(1) **計畫** P（Plan）：檢討當前的工作方法，蒐集相關的資訊並分析之。找出問題的主要原因，研擬改善績效的行動計劃。

(2) **執行** D（Do）：在作業部門進行試做，檢討計畫的可行性並實行之，以確保計畫的完成。

(3)**檢核**C（Check）：評估、檢查新方案是否達到預定的成效。

(4)**行動**A（Action）：若新計畫成效良好，則將其標準化以作為未來的作業方式；若新計畫成效不佳，則記取教訓並找出原因，以做為下一個循環的參考。

6. **六個標準差（6σ）**

1987年由摩托羅拉（Motorola）所提出，1995年奇異（GE）公司總裁傑克威爾許（Jack Welch）在股東會議及多數場合不斷地倡導與推動，強調「從流程改造著手」的6σ，使得GE一年獲利增加七億五千萬美元。6σ是統計中用來衡量群體中個體間變異程度的符號，稱為「標準差」，此變數提供了一個辨識每百萬個樣本的失敗機率，**6σ的統計意義是每百萬個產品中最多只有3.4個不良品，因而在6σ的品質管制中產品的合格率為99.99966%，己接近零缺點的要求。6σ改善方案的實行步驟（DMAIC）為：定義（Define）：訂定專案目標；衡量（Measure）：衡量流程績效；分析（Analyze）：分析因果關係；改善（Improve）：突破現況瓶頸；控制（Control）：管制流程要件**。

7. **剛好及時生產（Just-in-time, JIT）**

又稱豐田式生產系統，是由日本豐田汽車公司大野耐一（Taiichi Ohno）及其他人於1945年所發展出來。係以消除浪費為出發點，強調在正確的時間，將正確的物品及數量放在正確的地方。JIT最重要的是它發揚不斷學習與改善的精神及尊重人性的哲學。其特點有：**適用小批量生產、採用看板系統、強調預防保養、人員訓練成多能工、減少供應商的家數、顧客取向生產方式（拉的生產系統）、賣方對產品提供良好品質保證**。

基礎題型

解答

1 全面將品質理念融入組織成員工作中，形成一種企業文化，員工自動自發追求對品質的承諾，此乃實踐品質管理的哪個階段？ **(D)**

(A)品質是設計出來的

(B)品質是管理出來的

(C)品質是製造出來的

(D)品質是習慣出來的。 【101中華電信、108漢翔】

考點解讀 (A)強調「品質由產品設計與製程設計做起」。(B)指為保障、改善製品的品質標準所進行的各種管理活動。(C)品質是在工程中製造出來，品質的好壞會受製程的影響。

解答

2 與品質有關的成本稱為品質成本，一般可分為預防成本、鑑定成本、內部失敗成本、外部失敗成本四大類。請問為防止產生不良品所需付出的成本稱為： (A)預防成本 (B)鑑定成本 (C)內部失敗成本 (D)外部失敗成本。 【106自來水】 (A)

考點解讀 品質成本，一般可分為預防成本、鑑定成本、內部失敗成本、外部失敗成本四大類。

(1)預防成本：防範失敗所作的努力，主要是指設計及規劃品質管制方案所發生的成本，通常是為降低在製程中瑕疵品之數量，而對機器、科技與品質管制制度之投資。

(2)鑑定成本：試驗、檢驗及查驗以評鑑品質是否滿足要求。其主要為直接評估品質而發生的成本，通常是為降低將不良品運交給顧客而發生之支出。

(3)內部失敗成本：產品交貨前未能達到品質要求所造成的成本，例如重做某項服務、再處理、重加工、再試驗、報廢等。此乃是指原料或產品不符合標準，而造成之成本。

(4)外部失敗成本：為產品於交貨後，未能達到品質要求所造成的成本，主要是指瑕疵品運交給顧客後所發生的成本。

3 良好的品質管理需要用心經營，品質的付出是有成本的，例如保固期的免費維修是屬於： (A)內部失靈成本 (B)外部失靈成本 (C)檢驗成本 (D)預防成本。 【111鐵路】 (B)

考點解讀 又稱「外部損失成本」，是指產品售出後因品質數量問題而產生的一切損失和費用，這種質量問題是在交付給顧客後發生的成本。又可細分為：索賠費用、退貨損失、保固期的免費維修、訴訟費、產品降價損失等。

4 ISO 9000 是屬於下列哪種功能系統？ (A)人才與職能認證系統 (B)行銷品牌與形象系統 (C)國際區域與關稅系統 (D)品質管理系統與保證標準。 【105自來水、106桃機】 (D)

考點解讀 ISO9000是國際標準組織所制定的品質管理系統及保證標準，內容包含ISO9000~ ISO9004五個主要部分，使用範圍由設計發展開始，一直到採購、生產、安裝、服務。透過一系列生產程序的共同原則與標準，以確保品質符合顧客的需求。

5 有關於品質控制（quality control）的敘述，下列何者為正確？ (A)品質控制是分析企業工作項目的管理活動 (B)品質控制是確保企業生產的產品或服務能符合特定品質標準的管理活動 (C)品質控制是建立工作規範書的管理活動 (D)品質控制是發展人力規劃的管理活動。 【107桃捷】 (B)

考點解讀 為了符合廣義品質（合理的價格、穩定的功能、可安心的使用）之三要素，產品在生產過程之各個階段及銷售後，應對原料、零配件、在製品及成品，施以各種檢驗、管制及改善措施，以獲致穩定且滿意的品質水準的管理活動。

解答

6 下列哪個品管工具以發生的頻率，累計排序作呈現，並以「重點管理」為中心？ (B)
(A)管制圖（Control Chart） (B)柏拉圖分析圖（Pareto Chart）
(C)魚骨圖（Fishbone Diagram） (D)直方圖（Histogram）。【107中油】

考點解讀 柏拉圖分析圖，又稱重點管理圖，是品質管理上最常使用之七大手法之一，係根據所蒐集的數據，以不同區分標準加以整理、分類，計算出各分類項目所佔的比例而按照大小順序排列，再加上累積值的圖形。透過柏拉圖分析圖可以顯示出最重要的問題或原因。

7 魚骨圖（fishbone chart）又可以稱為： (A)因果圖 (B)柏拉多圖 (C)條形圖 (D)卡諾圖。【101中油】 (A)

考點解讀 以因果或特性為主，用來鑑別品質問題的潛在原因。

8 TQM指的是下列何者？ (A)服務品質 (B)全面品質管理 (C)消費者管理 (D)全球策略。【102台糖、104台酒】 (B)

考點解讀 全面品質管理（Total Quality Management，簡稱TQM）係企業從產品設計、規劃、生產、配銷以及與顧客服務結合在一起，以確保經由持續的改善以達成顧客的最大滿意。因此，它是一種組織的全員計畫的管理哲學。

9 下列何者不是全面品管的觀念？ (A)
(A)品質僅是品管部門的職責 (B)品質是每一個人的職責
(C)品質是策略性問題 (D)品質是規劃出來的。【104自來水】

考點解讀 學者柯漢（S.Cohen）與布蘭德（R.Brand）認為全面品質管理是一種簡單且富革命性的方法，他們將其分開定義為：
(1)全面：指每一作業部門均應戮力追求產品品質。
(2)品質：迎合甚或超越顧客的期待。
(3)管理：指發展和持續組織的能力去穩定地改進品質。

10 有關全面品質管理（TQM：Total Quality Management）的敘述，下列何者有誤？ (A)用廣義的品質觀念，持續改進組織所做任何事的品質 (B)公司全體成員要負品管之責 (C)著重以文字語言描述品質問題，不要求應用數據資料 (D)特別強調客戶，包括組織內外與產品或勞務相關的人員。【104台電】 (C)

考點解讀 TQM的流程管理強調應訂定明確的財務目標及衡量準則，並以提高品質、降低成本為焦點。

解答

11 戴明博士所提出的PDCA品質管理循環中，下列何者錯誤？ (A)P是指規劃（Plan） (B)D是指執行（Do） (C)C是指機會（Chance） (D)A是指行動（Act）。 【108台酒】 (C)

考點解讀 「PDCA循環」又稱「戴明循環」，為一系列不斷循環的持續改進活動，規劃（Plan）→ 執行（Do）→ 檢討（Check）→ 行動（Action）。

12 在品質管理中強調PDCA持續改善，請問下列對於 PDCA 的描述，何者錯誤？ (A)P的是規劃 (B)D指的是執行 (C)C指的是改變 (D)A指的是行動。 【106自來水】 (C)

考點解讀 P指的是規劃、D指的是執行、C指的是檢核、A指的是行動。規劃（Plan）→執行（Do）→檢核（Check）→行動（Action）。

13 戴明循環是一項在品質持續改善活動中經常被引用的概念，請問戴明循環的步驟是：
(A)DMAIC (B)PEST (C)SMART (D)PDCA。 【104郵政】 (D)

考點解讀 全面品質管理（TQM）的基本運作方式為PDCA循環，或稱戴明循環，是一系列不斷循環的持續改進活動。

14 PDCA循環是修訂自戴明循環而來，當中的D是指？ (A)規劃 (B)行動 (C)執行 (D)檢討。 【103台酒】 (C)

考點解讀 PDCA循環，就是由P規畫（Plan）、D執行（Do）、C檢討（Check）及A行動（Act）四大步驟過程所構成的一連串追求改善精進的品管活動，被稱為戴明循環（Deming Cycle）或戴明轉輪（Deming Wheel）。

15 六標準差有多重意義，從統計上來講是指每百萬次，其缺失數不超過：
(A)6.4 (B)5.2 (C)6 (D)3.4。 【97郵政、102經濟部、106桃機】 (D)

考點解讀 六標準差（6σ）的統計意義是每百萬個產品中最多只有3.4個不良品（3.4ppm），在品質管制中產品的合格率已接近零缺點的要求。

16 全面品質管理的相關工具中，有關六個標準差，是指每百萬次的觀測中只容許幾次的錯誤？
(A)3.0 (B)3.4 (C)4.0 (D)4.4。 【111鐵路、103原民】 (B)

17 近年來，企業流行以「六個標準差（6σ）」作為品質管制的目標，此6σ是要求產品的不良率或製造過程中的錯誤率不能超過： (A)千分之3.4 (B)萬分之 3.4 (C)十萬分之 3.4 (D)百萬分之 3.4。
【96中華電信、100經濟部、101郵政、101鐵路、108漢翔】 (D)

解答

考點解讀 企業在進行品質管理時，常以「六個標準差」作為品質目標，6σ要求產品的不良率或製造過程中的錯誤率不能超過百萬分之3.4。

18 摩托羅拉公司所發展的六個標準差，是指每百萬零件或程序中： (A)低於0.034 件不良品的目標 (B)低於0.34 件不良品的目標 (C)低於3.4 件不良品的目標 (D)低於34 件不良品的目標。【102台糖】 **(C)**

進階題型

解答

1 下列何者的主張為非？ (A)Deming-14點原則 (B)Juran-品管三部曲 (C)Crosby-14點原則 (D)Ishikawa-改善（Kaizen）。【103經濟部】 **(D)**

考點解讀 石川馨（Ishikawa）的特性要因圖、品管圈；(A)戴明（Deming）的全面品質管理14點原則。(B)朱蘭（Juran）的品質三部曲。(C)克勞斯比（Crosby）的品質提升14點原則。(D)大野耐一與新鄉重夫的持續改善。

2 品質成本中加強員工品質教育訓練、設計製造過程的費用係屬於： **(B)**
(A)鑑定成本 (B)預防成本
(C)內部失敗成本 (D)外部失敗成本。【102中油】

考點解讀 預防成本是保證品質達到標準並預防不良品產生之的成本，例如供應商輔導、設計製造過程費用、品管會議、員工教育訓練等費用。

3 產品和服務的品質是管理出來的。國際標準組織所推動的ISO 9000制度強調的是： (A)品質創新 (B)品質理念 (C)品質保證 (D)品質設計。【112桃機、102中華電信】 **(C)**

考點解讀 ISO9000系列是由ISO9000、ISO9001、ISO9002、ISO9003、ISO9004所構成，ISO9000系列是一種品質保證認證標準，是一項公平、公正且客觀的認定標準，藉由第三者的認定，提供買方對產品或服務品質的信心。

4 品質管理的七大手法（Q7）中，下列何種技術可用來鑑別品質問題之潛在起因？ (A)柏瑞托（Pareto）圖 (B)魚骨（Fishbone）圖 (C)管制（Control）圖 (D)流程（Flow）圖。【102經濟部】 **(B)**

考點解讀 當一個問題的結果受到一些要因（原因）影響時，將這些要因加以整理，成為有相互關係且有條理的圖形，這個圖形就稱為「特性要因圖」，或稱「魚骨圖」（Fish-Bone Diagram）。

解答

5 有關全面品質管理（Total Quality Management，TQM）之敘述，下列何者正確？ (B)
(A)管理者必須完整授權整個TQM 計畫之進行，並不參與干擾其執行
(B)以顧客為焦點，建立一個有效率的TQM 計畫
(C)所有的業務產品製造流程，必須依標準化作業要求，不得改變
(D)只要組織內主管級以上幹部都接受TQM 相關訓練，便能執行並達成目標。 【100郵政、106桃機】

考點解讀 (A)管理者必須確實督導各部門人員按預定的時程及編列的預算經費，來推動各項已制定的行動方案，達到全員參與的運作原則。(C)在面對高度競爭的市場環境，企業必須針對現有產品與製造流程不斷地進行設計變更及推陳出新。透過所有員工持續性品質改善。(D)企業必須針對全體員工接受TQM相關訓練，提供員工正確的品質意識及培養員工自行發掘解決品質問題的能力，便能執行並達成目標。

6 全面品質管理指的是組織為追求卓越品質所做的努力，下列對於全面品質管理基本精神的描述何者錯誤？ (A)重視顧客：全面品質管理唯一重視的就是最終購買產品或接受服務的顧客 (B)持續不斷地改善：全面品質管理是一種無法被滿足的承諾，「非常好」仍不夠好，它所追求的是無終點的改善空間 (C)重視流程：全面品質管理對品質的定義相當廣泛，它含括了所有組織的流程 (D)授權：全面品質管理讓員工參與改善的過程，運用團隊集思廣益，讓員工發現並解決問題。 【105鐵路】 (A)

考點解讀 重視顧客：全面品質管理所指的顧客不只是購買商品或服務的企業外部人員，也包含組織內部，各部門間由於業務互動與服務需求，而互為彼此的顧客。

7 下列何者不適合用來作為全面品質管理（Total Quality Management）的工具？ (A)SWOT 分析法 (B)品質改善團隊 (C)企業流程改造 (D)ISO 認證。 【105鐵路】 (A)

考點解讀 「SWOT分析法」是由學者史庭納（Steiner）在1965年所提出，為最廣為人知的企業競爭策略分析方法。

8 持續改善（continuous improvement）是生產或品質管理領域常被提及的方法，下列相關敘述何者錯誤？ (A)「改善」一詞源自日文「kai」意指「改變」、「zen」意指「好」 (B)持續改善追求的是累進式的品質提升，不是跳躍式的大步躍進 (C)改善強調員工的工作方法改進 (D)不惜投資昂貴設備也要提升品質。 【105鐵路】 (D)

解答

考點解讀 Kaizen方法最初是一個日本管理概念，指逐漸、連續地增加改善。是日本持續改進之父今井正明在《改善一日本企業成功的關鍵》一書中所提出的，Kaizen意味著改進，涉及每一個人、每一環節的連續不斷的改進：從最高的管理部門、管理人員到工人。Kaizen實際上也是生活方式哲學，其關鍵因素是：質量、所有雇員的努力、介入，自願改變和溝通。

9 下列何者為一組織運用品管圈可獲之利益？ (A)拒絕高品質 (B)高工資 (C)員工發展出自我價值與品質所有權意識 (D)以較低的成本進行競爭產品分析。 【108鐵路營運人員】 (C)

考點解讀 品管圈（Quality control cycle, QCC）是在同一工作地點，或工作性質相類似的作業人員，以自主的力量，推行品質管制活動的小團體。這個團體將不斷地為全公司品質管理活動發展出自我價值與品質所有權權意識。

10 「六個希格瑪（6σ）」，是屬於下列哪一種目前較為常見的「追蹤術」控制技術與方法？ (A)資訊包含了年齡、性別、教育程度、工作經驗、能力、知識、 技術與證照要求等控制 (B)生產及作業控制 (C)財務控制 (D)工作品質。 【105台糖】 (B)

考點解讀 「六個希格瑪（6σ）」原係一種品質標準，換算成產品的不良率或錯誤率就是不能超過百萬分之三點四，也就是說每一百萬個成品，不能有超過三點四個不良品，這是非常高的品質要求標準，6σ屬於生產及作業控制。

11 下列何種品質目標要求產品的不良率或製造過程中的錯誤率，不能超過百萬分之三點四？ (A) ISO 9000 (B) ISO 1400 (C)全面品質管理 (D)六個標準差。 【108鐵路營運人員】 (D)

考點解讀 六個標準差（6σ）是統計中用來衡量群體中個體間變異程度的符號，稱為「標準差」，此變數提供了一個辨識每百萬個樣本的失敗機率，6σ的統計意義是每百萬個產品中最多只有3.4個不良品，因而在6σ的品質管制中產品的合格率為99.99966%，已接近零缺點的要求。

12 有關品管圈中的六個標準差（6σ）的敘述，下列何者正確？ (D)
(A)是指某個流程或產品的觀測值中，每百萬次的觀測值中，只容許0.34次錯誤
(B)基層管理者應該扮演支持導入六個標準差的關鍵角色
(C)六個標準差讓員工在遇見問題時，先依規定呈報，不會擅自加以變更
(D)六個標準差主要是由GE 的傑克威爾許（Jack Welch）倡導與推動。
【郵政第1次】

解答

考點解讀 (A)指某個流程或產品的觀測值中，每百萬次的觀測值中，只容許3.4次錯誤。(B)高階管理者應該扮演支持導入六個標準差的關鍵角色。(C)六個標準差讓員工在遇見問題時先衡量現況，找出原因加以改善。

13 有關品質提升的發展，常必須利用品質管制的技術，下列敘述何者正確？ (A)可利用 ISO 認證來提升品質衡量標準 (B)六個標準差是最基本的要求 (C)及時存貨控制（just-in-time）是重要的概念 (D)企業最常採用泰勒品管圈（Taylor cycle）的方法。【105鐵路】 (A)

考點解讀 (B)六個標準差強調每百萬個產品中最多只有3.4個不良品是最接近理想的狀態，而非最基本的要求。(C)及時生產系統（just-in-time）是重要的概念。(D)企業最常採用石川馨品管圈（Quality Control Cycle, QCC）的方法。

14 建置及時生產（JIT）系統，在生產程序中特別強調以下因素才能成功，何者為非？ (A)縮短物料需求的前置時間 (B)注重預防性維修 (C)注重降低設備（Set up）的時間及成本品質之持續改善 (D)提高產能以大量生產。【103經濟部】 (D)

考點解讀 整備時間短，使能快速換線，適於小批量生產。

15 有關 Just-in-time （JIT）的敘述，下列何者錯誤？ (A)是一種存貨控制技術，存貨品項在生產過程中可隨時進庫備料儲存 (B)是由日本豐田汽車公司所發展的一種制度 (C)在每個生產階段，都盡可能地在最近時間內，送達最可能的最小數量存貨 (D)JIT 效益的關鍵是，製造商與供應商必須發展出正面的合夥關係。【105台酒】 (A)

考點解讀 是一種生產作業方式，目標是要求在100%的品質水準下，維持原物料的零庫存。亦即在製造商需要原物料時，供應商能夠及時運抵工廠，而製造商亦能即時上線生產，此種方式在於徹底消除浪費。

16 為了提高企業管理品質，許多企業設有SOP，所謂SOP是指： (B)
(A)彈性製造系統 (B)標準作業流程
(C)顧客服務專線 (D)企業資源規劃系統。【108台酒】

考點解讀 標準作業流程（Standard Operating Procedures）即企業為有效處理繁雜的日常事務所發展出來的一套例行化的慣例規則。

Chapter 02 行銷導論與目標行銷

焦點 1 行銷意涵與哲學

行銷乃指透過交易的過程來滿足人類需求的活動，行銷管理則是一門選擇目標市場，並且透過創造、溝通、傳送優越的顧客價值，以獲取、維繫、增加顧客的藝術與科學。

> **小秘訣**
> 學術界普遍認為「價值的創造與交換」是行銷的核心價值。

1. **行銷管理哲學的演進過程**

生產觀念 → 產品觀念 → 銷售觀念 → 行銷觀念 → 社會行銷觀念

(1) **生產觀念**（production concept）：關心生產效率及訂價的高低，是最老式的經營理念，在無市場競爭者，市場需求大於供給時適用。企業不必做促銷工作，只要改進生產方式，提高產量即可。

(2) **產品觀念**（product concept）：重視產品設計與品質，假設消費者會選擇品質、功能和特色最好的產品。企業著重產品改良，卻忽略產品未來趨勢與顧客需求，易產生「行銷近視症」。

(3) **銷售觀念**（selling concept）：重視產品銷售情形，為許多生產者所奉行，認為企業除非極力銷售，否則消費者不會踴躍購買。然而企業致力於產品銷售的達成，卻可能忽略售後服務的重要性。

(4) **行銷觀念**（marketing concept）：重視消費者的需求，是一種較新的企業哲學，認為要達成公司目標，關鍵在於探究目標市場的需求，並能較其競爭者更有效能地滿足消費者的需求。

(5) **社會行銷觀念**（societal marketing concept）：重視社會公益的訴求，為未來行銷之主流，認為社會行銷須有企業利潤、消費者需求與權益、社會利益三者的平衡考量。

☆ 小提點

科特勒（Kotler）提到銷售是抱著由內向外的觀點，行銷則是由外向內的，並且以出發點、焦點、方法、目的四方面來比較兩種觀念的不同：

	出發點	焦點	方法	目的
銷售觀念	廠商	產品	強勢推銷	透過銷售獲利
行銷觀念	目標市場	市場需求	整合4P	滿足顧客的需求

2. **市場需求與行銷任務行銷在不同的市場需求型態下，扮演不同的角色：**

(1) **負需求**（negative demand）

A. 市場現象：消費者不喜歡該產品，甚至避開該產品。

B. 行銷任務：矯正需求，扭轉消費者觀念，將不喜歡變為可接受。

C. 行銷方式：加強促銷或說服。

D. 行銷任務名稱：扭轉性行銷。

E. 實例：大腸癌大便潛血檢查。

(2) **無需求**（no demand）

A. 市場現象：消費者認為沒有必要購買，多餘的。

B. 行銷任務：創造需求，即刺激消費者，將不需要變成需要。

C. 行銷方式：結合消費者的興趣，使其產生需求。

D. 行銷任務名稱：刺激性行銷。

E. 實例：青少年對傳統戲曲。

(3) **潛在需求**（latent demand）

A. 市場現象：消費者對產品具有強烈的潛在需求，但現有產品無法滿足需要或無力購買。

B. 行銷任務：開發需求，即衡量潛在市場的大小，並配合需求來開發產品。

C. 行銷方式：擬定行銷組合策略，加強開發產品。

D. 行銷任務名稱：開發性行銷。

E. 實例：終身免於感冒的疫苗。

(4) **衰退需求**（declining demand）

A. 市場現象：需求逐漸下滑。

B. 行銷任務：恢復需求，即改變產品形式或行銷策略，重新進入市場，使之復甦。

C. 行銷方式：了解原因，對症下藥。
D. 行銷任務名稱：再行銷。
E. 實例：國人米食量下降。

(5)**不規則（波動）需求**（irregular demand）
A. 市場現象：因時間、季節、地點的不同造成消費需求不一樣。
B. 行銷任務：平衡需求，即平衡整體市場，使產品不受淡旺季的影響。
C. 行銷方式：淡季時，利用彈性訂價方式或促銷方式鼓勵消費者使用。
D. 行銷任務名稱：調和性（同步、平衡）行銷。
E. 實例：夏季與平常用電。

(6)**飽和需求**（full demand）
A. 市場現象：市場已達飽和狀態。
B. 行銷任務：維持需求，即維持市場需求，使銷售量保持尖峰狀態。
C. 行銷方式：隨時了解顧客滿意度，加強服務品質。
D. 行銷任務名稱：維護（持）性行銷。
E. 實例：錄放影機。

(7)**過度需求**（over demand）
A. 市場現象：產品供不應求。
B. 行銷任務：減低需求，即降低顧客需求。
C. 行銷方式：限制購買量、減少促銷活動或提高售價。
D. 行銷任務名稱：抑制（低）行銷。
E. 實例：連續假期高速公路。

(8)**病態（有害）需求**（unwholesome demand）
A. 市場現象：對健康具危害性之產品。
B. 行銷任務：消滅需求，即消滅或降低市場之需求。
C. 行銷方式：反促銷廣告，提醒消費者該產品對身體的危害。
D. 行銷任務名稱：反行銷。
E. 實例：毒品、檳榔、槍枝等。

基礎題型

解答

1 將產品或勞務從生產者移轉到消費者的過程中，所採取的各種活動，稱為： (A)分配 (B)行銷 (C)銷售 (D)消費。 【107台酒】 **(B)**

考點解讀 行銷學大師科特勒（Philip Kotler）認為「行銷」是為個人或團體創造產品或價值，與他人交換以滿足其需要與慾望的過程。

解答

2 企業從事相關的市場活動都會秉持著一套基本的市場哲學或管理哲學，市場哲學意謂著企業對市場所抱持的觀點或看法。當一個企業認為顧客會偏好買得到且買得起的產品時，此時企業將會致力於改善生產與配銷效率，此種市場哲學吾人稱之為： (A)生產觀念（production concept） (B)產品觀念（product concept） (C)銷售觀念（selling concept） (D)行銷觀念（marketing concept）。【104自來水】 (A)

考點解讀 生產觀念是銷售者所奉行的最古老觀念，其假定消費者喜歡那些隨處買得到又買得起的商品。

3 某手機廠商設計出最高等級產品，認為消費者喜歡功能特殊、效能高的手機，此為：
(A)生產觀念 (B)產品觀念 (C)銷售觀念 (D)行銷觀念。【103中華電信】 (B)

考點解讀 認為「東西只要不錯，就可以賣出去」，產品導向觀念容易導致行銷近視症（marketing myopia）。也就是只看到眼前的產品，卻忽略了行銷環境的變化與消費者真正的需求。

4 在行銷的概念中，銷售觀念係指下列何者？
(A)生產所能賣的產品 (B)賣所生產的產品 (C)賣品牌價值高的產品 (D)生產高利潤產品。【105郵政】 (B)

考點解讀 銷售觀念強調「強力推銷手上的東西，顧客的需求與利益是次要的」。

5 下列何者「不是」行銷的觀念？ (A)顧客至上、以客為尊的觀念 (B)應該採取整合性的作法來行銷產品 (C)著重於賣我們所生產出來的產品 (D)顧客滿意與企業目標同步達成。【105台酒】 (C)

考點解讀 以消費者利益為依歸，先顧客再產品，以客為尊。並非以企業為優先的銷售方式。

6 下列何者不屬於市場的行銷觀念？ (A)出發點為顧客 (B)管理焦點在市場需求 (C)使用的工具是促銷 (D)最終結果是顧客滿意及長期利潤。【104經濟部】 (C)

考點解讀 市場的行銷觀念強調顧客導向、顧客滿意，採取整合性的作法來行銷產品。

7 強調同時達成企業的利潤與顧客需要，而且必須符合社會福祉的是下列何者？ (A)銷售觀念 (B)行銷觀念 (C)社會行銷觀念 (D)生命週期觀念。【105台北自來水】 (C)

解答

考點解讀 社會行銷導向的理念強調：「在滿足顧客與賺取利潤同時，企業應該維護整體社會與自然環境的長遠利益」，亦即企業應該追求利潤、顧客需求、社會福祉三方面的平衡。

8 企業須節能減碳、克盡環境保護責任的行銷觀念是： (A)全球行銷導向 (B)社會行銷導向 (C)銷售導向 (D)生產導向。 【107台酒】 (B)

考點解讀 綠色行銷成為1990年企業理念，是人們因應環保問題而興起的一種行銷方式。其焦點在於符合消費者需求與廠商利益的同時又能維護自然生態環境。

進階題型

解答

1 在公司所有部門中，哪個部門對公司的策略制訂具有重要性的影響？ (A)人力資源 (B)資訊 (C)行銷 (D)會計。 【106桃捷】 (C)

考點解讀 行銷部門主管常要求部屬提供有關產品、價格、通路、推廣等方面的企劃，以作為行銷決策的依據。另外由於企業高階主管的職責之一在於研判環境趨勢，引導企業方向，往往需要來自行銷部門有關新產品上市、新市場經營、行銷策略調整、顧客關係經營等方面的企劃，公司策略才能周延擬定。

2 「先了解市場上的消費者可能會想要購買哪一類的產品或服務，再透過提供可以滿足或超越消費者期望的產品或服務，以獲取消費者青睞並賺取利潤」較符合下列哪一類的行銷思維？ (C)

(A)生產導向 (B)利潤導向

(C)顧客導向 (D)成本導向。 【108郵政】

考點解讀 顧客導向（customer orientation）是指企業以滿足顧客需求、增加顧客價值為企業經營出發點，在經營過程中，特別注意顧客的消費能力、消費偏好以及消費行為的調查分析，重視新產品開發和行銷手段的創新，以動態地適應顧客需求。

3 當公司產能過剩時，大多數公司會傾向採用何種市場行銷哲學： (C)

(A)生產（production）觀念

(B)產品（product）觀念

(C)銷售（selling）觀念

(D)行銷（marketing）觀念。 【104郵政】

考點解讀 認為除非透過強力的促銷，否則消費者不會踴躍購買，強調從事大量的銷售與推廣活動。

解答

4 下列有關銷售觀念及行銷觀念之比較，何者有誤？ (B)
(A)銷售觀念重視業績的提升
(B)銷售觀念重視顧客的滿意度
(C)行銷觀念著重於滿足消費者的需求
(D)銷售觀念注重在運用各種銷售技巧將產品賣出去。 【107台酒】

考點解讀 行銷觀念強調顧客的需求與滿足感，亦即先考慮消費者的需求，然後提供符合其利益的產品以創造消費者滿足感，並使企業獲利。

5 美體小舖（THE BODY SHOP） 強調其為第一間推動社區公平交易原料採購模式的化妝品公司，並強調環保，反對動物實驗。根據上述文字，您認為美體小舖符合何種觀念？ (A)生產觀念 (B)產品觀念 (C)行銷觀念 (D)社會行銷觀念。 【103台酒】 (D)

考點解讀 1990年代，社會行銷觀念認為企業除滿足消費者需求與達成組織目標外，也必須兼顧社會道德、社會責任與社會福祉。

6 行銷管理可區分五種導向：生產導向、產品導向、銷售導向、行銷導向與社會行銷導向，分別表示行銷問題的考慮因素內涵，下列考慮因素何者是行銷導向與社會行銷導向最重要的差別？ (A)消費者需要 (B)企業目標 (C)顧客長期利益 (D)社會整體利益。 【105鐵路】 (D)

考點解讀 行銷導向強調顧客的需求與滿足感，也就是先考慮消費者的需求，然後提供符合其利益的產品以創造消費者滿足感，並使企業獲利標榜行銷導向的企業往往強調顧客利益，顧客至上，用心服務等。社會行銷導向之理念強調：「在滿足顧客與賺取利潤同時，企業應該維護整體社會與自然環境的長遠利益」。亦即企業應該講求利潤、顧客需求、社會利益三方面的平衡。

非選擇題型

行銷學者 P. Kotler 將市場需求區分為8種，行銷管理者面對不同的市場需求應採取不同的行銷對策，請分別說明此8種需求及其行銷對策。 【107台電】

考點解讀

市場需求	行銷對策	市場需求	行銷對策
負需求	扭轉行銷	不規則需求	調和行銷
無需求	刺激行銷	飽和需求	維持行銷
潛在需求	開發行銷	過度需求	抑制行銷
衰退需求	再行銷	病態需求	反行銷

焦點2 消費者行為與行銷研究

消費者行為指消費者用以產生購買決策的過程因素，包括影響選擇產品、使用與處置方式。企業常把顧客市場分為消費者市場（consumer market）與組織市場（organization market）兩大類，而兩者特性與購買目的均不同，茲比較如下：

消費者市場	1. 定義：由個人與家庭組成，為了個人或家庭消費無營利動機。 2. 特點：人數眾多、單次購買量少、多次購買、非專家購買。 3. 購買決策角色：提議者、影響者、決定者、購買者、使用者。 4. 購買決策程序：需求確認→資訊蒐集→方案評估→購買決策→購後行為。
組織市場	1. 定義：由生產者、中間商、政府部門、非營利組織所組成，為了加工、營利或組織營運。 2. 特點：理性購買、運用租賃方式、購買者數目少但規模較大、購買者有地理集中的傾向、專業購買、直接採購、互惠採購、買賣雙方關係密切、複雜購買決策。 3. 購買決策角色：發起者、影響者、把關員、決定者、核准者、採購者、使用者。 4. 購買決策程序：確認問題→描繪需求→決定產品規格→搜尋供應商→徵求報價→選擇供應商→確認訂單相關內容→績效評估。

1. **影響消費者行為的主要因素**

文化因素	社會因素	個人因素	心理因素
1.文化 2.次文化 3.社會階層	1.參考群體 2.家庭 3.角色與地位	1.年齡與家庭生命週期階段 2.職業 3.經濟狀況 4.生活型態 5.人格與自我觀念	1.動機 2.認知 3.學習 4.信念與態度

新視界

生活型態量表（Activities，Interests，and Opinions Scale，簡稱AIO），AIO量表代表Activity（活動），Interests（興趣），Opinion（意見）三個英文字，由Wind & Green（1994）提出， Reynold & Darden（1994）進行定義，一般用來衡量個體生活中所進行的活動、對於外在事物感興趣的程度及對特定事物意見的指標。

1. **活動**（Activities）：為一種具體、明顯可見之行動，如購物、運動，而這些行動可藉由觀察得知，但是其原因卻不易衡量。
2. **興趣**（Interests）：意指人們對於某些事物、主體、主題所引發之特別或連續性的注意。
3. **意見**（Opinions）：乃指個人在外界情境刺激下，對於所產生的問題給予口頭或書面之回答，它可以用來描述對於問題的解釋、期望與評價。

其後，史丹佛研究機構（Stanford Research Institute）也提出，VALS（Values and Life Styles）量表，是由生活型態的 AIO 量表三指標，再加入價值觀（Value） 的概念。

2. Assael**的購買決策矩陣**

美國紐約大學教 Henry Assael，根據消費者購買的涉入程度、品牌間差異程度，組合成四個方格的購買決策模式矩陣：

涉入／品牌	品牌間差異程度大	品牌間差異程度小
涉入程度高	複雜型決策	忠誠型決策
涉入程度低	有限型決策	遲鈍型決策

(1) **複雜型決策**：當**消費者購買涉入程度高，品牌間的差異程度大**，則消費者會表現出複雜購買行為，例如購買房地產、汽車、珠寶、名牌包包等，因價格昂貴、社會外顯性大，購買的風險也比較大，需花時間蒐集資訊，親自評估、比較，最後才下定購買。

(2) **有限型決策（尋求變化的購買決策）**：當**消費者購買涉入度低，品牌間的差異程度大**，則消費者會採取尋求變化的購買行為，例如餅乾、飲料、洗髮精等，因價格不貴，購買風險低，加上品牌忠誠度低，普遍存有嘗鮮心理，喜歡尋求新刺激，轉換品牌或尋求新產品成為一種習慣。

(3) **忠誠型決策（降低失調的購買決策）**：當**消費者購買涉入度高，品牌間差異程度小**，則消費者會表現出降低失調的購買行為，例如地毯、香水、醫美等，因購買高涉入產品，常伴隨相對高程度的財務與社會風險，往往買回使用之後才產生認知失調，所以對品牌會有所堅持。

(4) **遲鈍型決策（習慣性的購買決策）**：當**消費者購買的涉入度低，品牌間差異程度小**，則消費者會採取習慣性購買行為，例如糖、鹽、罐頭、衛生紙等日常用品，因常常購買，且產品同質性高，就會憑藉常用過且熟悉品牌或有優惠的產品來購買，而非對某一牌有忠誠度。

☆ 小提點

涉入程度是指對購買行動或產品的注重、在意、感興趣的程度。一般而言，在購買重要、昂貴、複雜的產品時，涉入程度相當高。相反的，購買較不重要、便宜、簡單的產品，涉入程度比較低。學者認為涉入程度不完全取決於產品本身，也包括個人因素（認知、對產品瞭解程度、購買動機）、情境因素（購買與消費情境）。

3. **消費者採用產品的五個階段**（Rogers, 1962）**消費者採用新產品同常會經過五個階段**（AIETA）：知曉（awareness）、興趣（interest）、評估（evaluation）、試用（trial）、接納（adoption）。

知曉 →	興趣 →	評估 →	試用 →	消費
消費者要先知道有這些新事物存在。	消費者要對這些新事物發生興趣。	消費者對這些新事物做出有力的評估。	試用者要試用這些新事物。	接納者接納這些新事物成為愛用者。

☆ 小提點

1. AIDA消費者行為模式：
   A注意（Attention），也可以說認知（Awareness）；I興趣（Interest）；D慾望（Desire）；A行動（Action）。
2. AISAS消費者模式：A引起消費者注意（Attention）；I讓消費者產生興趣（Interest）；S消費者主動搜尋（Search）；A行動購買（Action）；S消費者上網分享（Share）。

4. **行銷研究方法**

(1) **參與觀察**：研究人員以參與者的身份進行觀察。

(2) **非參與觀察**：研究人員以旁觀者的身份進行觀察。

(3) **投射技術**：將參與者置於模擬活動的情境中，希望可以透露出某些直接問不出來的東西。

(4) **次級資料蒐集法**：又稱「文獻探討法」或「文件分析法」，係蒐集並分析機關或民間機構已發行的資料，做為自己研究資料的題材。

(5) **焦點訪談法**：邀請 6-10 名受訪者一起前來座談，並針對行銷人員所關切的特定主題進行深入的討論與意見交換，訪談所需時間約 2-3 小時。

(6) **民族誌研究法**：對人類特定社會的描述性研究項目或研究過程。

基礎題型

解答

1 某金融機構提供服務給非營利的慈善團體、教會、大學，這些顧客是屬於： (A)中間商市場 (B)政府市場 (C)消費者市場 (D)機構市場。 【103中華電信】 **(D)**

考點解讀 擁有慈善、教育、公益或其他非營利目標的組織共同構成機構市場（institutional markets），其中包括了教會（或其他宗教組織）、醫院、慈善機構、博物館、以及私立大學等，這些非營利組織每年也會採購許許多多的產品或服務，以提供給學生、病患、教徒或信徒，以及其他相關人士。

2 相對於一般消費者市場（customer market）的購買型態，下列何者不屬於企業對企業市場（business-to business）銷售之特色？ (A)企業購買者的數量較多 (B)購買者較大型 (C)比較專業的採購 (D)較強調長期持續性關係的建立。 【105台糖】 **(A)**

考點解讀 另有：企業購買者的數量較少、購買者有地理集中的傾向、理性且專業的購買、直接採購、互惠採購、複雜購買決策、運用租賃方式、買賣雙方關係密。

3 消費者體認到要有改變，會進一步了解產品之功能、價格、購買地點等細部訊息，屬於何種決策過程？ (A)評估可行方案 (B)資訊搜尋 (C)問題認知 (D)購後評估。 【101中油】 **(B)**

考點解讀 消費者購買決策過程：問題確認→資訊搜尋→方案評估→購買決策→購後評估。在察覺到問題並引發購買動機後，消費者需要資訊以協助判斷。資訊蒐集有兩大來源：內部蒐集（從記憶中獲取資訊）、外部蒐集（有商業、公共和個人人脈來源）。

4 社會因素是影響消費者購買行為的很多因素之一。下列何者不是影響消費者購買行為的社會因素？ (A)消費者生活型態 (B)家庭 (C)參考群體 (D)社會地位。 【108、101台酒】 **(A)**

考點解讀 消費者生活型態是影響消費者購買行為的個人因素。

解答

5 消費者選擇或購買行為會受到消費者的心理與個人因素、社會因素與文化因素的影響。下列何者是屬於社會因素 ？ (A)消費者的態度 (B)消費者的生活型態 (C)參考團體 (D)次文化。【91台電、105郵政】 (C)

考點解讀 影響消費者購買行為的社會因素有：家庭、參考團體與意見領袖、角色與地位。

6 影響消費者行為的因素中，何者屬於社會因素？ (A)學習 (B)動機 (C)個性 (D)意見領袖。【101鐵路】 (D)

考點解讀 學習、動機、認知、信念、態度均屬於心理因素。

7 消費者的心理因素對其購買決策的影響很大，下列何者並不屬於心理因素？ (A)社會角色 (B)動機 (C)認知 (D)信念。【106桃捷】 (A)

考點解讀 社會角色與地位是消費者的社會因素對其購買決策的影響。

8 當購買決策涉入程度低，品牌間差異性大，是屬於何種購買決策？ (A)習慣性購買決策 (B)降低失調的購買決策 (C)複雜的購買決策 (D)尋求變化的購買決策。【101中華電信】 (D)

考點解讀 Assael根據購買者涉入程度及品牌間差異性，區別出四種消費者購買行為類型：

品牌差異／涉入程度	高涉入	低涉入
品牌間差異大	複雜購買決策	尋求變化的購買決策
品牌間差異小	降低失調的購買決策	習慣性購買決策

9 請問消費者涉入程度高，品牌間差異不大的產品，雖產品單價不一定很高，但隱含社會性風險大時，此為下述何種購買決策？ (A)複雜型決策 (B)有限型決策 (C)品牌忠誠型決策 (D)遲鈍型決策。【101台電】 (C)

考點解讀 或稱「降低失調的購買決策」，品牌差異不明顯，產品單價也不一定很高，消費者可能基於價格合理或購買方便而下決策，但事後不盡理想，產生失調感，所以就會對好的品牌會有所堅持。

10 消費者對一項新產品、新事物或新觀念的採用，大概要經過五個階段，稱為AIETA Model，下列敘述何者錯誤？ (A) A：Attention (B) I：Interest (C) E：Evaluation (D) T：Trial。【101自來水】 (A)

解答

考點解讀 知曉（awareness）、興趣（interest）、評估（evaluation）、試用（trial）、採用（adoption）。

11 商店請人假扮為神秘顧客來暗中評估銷售人員的服務態度及方式，它是屬於下列何種觀察研究？ (A)參與觀察 (B)非參與觀察 (C)焦點觀察 (D)投射技術。 【104郵政】 (A)

考點解讀 參與觀察是調查者在現場對被調查者的情況直接觀察、記錄，以取得市場訊息資料的一種調查方法。神秘購物法（mystery shopping studies）是觀察法在實際中的一種應用，依靠那些經過專門訓練的神秘顧客，進行假裝購物，詳細記錄下購物或接受服務時發生的一切情況，以發現商家在經營管理中存在的各種缺陷。

12 某企業為了瞭解消費者對新產品的看法，於是在產品上市前，招募8位消費者前來看新產品的實體，並邀請這8名消費者試用產品，並在現場分享試用心得，在過程中研究人員除仔細聆聽顧客想法外，亦透過單面鏡來觀察參與者的狀態。這種資料收集的方法稱為： (C)

(A)問卷調查 (B)次級資料蒐集法

(C)焦點群體訪談法 (D)民族誌法。 【103台酒】

考點解讀 邀請6-10名受訪者一起前來座談，並針對行銷人員所關切的特定主題進行深入的討論與意見交換，訪談所需時間約2-3小時。

進階題型

解答

1 有關企業市場（business-to-business market）購買行為之敘述，下列何者錯誤？ (A)企業採購是一種引伸需求，基於客戶需求而採購 (B)企業在進行新任務購買時，決策影響者比較多 (C)企業購買者與供應商常建立持續性關係 (D)企業採購的價格彈性較大，價格上漲時購買量會大幅下降。 【105中油】 (D)

考點解讀 企業市場和消費者市場有很多明顯不同的特色：

(1)衍生需求：企業市場內的需求來自消費者市場的需求，若消費者對產品需求減弱時，企業對這些產品原料需求也會減少。

(2)需求無彈性：企業財貨與服務的需求受價格變化的影響不大。例如，汽車製造商不會因為輪胎商降價而買更多的輪胎，主要還是看汽車市場的需求。

(3)需求波動很大：訂單增減往往對接單廠商造成很大的需求變動；消費者需求的小幅度變動，會造成企業市場內的大幅度變動。

解答

2 社群媒體的流行，造就許多消費者會在做決策前搜尋許多資訊，例如上網看論壇與在社群媒體發問，請問此種行為屬於下列何種程序？ (B)
(A)問題確認 (B)資訊收集與評估方案
(C)購買後行為 (D)制定決策。 【105郵政】

考點解讀 問題確認之後，消費者接下來可能會進行資訊蒐集，以做為購買決策的參考，在其中消費者會先做內在搜尋，也會採取外在搜尋的努力。

3 人們對環境有一種持續而穩定的反應，可藉由個人的AIO來加以辨別，所謂A是指活動（Activities），I是指興趣（Interests），O則是指： (A)目標（Objectives） (B)意見（Opinions） (C)機會（Opportunities） (D)作業（Operations）。 【104郵政】 (B)

考點解讀 AIO（Activity, Interests, Opinion Inventory）量表，顧名思義就是以消費者的活動（Activity）、興趣（Interest） 和意見（Opinion）作為衡量生活型態的指標。

4 一般而言，消費者對下列哪一種產品的涉入程度最高？ (C)
(A)牙膏 (B)零食 (C)車子 (D)汽水。 【106桃捷】

考點解讀 涉入程度是指對購買行動或產品的注重、在意、感興趣的程度。一般而言，在購買重要、昂貴、複雜的產品時，涉入程度相當高。相反的，購買較不重要、便宜、簡單的產品，涉入程度比較低。

5 阿薩爾（Assael, 1987）認為，消費者低度介入購買品牌差異不大的產品（所謂介入是指，對消費者來說重要的程度，或是其感受強烈或認同的程度），而單純只是因為習慣而已，此為下列何種決策？ (A)複雜性決策 (B)品牌忠誠性決策 (C)有限型決策 (D)遲鈍型決策。 【108鐵路營運人員】 (D)

考點解讀 Assael（1987）認為購買行為受到「消費者介入程度」與「品牌差異」影響，可區分為下列四種：
(1)複雜性決策：消費者高度介入購買品牌差異大的產品，必先經歷一段複雜的購買學習過程。
(2)品牌忠誠性決策：消費者雖高度介入，但因品牌差異小而迅速購買，事後若經驗「認知失調」，將找尋更多信念以支持原購買選擇。
(3)有限型決策：消費者低度介入，但因品牌差異大，故常頻繁變換品牌以追求新鮮感。
(4)遲鈍型決策：消費者低度介入購買無甚品牌差異的產品，單純地只是因為習慣而已，並非對品牌有什麼忠誠度。

解答

消費者的涉入程度

產品差異度	高	低
大	複雜型決策 Complex Decision	有限型決策 Limited Buying Decision
小	品牌忠誠型決策 Brand Loyalty Buying Decision	遲鈍型決策 Buying Decision

6 下列何者非為消費者購買行為過程AIDA 的元素？ (C)

(A)認知（Awareness） (B)興趣（Interest）

(C)設計（Design） (D)行動（Action）。 【101中華電信】

考點解讀 AIDA就是消費者的行為模式，從消費者注意廣告，到產生購買行為的過程。AIDA 的元素：認知（Awareness）、興趣（Interest）、慾望（Desire）、行動（Action）。另有AIDMAS，M為記憶（Memory），S為滿意（Satisfaction）。

7 有關焦點團體討論法（Focus-Group Discussions），以下敘述何者錯誤？ (A)

(A)屬於一對一的面對面訪談法 (B)主持人負責會場引導運作 (C)針對特定主題來討論互動 (D)透過腦力激盪形成共識。 【106桃機】

考點解讀 焦點團體訪談（focus group）是一個由主持人帶領的團體訪談研究方法，屬於質化研究。焦點團體訪談針對特定主題來討論互動，常會邀請同質背景的成員參加，由於參與者背景相近，可以使得討論產生良好的互動。主持人是受過良好訓練的專業人士，並非傳統的訪問者角色，而是要營造出自在的團體互動氣氛，俾便參與者可以暢所欲言，腦力激盪出內心的想法、經驗與觀點。

8 小林在開咖啡店前，先自行設計問卷蒐集附近消費者資料，此種資料稱為？ (B)

(A)二手資料 (B)一手資料

(C)商業資料庫 (D)網路資料。 【106桃捷】

考點解讀 初級資料（primary data）是由研究者主動自己收集的第一手資料，例如：當事人要開店所進行的市場調查。在傳統的行銷研究裡，常見的初級資料蒐集方法包括：面談法、問卷法、觀察法、實驗法等。

非選擇題型

請列出並說明消費者新產品採用過程（new product adoption process）的五個階段。 【101中華電信】

考點解讀

(1)知覺：知道此產品存在於市場，但不會主動購買或者關心該產品。
(2)興趣：對產品相關資訊有興趣，此外，若是行銷人員主動寄送該產品資訊也不會排斥。
(3)評估：評估是否值得嘗試使用該產品，會評估使用的風險和使用的效益。
(4)試用：小規模使用，看是否跟自己先前所期望的一樣，若是落差很大，就不會使用，若是感到滿意則進入採用階段。
(5)採用：由於試用符合預期，因此決定全面使用該產品。

焦點 3　企業行銷策略

企業行銷策略係企業以顧客需求為出發點，有計劃地組織各項經營活動，透過相互協調一致的產品策略、價格策略、通路策略和促銷策略，為顧客提供滿意的產品與服務，以實現企業目標的過程。企業行銷策略關注的要點包括：目標行銷和行銷組合兩大部分。

> **小秘訣**
>
> 行銷強調的是整體戰，包括策略的STP策略與執行面的4P策略，兩者是互相支援且息息相關的。策略面包括市場區隔（Segmentation）、選定目標市場（Targeting）、產品定位（Positioning）等；執行面則是在擬定行銷政策之後，將之落實於現實環境中，包括產品（Product）、價格（Price）、通路（Place）、促銷（Promotion）等戰略。

1. **目標行銷**：目標行銷是指將一個大市場分割成眾多的小市場，再針對一個或數個小區隔市場來發展他們所喜歡的產品及擬定行銷策略，其產生的步驟為：
   (1)**市場區隔（Segment）**：根據某些購買特性，將是場切割成幾個區塊。
   (2)**市場選擇（Target）**：衡量區隔後各市場的可行性，選定目標市場。
   (3)**市場定位（Position）**：塑造產品具優勢獨特的地位，讓消費者留下深刻印象。

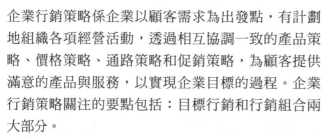

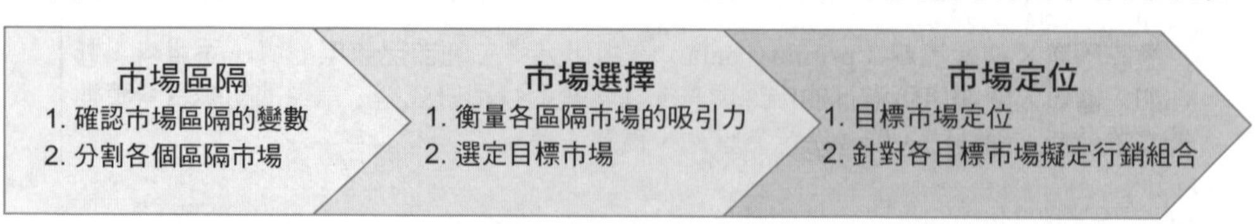

   (1)**市場區隔變數**：區隔變數是指劃分市場區隔時所使用的辨別標準，常用於消費市場的區隔變數可分為四大類：地理、人口變數、心理變數、行為變數。

基礎	區隔變數
地理變數	地理區域、城市大小、人口密度、氣候等。
人口變數	年齡、性別、家庭人數、家庭生命週期、所得、職業、教育程度、宗教、種族、國籍等。
心理變數	社會階層、生活型態、人格特質等。
行為變數	購買時機、追求利益、使用者狀態、使用率、忠誠度、購買準備階段、對產品偏好程度等。

☆ 小提點

組織市場的區隔變數：

1.購買者基本背景：地理位置、產業或行業類別、規模。

2.採購及採購單位特性：採購條件、採購用途、顧客關係、採購人員的特質。

(2) **有效市場區隔的要件**：雖然區隔變數很多，但並非所有切割出來的區隔都是可供行銷操作的有效區隔，**有效市場區隔的需符合以下五個要件**（Kotler & Armstrong）：

可衡量性	區隔市場大小及其購買力可衡量程度。
可接近性	能夠有效接觸與服務區隔市場的程度。
足量性	區隔市場的規模夠大或其獲利性高值得企業去開發的程度。
可差異性	在概念上具有足夠的差異性可以切割市場的程度。
可行動性	有能力提出並落實行銷方案，以吸引區隔市場的程度。

(3) **目標市場策略**：目標市場（target market）是指企業決定要鎖定的一群購買者，這群人擁有某些共同的特質或需求。在鎖定目標市場的策略裡，我們可根據目標市場涵蓋範圍的廣闊或狹隘程度，將之區分不同層次。

目標市場廣闊←……………………………………→目標市場狹隘
無差異行銷 ⟷ 差異行銷 ⟷ 集中行銷 ⟷ 利基行銷 ⟷ 微觀行銷

無差異行銷	又稱大量行銷，強調消費者的共同需要而非差異，透過單一行銷方案，藉由大量廣告，以期吸引最多的購買者。
差異行銷	又稱區隔行銷，廠商設計不同的產品及其對應的行銷組合，進入兩個或多個市場。
集中行銷	企業集中全力於單一區隔，並以一套行銷方案鎖定此特定的目標區隔。
利基行銷	以企業本身獨特的優勢為基礎，選取有利可圖的次區隔，作為專業經營的市場基礎，又可分產品專業化、市場專業化策略。
微觀行銷	目標市場狹隘化的極致代表，又可分為地區性行銷、個別化行銷。

☆ 小提點

企業在選定目標市場前須檢視：

(1)目標市場的規模與成長性；

(2)區隔市場之結構吸引力；

(3)企業的目標與資源。

(4) 定位基礎

定位（Positioning）是指「在消費者腦海中，為某個品牌建立有別於競爭者的特殊形象」之過程。定位的基礎（AFBP）包括：品牌屬性（Attributes）、功能（Functions）、利益（Benefits）、個性（Personalities）。

消費者感受到的品牌四大構面：AFBP

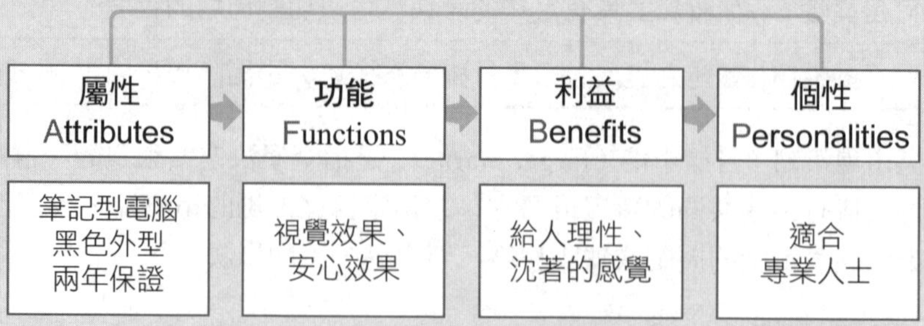

基本題型

解答

1 下列何者並非企業行銷策略關注的要點？ (A)選擇目標市場 (B)執行產品促銷活動 (C)擬定產品配銷管道 (D)銷售相關會計運作。 【106台糖】 (D)

考點解讀 企業行銷策略關注要點包括：目標行銷（市場區隔、選擇目標市場、市場定位）和行銷組合（產品策略、通路策略、價格策略、促銷策略）兩大部分。

2 目標行銷的步驟依序是： (A)市場區隔、市場選擇、市場定位 (B)市場區隔、市場定位、市場選擇 (C)市場定位、市場區隔、市場選擇 (D)市場選擇、市場區隔、市場定位。 【107台酒】 (A)

考點解讀 企業進行目標行銷的步驟：市場區隔 →目標市場選擇 →市場定位。其意義為：「企業針對消費者加以分類與選擇，並根據市場選擇的結果，進一步為組織提供的產品定位，以作為規劃行銷組合及指導行銷活動的依據。」

3 差異行銷主要是採取STP行銷的作法，以下何者不包含在裡面？ (A)市場區隔 (B)善因行銷 (C)區隔選定 (D)產品定位。 【112桃機】 (B)

考點解讀 目標市場（STP）行銷的步驟包括：市場區隔（Segmentation, S）、目標市場選擇（Targeting, T）、市場定位（Positioning, P）。

4 企業評估市場的可衡量性、可接近性、足量性等問題，以區分成不同的小市場，這是屬於目標行銷內涵的： (A)區隔市場 (B)市場定位 (C)目標市場選定 (D)產品定位。 【111鐵路】 (A)

考點解讀 有效市場區隔的要件包括：可衡量性、可接近性、足量性、可差異性及可行動性。

5 將市場類似需求歸類在一起，並將整個市場區分為許多小市場，企業根據不同小市場的需求，分別進行產品設計與行銷，稱之為： (A)市場整合 (B)市場定位 (C)市場區隔 (D)市場選擇。 【107台酒】 (C)

考點解讀 銷售者將整個市場區分為許多不同的部分，從中選擇一個或數個小區隔市場，針對該目標市場擬定產品及行銷策略。

6 經由嚴謹的分析，以特定的標準將整個市場區分為多個具高度同質性的區塊，以利行銷工作之推動，此一技巧稱之為何？ (A)市場區隔 (B)市場定位 (C)市場規劃 (D)目標市場。 【100郵政、102台北自來水】 (A)

解答

考點解讀 (B)在消費者印象中，建立有別於其他競爭者的形象。(C)分析市場的情境並具以進行規劃。(D)企業決定要鎖定的一群購買者，這群人擁有某些相同的特質。

7 企業作消費品市場區隔分析時，一般依據的區隔變數有地理因素、人口統計因素、心理因素及下列何者？ (A)生活型態 (B)購買行為 (C)價值觀 (D)教育程度。 【104經濟部】 (B)

考點解讀 市場區隔變數是劃分市場所使用的判別標準，一般可分為四大類：人口統計、地理、心理及行為因素。

8 企業為了執行目標行銷，會根據消費者的人口特徵進行市場區隔。下列何者屬於消費者的人口特徵？ (A)收入 (B)態度 (C)生活型態 (D)產品利益。 【108漢翔】 (A)

考點解讀 消費者市場的區隔特徵（變數）：(1)地理變數：氣候、城鎮規模與人口密度、區域等。(2)人口統計變數：性別、年齡、婚姻狀況、所得、職業、教育程度、宗教、種族、世代、國籍、家庭生命週期等。(3)心理統計變數：人格特質、社會階層、生活型態。(4)行為變數：追求利益、使用時機、使用率、使用狀態、忠誠度。

9 下列何者不屬於人口統計學變數？ (A)婚姻狀態 (B)種族 (C)生活型態 (D)教育背景。 【106台糖】 (C)

考點解讀 生活型態是屬於心理變數。

10 行銷人員常用地理區域、人口特徵與心理特徵作為市場區隔的依據，下列何者不是消費者的人口特徵？ (A)收入 (B)性別 (C)生活型態 (D)教育程度。 【105郵政】 (C)

11 企業通常會根據消費者的人口特徵區隔市場，以便選取其目標市場。下列何者不是「消費者的人口特徵」？ (A)教育程度 (B)性別 (C)年齡 (D)忠誠度。 【104自來水】 (D)

考點解讀 忠誠度是屬於行為變數。

12 下列何者是消費者的人口特徵？ (A)消費者的興趣 (B)消費者的教育程度 (C)消費者的態度 (D)消費者的偏好。 【111台酒】 (B)

考點解讀 依據人口統計變數來區分市場，包括年齡、性別、職業、收入、職業、教育程度、宗教、種族、籍貫、家庭人口、家庭生命週期等。

解答

13 下列何者為市場區隔的心理變數？ (A)人格 (B)性別 (C)忠誠度 (D)區域。 【103中華電信】 (A)

考點解讀 心理變數：依據消費者的社會階級、生活型態或人格特徵，將市場區隔成不同的群體。

14 手機通訊業者針對不同使用率的市場，推出不同的月租費方案，以此作為市場區隔的基礎。此種市場區隔變數，稱為？ (C)

(A)心理變數 (B)地理變數
(C)行為變數 (D)人口統計變數。 【106桃機】

考點解讀 行為變數是根據不同的行為變數，例如追求利益、購買時機、購買頻率、使用者狀態、使用率、忠誠度、購買準備階段、對產品偏好程度。

15 汽車製造商不願意為侏儒設計車子，是因為下列哪一個市場區隔特性所致？ (A)可衡量性 (B)足量性 (C)可接近性 (D)可行性。 【102台電】 (B)

考點解讀 有效市場區隔的特性：

(1)可衡量性：指形成之市場區隔其大小與購買力是可以被衡量的程度。
(2)足量性：指形成之市場區隔其大小與獲利性是否足夠大到值得開發的程度。
(3)可接近性：指形成之市場區隔能夠被接觸與服務的程度。
(4)可差異性：市場區隔在觀念上是可加以區別的，且可針對不同的區隔採行不同的行銷組合。
(5)可行動性：指形成之市場區隔足以擬定有效行銷方案，吸引並服務該市場區隔的程度。

16 當行銷人員以數個市場區隔為目標市場，並分別為其設計行銷組合時，他是在執行？ (A)理念行銷 (B)無差異行銷 (C)差異化行銷 (D)集中行銷。 【106桃捷】 (C)

考點解讀 指公司針對幾個區隔市場分別設計不同的產品及行銷計劃。

17 「廠商針對少數的特定市場區隔提供特定的產品或勞務，以單一行銷組合滿足該族群的需求」，是屬於何種策略？ (C)

(A)大量行銷 (B)無差異行銷
(C)目標行銷 (D)差異化行銷。 【107自來水】

考點解讀 目標行銷指的就是選擇一個或數個小區隔市場，針對該目標市場擬定產品及行銷策略。

進階題型

解答

1 企業三項重要的行銷策略決策，簡稱STP程序，指的是下列何者？ (A)產品、定價、推廣 (B)市場滲透、市場開發、產品開發 (C)市場區隔、目標市場選擇、產品定位 (D)成本領導、差異化、集中。 【鐵路】 (C)

考點解讀 STP是企業發展行銷策略很重要的基礎，STP程序包括：市場區隔（Segmenting, S）、目標市場選擇（Targeting, T）、產品定位（Positioning, P），其完整定義為：「企業針對消費者加以分類與選擇，並根據市場選擇的結果，進一步為組織提供產品定位，以作為規劃行銷組合及指導行銷活動的依據。」

2 經由嚴謹的分析，以特定的標準或構面，將整個市場分為多個區塊，每個區塊內的客戶有高度的同質性，很容易與其他客戶加以區別，這樣的作法是屬於下列何者？ (A)市場區隔 (B)大量行銷 (C)產品定位 (D)差異化行銷。 【105自來水】 (A)

考點解讀 市場區隔（Segment）是選擇目標市場的基礎，指將異質性的大市場，依某種相關變數區隔為若干「同質性」的次級市場，使區隔內同質，區隔間異質。

3 大學附近的餐廳多半以學生為目標顧客，請問此種顧客區隔方式是以何種變數來進行市場區隔？ (A)性別 (B)職業 (C)婚姻狀況 (D)品牌忠誠度。 【108台酒】 (B)

考點解讀 指個人所擔任的工作或職務，一般將職業種類區分為：無、學生、軍、公、教、工、商、自由業、其他。職業屬於人口統計變數。

4 消費者重視「健康與永續生存的生活型態（Lifestyles of Health and Sustainability）」，簡稱「LOHAS」。下列何者符合LOHAS市場的產品？ (A)

(A)以回收紙製成的家具 (B)汽車

(C)家電用品 (D)石油。 【108鐵路營運人員】

考點解讀 樂活（LOHAS）係追求「健康生活型態（healthy lifestyle）」與「永續生活型態（sustainable lifestyle）」，其中「健康」為包含生理、心理、社會以及心靈構面的廣義生活型態，而「永續」則為節約能源、減少浪費、降低環境負擔、善待大自然且關懷社會的生活型態。

5 牙膏市場分為抗敏感、防蛀以及潔白等，這是按照下列哪一市場區隔變數區分市場？ (A)行為變數 (B)心理變數 (C)地理變數 (D)人口統計變數。 【105台酒】 (A)

解答

考點解讀 行為變數：依據消費者對產品的知識、態度、追求利益、使用與反應等行為，將市場區隔成不同之群體。

6 大大百貨公司為了服務多元客群，在許多縣市展店；其中，台北館以「兒童與青少年」為目標市場，中壢館以「中年人」為目標市場，嘉義館以「銀髮族」為目標市場。大大百貨公司根據不同的都市行政區，鎖定不同年齡層的客群，請問該百貨是以哪些區隔變數來進行市場區隔？ (A)行為變數、心理變數 (B)心理變數、人口統計變數 (C)地理變數、人口統計變數 (D)地理變數、行為變數。【107台酒】 (C)

考點解讀 從題意可知：大大百貨公司為了服務多元客群，在許多縣市展店，是根據不同的都市行政區，乃依地理變數劃分。另各店鎖定不同族群，如兒童與青少年。中年人、銀髮族為目標市場，乃依人口統計變數做區隔。

7 下列哪一項「不是」常用的描繪區隔市場剖面的購買行為變數？ (A)區隔市場成長率 (B)偏好的配銷通路 (C)購買產品的價格間 (D)購買頻次。【105台酒】 (A)

考點解讀 描述區隔市場的剖面：(1)區隔市場規模：顧客的數目、區隔市場成長率、區隔市場的銷售金額。(2)區隔市場顧客特性：人口統計特性、地理特性、心理特性、追求利益、行為特性。(3)所使用的產品：喜愛的品牌、消費數量、使用時機。(4)溝通行為：所接觸的媒體、媒體接觸頻率。(5)購買行為：偏好的配銷通路、偏好的零售點、購買頻率次數、購買產品的價格區間。

8 根據有效市場區隔的條件，以下敘述何者正確？ (A)「足量性」指區隔後的次級市場，其銷售潛量與規模大小足以讓企業有利可圖 (B)「可行動性」指廠商能透過各種媒體提供行銷訊息給區隔後的次級市場 (C)「可接近性」指市場大小能具體而準確的估算 (D)「可衡量性」指擬定的行銷方案可有效吸引該次級市場的消費者。【107台酒-行銷管理概論】 (A)

考點解讀 (B)「可接近性」指廠商能透過各種媒體提供行銷訊息給區隔後的次級市場。(C)「可衡量性」指市場大小能具體而準確的估算。(D)「可行動性」指擬定的行銷方案可有效吸引該次級市場的消費者。

9 下列哪種行銷方式最大的優點是可以標準化和大量生產，且由規模經濟降低銷管成本？ (A)集中行銷 (B)客製化行銷 (C)差異化行銷 (D)無差異化行銷。【102台北自來水】 (D)

考點解讀 無差異行銷策略主要理由是基於成本的經濟性，由於運作成本相對較低，因此有能力可以訂定較低的價格，以吸引對價格敏感的消費族群。

解答

10 有關差異行銷的敘述，下列何者錯誤？ (A)差異行銷的主要三步驟為：市場區隔、區隔選定、產品定位 (B)市場區隔的目的是將大的異質市場，藉由區隔變為許多小的異質市場 (C)依據區隔市場的吸引力，排序並選定目標的區隔市場 (D)針對選定的區隔市場，尋求可能的定位概念，並透過行銷組合發展與傳達。【105台酒】 **(B)**

考點解讀 市場區隔的目的是將大的異質市場，藉由區隔變為許多小的同質市場。

11 臺灣逐漸步入高齡化社會，小王經過市場調查後，認為銀髮族旅遊的市場成長可期，因此決定投資「樂齡逍遙旅遊」事業。請問小王的決策最符合哪一種目標市場的選擇策略？ (A)差異化行銷 (B)置入性行銷 (C)無差異行銷 (D)集中化行銷。【107台酒】 **(D)**

考點解讀 指公司針對單獨或少數市場專注用一種行銷組合的策略，通常公司資源有限。

12 亞培公司針對糖尿病患者推出特殊配方之營養補充劑，是下列何種行銷經營哲學？ (A)目標行銷 (B)關係行銷 (C)大量行銷 (D)大眾行銷。【101中油】 **(A)**

考點解讀 指廠商針對少數的特定市場區隔提供特定的產品或勞務，以單一行銷組合滿足該族群的需求。

13 下列有關採用行銷策略的敘述何者錯誤？ (A)企業資源有限時宜採集中行銷 (B)市場具同質偏好時應採無差異行銷 (C)新產品上市宜採差異化行銷 (D)競爭者進行市場區隔成功時不宜採無差異行銷。【107台酒】 **(C)**

考點解讀 新產品上市宜採無差異化行銷。

14 STP 行銷的「P」是指： **(C)**
(A)定價（Pricing）
(B)製程設計（Process Design）
(C)產品市場定位（Positioning）
(D)促銷推廣（Promoting）。【101鐵路】

考點解讀 STP行銷可稱為現代策略行銷的核心，S（Segmenting）：市場區隔、T（Targeting）：目標市場、P（Positioning）：產品市場定位，其意義為：「企業針對消費者加以分類與選擇，並根據市場選擇的結果，進一步為組織提供的產品定位，以作為規劃行銷組合及指導行銷活動的依據。」

Chapter 03 行銷組合

焦點1 行銷

4P與4C行銷組合的概念最初由哈佛大學教授博頓（N.H.Borden）所提出，其後麥卡錫（Jerome McCarthy）在1960年出版的《基礎市場行銷：管理方法》書中，率先提出了**行銷組合的4P因素，即產品（Product）、通路（Place）、價格（Price）、推廣（Promotion）**，使其更加具體化。

行銷組合	說明
產品	發展設計以提供目標市場適合的產品或服務。
通路	運用不同配銷通路把產品送至目標市場。
價格	運用定價方法訂定適當的價格來符合消費者的需求。
推廣	利用各種行銷手法推銷產品以增加售量。

學者勞特朋（Robert F. Lauterborn）認為行銷4P是廠商導向下的產物，行銷是以顧客為核心的操作，於是在1990年以消費者需求為導向，重新設定了市場行銷組合的四個基本要素，行銷**4C因素：即消費者（Customer）、成本（Cost）、便利性（Convenience）和溝通（Communication）**。4P、4C兩者比較如下：

行銷4P	行銷4C
產品（Product）	顧客的需求與慾望（Customer needs and wants）
通路（Place）	顧客購買的方便性（Convenience）
價格（Price）	顧客願意支付出成本（Cost to the customer）
推廣（Promotion）	與顧客充分溝通方式（Communication）

行銷4C強調企業首先應該把追求顧客滿意放在第一位，其次是努力降低顧客的購買成本，然後要充分注意到顧客購買過程中的便利性，最後還應以消費者為中心實施有效的行銷溝通。

📖 新視界

行銷大師柯特勒（Kotler）於1986年在一場演講會提出了「大行銷」或稱「超級行銷」、「強勢行銷」（Mega-marketing）的重要性，即在原有的市場行銷組合中，又加進了政治權力（power）和公共關係（public relations）兩種重要手段。大行銷強調運用遊說、談判、法律行動、公共服務、公共關係等手段，來取得外界機構（如政黨、政府、工會、銀行）的合作，以進入或掌握特定的市場。是一種主動出擊的環境因應方式。

基礎題型

解答

1 行銷組合（marketing mix）四個基本要素，是指定價（pricing）、通路（place）、促銷（promotion）及下列何者？ (A)產品 (B)定位 (C)人員 (D)程序。 【111台酒、108漢翔】 **(A)**

考點解讀 McCarthy（1964）提出行銷的4P策略，即所謂「行銷組合」，它包括「產品（Product）」、「定價（Price）」、「通路（Place）」、「推廣或促銷（Promotion）」等4P。

2 下列何者不是行銷組合（Marketing Mix）的要素之一？ (A)產品（Product） (B)售價（Price） (C)促銷（Promotion） (D)公關（Public Relations）。 【108郵政、104郵政】 **(D)**

考點解讀 通路（Place）。

3 一般所謂行銷組合4P，下列哪一部分不包括在內？ **(A)**
(A)政策（policy）
(B)訂價（price）
(C)通路（place）
(D)推廣（promotion）。 【108台酒、107桃捷、104農會】

考點解讀 行銷組合的概念最初由博頓（N.Borden）所提出，其後麥卡錫（Jerome McCarthy）在1960年出版的《基礎市場行銷：管理方法》書中，率先提出了行銷組合的4P因素，即產品（Product）、通路（Place）、訂價（Price）、推廣（Promotion），使其更加具體化。

4 行銷組合（marketing mix）不包括下列哪一類變數？ (A)廣告 (B)產品 (C)定價 (D)通路。 【103中油】 **(A)**

解答

考點解讀 行銷組合（marketing mix）是企業用來影響顧客反應之可控制變數的集合。由麥卡錫（E.Jerome McCarthy）所提出，即產品（Product）、通路（Place）、推廣（Promotion）、和定價（Price）。

5 下列何者非屬行銷 4P活動？ (A) Pay (B) Product (C) Place (D) Promotion 。【103台北自來水、102自來水】 (A)

考點解讀 行銷組合經常被稱為行銷4P，4Ps 指的是產品（Product）、價格（Price）、通路（Place）、推廣（Promotion）四種主要的行銷活動決策。

6 企業的行銷行為包括許多活動，一般常見的活動稱之為行銷組合（marketing mix），又稱之為行銷4Ps，所謂4Ps指的是產品（product）、訂價（price）、通路（place），以及下列哪一種主要的行銷活動決策？ (A)人員（people） (B)利潤（profit） (C)推廣（promotion） (D)生產（production）。【104自來水資】 (C)

考點解讀 推廣（promotion）。

7 傳統行銷4P組合係由賣方角度出發，為發展最合適的行銷策略，現今更強調對應消費者角度思考的4C組合，包含：顧客價值（customer value）、顧客成本（cost to the customer）、便利性（convenience）以及： (A)連結（connection） (B)控制（control） (C)集中（concentration） (D)溝通（communication）。【104郵政】 (D)

考點解讀 勞特朋（Robert F.Lauterborn）認為行銷4P是廠商導向下的產物，行銷是以顧客為核心的操作，於是在1990年提出行銷4C因素：即顧客價值（customer value）、顧客成本（cost to the customer）、便利性（convenience）及溝通（communication）。

進階題型

解答

1 下列何者並非是企業發展行銷組合過程中所會進行的活動？ (A)確立行銷預算 (B)發展符合目標市場需求的產品 (C)為產品訂定適當的價格 (D)告知潛在顧客相關的產品訊息。【106台糖】 (A)

考點解讀 企業發展行銷組合過程中所會進行的活動：發展符合目標市場需求的產品、為產品訂定適當的價格、運用不同通路讓顧客購買、告知潛在顧客相關的產品訊息。

解答

2 行銷組合（marketing mix）又稱為行銷 4Ps，包括那些面向？ A.產品（product） B.顧客（people） C.通路（place） D.價格（price） E.推廣（promotion） F.定位（position） (A)A.B.C.D. (B)B.C.D.E (C)C.D.E.F. (D)A.C.D.E.。 【103原民】 (D)

考點解讀 4Ps是行銷學之基本概念，又稱為「行銷組合」，包括：產品（product）、價格（price）、通路（place）、促銷或推廣（promotion）。

3 關於行銷組合（marketing mix）的 4P，下列何者正確？ (C)
(A)產品（product）、價格（price）、促銷（promotion）、包裝（package）
(B)產品（product）、價格（price）、權力（power）、包裝（package）
(C)產品（product）、價格（price）、促銷（promotion）、通路（place）
(D)產品（product）、價格（price）、權力（power）、通路（place）。
【105台酒】

4 一個有效的行銷計劃需要成功的配銷策略，將適量產品在適當的時間和地點從生產者流向消費者的路徑，屬於行銷4P中的何者？ (D)
(A) Process 程序 (B) Promotion 促銷推廣
(C) Product 產品 (D) Place 通路。 【105自來水】

考點解讀 (B)藉著教育、說服、提醒消費者某一產品或組織之利益以提供雙方滿意的交換過程。(C)不僅包含實體，更涵蓋其它因素如包裝，保證、售後服務、品牌等。 另一為：價格（Price）：需支付代價以便於換得產品，它是行銷組合中最具彈性的因素。

5 行銷組合（marketing mix）的4P所對應的4C，下列何者正確？ (B)
(A)價格（price）／解決方案（customer solution）
(B)價格（price）／成本（cost）
(C)價格（price）／便利性（convenience）
(D)價格（price）／溝通（communication）。 【105台酒】

考點解讀 (A)產品（product）／解決方案（customer solution）
(C)通路（place）／便利性（convenience）
(D)推廣（promotion）／溝通（communication）。

解答

6 在行銷管理原來 4Ps 的基礎上增加：政治權力（Policy Power）及公共關係（Public Relation），科特勒 （Kotler）將此稱為：
(A)大行銷（megamarketing）
(B)定價管理（pricing management）
(C)績效品質（performance quality）
(D)競爭優勢（competitive advantage）。 【107台北自來水】

(A)

考點解讀 科特勒（Kotler）在1986年再次提出了「大行銷」（megamarketing）的6Ps組合理論，即在原來4Ps的基礎上增加了政治權力（Policy Power）與公共關係（Public Relation）。

非選擇題型

1 行銷組合 4P 是從生產者的觀點看、4C 是從消費者的觀點看，4P 中的「促銷」對應到 4C 中的______。 【108台電】

考點解讀 溝通。
4P中的促銷（promotion）對應到4C的溝通（communication）。

2 行銷組合（marketing mix）的 4 個基本要素及其內涵為何？請舉例說明。
【107台電】

考點解讀 McCarthy（1964）提出行銷組合的 4P 行銷策略，它包括了產品、價格、通路、促銷。
(1)產品（Product）：產品不僅包含實體，更涵蓋其它因素如包裝，保證、售後 服務、品牌、公司形象等。
(2)價格（Price）：需支付代價以便於換得產品，價格行銷組合中最具彈性的因素。例如，訂定高價位、中價位或低價位。
(3)通路（Place）：實體配送包含產品之儲存及運輸至適當地點、時間，並保持良好的使用狀況。例如透過中間商、零售商來配銷。
(4)促銷（Promotion）：藉由教育、說服、提醒消費者某一產品或組織之利益以提供雙方滿意的交換過程。例如，透過個人銷售、廣告、銷售、直效行銷及公共關係。

焦點 2 產品策略

產品（Product）是指在交換的過程中，對交換的對手而言具有價值，並在市場上可交換的任何標的。亦即可提供於市場上引起消費者的注意、購買、使用或消費，並滿足其需要或慾望的任何東西。

1. **產品的內涵**

產品的基本概念可將其分為核心產品、有形產品、延伸產品等三個部分。核心產品（core product）是指產品提供給消費者，在其消費後所得到的主要利益；有形產品（tangible product）則指產品有形的實體部分；而延伸產品（augmented product）則是在有形產品之外，廠商另外提供消費者的額外服務或利益。其後，科特勒（Philip Kotler）於 1994 年又將產品概念的內涵由三層次擴展為五層次結構，如下表所示：

產品內涵	說明	例子（洗衣機）
核心產品	消費者真正想要得到的核心利益。	方便清洗衣物
有形產品	看得到、摸得到的實體，亦即產品涵蓋的基本功能。	品牌名稱、外型、功能
期望產品	消費者在購買所期望看到或得到的產品。	不損壞衣物、省水、靜音、安全
引伸產品	附加的服務或利益。	運送、安裝、維修、保固
潛在產品	目前市面上還未出現的，但將來有可能會實現的產品屬性。	燙衣服功能

2. **產品的分類**

產品可依據產品的使用者及其使用產品的目的，將產品分成工業品和消費品。

(1) **工業品**：指組織購買產品的目的，是為了用來生產其他的產品或服務，或是為了再銷售給消費者或其他組織。

A. 原物料：指一些經過加工層次很低的大自然產品，最後會變成製成品的一部份，例如：農、林、漁、牧、礦等產品。

B. 零組件：指一些經過基本加工程序的產品，這些產品最終也會變成製成品的一部份，例如：主機板、馬達、連結器等。

C. 物料與耗材：指在製造的過程中所必須使用的一些消耗性產品，例如：潤滑油、鐵釘等。

D. 資本設備：指一些單價高、購買頻率低、參與購買決策的人數相當多的產品，通常資本設備是不可移動的，例如：生產線、廠房土地、高單價的機器設備等。

E. 輔助設備：指一些單價較低的生產設備，通常這種生產設備是可以移動的，例如：手工具、辦公桌椅等。

F. 商業服務：指為了維護組織運作所需要購買的一些服務，例如：會計的服務、法律的服務、企業管理顧問的服務等。

(2) **消費品**：是單一的個人或家計單位，其購買產品的目的是為了最終直接消費，主要是用來滿足個人的慾求或家庭的需要。

A. 便利品：指那些消費者經常購買、花在購買上的時間很短，而且不太願意花費心思與精力去進行比較與選擇的消費品。例如糖果、牙膏、洗髮精等。

B. 選購品：指消費者在購買時需要進行比較後，才會決定購買的產品，相較於便利品，選購品的單價通常比較昂貴，且販售的商店數目也較少。例如家電等。

C. 特殊品：指產品因具有某些獨特的特色或獨特品牌，而使消費者願意特別費心思去購買該品牌，且比較不願以其他品牌來代替。例如亞曼尼服飾、LV 包包。

D. 非主動搜尋品：或稱「忽略品」，指消費者目前尚不知道，或是知道而尚未有興趣購買的產品。例如生命契約、保險產品等。

☆ 小提點

1. 便利品依照其購買特性又可進一步分為日常用品、衝動品和緊急品。
   (1) 日常用品：消費者會定期購買的民生必需品，如香皂、毛巾、衛生紙等。
   (2) 衝動品：消費者未事先規劃，只因外在刺激而臨時衝動購買，如週刊雜誌。
   (3) 緊急用品：消費者緊急需要時所購買的商品，如突然下雨時對雨傘的需求。
2. 忽略品（unsought Goods）又可翻譯為「未覓求品」、「冷門品」，又可分為：
   (1) 新樣忽略品：剛上市的產品往往就屬於這一類，容易被忽略。
   (2) 常態忽略品：有些產品類是經常被忽略的產品，如靈骨塔、保險產品等。

新視界

除了工業品與消費品的區分方法之外，產品還可以依顧客購買時所冒的風險程度高低分為以下三種：

1. **蒐尋品**（Search Goods）：指在消費者實際進行購買決策之前，便可以區分產品品質好壞的產品；也就是說，消費者在掏出錢來進行實際購買之前，便已經知道產品品質的好壞，例如：衣服、家具等。
2. **經驗品**（Experience Goods）：指消費者必須實際購買該產品並使用過後，才會知道產品品質好壞的產品，例如：電影要看了才知道好不好看。
3. **信賴品**（Credence Goods）：指消費者在購買並使用過該產品後，仍然不知道該產品品質好壞的產品，例如：修車服務、醫療服務等。

通常信賴品的產品購買風險最高，蒐尋品的產品購買風險最低。一般而言，無形的服務通常較接近信賴品，而實體產品會比較接近蒐尋品。

3. **產品組合的特性**

產品組合（product mix）是指企業內所有的產品。產品線（product line）則是由一群在功能、價格、通路或銷售對象等方面有相關的產品所組成。產品組合的構面包括：

(1) **廣度**：擁有產品線的數目。
(2) **長度**：所有產品的數目。
(3) **深度**：產品線中每一產品品項有多少種不同的樣式。
(4) **一致性**：產品線之間在用途、通路、生產條件相似的程度。

4. **產品生命週期**（Product Life Cycle, PLC）

產品生命週期（PLC）是由美國哈佛大學教授雷蒙德·弗農（Raymond Vernon）在 1966 年首先提出。其意義是指一個產品被消費者接受後，會經過一連串的階段，也就是**導入期、成長期、成熟期、衰退期**的現象。如下圖所示：

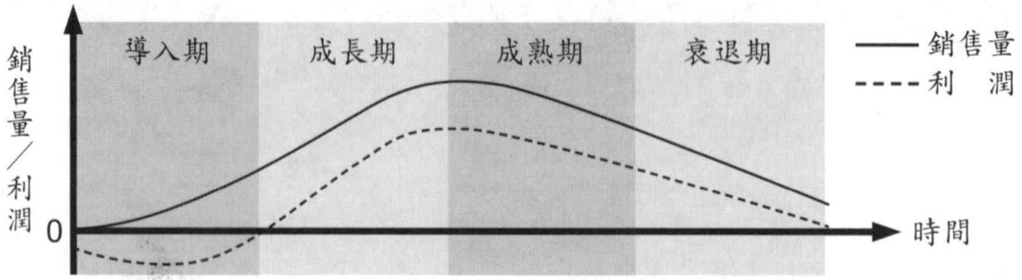

產品生命週期各階段的產品現象銷售額、利潤、市場特徵，比較如下表：

導入期	A.產品現象：剛進入市場，產品知名度低，需龐大的推廣與配銷費用，消費者的喜好與接受程度比較低。 B.銷售額：上升速度相當緩慢。 C.利潤：甚少獲利常有虧損。 D.市場特徵：競爭者少。
成長期	A.產品現象：之前的推廣活動與通路鋪貨開始產生效益，產品打開了知名度並獲得消費者的接納。 B.銷售額：快速增加。 C.利潤：大有斬獲。 D.市場特徵：出現競爭產品。
成熟期	A.產品現象：面對競爭激烈趨於飽和的市場，價格下降為保護市場也維持著相當的行銷費用。 B.銷售額：開始減緩。 C.利潤：減少。 D.市場特徵：市場競爭激烈，較弱競爭者開始退出市場。
衰退期	A.產品現象：產品不再受到歡迎，市場開始萎縮。 B.銷售額：快速下降。 C.利潤：微薄，甚至是無利可圖。 D.市場特徵：大多數企業已退出市場。

5. **產品品項的管理**

產品品項的管理，包括以下幾個議題：產品屬性的決策、產品品牌管理、產品的包裝與產品保證。

(1) **產品屬性的決策：**涵蓋產品品質、產品功能、產品款式與設計、產品定位。

(2) **產品品牌管理：**

A. 品牌（Brand）：指一個名稱、語詞、符號、設計，或是他們的聯合體是用來確認銷售者的產品，以及與競爭者的產品有效形成區別的工具。

B. 品牌權益（Brand Equity）：指的是公司和品牌名稱的價值。

C. 品牌歸屬決策：製造商品牌、中間商品牌、授權品牌。

D. 品牌命名決策：個別品牌（不同產品給予不同品牌名稱）、家族品牌（所有產品只給予一種品牌名稱）、混合品牌（家族品牌加上個別品牌，做為產品的品牌名稱。

(3)**產品的包裝**：包裝（Packaging）是盛裝或保護產品的容器，包裝往往是讓顧客願意掏出荷包的關鍵因素，故又稱為「無聲的推銷員」。包裝可分為三個層次：

A 主要包裝：或稱內層包裝，和內容物直接接觸，如香水的瓶子。

B. 次要包裝：或稱外層包裝，在內層包裝之外，如裝香水瓶的紙盒。

C. 運送包裝：是為了方便運輸、儲存、辨識等使用的包裝，如裝香水的瓦楞紙箱。

(4)**產品保證**：主要保護購買者，以確保他們可以獲得產品的基本效用。產品的保證可以分為明確的保證與隱含的保證兩種。

☆ 小提點

品牌發展策略：

1. 產品線延伸：在現有的產品類別裡，推出新口味、款式或包裝，如咖哩洋芋片。
2. 品牌延伸：將現有品牌延伸到新產品，如芭比家具、芭比化妝品。
3. 多品牌：在現有產品類別裡推出新品牌，如P＆G推出飛柔、沙宣、潘婷洗髮精。
4. 新品牌：在一個新的產品類別裡推出新的品牌。

	現有產品類別	新產品類別
現有品牌	**產品線延伸**	**品牌延伸**
新品牌	**多品牌**	**新品牌**

基礎題型

1 下列何者是指在交換的過程中，對交換的對手而言具有價值，並可在市場上進行交換的任何標的？

(A)商標 (B)產品 (C)價格 (D)有形商品。 【106桃捷】

解答 (B)

考點解讀 指在交換的過程中，對交換的對手而言具有價值，並在市場上可交換的任何標的，例如實體產品、服務、活動、理念等。

解答

2 一個完整的產品規劃包含了哪三個層次 (A)核心產品、有形產品、無形產品 (B)核心產品、有形產品、延伸產品 (C)核心產品、無形產品、延伸產品 (D)有形產品、無形產品、延伸產品。【101自來水】 (B)

考點解讀 產品的三個層次：
(1)核心產品（core product）：產品可以帶給消費者的利益。
(2)有形產品（tangible product）：核心產品的外在表現，讓消費者可以看得到、摸得到的部分。
(3)延伸產品（augmented product）：超出有形產品範圍以外的額外服務或利益。

3 產品帶給消費者實質的利益或服務，是一種無形的滿足，可解決顧客最關心的問題，例如買化妝品是希望增加美麗及魅力。以上是產品層次中的： (A)基本產品 (B)期望產品 (C)核心產品 (D)潛在產品。【107、101台酒】 (C)

考點解讀 指產品可為消費者帶來什麼好處或解決什麼問題，如醫療服務可以治療疾病。(A)又稱「實際產品」，指構成產品的基本特質、能帶來最基本功能的屬性組合，如醫療設備、醫護人員等。(B)指消費者在購買時所期望看到或得到的產品屬性組合，如病患期望醫療服務有清潔的環境、清楚的流程。(D)指目前市面上還未出現的，但將來有可能實現的產品屬性，如醫療機構提供快速的、沒有疼痛的胃腸診斷等。

4 消費品依使用者的購買行為模式分類，下列何者是指消費者日常使用的物品，其產品同質性高，供應商多，消費者多依其購買時的方便而採購，並不會仔細選擇比較？ (A)選購品 (B)特殊品 (C)未追求品 (D)便利品。【105自來水】 (D)

考點解讀 消費品依使用者的購買行為模式分類，可分為：
(1)便利品：指消費者需要時，並不會多花時間或搜尋，而會馬上購買的產品。
(2)選購品：指消費者對於商品使用性、品質、價格等內容，於購買前會認真比較的產品。
(3)特殊品：指消費者特別喜愛而會花費眾多心力搜尋之產品，目的是找到心目中的特定產品。
(4)非主動搜尋品：指消費者不知道的新產品或知道但現在也沒有意願去購買的產品。

5 礦泉水屬於下列哪一類商品？ (A)便利品 (B)選購品 (C)工業品 (D)特殊品。【108漢翔、105郵政】 (A)

考點解讀 經常購買、不願意花太多時間選購、價格低廉，又可分為日常用品、衝動性購買品、緊急用品。如飲料、礦泉水、巧克力、雨衣等。

解答

6 消費者在購買前通常會在多個銷售管道間進行品質、售價或是樣式比較的產品，稱為： (A)便利品（Convenience Goods） (B)選購品（Shopping Goods） (C)特殊品（Specialty Goods） (D)奢侈品（Luxury Goods）。 【108郵政】 (B)

考點解讀 消費者所購買的商品中，屬於不常購買、較昂貴的商品且在購買時常會貨比三家，仔細的選購。

7 下列何種產品類型消費者的購買頻次較少，但通常每次都會仔細比較其耐久性、品質、價格與產品風格？ (A)便利品 (B)特殊品 (C)選購品 (D)非主動搜尋品。 【106桃捷】 (C)

8 消費者所購買的商品中，屬於不常購買、較昂貴的商品且在購買時常會貨比三家，此類商品稱為：
(A)選購品 (B)便利品 (C)潛力品 (D)特殊品。 【104郵政】 (A)

考點解讀 消費者通常會願意多花點時間與心力在選購品的購買過程中，以滿足內在的需要和達到最大的利益。選購品可分為兩類：同質品和異質品。
同質品：指產品在品質上很相似，例如：電視機、電冰箱、洗衣機等。
異質品：指消費者認為產品在本質上有差異性存在，例如：家具、衣飾等。

9 依據消費品的分類，若有一群消費者願意支付更多的購買努力取得具有獨特性或高度品牌知名度的產品，例如：音響零件，這是為下列何者？
(A)便利品 (B)非搜尋品 (C)特殊品 (D)選購品。 【106桃機】 (C)

考點解讀 願意花更多時間購買、價格昂貴、品牌忠誠度高，情有獨鍾。對這類的產品，品牌名稱和產品特色是非常重要的。

10 下列何者不是產品組合恰當與否的評估指標之一？ (D)
(A)產品組合的寬度 (B)產品組合的長度
(C)產品組合的深度 (D)產品組合的定位。 【104中油】

考點解讀 應是指產品組合的一致性。

11 企業銷售的全部產品內，企業所擁有產品線的數目，是為： (A)產品深度 (B)產品長度 (C)產品廣度 (D)產品一致性。 【105台酒、101經濟部】 (C)

考點解讀 又稱「產品寬度」，是指企業擁有幾條產品線。

12 下列何者不是產品生命週期的階段？ (C)
(A)成長期 (B)成熟期 (C)發展期 (D)衰退期。 【106台糖】

解答

考點解讀 每一種產品或服務都有「產品生命週期」（Product Life Cycle）現象，其經歷的階段依次為：導入期→ 成長期→ 成熟期→ 衰退期。

13 在產品生命週期的哪一時期，銷售量會急劇攀升，許多競爭者會先後進入市場，而這時期的顧客大多是早期採用者？ (B)

(A)導入期 (B)成長期 (C)成熟期 (D)衰退期。 【106桃機、105經濟部】

考點解讀 在產品生命週期的成長期階段，銷售量會急遽攀升，許多競爭者會先後進入市場，而這時期的顧客大多是早期採納者。顧客的需要則轉為以次級需求為主（亦即對品牌的需要，而非對產品本身的需要）。

14 在產品生命週期的哪一個階段，產品的銷售量達到最高點，但利潤卻開始下降？ (A)導入期 (B)成長期 (C)成熟期 (D)衰退期。 【107台酒】 (C)

考點解讀 此階段產品在市場上銷售量開始達到飽和狀況，銷售量已達最高峰，且競爭者達到最多的時期，為了應付市場上劇烈的競爭情況，企業會增加促銷以維持產品銷售量，促銷活動使行銷成本增加，所以營業利潤開始下降。

15 由於產品已被大多數的潛在顧客所接受，故銷售成平坦現象的時期是屬於產品生命週期（product life cycle, PLC）四個主要階段中的哪一個階段？ (A)導入期 (B)成長期 (C)成熟期 (D)衰退期。 【105台糖】 (C)

考點解讀 在成熟期階段（maturity stage）產品已被大多數的潛在顧客所接受，銷售量達到最高點，且成長速度開始減緩，呈現平坦現象。也由於競爭愈來愈激烈，利潤開始下降。

16 假設有一產品銷售成長開始趨緩，業者的市場定價開始使用削價競爭，導致毛利減少，隨後，銷售量甚至逐漸下滑，業者也開始採取差異化、客製化的競爭策略，請問通常此時這個產品在其生命週期的何種階段？ (A)導入期（Introduction Stage）的前期階段 (B)成長期（Growth Stage）的前期階段 (C)成熟飽和期（Maturity Stage）的後期階段 (D)衰退期（Decline Stage）的後期階段。 【111經濟部】 (C)

考點解讀 產品生命週期（product life cycle,PLC）係描述產品在每個生命階段的銷售額與利潤。產品生命週期可分為四個階段：

(1)導入期：產品剛進入市場，知名度太低，需龐大的推廣與配銷費用，銷售額上升速度緩慢，利潤上獲利少，甚至虧損。

(2)成長期：產品逐漸打開知名度並獲得消費者的接納，銷售額呈現快速增加，利潤也隨之增加。

(3)成熟期：面對競爭激烈市場已漸趨飽和，須透過降價或行銷費用支出維持，銷售額達到頂點並開始下降、利潤也達到最大並逐漸減少。

(4)衰退期：產品不再受到歡迎，市場開始萎縮，銷售額持續下降，利潤微薄甚至無利可圖。

解答

17 關於產品生命週期特性，下列何者正確？ (D)
(A)產品導入期，顧客需求以次級需求為主
(B)產品成長期，顧客需求以初級需求為主
(C)產品成熟期，一般商品競爭較不激烈
(D)產品衰退期，商品形式較少。 【112經濟部】

考點解讀
(1)產品導入期：顧客需求以初級需求為主。
(2)產品成長期：顧客需求以次級需求為主。
(3)產品成熟期：一般商品競爭較為激烈。
(4)產品衰退期：商品形式較少。

18 宏碁公司的產品品牌為「Acer」是以下哪一種品牌類型？ (A)製造商品牌 (B)私人品牌 (C)授權品牌 (D)中間商品牌。 【103台酒-行銷管理】 (A)

考點解讀 製造商品牌（manufacturer brand），又稱為全國性品牌，是製造商以自己的名稱做為品牌名稱。

19 統一超商委託製造商代工生產日常生活物品及餅乾，再冠上自有品牌來銷售，此屬於： (A)單一家族品牌決策 (B)授權品牌決策 (C)製造商品牌決策 (D)中間商品牌決策。 【107台酒】 (D)

考點解讀 或稱「銷售商品牌」，係中間商委託製造商代工製造，以中間商的名稱做為品牌名稱。

20 下列何者在行銷學中又稱為「沉默的推銷員」？ (A)品牌名稱 (B)包裝 (C)產品條碼 (D)公司網頁。 【104郵政】 (B)

考點解讀 包裝（Packaging）往往是令顧客願意掏出荷包的關鍵因素，又稱為「無聲的推銷員」。

進階題型

解答

1 產品的內涵包括三種層次，其中品牌是屬於下列那一個層次？ (A)核心產品（core product） (B)實體產品（actual product） (C)引申產品（augmented product） (D)期望產品（expected product）。 【111鐵路】 (B)

考點解讀 產品的內涵包括三種層次：
(1)核心產品（core product）：消費者可得到的主要利益。
(2)實體產品（actual product）：有形實體的部份，如產品形式、品牌。
(3)引申產品（augmented product）：產品以外額外服務，如安裝、保固。

解答

2 〈複選〉有些廠商為了與對手競爭，強調洗衣機可以產生臭氧泡泡，以達到殺菌功能，請問其產品的概念為何？ (A)基本產品 (B)期望產品 (C)擴大產品 (D)潛在產品。【101台電】 (B)(C)

考點解讀 期望產品（expected product）：代表目標顧客心中對這個產品類別，所期望其應具有的產品屬性，這些期望屬性往往超出基本屬性的要求。
擴大產品（augmented product）：指為了與競爭者有效競爭，所發展出來的產品屬性；亦即為了與競爭者競爭，在產品屬性上作修改或新增，以便和競爭者有所區分。

3 對「工業品」的敘述，下列何者正確？ (A)
(A)工業品行銷又可稱為B2B行銷
(B)電視機是工業品
(C)衣服是工業品
(D)工業品是消費者為了個人使用而購買的產品。【108漢翔】

考點解讀 工業品是指組織購買產品的目的，是為了用來生產其他的產品或服務，或是為了再銷售給消費者或其他組織，如原物料、零件、廠房、機器、生產線等。

4 通常較低價，有眾多的零售點，滿足消費者追求的便利性，是指下列何者選項？ (A)便利品 (B)特殊品 (C)選購品 (D)非主動搜尋品。【106桃捷】 (A)

考點解讀 便利品通常較為低廉，且為滿足消費者所追求的便利性，便利品要有眾多的零售點。

5 有關消費品的分類，下列敘述何者錯誤？ (B)
(A)便利品：指消費者需要時，並不會多花時間或搜尋，而會馬上購買
(B)選購品：指消費者特別喜愛而會花費眾多心力搜尋之產品，目的是選到心目中的特定產品
(C)特殊品：指消費者特別喜愛而會花費眾多心力搜尋之產品，目的是找到心目中的特定產品
(D)選購品：指消費者感覺值得花時間貨比三家的產品。【105鐵路】

考點解讀 選購品指顧客對於商品使用性、品質、價格等內容，於購買前認真比較，例如購買傢具、家電或者是汽車。

6 假設臺酒公司的產品只包含臺灣啤酒、葡萄酒及高粱酒等產品線，各產品線分別生產5種、3種、6種產品項目，則此產品組合的「廣度」為：(A) 5 (B) 3 (C) 6 (D) 14。【107台酒】 (B)

解答

考點解讀 產品組合的「廣度」是指有多少條不同的產品線，依題意台酒公司的產品組合廣度為3，長度為14（5 +3 + 6），深度平均為4.67（14÷3）。

7 產品的最終用途、生產條件、配銷通路等的相關程度，稱為：(A)產品組合的深度 (B)產品組合的長度 (C)產品組合的一致性 (D)產品組合的寬度。【103中華電信】 (C)

考點解讀 指產品線之間在用途、通路、生產條件等方面的關聯程度。

8 〈複選〉依產品生命週期階段，行銷目標以追求最大利潤保持市場佔有率，獲利最高的階段是：(A)成長期 (B)成熟期 (C)導入期 (D)衰退期。【103台電】 (A)(B)

考點解讀 行銷目標以追求最大利潤保持市場佔有率，獲利最高的階段是在成長期進入到成熟期階段，但隨即由於市場競爭激烈並趨於飽和，價格下降獲利也逐步減少。

9 不同產品生命週期階段的行銷策略建議，下列何者正確？(A)導入期時，要推出多樣化產品，建立品牌忠誠 (B)成長期時，市場競爭最激烈，且利潤最低 (C)成熟期時，要進行密集配銷，並因應價格競爭 (D)衰退期時，要大量投資推廣，建立配銷管道。【105中油】 (C)

考點解讀 (A)導入期時，應建立產品知名度，採取集中化策略。(B)成長期時，產品迅速被消費者所接受，利潤和銷售額大幅增加。(D)衰退期時，產品的銷售額急遽下降，且利潤亦大幅減少，應採收割策略逐步退出市場。

10 有關產品生命週期的敘述，下列何者正確？ (B)

(A)在導入期企業就可以取得高額的獲利

(B)競爭者在成長期開始加入市場競爭

(C)在成熟期產品的銷售量開始大幅成長

(D)企業應該在衰退期推出改良版本的產品。【107台糖】

考點解讀 (A)在導入期由於是新產品，知名度低、各項成本高、銷售量少，在營運上呈現沒有利潤或是虧損的狀態。(C)在成長期產品的銷售量開始大幅成長。(D)企業應該在衰退期採取集中行銷策略（針對較重要的顧客群來進行促銷）；降低成本策略（利用各種方式降低生產及營運成本）；收割策略（維持現狀，不再投入任何資源，只求成本盡快收回）。

11 從產品生命週期的角度來分析，平板電腦目前已經進入成熟期，下列哪一種行銷推廣策略相對效果不彰？(A)品牌廣告 (B)促銷折扣 (C)贈品 (D)抽獎。【108台酒】 (A)

解答

考點解讀 在產品生命週期的成長期強調的重點自促銷初級需求轉變成具侵略性的品牌廣告，並突顯出品牌間的差異性。平板電腦目前已經進入成熟期，品牌廣告的行銷推廣策略相對效果不彰。

12 關於企業品牌的用途，下列何者錯誤？ (C)
(A)讓目標顧客進行產品辨認
(B)強化重購意願
(C)連結企業整體策略性規劃
(D)利用知名度促進新產品銷售。 【106桃機】

考點解讀 企業品牌的用途：讓目標顧客進行產品辨認、建立顧客忠誠度（強化重購意願）、保障法律上的權益、運用於市場區隔策略、有利於產品組合的擴展、利用知名度促進新產品銷售。

13 廠商採用品牌延伸策略時，希望獲得何種成效？ (B)
(A)希望成為領導品牌
(B)希望新產品延用知名品牌，以延伸消費者對原有品牌形象到新產品
(C)希望能打擊競爭者的品牌
(D)希望創造新的產品品牌形象價值。 【106桃捷】

考點解讀 品牌延伸指將現有品牌延伸到新產品，以延伸消費者對原有品牌形象到新產品。例如米其林經營本業輪胎，後來跨界將品牌延伸到美食評鑑。

14 廠商在原有之商品下推出新的品牌名稱，如P&G推出沙宣、飛柔、潘婷、海倫仙度絲等，此為品牌策略中之何種策略？ (A)多品牌 (B)產品線延伸 (C)品牌延伸 (D)新品牌。 【106桃捷】 (A)

考點解讀 多品牌：在現有產品類別裡推出新品牌，如P&G推出飛柔、沙宣、潘婷洗髮精。

15 兩個或以上屬於不同廠商的知名品牌，一起出現在產品上，其中一個品牌採用另一個品牌作為配件，稱為何種品牌策略？ (A)混合品牌 (B)品牌延伸 (C)品牌聯想 (D)共同品牌。 【106桃捷】 (D)

考點解讀 (A)公司名稱結合個別品牌。(B)將現有品牌延伸到新產品。(C)當消費者看到或聽到此品牌時，在心中所想到的東西。

16 日本汽車大廠豐田汽車（toyota）從原本的豐田系列車款如Camry、Atlis等，後來推出Lexus產品線，此一作法稱為下列何者？ (A)產品線調整 (B)產品線填補 (C)產品線縮減 (D)產品線延伸。 【108台酒】 (D)

解答

考點解讀 增加新產品到現有的產品線，以擴大產品線經營範圍，增加產業競爭力。(A)因市場環境變化、消費者偏好轉移、競爭壓力而改變產品線的產品項目。(B)在現有產品線範圍內，增加更多的產品項目，以提升該產品線的完整性。(C)刪除產品線中的某些產品項目。

17 某運動服飾宣稱含有特定品牌的纖維，可促進排汗與散熱功能，這是採取下列何種策略？ **(D)**

(A)多品牌策略 (B)金牛品牌策略

(C)經銷商品牌策略 (D)元件品牌策略。 【105鐵路】

考點解讀 元件共同品牌（ingredient branding）為共同品牌的特例，以用在其他品牌內的原物料、零件或組件組成，以創造品牌權益。(A)在既有的產品線，推出新品牌。(B)此種品牌，即使銷售額下滑，還是擁有很多的忠誠顧客，故不需要投入太多資源。(C)企業將其產品大批量地賣給中間商，中間商再用自己的品牌將物品轉賣出去，亦稱為「中間商品牌」。

非選擇題型

1 企業思考產品組合時主要有4個指標，其中______指標係指產品組合內企業所擁有產品項目的數量。 【108台電】

考點解讀 長度

產品組合則是所有產品線的結合。產品組合有四個構面：

(1)寬度（width）：指產品線的數目。

(2)深度（depth）：每條產品線之產品單項數目。

(3)長度（length）：指所有產品項目的數量。

(4)一致性（consistency）：產品線之間在用途、通路、生產條件等方面的關聯程度。

2 企業產品生命週期分為以下4個階段期：導（引）入期、成長期、______期及衰退期。 【108台電】

考點解讀 成熟期

產品生命週期理論是由哈佛大學教授弗農（Raymond Vernon）1966年在其〈產品周期中的國際投資與國際貿易〉一文中首次提出的。產品生命週期（product life cycle），簡稱PLC，是產品的市場壽命，即一種新產品從開始進入市場到被市場淘汰的整個過程。一般而言，可分為四個階段：導入期、成長期、成熟期、衰退期。

焦點 3 服務策略

服務為提供者所產出的行為、努力或績效表現給予顧客，以滿足顧客需求，其間無關所有權交換。

1. **服務的特性**

   整體而言，服務與實體產品在**無形性、不可分割性、易變性、不可儲存性**等方面有所差異。

服務特性	說明	克服問題作法
無形性 intangibility	消費者在未購買服務前，根本看不到、感覺得到或觸摸得到。	設法將服務具體化、有形化。 強調專業服務的組織，以建立消費者信賴感。
不可分割性 inseparbility	生產與消費難以分割，業者在生產服務時，消費者同時也在消費這些服務。	妥善處理或協助消費者參與。 管理服務影響消費者反應的所有因素。
易變性 variability	服務結果多樣化、品質不穩定（因服務環境、服務人員及顧客所引起）。	甄選與訓練員工以穩定的服務水準。 服務標準化、自動化。
不可儲存性 perishability	服務無法保存下來，挪到其他時段使用。	調整價格與服務，縮短供需差距。

2. **服務作業分類**

   「顧客接觸」表示顧客出現在服務系統時，「服務產生」指提供服務本身的作業流程。可分為：

   (1) 高度顧客接觸（high degree of customer contact）顧客參與服務流程比例高，服務的時間、服務的本質與品質及認知的品質較難控制，例如產後護理之家、牙醫診所等。

   (2) 低度顧客接觸（low degree of customer contact）服務時間、品質與作業合理化較容易，例如網路銀行等。

3. **服務系統設計矩陣**

   是一種根據與顧客接觸的服務事件的方式不同而進行優化設計服務體系的手段。

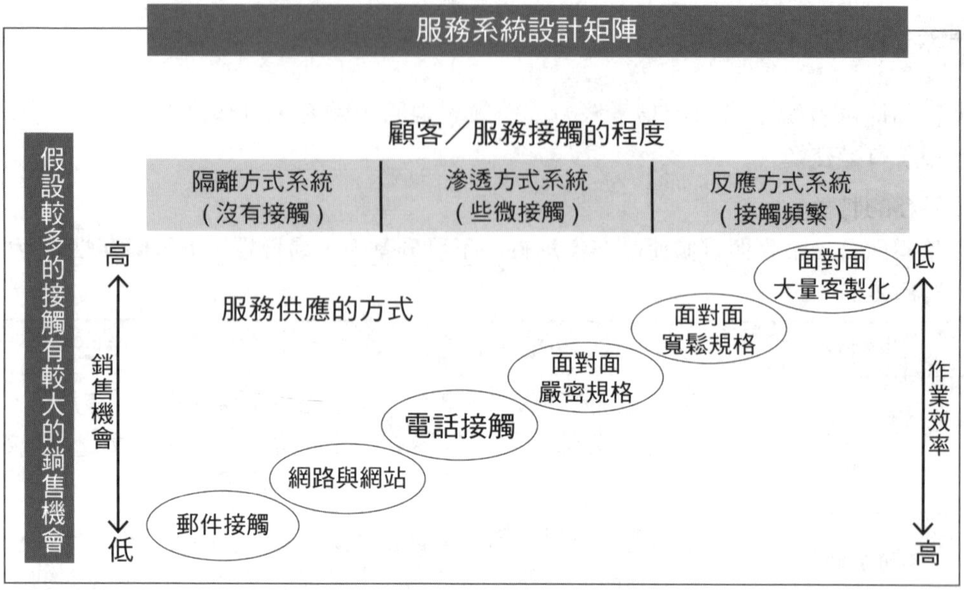

矩陣說明：

(1)矩陣的最上端表示顧客與服務接觸的程度：

A. 緩衝方式表示服務與顧客是分離的；

B. 滲透方式表示與顧客的接觸是利用電話或面對面溝通；

C. 反應方式既要接受又要回應顧客的要求。

(2)矩陣的左邊表示一個符合邏輯的市場，也就是說，與顧客接觸的越多，賣出商品的機會也就越多。

(3)矩陣的右邊表示隨著顧客的運作施加影響的增加，服務效率的變化。

4. **服務行銷金三角**

Grönroos（1998）提出服務導向的重要性，認為完整的服務導向可以使服務業達成顧客滿意的目的，而服務導向的構成要素有**外部行銷、內部行銷及互動行銷形成所謂的服務金三角**，如右圖所示：

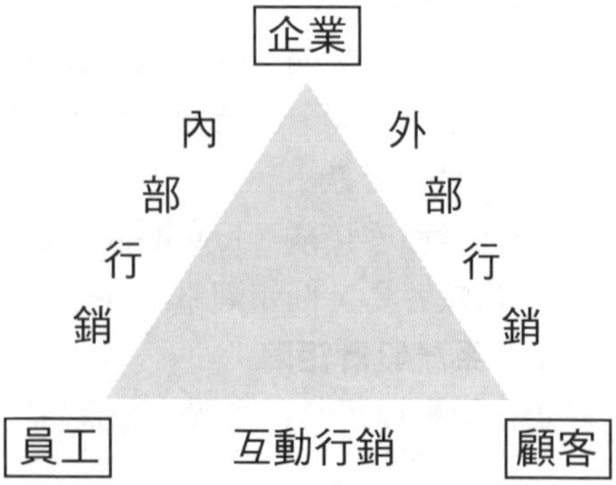

這三個構念的具體內涵分別說明如下：

(1)**外部行銷**：針對外部顧客所提供的一套行銷或優惠方案，設定對顧客承諾，如促銷、配送等經常性的服務。

(2) **內部行銷**：將員工視為「內部顧客」，其重點在於灌輸員工行銷導向與顧客服務觀念，並訓練與激勵員工，以提升員工提供服務，履行承諾的能力與意願。

(3) **互動行銷**：服務人員以專業知識及互動技巧，為個別顧客提供服務，並有效履行外部行銷對外部顧客所作的承諾。

5. **服務品質的管理**

服務組織若能在超越顧客期望的情況下，提供比競爭者還高的品質服務，就能在競爭之中脫穎而出。Parasuraman、Zeithaml 與 Berry 等三位學者共同發展出一套服務業的品質模式，指導服務提供者在傳達高服務水準時應具備的條件，這個模式指出五種可能導致服務不佳的差距：

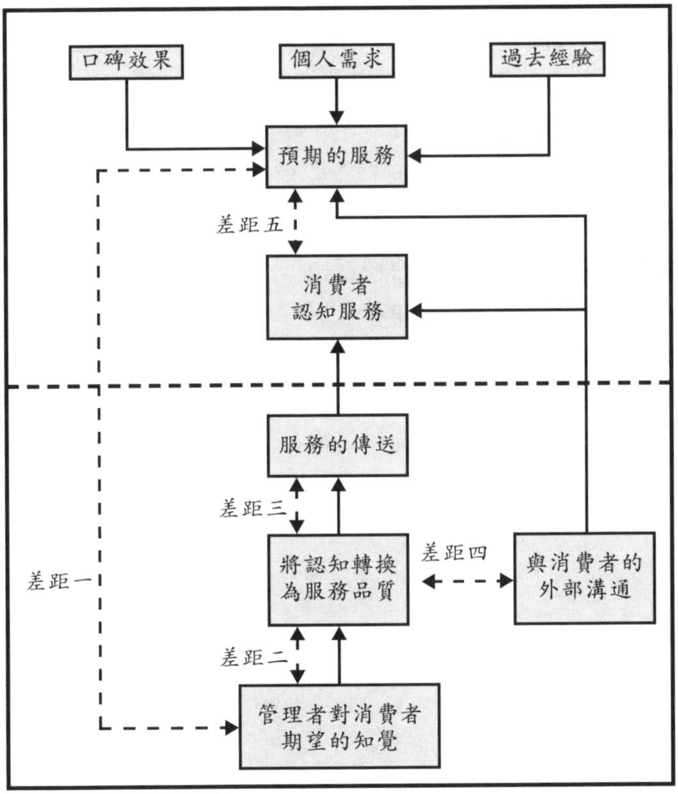

差距1	顧客期望與經營管理者之間的認知缺口。企業不了解顧客的期待時，便無法提供讓顧客滿意的服務。
差距2	經營管理者與服務規格之間的缺口。企業可能會受限於資源及市場條件的限制，而無法達成標準化的服務。

差距3	服務品質規格與服務傳達過程的缺口。企業的員工素質或訓練無法標準化時，會影響顧客對服務品質的認知。
差距4	服務傳達與外部溝通的缺口。過於誇大的廣告，造成消費者期望過高，使實際接受服務卻不如預期。
差距5	顧客期望與體驗後的服務缺口。顧客接受服務後的知覺上的差距，此項缺口是由顧客決定缺口大小。

PZB 三位學者於 1988 年再提出用以衡量服務品質的「SERVQUAL」量表。

(1)**可靠性**（Reliability）：可信賴且正確的執行所承諾的服務能力。

(2)**回應性**（Responsiveness）：願意幫助顧客並提供迅速的服務。

(3)**保證性**（Assurance）：服務人員的專業知識與禮貌讓顧客產生信任的能力。

(4)**關懷性**（Empathy）：提供顧客關心與專屬的客製化的服務。

(5)**有形性**（Tangibles）：指場地、設備、服務人員的儀表等實體設施。

6. **服務行銷組合**

學者 Booms and Bitner （1981）將傳統行銷組合（產品、價格、通路、促銷 4P），另加入實體環境（physical environment）、服務人員（personnel）與服務過程（process），稱為服務行銷組合 7 P，以彌補傳統行銷組合的不足。

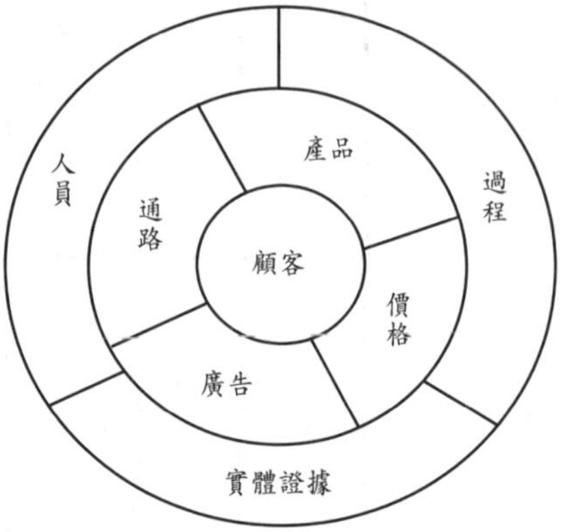

基礎題型

解答

1 在交易中不涉及所有權轉移的是：
(A)消費品 (B)工業品 (C)服務 (D)特殊品。 【103台酒】 **(C)**

考點解讀 服務為提供者所產出的行為、努力或績效表現給予顧客，以滿足顧客需求，其間無關所有權移轉或交換。

2 服務不具有下敘何種特性？ (A)易逝性 (B)異質性 (C)可靠性 (D)無形性。 【105農會、103中華電信】 **(C)**

解答

考點解讀 服務業的特性有：無形性、不可分離性（生產與消費同時性）、異質性（易變性）、易逝性（不可儲存性）。

3 一國服務業產值占比因開發程度而隨之提升。相對於有形產品，有關大多數服務所具有的主要特性，下列何者有誤？ (A)易變性（Variability） (B)回應性（Responsiveness） (C)不可分割性（Inseparability） (D)易逝性（Perishability）。【111經濟部】 (B)

考點解讀 無形性（intangibility）：和產品不同的是，產品具有實體，但是服務卻是無形的。

4 下列哪一項不是服務的特性？ (A)有形性 (B)不可分離性 (C)易變性 (D)易消逝性（不可儲存）。【104自來水、101原民】 (A)

考點解讀 服務無形的，在購買之前看不到、摸不到、嚐不到、聽不到也聞不到，因此顧客難以確定服務品質。

5 即將起飛的飛機航班仍有未銷售的空機位，以下何種服務業特性較符合前述情境？ (D)
(A)異質性 (B)無形性 (C)資本密集性 (D)易逝性。【104經濟部】

考點解讀 易逝性：在一趟旅程中，一台即將起飛的飛機航班仍有未銷售的空機位，將無法儲存，作為下一趟旅程使用。

6 航空服務業在管理上常遇到尖峰時座位不夠、離峰時沒客人的問題，這主要是因為服務業之下列何種特性所導致？ (A)易逝性 (B)無形性 (C)不可分割性 (D)易變性。【108台酒】 (A)

考點解讀 易消逝性：服務不被儲存，服務的價值只在顧客出現時存在，因此在需求穩定時，因供給可事先調整，故不會有什麼問題，但當需求起伏很大時，離尖峰的設備或人力安排就相當棘手。

7 服務業者會採用尖峰、離峰不同時段定價，是為了克服服務的何種特性？ (B)
(A)無形性 (B)不可儲藏性 (C)多樣性 (D)不可分割性。【104台電】

考點解讀 克服不可儲藏性或易逝性的特性，可考慮尖峰與離峰的服務方案，例如預約、差別定價以及適度的做好彈性服務。

8 高速鐵路公司促銷離峰時段的車票，這是因為服務業的： (A)無形性 (B)變動性 (C)不可分割性 (D)易逝性。【103中華電信】 (D)

解答

9 航空公司最困擾的問題之一就是淡旺季的需求不易平衡，因此常會出現「供不應求」與「供過於求」的窘境，請問這是服務業的那一項特性所造成的？ (C)
(A)異質性 (B)流動性 (C)不可儲存性 (D)不確定性。 【102鐵路】

考點解讀 不可儲存性（perishability）指許多服務無法保存下來，挪到其他時段使用，會衍生服務無法回收或供需不平衡的問題，將造成顧客抱怨或企業資源的浪費。可以透過調整服務產能、對不良服務的補償方式解決。

10 病患到醫院掛號就醫時，常經歷不同醫護人員可能在不同的診療時段或不同人員有不同的服務品質，此為服務特性中的哪一項？ (A)無形性 (B)不可分割性 (C)易逝性／不可儲存性 (D)易變性。 【103台酒】 (D)

考點解讀 或稱「異質性」、「變異性」，指服務的品質會因人而異，因地而異或者因顧客的情緒、時間、地點而有所差異。

11 在服務系統設計矩陣（service-system design matrix）中，一個面對面、完全客製化的服務接觸（service encounter）預期會有下列何者？ (A)低銷售機會 (B)低生產效率 (C)高生產效率 (D)低顧客／服務者接觸。 【107台北自來水】 (B)

考點解讀 一個面對面、完全客製化的服務接觸是高顧客／服務者接觸，預期會有低作業（生產）效率，高銷售機會。如下圖所示：

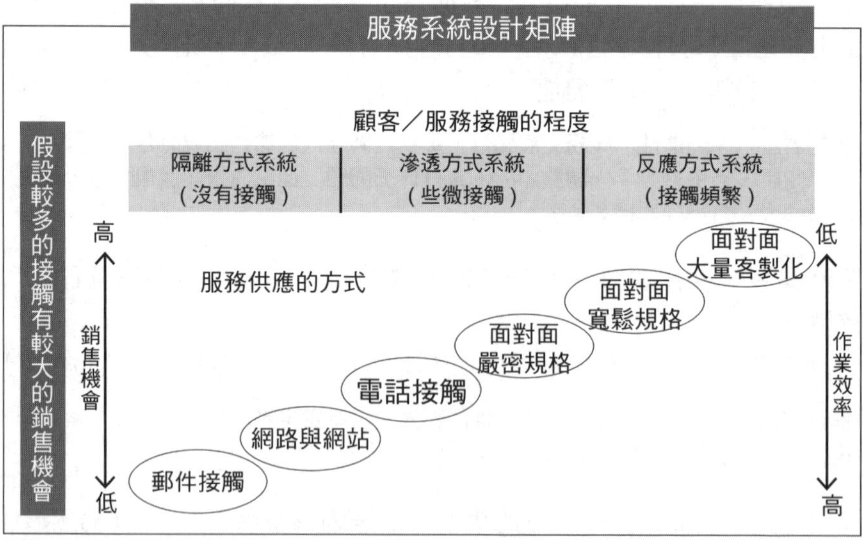

解答

12 服務業為了追求顧客滿意，必須考慮影響服務品質的各種因素；所謂服務三角形（service triangle）可代表企業瞭解顧客對其服務品質滿意與否的主要影響面向。下列何者不屬於服務三角形的面向？ (A)整合行銷 (B)內部行銷 (C)外部行銷 (D)互動行銷。【105自來水】 (A)

考點解讀 服務金三角（service triangle）概念是由美國服務業管理權威卡爾·艾伯修（Carl Albrecht）所提出。他認為要想讓享受服務的顧客有完美的體驗，服務金三角中任兩個元素間的互動都很重要。服務金三角的面相，就是組織、員工、顧客三者之間的內部行銷、外部行銷和互動行銷。

13 設法讓組織的全體員工在服務客戶時都具有人人行銷的觀念與行動，這是： (A)

(A)內部行銷 (B)外部行銷

(C)互動行銷 (D)整合行銷。【103中華電信】

考點解讀 將員工視為內部顧客，透過制度與訓練灌輸員工正確顧客服務精神；(B)公司針對外部顧客所採行的各種行銷活動；(C)指員工能夠站在顧客的觀點出發，將公司的服務提供給顧客的互動行為，如良好、友善、高質量的互動服務；(D)是將所有與產品、服務有關的訊息來源加以整合管理的過程，使顧客及潛在顧客接觸整合的訊息，進而產生購買行為並維持消費忠誠度。

14 根據服務品質之PZB模式，服務品質的衡量取決於哪兩者間的差異？ (A)消費者預期的服務與管理者對消費者的認知 (B)管理者對消費者的認知與品質規格 (C)品質規格與實際傳達的服務 (D)消費者預期的服務與知覺的服務之間的差距。【104經濟部】 (D)

考點解讀 Parasuraman、Zeithaml、Berry三位學者於1985年提出一個P.Z.B服務品質概念性缺口模式。他們深入訪談了銀行業信用卡公司、證券商和產品維修業等四個企業的管理人員及顧客。從訪問中發現，顧客對服務前的期望及服務後的認知有差距。

進階題型

解答

1 關於服務業的敘述，下列何者錯誤？ (A)服務業對已開發經濟體的重要性較低 (B)服務業通常對人力的需求較高 (C)服務業的產出往往較為無形 (D)服務的好壞通常較難以衡量。【106台糖】 (A)

考點解讀 服務業對已開發經濟體的重要性較高。

解答

2 企業製造產品及服務來滿足顧客，請問下列對於服務的作業特性描述何者正確？ (A)
(A)服務是由人員執行一連串的動作所提供的
(B)服務比較注重最後的生產結果
(C)服務是將顧客排除在整個製造系統之外
(D)服務的品質是容易儲存的。 【105鐵路】

考點解讀 (B)服務的重點大部分是過程而非產品，通常如何達成結果比結果如何更重要。(C)服務是將顧客納入整個製造系統之內。(D)服務的品質是不容易儲存的。

3 由於服務與消費是同步的，服務無法儲存的特性稱之為 (A)易變性 (B)易消逝性 (C)無形性 (D)不可分離性。 【107台酒、105台北自來水】 (B)

考點解讀 由於服務與消費同步進行，因此服務無法加以儲存，稱為：易消逝性。服務業者為克服此特性，常採用尖峰、離峰時段差別訂價，或使用預約。

4 服務業於尖峰時段常產能不足，若從管理需求面因應，以下何種對策較合宜？ (A)預約安排設計 (B)增加營業人員 (C)員工教育訓練 (D)加班。 【104經濟部】 (A)

考點解讀 為克服服務業不可儲藏性或稱易逝性特徵，可考慮尖峰與離峰的服務方案，克服問題方法：(1)需求大於供給：漲價、預約安排、增加產能、結盟。(2)供給大於需求：降價、開發新需求、調整服務。

5 有關服務業的敘述，下列何者正確？ (C)
(A)產出為有形
(B)客戶接觸程度低
(C)生產力（Productivity）不易衡量
(D)產出標準化程度高。 【105台北自來水】

考點解讀 (A)產出為無形。(B)客戶接觸程度高。(D)產出標準化程度低。

6 下列何種服務業的作業流程屬於低度接觸系統（low-contact system）？ (A)網路銀行 (B)理容院 (C)產後護理之家 (D)牙醫診所。 【105中油】 (A)

考點解讀 服務時間、品質與作業合理化比較容易。

7 下列何者非優良服務系統的特性？ (A)容易使用 (B)符合成本效益 (C)讓顧客看到服務價值 (D)前台與後台的連結出現斷點。 【107台北自來水】 (D)

考點解讀 前台與後台是密切的連結。

解答

8 下列何者非屬 PZB 服務缺口？ (A)顧客期望與經營管理者之間的認知缺口 (B)服務品質規格與服務傳達過程的缺口 (C)顧客期望與體驗後的服務缺口 (D)顧客知識的缺口。 【103台北自來水】 (D)

考點解讀 PZB服務缺口模式：
缺口1.顧客期望與經營管理者之間的認知缺口。
缺口2.經營管理者與服務規格之間的缺口。
缺口3.服務品質規格與服務傳達過程的缺口。
缺口4.服務傳達與外部溝通的缺口。
缺口5.顧客期望與體驗後的服務缺口。

9 在PZB服務品質模式中，顧客期望與體驗後的服務缺口，是指顧客接受服務後在知覺上的差距，屬於第幾個缺口？ (A)缺口1 (B)缺口2 (C)缺口3 (D)缺口5。 【107台酒】 (D)

考點解讀 (A)顧客期望與經營管理者之間的認知缺口。(B)經營管理者與服務規格之間的缺口。(C)服務品質規格與服務傳達過程的缺口。

10 有關服務藍圖的優缺點，下列敘述何者正確？ (A)服務藍圖不只能在一個靜態的場景描繪服務，也能夠記錄動態的系統 (B)服務藍圖能客觀地描繪服務中的可見要素，而對非可見要素無法描繪 (C)能夠讓企業完全滿足所有顧客的個別要求，使服務提供過程更合理 (D)有助於企業建立完善的員工培訓。 【107台北自來水】 (D)

考點解讀 Shostack在1984年提出服務藍圖（Service Blueprinting），並認為服務的傳遞可經由服務藍圖來設計與表達。所謂服務藍圖是利用類似藍圖的技術來描述流程中有關順序、關係與依賴性。但服務藍圖與其他藍圖最大的不同，在於服務過程有一大部分是看不見的結構，使得服務藍圖難以想像。服務藍圖的優點：(1)區分「前場」與「後場」；(2)確認潛在失敗點；(3)避免疏失發生；(4)提供與顧客互動的腳本；(5)有助於建立完善的員工培訓制度。缺點：(1)服務藍圖操作手冊未充分將顧客的觀點納入考慮；(2)服務藍圖的元件並未被詳細定義；(3)缺乏實體的流程描述。

非選擇題型

問答題：依產品型態可分為實體產品與服務2類，服務如何界定？服務具有哪4項特性，請逐一列舉並說明之。 【108台電】

考點解讀　服務是指提供給個人或群體的任何活動或利益，服務具有以下4項特性：
(1)無形性：服務並非固定形體，不能擺設在架上供人觀賞、觸摸、試用。
(2)不易儲存性（易逝性）：許多服務無法保存下來，挪到其它時段使用。
(3)異質性：服務結果多樣化、品質不穩定。
(4)不可分割性：生產與消費難以分割，業者在生產服務時，消費者也在消費。

焦點 4　通路策略

根據美國行銷學會的定義，行銷通路（marketing channel）是企業間的組織單位，和企業外的代理商、經銷商、批發商與零售商，等分配機制，即行銷中間機構，所形成的組織架構。經由此一架構，企業得以行銷各種產品與服務。

☆ 小提點

行銷通路的三大功能：
提高交易的功能、處理顧客訂單、集中與保存產品。

1. **通路決策可分為**

(1) **通路長度**：又稱「通路階層」，將產品送達市場所需要的中間商階層數目。
行銷通路依階層可分為零階、一階、二階、三階通路四種。

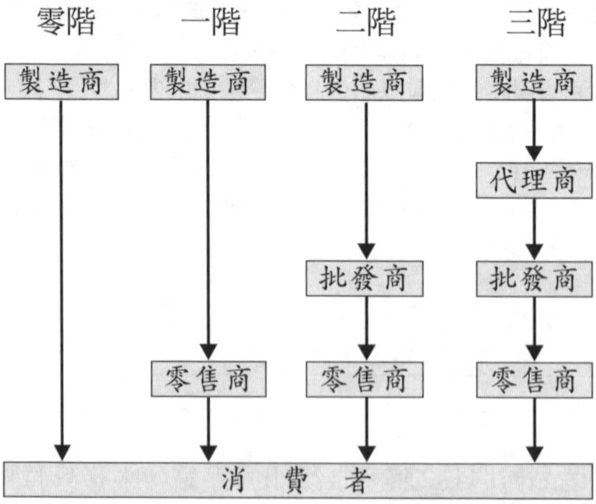

小秘訣

行銷通路的長度是指通路階層的數目，所謂零階、一階、二階、三階通路，是指製造商到顧客間有幾個中間商，如果沒有叫零階，一個叫一階，……最多三個。
例如：包含製造商、進口商、批發商、零售商、顧客之通路長度稱為：三階通路。

(2) **通路的廣度**：又稱「**通路密度**」或「**市場涵蓋密度**」，指在一定的銷售區域內零售據點的數目與分布狀況。可分為：

A. 密集式配銷：零售區域內盡量鋪貨，以提高產品的能見度。適用於便利品，例如日常用品。

B. 獨家式配銷：零售區域內一位或極少數店家，廠商刻意限制中間商數目，適用於特殊產品。

C. 選擇式配銷：零售區域內有一些零售點，介於密集式與獨家式配銷之間，適用於選購品。

2. **通路的整合模式**

通路成員之間在產品、金錢、資訊等方面往來頻繁，他們之間存在既合作又衝突的互動模式。從通路成員的互動關係，可將之劃分為：

(1) **傳統行銷系統**：通路成員的活動各自為政，沒有合作協調。

(2) **水平式行銷系統**：同層級的組織所形成合作體系，如易遊網與立榮航空合作。

(3) **垂直式行銷系統**：整合上、中、下游的廠商，以有效管理通路成員的行動。

垂直式行銷系統（垂直通路整合系統），又可分為三種型態：

(1) **管理式垂直行銷系統**（Administered VMS）：即有一個比較有效率之組織間（inter organization）的協調、規劃與管理，即是通路領袖，他可以是零售商或製造商，例如家樂福量販店與供應商關係。

(2) **公司式垂直行銷系統**（Corporate VMS）：通路系統屬於同一個公司，例如7-11 統一超商，透過所有權的垂直整合，因製造商為了充分掌握通路，也向前整合成立零售商，並且成立總部朝專業方向經營。

(3) **契約式垂直行銷系統**（Contractual VMS）：通路內所有獨立的成員是透過正式的契約來分別彼此的角色，在此系統下彼此約束力更大，此種系統又可區分為：批發商組成的自願連鎖，零售商組成連鎖以及製造商發起的連鎖加盟系統。

3. **通路衝突是指通路成員對於目標、角色、獎賞即所追求的利益產生歧見。其主要型態包括：**

(1) **垂直通路衝突** ：指通路上下游間的衝突，如車商與旗下經銷商的衝突。

(2) **水平通路衝突**：同一階層間的衝突，如傳統零售店抱怨量販店售價太低。

(3) **多重通路衝突** ：指不同通路之間的衝突，如實體通路與網路通路的衝突。

4. **推的策略與拉的策略**

(1) **推的策略**（push strategy）：製造商運用行銷活動，積極地將產品推到通路成員手上，然後，通路成員也會運用行銷活動，將產品由上往下地推到消費者手上。

(2) **拉的策略**（pull strategy）：製造商跳過通路成員，直接以最終消費者作為行銷活動的目標對象，以刺激消費者對產品的需求與購買。

基礎題型

解答

1 下列何者不是配銷通路的中間業者？ (A)經銷商 (B)代理商 (C)製造商 (D)零售商。【108郵政、100自來水】 (C)

考點解讀 配銷通路（distribution channel）係介於買方與賣方之間，專職產品配送與銷售工作的個人與機構所形成的體系。配銷通路的中間業者包括：批發商、零售商、代理商、經銷商、配銷商。

2 製造商直接把產品銷售給最終顧客的通路模式是屬於： (A)

(A)零階通路 (B)一階通路 (C)二階通路 (D)三階通路。【103台酒】

考點解讀 在零階通路中，係由產品製造者直接將產品銷售給最終消費者。

3 業界俗稱的直銷是屬於： (A)零階通路 (B)一階通路 (C)二階通路 (D)多階通路。【104自來水、101自來水】 (A)

考點解讀 零階通路（zero-level channel）：又稱直接行銷通路，是指沒有透過中間商，製造商直接將產品賣給消費者，像是逐戶推銷、郵購、電視購物、網路行銷等。直銷（direct selling），按世界直銷聯盟的定義，直銷指以面對面且非定點之方式，銷售商品和服務。

4 廠商可以利用網路行銷、電話行銷以及電視行銷等方式，直接和消費者聯繫溝通，請問這些是屬於那一種通路結構？ (A)零階通路 (B)一階通路 (C)二階通路 (D)三階通路。【104鐵路】 (A)

考點解讀 係指製造商直接將產品銷售給消費者，其間並無任何中介機構，又稱直接行銷或直效行銷；其方式有逐戶推銷、電話行銷、郵寄DM、網路行銷等。

5 郵購、電話行銷、逐戶推銷是由製造商直接銷售產品給最終顧客的通路方式，是屬於： (D)

(A)一階通路 (B)三階通路 (C)二階通路 (D)零階通路。【102郵政】

6 從其他企業購入產品並主要銷售給一般大眾的企業稱為： (A)零售商 (B)批發商 (C)配銷商 (D)加盟商。【106台糖】 (A)

解答

考點解讀 零售商係將企業產品直接銷售給最終消費者，目前零售商的類型大致包括以下幾種：專賣店、超級市場、便利商店、百貨公司、量販店或大賣場。

7 下列何者是指「將產品直接銷售給最終消費者的中間商」？ (A)中盤批發商 (B)零售商 (C)大盤批發商 (D)小盤批發商。 【104自來水】 (B)

8 直接與最終消費者接觸的通路成員為下列何者？ (A)供應商 (B)零售商 (C)批發商 (D)販賣商。 【102郵政】 (B)

9 下列何者為無店面零售？ (A)自動販賣機 (B)便利商店 (C)照相器材行 (D)型錄展示店。 【103中華電信、104自來水】 (A)

考點解讀 在少部分的零售交易中，消費者無需到店面去購買。此種不需要實際店面的零售活動，稱為無店面零售（nonstore retailing）。一般而言，可區分為四大類別：人員直接銷售、直效行銷、自動販賣機、網路行銷。

10 窄通路與寬通路的主要區分依據為 (A)流通產品的數量 (B)中間商數目的多寡 (C)進入市場的難度 (D)運輸的交通方式。 【107台酒】 (B)

考點解讀 通路長度：將產品送達市場所需要的中間商階層數目。通路的廣度：通路中每一類中間商的家數多寡。

11 企業如果想要達到最大市場涵蓋範圍，以及提供最大的產品涵蓋面，應該採用下列哪一種通路策略？ (A)密集性配銷 (B)獨占性配銷 (C)選擇性配銷 (D)混合配銷。 【104自來水】 (A)

考點解讀 密集性配銷盡可能採用最大數目的零售商來配銷產品，其目的是讓產品的涵蓋面達到最大，較適用於價值較低且經常購買的低涉入便利品（日常用品、衝動品、緊急用品）。

12 日常生活中常聽到的廣告術語「獨家代理」，其屬於下列何種通路配銷方式？ (A)密集性配銷 (B)選擇性配銷 (C)合作式配銷 (D)獨占性配銷。 【105郵政】 (D)

考點解讀 在某一地理區中只允許一家或非常少數的零售商或經銷商來配銷其產品，這是市場涵蓋面最受到限制的方式，適用於高涉入的特殊品及主要的工業設備。

13 在某一地理區域中，只允許一家經銷商來配銷產品的配銷方式為： (A)
(A)獨家性配銷 (B)密集性配銷
(C)選擇性配銷 (D)水平性配銷。 【103中華電信】

解答

14 企業在面臨不同通路交錯使用時，常會遇到線上商店與實體商店存貨不同，或者管理方式不同等，此問題屬於行銷管理中的：
(A)通路開拓 (B)通路衝突 (C)配銷虧損 (D)通路縮減。 【105郵政】 (B)

考點解讀 通路衝突（conflicts in channel）係指通路成員認知其目標的達成，由於受到其他通路成員的阻礙，從而引發通路成員間的爭執、敵對和報復等行為。

15 製造商運用銷售團隊、推廣方式來引導中間商的支持與協助推廣產品給最終使用者，這種策略稱為： (A)推式策略 (B)拖式策略 (C)拉式策略 (D)拔式策略。 【103中華電信】 (A)

考點解讀 推式策略：著重由製造商推產品給通路中間商，再由中間商將產品推給最終使用者。拉式策略：指製造商對最終使用者直接進行推廣活動、產生強勁力的顧客需求。

進階題型

解答

1 果農將水果賣給盤商，盤商再把水果賣給水果店，消費者最後去水果店買水果，試問這種通路型態屬於： (A)一階通路 (B)二階通路 (C)三階通路 (D)四階通路。 【107台酒】 (B)

考點解讀 果農→盤商→水果店→消費者，所以果農賣水果的通路型態屬於二階通路。

2 果農將農產品生產之後，透過農會轉售給特約超市，再透過特約超市轉售給消費者。此通路長度為何？ (A)零階通路 (B)一階通路 (C)二階通路 (D)三階通路。 【102台北自來水】 (C)

考點解讀 果農→ 農會→ 特約超市→ 消費者。此通路長度為二階通路。

3 下列哪一個不是「非店鋪零售商」主要成長的方式？ (A)便利商店 (B)購物頻道 (C)網路銷售 (D)電話行銷。 【105自來水】 (A)

考點解讀 非店鋪零售商強調消費者無需到店面去購買，而便利商店必須到商店購買，是有店鋪零售商。

4 下列哪個業者因為需要大量服務人員，降低員工流動率的重要性較其他三者更高？ (A)批發商 (B)零售商 (C)即時供貨商 (D)食品加工商。 【106台糖】 (B)

解答

考點解讀 零售是企業將產品與服務直接銷售給最終使用者，不再進行其他商業行為或轉售。因零售商須直接面對不同型態的消費，所以相較於其他中間商，必須有大量的服務人員，如何降低員工流動率更是管理的重點。

5 對「批發商」與「零售商」的敘述，下列何者錯誤？ (A)百貨公司不是零售商 (B)批發商的主要活動是把產品賣給其他企業，以便轉售給消費者的中間商 (C)便利商店是零售商 (D)零售商的主要活動是把產品直接賣給最終消費者的中間商。【108漢翔】 (A)

考點解讀 百貨公司屬於零售商，其營業面積較大，產品線相當多元，產品較精緻，但價格比較昂貴。

6 下列何者主要是透過網站對消費者進行通知、銷售與配銷活動的銷售者？ (D)

(A)百貨公司 (B)超級市場

(C)便利商店 (D)電子零售商。【105郵政】

考點解讀 電子零售商（e-Tailer）：指零售商或個人通過網際網路將產品或服務的訊息傳送給顧客顧客透過網路下單，採取一定的付款和送貨方式，最終完成交易，例如亞馬遜網路書店（Amazon）、沃爾瑪（War-Mart）等。

7 茶和碳酸飲料等便利商品由於價值低、經常購買且品牌忠誠度較低，通常在通路策略上採用下列何種策略？ (A)密集性配銷 (B)選擇性配銷 (C)獨占性配銷 (D)直銷。【108台酒】 (A)

考點解讀 通路型態若依市場涵蓋密度可分為：(1)密集性配銷：在地理區域內盡量鋪貨，適合便利品。(2)獨家性配銷：在地理區域內許一家經銷商來配銷，適合特殊產品。(3)選擇性配銷：在地理區域內允許一些經銷商來配銷，適合選購品。

8 下列哪一個產品適用選擇式配銷（Selective Distribution）？ (A)鮮奶 (B)3C 產品 (C)高價汽車 (D)房屋。【103台北自來水】 (B)

考點解讀 選擇式配銷：藉由挑選經銷商，使其在單一地區只有少數幾家經銷商，較適合選購品。

9 有關消費品類型與配銷作法，下列何者正確？ (C)

(A)衝動品常會讓人喪失理智而購買，所以必須採取選擇性配銷

(B)名牌精品大家都想要，必須採取密集式配銷

(C)家電、汽車之類的選購品應採取選擇性配銷

(D)忽略品常讓大家忽略，所以必須採取密集式配銷。【105鐵路】

解答

考點解讀 (A)屬於便利品，必須採取密集式配銷。(B)屬於特殊品，必須採取獨家性配銷。(D)或稱未覓求品視情況而定。

10 某知名連鎖書店挾其強大零售優勢，長期對經銷商和出版社訂定不合理的付款條件，因而引起經銷商和出版社集體抗議，聯合暫停供貨給該連鎖書店。請問這是屬於哪種衝突？ (B)
(A)水平通路衝突 (B)垂直通路衝突
(C)多重通路衝突 (D)通路系統衝突。 【102台北自來水】

考點解讀 通路衝突型態又可分為：
(1)垂直衝突（vertical conflict）：不同層級的通路成員之間所產生的衝突，常導因於通路成員間彼此權力的消長。
(2)水平衝突（horizontal conflict）：相同層級的通路成員所產生的衝突，往往與過度競爭、「撈過界」等有關。
(3)多重通路衝突（multichannel conflict）：當製造商建立兩個或以上的通路系統時，不同通路體系為了爭取相同的顧客而導致的衝突。連鎖書店與經銷商和出版社，是屬於通路的上下游關係。

11 屈臣氏主打「每個人都該有兩個屈臣氏」，主要克服哪一種型態的通路衝突？ (A)垂直通路衝突 (B)多重通路衝突 (C)單一通路衝突 (D)水平通路衝突。 【103台北自來水】 (B)

考點解讀 製造商建立兩個或以上的通路系統時，不同通路體系為了爭取相同的顧客而導致的衝突，例如實體通路與網路通路的衝突。

12 Levis Strauss公司在網路上販賣女性牛仔褲，銷售奇佳，卻引發旗下的代理商聯合抵制，此為哪一種型態的通路衝突？ (C)
(A)水平通路衝突 (B)垂直通路衝突
(C)多重通路衝突 (D)單一通路衝突。 【102台北自來水】

非選擇題型

解釋名詞：
零階通路（Zero-level Channel）。 【111台電】

考點解讀 又稱直接行銷（Direct Marketing Channel），係由產品製造者直接將產品銷售給最終消費者。

焦點 5 定價策略

價格（price）就是用來表示為了取得某個有價值的產品，消費者所必須支付的金額。在行銷組合中價格是最讓人在乎的一個部分，因為它能為創造公司收益，同時也可能造成公司面臨嚴重的虧損。而在影響定價的因素中，成本、顧客、競爭者是最普遍、最重要的考慮因素。

1. **主要定價方法**

(1)**定價三 C 模式**：以顧客（customer）、成本（cost）、競爭者（competitors）三 C 為基礎，企業即可著手制訂價格。

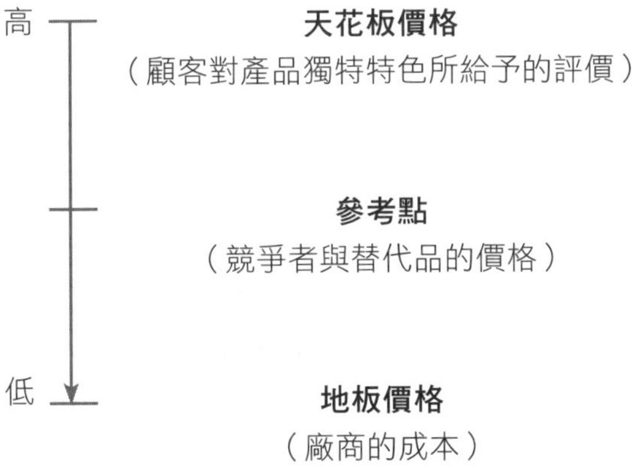

(2)**常見的訂價方法以三 C 模式為基礎，可以將常見的訂價方法區分為三大類：**

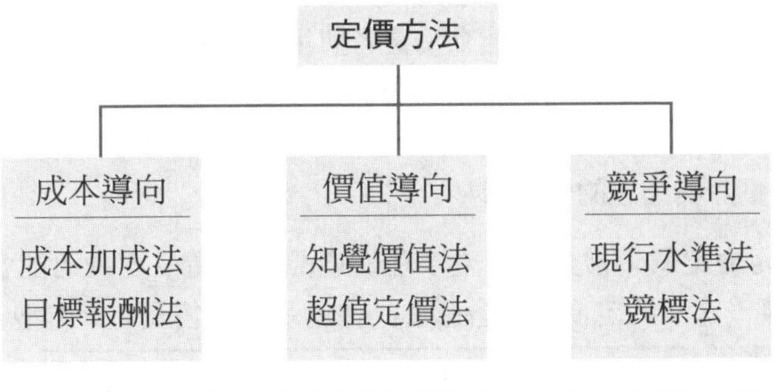

A. **成本加成定價法**：為最基本的訂價法是將產品加計某標準的成數。

$$價格 = \frac{單位成本}{（1-加成百分比）}$$

B. **目標報酬定價法**：廠商訂出一個能夠獲取一定目標投資報酬率的價格。

$$價格=單位成本+\frac{所投資資金 \times 目標報酬率}{銷售量}$$

C. **認知價值定價法**：以消費者對產品或服務所認知的價格高低來定價。

D. **超值定價法**：又稱價值定價法，以相對較低的合理價格提供品質優異的產品，讓消費者覺得物超所值。

E. **現行水準定價法**：參考競爭者的價格做為訂價的基礎。

F. **競標定價法**：多用在私人及政府機構的重大工程與採購上，以公開招標的方式，以便選擇競標價格最低的承包商。

2. **價格管理**

上述為基本得定價方法，可是，企業往往為了因應特別的情況，而採用以下定價措施：

> **小秘訣**
> 新產品定價方法：
> 1. 榨脂定價：訂最高價、快速回收、可有最大調整空間。
> 2. 滲透定價：比較競爭者低價格，以佔有市場。

(1) **新產品的定價**：企業推出新產品時，對該產品的期望或目標會影響定價。如果是以高獲利為目標，會採吸脂定價；如果擴大市場佔有率為主要目標，則是採取滲透定價。

A. **吸脂定價**（Skimming pricing）：透過新產品之高定價，以較高利潤彌補新產品開發的成本。等到銷售額下降時，則降價以吸引願意付較低價的消費者。
先決條件：a. 市場上有不同價格敏感度的消費者；b. 產品新穎、奇特；c. 產品品質或形象與能配合高價位；d. 競爭者有進入障礙。

B. **滲透定價**（Penetration pricing）：採低價使消費者對新產品產生接受，期獲得較大市佔率，並建立消費者使用習慣與忠誠度。
先決條件：a. 市場需求對價格高度敏感，低價會刺激市場需求迅速成長；b. 生產成與配銷成本會隨生產經營經驗的累積而降低；c. 低價可以有效嚇阻實際與潛在的競爭者。

(2) **產品組合定價**：當企業生產多種的產品時，產品定價可能會產生連動效應。亦即某一產品的定價可能會影響其他產品的銷售量。其類型有：

同類產品定價	許多公司的產銷多種類似的、可以互相替代的產品，這些產品的定價，會特別考慮產品之間的價差，及其彼此消長情形。如汽車在同一車款定價，通常是以入門款加上不同配備，訂出讓消費者感受超值的價格。

互補產品定價	通常將主產品的售價壓低以提高銷售量，再靠附產品的高額加成來賺取利潤。例如HP印表機與黑色（彩色）墨水匣。
配套式定價	將幾種產品組合起來，並訂出較低的總價出售。例如，手機業者以搭配門號銷售手機、餐廳的組合套餐、電腦搭配印表機銷售，都是透過配套是訂價法。
選購品定價／分售	透過分售來擴張市場，也可獲得更高的毛利。例如，汽車的除霧氣、皮椅套、ABS煞車系統、GPS衛星導航系統。
副產品定價	在生產肉製品、石油製品、化學製品等產品時，常會連帶產生副產品，廠商通常會設法尋找副產品的市場，只要價格高於儲存與運輸成本就可出售，有助於降低主產品的成本，甚至有利可圖。例如豬的大骨可以煮湯。
兩階段式定價	計費方式依照不同時段來收費，分基本費與使用費。例如公用事業的台電電費夏日與平時電價計費，手機業者的收費。
整批取價（冰山型定價）	廠商對產品的售價已包含未來的售後服務、維修成本。

(3) **心理定價**：考慮消費者對於價格的心理反應，而決定某個價位，常見方式有以下幾種：

畸零定價	不採整數，而是以畸零的數字來定價，讓消費者在心理上將價格歸類在比較便宜的區間之內，如餐飲業的199吃到飽。
名望定價	特地使用高價，以便讓消費者覺得產品具有較高的聲望和品質。
習慣定價	根據消費者對某個產品長期的、不易改變認知價格來定價。

(4) **差別定價**：指同一產品卻有不同的價格，價格差異與成本沒有直接關聯，而是以下列因素作為定價的依據。

依顧客特性	針對不同的顧客群體，同一種產品或服務收取不同價格。電影院、公共運輸、遊樂園票價可分軍警、小孩、老人票。
依產品形式	針對不同的產品形式訂定不同的產品價格。汽車、成衣因顏色、款式不同，價格也有差異。

依形象差異	根據所設定的形象差異，將同樣的產品賦予不同的價格水準。香水公司將香水裝在不同瓶子，賦予不同品牌與形象。
依使用通路	因為通路不同，相同產品可能會有不同售價。一罐可樂在自動販賣機、餐廳、便利商店、量販店價格會不一樣。
依消費地點	根據地點的不同收取不同的價格。演唱會、籃球賽的座位位置不同而有價格差異。
依消費時間	按照時間的不同，而訂定不同的價格。電話費率在離峰、深夜時段有別於一般時段的不同費率。

(5) **促銷定價**：指企業為了在短期內刺激消費者購買而進行價格微調，常見的促銷定價方式如下：

犧牲打	犧牲一部份產品毛利，而依靠其他產品獲利，此類商品又稱為「帶路貨」。
折扣與折讓	直接在定價上打折，包括現金折扣、數量折扣、功能折扣、季節折扣、換購折讓、交易折讓等。
特殊事件定價	針對特殊日期或事件，主動降價刺激買氣，如週年慶、母親節特惠。
低利貸款	可提供低利率分期貸款，如汽車、機車促銷活動。

基礎題型

解答

1 成熟產業的產品訂價方法比較適合何種訂價方法？ (A)成本導向 (B)顧客導向 (C)利潤導向 (D)競爭導向。 【105自來水】 **(D)**

考點解讀 「競爭導向」的訂價方法著重在競爭者彼此之間的價格互動性，以及訂價對於競爭態勢的影響，通常比較適用於成熟產業的產品訂價。導入期則適合採用「利潤導向」或新產品的「吸脂定價」訂價方法。成長期則適合採用「顧客導向」訂價方法。

2 A公司產品材料與人工成本100元，老闆希望獲利兩成，因此將產品訂價為120元，此種訂價方式稱為： (A)刮脂定價法（skimming pricing） (B)滲透性訂價法（penetration pricing） (C)成本加成訂價法（makeup pricing） (D)認知價值訂價法（perceived–value pricing）。 【108台酒】 **(C)**

解答

考點解讀 根據成本，再加上欲賺取的利潤加成，是企業最常使用的方法。(A)剛開始訂定一個顧客願意支付的最高價格，再隨著產品生命週期而逐漸降低該產品的價格，以便接近更大範圍的市場。(B)採低價使消費者對新產品產生接受，以期獲得較大市佔率。(D)以消費者對產品的知覺價值來定價，價位與知覺價值成正比。

3 企業在訂定產品價格時，若以顧客心中值來訂定價格，此種定價方法稱為： (A)競爭基礎定價法 (B)心理定價法 (C)滲透定價法 (D)價值基礎定價法。【104郵政】 (D)

考點解讀 (A)以競爭者的價格，而非成本，作為其定價的主要考慮因素。(B)依照顧客購買時的心理來訂定商品價格。(C)訂定低價以吸引大量購買者，以贏得較大的市場佔有率。

4 若遊樂園於旅遊旺季（如暑假）時提高門票價格，而淡季時提供較多折扣以吸引顧客，此遊樂園採下列何種訂價方法？ (A)認知價值訂價法（Perceived-value pricing） (B)流行訂價法（Going-rate pricing） (C)滲透訂價法（Penetration pricing） (D)成本加成訂價法（Markup pricing）。【112經濟部】 (A)

考點解讀 認知價值訂價法（Perceived-value pricing）是根據顧客對產品之認知來訂價。

5 新產品上市初期採高價法，先迅速收益。待競爭出來之後，再用漸降定價以應對競爭。此種定價方式稱為：(A)目標定價法 (B)吸脂定價法 (C)市場滲透定價法 (D)知覺定價法。【106自來水】 (B)

考點解讀 吸脂定價（pice skimming）又稱「刮脂定價」，是指企業一開始會訂定一個顧客可能願意支付的最高價格，再隨著產品生命週期的進展，逐漸降低該產品的價格，以便能接近更大範圍的市場。刮脂訂價下的價格常高於其他競爭產品，廠商通常對於新產品上市時會傾向使用此種訂價政策。

6 在行銷的訂價策略中，指企業一開始會訂定一個顧客可能願意支付的最高價格，再隨著產品生命週期的進展，逐漸降低該產品的價格，稱之為下列何者？ (A)滲透定價（Penetration Pricing） (B)去脂定價（Skimming Pricing） (C)差別定價（Discriminatory Pricing） (D)促銷定價（Promotional Pricing）。【105經濟部、103中油、101郵政】 (B)

考點解讀 此種訂價方式一開始會訂定一個顧客可能願意支付的最高價格，再隨著產品生命週期而逐漸降低該產品的價格，以便接近更大範圍的市場。

解答

7 企業在沒有競爭對手的情況下推出新產品，通常採取訂定高價的作法，此稱為： (A)心理定價策略 (B)成本加成定價策略 (C)滲透策略 (D)吸脂策略。 【104郵政】 (D)

8 將新產品的價格訂得很高，這樣可以在市場上競爭較小的情況下，獲取最大利潤，是何種訂價策略？ (A)滲透訂價策略 (B)高低訂價策略 (C)吸脂訂價策略 (D)心理訂價策略。 【103台酒】 (C)

考點解讀 吸脂定價（Skimming pricing）：採高價以較高利潤彌補新產品開發的成本。

9 新產品上市時經常為了搶占市場佔有率，採用低價來刺激銷售，此種訂價法稱為： (B)

(A)刮脂定價法（skimming pricing）

(B)滲透性訂價法（penetration pricing）

(C)成本加成訂價法（makeup pricing）

(D)認知價值訂價法（perceived-value pricing）。 【108台酒】

考點解讀 (A)訂最高價、快速回收、可有最大調整空間。(C)根據成本，再加上欲賺取的利潤加成，為企業最常使用的方法。(D)消費者感受到的價值，並願意支付的金額。

10 以較低的價格打入市場，以期能夠在短時間內加速市場成長，犧牲高毛利率以取得較高的銷售量以及市場佔有率的定價方式，稱為下列何者？ (C)

(A)吸脂定價法 (B)配套定價法

(C)滲透定價法 (D)成本加成定價法。 【107郵政】

考點解讀 (A)訂最高價、快速回收、可有最大調整空間。(B)將幾種產品組合起來，並訂出較低的價格出售，以較低的整體價格來刺激購買。(D)是將產品加計某標準的成數。

11 企業在推出產品時，訂定比較低的價格來吸引較多的顧客，以擴大其市場占有率的定價方式稱為： (A)吸脂定價（market-skimming） (B)滲透定價（marketing-penetrating） (C)尖峰定價（peak-load） (D)套裝產品定價（bundle）。 【111鐵路】 (B)

考點解讀 以較低的價格打入市場，以期能夠在短時間內加速市場成長，取得較高的銷售量以及市場佔有率。

解答

12 何種訂價方式一開始會訂定一個相對較低的價格，以便快速地攫取大多數的市場，獲得廣大佔有率？ (D)
(A)聲望訂價
(B)損益平衡訂價
(C)刮脂訂價（skimming pricing）
(D)滲透訂價（penetration pricing）。 【103中華電信】

考點解讀 (A)將某一產品訂定高價格，以增強消費者對其整條產品線的品質印象，尤其是造成該廠商所有產品均屬高品質的認知。
(B)考量不同產量時之成本，再依據所預定之價格，算出損益兩平數量。
(C)一開始會訂定一個顧客可能願意支付的最高價格，再隨著產品生命週期而逐漸降低該產品的價格，以便接近更大範圍的市場。

13 決定新產品的訂價策略中，以低價方式幫助新產品打入市場，並盡快提升市場佔有率，是指何種訂價策略？ (A)滲透策略 (B)吸脂策略 (C)心理訂價 (D)目標利潤訂價法。 【102中油】 (A)

考點解讀 滲透定價（Penetration pricing）：採低價使消費者對新產品產生接受，期獲得較大市場佔有率。

14 將產品價格定為99或是299，而不是整數定價，是哪一種定價策略？ (A)心理定價策略 (B)差異定價策略 (C)競爭定價策略 (D)天天特價策略。 【101中華電信】 (A)

考點解讀 畸零（奇數）定價不採整數，而是以畸零的數字來定價，讓消費者在心理上將價格歸類在比較便宜的區間之內，是一種心理定價策略。

15 廠商根據不同顧客訂定不同價格，這是： (A)心理定價 (B)差別定價 (C)特殊事件定價 (D)犧牲打定價。 【103中華電信】 (B)

考點解讀 向相同條件下購買同量產品顧客收取不同的價格。

進階題型

解答

1 某飲料的製造單位成本是10元，製造商加成20%賣給批發商，批發商依進價加上25%成本加成作為批發價，零售商再依批發價加上40%作為零售價。請問該飲料的零售價格是多少？ (D)
(A) 12元 (B) 15元 (C) 18元 (D) 21元。 【102中華電信】

解答

考點解讀 飲料的製造商賣給批發商的價格=10×（1＋20%）=12元
飲料的批發商的批發價＝12 ×（1＋25%）＝15元
該飲料零售商的零售價格＝15×（1＋40%）＝21元。

2 當HP推出新產品前，先針對EPSON的同型產品進行價格調查，以作為價格基礎之方式稱為： (A)成本定價法 (B)加成定價法 (C)目標定價法 (D)競爭者定價法。【103台酒】 (D)

考點解讀 競爭導向定價主要考量競爭者的狀況，訂定高於、低於或等於競爭者價格的售價。

3 世界知名品牌LV（Louis Vuitton）向來以高品質頂級皮包與高價位的形象聞名，常推出以知名設計師精心打造、質感精美的皮包，則該公司產品較適宜採取哪一種訂價方法？ (A)吸脂訂價法 (B)差別訂價法 (C)滲透訂價法 (D)追隨領袖訂價法。【107台酒】 (A)

考點解讀 透過新產品的高定價，以較高利潤彌補新產品開發的成本。等到銷售額下降時，則降價以吸引願意付較低價的消費者。通常適用於產品新穎或品質形象高貴。

4 廠商採用刮脂訂價政策時，通常是在何時？ (A)產品成熟期，產品需求穩定時 (B)成長期產品熱銷時 (C)產品衰退期，產量減少時 (D)新產品上市時。【103經濟部】 (D)

考點解讀 刮脂訂價（pice skimming）：是指企業一開始會訂定一個顧客可能願意支付的最高價格，再隨著產品生命週期的進展，逐漸降低該產品的價格，以便能接近更大範圍的市場。刮脂訂價下的價格常高於其他競爭產品，廠商通常對於新產品上市時會傾向使用此種訂價政策。

5 在新產品推出之初以低價格引起消費者的興趣，以及激發消費者的購買欲望，希望儘快取得市場佔有率，此為下列何種定價方法？ (A)滲透定價法 (B)吸脂定價法 (C)心理定價法 (D)奇偶定價法。 (A)

考點解讀 新產品定價方法：(1)吸脂定價法：訂最高價、快速回收、可保有最大調整空間。(2)滲透定價：比較競爭者低價格，以快速取得市場佔有率。

6 有關刮脂訂價與滲透訂價，下列敘述何者正確？ (A)刮脂訂價是指對產品訂定一個相對低的價格，以便快速攫取大多數市場 (B)滲透訂價下的價格通常高於其他競爭產品 (C)企業通常對於進入障礙很高的新產品會傾向使用刮脂訂價 (D)刮脂訂價通常應用於產品生命週期的末端。【104自來水】 (C)

解答

考點解讀 (A)滲透訂價是指對產品訂定一個相對低的價格，以便快速攫取大多數市場。(B)刮脂訂價下的價格通常高於其他競爭產品。(D)刮脂訂價通常應用於產品生命週期的初期。

7 企業經常將商品的價格訂為99元、199元、999元，請問這種定價策略稱為：
(A)滲透定價　(B)心理定價
(C)吸脂定價　(D)奇數定價。【104郵政】 (D)

考點解讀 心理定價（Psychological pricing）：以畸零的數字定價，讓消費者覺得比較便宜。

8 UNIQLO為擴大童裝版圖，推出童裝599元的限定期間優惠價，請問此為何種訂價策略？ (A)畸零訂價法 (B)炫耀訂價法 (C)成本加成訂價法 (D)目標報酬訂價法。【108鐵路營運人員】 (A)

考點解讀 將價格的尾數訂為畸零數或整數，以影響消費者對於產品價格的認知。例如，99、599、999元。(B)產品售價的高低常意味產品本身品質之優劣，以及購買者身分的高低。(C)以單位生產成本或進貨成本加上某一利潤加成做為價格。(D)訂出一個能夠獲取一定目標報酬率的價格。

9 電信業的 699 吃到飽上網，可以讓消費者覺得只要花 6 百多元，就能有吃到飽的無限上網，目的是讓消費者在心理上將價格歸類在比較便宜的區間之內，這種訂價方式稱為：
(A)參考訂價　(B)習慣訂價
(C)畸零訂價　(D)名望訂價。【103台北自來水】 (C)

考點解讀 心理定價策略包括：
(1)畸零定價：以畸零的數字（99、199）定價，讓消費者覺得比較便宜。
(2)名望定價：用高價讓消費者覺得產品有較高的聲望或品質，常用於象徵身份、地位、品味的產品。
(3)習慣定價：根據消費者對某個產品長期、不易改變的認知價格來定價。

10 顧客持有悠遊卡，在搭乘捷運後直接轉搭公共汽車，則公車的票價會予以折扣，請問這種定價方法稱為： (A)刮脂定價法 (B)滲透定價法 (C)組合（配套）定價法 (D)副產品定價法。【104鐵路】 (C)

考點解讀 配套式定價（bundle pricing）係將幾種產品組合起來，並訂出較低的價格出售。以較低的整體價格刺激購買，或促銷消費者本來不太可能購買的商品。優點是配套銷售可以節省人力、後勤作業與行政資源。

解答

11 在日常生活中，常購買同一商品在市區與山上有不同價格，此訂價概念屬於： (A)競爭者訂價法 (B)市場訂價法 (C)動態訂價法 (D)顧客導向訂價法。 【105郵政】 (C)

考點解讀 動態訂價法（dynamic pricing）：根據市場需求因素、購買條件、自身供應能力調整價格，並以不同的價格將同一產品適時地銷售給不同的消費者、不同地區或不同的市場。

12 許多企業在對產品進行定價時，會以「可負擔的奢華（Affordable Luxuries）」為訴求。這樣的定價方式其目標為： (A)利潤最大化 (B)市場佔有率最大化 (C)市場吸脂訂價法 (D)成為產品－品質領導者。 【107台北自來水】 (D)

考點解讀 可負擔的奢華（Affordable Luxuries），又稱「輕奢華」，指一些高檔品牌推出價錢較為大眾化的新產品線，消費者容易負擔之餘，又可以買到品質有保證的產品，因此這類產品大受歡迎。近年來，許多企業在對產品進行定價時，都採用此種定價方式，目標在於成為產品－品質領導者。

焦點 6 推廣策略

推廣（promotion）是將組織與產品訊息傳播給目標市場的活動，它的主要焦點在於溝通，即提醒、告知或說服消費者，以利品牌經營及行銷目標的達成。而企業為了與消費者達到溝通目的，運用廣告、促銷、人員銷售、公共關係及直效行銷等五項工具，與消費者進行溝通。

1. **行銷溝通組合**

行銷推廣或促銷組合又稱為「行銷溝通組合」（marketing communication mix），是一種包括廣告、促銷、人員銷售、公共關係、直效行銷組成的特殊組合，用來追求其行銷目標。

(1) **廣告**：在付費的原則下，藉非人員直接說明的方式，以達到銷售的一種觀念、商品或服務的活動。具有無遠弗屆、誇張表現、非人員溝通方式的特點。

(2) **促銷**：是一種短期內的激勵措施，以加速促成商品及服務的購買。具有短期性、針對特定群體等特點，如抽獎、折價券。

(3) **人員銷售**：直接指派從業人員與顧客或潛在顧客接觸以促成交易，如掃街拜訪、商展。此方式較有彈性，但成本較高。

(4) **公共關係**：公共關係主要目的是建立組織的良好形象，採用方式包括贊助社區活動、支持公益活動、出版企業刊物及爭取新聞報導等。

(5) **直效行銷**：利用非人員的接觸工具，如電子郵件、電話、型錄、電視、廣播、網路等，和目標顧客及潛在消費者溝通，以刺激其購買。

☆ 小提點

廣告的五個M，分別為：使命（mission）、金錢（money）、訊息（message）、媒體（media）以及衡量（measurement）。產品廣告種類有以下三種：

1. 告知式廣告：推廣全新或經改良的產品，增加消費者對產品的了解程度。
2. 說服式廣告：強調品牌或產品特色、優點，增加品牌偏好、刺激購買。
3. 提醒式廣告：提醒消費者不致讓消費者對品牌印象模糊或淡忘。

2. **行銷溝通組合的任務目標**

一般來說，行銷溝通組合的任務目標可分為：

(1) **告知**（inform）：傳遞產品或服務的基本訊息 。

(2) **說服**（persuade）：用來改變顧客態度、信念與偏好 。

(3) **提醒**（remind）：用來提醒消費者對產品與品牌名稱的熟悉 。

(4) **試探**（testing）：用來尋求新的行銷機會，尋求潛在顧客或測試新行銷訴求。

3. **整合行銷溝通**（Integrated Marketing Communication, IMC）

自1990年代以來，整合行銷溝通已成為行銷領域中，廣受各界探討的熱門話題。整合行銷溝通（IMC）又稱為「整合行銷傳播」，主要是強調廣告、人員銷售、促銷、公共關係、及直效行銷等各項行銷溝通工具必須相互協調整合，以降低成本，提高效率，發揮最大的力量。

4. **關係行銷**

指企業與顧客、供應商為了建立、發展、和維持成功的長期關係，所投入的所有相關活動。關係行銷的特色有：長期的經營顧客、高度注重顧客的接受度、經常透過許多方式與顧客互動。

5. **行銷發展的新趨勢**

(1) **事件行銷**：企業整合資源透過企劃，創造大眾關心的話題、議題，轉而吸引媒體的報導與消費者參與，進而達到提升企業形象，以及銷售商品的目的。

(2) **議題行銷**：將所欲行銷的產品，與當下消費大眾所關注的熱門議題做結合，再經由一定程度的宣傳後，引發群眾熱烈討論，以達到增加曝光率的目標。

(3) **置入性行銷**：又稱置入式廣告、產品置入，指刻意將行銷事物以巧妙的手法置入既存媒體，以期藉由既存媒體的曝光率來達成廣告效果。

(4) **體驗行銷**：讓消費者直接參與行銷內容，達到刺激銷售或感受品牌訴求。

(5) **口碑行銷**：主要來自於口語相傳，也就是以人傳人的方式，建立口碑。

(6) **病毒行銷**：行銷訊息像病毒般在網路上散播到網友電腦內，主要的傳播途徑為電子郵件，亦有從綁架瀏覽器的方式進行傳播。

(7) **社會行銷**：是一種為了解決社會議題的策略，應用行銷原則與技術，影響目標族群接受、拒絕、放棄、修正某項行為，進而達到促進個人、團體或社會整體的福祉，如保護環境及社區議題等。

📖 新視界

科特勒（Philip Kotler）和凱勒（Kevin Lane Keller）提出了「全方位行銷（holistic marketing）的概念，主張包括顧客、員工、合作夥伴、競爭對手，以及社會整體等，一切都和行銷有關，以一個更為廣泛、整合觀點，有效地發揮行銷功能。全方位行銷的四大元素，包括：關係行銷（relationship marketing）、整合行銷（integrated marketing）、內部行銷（internal marketing）、績效行銷（performance marketing）。

基礎題型

解答

1 推廣（Promotion）中說服的目標為何？ (A)建立品牌形象 (B)建立顧客忠誠度 (C)提醒消費者要去哪裡購買產品 (D)刺激消費者購買產品的意願與行動。 【106桃捷】 (D)

考點解讀 推廣或促銷的最終目標就是促使消費者有購買的意願與行動。

2 在行銷管理的促銷（Promotion）功能中，常見的促銷工具不包含下列何者？ (A)廣告 (B)人員銷售 (C)通路管理 (D)公共關係。 【105經濟部】 (C)

考點解讀 促銷是一種行銷溝通的方式，企業最常使用的促銷組合工具有：廣告、促銷、人員推銷、公共關係與直效行銷等五種。

3 許多企業經常辦理一些創意活動吸引媒體上門報導，此類報導更容易讓消費者採信，可以增加消費者對品牌的知名度與好感度，此種作法在行銷中稱為：
(A)廣告 (B)推銷 (C)促銷 (D)公共關係。 【108台酒】 (D)

考點解讀 (A)一種付費的溝通方式，由可認明的廣告業主，透過大眾媒體來說服或影響消費者購買行為。(B)最傳統的促銷方式，運用一切可能的方法把產品銷售給顧客。(C)是一種短期內激勵消費者或中間商購買的活動，如折價券。

4 行銷溝通組合（marketing communication mix）是由各種不同溝通模式（mode）構成的，其中，「以信件、電話、傳真、電子郵件、網際網路，對特定顧客或潛在顧客直接溝通或訴求回應或對話。」是屬於下列哪一種溝通模式？
(A)廣告 (B)促銷 (C)直效行銷 (D)事件行銷。 【101台酒】 (C)

考點解讀 直效行銷利用非人員的接觸工具，如電子郵件、電話、傳真、信件等，和目標顧客及潛在消費者溝通，以刺激購買。

5 下列何者不屬於直效行銷（direct marketing）的作法？ (A)郵購 (B)目錄銷售 (C)電話行銷與線上行銷 (D)銷售人員到工作場所銷售。 【105鐵路】 (D)

考點解讀 直效行銷（direct marketing）又可稱直效行銷，其主要型態包括：面對面銷售、直遞信函、目錄銷售、郵購電話行銷、電視購物、線上行銷、互動式販賣機行銷等。

解答

6 何謂「整合行銷溝通」？ (A)行銷人員在清楚確定目標與訊息重點之下，整合所有的推廣工具，以便產生一加一大於二的綜合效果 (B)行銷團隊面對決策時，必須協調溝通的過程 (C)行銷人員在面決策時，整合所有人的意見後，決定出行銷策略的過程 (D)行銷人員在面決策時，主管須迴避協調相關會議。 【106桃捷】 (A)

考點解讀 「整合行銷溝通」強調整合各種不同的傳播工具，以與消費者進行雙向、互動的溝通，以便產生一加一大於二的綜效（synergy）。

7 關於關係行銷（Relationship Marketing），下列敘述何者有誤？ (A)著眼於顧客關係 (B)著眼於長期利潤 (C)採推銷式銷售方法 (D)焦點在顧客。 【102經濟部】 (C)

考點解讀 關係行銷著重持續的交流、長期觀點、持續的顧客接觸、非常重視顧客服務、雙向溝通與合作、以維繫舊顧客為重點、追求顧客佔有率。

8 廠商有計劃地將行銷產品透過電視節目、電影等，刻意將行銷事物以巧妙手法出現在既存媒體，以期藉由既存媒體的曝光率來達成廣告效果。這種行銷行為屬於下列何者？ (A)公共報導 (B)置入性行銷 (C)口碑行銷 (D)社會行銷。 【105自來水】 (B)

考點解讀 置入性行銷（placement marketing）：指刻意將行銷事物以巧妙的手法置入既存媒體，以期藉由既存媒體的曝光率來達成廣告效果。

進階題型

解答

1 下列何者不是推廣工具？ (A)戶外看板 (B)贊助社區活動 (C)優惠特價方案 (D)悠遊卡。 【103台酒】 (D)

考點解讀 悠遊卡是臺灣一種非接觸式電子票證系統智慧卡，由悠遊卡公司發行，首先於2002年6月通用於臺北捷運。目前發行張數八千多萬張，使用範圍已經擴及臺鐵、高鐵、淡海輕軌、桃園捷運和高雄捷運，以及全國各大縣市的公車、小額消費商店及政府機關使用。

2 規劃促銷活動（Promotional Campaign）的第一個步驟是以下哪一個選項？ (A)選定促銷組合（Promotional Mix）的內容 (B)確立促銷活動的預算 (C)建構促銷活動的訊息 (D)確認促銷活動的目標。 【108郵政】 (D)

解答

考點解讀 促銷活動的八個步驟：(1)確定促銷活動的目的、目標；(2)進行資料收集和市場研究；(3)進行促銷創意；(4)編寫促銷方案；(5)試驗促銷方案；(6)改進完善促銷方案；(7)推廣實施促銷方案；(8)總結評估促銷方案。

3 在電影中，透過男主角開著Luxgen的SUV、手持HTC的手機，以達到品牌露出與提高知名度的作法，稱為： (A)口碑行銷 (B)體驗行銷 (C)置入性行銷 (D)病毒式行銷。【104郵政】 (C)

考點解讀 置入行銷有可能放置在：廣播、電視廣告、影片、文章等傳播媒體。通常有三種方式：(1)畫面置入：如畫面、背景、演員服裝等；(2)對話置入：演員之間的對話或是主持人的說詞上提到；(3)劇情置入：將商品設計成劇情的一部分。

4 1990年代之後，企業因應環境變化，意識到對市場經營需要採取更全面的觀念。有關Kotler & Keller所提出全方位行銷觀念下所涵蓋的構面，下列何者有誤？ (D)

(A)關係行銷（Relationship Marketing）

(B)績效行銷（Performance Marketing）

(C)整合行銷（Integrated Marketing）

(D)互動行銷Interacted Marketing）。【111經濟部】

考點解讀 全方位行銷的4大元素，包括：關係行銷（relationship marketing）、整合行銷（integrated marketing）、內部行銷（internal marketing）、績效行銷（performance marketing）。

第五篇 企業的幕僚職能

Chapter 01 人力資源管理

焦點1 人力資源管理的基本概念

人力資源是組織最重要的資產，其運作良否會影響企業的競爭力。所謂人力資源管理（Human Resource Management，簡稱HRM）是研究如何讓組織有效地進行羅致人才、發展人才、應用人才、激勵人才、配置人才與維護人才的系列管理活動，即求才、用才、育才、晉才、留才。

☆ 小提點

人力資源管理實務可歸納為五大類：

1. 求才：包括人力資源規劃、工作分析與設計、招募與甄選。
2. 用才：任用、調動、汰減、考勤。
3. 育才：教育、訓練、發展。
4. 晉才：績效評估、晉升調職、職涯規劃。
5. 留才：薪資、福利、保險、退休制度、勞資關係。

1. **人力資源管理的原則**
   (1) **發展原則**：應考量員工的發展需求，同時配合企業未來的營運方向。
   (2) **科學原則**：不以主觀經驗做判斷，依科學方法從事管理來提高管理的效率與品質。
   (3) **人性原則**：應考慮員工情緒反應、自尊心、企圖心，讓員工對企業產生向心力。
   (4) **人才原則**：發掘合適、優秀人員，同時要能培育與留住有用人才。
   (5) **民主原則**：採民主式管理，逐級授權，分層負責，尊重員工之間的差異。
   (6) **參與原則**：在合理範圍內，讓員工有參與決策的機會，以提高員工榮譽與歸屬感。
   (7) **績效原則**：根據實際的績效論功行賞，賞罰分明，不以個人好惡來管理。
   (8) **彈性原則**：人力資源管理的制度和標準，須隨時空環境的變遷做適度的調整。

2. **人力資源管理的程序**

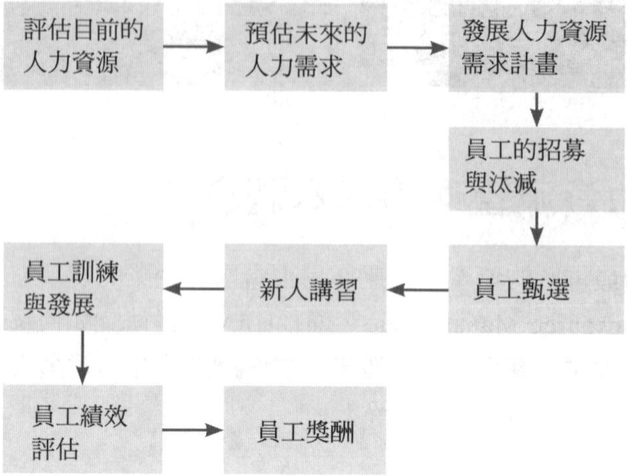

3. **現代人力資源應扮演的角色**

現代人力資源功能有四個角色：策略夥伴、行政專家、員工協助者與變革促進者，其內涵與主要進行活動。

角色比喻	角色內涵	結果	活動
(1)策略夥伴	管理策略性人力資源	策略建立與執行	使組織策略與人力資源管理相互搭配；進行「組織診斷」
(2)行政專家	管理基本架構	建立高效率基本架構	重新安排流程；提供「共享服務」
(3)員工協助者	管理員工貢獻	增加員工承諾與能力	傾聽並回應員工需求；要「提供員工資源」
(4)變革促進者	管理組織變革	創造能更新的組織	促進並管理組織變革；要持續「培養變革能力」

4. **人力資源規劃**

管理者為確保有效完成組織任務，而「適質適量」與「適時適地」配置員工的過程。人力資源規劃可避免突如其來的人力短缺和過剩，其實施步驟有：準備人力資源人才庫→ 工作分析→ 評估未來需求→ 評估未來供給→ 建立策略規劃。

基礎題型

解答

1 企業組織所擁有最重要的資源為下列何者？ (A)營運計畫書 (B)行銷組合 (C)資本預算 (D)人力資源。【108郵政】 (D)

考點解讀 人力資源是指實質提供體力與貢獻智慧的一群人，企業的人力資源常是競爭優勢的重要來源。

2 「人力資源管理」的目的在為組織求才、育才、用才與留才，下列何者不是其內容？ (A)人力的獲得 (B)人力的發展與應用 (C)人員的激勵與維持 (D)企業政策規劃。【107自來水】 (D)

考點解讀 人力資源管理之目的是為組織求（選）才、育才、用才、晉才與留才。(1)人力的獲得：求才；(2)人力的發展與運用：用才、育才、晉才；(3)人員的激勵與維持：留才。

3 從事人力資源管理應考慮到員工的情緒反應、自尊心、企圖心、向上心，此乃遵循人力資源的哪一項原則？ (A)彈性原則 (B)民主原則 (C)發展原則 (D)人性原則。【105台糖、郵政】 (D)

考點解讀 制度的擬定與實施，須考慮人性層面，如自尊心、企圖心、情緒等，使員工樂於接受管理，並對企業組織產生向心力。

4 人力資源管理的工作屬於下列何者？ (A)僅是直線主管的責任 (B)僅是專業幕僚的工作 (C)僅是高階主管的職責 (D)應為專業幕僚和直線主管的共同工作。【102中華電信】 (D)

考點解讀 人力資源管理的工作屬於所有主管的共同工作。

5 估計企業未來人力需求的種類與數量，並找尋補充人力的方法，稱之為： (A)工作設計 (B)工作分析 (C)人力資源規劃 (D)招募甄選。【102中華電信】 (C)

考點解讀 (A)為了有效地達到組織目標，提高工作績效，對工作內容、工作職責、工作關係等有關方面進行設計。(B)藉由分析，來描述工作內容及從事該工作人員所需特性的方法。(D)尋找、篩選及錄用適當人選出任組織職位空缺的過程。

6 人力資源管理的程序中，工作說明書的撰寫是在那個階段進行的工作？ (A)人力資源規劃 (B)招募與甄選 (C)引導與訓練 (D)獎酬與職涯發展。【102鐵路】 (A)

解答

7 下列何者是人力資源規劃的重要步驟之一？ (A)面談口試 (B)建立現有人才庫 (C)績效評估 (D)教育訓練。 【台糖、郵政】 (B)

考點解讀 人力資源規劃的重要步驟或第一步驟就是建立現有人才庫。

8 對人力需求規劃最主要的依據是： (A)組織整體策略 (B)各部門所提需求 (C)員工發展的需求 (D)外界環境的變化。 【103台酒】 (D)

考點解讀 人力需求規劃乃是組織依據其內外環境及員工的事業生涯發展，對未來長短期人力資源的需求，所做的一種有系統且持續的分析與規劃的過程。

進階題型

解答

1 下列何者是全球化思維下「智慧資本」的定義？ (A)

(A)對國際企業的知識，以及對全球化運作的瞭解

(B)對新知識與經驗的開放度

(C)和不同人建立連結與信賴關係的能力

(D)減少資源浪費。 【108漢翔】

考點解讀 Steward認為：「智慧資本是指每個員工與團隊能為公司帶來競爭優勢的一切知識與能力的總和。其與有形資產有別，大多是無形的。」在全球化思維下「智慧資本」，強調是對國際企業的知識，以及對全球化運作的瞭解。

2 在組織變革程序中引進外界專家來作為變革促發者（Change agent）的最大缺點是： (A)專業能力不足 (B)經驗不足 (C)對組織的了解不足 (D)時間有限。 【103台酒】 (C)

考點解讀 Ulrich（1997）提到管理變革的能力是人力資源專業人員成功與否的最重要因素，擔任變革促發者的人力資源專業人員要能協助實現變革並且瞭解變革的關鍵流程，培養員工對於這些流程的承諾，確保達成預期之變革。不過若引進外界專家來作為變革促發者，其最大缺點是對組織的了解不足。

3 從策略性人力資源管理角度，分析工作者所需的知識（knowledge）、技能（skill）與能力（ability）的理論，為下列何者？ (D)

(A)資源理論 (B)STP分析

(C)五力分析 (D)人力資本理論。 【103經濟部】

解答

考點解讀 人力資本理論（Human Capital Theory）起源於經濟學研究，在20世紀60年代，由舒爾茨和貝克爾所創立。「人力資本理論」認為物質資本指物質產品上的資本，包括廠房、機器、設備、原料、土地、貨幣等；而人力資本則是體現在人身上的資本，亦即對生產者進行教育、職業培訓等支出及其在接受教育時的機會成本等的總和，表現為蘊含於人身上的各種生產知識、勞動、技能、能力以及健康素質的存量總和。

4 在人力資源管理活動中，事業生涯規劃是屬於： (A)用才 (B)育才 (C)晉才 (D)留才。 【106自來水】 (C)

考點解讀 事業生涯規劃又稱職涯規劃，是依據員工的特質、興趣、技能、經驗與動機，組織提供員工工作機會及相關資訊，以確定工作目標，並計畫其行動步驟，來達到既定目標的過程。晉才強調人才晉陞，包括：績效評估、晉升調職、職涯規劃等。

5 下列有關人力資源管理的敘述，何者有誤？ (B)
(A)將員工視為組織成長的重要資源
(B)科學管理理論使企業視員工為組織資源轉變成組織成本
(C)人力資源管理的範疇包括：選才、用才、育才、留才
(D)認為有效的管理者應透過激勵員工改善其工作效率。 【107中油】

考點解讀 科學管理學派藉由數據的客觀分析、權責的分工及配合以及專業化、標準化來提升工作效率。

非選擇題型

1 在企業或組織中人力資源管理的5個作業範疇，包含：選才、用才、育才、晉才及______。 【106台電】

考點解讀 留才。

2 有關企業功能中，__________管理的主要職能包括：人員招募、培訓開發、薪酬福利、績效考核及員工關係等。 【108台電】

考點解讀 人力資源

人力資源管理係指企業的一系列人力資源政策以及相應的管理活動。這些活動主要包括企業人力資源規劃、人員的招募與甄選、人員任用或汰換、員工培訓開發、薪酬福利制度、績效管理、退休保險制度、員工關係管理等。

焦點2 工作分析與工作評價

工作分析（Job Analysis）是分析組織內的工作內容範圍，以及確認進行這些工作所需的技能與行為。工作分析可產生工作說明書與工作規範書兩項文件。

1. **工作說明書**（job descriptions）：是指記載關於某一職位的人員做些什麼，如何做，以與為何要做的書面說明。
2. **工作規範書**（job specification）：說明一位員工為了將某特定工作順利執行，所需具備的最低資格條件。

工作分析通常包含7W：

用誰（Who）指工作人員；做什麼（What）指工作內容；何時（When）指工作時間；在何處（Where）指工作地點；如何作（How）指工作方法或程序；為什麼（Why）指工作目的；為誰（For whom）指服務對象。

> **小秘訣**
>
> 工作分析又稱「職務分析」或「職務記載」，係將各工作的任務、責任、性質以及從事工作人員的條件等，予以分析研究，做成工作說明書與工作規範兩種書面報告。
>
> (1)**工作說明書**：是對「**事**」的分析，以「**工作**」為主，包含每項工作的性質、任務、責任、內容與處理方法。
>
> (2)**工作規範**：是對「**人**」的分析，以「**人員**」為主，包含了年齡、性別、教育程度、工作經驗、能力、知識、技術與證照要求等。

工作分析之目的：

(1)可作為工作評價的基礎；(2)可作為甄選員工的依據；(3)可作為績效評估的依據；(4)可作為訓練員工的目標；(5)達到同工同酬與適才適所；(6)可顯示職權關係、工作關係、人際關係。

☆ 小提點

工作分析常用的方法有以下幾種：

1. 觀察法：透過直接的觀察或錄影，直接記錄員工在工作過程中的作業情形。
2. 面談法：對員工進行單獨的或集體的訪談，並將內容記錄下來。
3. 問卷法：透過問卷調查的方式，以獲取有關工作的內容。
4. 利用技術會議：由技術會議中的「專家」來界定該項工作特有的性質。

5. 實作法：直接到現場工作、學習，以記錄工作細節，通常需用到時間與動作研究。
6. 工作日誌法：要求工作者對每天工作活動做記錄，再由專家評估、歸納。

工作評價（job evalutation）又稱工作品評或工作分等，以工作分析為基礎，根據各項工作的繁簡、責任的大小、所需人員的資格條件，來劃分不同等級，**藉以評定薪資尺度**。工作評價常用的方法有：

1. **排列法**：將工作性質類似或同一部門員工依工作繁簡難易、責任輕重比較，依序排列出等級高低。適用小型企業，為最傳統、最簡單的方法。
2. **評分法**：又稱點數法，將工作的構成因素進行分解，然後依事先所設計出的結構化量表對每種工作要素進行估算，用分數來表示工作價值的高低。適用於大企業，為最普遍的工作評價法。
3. **因素比較法**：係排列法的改良，選用多項報酬因素來加以比較，分別給予對應的薪資價值，最後加總核算每個工作的薪資價值。
4. **分級法**：訂定工作分等表，按職責輕重編薪資不同的等級表，再按工作的內容，將各項工作歸入適當的等級。

新視界

人力資源盤點（human resource inventory）是對組織現有的人力資源數量、質量、結構進行查核，以掌握目前擁有的人力資源狀況，對短期內人力資源供給作出預測。人力資源盤點是人力資源規劃的中一環，可瞭解組織目前可用的人才和專業技能所需，提供人力資源政策擬定的客觀依據。

基礎題型

解答

1 定義工作內容與鑑定該工作所需的能力是下列何者之定義？ (C)

(A)招募 (B)績效評估

(C)工作分析 (D)訓練。 【108台酒】

考點解讀 工作分析可定義工作內容與鑑定該工作所需的能力，會產生工作說明書（job description）與工作規範（job specification）兩個成果或產物。

解答

2 人力資源管理中，對於擔任各項工作的人員所需具備之資格或條件的訂定，係根據以下何者而來？　(A)職位分類　(B)職涯階梯　(C)工作分析　(D)工作評價。【107台酒】　(C)

考點解讀　人力資源管理中，對於擔任各項工作的人員所需具備之資格或條件的訂定（工作規範），是根據工作分析而來。

3 蒐集、檢視及解析組織中某職位的主要工作活動，及從事這些活動所須具備知識、技術、能力與特質的過程稱之為?　(A)人力存量報告　(B)工作說明書　(C)工作分析　(D)工作規範。【112桃機】　(C)

考點解讀　工作分析是針對組織內的工作，透過資料的收集與整理進行系統性的分析。工作分析可產生工作說明書、工作規範兩個書面文件。
(1)工作說明書：記錄工作的性質、內容以及工作方法。
(2)工作規範：記錄擔任這些工作的人所必須具備的能力與條件。

4 工作說明書和工作規範是以下何種系統化的書面描述？　(A)工作評價　(B)工作分析　(C)職位分類　(D)職前訓練。【113鐵路】　(B)

5 企業進行工作分析後會得出二項成果，來說明一項工作的內容、職責、工作環境，以及有效執行該工作所需的技能、資歷與資格，下列何者屬於這二項成果？　(A)工作輪調與與組織圖　(B)工作規範與工作輪調　(C)工作規範與工作說明書　(D)工作說明書與工作輪調說明書。【111台酒、108漢翔】　(C)

6 工作分析是企業人力資源規劃（planning）的主要活動之一。當企業進行工作分析後會產生二項結果， 下列何者是這二項結果？　(A)策略地圖與重置圖　(B)策略地圖與組織圖　(C)組織圖與重置圖　(D)工作說明書與工作規範。【104自來水】　(D)

7 記載工作者做什麼、如何做，以及為什麼要做的一份書面文件。稱為：　(D)
(A)工作分析表　(B)作業流程圖
(C)工作規範　(D)工作說明書。【106自來水】

考點解讀　人力資源管理中，工作分析是最基礎的核心工作，且會產生工作說明書及工作規範等二份重要的文件。
(1)工作說明書：說明每項工作的特質、內容、責任、處理方法和程序的文件。
(2)工作規範：規定擔任各項工作人員所需具備之資格條件，以為人員甄選訓練及調遷的參考。

解答

8 公司的人力資源部門，進行工作分析會產生兩種書面報告，當中在描述工作的目標、內容、責任與職務、工作條件，以及與其他功能部門間的關係是指： (A)工作說明書 (B)工作規範書 (C)薪資說明書 (D)工作評價。 【103台酒】 (A)

考點解讀 工作說明書旨在描述工作性質、任務、責任、工作內容等的說明。

9 下列哪一份文件是描述企業組織對於負責執行某特定工作員工所需要具備的最低資格要求？ (A)工作說明書（Job Description） (B)績效評估表（Performance Review） (C)人力資源盤點（Human Resource Inventory） (D)工作規格書（Job Specification）。 【108郵政】 (D)

考點解讀 工作分析的最終成果或產物是工作說明書（job description）與工作規範或工作規格書（job specification）。
(1)工作說明書：主要在描述工作性質、任務、責任、工作內容等的說明。
(2)工作規格書：指出完成該項工作的工作者所應具備的資格與條件。

10 能陳述員工完成工作所必須具備之資格條件的書面文件是： (A)工作說明書 (B)工作規範 (C)工作手冊 (D)組織圖。 【107台酒】 (B)

考點解讀 工作規範（Job Specification）是由工作說明書中指出完成該項工作的工作者應具備的資格與條件（知識、技術與能力；KSA）。

11 說明一個員工若要順利執行某一特定工作，必須具備的最低資格，有效執行該工作所要具備的知識、 技術與能力的書面說明，稱為： (B)
(A)工作說明書 (B)工作規範書
(C)作業計畫書 (D)行銷企劃書。 【107台北自來水、106桃機】

12 在企業的人力資源管理文件中，說明一個員工若要順利執行某一特定工作，必須具備的最低資格及有效執行該工作所具備之知識、技術與能力的書面說明，稱為下列何者？ (A)工作說明書 (B)工作規範書 (C)標準作業流程 (D)工作指引。 【105經濟部】 (B)

考點解讀 (A)主要在描述工作性質、任務、責任、工作內容等的說明。(C)標準作業流程（SOP）為企業界常用的一種作業方法， 其目的在使每一項作業流程均能清楚呈現，有助於相關作業人員對整體工作流程的掌握。(D)針對不同職位或不同工作性質而製訂的工作規則和步驟。

解答

13 用以規範適合該特定工作的員工，所應具備的條件或要求之文件稱為：(A)工作規範書 (B)工作說明書 (C)人力資源計畫書 (D)人員招募規劃書。【104郵政】 (A)

14 下列何者是評定企業內部每一工作職位的相對價值，以建立公平合理的獎工制度？
(A)工作分析 (B)工作評價 (C)工作獎評 (D)工作說明。【103台電】 (B)

考點解讀 工作評價（job evaluation）指評定工作的相對價值，制定工作的等級，以確定工資收入的計算標準。

進階題型

解答

1 工作分析的內容可包含7個W，其中why的內容是指 (A)工作方式 (B)工作地點 (C)工作程序 (D)工作目的。【107台酒】 (D)

考點解讀 工作分析通常包含7W：用誰（Who）；做什麼（What）；何時（When）；在何處（Where）；如何（How）；為什麼（目的）（Why）；為誰（For whom）。

2 相較之下，下列何時不需要做工作分析？ (A)核定薪資時 (B)某工作的離職率特別高時 (C)環境改變時 (D)新組織建立時。【105台糖】 (A)

考點解讀 「相較之下，下列何時不需要做工作分析」題意強調什麼時間點，不需要做工作分析。事實上，工作分析是工作評價的基礎，亦即工作分析完之後，才有工作評價。所以核定薪資時需要做的是工作評價。

3 工作分析是人力資源開發與管理的最基本作業，請問何者不是其目的？(A)分析環境對工作的機會與威脅 (B)做為績效評估的依據 (C)應用於甄選與招募員工 (D)顯示職權關係、工作關係、人際關係。【104台電】 (A)

考點解讀 工作分析之目的：(1)可作為工作評價的基礎；(2)可作為甄選員工的依據；(3)可作為績效評估的依據；(4)可作為訓練員工的目標；(5)達到同工同酬與適才適所；(6)可顯示職權關係、工作關係、人際關係。

4 有關「工作說明書」的敘述，下列何者錯誤？ (A)是對「事」的分析 (B)以「工作」為主角項目 (C)包含了年齡、性別、教育程度、工作經驗、能力、知識、技術與證照要求等 (D)包含每項工作的性質、任務、責任、內容與處理方法。【105台糖】 (C)

解答

考點解讀 工作說明書是有關工作性質、職責、工作活動、工作條件，以及工作對人身安全危害程度等工作特性方面的資訊所進行的書面描述。

5 「工人必須用電弧或乙炔焊接設備焊接各種金屬。工作地點除了室內之外，也有室外工作。此職位的工人由焊接工廠主管直接管理。」上列描述符合下列何者？ (A)工作說明書 (B)工作規範 (C)工作評估 (D)工作分析。【101中華電信】 (A)

考點解讀 (A)說明工作的內容、範圍、責任、性質的書面記錄。
(B)記載一項工作員工所應具備最低條件資格的書面記錄。
(C)根據工作分析的結果，按照一定的標準，對工作的性質、責任、複雜性及所需的任職資格等因素的差異程度，進行綜合評估的活動。
(D)涵蓋「工作說明書」與「工作規範」，用以說明工作的內容、範圍、責任、性質及從事此項工作所具備的資格條件。

6 關於某公司的行銷職位，下列何者屬於工作規範（Job specification）之內容？ (A)至少3年行銷相關工作經驗 (B)制定公司品牌長期發展策略 (C)負責線上線下數位行銷操作 (D)薪資為4至5萬元。【112經濟部】 (A)

考點解讀 工作規範書（job specification）說明一位員工為了將某特定工作順利執行，所需具備的最低資格條件。

7 工作分析、工作說明書與工作規範是人力資源管理中重要的工具，下列關於三者的敘述何者錯誤？ (B)
(A)根據工作分析結果發展或修正工作說明書
(B)根據工作規範進行工作分析
(C)工作規範列出工作人員至少應具備的基本條件
(D)工作說明書是記載工作人員應做什麼事、如何做，以及為什麼要做該項工作的說明。【105鐵路】

考點解讀 根據工作分析進行工作規範，工作規範是工作分析的產物或結果。

8 下列有關工作評價的敘述，錯誤的是： (C)
(A)評定各種工作之間的相對價值
(B)是計算員工薪資高低的標準
(C)是工作分析的基礎
(D)可達成同工同酬、異工異酬的目的。【107台酒】

考點解讀 工作分析可做為工作評價的基礎。

解答

9 若人力資源部門將總務的日薪定為：「技能200元、責任400元、經驗200元、環境 200元，總額為1000元」，則其可能採用的工作評價方式為下述哪一種？ (A)
(A)因素比較法（Factor comparison method）
(B)圖表測量法（Graphic rating scales）
(C)分類法（Classification method）
(D)排列法（Ranking method）。 【108鐵路營運人員】

考點解讀 為排列法與計點法的綜合運用，係將工作的基本因素，以點數或金錢為尺度，建立比較標準表，然後將工作的本身因素，參照比較標準表填入，再比較總積點以決定工作價值。

10 在企業現有人力進行盤點與查核中，要瞭解組織內業務的重心所在，可以進行？ (A)人力數量分析 (B)人力素質分析 (C)組織結構分析 (D)人力類別分析。 【106台電】 (D)

考點解讀 人力類別的分析：透過對企業人力類別分析，可瞭解組織內業務的重心所在。它包括以下兩種方面的分析：
(1)工作功能分析。一個組織內人員的工作能力功能很多，歸納起來有四種：業務人員、技術人員、生產人員和管理人員。這四類人員的數量和配置代表了企業內部勞力市場的結構。有了這項人力結構分析的資料，就可研究各項功能影響該結構的因素。
(2)工作性質分析：依工作性質來分，企業內部工作人員又可分為兩類：直接人員和間接人員。這兩類人員的配置，也隨企業性質不同而有所不同。最近的研究發現，一些組織中的間接人員往往不合理的膨脹，該類人數的增加與組織業務量增長並無聯繫。

非選擇題型

1 ________係描述某特定職位（工作內容）所需之知識、能力、事業技術等條件，亦是擔任該職位所須具備之最基本條件。 【105台電】

考點解讀 工作規範（書）。

2 什麼是工作說明書？它有什麼意義和作用？ 【109港務】

考點解讀 工作說明書（job description）是描述工作的一份書面文件，通常會記載工作的內容、範圍、任務、責任、性質等。工作說明書的作用：

(1)可做好人力規劃；(2)作為甄補與解職的依據；(3)促使新進人員快速進入情境，同時做好人員異動時的交接工作；(4)可作為人員訓練的依據；(5)可作為訂定員工薪資的基礎；(6)作為工作稽核的依據；(7)作為績效考核的依據；(8)作為評估組織結構的參考。

焦點 3 人力資源管理的程序

人力資源管理執行的程序包括以下數個步：

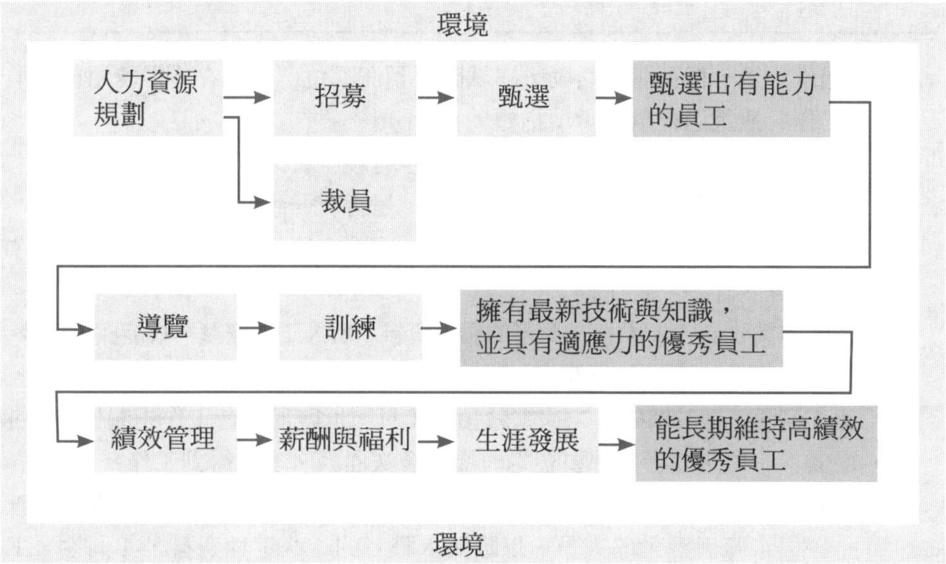

1. **現代招募與甄選**

(1) **招募**：尋找符合遞補職位所需條件的人員，並設法吸引他們前來應徵的過程。**招募方式可分為內部招募與外部招募**，其優缺點比較如下表：

內部招募：從公司內的員工中來選才。	方式	公告系統、內部刊物、員工推薦、內部晉升。
	優點	成本較低、招募程序快、新人訓練時間縮短、對組織及文化有相當瞭解、員工容易配合、可激勵員工士氣、留住優秀人才、能準確地評估其表現。
	缺點	可供挑選對象太少、組織人力老化、員工缺少新創意、組織運作僵化、主管容易提拔親信、不利推動改革。

外部招募： 從公司外的人來應徵職缺。	方式	報章雜誌或廣播電視刊登求才廣告、人才仲介機構徵才、網路徵才、校園徵才、專業性雜誌、工作博覽會、聯合同業舉辦人才招募。
	優點	外部人力市場較大可選擇對象較多、可為組織注入新血、使組織成員來源多元化、帶來新觀念與作法、可針對特定團體招募。
	缺點	招募與訓練成本較高、容易打擊舊有員工士氣、員工不熟悉組織。

(2) **甄選過程**：是一種預測的活動，它試圖要預測哪位應徵者在獲得聘用後，最能勝任工作。甄選過程重視兩項指標：

A. 效度：甄選工具和某些準則間，必須存有經證實的關係。

B. 信度：甄選工具在衡量同樣的事物時，是否有一致性的結果。

管理者常用的甄選工具包括書面申請資料、測驗、實做測試、面談、背景調查，以及體檢等。詳如下表比較：

A. 書面申請資料：記載著求職者的個人資料、個人工作經歷、技能與成就等。

B. 測驗：典型的測驗包括智力、性向、能力與興趣等方面的測驗。

C. 實作測試：是最準確的未來績效預測工具，也容易符合工作相關性的要求。

D. 面談：每個求職者大都要經過一次或多次面談，才能得到工作。

E. 背景調查：除了查證求職者的工作紀錄與過去的工作績效外，也包括查詢一些與求職者熟悉的人員，以瞭解求職者的一些定性資料，如個性、工作態度等。

F. 體檢：對於某些要求體能的工作而言，體檢是有必要的。

另外，企業為了讓應徵者能對公司瞭解，會提供**實際工作預覽（Realistic Job Preview, RJP）**，即為工作的預覽，提供工作及公司中正面及負面的資訊。以鼓勵不適任的應徵者退出、使應徵者對實際工作有較實務的期待、提高員工的工作滿意度並減少離職率。

☆ 小提點

面談（interview）的種類又可分為：

1. 結構化面談：事先擬妥綱要，進行面談。
2. 半結構化面談：主試者預先準備好主要問題，但仍有足夠的彈性運用刺探等技巧評量應徵者的長處和短處。

3.非結構化面談：不事先擬妥面談綱要，採開放式的問題。
4.情境面談：使用投射技巧，使應徵者設想自己處於某工作情境中，看看應徵者在該情境理會有何反應。
5.壓力面談：應徵者置於有壓力的情形下接受面談，測試受試者的情緒穩定性。例如，主試者針對受測者背景上的弱點提出尖鋭問題，或持敵對相反的態度。
6.團體面談：多位受測者被安排在同一時間，一齊接受面談。

(3)**裁員**：指企業計畫性地刪減職位，最常發生在市場佔有率降低、擴張太過，或管理不當時。裁員是企業基於政策考量而減少雇用人力，管理者面對汰減員工的選項有以下數種：
A. 解雇或資遣：採取永久性且非自願性的方式來終止某些職位。
B. 留職停薪：指暫時性終止某些職位。
C. 人事凍結：對於自願辭職或正常退休所產生的空位，不再遞補。
D. 轉調職務：藉由平行或向下調動員工，來紓緩組織內職位的供需不平衡。
E. 降低工時：在業務清淡時期，將員工每週工作的時數減少，或是強迫員工無薪休假，或是將專職工作改為兼職。
F. 提早退休：藉由提供誘因給較資深員工，使其在正常退休日期前提前辦理退休。

2. **人員任用與訓練**：用才係將企業人員分派到一個出缺或新設的職位上，但為讓新進人員熟悉未來工作環境與工作內容，企業除了會進行員工導覽也會安排人員的訓練。
(1)**職位管理**（position management）：以個別職位為管理對象，透過職位分析來確認不同職位在組織中的角色與職責以及相應的任職資格。
(2)**員工導覽**（orientation）：對一位新進員工介紹企業概況與工作內容等活動，導覽的型式又可分為：
A. 工作單位導覽：讓員工熟悉工作單位的目標、該工作對目標達成的重要性，及介紹工作夥伴等。
B. 企業導覽：告訴新進員工有關企業的目標、歷史、哲學、程序和規定等，也包含相關的人力資源政策，以及參觀企業的實體設施。

(3)訓練是對個人的知識及能力的培養，並且進一步提昇發展能力。訓練方法可分為職前訓練、在職訓練（OJT）與管理訓練。

A 職前訓練：正式就職前對新任職位工作需求所施以之訓練，幫助新進員工了解工作內容，與完成工作所需技能、知識，例如建教合作、現場實習。

B. 在職訓練：對現職人員在工作現場的再教育，藉由實際工作中訓練，如工作輪調、教練法、顧問與輔導法、導師學徒制等。

C. 職外訓練：員工暫時離開工作崗位接受短期訓練，如課堂講授、影片及錄影帶教學、模擬練習、預習入門訓練、外界進修學校、參加研討會等。

D. 管理訓練：員工為晉升更高職位，接掌更重職務所受的儲備訓練。如見習派任、晉升訓練法、代理制度、複式管理、公文籃訓練、評鑑中心、企業競賽等。

(4) **訓練程序**：評估訓練需求→設定訓練目標→擬定訓練計畫→執行訓練→評估訓練成效（反應、學習、行為、工作績效）。

A. 反應：衡量受訓者對訓練的反應。

B. 學習：衡量受訓者的學習效果。

C. 行為：衡量受訓者的行為改變。

D. 結果：衡量組織因訓練所產生的改變。

☆ 小提點

1. 複式管理：讓中低階層管理者，可以參與高階管理者的規劃與決策。
2. 公文籃訓練：訓練主管如何算眾多的公文、報告、備忘錄以及其它往來信件中擇定優先順序以及處理的訓練。
3. 評鑑（量）中心：通常應用在高級主管的培訓與評鑑，是一套採用多種方法，讓受測者展現知識、技術與能力（KSAs）的評量過程。
4. 企業競賽：模擬真實經營實況供學受訓者本人或小組進行實際的演練，由成員分別扮演公司主管角色，然後賦予有關經營的資訊與假設，供其討論、演練、研究，最後做出經營決策。
5. 工作抽樣：例行工作中選取一些代表性的工作項目，來對求職者進行測試。

(5) 員工發展係企業為員工發展個人職涯，以提高人員素質，激發其工作意願，以達到個人的成長。員工發展側重於個人未來能力的培養與提升，所以不只是傳授工作所需的知識與技能，更在於培養新的觀點與願景。

3. **員工績效管理**

績效管理制度主要在設立績效標準與評估員工績效，以達到客觀的人力資源決策，並提供能支持上述人力資源決策的必要文件過程。

(1)績效管理系統：設立績效標準與評估員工績效的一套系統。

(2)績效評估的目的：提供升遷與薪資報償調整的參考、個人的前程發展的依據、誘導並改進部屬的行為及努力的方向、提升組織整體的績效。

(3)績效評估方法：書面評語、多人比較法、重要事件法、評等尺度法、行為依據衡量尺度（BARS）、360 度回饋等。

(4)績效評估的步驟：定義工作並決定績效標準與評估的方式→ 進行實際評估→績效回饋。

4. **薪酬與福利**

一個公正、有效的薪酬與福利系統，可以吸引和留住有能力的人才，對企業的策略績效有很大的影響。而通常影響薪酬與福利的因素有：公司規模大小、企業種類、員工任期與績效、工作的類型、勞力或資本密集的產業、公司管理、地理位置、公司的收益、工會組織等。

(1)**薪酬會以三種基本形式出現**：工資、薪水、獎金。

(2)**薪酬決策可以包括三個層次**：薪酬水準、薪酬結構、個別薪酬。

(3)**薪酬制度擬定的原則：**

A 公平原則：依工作難易、責任輕重，給付不同的薪資，即同工同酬。

B. 合理原則：薪資標準不能低於法定基本工資或同業水準。

C. 激勵原則：具激勵性的薪資制度才能積極的促進員工發揮工作效能。

D. 簡單原則：設計薪資制度的結構和計算方式應簡單、易懂。

E. 安定原則：滿足員工基本生活所需，以安定工作情緒及工作意願。

F. 彈性原則：薪資制度的設計要能配合環境、物價指數的變化而適度調整。

G. 經濟原則：須視企業的營運狀況，考量成本及利潤。

(4)**激勵員工報酬設計機制**

A. 公開帳目的管理：公開公司的財務狀況（帳冊），讓員工有機會參與經營決策，並藉此鼓勵員工作出更好的決策，與更瞭解他們工作的意涵、該如何做，以及對公司績效的衝擊等。目的是讓員工看見自己所作的決策及行動，對財務報表的影響，而使他們能像企業主一樣的思考。

B. 員工認同制度：管理者對員工個人的注意、對成功達成任務的員工，表達管理者的欣賞、讚美與認同。

C. 按績效計酬機制：以某種衡量方法來計算員工的績效，而後據以支付薪資的方式。績效的衡量包括：個人生產力、團隊或工作群組的生產力、部門生產力，或組織整體的利潤表現等。

D. 股票選擇權制度：以設定的價格，讓員工購買股票的一種獎酬方式。原始想法是讓員工成為公司的所有權者之後，將促使他們努力為公司盡力。

(5) **福利制度**：福利是一種非直接財務的給付，或非貨幣形式的報酬，如津貼、保險、假期及其他各種服務性措施。近年來，福利制度的趨勢是走向彈性化與個人化，例如「自助餐式福利計畫」、「家庭親善福利」。

A. 自助餐式福利計畫：公司為每一個員工設定福利的額度，並列出多個福利項目供員工選擇，在設定的額度範圍內，員工可以視個人需求自由地選擇福利項目的搭配。

B. 家庭親善福利：照顧員工在工作與生活間的平衡，如就近幼兒照顧、夏令營、彈性工時、工作輪值、進修機會、遠距工作、彈性兼職等。

一般企業常用的薪資福利項目如下表所列：

類別		項目	內容
薪資	基本	年資為基礎的給付	按服務年資調整
		職務為基礎的給付	按職務異動調整
		能力為基礎的給付	按個人條件（學歷、經歷）調整
	津貼	與工作有關的津貼	專業津貼、地域津貼、加班費等
		與生活有關的津貼	房租津貼、交通津貼等
	獎金	與組織盈餘有關的獎金	年終獎金、入股分紅
		與個人績效有關的獎金	全勤獎金、績效獎金等
福利	保險與年金	職工保險	勞保、公保、全民健保
		意外保險	職業災害保險、失業保險
		退休年金	退休年金中公司支付的部分
	假期	休假、事假、病假	—
	其他各種服務	各種顧問與諮商	生涯規劃、理財輔導、法律顧問
		托（育）嬰服務	育嬰室、托兒所
		進修	公司付費或准予公假
		交通車	公司提供的交通車、共乘

類別		項目	內容
福利	其他各種服務	團體伙食	—
		慶生會和旅遊等	—

☆ 小提點

薪資訂定基礎上可區別成以下四大類別：

1. 保健基礎：指必須滿足員工所能接受的最低薪資水準，薪酬設計要素之衡量項目須考慮到員工的家計責任與負擔、參考同業及當地就業市場的薪資水準、參考物價指數及地區生活成本、國民平均所得等。
2. 職務基礎：指的是反映出工作的相對價值，薪酬設計要素之衡量項目需考量職務的內容與性質、職位高低與職責大小、該職務必備的基本條件與資格，再根據職務評價結果給予適當薪酬。
3. 績效基礎：指的是根據員工的績效表現計算薪資，紅利與年終獎金隨著貢獻度而變化，同時調薪幅度根據過去一年的績效表現。
4. 技能基礎：依照其所擁有的技能不同，而給予不同的薪資水準。具備新技能時會有薪酬上的獎勵，調薪幅度參考過去一年的教育訓練記錄。

5. **生涯發展**

是企業為協助員工在組織內的發展而設計出來的，可提供資訊、評量與訓練之用，有助於吸引和留住優秀人才。生涯發展為結合個人成長與組織目標系統，其內涵包括員工的生涯規劃與組織的生涯管理。

(1) **員工個人的事業生涯規劃**：配合個人的能力、條件、性向與價值觀，找出理想的事業目標以及追求如何達成這個理想的途徑。

(2) **組織的生涯管理**：配合組織長期發展目標與人力需求，提供員工個人在組織中發展的機會，以整合個人的目標與組織的目標，達成雙贏的局面。

(3) **多元化的職涯發展路徑**：黃良志等人認為職涯發展有五個路徑：

A. 傳統職涯路徑：是一個員工在組織中從一特定工作轉換到下一個更高階工作的垂直向上發展。

B. 網絡職涯路徑：在晉升至較高階級之前有必要擴展員工的經驗，包含垂直的工作序列和一系列水平的發展機會。

C. 橫向技能路徑：強調的是公司內之橫向轉換，此種轉換方式給予員工重新恢復活力和發現新挑戰的機會。

D. 雙軌職涯路徑：雙軌職涯路徑的組織認為，技術專家可以且應該被允許對公司貢獻其專業知識與技能，但不一定要成為管理者。

E. 自行創業：組織可提供公司內部創業機會、給予更多職涯自主權（包括工作和生活方式），則可讓優質員工在組織內轉換職涯，以滿足需求。

6. **勞資關係：**企業雇主與集體或個別受雇員工的互動關係。

(1) **勞動三權**

A. 團結權：組織勞工團體（即工會）的權利。

B. 集體協商權：選任代表與雇主進行有關勞動條件訂立勞動協約。

C. 爭議權：依法進行爭議行為（罷工、怠工等），對雇主施壓的權利。

(2) **勞資關係的範疇也可分為勞動條件、安全衛生、勞工組織、勞資合作與衝突、勞工福利與職業安全六大類。**

(3) **工會的主要任務：**

A. 團體協約的締結、修改或廢止；

B. 會員就業輔導；

C. 勞資間糾紛的調處。

(4) 集體協商是指勞工與雇主雙方透過代表人所行之協商，其協商結果所產生的契約，對協商者所代表之團體有約束力。

(5) **勞資爭議一權利事項與調整事項**

A. 權利事項：指勞資雙方當事人基於法令、團體協約、勞動契約之規定所為權利義務的爭議。例如最低薪資、基本工時等。

B. 調整事項：指勞資雙方當事人，對於勞動條件主張繼續維持或變更之爭議。並基於事實狀況對於勞動條件將來之主張。

(6) **勞資爭議處理方式：**

A. 權利事項：協調→ 調解→ 訴訟。

B. 調整事項：協調→ 調解→ 仲裁→ 強制執行。

7. **人力資源管理的新趨勢**

(1) **職場靈性**（workplace spirituality）：並非在職場中說服個人接受特定信念或信仰，而是讓處於組織中的個人明瞭其本身具備靈性的存在，並從工作中陶冶其靈性，讓個人除了在職場中發展工作所需的技巧外，還能兼顧個人生活，促進內在生命的活化，從工作中找尋意義，並與工作社群產生連結，共同面對現代組織所帶來的孤獨。

(2) **職場多樣性**（workforce diversity）：組織內各個成員間的差異及相似的程度。若能明確地定義職場的多樣化，將可幫助企業聚焦企業成功所需的多樣化及其內容。職場多樣性又可分為：

A. 表層的職場多樣性：年齡、種族、性別等外在的多樣化，很容易受刻板印象的影響。

B. 深層的職場多樣性：價值觀、個性、工作偏好等，這種多樣化影響了組織內成員對於工作獎賞、溝通、對領導者的反應以及工作舉止。

基礎題型

解答

1 下列何者「不是」人力資源管理子系統之一？ (A)招募與訓練 (B)訓練與發展 (C)績效評估 (D)協調溝通。 【105台酒】 **(D)**

考點解讀 人力資源管理系統（HRMS）是指組織運用系統理論方法，對企業的人力資源管理進行分析、規劃、實施與調整，藉以提升企業人力資源管理水平，更能有效的達成組織目標。人力資源展開後有很多程序，如：招募與甄選、任用、訓練與發展、績效評估。薪資與福利、勞工關係等子系統。

2 「招募」是吸引合格的候選人前來應徵組織所提供職缺的各種方式，下列何者不是招募的方式？ (A)報紙廣告 (B)董事長指派 (C)人力銀行網站 (D)校園徵才。 【107自來水】 **(B)**

考點解讀 組織在進行員工招募時，有以下幾個來源：(1)內部招募；(2)報紙廣告；(3)員工推薦；(4)人才仲介機構徵才；(5)學校的就業輔導機構或校園徵才；(6)人力資源網站（網路徵才）；(7)工作博覽會；(8)員工商借與個別外包。

3 企業進行人員招募時可由內部招募。有關「內部招募」的敘述，下列何者正確？ **(C)**

(A)內部招募是由企業外部招募人員

(B)校園徵才是內部招募的方式

(C)內部人員晉升是內部招募的方式之一

(D)內部招募無法激勵內部員工士氣。 【105郵政】

考點解讀 (A)內部招募是由企業內部招募人員。(B)校園徵才是外部招募的方式。(D)外部招募無法激勵內部員工士氣。

解答

4 有關員工招募採內部招募，下列何者錯誤？ (A)
(A)內部招募是指由內部人員公開向社會募集
(B)內部招募的成本較低
(C)內部招募是對內部員工的肯定，並可提升士氣
(D)內部招募較容易找到具認同感、對組織較為熟悉的人。 【105鐵路】

考點解讀 內部招募指直接從內部員工中遞補、晉升或調遣。其優點：激勵員工士氣、節省招募與教育訓練成本、掌握被提拔者的才能、內部候選人已瞭解企業運作、對組織較具認同感。缺點：不易激發創新的觀念、爭取晉升可能傷害員工彼此感情。

5 企業招募人才可以從內部與外部招募。下列何者不屬於「外部招募」？ (D)
(A)校園徵才 (B)網路徵才
(C)人才仲介機構徵才 (D)內部晉升。 【104自來水】

考點解讀 內部晉升是屬於「內部招募」。

6 下列何者不是在企業組織內部招募人才所可能得到的好處？ (A)建立士氣 (B)留住優秀員工 (C)適當的接替者易於找尋 (D)員工對企業組織已有相當程度的認識。 【104郵政】 (C)

考點解讀 企業組織內部招募是指從內部雇用，意指透過組織公告系統，或公司內部刊物發佈求人訊息，讓有意願的在職員工來填補職缺。其優點：相對成本較低、可激勵員工士氣、留住優秀員工、員工對組織已相當熟悉、可縮短訓練的時間等。

7 下列何者不是公司進行內部員工招募的優點？ (D)
(A)激勵員工的方式
(B)內部候選人已瞭解企業運作
(C)招募成本相對外部招募較低
(D)幫助企業創造力的提升。 【104經濟部】

考點解讀 內部招募指直接從內部員工中遞補、晉升或調遣。其優點：激勵員工士氣、節省教育訓練成本、掌握被提拔者的才能、內部候選人已瞭解企業運作。缺點：不易激發創新的觀念、爭取晉升可能傷害員工彼此感情。

8 內部招募人才可能的缺點是： (A)成本較高 (B)增加訓練成本 (C)員工不熟悉組織 (D)員工缺乏新創意。 【108台酒】 (D)

考點解讀 內部招募人才可能的缺點有：可供挑選對象不多、組織人力易老化、員工缺乏新創意、組織運作易僵化、主管容易藉此提拔親信、不利推動改革等。(A)(B)(C)是外部招募人才可能有的缺點。

解答

9 以下何者是「內部招募」的缺點？ (A)彼得原理的發生 (B)增加內部衝突，彼此互相競爭職位 (C)「近親繁殖」使員工成分更為同質 (D)以上皆是。 【112桃機】 (D)

考點解讀 內部招募指直接從內部員工中遞補、晉升或調遣。其優點：激勵員工士氣、節省招募與教育訓練成本、掌握被提拔者的才能、內部候選人已瞭解企業運作、對組織較具認同感。缺點：不易激發創新的觀念、爭取晉升可能傷害員工彼此感情、員工成分更為同質、彼得原理的發生。

10 當組織在對現有人力進行分析時發現，A 部門有人力過剩的現象，下列哪一種方式不適用於處理這種狀況？ (A)裁員 (B)轉調其他部門 (C)校園徵才 (D)鼓勵提早退休。 【103台糖】 (C)

考點解讀 管理者在汰減員工的選擇方案主要有以下幾種：(1)解雇與資遣；(2)留職停薪；(3)人事凍結（遇缺不補）；(4)調職（轉調其他部門）；(5)降低工時；(6)鼓勵提早退休；(7)工作分攤。

11 甄選是運用適當的篩選工具，如申請表、測驗、面試等等，從眾多應徵者中，挑選出最符合企業需要的人，故甄選工具必須和應徵者日後在工作上某些重要的表現程度具有關聯性。此是指甄選工具須具有： (A)一般性 (B)主觀性 (C)效度 (D)信度。 【112郵政】 (C)

考點解讀 不論利用何種方法來甄選員工，都須注意兩個重要問題：

(1)信度（Reliability）指在不同情境下，對同一個人給予相同或相容的測驗，所得的結果是一致性的。

(2)效度（Validity）指評估甄選測驗的正確性，亦即測量工具和某些甄選準則間，必須存有經證實的關係。亦即甄選能確實測出其所欲測量的特質或功能程度。

12 在考量甄選員工的工具時，是否能測出它應該測的結果，是指測試工具的： (A)信度 (B)態度 (C)效度 (D)行為。 【105自來水】 (C)

13 企業在進行人員甄選時，會依工作特性與甄選對象，選用不同的甄選工具。在甄選工具的選用上，若強調甄選工具在衡量同樣的事物時，應該要有一致性的結果。當甄選工具可得到一致性的結果時，我們稱這個甄選工具有良好的 (B)

(A)效度 (B)信度

(C)準確度 (D)熟練度。 【106自來水】

考點解讀 不論利用何種方法來甄選員工，都須注意兩個重要問題即測驗的效度與信度。

解答

(1)效度（validity）：是評估甄選測驗的正確性，亦即測量工具能確實測出其所欲測量的特質或功能程度。
(2)信度（reliability）：指在不同情境下，對同一個人給予相同或相容的測驗，所得的結果是一致性的。

14 企業面試員工所採用的一種甄選方式，其特色是主考官會應用一套標準的題目，確實記載資訊，並給予應徵者標準化的評比，這種方式是屬於下列何者？ (A)結構化面談 (B)工作抽樣 (C)背景調查 (D)非結構化面談。【105自來水】 (A)

考點解讀 (B)測驗應徵者與該職位相關的任務，適用於例行性或標準化的工作。(C)查證求職者的工作紀錄與過去的工作績效。(D)不事先擬妥面談綱要，採開放式的問題提問。

15 在面試時，企業同時提供應徵者有關該職位與該公司正面及負面的資訊，此作法稱為： (B)
(A)員工引導（orientation）
(B)實際工作預覽（realistic job preview）
(C)績效模擬測驗（performance-simulation test）
(D)360度評估（360-degree appraisal）。【103中油】

考點解讀 (A)針對新進員工，提供企業概況和工作內容介紹等類似的活動。(C)為了確定求職者是否能勝任所申請的工作，而實行的一種甄選方法。是由實際的工作行為構成，比書面測驗更能符合工作的要求。(D)是一種全方位的績效評估方式。

16 有關員工甄選時，強調適用於例行工作中選取一些代表性的工作項目，來對求職者進行測試，這樣的實作測試稱為？ (A)工作分配 (B)工作多樣 (C)工作抽樣 (D)評量中心。【111鐵路】 (C)

考點解讀 職位管理（position management）以個別職位為管理對象，透過職位分析來確認不同職位在組織中的角色與職責以及相應的任職資格；然後通過職位評估等分析工具來確定職位在組織中的相對價值大小，在組織內部形成職位價值序列。組織的人力資源管理體系也以職位管理為平台，來建立相應的薪資、招聘配置、培訓發展等體系。

17 企業舉辦訓練最終要達成的目標是： (D)
(A)期末測驗達到標準 (B)員工對訓練內容滿意
(C)員工態度或行為改變 (D)組織績效提升。【102中華電信】

考點解讀 所謂訓練是指一種為增進員工個人工作知識與技能，改變工作態度與觀念，以提高工作績效的學習過程。

解答

18 在進行績效評估時，若績效評估結果能實際反應工作要求與工作成果時，稱為此績效評估具有： (A)信度性 (B)效度性 (C)公平性 (D)簡便性。 【104郵政】 (B)

考點解讀 績效評估的效度性與信度性：

(1)效度性：指績效評估結果是否能實際反應工作要求與工作成果，高效度績效評估分數高低可以證實其工作表現好壞。

(2)信度性：績效評估可以衡量出一致性的結果，評估工具在衡量同樣的事物時，是否有一致性的結果。

19 有關薪資訂定的原則，下列敘述何者錯誤？ (A)安定原則：滿足員工生活所需，以穩定員工情緒與工作意願 (B)公平原則：依工作之難易程度與責任大小，給付不同工資，使同工同酬 (C)競爭原則：薪資的高低需考量公司內部員工彼此比較之心理感受 (D)經濟原則：薪資的高低需考量企業營運狀況、成本與支付能力。 【107台酒】 (C)

考點解讀 薪資訂定的原則：

(1)公平原則：依工作難易、責任輕重，給付不同的薪資，即同工同酬。

(2)合理原則：薪資標準不能低於法定基本工資或同業水準。

(3)激勵原則：具激勵性的薪資制度才能積極的促進員工發揮工作效能。

(4)簡單原則：設計薪資制度的結構和計算方式應簡單、易懂。

(5)安定原則：滿足員工基本生活所需，以安定工作情緒及工作意願。

(6)彈性原則：薪資制度的設計要能配合環境、物價指數的變化而適度調整。

(7)經濟原則：須視企業的營運狀況，考量成本及利潤。

20 企業期待員工對企業有所貢獻，相對而言，員工期待企業提供應有的報酬，二者間形成一種心理契約，下列何者不屬於企業提供員工的報酬？ (A)晉升機會 (B)員工福利 (C)員工薪資 (D)主管約談。 【107桃捷】 (D)

考點解讀 報償（compensation）是為回報員工服務而所提供一切形式的給付，例如薪資、福利、獎金、升遷等。

21 下列薪資中，何者是以出賣勞力且為時薪計之工作為主？ (A)紅利 (B)工資 (C)薪水 (D)獎金。 【101郵政】 (B)

考點解讀 工資（wage）是指給普通勞力的報酬，以勞動時間為基礎來計算。(A)是一種利潤分享，即營利事業於會計年度結算後，將其稅後淨利之一部分，以紅利方式讓參與貢獻之員工分享。(C)薪水（salary）是指給專業人士的報酬，換取員工持續的工作或服務，以相對比較長一點的時間段為基礎來計算（可能按月來支付），不以勞動時間為基礎來計算。(D)為了獎勵達成績效標準者，或鼓勵成員去

解答

追求預定的績效目標，而在基本工資的基礎上支付的可變的、具有激勵性的報酬。即具獎勵性的各項給予，如年終獎金、競賽獎金、研發獎金、全勤獎金等。

22 人力資源管理活動中，員工發展主要著重於下列何者？ (B)
(A)壓力管理 (B)個人成長
(C)道德提昇 (D)目前工作所需技能。 【106桃機、103經濟部】

考點解讀 人力資源管理係指企業的一系列人力資源政策以及相應的管理活動。這些活動主要包括企業人力資源規劃、員工的招募與甄選、員工任用或汰換、員工訓練與發展、績效管理、薪酬福利制度、退休保險制度、勞工關係管理等。其中員工發展係企業為員工發展個人職涯，以提高人員素質，激發其工作意願，以達到個人的成長。

進階題型

解答

1 下列各招募方法的比較，何者正確？ (C)
(A)員工推薦的招募方法雖然成本較低，但是所招募的員工滿意度也較低
(B)校園徵才所招募的員工流動率較低
(C)報紙廣告所招募的人才績效較員工推薦的為低
(D)不管職位高低，都應該要找獵人頭公司招募。 【106桃捷】

考點解讀 (A)員工推薦的招募方法雖然成本較低，但所招募的員工滿意度較高。(B)校園徵才所招募的員工流動率較高。(D)企業高階經理人通常會透過獵人頭公司來招募。

2 在招募員工過程中，下列何者為選取錯誤（go-error）？ (A)選擇不正確的升遷制度 (B)錯誤的將合適人員剔除 (C)任用不合適的人員 (D)錯誤選擇獎勵制度。 【105郵政】 (C)

考點解讀 甄選（Selection）一種預測的活動，試圖預測哪一位應徵者在獲得聘用後能勝任工作，在企業現行的績效評估準則下有良好的表現。甄選決策的錯誤：(1)選取的錯誤：將不適合的人員予以晉用；(2)摒棄的錯誤：將合適的新進人員，錯誤地加以摒棄。

3 〈複選〉當企業的人力資源規劃顯示員工人數不足時，企業往往需要進行人員招募。請問企業常用的低成本人員招募管道包括何者？ (A)(B)(C)
(A)網路徵才 (B)師長推薦
(C)就業服務機構 (D)人力仲介公司媒合。 【106自來水】

解答

考點解讀 是企業常用的成本較低人員招募管道。人力招募係預測人力需求，並根據「工作規範」之內容，募集合適人選擔任工作的過程。其來源有：
(1)內部招募：直接從內部員工中遞補、晉升或調遣。
(2)外部招募：網路徵才、徵才廣告、就業服務機構、人力仲介公司媒合、 現職員工介紹、師長推薦、校園徵才等。其中相對而言，透過人力仲介公司的媒合，須支付較高的費用。

4 管理者所用的甄選工具之敘述，下列何者錯誤？ (A)
(A)效度是指甄選工具衡量同樣事物時，是否有一致性的結果
(B)效度強調必須證明所用的甄選工具和應徵者日後的工作績效是有關聯的
(C)甄選工具中的面談對管理職位而言相當有效
(D)具有效度是指甄選工具和某些準則間，必須存在經證實的關係。
【108郵政】

考點解讀 甄選的信度與效度：
(1)信度（reliability）：衡量的方法是否具有一致性，指一項測驗是否可以重複進行，且各次測驗的結果是否具一致性。
(2)效度（validity）：甄選可以預測某一特定效標的程度，亦即衡量方法，能否有效正確地衡量出我們所希望的面向。

5 〈複選〉下列對於「甄選」的敘述，哪些是正確的？ (A)甄選就是針對應徵者進行智力測驗 (B)對應徵者的學歷和專業認證通常會要求檢附證書 (C)也會以性向測驗作為錄取人員的參考 (D)面談是常用的甄選方式之一。 【107自來水】 (B)(C)(D)

考點解讀 甄選之目的在於進一步獲得應徵者的詳細資料，並加以評估，以使得企業能招募到最合適的人選。甄選常用的工具包括書面申請資料、測驗、實做測試、面談、背景調查，以及體檢等。

6 臺灣鐵路管理局108年營運人員甄試簡章中，營運員之機械類科測驗有筆試：1.機械原理 2.基本電學概要及術科測驗：零組件量測及組裝，試問，針對應試人員進行之筆試及術科測驗，為下述哪一種測驗方法？ (A)
(A)成就測驗 (B)人格測驗
(C)性向測驗 (D)智力測驗。 【108鐵路營運人員】

考點解讀 成就測驗（achievement test）就是我們通常所說的考試。成就測驗主要是針對特定領域為檢測應試者對有關知識和技能的掌握程度而設計的。(B)測量一個人各方面的行為特性，如態度、道德、情緒等方面的特性。(C)預測受試者未來的表現潛在能力。(D)測量受試者智慧的高度以智商（IQ）表示。

解答

7 企業在面談「電話客服人員」的應徵者時，當下請其接聽顧客抱怨電話，並觀察其反應及與客戶的應對方式，此種面談為以下何種方法？ (C)
(A)集體面談 (B)結構式面談
(C)情境式面談 (D)焦點群體面談。 【103台酒】

考點解讀 使用投射技巧，使應徵者設想自己處於某工作情境中，看看應徵者在該情境理會有何反應。

8 關於OJT（On-the-job Training）的特性，下列何者錯誤？ (A)可一面訓練一面工作 (B)會增加龐大培訓費用 (C)建立主管與員工之間的溝通管道 (D)上司不一定具教學能力，所以效果可能不一。 【105自來水】 (B)

考點解讀 在職訓練（On-the-job Training, 簡稱OJT）是在職位上的訓練，並不會增加龐大培訓費用。

9 企業界和學術界共同合作，進行產學碩士班的作法，是屬於： (A)
(A)職外課程和訓練 (B)學徒制訓練計畫
(C)職前訓練 (D)模擬訓練。 【105鐵路】

考點解讀 職外訓練（Off-JT），指除依公司整體員工需求所規劃之內部訓練課程外，為因應個體差異化之需求，亦安排員工至外部機構接受訓練，以提升達成組織任務所需之專業能力。

10 業務經理連續對小張進行兩次績效評估，所得出結果相近，這是指績效評估具備何種特性？ (A)
(A)信度 (B)效度
(C)準確度 (D)彈性。 【106桃捷】

考點解讀 信度即可靠性，指評估結果的一致性或穩定性。一個評估的信度在於表示衡量內部問題間是否相互符合與兩次評估分數是否前後一致。

11 企業的敘薪決策，應包括三個層次，下列何者正確？ (A)薪酬水準、薪酬結構、薪資政策 (B)薪酬水準、福利計畫、個別薪資 (C)薪酬水準、薪酬結構、個別薪資 (D)薪酬結構、福利計畫、薪資政策。 【105鐵路】 (C)

考點解讀 薪酬決策可以包括三個層次：薪酬水準、薪酬結構及個別薪酬。
(1)薪酬水準的決策往往反映了管理當局的薪資哲學。
(2)薪酬結構則是指同一組織內不同職位間的薪酬差異。
(3)個別薪資：根據薪酬水準和薪酬結構，組織可以決定每一員工的個別薪酬。

解答

12 有關薪資設計的訂定基礎中，強調以工作條件本身來做為價值衡量，例如主管加給是屬於：(A)保健基礎 (B)職務基礎 (C)績效基礎 (D)技能基礎。【111鐵路】 (B)

考點解讀 職務基礎設計須考慮到職務的內容與性質、職位高低與職責大小、該職務必備的基本條件與資格。

13 組織給予員工的報償可分為兩個部分：直接性給付和非直接性給付。下列何者不是直接性給付？ (A)基本薪資 (B)意外保險、退休年金 (C)交通津貼、加班費 (D)年終獎金、績效獎金。【107自來水】 (B)

考點解讀 報償（compensation）被定義為回報員工服務而所提供一切形式的給付，報償的形式可分為：

(1)直接性給付：直接賦予財務報酬，如員工所領取的工資、薪資、佣金、津貼、獎金等。

(2)非直接性給付：間接賦予財務報酬，如健康保險、意外保險、退休年金、員工認股權等。

14 下列對於員工福利之敘述，何者正確？ (A)員工福利包含薪資與獎金等直接報酬 (B)員工福利越好，人員流動率越高 (C)企業不得提供超過政府法令限制之福利內容 (D)一般而言，公司所提供福利與個人績效並無直接關係。【106桃捷】 (D)

考點解讀 (A)福利是一種非直接財務的報酬，如津貼、保險、假期及其他各種服務性措施。(B)員工福利越好，人員流動率越低。(C)企業可以提供超過政府法令限制之福利內容。

15 公司為每一個員工設定福利的額度，並列出多個福利項目供員工選擇，在設定的額度範圍內，員工可以視個人需求自由地選擇福利項目的搭配，這是下列哪一種制度？ (A)彈性福利計劃 (B)退休福利計畫 (C)共福利金計劃 (D)團體保險福利計劃。【105自來水】 (A)

16 以設定的價格，讓員工購買股票，使員工成為公司的所有者，將促使他們努力為公司盡力，是為下列何者？ (A)股票選擇權 (B)績效薪酬制 (C)按件計酬制 (D)公開帳目管理。【106桃機】 (A)

考點解讀 (B)以某種衡量方法來計算員工的績效，而後據以支付薪資的方式。(C)按件計酬，是工資取得取決於完成工作量而定，亦即做幾件就領幾件的錢。(D)公開公司的財務狀況（帳冊），讓員工有機會參與經營決策，並藉此鼓勵員工工作出更好的決策，與更瞭解他們工作的意涵、該如何做，以及對公司績效的衝擊等。

解答

17 依勞退新制規定，雇主每月至少應提撥工資之多少比例至員工的退休金專戶中？　(A)5%　(B)6%　(C)7%　(D)8%。　【108鐵路營運人員】　(B)

考點解讀　民國94年7月1日勞工退休金條例（勞退新制）施行後，雇主應為適用該條例退休金制度之勞工按月提繳退休金，儲存於勞保局設立之勞工退休金個人專戶或選擇為勞工投保年金保險，雇主負擔提繳之退休金，不得低於勞工每月工資6%。另勞工得在其每月工資6%範圍內，自願提繳退休金，並自當年度個人綜合所得總額中全數扣除，此專戶所有權屬於勞工。

18 有關雙軌式管理的敘述，下列何者錯誤？　(D)

(A)讓研發／技術人員有技術和管理兩種升遷管道

(B)有助於研發／技術人才有效留任

(C)可以讓內部研發／技術人員適才適所

(D)不利於技術人員升遷。　【108台酒】

考點解讀　「雙軌」的意思，代表一個是專業的軌道、一個是領導管理的軌道，雙軌式管理的實施，有利於技術人員升遷。

19 關於我國工會組織的敘述，下列何者錯誤？　(1)團體協約是工會對制定工時的主要影響力　(2)現今已建立相當完善的制度化協商機制　(3)目前已充分為勞工提供完善服務　(4)若未能發揮團體協商的功能，則難以為勞工爭取權益　(A)

(A)(1)(2)(3)　(B)(2)(3)　(C)(1)(4)　(D)(1)(2)(3)(4)。　【107台酒】

考點解讀　(1)團體協約是雇主或有法人資格的雇主團體，與依工會法成立之工會，以約定勞動關係及相關事項為目的所簽訂之書面契約。(2)(3)我國工會組織的發展尚處於啟蒙階段，所以制度化協商機制仍不夠完美，也沒有辦法為勞工提供完善的服務。

20 現今的工作場所越來越受重視職場靈性（Workplace spirituality）是因為它：　(C)

(A)能提升組織效能

(B)把宗教帶入職場

(C)使員工有強烈的目標感及有意義感

(D)能提升組織利潤。　【103台糖】

考點解讀　1990年代，企業界引用職場靈性（workplace spirituality）的概念，希望透過靈性管理協助員工找回工作的意義，提升工作士氣和生產力。

解答

21 表層的職場多樣性（Workplace diversity）與深層的職場多樣性最主要的差別為何？ (A)表層的職場多樣性會影響人們對他人的知覺，特別是刻板印象，而深層的職場多樣性則可能會影響人們在工作中的行為方式 (B)表層的職場多樣性較重要因為它使人們有機會去瞭解他人，而深層的職場多樣性則在增進人際間的熟悉度上顯得較無關聯 (C)表層的職場多樣性反映出人格和價值觀的差異，而深層的職場多樣性則受到年齡和種族差異所影響 (D)表層的職場多樣性會影響人們看待組織報酬及與他們的溝通的方式，而深層的職場多樣性則並不一定會反映出人們真正的想法或感覺。【105台糖】 (A)

考點解讀 表層的職場多樣化：年齡、種族、性別等外在的多樣化，很容易受刻板印象影響。深層的職場多樣化：價值觀、個性、工作偏好等，這種多樣化影響了組織內成員對於工作獎賞、溝通、對領導者的反應以及工作舉止。

非選擇題型

1 員工訓練是針對員工現在所擔任的工作或短期內可能將接任的工作，提供有關專業知識、技能等方面的學習。針對現職員工給予技術性及非技術性再教育的訓練，稱為______訓練。【107中油】

考點解讀 員工在職訓練：人員於任職後，為增進其工作技能並提高其工作效率與服務精神，有關部門對其所施以的訓練。可分為技術性及非技術性（如人際關係）再教育的訓練。

2 解釋名詞

彼得原理（The Peter Principle）。【111台電】

考點解讀 又稱「才能遞減病態」，指在層級節制體系中，每一位成員傾向被擢升至其無法勝任職位上，除非經過進修與訓練，否則將無以為繼。

Chapter 02 財務管理

財務管理的定義：在於規劃、取得和運用資金，以使公司的價值能達到最大化。財務管理的三大決策包括投資決策、融資決策、股利決策。廣義的財務管理可分為三大領域：金融市場、投資學及公司理財。

焦點1 會計科目與財務報表

1. **會計方程式**（Accounting Equation）

又稱為**會計恆等式**，是紀錄企業交易活動的會計方法中最基本的一環，其公式如下：**資產＝負債＋股東權益**

資產負債表

資產	負債 股東權益

(1) **資產**（Assets）：凡透過各種交易或其他事項所獲得或控制的經濟資源，能以貨幣衡量並預期未來能提供經濟效益者，包括流動資產、長期投資、固定資產、無形資產及其他資產等。

會計科目	定義	子目
流動資產	將於一年內變現、出售或耗用的資產。	現金、短期投資、應收款項、存貨、預付款項、短期貸墊款。
長期投資	凡因融資、作業上需要所從事的長期性投資。	長期債券投資、準備金。
固定資產	長期供作業使用具未來經濟效益資產。	土地、土地改良物、房屋及建築、機械及設備、運輸設備、什項設備。
無形資產	無實體存在之各種排他專用權皆屬之。	專利權、特許權、商標、著作權、開辦權。

會計科目	定義	子目
其他資產	凡不屬於以上之其他資產皆屬之。	閒置資產、委託處分資產、其他非業務用資產、什項資產。

(2)**負債**（Liabilities）：凡過去交易或其他事項所發生的經濟義務，能以貨幣衡量，並將以提供勞務或支付經濟資源之方式償付者，包括流動負債、長期負債、其他負債等。

會計科目	定義	子目
流動負債	將於一年內需以流動資產償還者。	短期債務（銀行透支、短期借款）、應付款項、預收款項。
長期負債	到期日在一年以上之債務皆屬之。	應付債券、長期借款、應付長期工程款、應付租賃款。
其他負債	凡不屬於以上之負債皆屬之。	什項負債（存入保證金、應付保管款、應付退休及離職金）、內部往來。

(3)**股東權益**（Owner's Equity）：或稱業主權益或淨值，凡全部資產減除全部負債後之餘額者屬之，包括股本、公積及保留盈餘等。

會計科目	定義	子目
股本	股東繳足並向主管機關登記之資本額。	普通股、特別股。
資本公積	公司資本性交易所產生之盈餘。	股票溢價收入、土地重估增值、固定資產增值、受贈公積。
保留盈餘	公司歷年累積純益轉為資本或資本公積者。	法定盈餘公積、特別盈餘公積、未提撥保留盈餘。

☆ 小提點

公司法第237條第1項規定：「公司於完納一切稅捐後，分派盈餘時，應先提出百分之十為法定盈餘公積。但法定盈餘公積，已達實收資本額時，不在此限。」

2. **財務報表**（Financial statements）

財務報表簡稱財報，乃公司會計人員，依據一般公認會計原則（GAAP）暨財務會計準則公報與方法，表達企業在某一特定時日之財務狀況及某特定期間的經營成果以及資金運用及變動情形所編製而成之報表。目前企業所編製經獨立會計師簽證並對外公開之主要財務報表有：

(1)**資產負債表**：記錄一家企業在某一特定時間點上的資產、負債、股東權益餘額及其相互之間的關係。亦即某一時點公司的財務狀況、資產結構、為存量 的觀念屬於靜態報表。

(2)**損益表**：記錄企業在某一會計期間內通常為一年的經營成果，藉以衡量獲利情況。亦即某一特定期間營業的表現、為流量觀念，屬於動態報表。

(3)**股東權益變動表**：描述某一期間股東權益的變動狀況，主要為盈餘與股利的變化。

(4)**現金流量表**：反映企業在一定時期內現金流入和流出狀況的報表，並將現金流量歸類為營業活動、投資活動，以及籌資活動。

小秘訣

財務報表係以會計科目記錄企業所有發生的交易活動及其結果。企業主要財務報表包括：資產負債表、損益表、股東權益變動表以及現金流量表等四大報表。

1.資產負債表：代表一企業在特定日期（12/31）之財務狀況的靜態報表。

2.損益表：表達一企業在特定期間（1/1～12/31）經營結果的動態報表。

3.股東權益變動表：表達一企業在特定期間股東權益變動情形的動態報表。

4.現金流量表：表達一企業在特定期間現金流入與流出的情形的動態報表。

基礎題型

解答

1 下列何者為「會計恆等式（accounting equation）」？　(A)資產=負債　(B)收入=成本　(C)資產=負債+業主權益　(D)資產=存貨。　【104自來水】　**(C)**

考點解讀　會計恆等式（accounting equation）是紀錄企業交易活動的會計方法中最基本的一環，其公式如下：資產＝負債＋股東權益。

2 企業擁有的現金，屬於下列哪項資產？　(A)固定資產　(B)變現資產　(C)發展資產　(D)流動資產。　【108郵政】　**(D)**

考點解讀　資產（Assets）可分為流動資產、基金及長期投資、固定資產、無形資產、其他資產。

(1)流動資產（Current Assets）：指在一年內變現或耗用的資產，包括現金、短期投資、應收帳款、應收票據、存貨、預付款項等。

解答

(2)基金及長期投資（Fund and Long-term Investments）：基金是為特定用途所提存的資產，例如「意外損失準備金」；長期投資通常是最複雜的部分，可能包括公司購買其他公司的股票、長期理財所購買的債券、投資非營業用的資產（如不動產）等。
(3)固定資產（Fixed Assets）：主要是提供營業上使用，使用期限在一年以上，且非以出售為目的之資產。如土地、廠房、辦公設備、機器設備等。
(4)無形資產（Intangible Assets）：具有未來經濟效益及無實體存在之各種排他專用權皆屬之。如專利權、著作權、特許權、商譽等。
(5)其他資產（Other Assets）：凡不屬於以上之其他資產屬之，包括遞延費用、存出保證金、代管資產、閒置資產等。

3 在資產負債表中，企業的商譽是屬於下列何者？ (A)無形資產 (B)流動資產 (C)固定資產 (D)業主權益。 【111台酒】 (A)

考點解讀 無形資產指無實體形式之可辨認非貨幣性資產及商譽，包括：
(1)商標權：指政府授予商標所有人，在特定期間內，得獨享其商標使用的權利，並應受商標法的保護。
(2)商譽：指自企業合併取得之不可辨認及未單獨認列未來經濟效益之無形資產。
(3)特許權：指政府授與經營某種行業、使用某種方法、技術或名稱、或在特定地區經營事業的權利。
(4)專利權：指政府授與發明者於法定期限內，獨家製造、銷售或使用其發明之新產品、新型或新式樣的權利。
(5)著作權：指政府授予著作人在特定期間內，得獨享其著作出版、銷售的權利，如文學、藝術、學術、音樂、電影等創作。
(6)開辦費：企業籌備期間所發生之費用性支出，且有未來之經濟效益者。
(7)租賃權益：由租賃而取得資產之長期使用權利，如電話裝機費等。
(8)加盟權權利金：指加盟店使用總部的商標，以及享用商譽所需支付的費用。

4 下列何者是「企業的流動負債」？ (A)現金 (B)應收帳款 (C)應付帳款 (D)股票。 【104自來水】 (C)

考點解讀 流動負債指須於一年或一個營業周期內清償的債務，包括應付帳款、應付票據、預收收入、短期借款等。

5 企業的「應付帳款」屬於下列何者？ (A)無形資產 (B)流動負債 (C)流動資產 (D)固定負債。 【108漢翔】 (B)

考點解讀 應付帳款指因賒購原物料、商品或勞務所發生之債務，屬於流動負債。

6 目前企業編製對外公開的主要財務報表是哪些？ (A)管銷費用表、淨利表、負債比率表 (B)成本預算表、投資報酬表、融資計畫表 (C)資產負債表、損益表、現金流量表 (D)現金收入表、資金規劃表、營運支出表。 【104台電、105鐵路】 (C)

解答

考點解讀 財務報表係表達企業經營活動所累積的會計資訊，依「一般公認會計原則」（GAAP）所編製，主要財務報表有：「資產負債表」、「損益表」、「股東權益變動表」與「現金流量表」四種。

(B) 7 關於「資產負債表」，下列敘述何者正確？
(A)資產=業主權益 (B)資產=負債+業主權益
(C)存貨=營業成本 (D)營業收入=資產。 【108漢翔】

考點解讀 資產負債表的基本公式：資產=負債+業主權益。

(D) 8 資產負債表的基本會計公式為何？ (A)資產＝營收＋股東權益 (B)資產＝營收－成本 (C)資產＝股東權益－負債 (D)資產＝股東權益＋負債。 【109台酒】

(D) 9 下列何者不會呈現在資產負債表（balance sheet）內？ (A)資產 (B)負債 (C)業主權益 (D)營業利得。 【105郵政】

考點解讀

資產負債表

資產	負債 股東權益

(A) 10 以下何者可以表達企業在特定時點的財務狀況之報表？ (A)資產負債表 (B)損益表 (C)現金流量表 (D)股東權益變動表。 【112桃機】

(B) 11 在資產負債表中代表資金來源的是：A.資產；B.負債；C.股東權益
(A)僅A、B (B)僅B、C (C)僅A、C (D)A、B、C。 【102中華電信】

考點解讀 資產負債表內容由資產、負債和股東權益三大部份所構成，且須符合會計基本恆等式：資產=負債+業主權益，故又稱為「平衡表」。左方代表資金用途，右方則代表資金來源。

(D) 12 下列何者能夠詳列企業的收入與費用，並可反映公司年度盈餘或虧損數字的報表？
(A)股權變動表 (B)資產負債表 (C)現金流量表 (D)損益表。 【111台酒】

考點解讀 企業主要的財務報表有：
(1)資產負債表：代表企業在某一特定日期（通常為年底12月31日）的財務狀況的報表，為存量的觀念，屬於靜態報表。
(2)損益表：呈現企業在一定期間（通常是一年）內的收入、費用、獲利或虧損數字的報表，為流量觀念屬於動態報表。

解答

(3)現金流量表：指將一定期間內企業所有現金收入及支出納入，比較期初與期末資產負債表中現金及約當現金以外之所有科目。

(4)股東權益變動表：描述某一期間股東權益的變動狀況，主要為盈餘與股利的變化。

13 紀錄企業全年收支狀況及獲利情形的財務報表，稱為：(A)損益表 (B)現金流量表 (C)帳目表 (D)獲利表。【108郵政】 (A)

14 揭露企業在特定期間的收入、成本、費用及獲利狀況的經營成果報表，稱為：
(A)損益表 (B)資產負債表
(C)現金流量表 (D)經營預算表。【108台酒】 (A)

15 下列何者是用來呈現企業在一定期間（如一年）內的收入、費用、獲利或虧損數字的報表？ (A)成本差異分析表 (B)資產負債表 (C)損益表 (D)現金流量表。【106桃機】 (C)

16 下列何者是指「描述企業當年度收入、費用及獲利或虧損數字的報表」？ (A)現金流量表 (B)損益表 (C)股東權益變動表 (D)資產負債表。【104自來水】 (B)

進階題型

解答

1 〈複選〉下列何者不是「企業財務管理」的工作？ (A)資金的募集與應用 (B)人事規劃 (C)進貨管理 (D)存貨管理。【107自來水】 (B)(C)(D)

考點解讀 企業財務管理的工作，主要是企業資金的募集與應用。

2 財務管理所定義之公司目標為： (A)追求公司管理者財富的最大 (B)追求員工利潤的最大 (C)追求公司股東財富的最大 (D)追求公司總營業收入的最大。【99郵政、106桃機】 (C)

考點解讀 在財務學上，使股東的財富達到最大，亦即使普通股的每股價值達到極大化。

3 準備財務報表給企業外部人士（供應商、公會或債權人等）觀看，屬於下列哪一個會計領域的工作目標？ (A)審計 (B)財務會計 (C)管理會計 (D)成本會計。【108郵政】 (B)

解答

考點解讀 會計工作可分為：

(1)成本會計：將企業在營運過程中所發生之成本，加以記錄、分類、分攤並加以報導之成本資訊系統。偏重於企業內部成本控制的一些會計方法。

(2)財務會計：依照一般公認會計原則（GAAP）處理，著重財務報表之編製，彙總表達企業在某特定期間之經營成果、財務狀況之變動，以應企業外部使用者之需要。

(3)稅務會計：將財務會計之內容，依照各種稅法之規定，做成稅務報表等課稅資料，供稅捐稽徵機關申報核定。

(4)管理會計：管理會計是企業經營上一種很實用的管理工具，會考量產業的特性、市場競爭的情況、策略性目標管理、定價決策、資本預算等，可做為管理控制與執行計畫決策的參考依據。

4 下列哪一個會計科目不會出現在資產負債表中？ (A)應收票據貼現 (B)處分固定資產損失 (C)備抵呆帳 (D)機器設備。【104郵政】 **(B)**

考點解讀 處分固定資產損失：企業賠錢出售廠房、土地等固定資產時，其中短收的部分就是處分固定資產的損失。該科目列在損益表－營業外費用的項下。

5 企業組織透過銷售產品或服務向顧客所收取而來的金錢，稱為： (A)利潤 (B)營收 (C)損失 (D)保留盈餘。【108郵政】 **(B)**

考點解讀 營業收入通常會簡稱為「營收」，亦即企業賣出的所有產品和服務金額。舉例來說，咖啡店本月賣出1000杯咖啡，每杯售價是100元，則此月的營收就是10萬元。

6 「銷貨成本」屬於下列哪一類財務報表的項目？ (A)資產負債表 (B)損益表 (C)現金流量表 (D)權益變動表。【108漢翔】 **(B)**

考點解讀 或稱「營業成本」，指企業用於生產商品的原料成本支出，包含商品成本、勞務成本。「銷貨成本」是屬於損益表的項目。

7 下列何者屬於現金流量表的現金流入？ (A)存貨增加 (B)折舊攤提 (C)固定資產增加 (D)長期負債降低。【108郵政】 **(B)**

考點解讀 現金流量表係表達企業特定期間營業活動、投資活動、融資三大活動產生的現金流入或流出的動態報表。有關現金流之關聯：

(1)現金流入：非現金資產減少、負債增加、股東權益增加。

(2)現金流出：非現金資產增加、負債減少、股東權益減少。

折舊，折耗及攤提是屬於營運活動現金流量。

在間接法下，原本損益表的「本期淨利」是有扣除折舊跟攤銷的（列在營業費用裡），但這兩個並沒有使現金流出、所以在現金流量表上要加回來。(A)(C)(D)均屬現金流出。

解答

8 有關財務報表，下列敘述何者正確？ (A)損益表能夠呈現企業一年內現金收入與支出的狀況 (B)股權變動表能夠呈現企業一年內現金收入與支出的狀況 (C)資產負債表能夠呈現企業一年內現金收入與支出的狀況 (D)現金流量表能夠呈現企業一年內現金收入與支出的狀況。【111台酒】 (D)

考點解讀 現金流量表（Cash Flow Statement）是反映上市公司在一定時期內現金流入和流出狀況的報表，區分為營運活動、投資活動、籌資（融資）活動，跟損益表一樣強調連續的期間，因此也為動態報表。

9 下列關於財務報表之敘述，何者正確？ (A)資產負債表代表企業某一段期間財務狀況之報表 (B)現金流量表代表企業貸款之報表 (C)股東權益變動表代表企業股票募集狀況之報表 (D)損益表代表企業某一段期間經營成果之報表。【103台酒】 (D)

考點解讀 (A)資產負債表代表企業在某一特定日期的財務狀況之報表。(B)現金流量表透過現金流入與流出彙總說明企業在特定期間內，營業、投資、籌資活動之現金往來情形。(C)股東權益變動表代表某一期間股東權益的變動狀況。

10 (1)現金流量表；(2)損益表；(3)資產負債表；(4)股東權益變動表，以上四個財務報表，屬於「存量」概念的是： (A)(2)(3)(4) (B)(3) (C)(1)(2)(4) (D)(4)。【107台酒】 (B)

考點解讀 記錄一家企業在某一定時間點上的資產、負債、股東權益餘額及其相互之間的關係，為存量的觀念，屬於靜態報表。

非選擇題型

1 依照一般學理而言，廣義的財務管理可分為3大領域：金融市場、投資學及______，其中最後一項主要涉及公司實際的管理運作所會遇到的財務問題。【108台電】

考點解讀 公司理財。
財務管理儼然已成為一門具有獨特性、專業化風格的學門；可以分為「公司理財」、「投資學」及「金融市場」等三大領域。
公司理財：是財務管理本質的體現，主要涉及公司實際的管理運作所會遇到的財務問題，藉由財務報表，可以說明「公司理財」所欲探討的對象。公司理財強調未來的財務策略規劃，較偏重事前的預測工作。

2 所謂______表係揭露企業在某特定期間的收入、成本、費用及獲利狀況的經營成果報表，可看出該企業的獲利能力及經營績效。【106台電】

考點解讀 損益。

3 公司最重要的主要財務報表可分為：資產負債表、綜合損益表、________表及股東權益變動表，作為經營決策及管理的依據。【108台電】

考點解讀 現金流量。

4 企業的4大財務報表中，呈現企業在某個時間點財務狀況的報表為______________。【107台電】

考點解讀 資產負債表。

焦點2 財務報表分析與經營分析

財務報表分析與經營分析的區別，主要是觀點與目的不同所致，財務報表分析是基於財務會計（狹義），而經營分析是基於管理會計（廣義）。

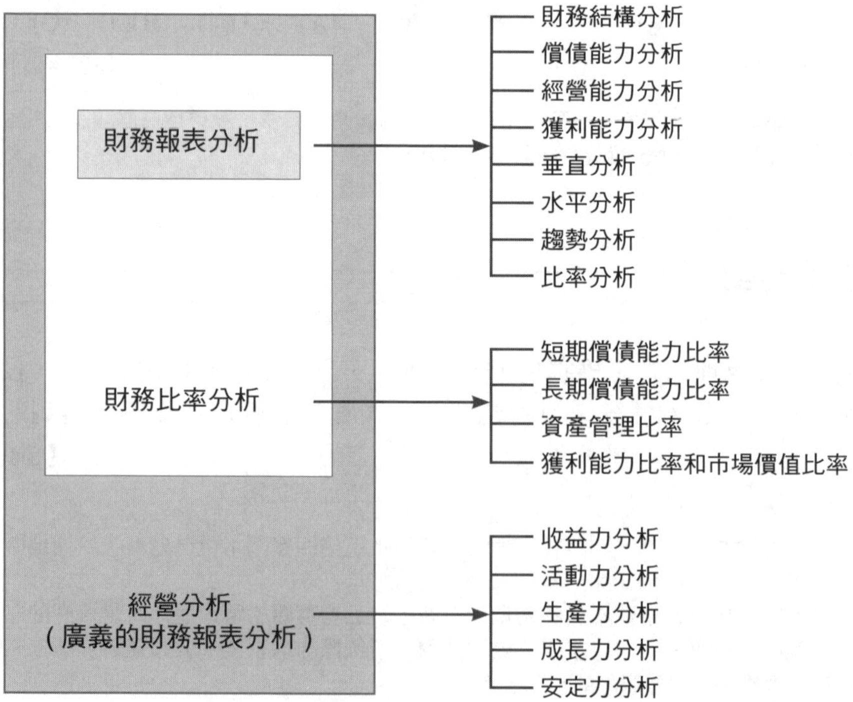

1. **財務報表分析**

分析者就其分析目的運用各種分析工具與技術，對於財務報表及相關資訊進行分析、解釋，目的在於協助分析者對企業未來經營狀況作最佳的預測。一般在分析財務報表時，有下面四種方法：

(1) **垂直分析**：將同一個財務報表內的所有數字，除以某一個基礎項目，以化成百分比的數據，例如流動資產佔總資產的比率。

(2) **水平分析**：比較同一個項目在兩個會計期間的變化情況，我們也可將原始數據換算成百分比，例如兩個不同年度流動資產佔總資產比率的比較。

(3) **趨勢分析**：將水平分析的觀察期間擴展到若干期，以瞭解財務報表內的各個項目在過去的變動軌跡，並藉以預測未來的變動方向。例如營業收入成長趨勢。

(4) **比率分析**：利用財務報表中的兩個項目相除，而得到對經營績效與財務狀況具有判斷意義的一些比例數據。例如流動比率、負債比率。

財務比率分析係以同期報表中的數字化為特定的比率作比較，以顯示企業在特定項目上的營運績效。**財務比率可分為：短期償債能力比率、長期償債能力比率、經營能力比率、獲利能力比率和市場價值比率**。

(1) **短期償債能力（變現能力）**

A. **流動比率＝（流動資產 ÷ 流動負債）** × 100%

短期流動性分析，流動比率愈大，短期債權人的保障愈大。（以 >2 為宜）

B. **速動比率＝〈（流動資產－存貨－預付費用） ÷ 流動負債〉**×100%

又稱酸性測驗比率（Acid Test Ratio），比流動比率更為嚴格。（以 >1 為宜）

C. **營運資金＝流動資產－流動負債**

顯示短期內企業可供營運週轉的資金

(2) **長期償債能力（負債管理能力）**

A. **負債比率＝（負債總額 ÷ 資產總額）** × 100%

衡量企業使用負債融資的程度

B. **賺得利息倍數＝息前稅前盈餘**（EBIT） **÷ 利息費用總額**

衡量企業償債能力的指標

C. **股東權益比率＝股東權益 ÷ 資產總額**

權益比率過小，顯示企業過度負債

D. **負債對股東權益比率＝負債總額 ÷ 股東權益**

負債對股東權益比率越低，表示企業的長期償債能力越強

(3) **經營能力（資產管理能力）**

A. **存貨週轉率＝銷貨成本 ÷ 平均存貨**

當期企業進（進貨）出（出清）存貨的平均次數

B. **應收帳款週轉率＝銷貨收入 ÷ 平均應收帳款**
應收帳款週轉率越高（低），代表收款速度越快（慢）

C. **總資產週轉率＝銷貨收入 ÷ 平均總資產**
相對於 1 元的總資產，可創造出多少的銷貨收入

(4)**獲利能力**

A. **股東權益報酬率（ROE）＝（稅後淨利 ÷ 平均股東權益）× 100%**
每一元股東權益所賺得的稅後淨利

B. **總資產報酬率（ROA）＝（稅後淨利 ÷ 平均總資產）× 100%**
衡量每一元資產所賺得的稅後淨利

C. **純益率＝（稅後淨利 ÷ 銷貨收入淨額）× 100%**
用以測試企業經營獲利能力的高低

(5)**市場價值比率**

A. **本益比＝普通股每股市價 ÷ 每股盈餘**
用以衡量企業未來成長潛力

B. **每股盈餘（EPS）＝（稅後淨利－特別股股利）÷ 加權平均已發行股數**
代表公司的獲利能力及評估股東投資風險

2. **企業經營分析**

對大多數企業而言，企業經營五力分析不失為一種有效而能涵蓋全部經營活動意義的計量分析方式，所謂財務五力包括收益力、安定力、活動力、成長力及生產力。

(1)**收益力分析（獲利率）：**

A. 五力分析係之首，同時也可作為前導目標。診斷企業的獲利能力，收益力是企業持續存在和發展的必要條件，也是股東最關心的部分，企業經營應有必要的利潤，才能支持企業永續的生存和發展。

B. 衡量指標：股東權益報酬率、總資產報酬率、總資產稅前淨利率、稅後淨利率。

(2)**活動力分析（週轉率）：**

A. 衡量企業資源週轉程度，透過活動力可以了解企業經營效率，是否企業擁有活力。

B. 衡量指標：總資產週轉率、固定資產週轉率、應收款項週轉率、存貨週轉率。

(3)**安定力分析（償債力）：**

A. 五大分析中的基礎分析，測試企業的經營基礎是否穩固、財務結構是否合理、償債能力是否具備的指標。係強化企業生存與鞏固企業基礎的基本指標。

B. 衡量指標：流動比率、速動比率、現金比率、自有資本比率、利息保障倍數。

(4)**成長力分析（成長性）：**

A. 衡量企業發展潛能與成長狀況，透過成長力可以了解企業未來發展能力。

B. 衡量指標：營業收入成長率、稅後淨利成長率、總資產成長率、固定資產成長率、股東權益成長率。

(5)**生產力分析（生產效能）**：五大分析中的核心，係診斷企業為維持其永續生存，從事生產活動所創造的附加價值。

(6)**衡量指標**：每個員工營業額、使用人力生產力。

基礎題型

解答

1 流動比率的計算公式為：　(A)流動資產／營運資金　(B)流動資產／流動負債　(C)營運資產／流動負債　(D)營運資產／營運資金。　【108郵政】 **(B)**

考點解讀　流動比率（=流動資產÷流動負債×100%）可以反映出以短期性資產支付短期性債務的可能性，是用來衡量公司短期償還債務的能力。

2 企業流動資產與流動負債的比率，稱之為：　(A)投資報酬率　(B)流動比率　(C)速動比率　(D)負債比率。　【108台鐵營運人員】 **(B)**

3 下列何者不是用來衡量公司短期償還債務的能力？　(A)現金比率　(B)速動比率　(C)流動比率　(D)存貨周轉率。　【106桃捷】 **(D)**

考點解讀　存貨周轉率是用來衡量公司的經營能力。現金比率也被稱為流動資產比率（Liquidity Ratio）或現金資產比率（Cash Asset Ratio）。現金比率是指企業現金與流動負債的比率，反映企業的即刻變現能力，此項比率可顯示企業立即償還短期債務的能力。

現金比率的計算公式：現金比率＝〈（現金+有價證券）÷流動負債〉× 100%。

4 下列何者是用以衡量企業償債能力的指標？　(A)流動比率　(B)存貨週轉率　(C)市場佔有率　(D)資產收益率。　【105郵政】 **(A)**

考點解讀　流動比率是用以衡量企業短期償債能力的指標。

5 下列何者是衡量企業的變現能力及償還短期債務能力？　(A)槓桿比率　(B)股東報酬率　(C)流動比率　(D)存貨週轉率。　【111台酒】 **(A)**

考點解讀　速動比率=速動資產÷流動負債

解答

6 下列何者是直接用來衡量企業償付短期負債能力？ (A)速動比率 (B)存貨週轉率 (C)應收帳款週轉率 (D)負債比率。 【105鐵路、100鐵路】 (A)

考點解讀 流動比率是用以衡量企業短期償債能力的指標。

7 速動比率與流動比率是財務分析中衡量企業的？ (A)經營能力 (B)短期償債能力 (C)短期財務結構 (D)長期償債能力。 【106桃機】 (B)

8 在財務管理中，所謂「速動比率」是指： (A)速動資產除以速動負債 (B)速動資產除以流動負債 (C)流動資產除以速動負債 (D)流動資產除以流動負債。 【104台電】 (B)

考點解讀 速動比率=速動資產÷流動負債
=（流動資產－存貨－預付費用）÷流動負債
更適合衡量企業短期償債能力。

9 由（流動資產－存貨）／（流動負債）所計算出之比率稱為： (A)週轉率 (B)速動比率 (C)流動比率 (D)收益率。 【104郵政、106自來水】 (B)

10 流動性比率（liquidity ratio）經常被組織用來檢測其資產轉為現金的能力，其中常見的財務控制指標「速動比率」是指： (A)流動資產／流動負債 (B)流動資產減去存貨／流動負債 (C)總負債／總資產 (D)銷貨成本／存貨。 【104郵政】 (B)

11 關於償債能力指標的敘述，下列何者錯誤？ (A)速動比率又稱酸性測驗比率 (B)流動比率以2較為恰當 (C)速動比率可用於衡量企業迅速償債能力 (D)速動比率小於1，表示企業迅速償債能力良好。 【107台酒】 (D)

考點解讀 速動比率，又稱為酸性測驗比率（Acid Test Ratio），是用來衡量公司流動性的重要比率之一。由於只考量可立即用來償還流動負債的資金科目（如：現金、約當現金、應收帳款及短期投資等資產），因此對公司流動性能更精準衡量。速動比率小於1的公司，意指其目前無法償還流動負債。

12 淨營運資金＝______，空格中應填入下列何者？ (D)
(A)資產－負債　(B)負債＋股東權益
(C)流動資產＋流動負債　(D)流動資產－流動負債。 【102中油】

考點解讀 流動資產－流動負債
廣義的營運資金是指流動資產總額，又稱毛營運資金；狹義的營運資金則指流動資產－流動負債，又稱淨營運資金。

解答

13 下列那一項財務比率指標數值太低，會降低財務槓桿作用？ (A)股東權益報酬率 (B)純益率 (C)流動比率 (D)負債比率。【107台酒】 (D)

考點解讀 負債比率與流動比率一樣，同樣是分析企業償債能力的風險指標。不同的是，負債比率衡量的是企業長期償還能力。負債比率=（負債總額÷資產總額）× 100%。負債比率指標數值太低，會降低財務槓桿作用。

14 下列那一種財務比率常用來衡量企業財務槓桿的運用程度？ (A)投資報酬率 (B)邊際利潤率 (C)負債比率 (D)總資產週轉率。【104鐵路】 (C)

考點解讀 槓桿是指擴張某一資源來增加企業的報酬。與固定資產有關的槓桿稱為營運槓桿（Operating Leverage），而與舉債有關的槓桿稱為財務槓桿（Financial Leverage）。營運槓桿是透過固定資產投入的多寡，探討公司的銷貨收入與息前稅前盈餘（EBIT）兩者間的關係。財務槓桿是透過舉債的多寡，探討EBIT與普通股每股盈餘（EPS）兩者間的關係。總槓桿則是探討銷貨收入與EPS兩者間的關係。

15 當資金所創造的利潤高於其成本時，就可透過舉債來增加企業的業主權益報酬率。因此，適度的舉債是企業經營所不可或缺的一環。此乃為： (C)

(A)營運槓桿 (B)資產槓桿

(C)財務槓桿 (D)權益槓桿。【103中華電信、101郵政】

考點解讀 財務槓桿是利用借貸資金進行投資，以獲得高於資金成本的報酬率。亦即運用較少的資金進行投資，以獲得高報酬，以小搏大。

16 債權人關心負債對業主權益比率是因為： (A)比率愈低，企業愈安全 (B)比率愈低，企業愈不安全 (C)比率愈高，企業愈安全 (D)比率高低對企業不影響。【100郵政】 (A)

考點解讀 負債對業主權益比率＝（負債總額 ÷ 股東權益），表示負債總額對股東權益的比值。其比率小於1，表示負債小於業主權益；反之其比率大於1，表示負債多過業主權益，自有資金比外來資金少。比率愈低，長期償債的能力愈強，企業愈安全；比率越高表示債權人受到保障程度越低。

17 財務報表分析中，下列何項指標較適合評估一家公司的營業績效？ (A)負債權益比（總負債除以業主權益） (B)負債比率（總負債除以總資產） (C)總資產周轉率（總收入除以總資產） (D)流動比率（流動資產除以流動負債）。【112郵政】 (B)

考點解讀 總資產周轉率＝銷貨收入÷平均總資產
用以衡量企業的經營能力及績效。

解答

18 下列何者為常見的獲利能力財務指標？ (A)應收帳款週轉率（turnover rate of AR） (B)速動比率（quick ratio） (C)股東權益報酬率（ROE） (D)負債比率（debt ratio）。【102郵政】 (C)

考點解讀 (A)屬經營能力財務指標。(B)屬短期償債能力財務指標。(D)屬長期償債能力財務指標。

19 企業衡量獲利能力的指標為？ (A)財務槓桿比率 (B)每股盈餘 (C)流動比率 (D)速動比率。【107桃捷】 (B)

考點解讀 每股盈餘指每股普通股於一個會計年度所賺取的利潤，比率愈高，愈值得投資。

20 在許多的財務報告中常會看到 EPS，請問 EPS 係指： (A)權益報酬率 (B)每股盈餘 (C)本益比 (D)投資報酬率。【106自來水】 (B)

考點解讀 每股盈餘（EPS）=（本期稅後淨利－特別股股利） ÷ 本期流通在外普通股加權平均股數，代表公司的獲利能力及評估股東投資風險。

21 不同財務比率有不同的分析目的，下列敘述何者錯誤？ (A)速動比率是一種流動性比率 (B)負債資產比率是一種獲利能力比率 (C)存貨週轉率是一種經營效能比率 (D)利息保障倍數是一種槓桿比率。【103中油】 (B)

考點解讀 負債資產比率是一種負債管理比率或長期償債能力比率，負債佔資產比率即負債比率。負債比率 = 負債總額 ÷ 資產總額。
負債比率愈小，表示自有資金愈多，財力愈強，財務風險愈低。

22 下列何種診斷為「企業經營五力分析中之基本分析，亦是強化企業生存與鞏固企業基礎的基本指標」？ (A)成長力診斷 (B)收益力診斷 (C)安定力診斷 (D)活動力診斷。【103台電】 (C)

考點解讀 安定力分析（償債力）是企業經營五力分析中之基本分析，測試企業的經營基礎是否穩固、財務結構是否合理、償債能力是否具備的指標。

23 某公司在某一特定期間營業收入100萬元，營業費用25萬元，營業成本25萬元，流動資產10萬元，業外收入50萬元，業外損失10萬元，請問該公司稅前純益為多少？ (A)100萬元 (B)90萬元 (C)80萬元 (D)70萬元。【111鐵路】 (B)

考點解讀 本期稅前純益＝營業毛利－營用費用＋營業外收入－營業外支出－（營業收入－營業成本）－營用費用＋營業外收入－營業外支出＝（100萬元－25萬元）－25萬元＋50萬元－10萬元＝90萬元

進階題型

解答

1 某公司在年底的財務報表數字如下：流動資產100萬元，流動負債50萬元，速動資產50萬元，銷貨淨額250萬元，銷貨成本100萬元，營業費用25萬元，請問該公司的速動比率為：(A)1 (B)0.5 (C)2 (D)2.5。【111鐵路】 (A)

考點解讀 速動比率＝速動資產÷流動負債＝50萬÷50萬＝1倍。

2 若以資金的用途分類，企業為維持在業務旺季時可正常營運，所需調度的流動資金，稱為：(A)創業性流動資金 (B)季節性流動資金 (C)固定性流動資金 (D)特殊性流動資金。【107台酒】 (B)

考點解讀 營運資金是指企業在正常營運循環中所需營運週轉的資金，又稱週轉資金，包括現金、有價證券、存貨、應收帳款等流動資產。營運資金可分為：

(1)固定需要：

A.創業營運資金：為企業在創業籌備階段所需準備之營運資金。

B.經常營運資金：為備供企業維持業務正常營運所需資金數額。

(2)變動需要：

A.季節性營運資金：指企業在正常營運中，為因應季節性變動所需的資金。

B.特殊性營運資金：為因應特殊額外需要而準備的營運資金。

3 有關財務槓桿和業務風險的關係，下列敘述何者正確？ (D)

(A)財務風險高時業務風險就高

(B)業務風險高時應可採用財務槓桿

(C)財務風險低時即可提高業務風險

(D)業務風險高時不宜採用財務槓桿。【102中華電信】

考點解讀 財務風險是指因為使用舉債購過度，所造成的風險；業務風險或稱企業風險，是指企業因營運不當所產生的風險。(A)不一定。(B)應檢視影響營運風險的因素，如生產成本、需求變動等。(C)兩者並無連帶關係。

4 某公司去年期初存貨\$80,000元，期末存貨為100,000元，已知去年存貨週轉率為4次，試求去年銷貨成本為何？ (A)360,000元 (B)400,000元 (C)430,000元 (D)全部皆非。【107台酒】 (A)

考點解讀 存貨週轉率＝銷貨成本 ÷ 平均存貨

平均存貨＝（期初存貨+期末存貨為）÷ 2

＝（\$80,000元+\$100,000）÷ 2＝\$90,000

4 ＝銷貨成本 ÷ \$90,000

銷貨成本＝\$360,000。

解答

5 甲公司營收金額為期初存貨金額的4倍，期初存貨金額為期末存貨金額的5倍，若毛利率為40%，則存貨週轉率為？　(A)5　(B)4　(C)3　(D)以上皆非。【104經濟部】 (B)

考點解讀 假設期末存貨金額為X、銷貨成本為Y
依題旨：營收金額=4×期初存貨金額；期初存貨金額=5×期末存貨金額
所以營收金額=4×5×X =20X
營業收入就是銷貨收入，但題目沒有提到銷貨退回或折讓，故銷貨收入就是銷貨淨額，所以：
(1)毛利率 = 銷貨毛利÷銷貨淨額
= （銷貨淨額－銷貨成本）÷銷貨淨額
40% = （20X－Y）÷ 20X
Y = 12X
(2)存貨週轉率 = 銷貨成本÷平均存貨額
= Y ÷ 〈（X+5X）÷2〉
= 12X ÷ 3X= 4次。

6 小明公司 102 年度銷貨淨額為 800,000 元，銷貨成本為 400,000 元，期初存貨金額 60,000 元 ，期末存貨金額為20,000元，則存貨週轉率為多少？　(A) 15次　(B) 20次　(C) 10次　(D) 5次。【103台電】 (C)

考點解讀 存貨週轉率 = 銷貨成本÷平均存貨
= $400,000 ÷（$60,000+$20,000/2）
= 10次。

7 公司銷貨成本為$480,000，期初存貨為$220,000，期末存貨為$260,000，則存貨週轉率為何？ (A)
(A) 2　(B) 2.18　(C) 1.85　(D) 2.5。【103台酒】

考點解讀 存貨週轉率 = 銷貨成本÷平均存貨
= $480,000 ÷（$220,000+$260,000/2）
= 2次。

8 某鬆餅店門口總是大排長龍，店家因此限定客人在店用餐時間為一小時。請問店家這樣做的目的是：　(A)降低在製品數目　(B)提高存貨周轉率　(C)達到生產線平衡　(D)降低生產成本。【107台北自來水】 (B)

考點解讀 存貨週轉率指的是存貨在一年中平均銷售的次數，所以週轉率越高，存貨銷售出去也就越快，存貨銷售速度快，代表產品賣得好，存貨資金少，更有效運用資金。

解答

9 下列哪一種財務比率可以瞭解各產品所創造的利潤？ (A)存貨週轉率 (B)總資產週轉率 (C)銷售毛利率 (D)投資報酬率。 【105中油】 (C)

考點解讀 銷售毛利率是指毛利佔銷售收入的百分比，亦稱為毛利率，其計算公式：銷售毛利率=〈（銷售收入－銷售成本）÷ 銷售收入〉 × 100%。該項指標代表每1元銷售收入扣除銷售產品成本後，有多少錢可以用於各項期間費用和創造利潤。

10 企業主要目標之一即為獲利，管理者需能仔細分析當季營收報告，並能計算幾種不同的財務比率，才能作好財務控制。而獲利能力比率是指哪兩種比率項目？ (A)

(A)銷售毛利率與投資報酬率

(B)存貨週轉率與總資產週轉率

(C)負債資產比與利息保障倍數

(D)流動比率與速動比率。 【106台糖】

考點解讀 銷售毛利率簡稱毛利率，其計算公式：

毛利率＝（銷售收入－銷售成本）／銷售收入 × 100%

投資報酬率（ROI）是指通過投資而應返回的價值，其計算公式：

總報酬率=（資產期末價值－資產期初價值+收益利得）÷資產期初價值× 100%。

(B)資產管理比率。(C)負債管理現比率。(D)變現能力比率。

11 美味食品公司財報資料如下：每股市價為$40、每股營收為$60、每股盈餘為$4、每股股利為$2，請問美味食品公司之本益比為何？ (A)8 (B)10 (C)15 (D)20。 【108台鐵營運人員】 (B)

考點解讀 (B)。本益比＝普通股每股市價 ÷ 每股盈餘

＝$40 ÷ $4

＝10倍。

12 下列有關每股盈餘（EPS）、本益比（P／E）的敘述，何者正確？ (A)

(A)透過EPS、P／E之比率分析，可衡量企業之市場價值及獲利能力

(B)EPS愈高，P／E亦愈高

(C)EPS、P／E愈高，愈值得投資

(D)計算普通股EPS時，需先扣除特別股歷年度股利。 【108台鐵營運人員】

考點解讀 (B) EPS愈高，本益比（P／E）愈低。

(C)EPS愈高，愈值得投資；但P／E愈高代表每股市價越高，或者每股盈餘越小，相對高股價有下修的風險，投資仍須審慎。

(D)每股盈餘（EPS）＝（稅後淨利–特別股股利）÷加權平均已發行股數。計算普通股EPS時，需先扣除特別股股利。

解答

13 有關常用的財務分析比率，下列何者錯誤？ (A)衡量企業的經營績效，可利用每股盈餘 (B)衡量利潤所可以支付利息倍數，可利用速動比率 (C)衡量企業的短期償債能力，可利用流動比率 (D)衡量企業的財務槓桿運用程度，可利用負債比率。 【105鐵路】 (B)

考點解讀 衡量利潤所可以支付利息倍數，可利用賺得利息倍數。利息保障倍數（=息前稅前盈餘（EBIT）÷利息費用總額）可衡量企業償債能力的指標。

14 有關財務分析比率的敘述，下列何者錯誤？ (A)權益比率過高，表示過度保守，獲利力低，對債權人有利 (B)存貨週轉率衡量銷售能力與庫存量，比率愈高表示週轉快、存貨積壓或陳舊過時之風險低 (C)應收帳款週轉率衡量收款能力，比率愈高，呆帳發生可能性愈大 (D)速動比率衡量極短期償債能力，比率愈高償債能力愈強。 【105台糖】 (C)

考點解讀 應收帳款週轉率衡量收款能力，比率愈低則呆帳發生可能性愈小。

15 下列有關財務比率分析的敘述，何者有誤？ (A)
(A)應收帳款週轉率愈高，表示公司呆帳風險愈高
(B)流動比率愈高，表示公司短期償債能力愈強
(C)利息保障倍數愈高，表示公司按時支付利息的能力愈強
(D)業主權益比率愈高，表示公司對債權人愈有保障。 【103台電】

考點解讀 應收帳款週轉率愈高，表示公司呆帳風險愈低。

16 對於企業會計的敘述，下列何者正確？ (A)業主權益＝負債－資產 (B)企業將部分淨利不發放給股東而保留下來，稱為資本公積 (C)每股盈餘為淨利除以總發行在外的普通與特別數 (D)存貨週轉率可用來評估企業經營效能。 【104郵政】 (D)

考點解讀 (A)業主權益＝資產－負債。(B)企業將部分淨利不發放給股東而保留下來，稱為保留盈餘。(C)每股盈餘＝（稅後淨利–特別股股利）÷ 加權平均已發行股數。

17 何種財務比率可用來衡量企業的安定力？ (A)自有資本比率 (B)固定資產週轉率 (C)應收帳款週轉率 (D)總資產週轉率。 【104台電】 (A)

考點解讀 安定力分析（償債力）是五大分析中的基礎分析，測試企業的經營基礎是否穩固、財務結構是否合理、償債能力是否具備的指標。其衡量指標：流動比率、速動比率、現金比率、自有資本比率、利息保障倍數。

非選擇題型

1 某公司流動比率為3，速動比率為2。若速動資產為$20,000，則流動資產為$______。 【107台電】

考點解讀 30,000。
速動比率＝ 速動資產 ÷ 流動負債
2＝ $20,000 ÷ 流動負債
流動負債＝ $10,000
流動比率＝ 流動資產 ÷ 流動負債
3＝ 流動資產 ÷ $10,000
流動資產＝ $30,000。

2 某公司有流動資產1,300萬元，流動負債400萬元，存貨100萬元，則該公司之速動比率為______。 【106台電】

考點解讀 3
速動比率＝速動資產 ÷ 流動負債
＝（流動資產－存貨－預付費用）÷ 流動負債
＝（1,300萬－100萬）÷ 400萬
＝3。

3 某公司年底結算，其流動資產為300,000元，總資產為800,000元，總負債為200,000元，並有營業盈餘100,000元，請問該公司之負債比率為______。 【105台電】

考點解讀 0.25 / 25% / 1/4
負債比率＝（總負債÷總資產）×100%
＝（$200,000÷$800,000）×100%
＝25%。

4 某公司106年之利息保障倍數為3，利息費用為$10,000，若所得稅率為25%，稅後淨利為$ ______。 【107台電】

考點解讀 15,000
賺得利息倍數＝息前稅前盈餘（EBIT）÷ 利息費用總額
3＝EBIT÷$10,000
EBIT＝$30,000
息前稅前盈餘代表盈餘尚未繳利息、所得稅。
因此，稅後淨利＝EBIT－利息－所得稅
稅前淨利＝$30,000 － $10,000

稅後淨利＝稅前淨利 ×（1－所得稅率）
稅後淨利＝$20,000 ×（1－25%）
＝$15,000。

5 某公司之期初存貨為4萬元，期末存貨為2萬元，銷貨成本為60萬元，則該公司存貨周轉率為______。【108台電】

考點解讀 20次存貨週轉率＝銷貨成本 ÷ 平均存貨
＝60萬元 ÷〈（4萬+2萬）÷2〉＝20次。

焦點 3 金融市場

金融市場指各種金融工具的買賣雙方，決定交易標的價格與數量的市場。

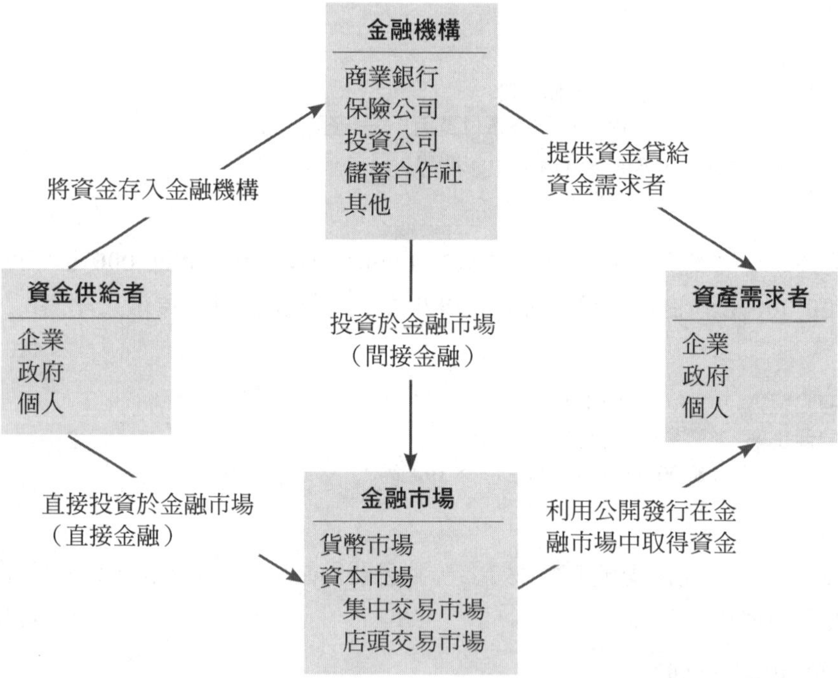

金融市場的架構

1. **金融市場的型態可分為：**

(1) **依金融程序區分**

A. 直接金融：資金需求者以發行股票、債券證券或其他金融工具，並出售資金剩餘者，作為金融性資產，以換取資金。

B. 間接金融：資金需求者向握有大筆閒置資金的金融機關，簽訂借貸契約以取得資金。

(2) **依到期期限區分**

A. 貨幣市場：指到期期間一年以內的證券交易市場，主要交易工具有國庫券、可轉讓定期存單、銀行承兌匯票、商業本票、附買回協議。

B. 資本市場：指到期期間在一年以上的證券交易市場，如公債、公司債、股票等交易工具。

(3) **依發行時點區分**

A. 初級市場：發行新證券的市場，如首次公開募股（IPO）。

B. 次級市場：證券發行後可相互買賣的市場，如集中市場或店頭市場。

2. **企業籌資工具**

(1) **股票**（Stocks）：公司籌措長期資金的工具，同時也是投資人對公司表徵所有權的金融工具。股票依其權利義務的不同，可分為普通股與特別股。

A. 普通股：可表徵對公司所有權，其特性為具投票權、股利分配權剩餘請求權及優先認股權。

B. 特別股：一種兼具債券與普通股部份特性的證券。股利必須較普通股利由先發放，但沒有投票權。

財務學者**法瑪（Fama）於 1970 年依可獲得的「資訊內容」不同，提出效率市場假說（The Efficient Market Hypothesis, EMH）**，將證券效率市場分為三個層次：

A. 弱式效率市場假說（weak form efficiency）：目前證券價格已經完全反映歷史資料。因此，投資者利用各種方法對證券過去之價格從事分析與預測後，並不能提高其選取證券之能力。亦即投資者並不能因此而獲得超額利潤。

B. 半強式效率市場假說（semi-strong form efficiency）：目前證券價格已完全充分地反映所有市場上已經公開的情報。因此，投資者無法因分析這些情報而獲得較佳之投資績效。

C. 強式效率市場假說（strong form efficiency）：目前證券價格完全充分反映已公開及未公開之所有情報。尚未公開的內幕消息，投資者已藉

> **小秘訣**
>
> 效率市場指所有能夠影響股價的資訊都能被迅速且充分地反映到股價，法瑪（Fama）提出效率市場三種類型：
>
> 1. **弱式效率性**：凡所有影響過去移動趨勢資訊，都已完全反映在股價中。依據技術分析無法賺取超常報酬。
> 2. **半強式效率性**：若市場中股票的市場反映出所有「已公開」資訊。利用財報分析無法供取超常報酬。
> 3. **強式效率性**：股票目前市價已反映所有已公開或未公開資訊。指利用內線交易無法獲取超常報酬。

各種方式取得，早已成為公開的秘密，證券價格也已調整。因此，所有人都無法從證券交易中獲得超額報酬。

(2)**債券**（Bonds）：由發行人向債權人募集資金的憑證，在約定的時間內按時償付利息給債權人，至到期日依面額償還本金給債權人。債券依發行單位可分為：政府公債、金融債券及公司債。政府公債由政府所發行，其風險最低；金融債由商業銀行、專業銀行或票券金融公司所發行，作為專業性投資與中長期放款使用；而公司債則由民間公司發行，為一種融資工具。

基礎題型

解答

1 貨幣市場中常用的工具，主要是由企業發行，到期期間一年以下的負債證券，可配合企業資金調度之彈性需求，讓企業快速取得所需的短期資金是指那一種工具？ (A)國庫券 (B)商業本票 (C)承兌匯票 (D)可轉讓定期存單。【111鐵路】 **(B)**

考點解讀 貨幣市場（Money Market）：主要交易商品為一年之內會到期的短期債券，如商業本票、票據貼現、銀行承兌匯票、國庫券、可轉讓定期存單。其中商業本票（Commercial Papers，CP）是當企業有資金需求時，於貨幣市場上可配合企業資金調度之彈性需求，讓企業快速取得所需的短期資金的一種籌資工具。意即企業簽發一定金額，於指定到期日，由自己無條件之付與受款人或執票人之票據。

2 下列何者並非是企業長期融資（long term financing）的來源？ (A)商業本票（commercial paper） (B)保留盈餘（retained earnings） (C)公司債（debentures） (D)特別股（preferred stock）。【105中油】 **(A)**

考點解讀 商業本票（Commercial Paper, CP）又稱為商業票據，是企業發行的一種無擔保的短期融資工具，票據的期限，通常不超過270天，可貼現發行，也可以採用付息的形式。

3 下列何者「不是」長期資金的來源？ (A)負債融資 (B)增股籌資 (C)創投基金 (D)商業本票。【105台酒】 **(D)**

4 財務經理人需為企業籌劃資金的原因，主要在於企業之長、短期資金運用，下列何者不是企業短期資金的運用？ (A)應付帳款 (B)應收帳款 (C)存貨 (D)公司債。【105鐵路】 **(D)**

考點解讀 股票、公司債是企業長期資金的運用。

解答

5 下列何者係指企業透過證券交易所首次公開向投資者增發股票，以期募集用於企業發展資金的過程？ (D)

(A)風險管理　(B)循環信用條款

(C)槓桿作用　(D)初次公開發行。 【105台糖】

考點解讀 初次公開發行（Inital Public Offering, 簡稱IPO）又稱「首次公開募股」，係企業透過證券交易所首次公開向投資人發行股票，以期募集用於企業發展資金的過程。

6 企業透過證券交易所首次公開向投資人發行股票，以期募集用於企業發展資金的過程，簡稱為何？ (A)

(A)IPO　(B)OTC

(C)DJIA　(D)S&P500。 【102郵政】

考點解讀 初次公開發行（Inital Public Offering）；(B)店頭市場（Over The Counter）；(C)道瓊工業指數（Dow Jones Industrial Average）；(D)標準普爾500指數（Standard & Poor's 500）。

7 有關公司股東的敘述，下列何者正確？ (A)

(A)持有公司股票的人　(B)擁有公司債務的人

(C)提供公司勞務的人　(D)提供公司原料的人。 【107桃捷】

考點解讀 股東（Stockholder）是股份公司的出資人或投資人，亦即股份公司中持有股份的人，有權出席股東大會並有表決權。

8 效率市場可分為不同形式，其中沒有任何一個投資者可以利用過去價格資訊進行交易而獲取超額利潤稱為： (A)

(A)弱式效率市場　(B)半強式效率市場

(C)強式效率市場　(D)半弱式效率市場。 【104台酒】

考點解讀 證券之市場價格，充分反映過去的歷史資訊，故投資人無法再利用過去已發生的成交量價資訊情報，賺得超額報酬。

進階題型

解答

1 現代化商業的何項特質促使企業之「所有權」與「管理權」分離？ (A)多角化 (B)經營國際化 (C)資本大眾化 (D)自由競爭化。 【105經濟部】 (C)

解答

2 在不考慮手續費、不使用融資等情況下，在臺灣股票市場上一支股票的股價為97元，表示要用多少錢才能買進一張現股？ (A)

(A)$97,000 (B)$970,000

(C)$97 (D)$9,700。 【108鐵路】

考點解讀 臺灣股票市場1張等於1000股，所以股價97元買一張現股，需支付97,000元。

3 將公司的全部所有權分割為若干小部分，每一小部分謂之為： (A)股利 (B)每股盈餘 (C)債券 (D)股份。 【101鐵路】 (D)

考點解讀 (A)公司將盈餘分給股東，使股東享受公司的獲利，股利的分發方式有兩種，即現金股利與股票股利。(B)每股盈餘（EPS）=（本期稅後淨利－特別股股利）÷本期流通在外普通股加權平均股數。代表公司的獲利能力及評估股東投資風險。(C)政府、金融機構、工商企業等機構直接向社會借債籌措資金時，向投資者發行，承諾按一定利率支付利息並按約定條件償還本金的債權債務憑證。

4 對於管理企業財務，下列敘述何者錯誤？ (D)

(A)內線交易係指利用公司的特殊相關資訊，買賣股票以獲得不法益行為

(B)牛市又稱多頭市場，是指股或經濟呈現長期上漲格局的向趨勢

(C)一股普通股的帳面價值是以業主權益除以所有股東持有的普通股股數

(D)那斯達克綜合指數為歷史最悠久，且廣引用的美國市場。 【104郵政】

考點解讀 道瓊工業平均指數（Dow Jones Industriew Average, DJIA）由華爾街日報和道瓊公司創建者查爾斯・道創造的幾種股票市場指數之一。他把這個指數作為測量美國股票市場上工業構成的發展，是最悠久的美國市場指數。

5 賒銷之付款條件為1/20、N/35，則其信用期限為幾天？ (D)

(A)70天 (B)10天

(C)20天 (D)35天。 【108鐵路營運人員】

考點解讀 表示買方應在20天內付款，可以1%現金折扣；而35天內付款沒有折扣，同時也是最後的付款期限。

6 因美國執行貨幣寬鬆政策，使熱錢在全球流竄，以致於許多國家都面臨貨幣升值的壓力，各國際企業不得不執行各種避險措施。上述是指企業面臨何種風險？ (C)

(A)運輸風險 (B)溝通風險

(C)匯率變動風險 (D)災害風險。 【108鐵路營運人員】

考點解讀 匯率風險（exchange rate risk），指企業從事國際貿易，因匯率變動所產生的風險。例如，出口所得外幣貶值，結售外幣所得新台幣減少；進口支付外幣升值，結購外幣之新台幣支出增加。

非選擇題型

Roberts Fama將效率市場分成3種型態，請逐一列舉並說明之。 【109台電】

考點解讀 法瑪（Fama）提出效率市場的三種類型：

(1)弱式效率性：凡所有影響過去移動趨勢資訊，都已完全反映在股價中。依據技術分析、無法賺取超常報酬。

(2)半強式效率式：若市場中股票的市場反映出所有「已公開」資訊。利用財報分析無法獲取超常報酬。

(3)強式效率性：股票目前市價已反映所有已公開或未公開資訊。指利用內線交易無法獲取超常報酬。

Chapter 03 資訊科技與電子商務

資訊科技（Information Technology，簡稱IT），又被稱為資訊和通訊技術（Information and Communications Technology, ICT），係用於管理和處理資訊所採用的各種技術總稱。其主要是應用電腦科學和通訊技術來設計、開發、安裝和實施資訊系統及應用軟體。

焦點 1 資訊科技的應用

企業採用資訊通訊技術（ICT）可產生的以下利益：(1)改善營運的生產力；(2)提供客製化彈性；(3)進行遠距顧客的服務；(4)提高市場競爭力。

1. 知識形成的過程與層級性，包括：**資料、資訊、知識、智慧**。

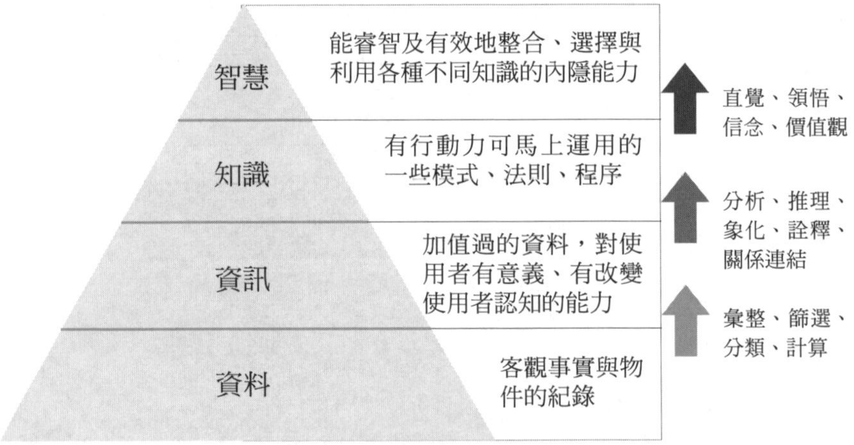

類型	說明
資料（Data）	未經處理的事實或數字。
資訊（Information）	經過處理後對使用者有意義的資料。
知識（Knowledge）	歸納資訊再輔以經驗、文化脈絡的結合。
智慧（Wisdom）	以知識為基礎，運用個人能力來開創價值。

2. **資訊系統開發生命週期**（System Development Life Cycle，**縮寫是**SDLC）**可分為**：系統規劃、系統分析、系統設計、系統建置、系統維護。
   (1) **系統規劃**：界定系統目標與範圍的工作。
   (2) **系統分析**：將使用者需求轉換為系統開發文件，以供系統開發人員作為開發系統的依據。
   (3) **系統設計**：依據使用者的需求來設計各項資訊處理之系統。
   (4) **系統建置**：實際建置設計好的新系統。
   (5) **系統維護**：維持系統的正常運作。

3. **企業常用的四種資訊系統**
   (1) **交易處理導向系統**（TPS）：強調業務處理的效益與改善。
   (2) **資訊管理系統**（MIS）：整合企業內部資料供管理階層使用。
   (3) **決策支援系統**（DSS）：協助即時性問題的分析與決策支援。
   (4) **專家系統**（ES）：針對某一專業知識領域的系統。

4. **資料庫管理**
   (1) **資料倉儲**（Data Warehouse，DW）：一種管理性資料庫，能快速支援使用者的管理決策。
   (2) **資料超市**（Data Mart）：一部分子集合之資料的組合，支援某些特定的部門。
   (3) **線上分析處理**（OnLine Analysis Processing）：架在 DW 上能即時地、快速地提供整合性的決策資訊。
   (4) **資料探勘**（Data Mining，DM）：利用統計、人工智慧或其他分析技術，在大型資料庫內尋找發掘各種資料間關係，作為決策制定參考。

新視界

大數據（Big data或Megadata），或稱巨量資料、海量資料、大資料，大數據是由巨型資料集組成，這些巨型資料集是所有大小資料集的成長而來，已經超出我們能夠分析及處理的範圍，若不借助複雜的自動化技術，勢必無法達到目標。大數據的應用範例包括了天文學、大氣學、基因組學、生物學、大社會資料分析、網際網路檔案處理、製作網際網路搜尋引擎索引、通訊記錄明細、軍事偵查、社群網路、通勤時間預測、醫療記錄、照片圖像和影像封存等。前述範例都必須仰賴技術來分析和處理這一波龐大的內容與中繼資料潮。

5. **電腦網路的應用與企業相關的電腦網路：**
(1)**網際網路**（Internet）：是要把座落於世界各地的電腦，透過某種連結方法來高速地進行訊息交換。
(2)**企業網路**（Intranet）：專為公司或組織內部設計的網路，其存取範圍僅侷限於公司或組織內部。
(3)**商際網路**（Extranet）：企業將其內部網路開放給一些經篩選過的外部的個人或企業使用，通常是開放給顧客和供應商。
(4)**虛擬網路**（VPN）：是利用公眾網路的骨幹進行私人資料的傳輸，也就是在公共的網際網路上使用密道及加密方法來建立起一種私人且安全的網路。

6. **企業資訊應用新趨勢**
90年代以後企業的資訊應用，出現一些新的趨勢，並廣為企業界所採用：
(1)**企業資源規劃**（Enterprise Resources Planning, ERP）：整合企業內部人事、財務、製造、行銷等資訊流快速提供決策資訊，以提升企業的營運績效。
(2)**供應鏈管理**（Supply Chain Management, SCM）：整合供應商、經銷商與顧客，經由系統化的協調與整合，以追求產銷過程最佳化。
(3)**顧客關係管理**（Customer Relation Management, CRM）：透過顧客資訊的整合性蒐集與分析，來區隔有潛力市場，或提供客製化服務，使顧客感受到最大價值。
(4)**商業智慧系統**（Business Intelligence, BI）：讓管理者能夠及時獲得有用資訊，以做出正確的判斷，進而提升企業決策的品質、改善營運績效。
(5)**競爭智慧**（Competitive Intelligence, CI）：企業利用網際網路上的搜尋引擎、智慧代理人等工具，快速地蒐集和分析市場、競爭對手、產品等。
(6)**知識管理系統**（Knowledge Managemnt Sysem, KMS）：將組織知識有系統地加以儲存，並提供組織成員分享，以擴大資訊與知識的價值。

基礎題型

解答

1 企業用於管理及處理資訊的設備與技術，通稱為： (A)資訊科技 (B)資訊管理 (C)資訊作業 (D)資訊取得。【108郵政】 **(A)**

考點解讀 資訊科技（Information Technology，簡稱IT），是主要用於管理和處理資訊所採用的各種技術總稱。

解答

2 企業採用資訊通訊科技所產生的利益，不包括下列何者？ (A)改善營運的生產力 (B)提供客製化彈性 (C)進行遠距顧客的服務 (D)降低市場的競爭程度。【103中油】 (D)

考點解讀 提高市場的競爭力。

3 將使用者需求轉換成系統開發文件，以供系統開發人員作為開發資訊系統的依據。此項工作是為下列何者？ (A)系統設計 (B)系統分析 (C)系統建置 (D)程式設計。【104、105自來水】 (B)

考點解讀 在資訊系統開發生命週期中，系統分析階段先於系統設計，是系統開發前期不可或缺的工作。

4 一般在企業使用的系統中，以便利商店為例，多屬於下列何種系統型態？ (A)知識管理系統 (B)主管支援系統 (C)交易處理系統 (D)決策支援系統。【105郵政】 (C)

考點解讀 交易處理系統（Transaction Processing Systems, TPS）是企業內最基礎的資訊系統，幫助基層操作階層人員處理及記錄日常交易，是一企業之資訊的主要生產者，提供資訊給其他系統如知識工作系統、管理資訊系統及決策支援系統，所以也是企業內最重要之資訊系統之一。

5 何謂資料倉儲？ (A)制定銷售協議以規範產品交運 (B)在海量文件中收集、儲存與檢索數據的相關技術 (C)將市場進行若干區隔之過程 (D)研究消費者的需求及探索賣家最能滿足這些需求的方式。【107經濟部】 (B)

考點解讀 資料倉儲（Data Warehouse）第一次被引用是在90年代初期由Bill Inmon所定義，是一種具有主題導向、整合性、時間變化性與非揮發性的資料集合，以作為決策支援之用。狹義而言，資料倉儲一般是指一個超大型的資料庫，資料來源包含二種型態：來自於企業內部操作系統的資料、來自於外部資料。

6 當消費者登入Amazon的購物平台時，Amazon就會依消費者的數位足跡推播其可能感興趣的產品，下列何者最能貼切描述此種電子商務實務所對應的技術？ (A)資料探勘 (B)邊緣運算 (C)雲端運算 (D)顧客關係管理。【111經濟部-企業概論】 (A)

考點解讀 資料探勘（data mining）是一種能讓企業從一些技巧和工具所長期蒐集的資料當中截取出有用資訊的方法，這些資訊包括對資料的分析敘述，或是對未來的預測。

解答

7 下列何者是指「企業管理者利用電子技術，從事搜尋、篩檢與重組資料群，以便發掘有用資訊的過程」？ (D)
(A)資料庫（data bank）
(B)資料倉儲（data warehousing）
(C)資料傳遞（data communication）
(D)資料採礦（data mining）。 【104自來水】

考點解讀 利用電子技術，從事搜尋、篩檢與重組資料，以發掘有用資訊的過程。資料採礦步驟：資料選取→ 資料轉換→ 資料探勘→ 結果解釋和確認→知識的合併。

8 利用電子技術，從事搜尋、篩檢與重組資料，以發掘有用資訊的過程，稱之為： (B)
(A)資訊系統（information system）
(B)資料採礦（data mining）
(C)資料倉儲（data warehousing）
(D)資訊處理（information processing）。 【103中油】

9 企業內部電腦系統能整合企業活動，包括財務、會計、物流及生產功能等，此為何種系統？ (A)顧客關係管理（CRM） (B)電子資料交換（EDI） (C)供應鏈（SCM） (D)企業資源規劃（ERP）。 【104台電】 (D)

考點解讀 企業資源規劃（ERP）係沿襲物料需求規劃（MRP）與製造資源規劃（MRPII）而發展出來的一種最新科技應用，除保留原有的物料管理與生產排程等功能外，特別強調企業內人力、財務等資源的整合，再加上企業核心行銷管理，而成為一個整體系統。

10 以電腦為中樞之生產作業系統，將多家公司連結成一個整合的生產單位，結合管理各合作廠的作業（財務、規劃、人力資源與訂單生產），是指： (A)
(A)企業資源規劃（ERP）
(B)及時存貨控制（JIT inventory control）
(C)電腦輔助設計（CAD）
(D)電腦輔助製造（CAM）。 【103台酒】

考點解讀 ERP系統的導入是企業電子化的基礎，ERP能將全公司中所有的部門與功能，整合於一個單一的電腦系統，其能服務所有部門的之特定需要：如財務、人資、生產、物料管理、行銷方面的需要。

解答

11 由於市場快速變化，使得企業內部管理日益複雜；因而公司需要透過何方式來整合企業各部門作業流程所需的資訊或資源，並作最佳化配置以符合企業的經營和運籌，滿足顧客需求及提升產品或服務水準？ (A)

(A)企業資源規劃 (B)產品組合規劃

(C)SWOT分析 (D)企業組合分析。 【103中華電信】

考點解讀 企業資源規劃（Enterprise Resource Planning, ERP）依經濟部技術處的定義，係指結合系統工程及資訊科技之技術，協助企業之決策者，能掌握企業內外環境，充分而有效地整體運用企業的各項資源，進而取得競爭之優勢的電腦系統，此處所謂的資源廣泛的包括人力、物料、財務、流程、行銷通路等。

12 供應鏈管理（Supply Chain Management）主要概念為下列何者？ (A)將供應廠商利潤最大化 (B)將物料管理成本最低化 (C)將企業策略性目標與利潤強化 (D)將供應商、中間商以及顧客連結，以強化效率與效能。 【105郵政】 (D)

考點解讀 供應鏈管理（SCM）：「整合了倉庫、運輸、生產規劃、存貨以及所有其他物流的分割活動，使原料從取得到傳送，以及最終產品的消費過程中，資訊和產品流程能夠達到最佳化的過程。」

進階題型

解答

1 企業將其內部網路開放給一些經篩選過的外部個人或企業使用的網路，一般稱為什麼？ (A)商際網路 (B)網際網路 (C)企業網路 (D)虛擬網路。 【103經濟部】 (A)

考點解讀 (B)網際網路就是一個全球電腦網路，藉由網路的環環相扣，全球網路上的每一位使用者都能和遠端的機器進行通訊。(C)是指某一企業內部的網路。(D)在公共的網際網路上使用密道及加密方法來建立起一種私人且安全的網路。

2 下列何者不是「社群網路媒體」？ (A)推特（Twitter） (B)臉書（Facebook） (C) Line (D) B2B。 【108漢翔】 (D)

考點解讀 「社群網路媒體」為資訊的交流與分享提供了新的途徑，主要作用是為一群擁有相同興趣與活動的人建立線上社群。多數社群網路會提供多種讓使用者互動起來的方式，可以聊天、寄信、影音、檔案分享、部落格、新聞群組等。社群網路服務網站當前在世界上有許多，知名的包括：推特（Twitter）、臉書（Facebook）、Google+、Myspace、Plurk等。在中國大陸地區，社群網路服務為主的流行網站有微信、抖音、百度貼吧、微博等。

解答

3 關於企業資源規劃的概念，不包含下列何者？ (A)改善企業流程效率 (B)整合系統與資源 (C)強化人員管理與溝通 (D)減少浪費與降低成本。【105郵政】 (C)

考點解讀 企業資源規劃（ERP）藉著資訊的有效整合，可以達到縮短生產時程、降低成本增加彈性，促使企業有能力適時提供顧客所需，以提升產品或服務的水準，協助企業經營者在最短的時間內作出最正確的決策。

4 下列何者是顧客關係管理（Customer Relationship Management）的要素？ (A)確保產品或服務的價格永遠低於競爭者 (B)想辦法獲取最大的市場佔有率 (C)讓顧客參與企業組織內部的管理決策 (D)全面性提高對顧客的了解。【108郵政】 (D)

考點解讀 顧客關係管理（CRM）係企業藉由與顧客的溝通過程中，進一步瞭解並影響顧客的行為，以增加新顧客、留住舊顧客、增加顧客忠誠度與利潤貢獻度的管理方式。

5 利用大數據分析的目的是為了什麼？ (A)預測市場趨勢 (B)儲存大量資料 (C)加快網路速度 (D)網路安全防護。【113鐵路】 (A)

考點解讀 大數據分析可以依據收集到的資料，推估出趨勢走向，而大數據資料4V的巨量性（Volume）、多樣性（Variety）、價值性（Value）、快速性（Velocity）特性則符合探索與預測的需求。

6 在現今蓬勃的商業活動中，資訊流常運用於蒐集及傳遞商業情報等資訊，但下列何者並非資訊流的工具？ (A)銷售時點管理系統（POS） (B)電子訂貨系統（EOS） (C)無線射頻辨識系統（RFID） (D)企業識別系統（CIS）。【107台酒】 (D)

考點解讀 企業識別系統（Corporate Identity System，簡稱CIS）企業向大眾展示自己的方式，企業識別系統主要包含三大部分：

(1)理念識別（Mind Identity）：推動企業識別系統的中心思想，如價值觀、經營哲學。

(2)行為識別（Behaviour Identity）：由理念識別醞釀出以企業各類行為為主的活動識別，如服務態度、公益或贊助活動。

(3)視覺識別（Visual Identity）：以整體視覺傳達設計規劃的視覺識別，如品牌標誌、圖像系統。

7 知識管理中所謂的內隱知識，是指下列那一種？ (A)公司內部的操作手冊 (B)公司內部的規章 (C)員工多年服務客戶的經驗 (D)公司新進員工訓練手冊。【113鐵路】 (C)

考點解讀 知識的類型包含內隱知識和外顯知識。

(1)外顯知識：看得見或聽得到的知識稱為「外顯知識」，多以文字、影像或聲音方式留存。例如：公司內部的規章、製造程序或服務要領操作手冊、新進員工訓練手冊等。

(2)內隱知識：不易利用文字或影音等方式留存，只能透過情境模擬、感受或體會的知識即「內隱知識」，例如：員工多年服務客戶的經驗。

非選擇題型

1 所謂顧客______管理係指企業運用現代化資訊科技進行蒐集、處理及分析顧客資料，以找出顧客購買模式及購買群體，並制定有效的行銷策略滿足顧客的需求。 【106台電】

考點解讀 關係。

顧客關係管理（CRM）強調以顧客為尊的精神，整合各種不同的管道來與顧客建立關係，提供顧客所需的價值，同時增進企業的利潤。

2 資料、資訊與知識此三者有何不同？資訊科技如何能提升企業的競爭優勢？ 【102鐵路】

考點解讀

(1)資料、資訊與知識三者的差異M.Zack（1999）認為，「資料」是從相關情境中獲得的事實和觀察，若將資料放在某個有意義的情境之中所獲得結果就是「資訊」，而根據這些資訊而相信或重視的事物就是「知識」。

(2)資訊科技如何能提升企業的競爭優勢有四種通用的策略可藉由資訊科技及系統來實現：

A.低成本領導：使用資訊科技達到最低營運成本與最低價格。

B.產品差異化：使用資訊系統可提供新的產品和服務，或是讓顧客在使用你現有的產品和服務時更加方便。

C.專注在特定市場：透過資訊科技專注在特定市場，提供優於其他競爭者的服務。資訊系統可協助公司分析顧客的購買行為、喜好。

D.加強與顧客和供應商的關係：使用資訊系統讓公司與供應商的連結更緊密，且能與客戶建立更親密的關係。

焦點2 電子商務

電子商務（Electronic Commerce，簡稱EC）：指透過網際網路，在線上完成商業交易活動。

1. **電子商務類型**

電子商務有四種類型：**企業對企業（B2B）、企業對個人（B2C）、個人對企業（C2B）、個人對個人（C2C）**。

(1)**B2B 模式**：指「企業與特定企業間，特別是同一產業中之上、中、下游企業（供應商、製造商、顧客），透過 Internet 及專屬的網路，一起在線上進行商業活動」。例如金融業間之電子資金移轉作業。

(2)**B2C 模式**：指「企業透過網路及電子媒體，對商品或服務進行推銷及提供資訊，以便吸引消費者利用網路進行購物」。這是一種線上購物的模式，例如亞馬遜（Amazon）網路書店。

(3)**C2B 模式**：指「消費者透過網路及電子媒體，對商品或服務進行出價，以便吸引企業提供報價以完成網路購物」，例如揪團購。

(4)**C2C 模式**：指「消費者透過網路及電子媒體，對自己不要的商品或服務進行推銷及提供資訊，以便吸引需要的消費者利用網路進行購物」，例如：eBay 拍賣網站。

新視界

電子商務在這四個模式下還衍伸出了不少的營運模式，像是B2B2C（電商平台串聯上游廠商，將商品賣給消費者）、O2O（Online to Offline，線上消費帶動線下活動）、P2P（點對點模式，組成份子主要以物易物的方式來交易，例如zpeer、MSN、即時通）等等，都是電子商務營運模式的運用。

2. **電子商務的四流**

網路商業化已成為一股不可抵擋的趨勢，電子商務包含了「買」與「賣」產品商流、物流、金流與資訊流的所有程式與行為。

(1) **商流**：指資產所有權的轉移，亦即商品由製造商、物流中心、零售商到消費者的所有權轉移過程。

(2) **物流**：指實體物品流動或運送傳遞，如由原料轉換成完成品，最終送到消費者手中之實體物品流動的過程。

(3) **金流**：電子商務中資金的流通過程，亦即因為資產所有權的移動而造成的金錢或帳務的移動。

(4) **資訊流**：指資訊的交換，即為達上述三項流動而造成的資訊交換。

3. **電子商務的特色**

由於電子商務是透過網路上進行，因此具有以下的特色：

(1) **資訊與交易無時間或地域限制**：網際網路橫跨全世界，沒有上線時間的限制，因此建構在網際網路上的電子商務事業當然也兼具了相同的特性。

(2) **買賣雙方資訊對稱性增加**：各項產品的相關訊息都放置在網站上，資訊完全是公開的，買賣雙方在訊息上的不對稱將較低，因此能提高交易的效率。

(3) **消費者選擇權增加**：因網路上要瀏覽不同網站的轉換成本很低，而且相同性質的商店數量龐大，使得消費者可以選擇的商品與服務數量也大量增加。

(4) **買賣雙方點對點的接觸**：網路行銷雖然可以全年無休地運作，但是網路並無法被消費者實體拜訪，網路上也沒有鄰居或路過的客人，因此只能靠不斷打響網站的知名度來吸引消費者拜訪網站，行銷成本很高。

(5) **低網路進入成本**：網站建置容易，且可以迅速擴充，新競爭者要進入的障礙不高。

(6) **無限網路擴充性**：實體店面會受限於場地等實體條件，不能快速大量擴充販賣的商品或服務，但電子商務無實體店面跟場地大小限制，可以近乎無限的擴充數量及產品線。

(7) **低消費者轉換成本**：先行者的優勢來自於購買者的轉換成本，電子商務的消費者在滑鼠按鍵之間即可轉換廠商，因此忠誠度較不易建立。

4. **電子商務的優勢與限制**

(1) **優勢**：可降低成本、縮短交易流程、快速回應顧客需要、不需店面租金、可以減少購買者的搜尋成本、可以在任何時間或地點交易、減少商品目錄製作及郵寄的成本、直接聯繫客戶、掌握客戶資訊。

(2) **限制**：交易風險大、無法實際看到產品、交貨速度太慢、資料外洩、安全性與隱私權考量。

5. **電子商務相關名詞**

(1) **梅特卡夫定律（Metcalfe's Law）**：由全球知名網路設備領商 3Com 創辦人梅特卡夫（Robert Metcalfe）所提出的網路效應：「網路的價值，為使用者的平方」，亦即：$v = n^2v$（代表網路的價值，n 代表連結網路的使用者或節點總數。）

(2) **摩爾定律 （Moor's Law）**：由英特爾（Intel）名譽董事長摩爾經過長期觀察所發現。指一個尺寸相同的晶片上，所容納的電晶體數量，因製程技術的提升，每十八個月會加倍，但售價相同。

(3) **長尾效應（Long Tail）**：由安德森（Chris Anderson）所提出，係指經由網路科技的帶動，過去一向不被重視、少量多樣、在統計圖上像尾巴一樣的小眾商品，卻能變成比一般最受重視的暢銷大賣商品有更大的商機。長尾理論強調非暢銷產品的重要性，此種現象剛好與 80/20 法則（80% 收益來自於 20% 的頂端客群）相反，網路世界的發達促使長尾效應成為一常見的現象。

(4)**貝爾定律**（Bell's Law）：迪吉多電腦公司的知名系統設計師貝爾（Gordon）在 1972 年時預測：「每 10 年，資訊科技平台， 都會有一個典範轉移的大突破，且新一代的電腦平台所使用的科技，亦將有突破性、更好的效能，因此其儲存設備、網路、介面都不一樣，其效能、價格都勝過上一代 10 倍以上。」例如，六〇年代的大型主機，七〇年代的迷你電腦，八〇年代的 PC 與工作站，九〇年代的 Web、Palm，21 世紀初的行動計算平台（Mobile Computing）與雲端運算平台都一一予以證實。

基礎題型

解答

1 企業利用網路科技來分享商業資訊、維持與其他企業間的關係，並執行企業間的交易，可稱為： (A)供應鏈管理 (B)顧客關係管理 (C)電子商務 (D)知識管理。 【107台酒】 (C)

考點解讀 電子商務（Electronic Commerce）是指透過電腦與資訊網路來達到交換商品相關資訊及完成商品交易的活動。所謂「商務」，主要包括了商務資訊、商務管理和商品交易。

2 B2B的客戶類別，通常不包含哪一類？ (A)政府部門 (B)一般家庭用戶 (C)中間商/轉售業者 (D)工業產品客戶。 【106經濟部】 (B)

考點解讀 電子商務B2B模式是指「企業與特定企業間，特別是同一產業中之上、中、下游企業（供應商、製造商、顧客）間，透過Internet及專屬的網路，一起在線上進行商業活動」。一般家庭用戶（Customer）不屬於B2B的客戶類別。

3 王先生在博客來網路書店買了一本「賈伯斯傳」。請問這屬於何種電子商務模式？ (A)B2B (B)C2C (C)B2C (D)C2B。 【101台酒】 (C)

考點解讀 企業對消費者（B2C）電子商務模式，指企業直接將商品或服務推上網路，並提供充足資訊與便利的界面吸引消費者選購，是網路上最常見的銷售模式。例如：博客來網路書店、東森購物平台。

4 下列何者主要是透過網站對消費者進行通知、銷售與配銷活動的銷售者？ (D)

(A)百貨公司 (B)超級市場

(C)便利商店 (D)電子零售商。 【105郵政】

解答

考點解讀 電子零售商（e-Tailer）是透過網站對消費者進行通知、銷售與配銷活動的銷售者，例如亞馬遜網路書店（Amazon）、邦諾書店（Barnes & Noble）、沃爾瑪（War-Mart）等。

5 電子商務是一種現代企業經營方式，在電子商務分類中C to B為： (C)
(A)企業對企業 (B)企業對個人
(C)個人對企業 (D)個人對個人。 【104郵政】

考點解讀 個人對企業（C2B）電子商務模式，指消費者透過網路直接與企業進行交易，又稱匯聚行銷。例如：團購。

6 消費者藉由議題或需要形成社群，透過社群的集團議價或開發社群需求，尋求電子商務商機。這種電子商務類型稱為： (A)B2B (B)B2C (C)C2B (D)C2C。 【106自來水】 (C)

考點解讀 C2B（Consumer To Business）模式充分利用Internet的特點，把分散的消費者及其購買需求聚合起來，形成類似於集團購買的大訂單。在採購過程中，以數量優勢同廠商進行價格談判，爭取最優惠的折扣。個體消費者可享受到以批發商價格購買單件商品的實際利益，從而增加了其參與感與成就感。

7 電子家庭（PChome）經營的「露天拍賣」是下列哪一種電子商務的經營模式？ (A)B2C（Business To Consumer） (B)B2B（Business To Business） (C)C2C（Consumer To Consumer） (D)C2B（Consumer To Business）。 【104自來水】 (C)

考點解讀 C2C是以消費者間的互相交易為主，「拍賣」是C2C電子商務模式中最知名的例子，每一位消費者均可透過競價得到想要的商品。知名的C2C電商平台有eBay、淘寶、Yahoo 拍賣等。

8 在電子商務及網路行銷盛行的情況下，下列何者是業者及消費者最關心的事情？ (A)使用者隱私權 (B)隨時收到新產品訊息 (C)網路色情 (D)資訊泛濫。 【106桃捷】 (A)

考點解讀 網路上的安全與信任機制不夠健全，仍是許多網路族群不採用網路購物的主要原因，相關的資訊外洩疑慮與個人隱私問題，仍有待發展出更佳的解決方案。

9 何謂長尾效應（The Long Tail Effect）？ (A)強調企業只需要單一強項的產品就足夠 (B)強調大利潤、大市場 (C)強調小利潤、大市場 (D)強調資源應該集中在重點產品。 【108鐵路】 (C)

考點解讀 長尾效應（The Long Tail Effect）最初是由《連線》雜誌的總編輯安德森（Chris Anderson）於2004年10月所提出，用來描述諸如亞馬遜公司、Netflix和

解答

Real.com/Rhapsody之類的網站的商業和經濟模式。指那些原來不受到重視的銷量小但種類多的產品或服務由於總量巨大，累積起來的總收益（小利潤、大市場）超過主流產品的現象。在網際網路領域，長尾效應尤為顯著。

10 在Amazon網頁上搜尋到你要找的熱門商品時，也會同時在下方出現其他相關產品供你選購，以提高這些相關或冷門產品賣出的機會。請問這是哪一種理論的應用？ (A)長鞭效應 (B)長尾理論 (C)漣漪效應 (D)80/20法則。 【106經濟部】 (B)

考點解讀 網際網路的崛起已打破80/20法則定律，把冷門商品的市場加總，甚至可以與熱門暢銷商品抗衡。(A)供應鏈管理上的一個惡性循環，其原因在於產品的需求資訊隨著供應鏈上成員間的傳遞而產生扭曲。(C)指的是供應鏈上某一活動的延誤將造成整個供應鏈訂單履行流程與效率的延誤。(D)又稱為帕雷托法則（Pareto Principle），此法則指出大多數的影響是由少數事件所造成，80%的成果是由20%的投入產生。

11 網際網路的崛起已打破 80/20 法則定律，把冷門商品的市場加總，甚至可以與熱門暢銷商品抗衡，此種現象 稱之為： (A)漣波效應（Ripple effect） (B)網路外部性（Network externality） (C)長鞭效應（The bullwhip effect） (D)長尾理論（The long tail theory）。 【103鐵路】 (D)

考點解讀 (A)描述一件事物所造成的影響漸漸擴散的情形。(B)又稱網路效應（network effect），指在商業中，消費者選用某項商品或服務，其所獲得的效用與「使用該商品或服務的其他用戶人數」具有相關性時，此商品或服務即被稱為具有網路外部性。最常見的例子是社群網路服務：採用某一種社交媒體的用戶人數越多，每一位用戶獲得越高的使用價值。(C)當供應鏈下游需求略微變動，變動量會向供應鏈上游擴大，而愈上游廠商的訂貨及存貨量波動就愈大。

進階題型

解答

1 關於電子商務的敘述，何者正確？ (A)團購網以集合網友團購力量，與各地商店議價，進行商品購買，此屬於B2C模式 (B)小亮上網去金石堂網路書店買書，此屬於C2C模式 (C)企業利用網路與上下游廠商進行交易的傳輸，此屬於B2B模式 (D)透過Yahoo!奇摩拍賣網以競標方式，由出價高的買家買到商品，買賣雙方自行進行 交貨與付款，此屬於C2B模式。 【107台酒】 (C)

考點解讀 (A)C2B；(B)B2C；(D)C2C。

解答

2 關於電子商務的敘述，下列何者錯誤？ (A)節省開發廣告費用 (B)直接開發目標市場、增加產品通路 (C)直接聯繫客戶，線上售後服務 (D)資訊透明，交易安全大幅提升。 【105自來水】 **(D)**

考點解讀 電子商務的優點：
(1)降低成本：減少固定成本、流動成本、節省開發廣告費用。
(2)增加效率：縮短交易流程、搜集情報容易、24小時開放。
(3)拓展市場：全球行銷、直接開發目標市場、增加產品通路。
(4)以小博大：成本低廉、商機無限、網路之上人人平等。
(5)免費資源：免費查詢全球貿易相關資訊、晉身資訊前線。
(6)直接互動：直接聯繫客戶、線上售後服務、掌握客戶資訊。

3 網路書店集合一年只賣數十本的書，這類成千上萬商品的銷售量，卻比前十名的暢銷書銷量要大得多，這是何種概念？ (A)長尾理論 (B)邊際效應 (C)月暈效應 (D)系統理論。 【108鐵路營運人員】 **(A)**

考點解讀 2004年10月，《連線》雜誌主編Chris Anderson在一篇文章中，首次提出了「長尾理論」（The long tail），認為只要通路夠大，非主流的、需求量小的商品「總銷量」也能夠和主流的、需求量大的商品銷量抗衡。而今因網路興起，那些受到限制的因素逐漸被打破，一些冷門的商品輕易就能被銷售，而Anderson認為若能銷售這些向來不受重視、位於無限延伸的「Long Tail」商品，其利潤並不亞於暢銷商品，甚至可能創造好幾十倍的成長。

4 根據Anderson的「長尾理論（Long Tail Theory）」，透過互聯互享之特性，使網路發揮篩選功能，而將商機從熱門商品轉至利基商品的力量為何？ (A)連結供給與需求 (B)生產工具大眾化 (C)配銷工具大眾化 (D)行銷工具客製化。 【102、103經濟部】 **(A)**

考點解讀 連接供給與需求：利用電腦的搜尋引擎、網路推薦與評比、口碑等，可減少消費者尋找成本，有助於迅速找到所需商品，激發潛在的需求。

5 在進行交易時，一般多將商品所有權流通的通路稱為 (A)商流 (B)物流 (C)金流 (D)資訊流。 【107台酒】 **(A)**

考點解讀 A指資產所有權的轉移，亦即商品由製造商、物流中心、零售商到消費者的所有權轉移過程。

6 藉由未經授權的個資而取得金錢或其他利益的行為，屬於何種資訊科技的風險？ (A)木馬程式 (B)身分盜用 (C)病毒 (D)詐騙。 【106經濟部】 **(B)**

考點解讀 身分盜用是指為了獲取財物上的利益而使用他人的姓名或資訊，身分盜用是屬於犯罪的一種。惡意程式係指專為破壞、瓦解或掌控系統所設計之軟體的通稱，惡意程式的類型包括病毒、特洛伊木馬病毒、蠕蟲或間諜軟體。

Chapter 04 研發與創新管理

近年來隨著產業典範轉移，企業競爭力的關鍵要素已由傳統以產品／技術品質為核心的「效率」驅動，轉變為以顧客為核心的「創新」驅動；不僅重視產品品質是否卓越，更強調是否具備創新營運模式。因此，研發與創新是企業成長與永續經營的驅動力。

焦點 1 研究發展

研究發展（R&D）是指為開發新產品或新生產技術，或對現有產品或生產技術做重大修改所從事的一系列相關活動。研發可透過產業升級來提高產業與國家的競爭力。

1. **研究發展的架構**

   根據聯合國經濟合作發展組織（OECD）的界定，研究發展的工作可以區分為三大部分：

   (1) **基礎研究**（basic research）：是一種理論性或實驗性的工作，用以發現新的知識或現象。通常基礎研究並不具有特定商業目的，主要在分析事物的特質、結構或關係，以便測試或建立假說、理論或定律，其成果是學術性的。

   (2) **應用研究**（applied research）：是一種試圖獲取新知識的努力，一般都是將「基礎研究」的發現作進一步實際應用，以解決日常問題為目標，對特定的產品、生產程序所作具有商業目的的研究，以創造更高的產品價值。

   (3) **發展**（development）：是將研發或既存的科學知識應用於生產新的產品，或大幅改進產品、生產程序或服務水準等的一連串非例行性技的術活動。

2. **研究發展的特性**

   一般而言，研究發展具有**高風險、高報酬、回收期間長、對人力依賴重**等四種特質。

   (1) **高風險**：研發成功與否充滿著不確定性。

   (2) **高報酬**：研發若成功可以創造一個獨占地位，享受極大利潤。

   (3) **回收時間長**：需長時間的投入才有可能獲致良好的成果。

   (4) **人力依賴重**：有研發人才，才有研發成果，且人才質量也會影響研發的實力。

3. **技術來源與取得方式**

技術是將科學技術有系統的應用到新產品、製程或服務之中。在許多產業中，新技術的主要來源可能是來自公司內部，也有可能是向外購買。一般而言最普遍的選擇方案有：

(1)**內部發展**：在公司內部發展新技術，具備保有技術所有權的潛在優勢。

(2)**購買技術專利**：在開放市場中可買到大部分發展完備的產品與技術，是最簡單、最快、最容易、最具成本效益的方式。

(3)**簽訂發展契約**：如果技術不容易取得，而公司也缺乏資源或時間自行發展該技術時，可考慮和其他公司、獨立研究實驗室、大學、政府機構訂立發展契約。

(4)**取得授權**：某些無法像產品的零件一樣可以輕易買到的技術，可以用付費方式取得授權。

(5)**技術交換**：此種交換有時會用在敵對的公司之間，但並非所有的產業都有分享技術的意願。

(6)**共同研發與合資**：共同研發是指共同追求特定新技術發展，合資在各方面都與共同研究相似，但合資的結果是成為一家更具特色且全新的公司。

(7)**購併技術的擁有者**：如果公司缺乏所需技術，但又是希望獲得其所有權時，可以考慮購併有這項技術的公司。

4.**競爭時機中的技術策略選擇**

邁爾斯與史努（Miles & Smow）由策略積極度觀點將企業技術策略選擇分為四類：前瞻者、分析者、防禦者和反應者。

(1)**前瞻者**：追求在技術、產品、市場領先。

(2)**分析者**：老二主義，模仿修改前瞻者的成功技術。

(3)**防禦者**：在一定的產品範圍內努力、防止他人進入。

(4)**反應者**：只有在面臨重大壓力時才會反應。

基礎題型

解答

1 實驗或理論的創見性工作，研究結果是一種知識的發現，並未預期任何特定應用目的性質的研究，稱為： (A)基礎研究 (B)應用研究 (C)技術發展 (D)商業化應用。 【102中華電信】 **(A)**

考點解讀 實驗性或理論的創見性工作，其主要目的是為了獲得新知識，以作為瞭解某一現象或所觀察事實的根本基礎，並未預期在具體的時程內作特別的應用或利用。

解答

2 在研究發展的架構中，針對一項實驗或理論的創見性，並未預期實用性的目的，稱為： (A)商業化應用 (B)技術發展 (C)應用研究 (D)基礎研究。 【102自來水】 (D)

3 下列何項研究係以發現新知識為目的，偏向科學理論面，無法對企業有立即的效益貢獻？ (A)基礎研究 (B)應用研究 (C)行銷研究 (D)作業研究。 【102郵政】 (A)

考點解讀 基礎研究是以發現新知識為目的，主要分析性質、結構和關係，藉以形成檢定假說、理論或定律。基礎研究的結果通常不會用來販售，只會刊登在科學期刊中，偏向科學理論面，無法對企業有立即的效益貢獻。

4 一項實驗或理論的創見，研究結果是一種知識的發現，在研究過程中並未預期有任何的特定應用的研究是： (A)基礎研究 (B)應用研究 (C)技術發展 (D)商業化。 【101自來水】 (A)

5 產品開發係以解決日常問題為主要目標大量運用何者之成果開發各項具體的產品、服務或問題對策以創造更高的產品或服務價值 (A)基礎研究 (B)行銷研究 (C)應用研究 (D)創意研究。 【100郵政】 (C)

考點解讀 應用研究係在既有的知識或其延伸的基礎上，以解決特定的問題。其成果僅及於單一或有限個產品、服務、方法或系統上。

6 研究發展可以維持與強化市場的競爭地位、持續企業的成長與生存。下列哪一個不屬於研究發展的特性？ (A)具高度的風險性 (B)是屬於高報酬的事業 (C)短期的投入通常就會有結果 (D)高度依賴專業人才。 【105自來水】 (C)

考點解讀 研究發展具有高風險、高報酬、回收期間長、對人力依賴重的四種特質。

7 一般而言，研究與發展具有之特質，下列何者非屬之？ (A)低風險 (B)高報酬 (C)回收時間長 (D)對人力依賴重。 【100郵政】 (A)

8 取得技術的各種來源中，最快的方式為： (A)自主研究 (B)委託研究 (C)合作研究 (D)購買技術專利。 【102中華電信】 (D)

考點解讀 廠商有時會以「購買技術專利」的方式來開發產品，這是企業取得技術的各種來源中，最快的一種方式。

解答

9 獲得技術的各種方式中最花時間的是： (A)自力研究發展 (B)購買專利 (C)爭取技術授權 (D)購買握有技術的公司。 【102自來水】 (A)

考點解讀 獲得技術的各種方式中最花時間的是內部自行研發，是指企業由內部研發人員自力開發新的技術或新產品。

進階題型

解答

1 研究發展程序同時涵括下列那三項主要機能部門的業務？ (A)「行銷－研究發展－銷售」 (B)「行銷－研究發展－生產」 (C)「行銷－研究發展－財務」 (D)「行銷－研究發展－人力資源」。 【103原民】 (B)

考點解讀 研究發展程序首先透過行銷研究了解市場的需求，再據以研發或改良產品，最後進入量產階段。

2 在技術策略的競爭時機中，前瞻者會： (B)
(A)在一定的產品範圍內努力、防止他人進入 (B)追求在技術、產品、市場領先 (C)採老二主義，模仿修改他人的成功技術 (D)只有在面臨重大壓力時才會反應。 【103自來水】

考點解讀 (A)防禦者。(C)分析者。(D)反應者。

3 在競爭時機中，採取老二主義，以模仿修改競爭者成功技術的是： (B)
(A)前瞻者 (B)分析者 (C)防禦者 (D)反應者。 【103台酒】

考點解讀 追隨已成功的競爭者之新策略，追求低風險的獲利機會，屬老二哲學。

焦點 2 創新管理

創新是新觀念的產生到推行，到成為新產品、新服務、新製程的過程。創新可以產生經濟價值，是新創事業成功的基礎。而創新管理（Innovation Management）則是確保創新品質與成果所做的流程管理。

1. **創新的內容**

 (1) **技術創新**：一種組織運用其技能與資源，建立新技術或新方法，進而能在產品或服務在績效上的改變。

 (2) **管理創新**：指組織形成一種創造性思想並將其轉換為有用的產品、服務或作業方法之過程。

(3)**產品創新**：針對現有產品或服務的特性或功能來改變或開發出新的產品或新的服務。

(4)**程序創新**：針對產品或服務的製造、行銷、配銷進行改變，或發展出新的模式。

(5)**市場創新**：相同的技術或產品重複在另一個市場使用。

(6)**營運模式創新**：帶給企業各相關利害關係人新的價值。

☆ 小提點

1 發現（discovery）：指揭示已存在但尚未為人所知的事實或原理。
2 發明（invention）：指創造尚未存在的事物。
3 創意（creation）：藉由某種方法，將不同想法或概念結合的能力。
4 創新（innovation）：指引進新觀念、新方法或新技術以改進事物的本質。
5 創業（entrepreneurship）：創立新的事業，以獲得新的商業成功的活動。

2. **創新的種類**

(1) **Schumann等學者的分類**：Schumann（1994）等學者認為創新有程度上的差異，可區分為三種，分別是微小改變的「漸進式創新」、顯著改變的「卓越創新」與投入新技術與能力的「突破式創新」。

A. 漸進式的創新（Incremental innovation）：將現有的產品、製程、方法作漸進式改變，讓使用上更方便，價格上更便宜。

B. 卓越的創新（Distinctive innovation）：將現有的產品施以顯著程度的改變。

C. 突破式的創新（Radical innovation）：組織使用的技術早已超脫現行的方法，並且完全取代舊時代的技術與方法，並使組織績效相對提昇。

(2) **Frankel的分類**：Frankel（1990）認為，創新根據其技術的更新程度及對消費者型態的影響程度，可分為以下三類：

類型	說明	例子
連續性創新 Continuous Innovation	對現有產品做形式上的變更，而非在製造出一個全然不同的產品，對消費型態的影響甚小。	氟化牙膏
動態的連續性創新 Dynamic Continuous Innovation	運用較大幅度的技術創新於產品的設計和製造上，或使產品具備有新的功能，對消費型態的影響較連續性創新大。	電動牙刷、有線電視

類型	說明	例子
非連續性創新 Discontinuous Innovation	創造出全新的產品或消費方式，讓消費者一下子就可感受到前所未有的方式，消費者須重新學習。	電腦、太空旅行

(3)Gobeli **與** Brown **的分類**：Gobeli&Brown（1987）從生產者觀點（技術變化大小），與消費者立場（增加的利益）來作區分：

A. 革命性創新：以高技術創造全新產品。

B. 應用性創新：並未顯著使用新技術，僅憑創意使新產品有新用途。

C. 漸進式創新：模仿既有經驗，新技術使用程度不高，消費者感受利益也低。

D. 技術性創新：新技術使用程度較高，消費者感受利益也低。

新視界

克里斯汀生（Clayton M. Christensen）在其著作《創新的兩難》（The Innovator's Dilemma）一書中提到，創新依據情境區分，可以分成兩類，一是「維持性創新」，另一則是「破壞性創新」，所謂的維持性創新，是指提供性能更好，更高價的產品給顧客；而破壞性創新，則指廠商藉由創新，推出產品性能較不如主流產品，但價格較低、產品較簡單好用的新產品，以吸引較低端的消費者與非使用者，如ASUS變形筆電、85度C。破壞性創新往往是新創公司或是市場跟隨者打敗市場上領導者的重要策略。

3. 技術採用生命週期

學者莫爾（Geoffrey Moore）和麥克肯納（Regis McKenna）提出的「**技術採用生命週期（Technology Adoption Life Cycle）**」。如下圖所示：

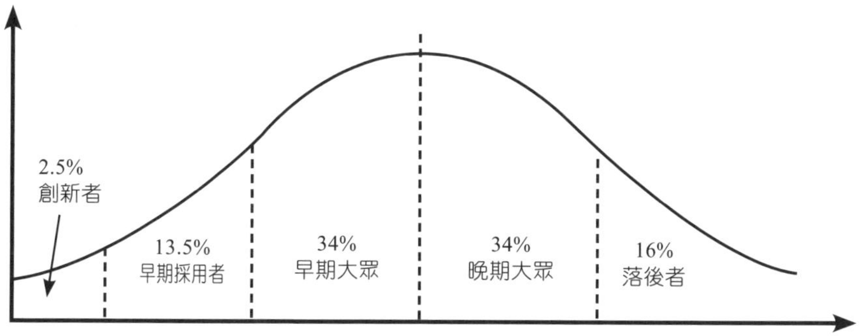

(1) **創新者**：科技狂熱份子，積極尋求新型科技產品，最先接受新科技產品，佔 2.5%。創新者具獨立判斷、主動積極、敢於冒險與自信特質。

(2) **早期採用者**：在最初階段便認同新產品的觀念，容易去想像、瞭解和接納新科技所帶來之利益，佔 13.5%，通常是其他人的意見領袖。

(3) **早期大眾**：具備技術的聯想能力，受實用性所驅策，會在一定條件下接受新科技，佔 34%。

(4) **晚期大眾**：等到標準完全確立，服務支援體系就緒，才接受新科技，以確保萬無一失，佔 34%。亦即「很多人有了，我才用」型。

(5) **落後者**：基於各種理由，不願意與新技術發生任何瓜葛，態度保守的最後一批使用者，佔 16%。

4. **激發創新的環境因素**：魯賓斯Robbins 認為激發創新的環境有三個變數，分別是組織結構、人力資源與組織文化。

(1) **組織結構面**

A. **有機式組織結構**：由於低正式化、低集權化、扁平化、彈性化等特徵，較能提供創新情境。（授權的領導、自主性程度高）

B. **充裕的資源**：方可提供創新所需成本。

C. **部門間溝通**：跨部門的組織或團隊，可打破部門間的藩籬，充分溝通。

(2) **人力資源面**

A. 甄選培育具創造力的員工。

B. 強調員工的教育訓練與發展。

C. 高度的工作保障。

D. 正面回饋（獎酬系統）。

E. 激勵與支持。

(3) **組織文化面**

A. **接受模糊性**：太多精確與客觀性會限制創造力。

B. **對不合實際的容忍**：對非實用性提議的接受。

C. **低度外部控制**：大多政策或法令規章會限制創意。

D. **對風險的容忍**：對失敗的容忍。

E. **對衝突的容忍**：應鼓勵不同意見的存在。

F. **著重目的（ends）而非方法（means）**：只要訂定目標，不拘泥其達成手段。

G. **強調開放式系統**：強調與外界互動與因應。

新視界

「開放式創新（open innovation）」一詞，源自美國加州大學柏克萊分校挈斯布魯夫（Henry Chesbrough）教授於2003年所出版的《開放式創新》一書。其對「開放式創新」作出如下定義：「為了促進組織內部的創新，有意圖且積極地活用內部和外部的技術及創意等資源的流動，其結果是增加將組織內創新擴展至組織外的市場機會。」開放式創新的一些優缺點：

小秘訣

企業激發創新文化的七項特徵包括：接受模糊性、對不合實際的容忍、低度外部控制、容忍風險、對衝突的容忍、著重結果而非手段、強調開放式系統。

優點	缺點
1.提供顧客發聲的管道	1.流程的管理不易
2.幫助組織回應複雜的問題	2.需投入許多支援
3.培養內部與外部關係	3.文化上的挑戰
4.將焦點重新放到市場	4.需更大的組織彈性
5.幫助解決成本高漲與產品開發的不確定	5.知識的管理與分享需做很大的改變

基礎題型

解答

1 下列何者是藉由某種方法，將不同想法或概念結合的能力？ (A)創新 (B)創業 (C)創意 (D)情緒勞動。【108漢翔】 **(C)**

考點解讀 (A)創新的重點在於產生新的價值。(B)指發現、創造和利用適當的創業機會，藉助有效的商業模式組合生產要素，創立新的事業，以獲得新的商業成功的活動。(D)情緒勞動意指「員工為符合組織情緒要求，對情緒所作的調整與管理」。

2 創新的採用程序為： **(C)**

(A)確認需求→收集資訊→評估可行方案→決策→購買後行為

(B)確認研究問題→設計研究方案→收集資料→分析與匯總報告→決策

(C)知曉→興趣→評估→試用→行動

(D)開發審核→行前規劃→簡報與展示→克服異議→完成交易→後續工作與維繫。【103中華電信、104自來水】

解答

考點解讀 消費者對新產品的採用過程（adoption process）通常會歷經 AIETA 五個步驟，知曉（awareness）、興趣（interest）、評估（evaluation）、試用（trial）、採用（adoption）。

3 何種創新模式是在既有的技術與產品架構下，針對消費者需求不足之處，持續強化產品功能與產品價值？ (A)
(A)漸進式創新（incremental innovation）
(B)破壞式創新（disruptive innovation）
(C)商業模式創新（business model innovation）
(D)根本式創新（radical innovation）。 【104原民】

考點解讀 以既有技術為基礎，持續針對消費者需求不足之處，進行產品功能改良，以提升既有技術的使用價值之創新活動。

4 利用現有的知識來從事創新，屬能力的強化，稱為下列何者？ (A)管理創新 (B)架構性創新 (C)漸進式創新 (D)發明。 【102中油】 (C)

考點解讀 漸進式創新（incremental innovation）係在現有科技典範下，從事改善績效或降低的創新。對於消費者而言，創新所增加利益較少；對於生產者而言，技術創新程度較低。

5 以既有技術為基礎，持續針對消費者需求不足之處，進行產品功能改良，以提升既有技術的使用價值之創新活動，稱為下列何者？ (A)破壞式創新 (B)漸進式創新 (C)根本式創新 (D)引導式創新。 【101郵政】 (B)

考點解讀 (A)廠商藉由創新，推出產品性能雖不如主流產品，但價格較低、產品較簡單好用的新產品，以吸引較低端的消費者與非使用者。(C)對產品架構、功能模組與介面做摧毀式的改變。(D)透過引導的方式將創新開發觀念與技術導入產業產品開發之中，以提升創新開發的能力。

6 開發出全新類型的產品或技術服務，能滿足並解決顧客的需求，此種創新方式是屬於下列何種創新類型？ (A)連續式創新 (B)不連續式創新 (C)獨特式創新 (D)漸近式創新。 【112郵政】 (B)

考點解讀

(1)連續式創新：將較成熟的技術應用在既有產品改良或製程創新活動上的創新過程。
(2)非連續式創新：是指引進和使用新技術、新原理的創新。
(3)漸進式創新：是連續或是持續改變的。
(4)突變式創新：是不連續的或是具有顛覆性的。

解答

7 產品以低價或簡單的基本功能為特色，但訴諸不同於以往的新客群，因而突破原來的市場疆界，這是指下列何種創新？ (B)

(A)急遽式創新（radical innovation）

(B)顛覆式創新（disruptive innovation）

(C)漸近式創新（incremental innovation）

(D)基架創新（architectural innovation）。 【106經濟部】

考點解讀 (A)對產品架構、功能模組與介面做摧毀式的改變。(C)以既有技術為基礎，持續針對消費者需求不足之處，進行產品功能改良，以提升既有技術的使用價值之創新活動。(D)又稱「結構性創新」，創新活動改變既有的技術，也不針對現有的市場。

8 在技術創新採用生命週期中，容易接受新觀念與事務且願意嘗試者為？ (C)

(A)早期大眾 (B)早期採用者 (C)創新者 (D)晚期大眾。 【106經濟部】

考點解讀 根據對新產品的積極性，採用者分為五類：

(1)創新者（innovator）：勇於接受新產品，具獨立判斷、主動積極、敢於冒險與自信的特質。通常較年輕且教育程度與收入較高、佔採用者的極少數。

(2)早期採用者（earlyadopter）：態度比創新者更小心，但對新產品的接納比大多數人早，通常是其他人的意見領袖。

(3)早期大眾（earlymajority）：深思熟慮；採用前向意見領袖或有使用經驗者探聽。

(4)晚期大眾（latemajority）：很多人有了，我才用；易受親友影響，甚至是感受團體壓力後才決定採用。

(5)落後者（laggard）：後知後覺，態度保守最後一批使用者。

9 在技術採用生命週期中，具備技術的聯想能力，受實用性所驅策的是哪一個階段？ (B)

(A)早期採用者 (B)早期大眾

(C)晚期大眾 (D)落後者。 【103台酒】

考點解讀 早期大眾（early majority）具備技術的聯想能力，受實用性所驅策，會在一定條件下接受新科技，佔34%。

10 下列何者不是創新文化的特徵？ (A)

(A)高度的外部控制 (B)注重結果，而非手段

(C)授權的領導 (D)對不切實際的容忍度。 【108郵政】

考點解讀 創新的組織文化特性包括：接受模糊性、對不合實際的容忍、低度外部控制、對風險的容忍、衝突的容忍、著重目的而非方法、強調開放式系統。

解答

11 一個創新的組織文化，通常具有下列哪一種特性？ (B)
(A)風險容忍度低 (B)衝突容忍度高
(C)有高度的外部控制 (D)封閉系統。【108漢翔、101中華電信】

考點解讀 (A)風險容忍度高。(C)有低度的外部控制。(D)強調開放系統。

12 下列何者不是激發創新的組織因素？ (B)
(A)高度的工作保障 (B)注重方法、手段而非結果的文化
(C)對模糊與不確定的高度接受 (D)對衝突的高度容忍。【106台電】

考點解讀 注重目的或結果，而非方法或手段的文化。

13 影響組織成員的創造力的因素不包括下列何者？ (A)組織規模 (B)自主性程度 (C)獎酬系統 (D)激勵與支持。【105農會】 (A)

考點解讀 組織結構傾向有機式組織，由於低正式化、低集權化、扁平化、彈性化等特徵，較能提供創新情境。組織規模大小並非影響成員創造力的變數。

14 下列因素何者最不利於激發組織內的創新？ (B)
(A)彈性的工作時間與工作內容
(B)嚴格以每月業績進行員工考核
(C)容忍模糊與不確定性的組織文化
(D)接受組織內的意見衝突。【111經濟部】

考點解讀 激發創新的變數是採有機式結構、注重結果而非過程、時常給予員工正面鼓勵與支持、高度工作保障、強調開放系統等。

進階題型

解答

1 有關創新的敘述，下列何者錯誤？ (A)漸進性創新屬於現有產品／技術的改良 (B)激進性創新是指以重大發明的方式開發出全新類型的產品或技術服務 (C)激進性創新通常會對現有科技與市場產生重大衝擊 (D)任何創新都包含技術上的突破。【108台酒】 (D)

考點解讀 對於一般企業而言，創新的內容實際包括了技術創新、流程創新、管理創新、體制創新、思想創新、經營創新和結構創新等內容。並非任何創新都包含技術上的突破。

解答

2 福特汽車公司以「反向工程（Reverse Engineering）」的方式刺激研發人員新產品的設計創意。請問這種創意來源是屬於：(A)供應鏈 (B)競爭者 (C)研究 (D)客戶。【105台北自來水】 **(B)**

考點解讀 又稱「逆向工程」，源於商業及軍事領域中的硬體分析。是一種技術過程，即對競爭對手單一產品進行反向分析及研究，從而演繹並得出該產品的處理流程、組織結構、功能效能規格等設計要素，以製作出功能相近，但又不完全一樣的產品。

3 下列敘述何者錯誤？ (A)當替代技術成熟到足以商業化，它將會取代原有的技術，此為「典範轉移」 (B)新的技術使原先產業結構產生巨大的變動，這些技術稱為「破壞性技術」 (C)技術環境是為組織的內部環境 (D)「商業模式」是企業賴以獲利的方式。【105台酒】 **(C)**

考點解讀 技術環境或稱「科技環境」是為組織的外部環境。

4 組織為產生新的創意、產品及服務，而積極尋求大學、供應商及消費者等外部關係人參與創新活動，係指下列何者？ **(C)**

(A)破壞式創新（Disruptive Innovation）

(B)重大式創新（Radical Innovation）

(C)開放式創新（Open Innovation）

(D)漸進式創新（Incremental Innovation）。【105經濟部】

考點解讀 開放式創新（Open Innovation）是將企業傳統封閉式的創新模式開放，引入外部的創新能力。在開放式創新下，企業期望發展技術和產品時，能像使用內部研究能力一樣借用外部的研究能力，並使內外部關係人共同參與創新的方式。

5 下列何者不是「開放式創新」的優點？ (A)培養內部與外部關係 (B)提供顧客發聲的管道 (C)需要更大的組織彈性 (D)將焦點重新放到市場。【108漢翔】 **(C)**

考點解讀 開放式創新（open innovation）係組織為產生新的創意、產品及服務，而積極尋求大學、供應商及消費者等外部關係人參與創新活動。其優點是：(1)提供顧客發聲的管道；(2)幫助組織回應複雜的問題；(3)培養內部與外部關係；(4)將焦點重新放到市場；(5)幫助解決成本高漲與產品開發的不確定性。

6 下列何者不是開放式創新（open innovation）的特點？ (A)幫助組織回應複雜的問題 (B)提供顧客發聲的管道 (C)幫助解決產品開發的不確定性 (D)知識的管理與分享不需做很大的改變。【108郵政】 **(D)**

解答

考點解讀 開放式創新就是企業運用各類外部資源來進行創新的行為；而所謂的外部資源可能來自大專院校、其他相關企業、供應商或是消費者等等。在開放式創新的架構下，企業不需要雇用最好的員工，卻有機會用更快更有效的方式創造出更高的價值。所以在知識的管理與分享平台需由傳統的封閉式改為開放式。

7 下列何者對激發創新有正面影響？ (B)
(A)高度時間壓力 (B)有機式的組織結構
(C)強調封閉式系統 (D)高度外部控制。 【108漢翔】

考點解讀 有機式組織結構由於低正式化、低集權化、扁平化、彈性化等特徵，較能提供創新情境，對激發創新有正面影響。

8 學者莫爾（Geoffrey Moore）和麥克肯納（Regis McKenna）所提出的「技術採用生命週期（Technology Adoption Life Cycle）」中的鴻溝（cracks）係指： (B)
(A)創新者和早期採用者之間的位置
(B)早期採用者和早期大眾之間的位置
(C)早期大眾和晚期大眾之間的位置
(D)晚期大眾和落後者之間的位置。 【102中華電信】

考點解讀 由於不同採購群體的心理特性不同，因此每個群體都存在著裂縫（crack），並且將不同顧客群區隔開來，因此若公司對下一階段的消費者，採取如同先前階段採購群體的行銷方法，註定會碰到阻礙，其中，由於多數公司所推出的新產品，雖然在一開始得到科技人士的青睞，但最終無法進入主流市場而導致失敗，即是在早期採用者和早期大眾之間的裂縫影響甚鉅，莫爾（Geoffrey Moore）稱之為「鴻溝（chasm）」，以突顯其重要性。

9 由一些具有創意的員工發起，在企業的支持之下，承擔企業裡某些業務內容或新科技或新市場，進行創業並與企業分享成果的模式為？ (A)加盟 (B)產學合作 (C)育成中心 (D)內部創業。 【106經濟部】 (D)

考點解讀 (A)指由許多個別店鋪經營者透過總部的指導經營相同品牌連鎖店的一種連鎖經營方式。

(B)指學校為促進各類產業發展，與政府機關、事業機關、民間團體、學術研究機構等合作辦理下列事項之一者：(1)各類研究發展及其應用事項；(2)各類教育、培訓、研習、實習等相關合作事項；(3)其他有關學校智慧財產權益之運用事項。

(C)是以孕育新事業、新產品、新技術及協助中小企業升級轉型的場所，藉由提供進駐空間、儀器設備及研發技術、協尋資金、商務服務、管理諮詢等有效地結合多項資源，降低創業及研發初期的成本與風險，創造優良的培育環境，提高事業成功的機會。

解答

10 近年來非常流行群眾募資網站如flying V，下列何者不是創業者在這類網站上進行募資可以達到的效益？ (D)

(A)募集資金　　(B)消費者意見回饋

(C)產品行銷　　(D)產品生產。　【108台酒】

考點解讀 flying V是一個協助群眾發起或支持創意專案的平台，如果有創新想法並獲得大部分民眾認可，就可以籌到資金運作。舉凡想完成之計畫如電影、音樂、表演等，都可在flying V上刊登創新計畫向大家推廣，並邀請支持計劃的民眾用資金完成夢想。創業者在此網站上進行募資可以達到以下的效益：(1)募集資金程序簡便；(2)集資成功後再執行計畫，可降低風險；(3)免費市場調查；(4)可取得消費者意見回饋；(5)有平台可利用，有利宣傳行銷。

11 YouTube一開始是因為創辦者找不到可以分享他們聚會的影片，才搭設的網路影音分享網站。請問，YouTube的創立，是源於哪一種創新來源？ (C)

(A)意料之外的事件　　(B)程序創新

(C)不協調的狀況　　(D)新知識。　【106經濟部】

考點解讀 彼得杜拉克在《創業與創新精神》一書中曾提到七種不同的創新來源：

(1)意料之外的事件：組織必須注意到意外事件的發生，並且從事後續的分析與研究進度，如杜邦尼龍。

(2)不協調的事件：真實與理想之間的差距，產生不穩定的狀況。如YouTube一開始是因為創辦者找不到可以分享他們聚會的影片。

(3)程序需要：改善效率不彰的舊程序，如柯達於1880年代推出纖維底片取代玻璃底片。

(4)市場及產業結構的突然改變：市場的供應與需求產生變化，如消費者健康意識抬頭：速食業者推出健康概念的產品。

(5)人口結構的改變：人口統計變數改變，如少子化：Dior嬰幼兒系列。

(6)認知觀點的改變：當知覺改變，意義發生轉變。如上醫院不吉利 vs.預防勝於治療。

(7)新知識：科學創新的成果，如青黴素、盤尼西林的發現。

12 智慧財產權的主管機關為何者？ (D)

(A)商業司智慧財產局

(B)財政部智慧財產局

(C)勞工處智慧財產局

(D)經濟部智慧財產局。　【108鐵路營運人員】

考點解讀 經濟部智慧財產局，前身為成立於1927年的「全國註冊局」，負責商標、著作、專利等智慧財產權和營業秘密事項，也是《商標法》、《著作權法》、《專利法》和《營業秘密法》的業務最高主管機關。

非選擇題型

1 企業常以專利作為保護創新的方式，依我國「專利法」規定，專利種類可分為以下 3 種：______專利、新型專利及設計專利。 【108台電】

考點解讀 發明。
依我國「專利法」第2條規定：「本法所稱專利，分為下列三種：一、發明專利。二、新型專利。三、設計專利。

2 依我國「標準法」規定，由標準專責機關依該法規定之程序制定或轉訂，可供公眾使用之標準，稱之為______標準。 【108台電】

考點解讀 國家。
依我國「標準法」第3條規定：「本法用詞定義如下：
一、標準：經由共識程序，並經公認機關（構）審定，提供一般且重覆使用之產品、過程或服務有關之規則、指導綱要或特性之文件。
二、驗證：由中立之第三者出具書面證明特定產品、過程或服務能符合規定要求之程序。
三、認證：主管機關對特定人或特定機關（構）給予正式認可，證明其有能力執行特定工作之程序。
四、團體標準：由相關協會、公會等專業團體制定或採用之標準。
五、國家標準：由標準專責機關依本法規定之程序制定或轉訂，可供公眾使用之標準。
六、國際標準：由國際標準化組織或國際標準組織所採用，可供公眾使用之標準。」

第六篇 最新試題及解析

112年 台灣電力新進雇員

一、填充題

1 組織生命週期（Organizational Life Cycle）有4個階段，分別為設立期、成長期、________期及衰退期。

2 ________係指在某職位上所擁有或被賦予的權力，此種權力是從屬於該職位，當離開該職位，此權力即消失。

3 克雷頓阿德佛（Clayton Alderfer）將馬斯洛（Maslow）的需求層次理論（Hierarchy of Needs Theory）簡化為3大類需求，稱為ERG理論，其中包含了________、關係及成長。

4 發訊者將欲傳遞之訊息轉為符號的形式，透過不同的語言、文字、肢體或語調等，做特定形式包裝，稱之為________。

5 負荷圖（Load Chart）橫軸為時間、縱軸為________，其常被運用於生產管理，在於讓決策者瞭解組織中各機器設備使用情形，以利安排生產排程。

6 明茲伯格（Mintzberg）將管理者分為10種角色，其中代表組織對外發表企業政策、計畫及成果的角色，稱之為________。

7 策略規劃管理須注重市場分析，流程步驟為STP，分別為市場區隔、________及市場定位。

8 ________理論為宏碁集團創辦人施振榮先生所提出，其認為研發和行銷才能創造高附加價值，因此企業只能不斷往附加價值高的區塊移動與定位，才能持續發展與永續經營。

9 懷特及利普特（White & Lippett）將領導風格區分為3大類，分別為專制式、________式及放任式。

10 某甲年初以20元買進A公司股票1張，到了年中，獲得配發2元的現金股利及1元的股票股利，隨後於年底以30元賣出該張股票和所配發的零股，此次交易報酬率為________%。

11 在組織中管理者能夠直接且有效控管的部屬人數，稱之為 ＿＿＿＿＿ 。

12 決策係為了解決特定問題，從眾多方案中做出選擇的程序，理性決策過程為：界定問題→確認決策的評估標準→決定評估標準的權重→發展可行方案→分析方案→選擇方案→ ＿＿＿＿＿ →評估決策效能。

13 公司透過金融機構發行憑證，使公司借入款項而獲得現金，並承諾於固定時間支付利息且於到期日償還本金，此種憑證稱之為 ＿＿＿＿＿ 。

14 戴明（Deming）提出PDCA循環，認為品質管制工作的進行係循環運轉的，由計劃、執行、 ＿＿＿＿＿ 及行動等4項活動組成，且不是運作一次就結束，而是周而復始地運作。

15 赫茲伯格（Herzberg）提出雙因子理論（Two-factor Theory），其中 ＿＿＿＿＿ 因子存在時，能防止員工工作不滿足，而激勵因子存在時，則能激勵員工提升工作滿足感。

16 產品訂價策略倘依「每增加一單位產量所須增加之成本」來進行，稱之為 ＿＿＿＿＿ 訂價法。

17 費德勒（Fiedler）的權變模型，主張領導風格可區分為2種導向，其中當領導者處於極端有利或極端不利之情境時， ＿＿＿＿＿ 導向之領導風格所獲績效較高。

18 企業不能僅以追求獲得最大利潤為主，更應兼顧本身成長與社會福祉，對社會付出更大的貢獻，讓企業與大眾共享經營的成果，為追求永續發展，企業應從ESG之3大面向發展，包含環境、社會及 ＿＿＿＿＿ 。

19 美國波士頓顧問團（Boston Consulting Group）提出之BCG矩陣（BCG matrix），縱軸坐標為該產品市場 ＿＿＿＿＿ 率，橫軸坐標則是相對於最大競爭者的市場占有率。

20 某公司有流動資產$500,000，淨固定資產$800,000，流動負債$250,000，長期借款$300,000，其淨營運資金為$ ＿＿＿＿＿ 。

解答與解析

1 成熟

2 職權 / authority

3 生存 / Existence

阿德佛（C.Alderfer）將Maslow的五種需求層次簡化為三種需求類別，分別是：生存需求（existence needs）、關係需求（relatedness needs）、成長需要（growth needs）。

4 編碼 / encode

5 資源

6 發言人 / spokesman

7 目標市場 / targeting

8 微笑曲線

9 民主

10 75

某甲交易報酬率

＝〔(30×1100+2000)

－(20×1000)〕÷〔20×1000〕

＝0.75或75%

11 控制幅度 / 管理幅度 / Span of Control

12 執行 / 執行方案

13 公司債 / 公司債券

14 檢查 / check

15 保健 / hygiene

16 邊際成本

17 任務 / task-oriented

18 公司治理

ESG是聯合國全球契約（UN Global Compact）於2004年所提出的概念，被視為是評估一間企業經營的指標。ESG指標所代表意涵為：環境（E，environment）、社會（S，social）及公司治理（G，governance）。

19 成長

20 250,000 / 25萬

淨營運資金=流動資產－流動負債

=$500,000－$250,000=$250,000

二、問答題

(一) **名詞解釋**

1.**馬基維利主義**（Machiavellianism）

2. **熱爐法則**（Hot Stove Rule）

3.**長鞭效應**（Bullwhip Effect）

4. **社會賦閒**（Social Loafing）

5.**木桶定律**（Cannikin Law）

答 1. 馬基維利主義（Machiavellianism）：即個體利用他人達成個人目標的一種行為傾向，主張為達目的不擇手段的權謀術主義。
2. 熱爐法則（Hot Stove Rule）：指組織中任何人觸犯規章制度都要受到處罰，它是由於觸摸熱爐與實行懲罰之間有許多相似之處而得名。熱爐法則帶有警示性、一致性、即時性和公平性。
3. 長鞭效應（Bullwhip Effect）：在商品的供應鏈中，下游客戶端產生變異時，越往中上游變數就越多。即市場需求的微小改變，將使製造商面對重大改變。
4. 社會賦閒（Social Loafing）：指當群體成員人數愈多時，成員愈容易傾向投入較少的努力，是一種搭便車現象。
5. 木桶定律（Cannikin Law）：又稱「短板效應」，一隻木桶盛水的多少，並不取決於桶壁上最高的那塊木塊，而往往取決於桶壁上最短的那塊。在管理學上的應用是組織的各部分往往是優劣不齊的，但劣勢部分卻決定組織整體的水準。

(二)何謂群體決策？群體決策的優缺點為何，請各列舉3項並說明。

答 1. 群體決策是為充分發揮集體的智慧，由多人共同參與決策分析並制定決策的整體過程。大部分的組織都會透過委員會、任務小組、評議會、研究團隊，或其他類似的群體來做決策。
2. 群體決策相較於個人決策的優點：
(1)群體決策集思廣益可提供更完整的資訊及知識。
(2)群體擁有較多而廣泛的資訊來源，因此可以較個人提出更多的方案，也可以增加方案被接受的程度。
(3)群體決策可增加合理性及決策的正當性。
3. 群體決策的缺點：
(1)群體在達成解決方案的共識上，會比個人決策花費更多時間。
(2)群體迷思會抑制群體內之批判性思考的發展，而影響到決策的品質。
(3)在群體中成員共負成敗的責任，但每一個成員該負何種責任？並不是很明確。容易造成責任模糊。

(三)請說明管理方格理論（Managerial Grid Theory）？並說明包含哪些代表型領導方式。

答 布雷克（R.Black）與莫頓（J.Mouton）於1964年出版《管理格道論》一書，並於1978年又合寫《新管理格道》，將管理格道理論精緻化。認為管理者要達成組織特定目的，在從事管理活動時，必須具有某種程度的關心生產及人員。而管理者對於兩者的關心情況就決定了他所採取的領導型態與其使用職權方式。依其所見，管理者可能在81種不同組合之管理格道中呈現其中一種領導方式。而其所重視者係以下五種方式：任務型（9.1）、鄉村俱樂部型（1.9）、放任型（1.1）、平衡型（5.5）、團隊型（9.9）。

1. 放任型（1.1）：對於生產和人員的關心程度均低，採取無為而治的領導態度，只要不出差錯，多一事不如少一事。
2. 任務型（9.1）：關心生產，而較不關心人員，要求達成任務和效率，但忽視人員的需求滿足。
3. 鄉村俱樂部型（1.9）：較不關心生產，但特別關心人員；注意人員需要是否獲得滿足，重視友誼氣氛和關係的培養。
4. 平衡型（5.5型）：採中庸之道的領導方式，對於生產和人員均給予適度的關懷。
5. 團隊型（9.9型）：對於生產和人員都非常關心；藉由溝通和群體合作以達成組織的目標和任務。

結論：領導者最好的表現是（9.9型）對於生產和人員高度的關心。

(四)請解釋何謂經濟訂購量（EOQ）？假設某工廠對A物料之年需求量為1,000個，訂購費用每年500元，物料單價為20元，該物料每季之持有成本為物料單價之5%，請列式計算A物料的經濟訂購量為多少？

答 1. 經濟訂購量模型（EOQ）是企業用來決定最適採購數量的一種數學模型工具，其考慮存貨的持有成本與訂購成本，並希望使兩者相加的總成本達到最低。

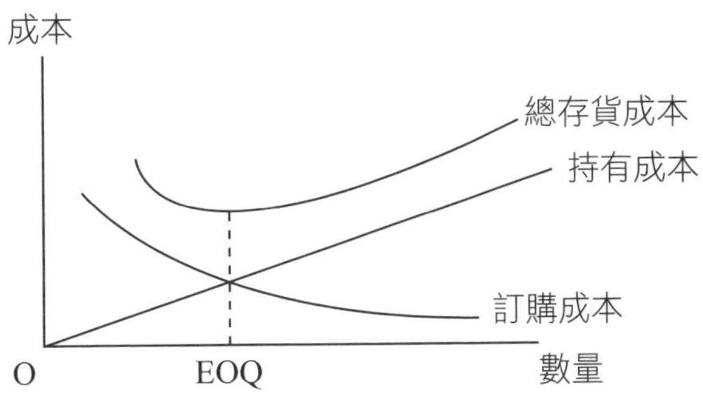

2. 經濟訂購量EOQ公式：

$$EOQ = \frac{\sqrt{2 \times 每年需求量 \times 每次訂購成本}}{每單位儲存成本}$$

$$= \frac{\sqrt{2 \times 1{,}000 \times 500}}{20 \times 5\%}$$

$$= 1{,}000$$

112年 桃園機場新進從業人員 －運輸行銷－專員（二職等）

(　　) **1** 企業與人類的生活息息相關，它提供人類日常生活所需，也提供就業機會。企業的存在應該追求下列何者？ (A)最大獲利 (B)善盡社會責任 (C)利潤與社會責任的均衡 (D)為全人民謀最大的福祉。

(　　) **2** 下列哪一個為公營事業（public enterprise）正確的敘述？ (A)由政府部門獨立成立的公司 (B)政府部門持有所有股權的公司 (C)政府部門持有超過百分之五十股權的公司 (D)政府部門持有部份股權的公司。

(　　) **3** 在波特（Porter）產業競爭分析架構中，替代品（substitutes）對現有廠商的威脅主要來自下列何者？ (A)替代品的功能 (B)替代品的品質 (C)替代品的價格 (D)替代品的功能/價格比。

(　　) **4** 在影響企業經營的總體環境中，社會環境對企業的影響主要來自下列何者？ (A)經濟景氣 (B)社會的價值觀 (C)政治的穩定性 (D)資訊科技的發展。

(　　) **5** 產品和服務的品質是管理出來的。國際標準組織所推動的ISO 9000制度強調的是： (A)品質創新 (B)品質理念 (C)品質保證 (D)品質設計。

(　　) **6** 以下何者是「內部招募」的缺點？ (A)彼得原理的發生 (B)增加內部衝突，彼此互相競爭職位 (C)「近親繁殖」使員工成分更為同質 (D)以上皆是。

(　　) **7** 在波特（Porter）產業競爭分析架構中，下列哪一個不是與廠商在競爭關係中同屬市場的分食者？ (A)產業現有競爭者 (B)替代品 (C)購買者 (D)潛在進入者。

(　　) **8** 下列對於「績效回饋面談」的原則敘述，何者不正確？ (A)安排合宜的面談情境與場所 (B)過程應偏重在對於員工個人的討論，而非工作行為及結果 (C)員工應先作自我評估 (D)鼓勵部屬參與。

( ) **9** 下列何者不屬於企業直接的利害關係人？ (A)股東 (B)消費者 (C)員工 (D)大眾傳播媒體。

( ) **10** 企業在追求目標達成的過程中，被企業所影響或能影響到企業的個人或群體統稱為？ (A)競爭者 (B)債權人 (C)利害關係人 (D)民間團體。

( ) **11** 下列何者不是企業社會責任報告書所包含的內容？ (A)環境績效 (B)社會績效 (C)利潤 (D)公司治理。

( ) **12** 下列何者不是廉價航空公司核心競爭力的來源？ (A)提高營運效率以降低營運費用 (B)以價格吸引客戶搭乘 (C)減少員工薪資與福利以進一步降低成本 (D)提供額外加價服務以提高營運收入。

( ) **13** 以下何者可以表達企業在特定時點的財務狀況之報表？ (A)資產負債表 (B)損益表 (C)現金流量表 (D)股東權益變動表。

( ) **14** 甲公司買下乙公司，甲公司所付的錢超過乙公司的有形資產價值時，會產生下列何者？ (A)股東權益 (B)應收帳款 (C)應付帳款 (D)商譽。

( ) **15** 下列何者是正確的描述？ (A)貿易順差：代表一國的進口值超過出口值 (B)貿易逆差：代表一國的出口值超過進口值 (C)貿易餘額：一國在特定時間內的出口和進口差額 (D)以上皆是。

( ) **16** 在霍夫斯泰（Hofstede）的文化構面裡，何者是用來衡量這個社會的人民對於頭銜、身份、地位的不同與財富分配不均的接受程度？ (A)個人主義 (B)不確定性規避 (C)生活的量 (D)權力距離。

( ) **17** 下列何者屬於企業職能中的直線職能？ (A)財務職能 (B)人力資源職能 (C)生產與作業職能 (D)研究發展職能。

( ) **18** 以下哪一種倫理哲學觀點主要關心的是行為所帶來的結果，而不需問其行為的動機或過程是否符合道德或良善？ (A)德行倫理 (B)功利倫理 (C)普世倫理 (D)義務倫理。

(　　) **19** 下列有關獨資（sole proprietorship）企業的敘述何者正確？ (A)人才引進不易 (B)開始與結束營業都較容易 (C)業主須負無限清償責任 (D)以上皆是。

(　　) **20** 人口成長與人口結構的改變可能影響企業經營的銷售狀況，這是屬於何種行銷環境因素？ (A)科技因素 (B)社會文化因素 (C)競爭因素 (D)全球因素。

(　　) **21** 下列何者不屬於行銷人員工作的四個要素（4Ps）？ (A)產品 (B)通路 (C)價格 (D)規劃。

(　　) **22** 對於某些產品（例如：手錶、香水等），廠商會把價格訂得很高，以營造產品獨一無二及特殊地位的象徵，屬於以下何種目的？ (A)達到更高的市場佔有率 (B)創造形象 (C)建立流量 (D)促進社會目的。

(　　) **23** 關於「物聯網」的定義，下列何者正確？ (A)威力強大的智慧型決策應用程式 (B)透過感應器、相機、軟體、資料庫及大數據中心的運用，能夠將一般物品連上網路 (C)虛擬實境網路 (D)蒐集、組織、儲存及分析巨量資料（大數據）的程式。

(　　) **24** 下列有關效能（effectiveness）與效率（efficiency）的敘述何者為非？ (A)皆是衡量企業或群體管理有效與否之主要指標 (B)效能追求最高目標的達成 (C)效率關注的是組織營運的結果 (D)效率為產出/投入及衡量內部之轉換效率。

(　　) **25** 王大明是一位業務部經理，在一項新的企畫案中與行銷部經理見面，之後他將所得的訊息及決定與他的下屬分享；接著又在飯店裡主持新產品發表會議。請問王大明扮演哪些管理者的角色？ (A)資源分配者與代表人 (B)領導者與監督者 (C)聯絡者與發言人 (D)創業者與問題處理者。

(　　) **26** 以下對Herzberg的雙因子理論（two-factor theory）之敘述，以下何者敘述是正確的？ (A)保健因子是指能帶來工作滿足的因素，激勵因子是指能降低工作不滿足的因素 (B)工作滿足的反面即是工作不滿足 (C)激勵因子包括薪資、主管與部屬間的關係與工作環境條件等 (D)以上皆非。

( ) **27** 公司會舉辦年度的員工表揚大會、集合員工一起做晨操，以建立員工的向心力等。請問這是屬於組織文化要素中的哪一項要素的例子？ (A)語言和系統 (B)典禮或儀式 (C)符號象徵 (D)故事。

( ) **28** A公司將其下的事業分為太空產品顧客群、家電及電視產品顧客群及消費產品顧客群，請問這是屬於何種部門化的類型？ (A)功能別部門化 (B)產品別部門化 (C)顧客別部門化 (D)地區別部門化。

( ) **29** 下列何者「不是」實施勞工退休金制度的影響？ (A)企業經營成本提高 (B)企業更有彈性地獲取所需的優秀人才 (C)企業須以更佳的薪資福利留住優秀人才 (D)企業人員流動率降低。

( ) **30** 以下的敘述何者是錯誤的？ (A)當經驗愈豐富或訓練有素的員工愈多，管理者的控制幅度愈小 (B)當員工任務的相似性愈高，則控制幅度愈大 (C)指揮鏈可明確界定主管與部屬間的報告關係 (D)指揮統一原則主張一個部屬應該只對一個（只能有一個）直屬主管負責。

( ) **31** 當管理者只能聽進部分的組織溝通訊息，有意或無意地過濾掉一些訊息，這個管理者發生何種認知障礙？ (A)月暈效果 (B)選擇性知覺 (C)對比效果 (D)投射作用。

( ) **32** 事業策略的分析工具中，以麥可·波特（Porter）的五力分析最為有名，請問以下何者不屬之？ (A)潛在競爭者的威脅 (B)供應商的議價能力 (C)顧客持續競爭的優勢 (D)現有企業間的競爭強度。

( ) **33** 王經理近來發現其團隊出現「搭便車」之情況，他即刻著手設計一套解決方案以減少社會閒散（social loafing）的現象產生；請問此解決方案之重點應為何？ (A)清楚界定每個團隊成員的表現 (B)確保工作任務是重要且有趣的 (C)當個人表現對團體績效有幫助時，需給予個人獎酬 (D)以上皆是。

( ) **34** 關於管理功能的描述，下列何者正確？ (A)所謂的控制，具有監督的含意 (B)管理的功能是四個獨立的步驟，各自運作 (C)領導是替組織設立目標，是管理功能的第一個工作 (D)組織指的是建立策略以達成目標。

( ) **35** 「平衡計分卡」希望透過四個構面的衡量指標將公司的願景、目標與決策具體呈現，以下何者不屬於此四個構面？ (A)顧客 (B)規模 (C)學習與成長 (D)企業內部流程。

( ) **36** 下列何者屬於赫茲伯格（Herzberg）雙因子理論中的激勵因子（motivator）？ (A)公司政策與管理措施 (B)與上司的關係 (C)個人成長 (D)工作保障。

( ) **37** 英國學者約翰・埃爾金頓（John Elkington）提出三重底線（Triple Bottom Line）的概念，認為企業要永續發展必須要堅持三個面向。以下何者非屬之？ (A)營運獲利 (B)社會責任 (C)環境責任 (D)銷售。

( ) **38** 根據Victor Vroom所提出的期望理論（expectancy theory）的內涵，主管為了提高部屬的工作動機，不需要透過以下哪一種方式？ (A)提高員工努力與績效的關聯性 (B)確保部屬對主管的瞭解是正確無誤的 (C)清楚的連結酬賞和績效 (D)酬賞必須對員工有正向價值。

( ) **39** 有關費德勒（Fiedler）的領導權變模式中，下列敘述何者不正確？ (A)以「最不喜歡共事的同事問卷」來確認領導風格 (B)情境的界定是由領導者與部屬的關係、任務結構程度的高低以及領導者職權的強弱等三個構面所決定 (C)提出在情境最有利或最不利的情境下，關係導向的領導效能最好 (D)管理者需視情境不同，調整其領導風格，才會有較好的領導效能。

( ) **40** 差異行銷主要是採取STP行銷的作法，以下何者不包含在裡面？ (A)市場區隔 (B)善因行銷 (C)區隔選定 (D)產品定位。

解答與解析

答案標示為#者，表官方曾公告更正該題答案。

1 (C)。依社會經濟觀點：認為企業的社會責任超過追求利潤，包括保護與改進社會福祉。亦即追求利潤與社會責任的均衡。

2 (C)。依公司法之規定，由政府與人民合資經營，政府資本超過百分之五十者。」準此，除事業組織特別法另有規定外，由政府與人民合資經營之事業，須政府資本（包含公營事業投資之資本）超過該合資事業資本百分之五十者，方屬公營事業。

3 **(D)**。替代品不僅是市場上的競爭品，更偏向處於同性質的產業，同樣能夠滿足消費者的需要，這些替代品的價格越低、功能越好、品質越高、數量越多，客戶轉換成本就越高，而替代品產生的威脅競爭力就越強。

4 **(B)**。在影響企業經營的總體環境中，社會環境對企業的影響主要來自社會的價值觀、文化及風俗習慣。

5 **(C)**。ISO9000是一套由國際標準化組織（International Standard Organization）所制定的一系列國際品質管理標準的「品質認證制度」，規定生產程序的共同原則與標準。

6 **(D)**。內部招募指直接從內部員工中遞補、晉升或調遣。其優點：激勵員工士氣、節省招募與教育訓練成本、掌握被提拔者的才能、內部候選人已瞭解企業運作、對組織較具認同感。缺點：不易激發創新的觀念、爭取晉升可能傷害員工彼此感情、員工成分更為同質、彼得原理的發生。

7 **(C)**。購買者或顧客不是與廠商在競爭關係中同屬市場的分食者。

8 **(B)**。「績效回饋面談」過程應偏重員工工作行為及結果，而非對於員工個人的討論。

9 **(D)**。企業的利害關係人可分為兩類：一類為「主要的利害關係人」包括企業的擁有人（或股東）、員工、消費者、供應商等；另一類為「次要的利害關係人」包括其他有關人士與組織、政府、大傳媒體、利益團體、社會等大眾等。

10 **(C)**。企業利害關係人就是：「任何受一個組織的行動、決策、政策、行為目標所影響的個人或團體，或任何影響一個組織的行動、決策、政策、行為或目標的個人或團體。」

11 **(#)**。「企業社會責任」（Corporate Social Responsibility，CSR）泛指企業在創造利潤、對股東利益負責的同時，還要承擔對員工、社會和環境的社會責任。亦即，除了營利，企業應追求並實踐環境永續、社會責任及公司治理（Environment，Social，Governance，即ESG）之責任。

12 **(C)**。廉價航空即低成本航空公司，指的是通過取消一些傳統航空乘客服務，將營運成本控制到最低的狀態，從而可以長期大量提供便宜票價的航空公司。應是簡化人事組織和不必要人員是減少開支的最佳方法，因此低成本航空公司的組織相對較簡單，人機比例較傳統航空公司少。

13 **(A)**。企業主要的財務報表有：

(1) 資產負債表：記錄一家企業在某一定時間點上（通常為年底12月31日）的資產、負債、股東權益餘額及其相互之間的關係，為存量的觀念屬於靜態報表。

(2) 損益表：記錄企業在某一會計期間內通常為一年的經營成果，藉以衡量獲利情況，為流量觀念，屬於動態報表。

(3) 現金流量表：指將一定期間內企業所有現金收入及支出納入，比較期初與期末資產負債表中現金及約當現金以外之所有科目。

(4) 股東權益變動表：描述某一期間股東權益的變動狀況，主要為盈餘與股利的變化。

14 (D)。商譽（Goodwill）用作反映一個商業實體資產和負債以外的帳面價值，通常只運用於收購安排上。公司的品牌名稱、堅實的客戶群、良好的客戶關係、良好的員工關係和專有技術的價值代表了商譽存在的一些原因。它反映了商業實體比較來自出售有形資產上，作出更高的利潤價值。

15 (C)。貿易順差：代表一國的出口值超過進口值；貿易逆差：代表一國的進口值超過出口值。

16 (D)。霍夫斯泰（Hofstede）的國家文化分析架構：

(1) 權力距離（power distance）：即當地社會能接受組織或機構內權力分配不均的程度。

(2) 個人主義（individualism）vs.群體主義（collectivism）：每個人偏好自己；將每人視為團體的一部份，予以照顧。

(3) 生活的量（quantity of life）vs.生活的質（quality of life）：是重視競爭與魄力、追求物質及財富的程度；社會重視人際關係的維護，關心周遭事物及他人的福祉。

(4) 規避不確定性的程度（uncertainty avoidance）：指人們偏愛結構化而非混沌的情境，也就是設法規避不確定性或模糊狀況威脅的程度。

(5) 長期導向（long-term）vs.短期導向（shot-term）：重視長期發展、節約儲蓄、堅持與延續。著重過去及現狀，強調要尊重傳統及履行社會義務。

17 (C)。直線職能（Line Functions）：直接和企業的利潤與營業收入有關，包括生產與作業職能與行銷的職能。幕僚職能（Staff Functions）：位於輔助的位置，包括財務職能、人力資源職能、研發職能。

18 (B)。倫理的功利觀點或稱「效用主義」，也就是為最多數人追求最大的利益。以結果論其主要的主張是，一個行為之好壞與價值取決於其所帶來之結果。結果愈好，代表著行為的善性愈高，結果愈差，則行為之價值也愈差。

19 (D)。獨資企業指一個自然人以自己為權利義務為主體，依法登記從事商業交易以賺取利潤的組織。其優點是開始與結束營業都較容易、經營管理單純、經營成果獨享；缺點則是人才引進不易、籌資不易、企業規模受限、業主須負無限清償責任。

20 (B)。在社會文化環境中，人口成長與年齡結構、人口的地理分佈、婚姻狀態與家庭規模，及就業女性；

社會價值觀、文化與次文化、風俗習慣都會牽動許多產品的銷售與通路配置。

21 **(D)**。行銷組合又稱行銷4P，是企業用來影響顧客反應之可控制變數的集合。由麥卡錫（E.Jerome McCarthy）所提出，即產品（Product）、通路（Place）、推廣（Promotion）、訂價（Price）。

22 **(B)**。聲望或威望訂價法（Prestige Pricing）係指廠商將某一種產品（例如：手錶、香水等）訂定高價格，創造形象以增強消費者對此品牌及對整條產品線的高品質印象。

23 **(B)**。物聯網（Internet of Things，簡稱IoT）指透過感應器、相機、軟體、資料庫及大數據中心的運用，能夠將一般物品連上網路。物聯網（IoT）是所有連入網際網路且不屬於傳統電腦的裝置的統稱。包括從健身追蹤器和智慧型手錶，到智慧型冰箱、耳機、相機、洗衣機、汽車和家庭保全等。

24 **(C)**。效率關注的是組織資源的投入有無浪費。

25 **(C)**。

(1) 聯絡者（liaison）：維持和外界所建立的人際網絡，使資訊交流維持暢通、良好的管道。

(2) 發言人（Spokesperson）：在公開場合，以官方立場傳達資訊給他人或組織。

26 **(D)**。保健因子是指能降低工作不滿足的因素，激勵因子則是指能帶來工作滿足的因素。保健因子包括薪資、主管與部屬間的關係與工作環境條件等，滿意的相反不是不滿意，而是沒有滿意。

27 **(B)**。組織文化可以藉由很多方式傳遞給員工，包括：

(1) 故事：傳頌故事、傳奇與神話。

(2) 典禮或儀式：所舉辦的特殊事件、正式活動、重複行為。

(3) 符號象徵：物品，如：符號、商標、制服。

(4) 語言和系統：傳達特殊共享價值的聲音、文字。

28 **(#)**。官方公告本題答(B)或(C)均給分。

29 **(D)**。勞工退休金是一種強制雇主應給付勞工退休金的制度，不會讓企業人員流動率降低。

30 **(A)**。當經驗愈豐富或訓練有素的員工愈多，管理者的控制幅度愈大。

31 **(B)**。(A)根據單一特表徵，如智力、外表等，來產生對於某個人整體印象。(C)感受特質的程度主要是受與其他相關事物的對比程度影響，而非受其實際程度影響。(D)會以自己的想法去推測別人的想法，覺得我們這麼想，所以別人大約也這樣想。

32 **(C)**。麥可・波特（Porter）認為，在任何產業中，有五種競爭動力設定了產業中的競爭規則：潛在進入者的威脅、替代品的威脅、顧客的議價能力、供應者的議價能力與現有競爭者的競爭強度。

33 (D)。社會閒散（social loafing）或稱「社會性偷懶」，指個人在群體中工作會比個人獨自工作付出較少的努力。「社會閒散」是一種當個人處於團體中，由於努力和結果之間的聯結不緊密，個人易躲過因偷懶所帶來的不好結果，也易失去因努力而應得的好結果，而引發的動機性損失。上述做法均可以減少社會閒散的現象產生。

34 (A)。(B)管理功能由規劃、組織、領導、控制等一連串步驟的循環作用，因此又稱為管理循環。(C)規劃是替組織設立目標，是管理功能的第一個工作。(D)規劃指的是建立策略以達成目標。

35 (B)。平衡計分卡（BSC）的概念是由卡蘭與諾頓（Kaplan & Nortonm）在1992年所提出，有別於傳統衡量僅重視財務指標，平衡計分卡顧名思義即是以「平衡」作為概念，透過：財務構面、顧客構面、內部作業流程構面及員工學習與成長構面等四大構面，以補充傳統財務構面之不足。

36 (C)。激勵因子激發員工工作動機於最高標準，這些條件存在會讓員工感到滿意，不存在不會產生不滿足。例如，成就感、肯定、賞識、責任、升遷、工作本身、個人成長。

37 (D)。1997年可持續發展權威、英國學者約翰・埃爾金頓（John Elkington）提出三重底線（Triple Bottom Line）的概念，就認為企業要永續發展，必須要堅持營運獲利（經濟面）、社會責任與環境責任三個面向。所謂的「底線」，是因為在衡量企業是否賺錢時會查看財務報表，而財報的最後一行就是企業獲利的數字，因此「底線」有企業是否獲利的意涵。三重底線就是企業或組織在營運的時候，必須同時兼顧財務獲利、善盡社會責任而且能夠保護環境，在三個面向都能「獲利」、「受益」。

38 (B)。伏倫（V.Vroom）提出「期望理論」，認為人員於決定從事某種行為之前，必先評估各種行為策略，如果某個策略是其相信可獲取報酬的策略，而此項策略又是他所期望的，那麼他就會選擇該項行為策略。其中三種重要的變數：(1)努力－績效之連結；(2)績效－酬賞之連結；(3)酬賞－個人目標價值之連結。

39 (#)。官方公告本題答(C)或(D)均給分。

40 (B)。STP行銷的作法由三個面向組成，S是市場區隔（Segmentation）、T是目標市場（Targeting）、P是產品定位（Positioning）。最早是由美國行銷學者（Wendell R.Smith）於1956年提出，透過STP分析，可以將市場細分成更小的市場，然後從個別的區隔市場中找到目標市場，最後在目標市場中找到自己的市場定位。

112年 桃園機場新進從業人員 －運輸行銷－專員（四職等）

一、選擇題

(　　) **1** 下列何者是社會行銷的觀點？ (A)公司利潤（組織目標） (B)顧客需要 (C)社會福祉 (D)以上皆是。

(　　) **2** 在策略性規劃與作業性規劃的比較上，何者為錯誤的敘述？ (A)相較之下，策略性規劃是屬於較為中長期的規劃 (B)相較之下，策略性規劃較為詳盡、明確 (C)相較之下，策略性規劃所規劃之結果是政策 (D)相較之下，策略性規劃的涵蓋範圍較廣泛。

(　　) **3** 可以讓企業在很短的時間和很少的資金下，獲得極為快速的成長的方法之一為購併，其中將兩家企業整合成一家企業，合併後原先的兩家企業都不再存在的購併稱之為____？若某家企業購買了另一家企業全部的財產和債務，使某一企業不存在的購併稱之為____？再者，購併者與被購併者是位於相同產業中的同一階段中，原本是彼此相互競爭者的購併稱之為____？ (A)合併、收購、水平購併 (B)收購、合併、水平購併 (C)合併、收購、垂直購併 (D)收購、合併、垂直購併。

(　　) **4** 下列何者不是常見的促使企業全球化的驅力？ (A)競爭驅力 (B)市場驅力 (C)道德驅力 (D)政府驅力。

(　　) **5** 某公司的行控中心透過高科技的監控設備，在大型環狀螢幕上可看到各路線、各候機室當下的情況，以在問題訊號出現時馬上提供有效的處理方式。這是哪一種控制類型？ (A)事前控制 (B)即時控制 (C)事後控制 (D)以上皆非。

(　　) **6** 有關企業的內部／外部關係人的配對，下列何者正確？ (A)顧客／政府 (B)員工／股東 (C)股東／顧客 (D)顧客／股東。

(　　) **7** 商業活動的發展歷程，下列何者正確？ (A)封建主義、重商主義、資本主義 (B)重商主義、封建主義、資本主義 (C)封建主義、資本主義、重商主義 (D)資本主義、封建主義、重商主義。

( ) **8** 下列敘述何者正確？ (A)合法便等於合乎道德 (B)不合法的行為可能是合乎道德的 (C)不道德的行為可能是合法的 (D)以上皆非。

( ) **9** 公司治理是確保管理當局的作為與決策，能夠符合企業關係人利益的一種機制。下列何者是公司常用的內部治理機制？ (A)所有權集中度 (B)設計高階管理當局的報酬機制 (C)採用多事業部的組織結構 (D)以上皆是。

( ) **10** 如果公司想要精簡人力，管理者花費很多心力來構思如何對即將被裁員的同仁開口、如何表達裁員理由、如何撰寫人力調整的公告等事宜，這位管理者正花費心力在人際溝通程序的哪個部份？ (A)解碼 (B)編碼 (C)回饋 (D)噪音。

( ) **11** 有關公司策略的敘述，下列敘述何者正確？ (A)垂直整合策略是指企業尋求在產業方面隸屬同一價值創造階段的競爭者，所進行的加強控制與擁有的策略 (B)重整策略是在不同的企業間建立一種夥伴關係，藉此可以結合彼此的資源、能耐，與核心競爭力 (C)策略聯盟是當組織在經營過程中面臨不順、困頓或衰退時，為了重新鞏固企業的核心競爭力，所採取的一種對其事業或財務結構進行大幅改變和調整的策略 (D)事業單位策略主要是探討在單一策略領域的範圍內，企業進行競爭所應採取的策略。這主要是利用自身的競爭優勢，以強化在此一策略領域中的競爭地位與積極擴展自己的市場占有率。

( ) **12** 規劃的程序包括五項：(1)發展替代方案；(2)發展細部計畫；(3)評估與選擇替代方案；(4)情境分析並建立規劃前提；(5)擬定目標。下列規劃程序的順序何者正確？ (A)(1)(3)(5)(2)(4) (B)(2)(3)(5)(4)(1) (C)(3)(2)(5)(4)(1) (D)(4)(5)(1)(3)(2)。

( ) **13** 因為消費者偏好的改變，管理者應採用何種產品線管理？ (A)產品線填補 (B)產品線延伸 (C)產品線縮減 (D)產品線調整。

( ) **14** 組織使用外部公司來提供自身所須的部分產品與服務，此稱之為何？ (A)外包 (B)組織縮編 (C)組織重整 (D)組織再造。

( ) **15** 對應徵者所具之KSAOs予以客觀的評估，以判定其合乎職位要求的程度，是屬於甄選的哪項功能？ (A)策略 (B)評鑑 (C)預測 (D)修正。

(　　) **16** 有關公司治理的敘述，下列何者為非？　(A)公司治理是在探究「利害關係人」之間的「相互依賴」關係　(B)美國之公司治理模式主要在於法人團體的重要地位以及自由市場機制控制　(C)在東南亞地區，企業的股權結構多半掌握在家族或少數人手中　(D)倫理無法對於公司治理的結果造成影響。

(　　) **17** 下列何者不是個人化激勵薪資的優點？　(A)提高生產力　(B)增加員工所得　(C)鼓勵團隊合作　(D)減少直接監督成本。

(　　) **18** 下列何者敘述並非企業倫理氣候之形成內容？　(A)倫理守則之制定與認同　(B)倫理守則之執行與懲戒　(C)倫理守則的廢除　(D)領導者如何塑造文化與道德標準。

(　　) **19** 蒐集、檢視及解析組織中某職位的主要工作活動，及從事這些活動所須具備知識、技術、能力與特質的過程稱之為？　(A)人力存量報告　(B)工作說明書　(C)工作分析　(D)工作規範。

(　　) **20** 下列何者不屬於長期資本預算決策的分析方法？　(A)淨現值分析　(B)現金流量分析　(C)內部報酬分析　(D)損益兩平分析。

解答與解析

答案標示為#者，表官方曾公告更正該題答案。

1 (D)。社會行銷觀念：是最新的一種觀念，認為在滿足顧客與賺取利潤同時，企業應該維護整體社會與自然環境的長遠利益。亦即企業應追求利潤、顧客需求、社會福祉三方面取得平衡。

2 (B)。凡是應用於整體組織，建立組織整體目標，探尋組織在所處環境中之定位的規畫，謂之策略性規劃。對於所有整體目標如何達成的細節計畫，則謂之為作業規劃。相較之下，作業性規劃較為詳盡、明確。

3 (A)。

(1) 合併：指的是兩家公司整併成一家新的公司，一般來說，企業的產品或服務類似，合併後可以擴大市占，同時節省管理成本。

(2) 收購：以取得資產或控制權為目的，買受目標公司全部或一部資產、債務、股份，目標公司成為收購公司的一部分。

(3) 水平購併：企業通過併購同性質企業的手段，以發展新市場、接觸更多客戶以及擁有更多技術與資源。

4 **(C)**。促使企業全球化的驅力包括：市場驅力、競爭驅力、成本驅力、政府驅力、技術驅力。

5 **(B)**。即時控制又稱事中控制或同步性控制，係以直接監督的方式，在工作進行中便執行控制，同時採取修正行動。

6 **(C)**。利害關係人可分為內部與外部利害關係人，內部利害關係人包括員工、股東、董事會、管理者，而重要的外部利害關係人則為顧客、供應商、競爭者、政府部門及特殊利益團體等。

7 **(A)**。西方商業活動的發展歷程：封建主義、重商主義、資本主義。

8 **(C)**。不道德的行為不一定是合法的。

9 **(D)**。常用的公司內部治理機制包括：所有權集中度、董事會組成結構、高階管理者的報酬機制、採用多事業部的組織結構、公司接管的方式。

10 **(B)**。編碼（encoding）係將發送者所傳送的訊息，轉換成符號的形式。

11 **(D)**。(A)水平整合策略；(B)策略聯盟；(C)重整策略。

12 **(D)**。規劃的程序包括五項：情境分析並建立規劃前提→擬定目標→發展替代方案→評估與選擇替代方案→發展細部計畫。

13 **(D)**。產品線調整（Line adjusting）意指產品線內產品項目的更新。由於市場環境的變化、消費者偏好轉移，以及競爭壓力等因素，產品線必須定時更新調整。

14 **(A)**。外包策略是企業將其資源集中於核心專長，並將非重要性策略需求及非具有特殊能力的活動外包。企業為有效降低產品成本，常藉由外包方式將部分業務轉交由外包商來承接。

15 **(B)**。KSAOS評鑑模型是企業人力資源管理中重要的理論，將應徵者職能分為4大項：包含執行某項工作任務所需的「知識」（knowledge）；完成某項任務的熟練程度、實際工作時的「技術」（skill）；學習、邏輯思考、觀察、解決問題等「能力」（ability）；員工的工作態度、人格個性等「其他特質」（other characteristics）。（資料來源：https://www.managertoday.com.tw/articles/view/53320?utm_source=copyshare）

16 **(D)**。倫理會對於公司治理的結果造成影響。

17 **(C)**。個人化激勵薪資的優點；有效激勵員工、提高生產力、增加員工所得、減少直接監督成本、降低離職率。

18 **(C)**。倫理是個人或組織群體行為的一個標準或規則，易言之，就是分辨行為好壞對錯的準則。企業倫理氣候之形成有賴於倫理守則之制定與認同、倫理守則之執行與懲戒、領導者如何塑造文化與道德標準。

19 **(C)**。工作分析是分析組織內某職位的主要工作活動，以及確認進行這些工作所需的技能與行為。工作分析可產生工作說明書與工作規範書兩項文件。

(1) 工作說明書：主要在描述工作性質、任務、責任、工作內容等的說明。

(2) 工作規範：指出完成該項工作的工作者所應具備的資格與條件。

20 **(B)**。指投資及有關理財方面之長期規劃決策，通常包括廠房、機器設備之增添、改良、換新、重置、重大修理、擴充投資或增加新產品等。

長期資本預算決策常見的分析方法包括：回收期間法、淨現值法（NPV）、內部報酬法（IRR）、損益兩平分析法、獲能力指數法。

二、非選擇題

(一) 企業社會責任（Corporate Social Responsibility,CSR）是近期社會普遍對企業的要求與期待，其所牽涉到的企業層面相當廣泛，企業必須能夠提供並滿足各利害關係人之福祉，且企業亦關心如何提升其永續經營的契機，試問：

1. 請說明CSR、ESG、SDGs三個不同概念的內涵，以及此三者彼此的關係為何？

2. 何謂「企業利害關係人」？利害關係人可以區分為哪兩類？並請說明此兩類企業利害關係人的內涵各為何？

答 1. CSR、ESG、SDGs

(1) 三者內涵：「ESG」，其實是指3個大面向的指標，包含：環境保護（Environment）、社會責任（Social）與公司治理（Governance）。2005年聯合國提出《Who Cares Wins》報告，其內容說到企業應該將「ESG」涵蓋進企業經營的評量標準中。

「CSR」，是指企業社會責任（corporate social responsibility），企業還要對社會、環境的永續發展有所貢獻。並要考慮到企業對社會和自然環境所造成的影響，達到「取之社會、用之社會」之目的「SDGs」，聯合國在2015年提出「2030永續發展目標」SDGs（Sustainable Development Goals）。其中包括17個永續發展目標，其中又涵蓋169項細項目標、230

個參考指標，藉此引導政府、企業、民眾，透過決策與行動，一起努力達到永續發展。

(2)三者關係：CSR是「永續經營」的概念、ESG是實踐CSR原則，並用來評估一家企業的永續發展指標，與作為投資市場的評斷標準、而SDGs是列出永續發展的細項目標，並共同執行。

2. 傅利曼（Freeman,1984）指出企業利害關係人就是：「任何受一個組織的行動、決策、政策、行為目標所影響的個人或團體，或任何影響一個組織的行動、決策、政策、行為或目標的個人或團體。」企業的利害關係人可分為兩類：一類為「主要的利害關係人」包括企業的擁有人（或股東）、員工、顧客、供應商等；另一類為「次要的利害關係人」包括其他有關人士與組織、政府機關、大傳媒體、競爭對手、民間團體、社會大眾等。

(二)全球化似乎已經變成一項不可阻擋的趨勢，試問

1. 全球化的驅力主要包含哪些？並請說明之。

2. 企業全球化過程中會面對不同國家文化的差異問題，請根據Hofstede的國家文化分類，分別說明不同國家文化構面各為何？

答 1. 全球化的驅動力（drivers）有市場的驅力、競爭的驅力、成本的驅力、技術的驅力、政府的驅力。

(1)市場的驅力：消費者雖身處不同國家，但卻需要相同的產品與服務，亦即需求同質性高的全球性顧客出現。

(2)競爭的驅力：自由市場的改革開放創造出一批新的競爭者，或欲追隨主要競爭者的腳步，維持在全球上相對等的競爭力量。

(3)成本的驅力：不同區域存有不同的資源優勢，可產生區位經濟，亦即將某一價值創造活動，在最適合該活動的地點來進行，以追求最佳的經濟效益。

(4)技術的驅力：衛星、網際網路，和全球的電視網都是促成地球村的重要科技。使得企業可以與全球各地企業相互聯繫，並讓實體的運送成本降低，時間大幅縮短。

(5)政府的驅力：政府提出各種有利的貿易政策，如獎勵外國投資、共同的行銷規範、貼補、優惠稅率、輔導措施等。

2. Hofstede的國家文化分析架構

(1)權力距離（power distance）：即當地社會能接受組織或機構內權力分配不均的程度。

(2)個人主義（individualism）vs.群體主義（collectivism）：每個人偏好自己；將每人視為團體的一部份，予以照顧。

(3)生活的量（quantity of life）vs.生活的質（quality of life）：是重視競爭與魄力、追求物質及財富的程度；社會重視人際關係的維護，關心周遭事物及他人的福祉。

(4)規避不確定性的程度（uncertainty avoidance）：指人們偏愛結構化而非混沌的情境，也就是設法規避不確定性或模糊狀況威脅的程度。

(5)長期導向（long-term）vs.短期導向（shot-term）：重視長期發展、節約儲蓄、堅持與延續。著重過去及現狀，強調要尊重傳統及履行社會義務。

(三)由於勞工意識逐漸覺醒、人類觀念日益進步、技術與產業發展日新月異，勞工問題是企業須積極面對的議題，試問

1. 何謂勞動三權？請說明其內涵各為何？

2. 請列出三個勞方常見的爭議行為並說明之？
另外，請列出三個資方常見的爭議行為並說明之？

答 1. 勞動三權是指「團結權」、「團體協商權」、「爭議權」三者的總稱，他們分別代表：

(1)團結權：指的是保障勞工自由組織工會、運作工會的權利。同時，勞工除了可以積極加入工會以外，也可以選擇消極不加入工會。

(2)團體協商權：指的是勞工有可以透過工會這個團體，來與公司針對勞動條件等議題進行協商的權利。

(3)爭議權：也就是常聽到的罷工權，當有勞資爭議事件發生時，勞工可以在符合一定要件下以罷工的手段，組織集體行動抗議的權利。

2. 現行勞動法令並無對「爭議行為」加以定義，一般係指勞資之一方為貫徹其主張，以集體之意思對於他方所採取之阻礙業務正常營運之行為及對抗之行為，傳統上勞方之爭議行為包括罷工、怠工、杯葛、糾察、佔據及生產管理等，惟均屬勞動契約關係仍未中斷之前提下，而集體的暫時拒絕勞務之提供。

(1)罷工：即為勞工所為暫時拒絕提供勞務之行為。

(2)杯葛：指多數勞動者，阻撓雇主與第三人進行法律行為的接觸，亦即間接透過第三人所形成之損害，以施壓予雇主。

(3)怠工：指勞工在履行其職務時，故意降低工作的生產率或效率。

112年 經濟部新進職員（企管類-1）

( ) **1** 下列何者屬於向前整合（Forward integration）之併購決策？ (A)華碩電腦併購全國電子 (B)華碩電腦併購宏碁電腦 (C)華碩電腦併購蘋果電腦 (D)華碩電腦併購台灣啤酒。

( ) **2** 科學管理大師泰勒（Taylor）所提出4大管理原則中，不包括下列何者？ (A)動作科學化原則（Scientific movements） (B)利潤最大化原則（Greatest profit） (C)誠心合作原則（Cooperation and harmony） (D)工人選擇科學原則（Scientific worker selection）。

( ) **3** 量販店沃爾瑪（Walmart）採取天天低價（Everyday Low Price），屬於下列何種策略？ (A)差異化策略 (B)成本領導策略 (C)成長策略 (D)重整策略。

( ) **4** 若以消費者的教育程度作為公司主要市場區隔依據，屬於下列何種市場區隔變數？ (A)地理變數 (B)行為變數 (C)人口統計變數 (D)心理變數。

( ) **5** 關於產品生命週期特性，下列何者正確？ (A)產品導入期，顧客需求以次級需求為主 (B)產品成長期，顧客需求以初級需求為主 (C)產品成熟期，一般商品競爭較不激烈 (D)產品衰退期，商品形式較少。

( ) **6** 若遊樂園於旅遊旺季（如暑假）時提高門票價格，而淡季時提供較多折扣以吸引顧客，此遊樂園採下列何種訂價方法？ (A)認知價值訂價法（Perceived-value pricing） (B)流行訂價法（Going-rate pricing） (C)滲透訂價法（Penetration pricing） (D)成本加成訂價法（Markup pricing）。

( ) **7** 關於某公司的行銷職位，下列何者屬於工作規範（Job specification）之內容？ (A)至少3年行銷相關工作經驗 (B)制定公司品牌長期發展策略 (C)負責線上線下數位行銷操作 (D)薪資為4至5萬元。

( ) **8** 財務報表分析中，下列何項指標較適合評估一家公司的營業績效？ (A)負債權益比（總負債除以業主權益） (B)負債比率（總負債除以總資產） (C)總資產周轉率（總收入除以總資產） (D)流動比率（流動資產除以流動負債）。

( ) **9** 下列何種國際化方式需要最多的投資金額？ (A)出口（Exporting） (B)成立海外子公司（Foreign subsidiary） (C)授權（Licensing） (D)加盟（Franchising）。

( ) **10** 關於會計「利息保障倍數」之敘述，下列何者正確？ (A)定義為利息支出除以稅前息前利潤 (B)為衡量公司企業經營效率的方式之一 (C)「利息保障倍數」太低時，公司可能存在付不出利息的風險 (D)「利息保障倍數」較低時，意謂公司負債較低。

( ) **11** 若領導者的領導行為傾向將職權集中，自己片面制定決策且限制員工參與，此種領導者屬於下列何種領導風格？ (A)放任風格（Laissez-faire style） (B)民主風格（Democratic style） (C)專制風格（Autocratic style） (D)參與式風格（Participative style）。

( ) **12** 麥可波特（Michael Porter）五力模型（Five forces model）為常見的產業層級分析工具，下列何者非屬五力模型作用力？ (A)新進入者的威脅（Threat of new entrants） (B)替代品的威脅（Threat of substitutes） (C)供應商的議價能力（Bargaining power of suppliers） (D)社區的威脅（Threat of community）。

( ) **13** 霍夫斯德（Hofstede）文化構面中，關於不確定規避（Uncertainty avoidance）之敘述，下列何者正確？ (A)不確定規避高的環境中，人與人之間的權力差距較高 (B)不確定規避高的環境中，會存在較多的法律、制度及條例 (C)不確定規避高的環境中，認為人與人之間是較為平等的 (D)不確定規避高的環境中，人們的思考較傾向長期導向，放眼未來。

( ) **14** 關於企業管理學派之敘述，下列何者正確？ (A)管理功能之定義最早由Henry Fayol提出，他認為所有管理者都必須執行規劃、組織、指揮、協調、控制等5項功能 (B)霍桑研究（Hawthorne Studies）證明燈光照明度和員工群體生產力之間的關聯性，是科學管理學派的重要里程碑 (C)馬克思韋伯認為官僚體制（Bureaucracy）是理想的組織型態，是一種很重視私人關係的組織 (D)泰勒提出的科學管理學派認為要幫員工設計出有效率的工作方式以符合科學法則，進而提出工作設計模型（JCM model）來激勵員工。

(　　) **15** 關於財務分析比率公式，下列何者正確？　(A)每股盈餘＝本期稅前淨利÷普通股在外流通股數×100%　(B)速動比率＝（流動資產－存貨－預付費用－其他非流動資產）÷流動負債×100%　(C)利息保障倍數＝（營業收入＋營業外收入）÷利息費用×100%　(D)固定資產週轉率＝產品銷售收入淨額÷（固定資產平均淨值－折舊－應付票據）×100%。

(　　) **16** 關於大型企業如何在組織內培養創業精神之敘述，下列何者正確？(A)遵循部門或行業的公認智慧　(B)獎勵可能導致創新的冒險行為　(C)增加研發部門的規模和資金　(D)要求所有員工都是創新者。

(　　) **17** 關於「完全競爭市場（Perfect competition）」之敘述，下列何者有誤？　(A)處於完全競爭市場的廠商完全沒有利潤可言　(B)屬於完全競爭市場的產品，需求價格彈性很高　(C)完全競爭市場的廠商提供同質性高的產品，所以沒有控制價格的能力　(D)一旦決定歇業，廠商要退出完全競爭市場的代價（退出障礙）很低。

(　　) **18** Covid-19疫情後，日本政府採貨幣寬鬆政策且讓日圓於國際市場中貶值，請問此貨幣政策對日本經濟之影響，下列何者有誤？　(A)提升日本企業產品出口之國際競爭力　(B)增加日本企業在國外併購當地企業的成本　(C)日本貿易商可以用較低的成本進口商品　(D)日本因此會產生輸入性通貨緊縮。

(　　) **19** 下列何者非屬David Aaker提出的品牌權益模式構成層面？　(A)品牌知名度　(B)品牌忠誠度　(C)品牌聯想度　(D)品牌辨識度。

(　　) **20** 由零售商銷售委託其他廠商代為製造的自有品牌稱為下列何者？　(A)私有品牌　(B)中間商品牌　(C)家族品牌　(D)代工品牌。

(　　) **21** 「需求變異加速放大原理」是美國供應鏈學者對需求資訊扭曲在供應鏈中傳遞的一種形象描述，意即零售端的微幅需求變化，經由配銷、批發一路到供應商有逐層放大之傾向，使企業對市場需求預測失準，導致庫存暴增。以上敘述稱為下列何者？　(A)蝴蝶效應　(B)80/20法則　(C)莫非定律　(D)長鞭效應。

(　　) **22** 下列何項指標非屬經營比率（Operating ratio）？　(A)市場佔有率　(B)存貨周轉率　(C)速動比率　(D)應收帳款比率。

(　　) **23** 企業決策會受到利害關係人影響，在眾多利害關係人中，下列何者屬於企業內部利害關係人？　(A)供應商　(B)政府　(C)社區　(D)員工。

(　　) **24** 重視跨功能團隊建立、指揮鏈長度較短、權力分配狀態偏向分權、控制幅度較大及強調因應環境變化，以上敘述較偏向下列何種類型的組織？　(A)有機式組織　(B)機械式組織　(C)矩陣式組織　(D)虛擬式組織。

(　　) **25** 關於組織文化（Organizational culture）之敘述，下列何者正確？　(A)組織文化必須表現於外在行為，成員共享的認知難以構成組織文化　(B)組織文化是有層次的，因此同一組織的不同階層對組織文化的看法會有很大差距　(C)組織文化是組織對於「對與錯」的認知觀念　(D)組織文化可以用來規範成員的行為，不須強制規定即可影響員工對外界事物的看法與反應。

解答與解析

答案標示為#者，表官方曾公告更正該題答案。

1 (A)。垂直整合為通過併購或是建立上游或下游的能力來垂直性的拓展商業發展的手段。與自身企業上游的產業（供應商）整合，稱為向後整合（Backward Integration）、而與自身企業下游的產業（通路）整合，則稱為向前整合（Forward Integration）。華碩電腦併購全國電子是向前整合，兼營或併購下游（通路商）。

2 (B)。責任劃分原則（greatest efficiency）又稱為最大效率原則，指不管是管理者或是工人，都應該有明確的權責，發揮最大效率。

3 (B)。波特（M.Porter）認為廠商可自行決定以下三種競爭策略：

(1)成本領導策略：盡可能地降低成本。

(2)差異化策略：提供獨特而為顧客所喜愛的產品。

(3)集中化策略：在較小的市場區隔中，建立成本優勢。

沃爾瑪（Walmart）量販店採取天天低價，屬於）成本領導策略。

4 (C)。人口統計區隔是最普遍的市場區隔方式，包括性別、年齡、職業、收入、教育程度等各種因素。

5 (D)。(A)產品導入期，顧客需求以初級需求為主。(B)產品成長期，顧客需求以次級需求為主。(C)產品成熟期，一般商品競爭較為激烈。

6 (A)。認知價值訂價法（Perceived-value Pricing）是根據顧客對產品之認知來訂價。

7 (A)。工作規範書（job specification）說明一位員工為了將某特定工作順利執行，所需具備的最低資格條件。

8 (C)。總資產周轉率=銷貨收入÷平均總資產
用以衡量企業的經營能力及績效。

9 (B)。成立海外子公司（Foreign subsidiary）需要最多的投資金額，且所面對的風險也最高。

10 (C)。利息保障倍數=息前稅前盈餘（EBIT）÷利息費用總額
衡量企業償債能力的指標。

11 (C)。獨裁式領導，又稱專制、權威式領導，所有決策均由領導者決定，部屬均處於被動地位。

12 (D)。顧客的議價能力（Bargaining power of customers）、現有競爭者的威脅（Competitive rivalry）。

13 (B)。(A)在權力距離高的環境中，人與人之間的權力差距較高，可以忍受不平等。(C)在權力距離低的環境中，認為人與人之間是較為平等的。(D)在長期導向的環境中，人們的思考較傾向長期導向，放眼未來。

14 (A)。(B)霍桑研究（Hawthorne Studies）造成對人性因素的重視以及對團體行為與規範有新的意義，是人群關係學派的重要里程碑。(C)馬克思韋伯認為官僚體制（Bureaucracy）是理想的組織型態，是一種很重視理性法定的組織。(D)泰勒提出的科學管理學派認為要幫員工設計出有效率的工作方式以符合科學法則，進而提高員工的績效。

15 (B)。每股盈餘=（稅後淨利–特別股股利）÷加權平均已發行股數。
利息保障倍數=息前稅前盈餘（EBIT）÷利息費用總額×100%
固定資產周轉率=營業收入淨額÷固定資產平均淨值。

16 (B)。創業家精神（Entrepreneurship）：指會尋求外部機會，推動改革，承擔風險，追求企業成長的精神。

17 (A)。在完全競爭市場，市場均衡價格是由供需關係決定的。這個價格對於單一廠商而言，就是個既定的價格。他只能按這個價格出售他任何數量的產品，無法影響市場價格，也不能控制和決定自己產品的價格。完全競爭市場可以促使生產者以最低成本進行生產，從而提高生產效率，因為在完全競爭市場類型條件下，每個生產者都只能是市場價格的接受者，因而他們要想使自己的利潤最大化，就必須以最低的成本來進行生產。

18 (D)。為抑制數十年最炙熱通膨，全球主要經濟體央行紛紛收緊貨幣政

策，相較歐美國家擔心通膨變得根深柢固，長年陷入通縮深淵的日本更怕這是曇花一現，日本央行在一片「升息潮」中逆風而行，使得今年以來，日圓貶幅超乎預期，不僅創24年新低，更成為最疲弱的已開發經濟體貨幣。但日本中央銀行持續超寬鬆貨幣政策，企圖解決多年來的持續通縮問題。

19 **(D)**。品牌權益（brand equity）是指品牌為商品與服務所帶來的附加價值，其愈來愈受到實務界與學術界的重視，Aaker（1992）認為品牌權益有五個主要構成元素，是創造品牌價值的來源；品牌忠誠度、知覺品質、品牌聯想、品牌知名度、專屬品牌資產。

20 **(A)**。又稱「零售商品牌」，由零售商銷售委託其他廠商代為製造的自有品牌，通常在該通路銷售其私有品牌無須額外負擔上架費用，故產品價格較為平價，且消費者因認同該通路而認同該品牌如家樂福品牌。

21 **(D)**。長鞭效應就是因為下游的需求稍微的改變，造成上游的訂貨量及存貨量造成相當大的波動，而且愈往上游情形是越嚴重。

22 **(C)**。速動比率更適合衡量企業短期償債能力或流動性。

23 **(D)**。佛瑞迪克（W.Frederick）將企業的利害關係人分為三大類：第一類是企業內部相關人士：員工、股東。第二類為與市場經營有關人士：供應商、顧客、競爭者。第三類為其他人，為與市場經營無直接關係：政府、社區、媒體、環保團體。

24 **(A)**。有機式組織特徵：具彈性、沒有精細分工，控制幅度大且分權決策的組織，其結構設計強調的重點是適應與效能。

25 **(D)**。組織文化係組織內成員所共享的價值觀、信念、態度、行為準則與習慣，能夠使成員明瞭組織成立目的、行事準則與主要的價值觀。雪恩（E.Schein）將組織文化的構成分為三個層次，包括人為飾物、價值觀、基本假設層次。

112年 經濟部新進職員（企管類-2）

一、 管理者都希望能激勵員工，因此有必要瞭解如何設計激勵性的工作，Hackman & Oldham曾提出工作特性模型（job characteristics model, JCM）定義工作特性，以及對員工生產力、動機及滿意度之影響，請回答下列問題：

(一) 請概述此模型5個工作核心構面之內容。

(二) 在此模型中，員工需求強度（growth-need strength）所指為何？而員工需求強度會如何影響其工作核心構面？

答 工作特性模型（JCM）是海克曼及歐德漢（Hackman & Oldham）於1975根據Turner & Lawrance的研究成果，將工作特性與個人對工作的反應兩者之間的關係予以模式化而提出。其內容指工作中的五種核心構面：

1.技能的多樣性：一個工作中所包含的技術與能力的數目。

2.任務的完整性：工作人員所做的工作是一完整的工作整體。

3.任務的意義：工作人員認為任務本身的重要性程度。

4.自主性：對於工作如何進行，工作人員所具有的控制程度。

5.回饋性：工作人員知道工作進行的優劣。

Hackman & Oldham同時認為個體間存在差異，並非所有個體面對相同工作皆會產生相同的心理狀態及工作反應，因此加入個人的成長需求強度作為一干擾變項。在工作特性模型中，個人成長需求是在衡量個人追求較高層次需求的強度，具有高度成長需求的員工比低度成長需求的員工，更希望具有激發性與自主性的工作，在工作中自我獨立思考並運用創造力及想像力，不斷地學習新知，以充實自我。

二、 請說明道德決策的4項基本觀點。

答 道德（ethics）：決定行為對錯的準則、價值觀及信念。然而我們常難以判斷某一決定是否合乎倫理道德，一般而言，裁定倫理道德決策有四種：

1.功利主義觀點：提供最多數人的最大效用為道德原則。

2.基本權利觀點：強調對基本人權的尊重做為道德原則。

3.公平正義觀點：以不偏不倚的公正準則做為道德原則。

4.均衡務實觀點：同時考量決策的效用及後果、對個人權益的影響，以及是否符合公平正義，以弭平各自不足的地方。

三、 管理者可以透過控制程序（control process）瞭解企業目標是否達成。請問控制程序包括哪些步驟？

答 控制是企業用來確保能在原先規劃的方向上運行的一切活動，在過程中不斷的衡量與矯正，以達成組織的目標。控制程序包括以下四個步驟：

1.建立標準：建立標準時應注意的原則有：(1)控制標準必須能夠被衡量；(2)控制標準應與組織的目標一致；(3)控制標準必須公平合理且明確表示；(4)控制標準的設計應有助於績效的提升；(5)提供回饋資訊，並將績效與獎酬系統連結在一起。

2.衡量績效：若欲達到有效的控制機制，績效的衡量必須具備效力，且應持續、一致的進行。例如，以每日、每週、每月、每季或每年等週期，持續、定期地衡量銷售人員的業績表現。

3.將實際績效與標準進行比較：將實際的績效水準與控制標準進行比較，實際績效可能會高出、低於或等於控制標準。由於有些績效表現存在些許差異，決定可接受的變動範圍便相當重要。

4.採取管理行動：比較實際績效與控制標準之間的差異後，管理者可能採取的行動有三種：維持現狀、矯正差異、修改標準。

112年 經濟部新進職員（人資類）

( ) **1** 關於企業職能之敘述，下列何者有誤？ (A)財務職能於企業中多居於輔助的位置，稱之為幕僚職能 (B)企業內人力資源的職能包含人力資源招募、訓練和發展等任務 (C)企業職能涵蓋直線職能和幕僚職能 (D)企業內人力資源之職能直接與企業之利潤和收入相關。

( ) **2** 關於企業社會責任之敘述，下列何者正確？ (A)依據效率的觀點，企業應在商言商，企業承擔社會責任恐會違反企業所有者之利潤極大化原則 (B)依據社會經濟的觀點，股東是唯一支撐企業存在的因素 (C)依據社會經濟的觀點，企業無法藉由積極投入企業社會責任，進而期待政府對於企業較少的規範和干預 (D)ESG為企業近年來在經營上的重要課題，其中E指環境（Environment）、S指社會（Social）、G指公司團體（Group）。

( ) **3** 企業內部核定並監控企業整體營運及策略方向屬於下列何者之決策權？ (A)專業幕僚 (B)董事會 (C)高階主管 (D)中階主管。

( ) **4** 企業經常運用PEST架構針對總體環境進行分析，其中P係指下列何種環境分析？ (A)社會環境 (B)汙染環境 (C)政治法律環境 (D)科技建設環境。

( ) **5** 焦點團體法是企業經常用來提升決策品質的方式，關於此法之敘述，下列何者有誤？ (A)建議邀請20人以上之團體進行討論 (B)會議主持人的溝通及導引技能很重要 (C)焦點團體之座談討論時間以1.5～2小時為原則 (D)焦點團體法可透過線上進行座談討論。

( ) **6** 企業進行策略管理時常運用分析工具，下列敘述何者有誤？ (A)五力分析是用來分析產業環境 (B)SWOT分析不僅審視企業外部環境機會與威脅，並評估企業內部優劣勢 (C)價值鏈（Value chain）的分析中，行銷及銷售活動屬於支援性活動 (D)BCG矩陣分析中，一個事業單位的產業成長率和相對市場佔有率皆高時，被歸類為明星事業。

( ) **7** 關於各管理學派之敘述，下列何者有誤？ (A)古典學派著重於作業的合理化與員工效率的提升 (B)計量學派的基本內涵在於利用質性方法及研究來作出更好的決策　(C)全面品質管理可視為一種管理哲學，強調企業透過不斷改進，來回應顧客的需求與期望　(D)馬克思・韋伯（Max Weber）所描述的理想官僚體制強調層級明確。

(　) **8** 關於組織結構設計之敘述，下列何者有誤？　(A)面對環境複雜且有較高不確定性時，組織決策在結構設計上偏向地方分權　(B)控制幅度指組織內管理者可以有效地指揮員工的數目　(C)指揮權統一原則指出每一位員工只應對一位管理者負責　(D)相同的條件下，組織結構設計的控制幅度愈小，其組織的效率愈高。

(　) **9** 關於機械式組織及有機式組織之敘述，下列何者正確？
(1)機械式組織是一種嚴謹控制的組織設計
(2)在動態且複雜的環境中，愈適合採用機械式組織
(3)追求創新的公司較適合採用機械式組織
(4)有機式組織的特徵包含較大的控制幅度以及自由流通之資訊
(A)(1)(2)　(B)(1)(3)　(C)(1)(4)　(D)(2)(3)。

(　) **10** 關於員工激勵相關理論之敘述，下列何者有誤？　(A)依據學者Herzberg所提出的雙因子理論，認同感屬於激勵因子　(B)學者McClelland的三需求理論提出人們工作的主要動機來自於成就需求、權力需求及歸屬需求　(C)依據學者Herzberg所提出的雙因子理論，薪資屬於保健因子　(D)依據學者McGregor所提出的X與Y理論，X理論代表正面的觀點，假設員工喜歡工作、接受責任，並且自動自發。

(　) **11** 一位部門主管想要藉由指派某人扮演黑臉角色，於團體討論提案過程中提出反對意見，期望創造出更深入及細膩的團隊思考，此法屬於下列何者？　(A)折衷法　(B)焦點團體法　(C)魔鬼代言法　(D)權變法。

(　) **12** 美秀阿姨住院治療疾病時，注意到醫院每個員工都非常注意「誰該向誰報告」，此屬於組織行為領域中何種管理思維？　(A)目標統一　(B)指揮鏈　(C)控制幅度　(D)部門化。

(　) **13** 關於霍桑效應（Hawthorne Effect）在管理上最重要的發現，下列敘述何者正確？　(A)強調增加酬勞對工作績效的影響　(B)揭示員工的心理需求及激勵對工作績效的影響　(C)員工的歸屬感及責任感，未必能提高組織的績效和創造力　(D)標準化工作流程能增加工作績效。

( ) **14** 關於平衡計分卡管理意涵之敘述，下列何者有誤？ (A)平衡計分卡只關注財務指標 (B)平衡計分卡也重視非財務指標，包括客戶、內部流程及學習與成長等指標 (C)平衡計分卡將組織的戰略目標轉化為具體的指標和行動計畫，並確保各個層級和部門的目標與組織整體戰略保持一致 (D)鼓勵組織不斷學習、創新和改進，以提高組織的競爭力及適應能力。

( ) **15** NBA球隊在過去幾年陸續將數據分析方式導入球賽中。舉凡球路分析、球員習性等，將各種數據運用在複雜卻又詳細的系統分析中，只要是能贏球的方式或戰術全部都可以用。上述理論屬於下列何種管理學派？ (A)管理科學學派 (B)系統學派 (C)科學管理學派 (D)組織行為學派。

( ) **16** 亨利‧明茲伯格（Henry Mintzberg）將管理者的角色分為10種，下列敘述何者最接近明茲伯格所謂的「領導者」（Leader）？ (A)企業的精神領袖，是組織的象徵，常須主持文件簽署、迎接來賓等活動。有些組織的管理者甚至比組織本身更具有公眾知名度 (B)當組織遭遇瓶頸時，這個角色必須主導變革計畫、擬定策略、監督執行，以解決問題，確保組織獲得更好的成績 (C)為了正確決策，完成目標，這個角色必須蒐集大量與組織或產業相關資訊，也必須監督團隊的生產力及福祉 (D)這個角色必須訂定組織的目標，下達指令，並且掌握進度，以順利達成績效，同時也必須激勵和指導下屬，擔任教練的工作。

( ) **17** 決策者對自己有積極的評價，認為成功發生在自己身上的機率高於別人，此為下列何種決策中常見的認知偏誤？ (A)不理性的擴大承諾（Escalation of Commitment） (B)過分自信的判斷（Overconfidence Effect） (C)贏家的詛咒（Winner's Curse） (D)看待問題時採取有限的觀點和框架（Limited Perspective and the Framing of Problem）。

( ) **18** 關於費雷德‧費德勒（Fred E. Fiedler）權變領導理論中「任務結構」之敘述，下列何者正確？ (A)管理者對自己行為負責的能力與意願 (B)集體工作任務的例行性程度及可預測性 (C)管理者本身所具有的權力 (D)部屬對領導者信任與忠誠的程度。

( ) **19** Meta於2023年所推出之全新社群平台「Threads」及「Instagram」可以完全地連動。意即可直接透過Instagram登入Threads App，此屬於下列何種安索夫矩陣（Ansoff Matrix）成長策略？ (A)市場滲透（Market Penetration） (B)市場開發（Market Development） (C)產品開發（Product Development） (D)多角化（Diversification）。

( ) **20** 鼓勵企業領袖持續維持最低衝突水準，此為下列何種衝突觀點之論述？ (A)互動觀點（Interactionist View） (B)人群關係觀點（Human Relations View） (C)傳統觀點（Traditional View） (D)功能觀點（Functional View）。

( ) **21** 企業依據活動的專業性分為生產、財務、行銷、人事、研發部門，此為下列何種組織結構型態？ (A)簡單式結構 (B)功能式結構 (C)事業部結構 (D)矩陣式結構。

( ) **22** 關於組織結構之敘述，下列何者有誤？ (A)矩陣式組織易有指揮不統一、權責混淆的問題 (B)制式化程度較低的企業，工作任務較無結構，員工對該如何完成工作有較大的自由 (C)若環境越穩定時，組織結構適合採用機械式組織 (D)組織結構越趨向扁平化時，應減少授權的程度。

( ) **23** 管理學大師彼得·杜拉克（Peter Drucker）提出目標管理的SMART原則，不包括下列何者？ (A)明確的（Specific） (B)可衡量的（Measurable） (C)可達成的（Achievable） (D)可更換的（Reversible）。

( ) **24** 無論身處哪個產業，管理者都必須正視未來不斷進化的AI技術與嶄新的商業應用轉變」。關於此敘述之決策者屬於下列何種類型？ (A)問題尋求者 (B)問題製造者 (C)問題解決者 (D)問題趨避者。

( ) **25** 管理者面對低度結構化問題（Ill-Structured Problem）所作的決策屬於何種類型？ (A)程序決策（Programmed Decision） (B)非程序決策（Non-Programmed Decision） (C)最佳決策（Maximizing Decision） (D)便利直覺（Availability Heuristics）。

解答與解析

答案標示為#者，表官方曾公告更正該題答案。

1 **(D)**。企業內人力資源之職能間接與企業之利潤和收入相關。

2 **(A)**。依據古典或效率的觀點，股東是唯一支撐企業存在的因素，企業唯一的責任是追求利潤極大化。並認為企業無法藉由積極投入企業社會責任，進而期待政府對於企業較少的規範和干預。

ESG為企業近年來在經營上的重要課題，ESG包含了三個不同面向，分別是環境保護（Environmental）、社會責任（Social）、公司治理（Governance）。

3 **(B)**。董事會為一間公司的最高治理機構，主要有三種功能：代表股東、監督經營團隊、協助公司進行重大決策等。其中監督經營團隊涉及企業內部核定並監控企業整體營運及策略方向。

4 **(C)**。PEST分析是利用環境掃描分析總體環境中的政治（Political）、經濟（Economic）、社會（Social）與科技（Technological）等4種因素的模型。

5 **(A)**。焦點團體訪談的人數方面，Krueger & Casey（2000）認為，焦點團體的人數通常為5～10人，但可彈性加以調整，至少4人，至多12人。

6 **(C)**。價值鏈（Value chain）的分析中，行銷及銷售活動屬於主要性活動。

7 **(B)**。計量學派的基本內涵在於利用量化方法及研究來作出更好的決策。

8 **(D)**。相同的條件下，組織結構設計的控制幅度愈小，其組織的效率愈低。

9 **(C)**。在動態且複雜的環境中，愈適合採用有機式組織；追求創新的公司較適合採用有機式組織。

10 **(D)**。依據學者McGregor所提出的X與Y理論，Y理論代表正面的觀點，假設員工喜歡工作、接受責任，並且自動自發。

11 **(C)**。魔鬼代言人（devil's advocate），指的是提出一個意見，且該意見與「多數人的看法」或「主流思想」不一致的人。魔鬼代言人的存在能激發一個群體的腦力激盪，引導群體回頭重新檢視那原有之既定思維模式。

12 **(B)**。指揮鏈（chain of command）指組織中從上到下的職權關係，涉及誰該向誰報告。

13 **(B)**。霍桑效應（Hawthorne Effect）在管理上最重要的發現，是管理者須特別注意員工行為，尤其是心理需求及激勵，會提升人員的工作績效。

14 **(A)**。「平衡計分卡」由卡普蘭（R. Kaplan）與諾頓（D.Norton）於1990年提出，超越傳統以財務會計數量為主的績效衡量模式，以使組織的「策略」能夠轉變為「行動」。平衡計分卡常見的四個構面為：財務、顧客、企業內部流程、學習與成長。

15 (A)。發展自第二次世界大戰期間，人們利用數學和統計解決很多軍事問題，又被稱為「作業研究」或「計量管理學派」。強調建立數量模型，利用數理、統計技術求解，以電腦為工具，試圖從整體系統中尋求最佳解來輔助決策。

16 (D)。(A)代表人或頭臉人物（figurehead）是組織的象徵，常須主持文件簽署、迎接來賓等活動。(B)企業家或創業家（entrepreneur）當組織遭遇瓶頸時，必須主導變革計畫、擬定策略、監督執行，以解決問題。(C)監視者或監控者（monitor）為了正確決策，完成目標，這個角色必須蒐集大量與組織或產業相關資訊，也必須監督團隊的生產力及福祉。

17 (B)。(A)當主體發現自己的決策已經導致了負面結果時，不去停止或改變行為，反而繼續合理化自己的決策，動作和投資的現象。(C)指多角化的公司因過於自信，而以較高於市價的價格去購併目標公司，也用於在拍賣中出價過高，此乃對自我經營能力過於樂觀所造成。(D)是一種認知偏誤，人們根據選項所呈現的正面或負面含義來決定選項。

18 (B)。任務結構；集體工作任務的例行性程度及可預測性。如果工作本身例行性高，且產出易於預測評估，則領導者的影響力極為有限；反之，若工作比較複雜，難以實施，則領導所產生的影響力較為明顯。

19 (C)。產品開發（Product Development）指在現有市場中，開發新一代產品、修改產品及增加產品特色。Meta於2023年所推出之全新社群平台「Threads」及「Instagram」可以完全地連動，屬於產品開發策略。

20 (A)。自1970年代以來，互動觀點（Interactionist View）不但認為衝突是正常合理的，鼓勵企業領袖持續維持最低衝突水準，而且要利用衝突來發揮組織效能。

21 (B)。功能式結構（Functional Structure）是以功能的不同做為組織劃分部門的方式，將相似或相關工作專長的員工歸在一起。其優點為：專業分工、責任明確、經濟效率等。

22 (D)。組織結構越趨向扁平化時，應增加授權的程度。

23 (D)。SMART原則中的5個字母，分別代表了訂定目標的5個重要元素：明確的（Specific）、可衡量的（Measurable）、可達成的（Achievable）、相關的（Relevant）、有時限的（Time-based）。

24 (A)。問題尋求者主動、積極尋找問題，當組織問題尚未發生或可能發生時，會事先尋找可能的解決方式。

25 (B)。低度結構化問題（Ill-Structured Problem）指面對的問題是新的、不常見的，且相關資訊也模糊或不完全。管理者面對問題必須採取「非程序決策」，即採比較特殊、無重複性且需量身訂製特別的解決方案。

112年 中華郵政職階人員

( ) **1** 企業要降低生產成本，又要符合顧客的客製化需要，則最好採用下列何者？ (A)小批量生產 (B)大量生產 (C)存貨式生產 (D)彈性生產。

( ) **2** 說明一個員工若要順利執行某一特定工作，必須具備的最低資格，有效執行該工作所要具備的知識、技術與能力的書面說明，稱為下列何者？ (A)作業流程書 (B)作業計畫書 (C)工作說明書 (D)工作規範書。

( ) **3** 下列敘述何者正確？ (A)通路長度是指商品由製造廠商至顧客之間所經過的通路階層數目 (B)刮脂訂價（price skimming）下的價格常低於其他競爭產品 (C)垂直通路的衝突是行銷通路中，同一通路階層成員間的衝突，例如零售商與零售商間的衝突 (D)價值較低或生活日用品，適合採用獨占性配銷（Exclusive Distribution）。

( ) **4** 有關完全競爭（Perfect Competition）市場，下列敘述何者正確？ (A)在完全競爭市場中，具有眾多的競爭者 (B)在完全競爭市場中，僅有少數的競爭者 (C)完全競爭市場非常難以進入 (D)鋼鐵產業處於完全競爭市場。

( ) **5** 根據Henry Mintzberg的管理者角色（Mintzberg's Managerial Roles），組織中的聯絡者（Liaison）屬於下列何者？ (A)人際角色（Interpersonal Roles） (B)決策角色（Decisional Roles） (C)搞笑角色（Funny Roles） (D)技術角色（Technical Roles）。

( ) **6** 根據波士頓矩陣（BCG Matrix），有關問號事業（Question Mark）具有下列何者特徵？ (A)高市場占有率且高預期成長率 (B)高市場占有率且低預期成長率 (C)低市場占有率且高預期成長率 (D)低市場占有率且低預期成長率。

( ) **7** 有關於工作豐富化（Job Enrichment），下列何者不是合宜的作法？ (A)給予員工一定的工作自主權，讓員工有充分表現自己的機會 (B)在工作任務中增加幾項提升工作動機的元素 (C)增加工作任務的多樣性 (D)讓員工不斷枯燥乏味地重複做一件事。

( ) **8** 有關於控制幅度（Span of Control），下列何種狀況會使控制幅度增加？ (A)員工對工作任務不熟悉 (B)員工未有良好的訓練 (C)員工的工作任務較困難 (D)員工工作能力佳。

( ) **9** 有關霍桑效應（Hawthorne Effect），下列敘述何者正確？ (A)假設員工喜歡在家工作 (B)是指當員工相信自己受到管理階層的關注時，生產力會有上升的傾向 (C)指出員工無論是否受到關注，都會努力工作 (D)指出企業必須負擔社會責任。

( ) **10** 行銷組合是一種市場行銷中所運用的工具，又稱4P，其包括下列何者？ (A)價值、品牌、包裝、服務 (B)人事、生產、財務、研發 (C)產品、訂價、通路、推廣 (D)產品、服務、通路、推廣。

( ) **11** 企業進行競爭所採取的策略，強調將有限的資源集中於某一個區隔市場來滿足該市場的獨特需求，此種策略為下列何者？ (A)差異化策略 (B)集中策略 (C)無差異化策略 (D)區隔策略。

( ) **12** 下列何者是以時間為橫軸，以各項活動為縱軸的長條圖，每個水平的長條圖代表每一個作業及作業的開始與結束時間，用來控制計畫的執行？ (A)組織圖 (B)策略地圖 (C)甘特圖 (D)任務圖。

( ) **13** 假設某廠商的固定成本為$4,000，每件產品的售價是$8，變動成本是$3，則損益兩平點為多少單位？ (A)400單位 (B)600單位 (C)800單位 (D)1,000單位。

( ) **14** 公司委託外國的金融機構，協助公司在國外發行的一種持有證明，以當地幣值計價，供當地投資人投資，持有人之權利義務與持有該發行公司普通股之投資者相同，此種金融商品是下列何者？ (A)共同基金 (B)ETF（Exchanged Traded Fund） (C)存託憑證 (D)股票型基金。

( ) **15** 開發出全新類型的產品或技術服務，能滿足並解決顧客的需求，此種創新方式是屬於下列何種創新類型？ (A)連續式創新 (B)不連續式創新 (C)獨特式創新 (D)漸近式創新。

( ) **16** 甄選是運用適當的篩選工具，如申請表、測驗、面試等等，從眾多應徵者中，挑選出最符合企業需要的人，故甄選工具必須和應徵者日後在工作上某些重要的表現程度具有關聯性。此是指甄選工具須具有：(A)一般性 (B)主觀性 (C)效度 (D)信度。

( ) **17** 由於製造的產品體積或重量巨大，故生產時停留在一個地方，生產線的安排是將生產設備及原料零件移到要加工的產品處生產而做的廠房佈置規劃，此種方式是指下列何者？ (A)製程導向佈置 (B)固定位置 (C)產品導向佈置 (D)工作站佈置。

( ) **18** 現金流量允當比率主要在衡量什麼？ (A)衡量企業由營業活動所產生之現金，能因應公司的資本支出、存貨增加和分發現金股利之能力 (B)衡量企業營業活動的現金流入扣除現金股利之後，可以再投資於公司所需資產的能力 (C)衡量企業在一個營業週期內，現金流入和流出情形 (D)衡量企業的經營能力，是否有效運用企業的資產。

( ) **19** 下列何者是決策程序的第一個步驟？ (A)分配決策準則的權重 (B)確認問題 (C)確認決策準則 (D)發展替代方案。

( ) **20** 「藉由學習其他企業的長處，以作為本身改善的依據」，符合下列何者？ (A)終身學習 (B)組織學習 (C)團隊學習 (D)標竿學習。

( ) **21** 具備特定身分的人，利用企業秘密假公濟私謀取己利的投資形態，稱為下列何者？ (A)外線交易 (B)場外交易 (C)內線交易 (D)套利交易。

( ) **22** 策略計畫（Strategic Plan）與作業計畫（Operational Plan）兩者的分類準則為： (A)計畫廣度 (B)計畫時程 (C)計畫特定性 (D)計畫使用頻率。

( ) **23** 下列哪一種文化類型會促使經理人隨時注意環境的變遷，並將環境偵測納入規劃過程中的重要任務？ (A)強勢文化 (B)弱勢文化 (C)員工導向 (D)市場導向。

( ) **24** 負責組織整體經營與未來發展方向的決策者是指下列何者？ (A)第一線管理者 (B)高階管理者 (C)中階管理者 (D)基層員工。

( ) **25** 有「科學管理之父」之稱的管理學者是下列何者？ (A)馬克斯・韋伯Max Weber (B)亨利・甘特Henry L. Gantt (C)菲德烈・泰勒Frederick W. Taylor (D)彼得・杜拉克Peter F. Drucker。

( ) **26** 下列何者是機械式組織（mechanistic organization）的特性？ (A)決策權集中化 (B)寬廣的控制幅度 (C)倚賴非正式的溝通管道 (D)組織層級較少。

( ) **27** 甲公司從原本功能別的部門設計改變為依照產品別來劃分部門，這是屬於何種組織變革？ (A)人員變革 (B)結構變革 (C)技術變革 (D)態度變革。

( ) **28** 陳先生因為本身擁有專門知識和技術，而使公司其他人願意接受其建議或指揮。請問陳先生的權力基礎為下列何者？ (A)參考權 (B)獎賞權 (C)專家權 (D)法定權。

( ) **29** 平衡計分卡的四大構面不包括下列何者？ (A)顧客 (B)經濟景氣 (C)學習與成長 (D)企業內部流程。

( ) **30** 根據荷賽與布蘭查（P.Hersey & K.H.Blanchard）的情境領導模式，當部屬願意工作且知道如何工作或具備工作能力時，最適合採取下列何種領導模式？ (A)參與型（participating） (B)教導型（directing） (C)授權型（delegating） (D)推銷型（selling）。

解答與解析

答案標示為#者，表官方曾公告更正該題答案。

1 (D)。希望能同時獲得大量生產與小批量生產的優點，也就是希望能夠維持多樣少量客製化小批量生產，又能同時將成本維持與大量生產一樣地低廉。

2 (D)。用以規範適合該特定工作的員工，所應具備的條件或要求之文件。

3 (A)。(B)滲透訂價（penetration pricing）下的價格常低於其他競爭產品。(C)水平通路的衝突是行銷通路中，同一通路階層成員間的衝突，例如零售商與零售商間的衝突。(D)價值較低或生活日用品，適合採用密集性配銷（Intensive Distribution）。

4 (A)。在完全競爭市場中，具市場參與者之買賣雙方數量眾多、有完全訊息、交易的商品具同質性、廠商進出市場幾無障礙，而為價格接受者。例如，農產品小麥、稻米等。

5 (A)。明茲伯格（Henry Mintzberg）的管理者三大類十大角色：

(1) 人際關係角色：

A.代表人物（figurehead）。

B.領導者（leader）。

C.聯絡者（liaison）。

(2) 資訊傳遞角色：

監視者（monitor）。

傳播者（disseminator）。

發言人（spokesperson）。

(3) 決策做成角色：
A.企業家（entrepreneur）。
B.危機處理者（disturbance handler）。
C.資源分配者（resource allocator）。
D.談判者（negotiator）。

6 (C)。波士頓矩陣（BCG Matrix）分析模式的四種類型：
(1) 明星（Stars）事業：高成長率，高市場佔有率。
(2) 金牛（Cash Cow）事業：低成長率，高市場佔有率。
(3) 問題事業（Question Mark）：高成長率，低市場佔有率。
(4) 落水狗事業（Dogs）：低成長率，低市場佔有率。

7 (D)。讓員工不斷枯燥乏味地重複做一件事，無法激勵員工，並非工作豐富化合宜的作法。

8 (D)。員工對工作任務熟悉、員工有良好的訓練、員工的工作任務較簡單、員工工作能力佳等狀況下，會使控制幅度增加。

9 (B)。霍桑效應（Hawthorne Effect）係指當被觀察者知道自己成為觀察對象，而改變行為傾向的效應。此效應來自於1927年至1932年梅育（Mayo）在霍桑（Hawthorne）工廠進行的一系列心理學實驗。

10 (C)。行銷組合又稱行銷4P，是企業用來影響顧客反應之可控制變數的集合。由麥卡錫（E.Jerome McCarthy）所提出，即產品（Product）、通路（Place）、推廣（Promotion）、訂價（Price）。

11 (B)。指將經營策略的重點放在一個特定的目標市場上，為特定的地區或特定的購買者提供特殊的產品或服務。亦即指企業集中有限資源，以快於過去的增長速度來增加某種產品的銷售額和市場占有率。

12 (C)。甘特圖（Gantt Chart）以時間為橫軸及工作項目為縱軸來顯示生產的時間表，以長條來代表工作起迄時間，用來協助管理者規劃與控制生產時程與進度。

13 (C)。損益兩平點=〔固定成本÷（價格-變動成本）〕=〔$4,000÷（$8-$3）〕=800單位。

14 (C)。存託憑證（Depositary Receipts）係指由外國發行公司或其有價證券持有人，委託存託銀行（Depositary Bank）發行表彰外國有價證券之可轉讓憑證，存託憑證持有人之權利義務與持有該發行公司普通股之投資者相同，所表彰之有價證券則由存託銀行委託國外當地保管銀行代為保管。存託憑證之種類，依發行地不同可區分為海外存託憑證及台灣存託憑證，前者如全球存託憑證（簡稱GDR，於全球發行的存託憑證）、美國存託憑證（簡稱ADR，於美國發行的存託憑證），後者為在台灣發行的存託憑證，簡稱TDR。

15 **(B)**。

(1)連續式創新：將較成熟的技術應用在既有產品改良或製程創新活動上的創新過程。

(2)非連續式創新：是指引進和使用新技術、新原理的創新。

(3)漸進式創新：是連續或是持續改變的。

(4)突變式創新：是不連續的或是具有顛覆性的。

16 **(C)**。信度（reliability）、效度（validity）皆為甄選工具的重要指標，皆避免造成選取的錯誤及捨棄的錯誤。

(1)信度：甄選工具是否能一致無誤的衡量相同事物。

(2)效度：甄選工具和某些標準間必須有確實的關係存在。

17 **(B)**。

(1)製程導向佈置（Process Layout）：又稱功能性佈置，係將具有相同功能之機器設備集中在同一地點，產品再依加工程序在各加工中心移動，以完成產品的生產與製造。

(2)產品導向佈置（Product Layout）：是依據產品製造的步驟來安排設施，每個零件的製造路徑都是直線的，如化工生產線。

(3)工作站佈置（Job Shop Layout）：每個工作皆由不同製程完成，指將製造一項產品視為一專案辦理，且針對此一專案配置專屬生產工具。

18 **(A)**。現金流量允當比率=最近五年度營業活動淨現金流量÷最近五年度（資本支出+存貨增加額+現金股利）。

現金流量允當比率是用來分析公司以營業所產生之現金，作為公司投入資本支出、存貨與發放股利是否足夠。

19 **(B)**。決策過程包括八個步驟：(1)確認問題；(2)確認決策準則；(3)分配決策準則的權重；(4)發展替代方案；(5)分析替代方案；(6)選擇方案；(7)執行方案；(8)評估決策的效能。

20 **(D)**。標竿學習是一種過程，藉由一家公司不斷地測量與比較另一家的流程，以使組織從比較中獲取認同，並得到協助執行改善方案的資訊。

21 **(C)**。內線交易（insider trading），是指：於獲悉未公開且後來證實足以影響股票或其他有價證券市價的消息後，進行交易，並有成比例的獲利發生的行為。即內線交易的要件在於：獲悉未公開消息。該消息有效影響有價證券市價、交易後有與該消息成比例的獲利發生。

22 **(A)**。策略計畫（Strategic Plan）與作業計畫（Operational Plan）兩者的分類準則係依據計畫廣度或涵蓋範圍。

23 **(D)**。強勢文化指的是組織成員皆深深地信守且廣泛地分享其主要的價值觀，並且願意對組織文化做出承諾。(B)弱勢文化指核心價值只被少部分人接受，員工對組織文化沒甚麼認同感，核心價值與員工不太相關。(C)員工導向：管理者於決策中或考慮到人的程度。

24 **(B)**。高階管理者負責有關組織未來營運方向的決策制定，必須為管理階層的所有決策負責，通常由董事會所派任。

25 **(C)**。泰勒（F.Taylor）提出科學管理四原則，認為：

(1)每個人的工作的每一細節發展出一科學方法以取代傳統差不多原則；

(2)科學化的選拔、訓練、教育與發展員工；

(3)誠摯地與工人合作完成工作；

(4)將工作與責任平均分攤在管理與工人之間。

泰勒被後人尊稱為「科學管理之父」。

26 **(A)**。機械式結構：經過精密設計、高度專精化，且集權決策的組織型態，其結構設計強調的重點是控制與效率。

27 **(B)**。根據學者李維特（Leavitt）的研究指出，組織或企業面臨變革的壓力所採取的變革途徑可以歸納為下列三種：

(1)結構變革：指改變組織結構或相關權責，以求提升組織之整體營運績效，有效因應快速變遷的環境。

(2)行為變革：指改變組織成員的思考邏輯、理念及做事態度等等，進而改變其行為，以改善工作效率，提升組織營運成果。

(3)技術變革：透過新科技、電腦化、自動化等作業來提升組織生產績效。

28 **(C)**。專家權力係基於個人因擁有某種專長、特殊技能或知識而產生的權力。

29 **(B)**。平衡計分卡（BSC）的概念是由卡蘭與諾頓（Kaplan & Nortonm）在1992年所提出，有別於傳統衡量僅重視財務指標，平衡計分卡顧名思義即是以「平衡」作為概念，透過：財務構面、顧客構面、內部作業流程構面及員工學習與成長構面等四大構面，以補充傳統財務構面之不足，將企業的長期策略與短期目標相結合，使企業能藉由平衡計分卡檢視其自身是否聚焦於策略發展方向，進而達成企業最終目標。

30 **(C)**。當部屬不願意工作且不知道如何工作或不具備工作能力時適合採用教導型領導；當部屬願意工作但不知道如何工作或不具備工作能力時適合採用推銷型領導；當部屬不願意工作但知道如何工作或具備工作能力時適合採用參與型領導。

113年 臺鐵公司從業人員甄試（企業管理概要）

( ) 1 企業管理的目標是下列何者？ (A)提高利潤 (B)增加市場份額 (C)滿足股東的需求 (D)達成組織的使命與願景。

( ) 2 以下哪項屬於管理者應具備的人際關係技能？ (A)獲取專業知識 (B)執行任務的能力 (C)溝通與協調能力 (D)目標設定與評估能力。

( ) 3 知識管理中所謂的內隱知識，是指下列那一種？ (A)公司內部的操作手冊 (B)公司內部的規章 (C)員工多年服務客戶的經驗 (D)公司新進員工訓練手冊。

( ) 4 組織文化的形成是一個漸進的過程，以下哪一項是組織文化形成的因素？ (A)只受到領導者的影響 (B)員工的個人特質和背景 (C)僅受到外部環境的影響 (D)只依賴於組織的目標設定。

( ) 5 全球化對企業的影響主要包括以下哪一項？ (A)增加市場機會 (B)提高產品價格 (C)降低競爭壓力 (D)增加管理成本。

( ) 6 以下哪項是電子商務常見的市場推廣手段？ (A)傳統廣告 (B)電話銷售 (C)社群媒體行銷 (D)門市陳列及櫥窗設計。

( ) 7 以下哪種效用是企業提供給消費者的？ (A)利潤效用 (B)價格效用 (C)便利效用 (D)多樣性效用。

( ) 8 企業組織經營策略的種類中，以下哪一種策略主要著重於產品價格的競爭力？ (A)差異化策略 (B)成本領先策略 (C)專注策略 (D)多角化策略。

( ) 9 下列哪個選項最能展示企業在社會責任方面的表現？ (A)重點投資於市場宣傳，提高銷售額 (B)減少環境污染，實施環保措施 (C)不提供醫療保險，降低員工成本 (D)僱用未成年工人，降低勞動力成本。

( ) 10 下列哪一項不是企業在制定產品訂價策略時需要考慮的因素？ (A)成本：包括製造成本、行銷成本等 (B)市場需求：考量顧客對產品的需

求程度 (C)競爭狀況：分析競爭對手的定價策略 (D)品牌形象：估計產品品牌形象對價格的影響。

( ) **11** 哪個選項反映了人力資源管理的核心目標？ (A)確保員工的快樂和滿意 (B)提供高薪酬和福利 (C)減少員工流失率 (D)促進組織的長期成功與發展。

( ) **12** 以下哪項是電子商務常見的支付方式？ (A)信用卡支付 (B)現金支付 (C)支票支付 (D)貨到付款。

( ) **13** 雲端運算是指將資料和應用程式存儲在哪裡？ (A)本地硬碟 (B)區域網路伺服器 (C)雲端伺服器 (D)個人電腦。

( ) **14** 利用大數據分析的目的是為了什麼？ (A)預測市場趨勢 (B)儲存大量資料 (C)加快網路速度 (D)網路安全防護。

( ) **15** 企業在面對道德抉擇時，下列哪個選項最能體現正確的道德觀念？ (A)隨意捏造財務數據，以獲得更多資金支持 (B)合理利用資源，達到最大化效益 (C)不正當競爭，排擠競爭對手 (D)禁止貪污行為，保護真實商業交易。

( ) **16** 在創新管理中，哪一個角色是負責帶領團隊發展創新策略並制定相應的行動計畫？ (A)管理者 (B)員工 (C)顧客 (D)競爭對手。

( ) **17** 管理階層中的高階管理者主要負責以下哪一項任務？ (A)制定長期營運策略 (B)指揮監督日常業務 (C)執行低階管理層所指定的任務 (D)協助員工解決工作上的問題。

( ) **18** 行為學派強調管理者應該關注的是下列何者？ (A)公司的營利能力 (B)員工的需求與動機 (C)市場競爭力 (D)技術及生產力的提升。

( ) **19** 品牌管理是涉及所有部門，從產品製造到行銷、傳播品牌和風格元素等工作。以下哪項最能描述品牌管理的內容？ (A)如何提高企業的生產效率 (B)如何管理和維護企業的品牌價值 (C)如何擴大企業的市場份額 (D)如何創造和推廣新的產品。

( ) **20** 下列哪一項不是組織變革的原因？ (A)公司內部營運效率低下 (B)市場競爭環境變化 (C)經濟不景氣 (D)公司營收持續增長。

(　　) **21** 在領導力中，什麼是授權領導風格的特點？　(A)集中權力和指揮能力　(B)鼓勵和支持員工　(C)直接和嚴格的態度　(D)提供自主和自由的工作環境。

(　　) **22** 企業管理的決策過程通常包括下列哪些步驟？　(A)目標設定、資訊蒐集、解決方案評估、執行與追蹤　(B)人力資源管理、財務規劃、市場分析、市場推廣　(C)公司營運策略、組織架構、生產流程、人員考核　(D)生產成本控制、產品設計、競爭分析、行銷策略。

(　　) **23** 下列哪一項最能夠提升組織內部的動態權變？　(A)增加組織層級　(B)強化中央集權　(C)推行彈性制度　(D)減少溝通頻率。

(　　) **24** 現代組織設計是指下列何者？　(A)管理者在組織內部進行層級組織的分工和協調　(B)組織進行垂直和水平結構的變革和重塑　(C)員工按照傳統的角色和責任執行工作　(D)組織遵循傳統的階級制度和權力結構。

(　　) **25** 領導者的最重要職責是下列何者？　(A)執行公司策略　(B)建立良好的工作關係　(C)監督員工工作表現　(D)達成營收目標。

(　　) **26** 下列何種行為最能意味著某企業員工具備良好的組織公民意識？　(A)願意幫助新員工　(B)保持正常上下班時間　(C)使用辦公用品進行私人用途　(D)工作上滿足績效標準。

(　　) **27** 組織以相同作業流程中的最佳者為標竿，稱為：　(A)競爭標竿管理　(B)內部標竿管理　(C)功能標竿管理　(D)外部標竿管理。

(　　) **28** 下列各式企業組織架構，以集權至分權管理進行排列，其順序為何？(1)直線組織、(2)矩陣組織、(3)跨功能團隊、(4)直線與幕僚並存組織　(A)(4)(3)(2)(1)　(B)(2)(3)(4)(1)　(C)(1)(4)(2)(3)　(D)(3)(2)(1)(4)。

(　　) **29** 領導者具備了解組織與環境複雜度的能力，且能夠領導組織變革，以提升競爭力，這是屬於何種領導形式？　(A)交換型領導　(B)策略領導　(C)交易型領導　(D)魅力型領導。

(　　) **30** 激勵理論中，認為將員工的不滿意去除後，員工也不會滿意的理論是：(A)雙因子理論　(B)需求層級理論　(C)期望理論　(D)增強理論。

(　　) **31** 下列何者不是目標管理（Management By Objectives, MBO）的特質？ (A)強調集權 (B)目標特定性 (C)部屬參與決策 (D)明確達成時間。

(　　) **32** 工作說明書和工作規範是以下何種系統化的書面描述？ (A)工作評價 (B)工作分析 (C)職位分類 (D)職前訓練。

(　　) **33** 激勵理論中的目標設定理論，有幾項因素會影響目標設定與被激勵者績效間的關係，不包含下列何者？ (A)目標承諾 (B)適當的自信能力 (C)群體凝聚力 (D)國家文化因素。

(　　) **34** 下列何者為跨功能的團隊十分依賴的溝通形式？ (A)下行溝通 (B)上行溝通 (C)理論溝通 (D)橫向溝通。

(　　) **35** 下列有關要徑法與計畫評核術的描述，何者有誤？ (A)要徑法是由杜邦（Du Pont）公司針對營建管理專案所發展出，而計畫評核術則是由美國海軍針對北極星飛彈計畫所發展出 (B)最初專案網路中各項作業（activities）之工時的估計值在要徑法中假定是機率性的（probabilistic），而在計畫評核術中假定是確定性的（deterministic） (C)要徑法較適合用於經常要執行之作業所構成之專案計畫，而計畫評核術較適合用於較無經驗或較無法控制之專案計畫 (D)在要徑法中認為工時是成本的函數，即工時可因成本的增加（如趕工）而縮短。

(　　) **36** 依行為學派的觀點，下列哪一種工作設計可帶來的激勵程度最高？ (A)工作豐富化 (B)工作擴大化 (C)工作輪調 (D)工作專業化。

(　　) **37** 對於平衡計分卡的四個構面描述何者有誤？ (A)財務與非財務的衡量 (B)高層與低層的目標 (C)落後與領先的指標 (D)外部與內部的績效。

(　　) **38** 企業選擇在較小範圍中建立成本優勢或差異化優勢，可判斷其係採取何種策略？ (A)成本領導 (B)差異化 (C)產品導向 (D)專精化。

(　　) **39** 下列何種技術是應用於資源分配或工作分配？ (A)線性規劃 (B)競賽理論 (C)人群關係 (D)及時存貨。

( ) **40** 企業各部門均為自主性經營單位，並以某個別盈虧評估其績效之財務責任制度稱之： (A)成本中心 (B)收入中心 (C)利潤中心 (D)投資中心。

( ) **41** 下列何者不屬於工作說明書的項目？ (A)工作扼要內容 (B)工作目標 (C)工作人員的經驗 (D)職責任務與活動。

( ) **42** 為達到行銷、財務、人事、生產、研發等目標所必須執行的策略稱為： (A)穩定策略 (B)功能策略 (C)事業策略 (D)總體策略。

( ) **43** 目標管理是屬於哪一種計畫？ (A)長期 (B)中期 (C)短期 (D)策略計劃。

( ) **44** 各種管理機能中，哪種機能與控制的關係最密切？ (A)規劃 (B)組織 (C)領導 (D)人資。

( ) **45** 有關中小企業的缺點何者有誤？ (A)缺乏專業管理 (B)研發意願低 (C)融資困難 (D)充分自主。

( ) **46** 環境對企業的影響相當巨大，所以在企業進行策略規劃前必須對環境進行何者？ (A)無異曲線分析 (B)OT分析 (C)SW分析 (D)交叉分析。

( ) **47** 管理科學是下列哪一種學派的延伸？ (A)行為科學 (B)科學管理 (C)科層體制 (D)系統理論。

( ) **48** 馬斯洛的人類需要層級理論中最高層級的慾望為下列何者？ (A)身體的需求 (B)安全的需求 (C)社會的需求 (D)自我實現的需求。

( ) **49** 主管對於非正式組織應採下列何種態度較為適宜？ (A)嚴格禁止 (B)不聞不問 (C)破壞 (D)納入組織控制。

( ) **50** 造成組織變革的外在原因何者有誤？ (A)資源發生變化 (B)科技突然突飛猛進 (C)組織結構不良 (D)市場型態改變。

解答與解析

答案標示為#者，表官方曾公告更正該題答案。

1 (D)。企業目標是顯示該組織企圖達成什麼，對企業使命指引了方向，並且協助引導策略的達成。無論如何，組織主要目標在於將股東的利益最大化。

2 (C)。人際關係技能係以領導、激勵與溝通來達成組織目標，對所有的管理者都很重要。

3 (C)。知識的類型包含內隱知識和外顯知識：

(1) 外顯知識：看得見或聽得到的知識稱為「外顯知識」，多以文字、影像或聲音方式留存。例如：公司內部的規章、製造程序或服務要領操作手冊、新進員工訓練手冊等。

(2) 內隱知識：不易利用文字或影音等方式留存，只能透過情境模擬、感受或體會的知識即「內隱知識」，例如：員工多年服務客戶的經驗。

4 (B)。組織文化的形成是一個漸進的過程，會受到員工的個人特質和背景影響，也會受到領導者及外部環境的影響。一般常見的組織文化傳承方式是透過故事、儀式、符號與術語來進行。

5 (A)。企業全球化是指企業為了尋求更大的市場、尋找更好的資源、追逐更高的利潤，而突破一個國家的界限，在兩個或兩個以上的國家從事生產、銷售、服務等活動。所以全球化不但可以擴大企業的經濟規模，也可降低生產成本，提升企業的競爭優勢。

6 (C)。社群媒體行銷（Social Media Marketing）就是在社群媒體上，宣傳推廣你的服務和產品。而社群媒體（Social Media）泛指具有人際關係鏈的社交平台，包括Facebook，Line，Instagram，LinkedIn，Twitter等。

由於社群媒體的特性，社群行銷不是傳統單向的廣告宣傳活動，而是藉由與網友的互動（例如按讚，留言分享）等，將品牌想要推廣的訊息散播到他們的朋友圈，是電子商務常見的市場推廣手段。

7 (C)。企業行銷乃經由交換之過程來創造效用，增進消費者利益。效用包括：

(1) 形式效用：創造某種形式的產品給消費者用。

(2) 地點效用：使產品能被消費者方便地購買。

(3) 時間效用：讓消費者在恰當的時間取得產品。

(4) 資訊效用：指告知消費者有關產品之資訊。

(5) 所有權效用：讓消費者擁有貨物或服務供其使用或消費。

8 (B)。波特（M.Porter）認為：企業為維持長遠的競爭力，至少必須擬定與執行下述三種策略中的一項：

(1) 全面成本領導策略：盡力降低產銷成本，以降低的價格來創造競爭優勢。
(2) 差異化策略：強調與競爭對手有不同的經營優勢，可能在產品設計、產品品質、配銷通路及迅速回應上。
(3) 專注（集中）策略：在較小的範圍中，建立成本優勢或差異化優勢。

9 **(B)**。企業社會責任（Corporate Social Responsibility，CSR），一般泛指企業進行商業活動時，在各方面皆達到甚至超越法律、公眾、道德層面所要求之標準。除了考慮企業財務與經營利潤外，也會重視對相關利益者造成的影響，例如：社會與自然環境造成的影響。

10 **(D)**。品牌形象反映了產品在市場中的價值和地位，不是企業在制定產品訂價策略時首要考慮的因素。

11 **(D)**。人力資源管理是指人力的獲取、運用及維繫，其核心目標是透過優質的員工促進組織的長期成功與發展。

12 **(A)**。作為電子商務商家，提供顧客信用卡支付應該是標準選項。在全球各國，信用卡是第二高人氣的支付方法，逾22%顧客偏好信用卡支付，但受歡迎度正在開始消退，因為愈來愈多購物者轉換為數位錢包和「先買後付」選項。

13 **(C)**。雲端運算（cloud computing），亦稱「網路運算」，是一種基於網際網路的運算方式，透過這種方式，共享的軟硬體資源和資訊可以按需求提供給電腦各種終端和其他裝置，使用服務商提供的電腦設備作運算和資源。亦即雲端運算是指將資料和應用程式存儲在雲端伺服器。

14 **(A)**。大數據分析可以依據收集到的資料，推估出趨勢走向，而大數據資料4V的巨量性（Volume）、多樣性（Variety）、價值性（Value）、快速性（Velocity）特性則符合探索與預測的需求。

15 **(D)**。企業倫理又稱為企業道德，是企業在面對道德抉擇時，應正確判斷是非對錯，積極採取對社會有益的行為。學者Gillbert（1992）認為，企業倫理是道德上是與非的行為原則以及其在商業情境上的應用；或是提供一組倫理的、標準或信條，作為在企業經營時實踐正確行為時的參考。

16 **(A)**。在創新管理中管理者角色是負責帶領團隊發展創新策略並制定相應的行動計畫。

17 **(A)**。高階管理者主要負責制定長期營運策略，中階管理者協助員工解決工作上的問題，而低階管理者指揮監督日常業務的進行。

18 **(B)**。行為學派強調管理者應該關注的是員工的需求和動機，並設計相應的工作和激勵措施以滿足這些需求，從而提高員工的工作滿意度和生產力。

19 (B)。品牌管理（Brand Management）是指針對企業產品和服務的品牌，綜合地運用企業資源，通過計劃、組織、實施、控制來實現企業品牌策略目標的經營管理過程。品牌管理目的在於建立、維持、提升和保護一個品牌的價值和聲譽。

20 (D)。任何組織常由於內在及外在因素，而使整個組織結構不斷在改變。這些變革有些是主動性與規劃性的改變；而有些則是被動性與非規劃性的改變。本題題意應是公司營收持續衰退才是造成組織變革的原因。

21 (D)。授權領導是上級主管人員，委授部分職權及職責至其下一級人員，以完成特定的任務。被授權者享有部分責任，在適當監督下能作相當自主的處理與行動，並對授權者負有工作之責。

22 (A)。企業管理的決策過程通常包括：目標設定、資訊蒐集、解決方案評估、執行與追蹤。

23 (C)。彈性制度文化是指那些在企業文化史中變化頻率和變動幅度較大的制度文化。一般來說，遇到外部環境變化的刺激，遇到企業文化環境超系統的強刺激，企業彈性制度文化表現敏感度高最能夠提升組織內部的動態權變。

24 (B)。為了掌握企業的競爭力以及商機，現代組織結構設計必須儘可能扁平化行政結構，並將決策權確實落實至第一線的員工，俾便有效掌握市場的動態。

25 (A)。管理者負責實現組織中的重要目標；領導者則專注執行公司策略目標擬定。管理者監督員工工作表現；而領導者激勵他人為組織的成功做出貢獻。

26 (A)。組織公民行為（organizational citizenship behavior,OCB）基本上是指組織中的個人，表現出超越角色標準以外的行為；它是不求組織給予獎賞，仍然能自動自發、利他助人，關心組織績效的行為，而該行為不受工作契約所限制，可以有效地促進組織的績效。

27 (C)。標竿學習的類型若依比較對象的分類：

(1) 內部標竿：指在相同組織，從事部門、單位、附屬公司間的比較。

(2) 競爭標竿：和製造相同產品或服務的最佳競爭者，從事績效間比較。

(3) 功能標竿：組織以相同作業流程中的最佳者為標竿者從事比較。

(3) 通用標竿：無論任何產業，皆以本身的流程來與最佳流程從事比較。

28 (C)。企業組織架構，由集權至分權管理進行排列為：直線組織、直線與幕僚並存組織、矩陣組織、跨功能團隊。

29 (B)。策略領導（strategic leadership）是指如何最有效地管理公司的策略制定程序，以創造競爭優勢。須具備審慎權衡、展望擘劃、維持彈性，必要時還能充分授權他人進行策略性變革的一種領導能力。

30 **(A)**。Herzberg提出雙因子（Two Factors）理論，認為，能防止員工工作不滿意的因子為「保健因子」，而能增加員工工作滿意的因子為「激勵因子」。兩者比較如下：

兩因子理論	意涵	因素
保健因子	維持員工工作動機於最低標準，如果沒有會產生不滿意，有的話不會增加滿意。	公司政策與行政措施、監督、薪酬福利、工作環境、人際關係。
激勵因子	激發員工工作動機於最高標準，這些條件存在會讓員工感到滿意，不存在不會產生不滿足。	成就感、肯定、認同、賞識、責任、升遷、工作本身、個人成長。

31 **(A)**。目標管理的特質：
(1)目標特定性：清楚的陳述目標。
(2)部屬參與決策：管理者與部屬共同設定目標。
(3)明確達成時間：明確時間期限，讓員工瞭解具有時間急迫性的目標。
(4)績效回饋：讓員工瞭解自己目標，有能力針對目標來衡量自己的績效。

32 **(B)**。工作分析是分析組織內的工作流程，以及確認進行這些工作所需的技能與行為。工作分析可產生工作說明書與工作規範書兩項文件。

33 **(C)**。激勵理論中的目標設定理論除自我回饋外，還有三項因素會影響目標與績效間的關係：(1)目標承諾（goal commitment）；(2)適當的自我效能（adequate self-efficacy）；(3)國家文化（national culture）。

34 **(D)**。跨功能團隊指該團隊的成員是來自於兩個或兩個以上的部門，具備各式各樣技能和經驗的人，一起團結合作，為共同的目標而努力。跨功能的團隊十分依賴橫向溝通的溝通形式。

35 **(B)**。計畫評核術與要徑法是目前大型專案計畫最普遍使用的。其中計畫評核術（PERT）主要是針對不確定性較高的項目評估，通常用於複雜的專案，目的在於有效控制時間與資源。PERT用樂觀、悲觀及最可能時間的三時法為基礎，在標準Beta分配下求算每一作業如期完工之機率，來擬定專案排程。

36 **(A)**。工作豐富化（Job Enrichment）是指在工作中賦予員工更多的責任、自主權和控制權。工作豐富化與工作擴大化、工作輪調都不同，它不是水平地增加員工工作的內容，而是垂直地增加工作內容，可帶來的激勵程度最高。

37 (B)。平衡計分卡（BSC）係一套強調平衡的績效考核系統，主要在尋求組織短期與長期目標間，財務與非財務，過去與未來，落後與領先衡量指標間的平衡狀態，並以財務構面、顧客構面、內部流程構面、學習與成長構面四大面向來考核組織的績效，依這些構面分別設計合宜的績效衡量指標。

38 (D)。集中化策略（Focus Strategy）是在較小的市場區隔中，建立成本優勢（成本集中化）或差異化優勢（差異集中化）。區隔的劃分可利用：產品種類、顧客類型、配銷通路或購買者的地理區域等因素。集中化策略是否可行，決定於市場區隔的大小，以及組織能否從該市場區隔獲得足夠的利益。

39 (A)。線性規劃是一種數學優化方法，通常用於最大化或最小化一個線性目標函數，並在滿足一系列線性約束條件的情況下找到最佳解。線性規劃可應用於資源分配或工作分配。

40 (C)。企業一切活動皆應以責任中心為中心，各責任中心主管皆應認清所授予之權限及所擔負之責任。在責任中心制度下，又分為下列四類：

(1) 成本中心：考核重點在於彈性預算範圍內對各項成本之控制，發揮大之效能，以達到最低成本之目的。

(2) 收益中心：考核重點在其銷售目標之達成及銷售費用之控制。

(3) 利潤中心：考核重點為收入、成本、利潤之數字及其間之關係。

(4) 投資中心：考核重點在所達成之投資報酬率或保留盈餘。

41 (C)。工作說明書（job descriptions）是指載述關於某一職位的人員做些什麼，如何做及在什麼條件下執行工作的書面說明。包括工作基本資料（名稱、類別、部門）、工作摘要（目標、角色）、直屬主管、監督範圍、工作職責等。

42 (B)。功能策略（Functional Strategy）是組織的各功能部門所用的策略，目的是用來支援組織的競爭策略。

43 (C)。目標管理（MBO）是上司和部屬共同參與組織的決策過程，藉由共同制定具體工作目標與目的，訂出工作期限、行動計畫，及可測量的績效標準，使員工為追求本身目標而產生具體行動，更容易達成組織目標的預定成果。本題官方公告答案為(C)。但目標管理應屬「有計畫性」的管理制度。

44 (A)。規劃與控制一體兩面，控制主要用以確保活動能按計畫完成，並矯正任何重大的偏離的監視活動程序。

45 (D)。充分自主是中小企業的優點。

46 (B)。外部環境（OT）分析，讓企業有效了解當前市場的情況，更能掌握自身所處的狀況及地位，為未來發展找到營運方向。

(1) 機會（opportunity）是指可以為企業帶來競爭優勢的有利外部因素，可能是關稅政策、自己或競爭對手的產品和技術，能否找到新的利基市場等。因此分析整體環境並找出市場的變動，有助企業成長。

(2) 威脅（threat）是指無法控制且有可能會損害企業的外部因素，如材料成本上升、競爭加劇、勞動力缺乏等。若能預先制定預防的方針，有助降低對企業的傷害。

47 **(B)**。管理科學重視科學精神，強調科學方法以數學、統計學、經濟學為基礎，將有關現象量化以解決管理問題之管理理論學派。基本上，管理科學是科學管理學派的延伸。

48 **(D)**。馬斯洛（A.Maslow）的需要層級理論認為：人類的需求可以分成生理、安全、社會、尊重以及自我實現的需求等五類。這些需求有其優先順序，低層次的需求要先獲得滿足，低層次的需求雖然較優先，但容易滿足；而高層次的需求雖然不那麼優先，但卻較不容易滿足。

49 **(D)**。非正式組織的存在，雖可為組織帶來正向助益，但也可能延生負面影響。惟不論好壞，管理者似無法以正式命令將其廢止或不聞不問，僅能予以適當控制。

50 **(C)**。組織結構不良是造成組織變革的內在原因。

113年 臺鐵公司從業人員甄試（企業管理）

一、 企業對員工的「訓練」（training）屬於「人力資源發展」（human resource development, HRD）的範疇；而訓練的執行，必須有適當的評估，根據學者Kirkpatrick（1996）的分析，訓練評估的指標包括反應（reaction）、學習（learning）、行為（behavior）及結果（result）等四個層面評估。

(一) 請說明「訓練」與「發展」的差異。

(二) 請分別說明何謂反應評估、學習評估、行為評估、結果評估。

答 (一) 訓練是指一種為增進員工個人工作知識與技能，改變工作態度與觀念，以提高工作績效的學習過程；而發展則側重於個人未來能力的培養與提升，故它不只是傳授工作所需知識與技能，更在於培養新的觀點與願景。

(二) 柯克柏翠克（Kirkpatrick）提出訓練方案應該分別從參訓者的反應評估（reaction）、學習評估（learning）、行為評估（behavior）、以及效果評估（results）等四個層次進行評估。

1. 反應評估（reaction）：指學員對於整個訓練方案的看法，亦即對於訓練實施之整體滿意程度，包括：訓練方案內容、講師、訓練設備、教材、行政支援與服務、訓練課程需要改善的建議等項。
2. 學習評估（learning）：主要衡量學員在訓練結束後對於訓練課程瞭解的程度、知識吸收的程度，亦即評量受訓學員能夠從訓練課程中所能學習到的專業知識及技能的程度。
3. 行為評估（behavior）：主要在於評估受訓者在接受訓練之後，是否能將學習成果移轉到工作上，而且訓練對其行為產生改變，亦即對於受訓者在訓練後其工作態度、工作行為的改變的評估。
4. 結果評估（result）：是評估學員經過訓練後對組織所能提供的具體貢獻，藉以探討訓練對組織績效的影響效果，其評估方式可以由比較訓練前後的相關資料而得知，例如：生產力的提升、服務品質的改善等。

二、 企業多角化經營是指企業進入與原先經營領域不同的產品市場，請就分散風險、增加企業價值、擴大營運範疇、追求創新、創造財務效率等五個面向，論述企業採行多角化經營的動機。

答 企業為何會進行多角化？其主要的動機：

1.分散風險：在多個不同的產業中經營，可以避免因為單一產業景氣的榮枯，而影響企業的存活。

2.增加企業價值：企業可以善加利用現有資源，使資源產生綜效（synergy）與範疇經濟（economies of scope）。綜效可以定義為企業同時經營不同的產品線或市場時，所獲得的利益，會超過分開經營這些產品線或市場所獲得利益的總合。

3.擴大營運範疇：當本業已經成長緩慢、飽和或出現衰退時，或者企業的成長或獲利出現下降的趨勢時，則有必要考慮尋找高成長的產業或是新市場投入，亦即產品擴張、市場擴張策略，甚至是進行非相關多角化策略。

4.追求創新：企業多角化的過程本身即是一種企業知識發展的活動。企業透過新事業領域資訊的蒐集、分析、評估，以至於投資、經營發展的歷程，持續在與外部環境互動，並將資訊內部化成企業的新知識，形成開放系統，是一種很好的組織學習機制。

5.創造財務效率：企業可以被比喻為個別投資者，在市場上選擇自己認為最佳的投資標的，形成最佳組合。但企業的做法並不像投資人在股票市場上購買股票，而是利用雄厚資金開設新公司，或進行購併其他企業來達到類似的目的。

三、 公司近期推出一款新產品，為使廣大消費者瞭解此項新產品的特性和優勢，公司考慮採用數位媒體行銷，請說明：
(一)數位媒體行銷方式有哪些？
(二)前述各方式的特點和優點為何？

答 數位行銷（Digital Marketing）是指透過電腦或網路進行的行銷方式，透過數位媒體平台（如網站、社群媒體、電子郵件等）傳遞訊息給潛在客戶，以達到行銷目的。數位行銷的優點是成本效益高、精準度高、可追蹤性佳。

因此，愈來愈多的企業開始重視數位行銷。數位行銷的範圍廣泛，包括了搜尋引擎優化（SEO）、搜尋引擎行銷（SEM）、內容行銷、社群媒體行銷、電子郵件行銷、聯盟行銷、影片行銷等。

1.搜尋引擎最佳化：簡稱SEO，透過調整內容以提升搜尋引擎關鍵字排名，建立相關的品牌業務關鍵字並製作SEO優質內容，可提高業主網站曝光度，打造專業形象，增強消費者對品牌的信賴。此外，SEO需要長期經營，但只要執行優化，即可實現長期、穩定且高質量的網站流量。

2.搜尋引擎行銷（SEM）：是透過提高「搜尋引擎結果頁」的能見度，通過購買搜尋結果列表，達到比SEO更高排名的目標。簡言之，SEM結合了SEO搜尋引擎最佳化和PPC關鍵字廣告的優勢。

3.內容行銷：包含三大要素：內容、行銷和受眾。透過持續提供有用、引人入勝的高品質內容，以潛移默化的方式吸引受眾關注，這些受眾潛在地成為業主的顧客。內容行銷的目標是透過提供有價值的內容，建立品牌形象、提升品牌知名度、吸引潛在客戶並促進銷售。

4.社群媒體行銷：是企業為了宣傳目的，在社群網路上創造特定訊息或內容，吸引大眾關注。例如在Facebook、Instagram上製作內容引發線上討論，鼓勵讀者透過個人帳號分享內容，達到宣傳效果。社群媒體行銷的優勢在於能迅速觸及大量受眾並與其互動，建立良好的關係。

5.電子郵件行銷：是透過電子郵件向訂閱者或潛在消費者發送產品、服務訊息等，以建立客戶忠誠度和品牌知名度，促進品牌與企業的關係，鼓勵客戶再次購買。電子郵件行銷的優點在於直接與目標客戶溝通，並能進行個人化的推廣。

6.聯盟行銷：是廠商或業主與推廣者（如社群平台KOL）合作，透過推廣者龐大的粉絲銷售產品，按照轉換的訂單量分潤。聯盟行銷的優勢在於能快速擴展目標受眾，並降低行銷成本。

7.影片行銷：當代極受歡迎的數位行銷方式，透過製作影片宣傳企業品牌、產品或服務。完整的行銷活動包括客戶推薦、現場活動、操作、講解、企業培訓和娛樂影片等，能快速吸引受眾注意力並提供更豐富資訊。

（資料來源https://www.gcreate.com.tw/blog/what-is-digital-market/）

四、「我們只有一個地球」，實踐綠色生活方式，確保與大自然和諧共生，已是刻不容緩的重大議題：

(一)請詳細說明SDGs的概念。

(二)請詳細說明ESG的概念。

答 (一)「SDGs」，聯合國在2015年提出「2030永續發展目標」SDGs（Sustainable Development Goals）。其中包括17個永續發展目標，其中又涵蓋169項細項目標、230個參考指標，藉此引導政府、企業、民眾，透過決策與行動，一起努力達到永續發展。17個目標敘述如下：

SDG 1：消除貧窮：消除全世界任何形式的貧窮。

SDG 2：消除飢餓：透過促進永續農業，確保糧食安全並達到消除飢餓。

SDG 3：良好健康與福祉：確保健康生活，促進各年齡階段人口的福祉。

SDG 4：優質教育：確保包容和公平的優質教育，讓全民享有終身學習的機會。

SDG 5：性別平等：實現性別平等及所有女性之賦權。

SDG 6：乾淨水與衛生：為所有人提供水和環境衛生，並對其進行永續維護管理。

SDG 7：可負擔的潔淨能源：確保所有人獲得可負擔、安全和永續的現代能源。

SDG 8：尊嚴就業與經濟發展：促進持久、包容性和永續的經濟成長。

SDG 9：產業創新與基礎建設：建設具有韌性的基礎設施，促進包容性和永續的工業化。

SDG 10：減少不平等：減少國家內部和國家之間的不平等。

SDG 11：永續城市與社區：建設包容、安全、有抵禦災害能力和永續的城市和人類社區。

SDG 12：負責任的消費與生產：確保採用永續的消費和生產模式。

SDG 13：氣候行動：採取緊急行動應對氣候變遷及其影響。

SDG 14：保育海洋生態：保護永續利用海洋和海洋資源，促進永續發展。

SDG 15：保育陸域生態：保護、恢復和促進陸域生態系統永續利用。

SDG 16：和平正義與有力的制度：倡建和平、包容的社會以促進永續發展。

SDG 17：夥伴關係：強化執行手段，重振全球永續發展夥伴關係。

(二)「ESG」，其實是指3個大面向的指標，包含：環境保護（Environment）、社會責任（Social）與公司治理（Governance）。

1. 環境保護（Environment）：代表企業需重視環境永續議題，涵蓋溫室氣體排放、減少碳排放、氣候變遷、環境永續、碳排放量、汙染處理等。
2. 社會責任（Social）：涵蓋包括企業如何管理與員工、供應商、客戶、工作環境、資訊安全、供應商、社區計畫等。

3. 公司治理（Governance）：涵蓋公司管理高層、主管薪酬、審計、內部控管、股東權利、企業道德、資訊透明、董事多元、企業合規等議題。2005年聯合國提出《Who Cares Wins》報告，其內容說到企業應該將「ESG」涵蓋進企業經營的評量標準中。亦即評估一間公司的整體表現，不僅要財務表現亮眼、照顧好員工與股東，更需要承擔更多社會責任，企業規模不僅需要做大，更要長久達到永續經營。

一試就中，升任各大
國民營企業機構
高分必備，推薦用書

共同科目

2B811121	國文	高朋・尚榜	590元
2B821131	英文	劉似蓉	650元
2B331131	國文(論文寫作)	黃淑真・陳麗玲	470元

專業科目

2B031131	經濟學	王志成	620元
2B041121	大眾捷運概論（含捷運系統概論、大眾運輸規劃及管理、大眾捷運法 👑榮登博客來、金石堂暢銷榜	陳金城	560元
2B061131	機械力學(含應用力學及材料力學)重點統整＋高分題庫	林柏超	430元
2B071111	國際貿易實務重點整理+試題演練二合一奪分寶典 👑榮登金石堂暢銷榜	吳怡萱	560元
2B081141	絕對高分! 企業管理(含企業概論、管理學)	高芬	690元
2B111082	台電新進雇員配電線路類超強4合1	千華名師群	750元
2B121081	財務管理	周良、卓凡	390元
2B131121	機械常識	林柏超	630元
2B141141	企業管理(含企業概論、管理學)22堂觀念課	夏威	780元
2B161132	計算機概論(含網路概論) 👑榮登博客來、金石堂暢銷榜	蔡穎、茆政吉	近期出版
2B171121	主題式電工原理精選題庫	陸冠奇	530元
2B181131	電腦常識(含概論) 👑榮登金石堂暢銷榜	蔡穎	590元
2B191131	電子學	陳震	660元
2B201121	數理邏輯(邏輯推理)	千華編委會	530元

2B251121	捷運法規及常識(含捷運系統概述) 榮登博客來暢銷榜	白崑成	560元
2B321131	人力資源管理(含概要)	陳月娥、周毓敏	690元
2B351131	行銷學(適用行銷管理、行銷管理學) 榮登金石堂暢銷榜	陳金城	590元
2B421121	流體力學（機械）・工程力學（材料）精要解析	邱寬厚	650元
2B491121	基本電學致勝攻略 榮登金石堂暢銷榜	陳新	690元
2B501131	工程力學(含應用力學、材料力學) 榮登金石堂暢銷榜	祝裕	630元
2B581112	機械設計(含概要) 榮登金石堂暢銷榜	祝裕	580元
2B661121	機械原理(含概要與大意)奪分寶典	祝裕	630元
2B671101	機械製造學(含概要、大意)	張千易、陳正棋	570元
2B691131	電工機械(電機機械)致勝攻略	鄭祥瑞	590元
2B701111	一書搞定機械力學概要	祝裕	630元
2B741091	機械原理(含概要、大意)實力養成	周家輔	570元
2B751131	會計學(包含國際會計準則IFRS) 榮登金石堂暢銷榜	歐欣亞、陳智音	590元
2B831081	企業管理(適用管理概論)	陳金城	610元
2B841131	政府採購法10日速成 榮登博客來、金石堂暢銷榜	王俊英	630元
2B851141	8堂政府採購法必修課：法規+實務一本go！ 榮登博客來、金石堂暢銷榜	李昀	530元
2B871091	企業概論與管理學	陳金城	610元
2B881131	法學緒論大全(包括法律常識)	成宜	690元
2B911131	普通物理實力養成 榮登金石堂暢銷榜	曾禹童	650元
2B921141	普通化學實力養成	陳名	550元
2B951131	企業管理(適用管理概論)滿分必殺絕技 榮登金石堂暢銷榜	楊均	630元

以上定價，以正式出版書籍封底之標價為準

歡迎至千華網路書店選購

服務電話 (02)2228-9070

千華網路書店

更多網路書店及實體書店

博客來網路書店　PChome 24hr書店　三民網路書店

MOMO 購物網　金石堂網路書店　誠品網路書店

查詢實體書店

郵政從業人員招考 專用系列

內勤

2A111141	國文(短文寫作、閱讀測驗)焦點總複習	高朋等	470 元
2A121091	郵政三法大意百分百必勝精鑰	以明	490 元
2A131081	搶救郵政國文特訓	徐弘縉	570 元
2A171141	郵政專家陳金城老師開講：郵政三法大意	陳金城	600 元
2A191112	企業管理(含大意)	陳金城	650 元
2A261131	郵政英文勝經	劉似蓉	530 元
2A361081	主題式企業管理(含大意)	張恆	590 元
2A411112	企業管理大意滿分必殺絕技	楊均	670 元
2A471141	郵政三法大意 -- 逐條白話解構	畢慧	490 元
2A541141	絕對高分！郵政企業管理(含大意)	高芬	690 元
2A551141	金融科技知識焦點速成＋模擬試題演練	程凱弘	490 元
2A561141	洗錢防制法大意考點破解＋題庫	郭秀英	450 元

外勤

2A061141	臺灣自然及人文地理一次過關	謝坤鐘	560 元
2A131081	搶救郵政國文特訓	徐弘縉	570 元
2A181141	郵政專家陳金城老師開講：郵政法規大意及交通安全常識	陳金城	690 元
2A191112	企業管理(含大意)	陳金城	650 元
2A241091	超級犯規！郵政國文高分關鍵的八堂課	李宜藍	530 元
2A361081	主題式企業管理(含大意)	張恆	590 元
2A411112	企業管理大意滿分必殺絕技	楊均	670 元

鐵路特考、升資考專用系列

普通科目

2D301121	超級犯規！國文高分關鍵的七堂課	李宜藍	660元
2D171111	公民	邱樺	550元
2D181111	英文	歐森	490元
2D111121	逼真！國文模擬題庫+歷年試題	高朋、尚榜	510元
2D261111	逼真！公民模擬題庫+歷年試題	汪大成、蔡力	420元
2D281111	逼真！英文模擬題庫+歷年試題	凱旋	500元
2D291091	鐵路公民叮-照亮你的學習之路	許家豪	670元

專業科目

2D121121	鐵路運輸學(含概要、大意)	白崑成	650元
2D061091	企業管理大意	陳金城	590元
2D361061	主題式企業管理(含概要、大意)	張恆	570元
2D081111	逼真！基本電學(含大意) 模擬題庫＋歷年試題	陸冠奇	570元
2D091081	電子學(含概要、大意)	陳震	530元
2D201111	逼真！企業管理大意模擬題庫+歷年試題	陳金城	410元
2D211091	鐵路法--逐條白話解構+題庫	唐胥	410元
2D551121	鐵路法(含概要、大意)	白崑成	590元
2D491111	基本電學(含大意)實戰秘笈	丞羽	650元
2D661101	機械原理(含概要、大意)頂極權威勝經	祝裕	570元

◈ 專業科目

2D671091	機械製造學(含概要、大意)	張千易	560元
2D681081	逼真!機械製造學(含概要大意)模擬題庫+歷年試題	何曜辰	450元
2D691101	電工機械(電機機械)實戰秘笈	鄭祥瑞	570元
2D711101	電工機械(電機機械)滿分題庫	鄭祥瑞	390元
2D741091	機械原理(含概要大意)完勝攻略	周家輔	570元
2D761041	逼真！機械工程製圖大意模擬題庫＋歷年試題	何曜辰	310元
2D821081	企業管理(含概要)名師攻略	陳金城	570元
2D831111	法學大意	成宜	650元
2D941111	逼真！鐵路運輸學(含概要、大意)模擬題庫+歷年試題	白崑成	430元
2D961121	事務管理(含概要、大意)	白崑成	590元
2D781081	逼真！事務管理(含概要、大意)模擬題庫+歷年試題	張恆	470元
2D981111	逼真！法學大意模擬題庫+歷年試題	任穎	540元
2D851141	絕對高分！企業管理大意	高芬	690元

以上定價，以正式出版書籍封底之標價為準

歡迎至千華網路書店選購

服務電話 (02)2228-9070

千華網路書店

更多網路書店及實體書店

博客來網路書店　PChome 24hr書店　三民網路書店

MOMO 購物網　金石堂網路書店　誠品網路書店

查詢實體書店

國家圖書館出版品預行編目 (CIP) 資料

絕對高分！企業管理(含企業概論、管理學)/ 高芬編著. --
第四版. -- 新北市：千華數位文化股份有限公司, 2024.09
面； 公分
國民營事業
ISBN 978-626-380-657-3(平裝)
1.CST: 企業管理

494 113012313

版權之章

50th 千華五十 築夢踏實

[國民營事業]

絕對高分! 企業管理(含企業概論、管理學)

編 著 者：高 芬

發 行 人：廖 雪 鳳
登 記 證：行政院新聞局局版台業字第 3388 號
出 版 者：千華數位文化股份有限公司
地址：新北市中和區中山路三段 136 巷 10 弄 17 號
電話：(02)2228-9070 傳真：(02)2228-9076
客服信箱：chienhua@chienhua.com.tw

法律顧問：永然聯合法律事務所
編輯經理：甯開遠
主 編：甯開遠
執行編輯：尤家瑋
校 對：千華資深編輯群
設計主任：陳春花
編排設計：蕭韻秀

千華官網／購書
千華蝦皮

出版日期：2024 年 9 月 10 日 第四版／第一刷

本教材內容非經本公司授權同意，任何人均不得以其他形式轉用
（包括做為錄音教材、網路教材、講義等），違者依法追究。
・版權所有 ・翻印必究・
本書如有缺頁、破損、裝訂錯誤，請寄回本公司更換

本書如有勘誤或其他補充資料，
將刊於千華官網，歡迎前往下載。